JACOBI, CARL GUSTAV JACOB

Gesammelte Werke

Tome 2

Reiner
Berlin **1882 - 1891**

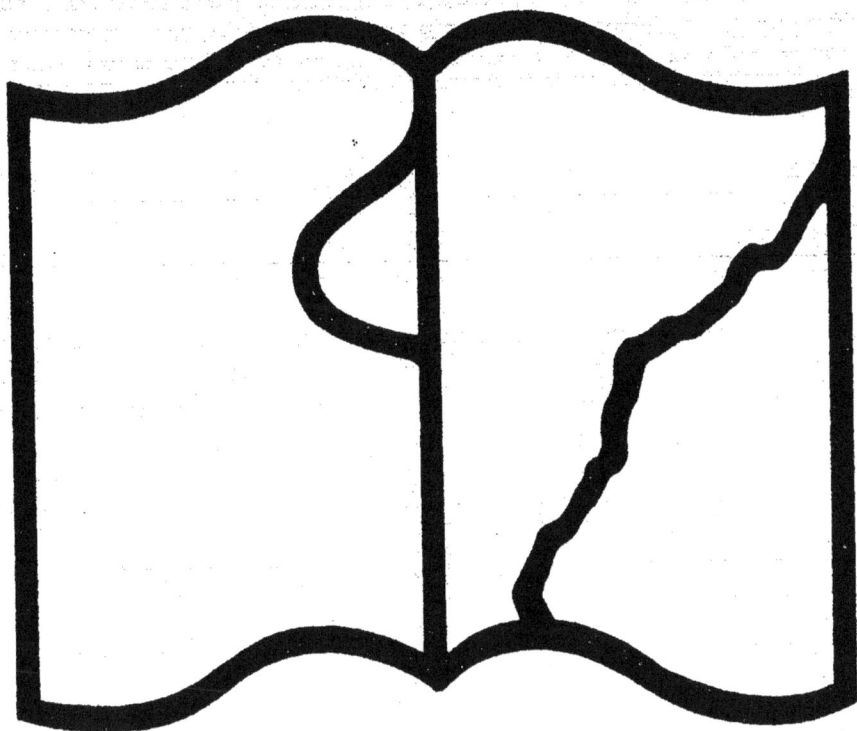

**Symbole applicable
pour tout, ou partie
des documents microfilmés**

Texte détérioré — reliure défectueuse

NF Z 43-120-11

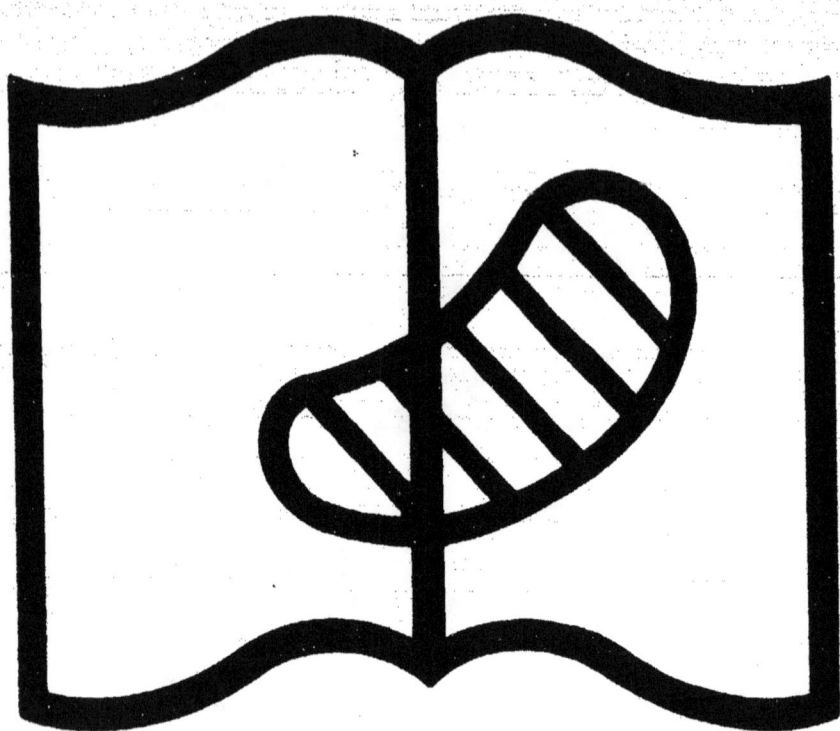

**Symbole applicable
pour tout, ou partie
des documents microfilmés**

Original illisible

NF Z 43-120-10

Jacobi.

6 volumes —

couleur : une maison foncé

pièce de titre   ton sur ton

C. G. J. JACOBI'S

GESAMMELTE WERKE.

ZWEITER BAND.

C. G. J. JACOBI'S

GESAMMELTE WERKE.

HERAUSGEGEBEN AUF VERANLASSUNG DER KÖNIGLICH
PREUSSISCHEN AKADEMIE DER WISSENSCHAFTEN.

ZWEITER BAND.

HERAUSGEGEBEN

VON

K. WEIERSTRASS.

BERLIN.

VERLAG VON G. REIMER.

1882.

INHALTSVERZEICHNISS DES ZWEITEN BANDES.

DE

THEOREMATE ABELIANO OBSERVATIO

AUCTORE

C. G. J. JACOBI
PROF. MATH. REGIOM.

Crelle Journal für die reine und angewandte Mathematik, Bd. 9. p. 99.

DE THEOREMATE ABELIANO OBSERVATIO.

Demonstravit Cl. Abel (Diar. Crell. Vol. III. p. 313 sqq.), designantibus U, V, A, B functiones integras variabilis x, atque $\Pi(x)$ integrale

$$\int_0^x \frac{dx}{\sqrt{AB}} = \Pi(x),$$

radices aequationis algebraicae

$$AUU - BVV = 0$$

tales fore, ut summa $\Sigma \pm \Pi(x)$, ad omnes illas radices extensa, a coëfficientibus functionum U, V omnino non pendeat; quod theorema etiam ad casum generaliorem extendit, quo

$$\Pi(x) = \int_0^x \frac{S dx}{T\sqrt{AB}},$$

designantibus S, T et ipsis functiones quaslibet integras variabilis x. Quippe quo casu demonstravit, summam $\Sigma \pm \Pi(x)$ generaliter expressioni algebraicae et logarithmicae coëfficientium functionum U, V aequalem fore. Signa $\pm$ singulis $\Pi(x)$ in summa assignata praefigenda eadem esse debent atque valorum expressionis AUV.

Observo, theorema facile extendi ad casum, quo aequatio proposita fit

$$AUU + 2BUV + CVV = 0,$$

designantibus rursus A, B, C, S, T, U, V functiones integras, atque $\Pi(x)$ integrale:

$$\int_0^x \frac{S dx}{T\sqrt{BB - AC}} = \Pi(x).$$

1*

Quo casu, siquidem ponitur $T = x - a$, ad quem casum generalior facile revocatur, theorema Abelianum ita audit.

Theorema.

»Sint A, B, C, S, U, V functiones integrae variabilis x, ponatur $BB - AC = \varphi(x)$, atque integrale

$$\int_0^z \frac{S dx}{(x-a)\sqrt{\varphi(x)}} = \Pi(x),$$

radices aequationis algebraicae

$$AUU + 2BUV + CVV = 0$$

tales erunt, ut summa $\Sigma \pm \Pi(x)$, ad omnes eius radices extensa, sit

$$c + r - L,$$

designante

1) c quantitatem a coëfficientibus functionum U, V independentem;

2) r functionem algebraicam coëfficientium functionum U, V, aequalem coëfficienti termini $\frac{1}{x}$ in evolutione expressionis

$$\frac{S}{(x-a)\sqrt{\varphi(x)}} \log \frac{AU + BV + V\sqrt{\varphi(x)}}{AU + BV - V\sqrt{\varphi(x)}},$$

evolutione secundum dignitates descendentes ipsius x instituta;

3) L valorem expressionis

$$\frac{S}{\sqrt{\varphi(x)}} \log \frac{AU + BV + V\sqrt{\varphi(x)}}{AU + BV - V\sqrt{\varphi(x)}},$$

posito $x = a$.

Signa $\pm$, quae in summa assignata $\Sigma \pm \Pi(x)$ singulis $\Pi(x)$ praefigenda sunt, eadem sunt atque valorum expressionis $\frac{AU + BV}{V}$.«

Posito $B = 0$, hoc theorema in Abelianum abit; demonstrationi supersedeo, cum pro utroque eadem sit.

Regiomonti, 14. Maii 1832.

CONSIDERATIONES GENERALES

DE

TRANSCENDENTIBUS ABELIANIS

AUCTORE

C. G. J. JACOBI
PROF. MATH. REGIOM.

Crelle Journal für die reine und angewandte Mathematik, Bd. 9. p. 394—403.

CONSIDERATIONES GENERALES DE TRANSCENDENTIBUS ABELIANIS.

1.

Denotante X functionem variabilis x rationalem integram quarti ordinis, demonstravit olim Eulerus, transcendentes huiusmodi:

$$\int_0^x \frac{dx}{\sqrt{X}} = \Pi(x)$$

gaudere proprietate singulari, ut posito

$$\Pi(x) + \Pi(y) = \Pi(a),$$

ipsa a e x et y algebraice inveniatur. Quo theoremate, advocata transformatione transcendentis $\Pi(x)$ a Cl. Landen detecta, superstruxit Cl. Legendre amplam theoriam, quam hodie nomine *theoriae functionum ellipticarum* usurpamus. Neque tamen harum transcendentium indoles atque natura plane pernosci poterat, considerando hanc solam transcendentem $\Pi(x)$ sive etiam generaliorem hanc

$$\int_0^x \frac{f(x)\,dx}{\sqrt{X}},$$

in qua $f(x)$ functio ipsius x rationalis est, sed considerari debuit functio, cuius ipsa $\Pi(x)$ inversa est, sive *considerari debuit intervallum x ut functio integralis $\Pi(x)$.*

Etenim si analogiam functionum trigonometricarum respicimus, in quas casu speciali functiones ellipticae abeunt, etiam hic videmus, posito

$$u = \int_0^x \frac{dx}{\sqrt{1-xx}},$$

considerari ab analystis intervallum x tamquam functionem integralis u, cui nomen *sinus* tribuunt. Quam functionem scimus proprietatibus gravissimis gaudere, quae eius usum et applicationem per totam analysin frequentissimam

reddunt. Quippe quae, ut de aliis taceam, pro quolibet valore argumenti u valorem unicum ac determinatum habet; evolvi potest in seriem secundum dignitates ipsius u progredientem, quae pro omnibus argumenti valoribus et realibus et imaginariis convergit; discerpi potest in factores lineares, qui determinantur valoribus ipsius u, pro quibus functio evanescit; denique *gaudet illa proprietatibus omnibus functionis ipsius u rationalis integrae.* E contra functionem u considerant analystae tantum ut inversam functionis $x = \sin(u)$, dicentes eam esse, cuius *sinus* $= x$, aut scribentes $u = arcus\ sinus\ x$; neque ea functio ullo modo evolvi potest in seriem semper convergentem, neque determinata est, sed numerum valorum infinitum habet, quippe cuius eadem est natura atque *radicis aequationis algebraicae ordinis infiniti,* $x = \sin(u)$. Unde nec nomen nec signum peculiare ei tribuere idoneum putabatur.

Eodem plane modo comparatum est de transcendentibus ellipticis sive de transcendentibus $\Pi(x) = u$, quoties $\mathbf{X}$ ascendit ordinem quartum. Etiam hoc casu functio $\Pi(x)$ nullo modo evolvi potest in seriem semper convergentem, neque valorem determinatum habet, sed numerum adeo valorum dupliciter infinitum. Contra vero, quod a nobis in *Fundamentis novis theoriae functionum ellipticarum* factum est, ubi exhibita transcendente $\Pi(x)$ sub forma simpliciore, ad quam Cl. L e g e n d r e eam revocavit:

$$u = \Pi(x) = \int_0^x \frac{dx}{\sqrt{(1-xx)(1-k^2xx)}} = \int_0^\varphi \frac{d\varphi}{\sqrt{1-k^2\sin^2\varphi}},$$

consideramus *amplitudinem* φ tamquam functionem integralis u: functio x quam hunc in modum exhibemus:

$$x = \sin am\,(u),$$

gaudet proprietatibus omnibus functionis rationalis fractae. Quippe spectari potest functio illa tamquam fractio, cuius et denominator et numerator sunt functiones rationales integrae ordinis infiniti, quas et ipsas ut transcendentes novas valde memorabiles in analysin introduxi. Evolvi possunt functiones illae in series rapidissime convergentes pro quolibet argumenti u valore sive reali sive imaginario; discerpi possunt in factores lineares, qui facile determinantur valoribus ipsius u, pro quibus functio $x = \sin am (u)$ aut evanescit aut in infinitum abit. Ipsa tandem functio $x = \sin am (u)$, ut de aliis taceam, gaudet proprietate, qua ante omnes transcendentes hactenus notas excellit, *periodo duplici et reali et ima-*

ginaria. Quemadmodum enim functio trigonometrica $\sin(u)$ periodo reali gaudet, ut cuius valores, crescente u, inde a $u = 2\pi$ eodem ordine redeunt, sive cuius valores mutato u in $u+2\pi$ immutati manent; quemadmodum functio exponentialis e^u periodum imaginariam habet, ut quae mutato u in $u+2\pi\sqrt{-1}$ et ipsa valorem non mutat: ita, ex observatione a nobismet ipsis et Cl. Abel facta, functio elliptica $\sin am(u)$ valorem non mutat, mutato u et in $u+4K$ et in $u+2K'\sqrt{-1}$, designantibus K, K' integralia definita:

$$K = \int_0^{\frac{\pi}{2}} \frac{d\varphi}{\sqrt{1-k^2\sin^2\varphi}}, \quad K' = \int_0^{\frac{\pi}{2}} \frac{d\varphi}{\sqrt{\cos^2\varphi+k^2\sin^2\varphi}}.$$

Quibus de causis nos et Cl. Abel arbitrati sumus, artem analyticam magna incrementa capturam esse, introducta hac nova functione $x = \sin am(u)$, cuius ipsa transcendens $u = \Pi(x)$ est inversa sive una aliqua e radicibus aequationis $x = \sin am(u)$, quarum numerus dupliciter infinitus.

2.

Theorema Eulerianum, de quo diximus, a Cl. Abel mirum in modum amplificatum est, videlicet ad casus omnes extensum, quibus functio X, quae in integralibus ellipticis tantum ad ordinem quartum ascendebat, functio est quaelibet integra rationalis. Ut a casu simplicissimo post eum, de quo supra egimus, ordiamur, designante X functionem ipsius x integram rationalem ordinis quinti aut sexti, sit

$$\int_0^x \frac{(A+A_1 x)dx}{\sqrt{X}} = \Pi(x),$$

proposita aequatione:

$$\Pi(x)+\Pi(y)+\Pi(z) = \Pi(a)+\Pi(b),$$

demonstravit Cl. Abel, ipsas a, b e quantitatibus x, y, z *algebraice* determinari posse.

Generaliter autem, *designante* $f(x) = X$ *functionem ipsius x integram rationalem ordinis cuiuslibet* $2m^{ti}$ *sive* $(2m-1)^{ti}$, *posito*

$$\int_0^x \frac{(A+A_1 x+A_2 x^2+\cdots+A_{m-2}x^{m-2})dx}{\sqrt{X}} = \Pi(x),$$

demonstratum est a Cl. Abel, dato numero m valorum variabilis x:

$$x, x_1, x, \ldots, x_{m-1},$$

ex illis algebraice determinari posse $m-1$ *quantitates*

$$a, a_1, a_2, \ldots, a_{m-2}$$

tales, ut satisfaciant aequationi transcendentali:

$$\Pi(x) + \Pi(x_1) + \Pi(x_2) + \cdots + \Pi(x_{m-1}) = \Pi(a) + \Pi(a_1) + \cdots + \Pi(a_{m-2}).$$

Et invenit Cl. Abel ipsas $a, a_1, \ldots, a_{m-2}$ *ut radices aequationis algebraicae ordinis* $(m-1)^{ti}$, *cuius coefficientes singuli per* $x, x_1, \ldots, x_{m-1}$ *atque* $\sqrt{X}, \sqrt{X_1}, \ldots, \sqrt{X_{m-1}}$ *rationaliter exhibentur, siquidem* $X_1 = f(x_1)$, $X_2 = f(x_2)$, *etc.*

De quo theoremate facile etiam sequitur, dato numero quolibet valorum ipsius x, summam transcendentium $\Pi(x)$, quae ad valores illos datos pertinent, semper exprimi posse per numerum $m-1$ transcendentium $\Pi(x)$, quae pertinent ad valores ipsius x e datis algebraice determinabiles.

Theoremati antecedenti ut monumento pulcherrimo ingenii admirabilis morte praematura abrepti *theorematis Abeliani* nomen imponere placet. Ipsas etiam transcendentes $\Pi(x)$ casibus, quibus X ultra ordinem quartum ascendit, *transcendentes Abelianas* vocare lubet, ut quas ante illum nemo consideraverat. Quas Cl. Legendre etiam idoneo nomine *hyperellipticas* appellat (fonctions ultra-elliptiques) [*]).

3.

Casu quo $u = \Pi(x)$ est integrale ellipticum sive X tantum ad ordinem quartum ascendit, docet theorema Eulerianum, siquidem vice versa $x = \lambda(u)$, functionem $\lambda(u + u')$, cuius argumentum est binomen $u + u'$, exhiberi algebraice per functiones $\lambda(u)$, $\lambda(u')$, quae ad singula nomina u, u' pertinent, sicuti de functionibus trigonometricis in elementis proponitur. Iam rogo, *et quaenam sint casu generaliori functiones illae, quarum inversae sunt transcendentes Abelianae, et quomodo de hisce exhibitum audiat theorema Abelianum.*

---

[*]) Cl. Abel commentationem *de proprietatibus singularibus integralium functionum algebraicarum* iam a. 1826 Academiae Parisiensi exhibuit, quam Illustris Academia commentationibus *eruditorum alienorum* inserendam decrevit. Quarum tamen publicatio cum in dies proferatur, valde optandum esset, ut Illustri Academiae inter ipsas eius commentationes eam exhibere placeat, vel si forte usus vetat, ut parti certe historicae commentationum inseratur. Quamquam pietatis quodammodo foret, honorem et insuetum tribuere memoriae iuvenis eximii, cui ipsos honores Academicos praeclusit fatum irrevocabile. Quod, dum Parisiis agebam, a Cl. Fourier precibus meis concessum, utinam, mortuo viro excellentissimo, illustris eius successor ratum facere velit.

Theorema Eulerianum exhibet *algebraice* integrale completum aequationis differentialis primi ordinis inter duas variabiles, quae in aequatione differentiali separatae sunt, huiusmodi:

$$\frac{dx}{\sqrt{X}} + \frac{dy}{\sqrt{Y}} = 0,$$

in qua, designante $f(x)$ functionem integram rationalem ordinis quarti, $X = f(x)$, $Y = f(y)$. Iam rogo, *quaenam sint aequationes differentiales, quarum integralia completa algebraice exhibeat theorema Abelianum.*

4.

Ordiamur rursus a casu simplicissimo transcendentium Abelianarum, eum dico, quo functio X tantum ad ordinem quintum aut sextum ascendit. Sit

$$\int_0^x \frac{dx}{\sqrt{X}} = \Phi(x), \qquad \int_0^x \frac{x\,dx}{\sqrt{X}} = \Phi_1(x),$$

ac ponatur:

$$\Phi(x) + \Phi(y) = u,$$
$$\Phi_1(x) + \Phi_1(y) = v;$$

considero x, y ut functiones ipsarum u, v, ac pono:

$$x = \lambda(u, v),$$
$$y = \lambda_1(u, v).$$

Quas functiones

$$\lambda(u, v), \quad \lambda_1(u, v),$$

quae ab argumentis duobus u, v pendent, in analysin introducamus necesse est, si analogiam functionum trigonometricarum et ellipticarum etiam in functionibus Abelianis servare placet.

5.

Posito, ut supra,

$$\Pi(x) = \int_0^x \frac{(A + A_1 x)\, dx}{\sqrt{X}},$$

sive

$$\Pi(x) = A\Phi(x) + A_1\, \Phi_1(x),$$

docet theorema Abelianum, aequationis

$$\Pi(x) + \Pi(y) + \Pi(z) = \Pi(a) + \Pi(b)$$

solutionem dari algebraicam, sive a, b per quantitates x, y, z algebraice determinari posse. At observo, problema determinandi ipsas a, b e datis quantitatibus x, y, z indeterminatum esse, ideoque theorema Abelianum ita propositum

2 *

nihil aliud docere, nisi e solutionibus innumeris aequationis propositae:

$$\Pi(a) + \Pi(b) = \Pi(x) + \Pi(y) + \Pi(z)$$

unam extare algebraicam. Iam vero observo, relationes illas algebraicas, a Cl. Abel exhibitas, quarum ope a, b e quantitatibus x, y, z determinantur, nullo modo pendere ab ipsis A, A_1, quae afficiunt numeratorem fractionis, cuius integrale est transcendens $\Pi(x)$. Unde eaedem aequationes binae algebraicae inter x, y, z, a, b propositae utrique simul satisfaciunt aequationi transcendentali:

$$\Phi(a) + \Phi(b) = \Phi(x) + \Phi(y) + \Phi(z)$$
$$\Phi_1(a) + \Phi_1(b) = \Phi_1(x) + \Phi_1(y) + \Phi_1(z).$$

Quibus aequationibus duabus simul propositis, iam a, b e quantitatibus x, y, z omnino determinatae sunt. Itaque theorema Abelianum, si eius vim ac naturam recte perspicere velis, in modum sequentem proponi debet:

Theorema.

»*Designante* X *functionem ipsius* x *integram rationalem ordinis quinti aut sexti, sit*

$$\int_0^x \frac{dx}{\sqrt{X}} = \Phi(x), \quad \int_0^x \frac{x\,dx}{\sqrt{X}} = \Phi_1(x),$$

propositis duabus simul aequationibus,

$$\Phi(a) + \Phi(b) = \Phi(x) + \Phi(y) + \Phi(z)$$
$$\Phi_1(a) + \Phi_1(b) = \Phi_1(x) + \Phi_1(y) + \Phi_1(z),$$

quantitates a, b *e datis quantitatibus* x, y, z *algebraice determinantur.*«

6.

Theorema antecedens facile ad eum casum extenditur, quo summa quatuor sive cuiuslibet numeri transcendentium per summam binarum exprimatur, quarum argumenta ab illarum argumentis algebraice pendent. Consideremus casum, quo summa quatuor transcendentium per summam binarum exhibenda est, theorema Abelianum, ad eum casum applicatum, rursus docet, propositis duabus simul aequationibus,

$$\Phi(a) + \Phi(b) = \Phi(x) + \Phi(y) + \Phi(x') + \Phi(y')$$
$$\Phi_1(a) + \Phi_1(b) = \Phi_1(x) + \Phi_1(y) + \Phi_1(x') + \Phi_1(y'),$$

quantitates a, b e datis quantitatibus x, y, x', y' algebraice determinari.

Ponamus iam:

$$\Phi(x) + \Phi(y) = u, \quad \Phi(x') + \Phi(y') = u',$$

porro

$$\Phi_1(x) + \Phi_1(y) = v, \quad \Phi_1(x') + \Phi_1(y') = v',$$

unde e duabus aequationibus propositis sequitur:

$$\Phi(a) + \Phi(b) = u + u', \quad \Phi_1(a) + \Phi_1(b) = v + v'.$$

E notatione autem supra explicata ex his aequationibus habemus vicissim:

$$x = \lambda(u, v), \qquad y = \lambda_1(u, v),$$
$$x' = \lambda(u', v'), \qquad y' = \lambda_1(u', v'),$$
$$a = \lambda(u+u', v+v'), \quad b = \lambda_1(u+u', v+v').$$

Quibus statutis, de functionibus novis $\lambda(u, v)$, $\lambda_1(u, v)$ iam proponimus hoc theorema, in quod theorema Abelianum abit:

Theorema.

»*Designante* X *functionem integram rationalem ordinis quinti aut sexti*, *ponatur:*

$$\int_0^x \frac{dx}{\sqrt{X}} = \Phi(x), \quad \int_0^x \frac{x \, dx}{\sqrt{X}} = \Phi_1(x);$$

sint porro

$$x = \lambda(u, v), \quad y = \lambda_1(u, v)$$

functiones tales argumentorum u, v, ut simul sit:

$$\Phi(x) + \Phi(y) = u, \quad \Phi_1(x) + \Phi_1(y) = v,$$

gaudebunt functiones illae

$$\lambda(u, v), \quad \lambda_1(u, v)$$

proprietate ei simili, quae de functionibus trigonometricis et ellipticis in elementis proponitur, ut functiones illae argumentorum binominum

$$u + u', \quad v + v'$$

algebraice exhibeantur per functiones, quae ad singula nomina

$$u, v; \quad u', v'$$

pertinent; sive ut functiones

$$\lambda(u+u', v+v'), \quad \lambda_1(u+u', v+v')$$

algebraice exhibeantur per functiones

$$\lambda(u, v), \quad \lambda(u', v')$$
$$\lambda_1(u, v), \quad \lambda_1(u', v').\alpha$$

7.

Theorema autem generale iam ita audit:

Theorema generale.

»*Designante* X *functionem ipsius* x *rationalem integram ordinis* $(2m-1)^{ti}$ *aut* $2m^{ti}$, *sit*

$$\int_0^x \frac{dx}{\sqrt{X}} = \Phi(x), \quad \int_0^x \frac{x\,dx}{\sqrt{X}} = \Phi_1(x), \quad \int_0^x \frac{x^2\,dx}{\sqrt{X}} = \Phi_2(x), \dots \int_0^x \frac{x^{m-2}\,dx}{\sqrt{X}} = \Phi_{m-2}(x);$$

quibus positis, statuantur $m-1$ *functiones*

$$x, \; x_1, \; x_2, \; \dots, \; x_{m-2},$$

quae singulae a quantitatibus $m-1$ *sequentibus*

$$u, \; u_1, \; u_2, \; \dots, \; u_{m-2}$$

ita pendent, ut simul habeantur aequationes:

$$
\begin{aligned}
u &= \Phi(x) \;+ \Phi(x_1) \;+ \Phi(x_2) \;+ \cdots + \Phi(x_{m-2}) \\
u_1 &= \Phi_1(x) \;+ \Phi_1(x_1) \;+ \Phi_1(x_2) \;+ \cdots + \Phi_1(x_{m-2}) \\
u_2 &= \Phi_2(x) \;+ \Phi_2(x_1) \;+ \Phi_2(x_2) \;+ \cdots + \Phi_2(x_{m-2}) \\
&\; \cdots \cdots \cdots \cdots \\
u_{m-2} &= \Phi_{m-2}(x) + \Phi_{m-2}(x_1) + \Phi_{m-2}(x_2) + \cdots + \Phi_{m-2}(x_{m-2}),
\end{aligned}
$$

sintque functiones illae:

$$
\begin{aligned}
x &= \lambda(u, u_1, u_2, \dots, u_{m-2}) \\
x_1 &= \lambda_1(u, u_1, u_2, \dots, u_{m-2}) \\
x_2 &= \lambda_2(u, u_1, u_2, \dots, u_{m-2}) \\
&\; \cdots \cdots \cdots \cdots \\
x_{m-2} &= \lambda_{m-2}(u, u_1, u_2, \dots, u_{m-2});
\end{aligned}
$$

gaudent functiones illae proprietate eadem, quae de functionibus trigonometricis et ellipticis valet, ut illae pro argumentis binominibus

$$u+u', \; u_1+u_1', \; u_2+u_2', \; \dots, \; u_{m-2}+u_{m-2}'$$

exprimantur algebraice per functiones easdem, quarum argumenta sunt singula nomina

$$u, \; u_1, \; u_2, \; \dots, \; u_{m-2}$$

atque

$$u', \; u_1', \; u_2', \; \dots, \; u_{m-2}';$$

sive ut functiones

$$\lambda\,(u + u',\quad u_1 + u_1',\ \ldots,\ u_{m-2} + u_{m-2}')$$
$$\lambda_1\,(u + u',\quad u_1 + u_1',\ \ldots,\ u_{m-2} + u_{m-2}')$$

$$\lambda_{m-2}(u + u',\ u_1 + u_1',\ \ldots,\ u_{m-2} + u_{m-2}')$$

exprimantur algebraice per functiones

$$\lambda\,(u,\ u_1,\ u_2,\ \ \ldots,\ u_{m-2})$$
$$\lambda_1\,(u,\ u_1,\ u_2,\ \ \ldots,\ u_{m-2})$$

$$\lambda_{m-2}(u,\ u_1,\ u_2,\ \ldots,\ u_{m-2})$$

atque

$$\lambda\,(u',\ u_1',\ u_2',\ \ \ldots,\ u_{m-2}')$$
$$\lambda_1\,(u',\ u_1',\ u_2',\ \ \ldots,\ u_{m-2}')$$

$$\lambda_{m-2}(u',\ u_1',\ u_2',\ \ldots,\ u_{m-2}').\,"$$

Observo functiones quaesitas e datis inveniri ope aequationis algebraicae ordinis $(m-1)^{\text{ti}}$, quae generaliter assignari potest per theorema Abelianum.

8.

Theorema Eulerianum exhibet integrale completum algebraicum aequationis differentialis primi ordinis inter duas variabiles, in qua variabiles separatae sunt. Theorema Abelianum exhibet $m-1$ integralia completa algebraica (id est, quae $m-1$ constantes arbitrarias involvunt) $m-1$ aequationum differentialium linearium primi ordinis inter m variabiles, in quibus singulis variabiles illae separatae sunt. Ordiamur rursus a casu simplicissimo transcendentium Abelianarum, quo X ad quintum aut sextum ordinem ascendit.

Eo casu aequationes duas transcendentales:

$$\Phi(x) + \Phi(y) + \Phi(z) = \Phi(a) + \Phi(b)$$
$$\Phi_1(x) + \Phi_1(y) + \Phi_1(z) = \Phi_1(a) + \Phi_1(b),$$

scimus per theorema Abelianum, locum tenere duarum aequationum algebraicarum inter quantitates quinque x, y, z, a, b. Consideremus ipsas a, b ut constantes; differentiatis aequationibus propositis, omnino abire videmus ipsas a, b, quae igitur in aequationibus transcendentalibus sive in aequationibus algebraicis, quae earum locum tenent, sunt constantes arbitrariae. Hinc fluit theorema sequens:

Theorema.

"*Sit* $f(x)$ *functio rationalis integra ipsius* x *ordinis quinti aut sexti, sit porro*

$$f(x) = X,\quad f(y) = Y,\quad f(z) = Z,$$

aequationes duae differentiales lineares primi ordinis inter tres variabiles, in quibus singulis variabiles x, y, z, separatae sunt,

$$\frac{dx}{\sqrt{X}} + \frac{dy}{\sqrt{Y}} + \frac{dz}{\sqrt{Z}} = 0$$

$$\frac{x\,dx}{\sqrt{X}} + \frac{y\,dy}{\sqrt{Y}} + \frac{z\,dz}{\sqrt{Z}} = 0,$$

dua habent integralia completa algebraica.«

De transcendentibus Abelianis ordinis proxime insequentis simili modo theorema hoc habetur:

Theorema.

»Sit $f(x)$ *functio rationalis integra ipsius* x *ordinis septimi aut octavi, sit porro*

$$f(w) = W, \quad f(x) = X, \quad f(y) = Y, \quad f(z) = Z,$$

aequationes tres differentiales lineares primi ordinis inter variabiles quatuor, in quibus singulis variabiles w, x, y, z separatae sunt,

$$\frac{dw}{\sqrt{W}} + \frac{dx}{\sqrt{X}} + \frac{dy}{\sqrt{Y}} + \frac{dz}{\sqrt{Z}} = 0,$$

$$\frac{w\,dw}{\sqrt{W}} + \frac{x\,dx}{\sqrt{X}} + \frac{y\,dy}{\sqrt{Y}} + \frac{z\,dz}{\sqrt{Z}} = 0,$$

$$\frac{w^2\,dw}{\sqrt{W}} + \frac{x^2\,dx}{\sqrt{X}} + \frac{y^2\,dy}{\sqrt{Y}} + \frac{z^2\,dz}{\sqrt{Z}} = 0,$$

tria habent integralia completa algebraica.«

Quae theoremata facile ad numerum quemlibet variabilium et aequationum differentialium extenduntur. Ipsa integralia completa algebraica generaliter suggerit theorema Abelianum.

Novimus, olim Ill. Lagrange in commentationibus Academiae Taurinensis, ab ipsa aequatione differentiali inter duas variabiles profectum, per methodos directas integrationis ad ipsum eius integrale completum algebraicum ascendisse, atque ita methodo nova ac singulari demonstravisse theorema Eulerianum, quod ei tantam ipsius Euleri excitavit admirationem. Ita etiam operae pretium fore credimus, duarum illarum aequationum differentialium inter tres variabiles duo integralia completa algebraica, sive generalius $m-1$ aequationum illarum differentialium inter m variabiles $m-1$ integralia completa algebraica per methodos directas integrationis investigare, atque ita nova nec minus singulari demonstratione theorema Abelianum adornare.

Regiom. 12. Julii 1832.

ÜBER

DIE FIGUR DES GLEICHGEWICHTS.

VON

PROF. DR. C. G. J. JACOBI.

Poggendorff Annalen der Physik und Chemie, Bd. 33. p. 229—238.

ÜBER DIE FIGUR DES GLEICHGEWICHTS.

Die Frage nach der Figur der Erde hat die Untersuchung veranlasst, welche Figur eine flüssige homogene Masse, deren Theilchen zu einander nach dem Newton'schen Gesetz gravitiren, und welche sich um eine feste Axe gleichförmig dreht, annehmen müsse, um im Gleichgewicht zu bleiben. Man nennt solche Figur wohl schlechthin eine Figur des Gleichgewichts. Man fand bald, sie könne eine Fläche der zweiten Ordnung sein und zwar eine solche, die durch Umdrehung einer Ellipse um ihre kleine Axe entsteht, ein rundes, plattes Ellipsoid. Diefs haben schon Clairaut und Maclaurin bewiesen. Die Ellipse, die man fand, war immer sehr wenig excentrisch, oder das Ellipsoid kam der Sphäre sehr nahe. Aber d'Alembert machte die wichtige Bemerkung, dass die transcendente Gleichung, von der die Excentricität der Ellipse abhängt, immer noch eine Lösung hat, die in der Regel eine grofse Excentricität oder ein sehr plattes Sphäroid giebt; und la Place zeigte, wie d'Alembert vermuthet hatte, diefs seien die einzigen Lösungen. Es wird übrigens hierbei vorausgesetzt, dass die Rotationsgeschwindigkeit eine gewisse Grenze nicht überschreite; in dieser Grenze fallen beide Lösungen zusammen. Überschritte die Rotationsgeschwindigkeit diese Grenze, so würde man auf imaginäre Gröfsen kommen.

Die erste dieser Lösungen, die das wenig abgeplattete Umdrehungsellipsoid giebt, hat durch Legendre's bewundernswürdige Arbeiten über die Figur der Erde eine gröfsere Bedeutung erlangt. Dieser Mann, dessen Ruhm mit den Fortschritten der Mathematik zunimmt, hatte durch Einführung jener merkwürdigen Ausdrücke, durch welche wir heute in den Anwendungen die Functionen zweier Variabeln darstellen, die allgemeinsten Untersuchungen über diesen Gegenstand möglich gemacht. Er zeigte, dass unter allen Figuren, die nicht zu

3 *

sehr von der sphärischen Gestalt abweichen, so dass es möglich ist, die Anziehung, welche auf einen Punkt der Oberfläche ausgeübt wird, nach den Potenzen
dieser Abweichung zu entwickeln, das wenig abgeplattete Umdrehungsellipsoid,
wie es Clairaut und Maclaurin bestimmt hatten, die einzig mögliche Figur
des Gleichgewichts sei, und zwar nicht in irgend einer Annäherung, sondern in
absoluter, geometrischer Strenge. Wenn man bedenkt, dass man hier aus Relationen zwischen dreifachen Integralen, deren Grenzen unbekannt sind, und
welche Constanten enthalten, zwischen denen eine unbekannte Relation stattfindet, die Gleichung zwischen den drei Variabeln zu suchen hat, welche die
Grenzen giebt und zugleich die unbekannte Relation zwischen den Constanten
bestimmt, so staunt man über die Kühnheit und das Glück dieses Unternehmens.
Es ist zu bedauern, dass der Autor der Mécanique céleste es nicht für zweckmäfsig
fand, das merkwürdige Theorem in sein weitschichtiges Werk aufzunehmen.

Wie wesentlich die Bedingung ist, dass die Componenten der Anziehung
nach den Potenzen der Abweichung von der Kugelgestalt würden entwickelt
werden können, oder wenigstens entwickelt gedacht werden, erhellt daraus, dass
die Legendresche Analysis das zweite sehr platte, von d'Alembert zuerst
bemerkte Umdrehungsellipsoid nicht giebt. Aber man ist in einem sehr gro-
ben Irrthum gewesen, wenn man geglaubt hat, diese beiden Umdrehungsellipsoide seien, wenigstens unter Flächen zweiter Ordnung, die einzigen Figuren
des Gleichgewichts. In der That zeigt eine leichte Aufmerksamkeit, dass
Ellipsoide mit drei ungleichen Axen eben so gut Figuren des Gleichgewichts
sein können; dass man zum Äquator eine ganz beliebige Ellipse annehmen kann,
und dann immer die dritte Hauptaxe, die Umdrehungsaxe, welche auch hier
die kleinste der drei Axen ist, und die Rotationsgeschwindigkeit so bestimmen
kann, dass das Ellipsoid eine Figur des Gleichgewichts wird.

Nennt man m, n die halben Hauptaxen des Äquators, p die halbe Umdrehungsaxe, so hat man, wenn man der Kürze halber

$$\Delta = \sqrt{\left(1+\frac{x}{mm}\right)\left(1+\frac{x}{nn}\right)\left(1+\frac{x}{pp}\right)}$$

setzt, folgende transcendente Relation zwischen den drei Hauptaxen:

$$\int_0^\infty \frac{dx}{\left(1+\frac{x}{mm}\right)\left(1+\frac{x}{nn}\right)\Delta} = \int_0^\infty \frac{dx}{\left(1+\frac{x}{pp}\right)\Delta},$$

welche alle ungleichaxigen Ellipsoide umfasst, die Figuren des Gleichgewichts sein können. Die zu jedem dieser Ellipsoide zugehörige Rotationsgeschwindigkeit v bestimmt sich durch die Gleichung

$$v^2 = 2\pi \int_0^\infty \frac{x\,dx}{(x+mm)(x+nn)\,\triangle}.$$

Nimmt man m und n beliebig an, so giebt die erste Gleichung immer einen reellen Werth für p, welcher immer von der Art ist, dass:

$$\frac{1}{pp} > \frac{1}{mm} + \frac{1}{nn}.$$

Man sieht hieraus, dass ein ungleichaxiges Ellipsoid, wenn es Figur des Gleichgewichts sein soll, immer sehr von der Kugelform abweicht, was mit dem Legendre'schen Theorem übereinstimmt, welches lehrt, dass, wenn es aufser dem wenig abgeplatteten Umdrehungsellipsoid noch Figuren des Gleichgewichts giebt, diese sehr von der Kugelform abweichen müssen.

Da zum Äquator eine beliebige Ellipse angenommen werden kann, so kann man nach dem Fall fragen, wo für diese Ellipse ein Kreis angenommen würde. Für diesen Fall findet man jene oben erwähnte Grenze der Rotationsgeschwindigkeit, und unsere Figur des Gleichgewichts fällt mit den beiden bekannten zusammen.

Die beiden aufgestellten Formeln leiten sich ohne weitere Rechnung aus den bekannten ab, daher es hinreicht, sie hinzuschreiben. Unter den beiden Gleichungen, welche das Gleichgewicht erfordert, hat die eine, welche die nöthige Relation zwischen den drei Hauptaxen ausdrückt, die Form:

$$\varphi(m, n, p) = \varphi(n, m, p),$$

die, wie man augenblicklich sieht, erfüllt wird, wenn man $m = n$ setzt. Indem man nun in der zweiten Gleichung, welche die Rotationsgeschwindigkeit giebt, $m = n$ setzte, erhielt man die bekannten Umdrehungsellipsoide. Aber nachdem diese längst auf das genaueste erörtert sind, durfte man fragen, ob denn jene Gleichung nothwendig erfordere, dass $m = n$ gesetzt werde; ob nicht auch der Gleichung

$$\frac{\varphi(m, n, p) - \varphi(n, m, p)}{m - n} = 0$$

durch reelle Werthe von m und n Genüge geschehen könne. Diese ist aber

keine andere als die erste der angegebenen Gleichungen, welche in der That eine Classe reeller ungleichaxiger Ellipsoide giebt, welche Figuren des Gleichgewichts sein können.

Ich will noch eines anderen merkwürdigen Umstandes bei der Attraction der Ellipsoide erwähnen. Die ersten Analysten, die sich mit der Attraction homogener Ellipsoide beschäftigten, suchten diese endlich zu finden, natürlich vergeblich, da sie von elliptischen Integralen abhängt. Laplace erzählt bei dieser Gelegenheit, er habe sich einen Beweis gemacht, dass diese Integrale sich nicht endlich, d. h. durch Kreisbogen und Logarithmen, ausdrücken lassen, was interessant genug ist. Wenn man das Ellipsoid nicht homogen annimmt, sondern nur aus homogenen concentrischen, ähnlichen und ähnlich liegenden Schichten bestehen lässt, deren Dichtigkeit sich von einer Schicht zur andern ändert, so dass etwa, wie man öfters angenommen, die Dichtigkeit der auf demselben Durchmesser befindlichen Elemente der Entfernung vom Mittelpunkt umgekehrt proportional ist, oder durch irgend sonst eine rationale ungrade Function dieser Entfernung ausgedrückt wird, so läfst sich in der That die Anziehung, welche das Ellipsoid auf irgend einen äufseren oder inneren Punkt ausübt, endlich, d. h. durch Kreisbogen und Logarithmen, ausdrücken.

Potsdam, den 4. October 1834.

DE FUNCTIONIBUS DUARUM VARIABILIUM

QUADRUPLICITER PERIODICIS,

QUIBUS THEORIA TRANSCENDENTIUM ABELIANARUM

INNITITUR.

AUCTORE

C. G. J. JACOBI

PROF. ORD. MATH. REGIOM.

Crelle Journal für die reine und angewandte Mathematik, Bd. 13. p. 55—78.

DE FUNCTIONIBUS DUARUM VARIABILIUM QUADRUPLICITER PERIODICIS, QUIBUS THEORIA TRANSCENDENTIUM ABELIANARUM INNITITUR.

1.

In *Fundamentis novis theoriae functionum ellipticarum* adnotavi (§. 19.), duplicem periodum amplecti universam, quae in analysi fingi possit, periodicitatem. Quam rem sequentibus accuratius examinemus.

Periodicam voco functionem $\lambda(u)$, si datur constans i talis, ut pro quolibet ipsius u valore sit

$$\lambda(u+i) = \lambda(u).$$

Constantem i functionis voco *indicem*. Patet autem, ex uno indice innumeros provenire alios, cum eius multiplum positivum aut negativum quodcunque et ipse sit index. E quorum numero eum, cuius nulla pars aliquota functionis index est, indicem functionis dico *proprium*. Circumferuntur in elementis functiones periodicae $\sin(u)$, e^u, quarum indices proprii sunt resp. 2π, $2\pi\sqrt{-1}$.

Iam ponamus, cuius rei exemplum in functionibus ellipticis primum monstrabatur, functionem $\lambda(u)$ duabus gaudere periodis, quas ad unam revocare non liceat. Sint earum indices i, i', unde simul locum habent aequationes:

$$\lambda(u+i) = \lambda(u), \quad \lambda(u+i') = \lambda(u),$$

de quibus, designantibus m, m' numeros quoscunque integros positivos aut negativos, haec sequitur generalior:

$$\lambda(u+mi+m'i') = \lambda(u),$$

sive erit etiam $mi+m'i'$ index. Et primum patet, *indices i, i' inter se statuendos*

esse incommensurabiles. Nam si $\varDelta$ eorum divisor maximus communis, ponere licet

$$i = m\varDelta, \quad i' = m'\varDelta,$$

designantibus m, m' numeros integros inter se primos. Unde alios determinare possumus n, n' tales, ut sit

$$mn + m'n' = 1.$$

Quo facto, habetur index

$$ni + n'i' = \varDelta,$$

de quo uno indice cum indices i, i', ut multipla eius, proveniant, videmus, *si duarum periodorum, quibus functio gaudet, sint indices inter se commensurabiles, duas periodos redire in unicam, cuius index ipsorum sit divisor maximus communis.*

Quotientem duorum indicum, qui ex uno non proveniant, cum ex antecedentibus pateat, statui non posse quantitatem rationalem, facile etiam patet, eundem *statui non posse quantitatem realem.* Sit enim

$$i = \varepsilon\varDelta, \quad i' = \varepsilon'\varDelta,$$

designantibus $\varepsilon, \varepsilon'$ quantitates reales inter se incommensurabiles; invenire licet numeros integros positivos vel negativos m, m' tales, ut

$$m\varepsilon + m'\varepsilon' = \varepsilon''$$

ulla data quantitate minor evadat. Quibus positis, erit

$$\lambda(u + mi + m'i') = \lambda(u + \varepsilon''\varDelta) = \lambda(u),$$

unde functio $\lambda(u)$ indicem haberet ulla data quantitate minorem neque tamen evanescentem. Quod fieri non potest.

Sequitur ex antecedentibus, quoties periodorum, quae in unam non redeant, indices sint quantitates imaginariae,

$$i = a + b\sqrt{-1}, \quad i' = a' + b'\sqrt{-1},$$

designantibus a, b, a', b' quantitates reales, numquam haberi posse:

$$ab' - a'b = 0.$$

Tum enim indicum quotientem

$$\frac{a' + b'\sqrt{-1}}{a + b\sqrt{-1}} = \frac{a'}{a} = \frac{b'}{b}$$

haberes quantitatem realem.

2.

Exáminemus iam, an functio tribus gaudere possit periodis, quas e duabus componere non liceat. Sint trium eiusmodi periodorum indices

$$i = a + b\sqrt{-1}, \quad i' = a' + b'\sqrt{-1}, \quad i'' = a'' + b''\sqrt{-1},$$

designantibus a, b, a', b', a'', b'' quantitates reales. Supponimus ex antecedentibus, e tribus quantitatibus

$$a'b'' - a''b', \quad a''b - ab'', \quad ab' - a'b$$

nullam evanescere. Alioquin enim aut duae periodi in unam redirent, quod est contra hypothesin, aut functio haberet indicem minorem quam ullam quantitatem datam neque tamen evanescentem, quod est absurdum. Ac primum observo, tres illas quantitates inter se esse non posse ut numeros integros, vel eandem eas quantitatem metiri non posse.

Ponamus enim, esse

$$a'b'' - a''b' : a''b - ab'' : ab' - a'b = m : m' : m'',$$

designantibus m, m', m'' *) numeros integros, quos factore communi destitutos accipimus. Erit:

$$ma + m'a' + m''a'' = 0$$
$$mb + m'b' + m''b'' = 0,$$

ideoque etiam:

$$mi + m'i' + m''i'' = 0.$$

Sit f divisor maximus communis ipsorum m', m'', qui ad m primus esse debet, cum tres numeri m, m', m'' per eundem numerum non dividantur; erit etiam

$$\frac{mi}{f} = -\left[\frac{m'}{f} \cdot i' + \frac{m''}{f} \cdot i'' \right]$$

index functionis. Iam cum indices i et $\frac{mi}{f}$ sint inter se commensurabiles, eorumque divisor maximus communis sit $\frac{i}{f}$, erit etiam $\frac{i}{f}$ index, uti §. 1 demonstratum est. Eligantur porro numeri n', n'' tales, ut sit

$$\frac{m'}{f} \cdot n' + \frac{m''}{f} \cdot n'' = 1;$$

dico, tres periodos componi e duabus, quarum indices sunt

$$\frac{i}{f} \quad \text{et} \quad n''i' - n'i'',$$

---

*) Hic et in sequentibus numeros integros accipimus sive positivos sive negativos.

4 *

quippe e quibus et index i componatur et reliqui indices i', i''.   Habetur enim

$$-mn'\cdot\frac{i}{f}+\frac{m''}{f}(n''i'-n'i'') = n'\left[\frac{m'}{f}i'+\frac{m''}{f}i''\right]+\frac{m''}{f}(n''i'-n'i'') = i'$$

$$-mn''\cdot\frac{i}{f}-\frac{m'}{f}(n''i'-n'i'') = n''\left[\frac{m'}{f}i'+\frac{m''}{f}i''\right]-\frac{m'}{f}(n''i'-n'i'') = i''.$$

Unde si quantitates tres

$$a'b''-a''b',\quad a''b-ab'',\quad ab'-a'b$$

sunt, ut numeri integri, sive, quod idem est, *si designantibus m, m', m'' numeros integros, inter tres indices i, i', i'' locum habet aequatio huiusmodi*

$$mi+m'i'+m''i'' = 0,$$

tres periodos e duabus componere licet, sive functio tantum dupliciter periodica est.

Observo secundo loco, *designantibus* a, a', a'' *numeros integros, locum habere non posse aequationem huiusmodi:*

$$a(a'b''-a''b')+a'(a''b-ab'')+a''(ab'-a'b) = 0.$$

Nam ex arbitrio acceptis sex aliis numeris integris

$$\beta,\ \beta',\ \beta'';\ \gamma,\ \gamma',\ \gamma'',$$

statuamus:

$$u = (\gamma'a''-\gamma''a')a+(\gamma''a-\gamma a'')a'+(\gamma a'-\gamma'a)a'',$$
$$u' = (a'\beta''-a''\beta')a+(a''\beta-a\beta'')a'+(a\beta'-a'\beta)a'',$$
$$v = (\gamma'a''-\gamma''a')b+(\gamma''a-\gamma a'')b'+(\gamma a'-\gamma'a)b'',$$
$$v' = (a'\beta''-a''\beta')b+(a''\beta-a\beta'')b'+(a\beta'-a'\beta)b'';$$

unde functionis propositae indices etiam hi erunt:

$$u+v\sqrt{-1},\quad u'+v'\sqrt{-1}.$$

Iam si statuitur

$$\varepsilon = a(\beta'\gamma''-\beta''\gamma')+a'(\beta''\gamma-\beta\gamma'')+a''(\beta\gamma'-\beta'\gamma),$$

invenitur:

$$uv'-u'v = \varepsilon[a(a'b''-a''b')+a'(a''b-ab'')+a''(ab'-a'b)].$$

Unde, si expressio uncis inclusa evanescit, habetur:

$$uv'-u'v = 0.$$

Hanc vero aequationem vidimus §. 1. locum habere non posse, nisi indices

$$u+v\sqrt{-1},\quad u'+v'\sqrt{-1},$$

sint inter se commensurabiles sive ex uno indice proveniant. Quo casu statui potest, designantibus f, f' integros,

$$f(u+v\sqrt{-1})-f'(u'+v'\sqrt{-1}) = 0,$$

quae aequatio, substitutis ipsarum u, v, u', v' valoribus, hanc formam induit:

$$mi+m'i'+m''i'' = 0,$$

ubi m, m', m'' integri; quam locum habere non posse demonstravimus.

3.

His praeparatis, iam demonstrabo, *si tres periodi ad duas revocari non possint, semper determinari posse numeros integros* m, m', m'' *tales, ut utraque simul expressio*

$$ma+m'a'+m''a'',$$
$$mb+m'b'+m''b''$$

ulla data quantitate minor evadat, sive functionem propositam indicem habere minorem quam ullam quantitatem datam neque tamen evanescentem.

Pono brevitatis causa:

$$a'b''-a''b' = A, \quad a''b-ab'' = A', \quad ab'-a'b = A'',$$

unde

$$aA+a'A'+a''A'' = 0, \quad bA+b'A'+b''A'' = 0.$$

Porro, designantibus a, a', a'' numeros integros, pono:

$$\frac{aA'}{A}-a' = \varDelta, \quad \frac{aA''}{A}-a'' = \varDelta';$$

unde

$$aa+a'a'+a''a'' = -[a'\varDelta+a''\varDelta'],$$
$$ab+a'b'+a''b'' = -[b'\varDelta+b''\varDelta'].$$

Iam numeros a, a' ita determinare licet, ut $\varDelta$ ulla data quantitate minor fiat. Porro, determinatis a, a', tertium numerum a'' ita accipere licet, ut signi respectu non habito, fiat

$$\varDelta' < \tfrac{1}{2}.$$

Qua ratione determinatis a, a', a'', expressiones antecedentes fiunt respective absolute minores quam $\tfrac{1}{2}a''$ et $\tfrac{1}{2}b''$. Unde *datis quantitatibus* a, a', a'' *et* b, b', b'', *semper determinare licet numeros integros* a, a', a'' *tales, ut, posito*

$$a''' = aa+a'a'+a''a'', \quad b''' = ab+a'b'+a''b'',$$

simul fiat

$$a''' < \tfrac{1}{2}a'', \quad b''' < \tfrac{1}{2}b'',$$

signorum respectu non habito.

Ponatur iam successive:

$$\beta a' + \beta' a'' + \beta'' a''' = a^{\mathrm{iv}}, \quad \beta b' + \beta' b'' + \beta'' b''' = b^{\mathrm{iv}},$$
$$\gamma a'' + \gamma' a''' + \gamma'' a^{\mathrm{iv}} = a^{\mathrm{v}}, \quad \gamma b'' + \gamma' b''' + \gamma'' b^{\mathrm{iv}} = b^{\mathrm{v}},$$
$$\delta a''' + \delta' a^{\mathrm{iv}} + \delta'' a^{\mathrm{v}} = a^{\mathrm{vi}}, \quad \delta b''' + \delta' b^{\mathrm{iv}} + \delta'' b^{\mathrm{v}} = b^{\mathrm{vi}}$$

. . . .

Coëfficientes harum aequationum β, γ etc., β', γ' etc., β'', γ'' etc. accipere licet ex antecedentibus numeros integros tales, ut simul fiat, signorum respectu non habito,

$$a^{\mathrm{iv}} < \tfrac{1}{2}a''', \quad a^{\mathrm{v}} < \tfrac{1}{2}a^{\mathrm{iv}}, \quad a^{\mathrm{vi}} < \tfrac{1}{2}a^{\mathrm{v}}, \quad \text{etc.}$$
$$b^{\mathrm{iv}} < \tfrac{1}{2}b''', \quad b^{\mathrm{v}} < \tfrac{1}{2}b^{\mathrm{iv}}, \quad b^{\mathrm{vi}} < \tfrac{1}{2}b^{\mathrm{v}}, \quad \text{etc.}$$

Unde liquet, duarum serierum

$$a'', \quad a''', \quad a^{\mathrm{iv}}, \quad a^{\mathrm{v}}, \quad a^{\mathrm{vi}}, \ldots$$
$$b'', \quad b''', \quad b^{\mathrm{iv}}, \quad b^{\mathrm{v}}, \quad b^{\mathrm{vi}}, \ldots$$

terminos, si satis illae continuentur, ulla data quantitate minores fieri.

Sint duarum serierum termini sibi respondentes $a^{(n)}$, $b^{(n)}$, data quantitate minores. Si formationem aequationum respicis, quibus quantitates illae ab antecedentibus pendent, sine negotio patet, eas per ipsas a, a', a'' atque b, b', b'' exprimi posse ope aequationum:

$$a^{(n)} = ma + m'a' + m''a'',$$
$$b^{(n)} = mb + m'b' + m''b'',$$

in quibus coëfficientes m, m', m'' sunt numeri integri. In utraque porro aequatione hos coëfficientes eosdem esse, cum quantitates $a^{(n)}$, $b^{(n)}$ resp. per easdem aequationes a terminis eas antecedentibus pendeant. Unde evictum est, quod propositum erat, determinari posse numeros integros (positivos aut negativos) m, m', m'' tales, ut utraque simul expressio

$$ma + m'a' + m''a'',$$
$$mb + m'b' + m''b''$$

data quantitate minor evadat.

Algorithmus assignatus, quo serierum duarum termini alii post alios inveniuntur, non turbatur, si in altera serie evanescit terminus. Tum quidem

proximus terminus semisse eius minor non fit, cum termino evanescente minor non detur, si signa non respicimus. At facile patet, evanescente alterius seriei termino, proximum minorem reddi posse quam ullam quantitatem datam. Sit ex. gr. $a'' = 0$, invenitur terminus proximus

$$a''' = -a'\varDelta,$$

ubi $\varDelta$ data quavis quantitate minor reddi poterat. Hoc igitur termino usus, ulla data quantitate minore, continuabis algorithmum, dum etiam alterius seriei termini data quantitate minores fiunt. Neque simul in utraque serie termini sibi respondentes evanescere possunt. Nam ubi simul haberetur

$$a^{(n)} = 0, \quad b^{(n)} = 0,$$

darentur numeri m, m', m'', pro quibus simul

$$a^{(n)} = ma + m'a' + m''a'' = 0$$
$$b^{(n)} = mb + m'b' + m''b'' = 0,$$

ideoque etiam

$$mi + m'i' + m''i'' = 0.$$

Quod fieri non posse, vidimus §. 2., nisi tres periodos e duabus componere liceat.

Algorithmus assignatus porro supponit, numquam haberi

$$a^{(n)}b^{(n+1)} - a^{(n+1)}b^{(n)} = 0,$$

quod hoc modo patet. Sit enim

$$a^{(n+1)} = pa + p'a' + p''a'', \quad b^{(n+1)} = pb + p'b' + p''b''.$$

Erit

$$0 = a^{(n)}b^{(n+1)} - a^{(n+1)}b^{(n)}$$
$$= (m'p'' - m''p')(a'b'' - a''b') + (m''p - mp'')(a''b - ab'') + (mp' - m'p)(ab' - a'b).$$

Quam aequationem locum habere non posse, §. 2. demonstratum est.

4.

Si statuimus

$$a^{(n)} + b^{(n)}\sqrt{-1} = i^{(n)},$$

patet, i''', i^{IV}, i^{V} etc. fore indices functionis propositae. Indicavimus igitur certum quemdam algorithmum, quo, datis tribus indicibus imaginariis, formatur series infinita indicum, quorum pars realis simul atque pars imaginaria ulla data quantitate minor evadit neque tamen simul evanescere potest. Unde omnibus

casibus evictum est, *si functio proposita tribus periodis gaudeat, aut eas e duabus componi, aut eam habere indicem omni data quantitate minorem.* Quod cum absurdum sit, *functio tripliciter periodica non datur.*

Bono iure igitur dixisse videmur, duplici periodo universam confici periodicitatem. Sed hoc tantum de functionibus unius variabilis valet. Si functiones plurium variabilium consideras, longe abest, ut in duplici periodo consistendum sit.

Exempla functionum plurium variabilium, quae pluribus quam duabus periodis gaudent, suppeditant functiones illae, quas primus consideravi in Commentatiuncula *de transcendentibus Abelianis* (Diar. *Crell.* Vol. IX. pag. 394)*). Sed res gravissima altius repetenda est.

Sit

$$u = C + \frac{2A}{\pi} \cdot \varphi + A_1 \sin 2\varphi + A_2 \sin 4\varphi + A_3 \sin 6\varphi + \cdots$$

series pro valoribus omnibus realibus ipsius φ convergens. Statuamus, x esse ipsius $\sin^2\varphi$ functionem plane determinatam, ex. gr. functionem rationalem. Mutato φ in $\varphi + \pi$, non mutabitur x, mutabitur vero u in $u + 2A$. Hinc, posito

$$x = \lambda(u),$$

fit

$$\lambda(u + 2A) = \lambda(u).$$

Erit igitur $\lambda(u)$ functio periodica, eiusque index $2A$.

Consideremus iam integrale huiusmodi:

$$u = \int_0^x \frac{(\alpha + \beta x)\,dx}{\sqrt{x(1-x)(1-\varkappa^2 x)(1-\lambda^2 x)(1-\mu^2 x)}} = \int_0^x \frac{(\alpha + \beta x)\,dx}{\sqrt{X}},$$

designantibus $\varkappa^2$, λ^2, μ^2 quantitates reales, positivas, unitate minores. Cuius integralis examinemus valores, quos induit, crescente x per valores reales a $-\infty$ usque ad $+\infty$. Sit $\varkappa^2 < \lambda^2 < \mu^2$: distinguemus intervalla sex, in quibus x versari potest:

1. $-\infty \cdots 0$,   2. $0 \cdots 1$,   3. $1 \cdots \frac{1}{\varkappa^2}$,

4. $\frac{1}{\varkappa^2} \cdots \frac{1}{\lambda^2}$,   5. $\frac{1}{\lambda^2} \cdots \frac{1}{\mu^2}$,   6. $\frac{1}{\mu^2} \cdots \infty$.

Pro intervallo primo, tertio, quinto erit valor ipsius X negativus, pro secundo, quarto, sexto positivus. Quaeramus iam, quomodo pro singulis intervallis illis

---

*) Pag. 7 huius Vol.

ipsum x ita per $\sin^2\varphi$ exprimatur, ut integrale propositum u in seriem infinitam convergentem formae, quam assignavimus,

$$u = C + \frac{2A}{\pi} \cdot \varphi + A_1 \sin 2\varphi + A_2 \sin 4\varphi + A_3 \sin 6\varphi + \cdots$$

evolvi possit. Quo facto, posito $x = \lambda(u)$, erit functio $\lambda(u)$ periodica, eiusque index $2A$, ubi

$$A = \int_0^{\frac{\pi}{2}} \frac{du}{d\varphi} \cdot d\varphi.$$

1°. Si ipsi x convenit valor negativus quicunque, ponatur

(1.)
$$x = \frac{-1}{\mu^2 \mathrm{tg}^2 \varphi};$$

crescente x per valores negativos a $-\infty$ ad 0, crescit φ a 0 ad $\frac{\pi}{2}$. Facta substitutione, posito brevitatis causa

$$x'^2 = 1-x^2, \quad \lambda'^2 = 1-\lambda^2, \quad \mu'^2 = 1-\mu^2,$$

eruitur:

$$\int_{-\infty}^{x} \frac{(\alpha+\beta x)dx}{\sqrt{-X}} = \frac{2}{x\lambda} \int_0^{\varphi} \frac{[(\alpha\mu^2+\beta)\sin^2\varphi - \beta]d\varphi}{\sqrt{(1-\mu'^2\sin^2\varphi)\left(1-\frac{x^2-\mu^2}{x^2}\sin^2\varphi\right)\left(1-\frac{\lambda^2-\mu^2}{\lambda^2}\sin^2\varphi\right)}}.$$

Unde posito

$$u_1 = \int_{-\infty}^{0} \frac{(\alpha+\beta x)dx}{\sqrt{-X}} = \frac{2}{x\lambda} \int_0^{\frac{\pi}{2}} \frac{[(\alpha\mu^2+\beta)\sin^2\varphi - \beta]d\varphi}{\sqrt{(1-\mu'^2\sin^2\varphi)\left(1-\frac{x^2-\mu^2}{x^2}\sin^2\varphi\right)\left(1-\frac{\lambda^2-\mu^2}{\lambda^2}\sin^2\varphi\right)}},$$

erit

$$u = \frac{u_1}{\sqrt{-1}} + \frac{2\sqrt{-1}}{x\lambda} \int_0^{\varphi} \frac{[(\alpha\mu^2+\beta)\sin^2\varphi - \beta]d\varphi}{\sqrt{(1-\mu'^2\sin^2\varphi)\left(1-\frac{x^2-\mu^2}{x^2}\sin^2\varphi\right)\left(1-\frac{\lambda^2-\mu^2}{\lambda^2}\sin^2\varphi\right)}}.$$

Iam observo, integrale huiusmodi

$$\int_0^{\varphi} \frac{(m+n\sin^2\varphi)d\varphi}{\sqrt{(1-p^2\sin^2\varphi)(1-q^2\sin^2\varphi)(1-r^2\sin^2\varphi)}},$$

quoties p^2, q^2, r^2 reales unitate minores, semper evolvi posse in seriem convergentem formae

$$\frac{2A}{\pi} \cdot \varphi + A_1 \sin 2\varphi + A_2 \sin 4\varphi + A_3 \sin 6\varphi + \cdots,$$

ubi

$$A = \int_0^{\frac{\pi}{2}} \frac{(m + n\sin^2\varphi)\,d\varphi}{\sqrt{(1 - p^2\sin^2\varphi)(1 - q^2\sin^2\varphi)(1 - r^2\sin^2\varphi)}}.$$

Unde u in formam propositam evolvere licet; atque fit

$$C = \frac{u_1}{\sqrt{-1}}, \quad A = u_1\sqrt{-1}.$$

Posito igitur $x = \lambda(u)$, erit $\lambda(u)$ functio periodica, cuius index $2u_1\sqrt{-1}$, sive erit

$$\lambda(u + 2u_1\sqrt{-1}) = \lambda(u).$$

2°. Si x inter 0 et 1, pono

(2.)
$$x = \sin^2\varphi;$$

fit

$$u = 2\int_0^{\varphi} \frac{[\alpha + \beta\sin^2\varphi]\,d\varphi}{\sqrt{(1 - x^2\sin^2\varphi)(1 - \lambda^2\sin^2\varphi)(1 - \mu^2\sin^2\varphi)}}.$$

Unde posito

$$u_2 = \int_0^1 \frac{(\alpha + \beta x)\,dx}{\sqrt{X}} = 2\int_0^{\frac{\pi}{2}} \frac{[\alpha + \beta\sin^2\varphi]\,d\varphi}{\sqrt{(1 - x^2\sin^2\varphi)(1 - \lambda^2\sin^2\varphi)(1 - \mu^2\sin^2\varphi)}},$$

ipsam u in formam assignatam evolvere licet, cuius coëfficientes primi erunt

$$C = 0, \quad A = u_2.$$

Erit igitur functionis $x = \lambda(u)$ alter index $2u_2$, sive erit etiam

$$\lambda(u + 2u_2) = \lambda(u).$$

3°. Sit x inter 1 et $\frac{1}{x^2}$, pono

(3.)
$$x = \frac{1}{\cos^2\varphi + x^2\sin^2\varphi} = \frac{1}{1 - x'^2\sin^2\varphi}.$$

Integrale u cum a 0 usque ad x sumatur, intervallum in duo divido, alterum inter 0 et 1, alterum inter 1 et x. Quo facto, post substitutionem adhibitam eruimus:

$$u = u_2 + \frac{2\sqrt{-1}}{\lambda'\mu'}\int_0^{\varphi} \frac{[\alpha + \beta - \alpha x'^2\sin^2\varphi]\,d\varphi}{\sqrt{(1 - x'^2\sin^2\varphi)\left(1 - \frac{x'^2}{\lambda'^2}\sin^2\varphi\right)\left(1 - \frac{x'^2}{\mu'^2}\sin^2\varphi\right)}}.$$

Unde posito

$$u_3 = \int_1^{\frac{1}{x^2}} \frac{(\alpha+\beta x)\,dx}{\sqrt{-X}} = \frac{2}{\lambda'\mu'} \int_0^{\frac{\pi}{2}} \frac{[\alpha+\beta-\alpha\varkappa'^2\sin^2\varphi]\,d\varphi}{\sqrt{(1-\varkappa'^2\sin^2\varphi)\left(1-\frac{\varkappa^2}{\lambda'^2}\sin^2\varphi\right)\left(1-\frac{\varkappa^2}{\mu'^2}\sin^2\varphi\right)}},$$

ipsam u in seriem formae propositae evolvere licet, cuius primi coëfficientes erunt

$$C = u_2, \qquad A = u_3\sqrt{-1}.$$

Unde functio $x = \lambda(u)$ etiam indice gaudet $2u_3\sqrt{-1}$, sive erit etiam

$$\lambda(u + 2u_3\sqrt{-1}) = \lambda(u).$$

4°. Procedimus ad intervallum quartum inter $\frac{1}{\varkappa^2}$ et $\frac{1}{\lambda^2}$; in quo si x versatur, pono

$$(4.) \qquad x = \frac{\lambda'^2\cos^2\varphi + \varkappa^2\sin^2\varphi}{\varkappa^2\lambda'^2\cos^2\varphi + \lambda^2\varkappa^2\sin^2\varphi} = \frac{\lambda'^2 - (\varkappa^2-\lambda^2)\sin^2\varphi}{\varkappa^2\lambda'^2 - (\varkappa^2-\lambda^2)\sin^2\varphi},$$

quo facto, crescente x a $\frac{1}{\varkappa^2}$ usque ad $\frac{1}{\lambda^2}$, crescit φ a 0 usque ad $\frac{\pi}{2}$. Facta substitutione, integrale propositum abit in hoc,

$$u = \int_0^x \frac{(\alpha+\beta x)\,dx}{\sqrt{X}} =$$

$$u_2+u_3\sqrt{-1} - \frac{2}{\varkappa\lambda'^2\sqrt{\varkappa^2-\mu^2}} \int_0^\varphi \frac{[\lambda'^2(\alpha\varkappa^2+\beta)-(\varkappa^2-\lambda^2)(\alpha+\beta)\sin^2\varphi]\,d\varphi}{\sqrt{\left(1-\frac{\varkappa^2-\lambda^2}{\lambda'^2}\sin^2\varphi\right)\left(1-\frac{\varkappa^2-\lambda^2}{\varkappa^2\lambda'^2}\sin^2\varphi\right)\left(1-\frac{\mu'^2(\varkappa^2-\lambda^2)}{\lambda'^2(\varkappa^2-\mu^2)}\sin^2\varphi\right)}}.$$

Quod cum rursus in formam assignatam evolvere liceat, habentur, posito

$$u_4 = \int_{\frac{1}{\varkappa^2}}^{\frac{1}{\lambda^2}} \frac{(\alpha+\beta x)\,dx}{\sqrt{X}} =$$

$$\frac{2}{\varkappa\lambda'^2\sqrt{\varkappa^2-\mu^2}} \int_0^{\frac{\pi}{2}} \frac{[\lambda'^2(\alpha\varkappa^2+\beta)-(\varkappa^2-\lambda^2)(\alpha+\beta)\sin^2\varphi]\,d\varphi}{\sqrt{\left(1-\frac{\varkappa^2-\lambda^2}{\lambda'^2}\sin^2\varphi\right)\left(1-\frac{\varkappa^2-\lambda^2}{\varkappa^2\lambda'^2}\sin^2\varphi\right)\left(1-\frac{\mu'^2(\varkappa^2-\lambda^2)}{\lambda'^2(\varkappa^2-\mu^2)}\sin^2\varphi\right)}},$$

evolutionis coëfficientes primi:

$$C = u_2 + u_3\sqrt{-1}, \qquad A = u_4;$$

unde functio $x = \lambda(u)$ habet indicem $2u_4$, sive fit etiam:

$$\lambda(u + 2u_4) = \lambda(u).$$

5 *

5°. Quinto loco sit x inter $\frac{1}{\lambda^2}$ et $\frac{1}{\mu^2}$, quo casu ponimus:

$$(5.)\quad x = \frac{(x^2-\mu^2)\cos^2\varphi + (x^2-\lambda^2)\sin^2\varphi}{\lambda^2(x^2-\mu^2)\cos^2\varphi + \mu^2(x^2-\lambda^2)\sin^2\varphi} = \frac{x^2-\mu^2-(\lambda^2-\mu^2)\sin^2\varphi}{\lambda^2(x^2-\mu^2)-x^2(\lambda^2-\mu^2)\sin^2\varphi},$$

quo facto rursus, crescente x a $\frac{1}{\lambda^2}$ ad $\frac{1}{\mu^2}$, crescit φ a 0 ad $\frac{\pi}{2}$. Transacta substitutione, obtinemus:

$$u = u_2 + u_3\sqrt{-1} - u_4$$

$$-\frac{2\sqrt{-1}}{\lambda\lambda'\sqrt{(x^2-\mu^2)^3}}\int_0^\varphi \frac{[(x^2-\mu^2)(a\lambda^2+\beta)-(\lambda^2-\mu^2)(ax^2+\beta)\sin^2\varphi]\,d\varphi}{\sqrt{\left(1-\frac{x^2(\lambda^2-\mu^2)}{\lambda^2(x^2-\mu^2)}\sin^2\varphi\right)\left(1-\frac{\lambda^2-\mu^2}{x^2-\mu^2}\sin^2\varphi\right)\left(1-\frac{x'^2(\lambda^2-\mu^2)}{\lambda'^2(x^2-\mu^2)}\sin^2\varphi\right)}}.$$

Quam expressionem rursus patet in formam assignatam evolvi posse, eruntque, posito

$$u_5 = \int_{\frac{1}{\lambda^2}}^{\frac{1}{\mu^2}} \frac{(a+\beta x)\,dx}{\sqrt{-X}}$$

$$= \frac{2}{\lambda\lambda'\sqrt{(x^2-\mu^2)^3}}\int_0^{\frac{\pi}{2}} \frac{[(x^2-\mu^2)(a\lambda^2+\beta)-(\lambda^2-\mu^2)(ax^2+\beta)\sin^2\varphi]\,d\varphi}{\sqrt{\left(1-\frac{x^2(\lambda^2-\mu^2)}{\lambda^2(x^2-\mu^2)}\sin^2\varphi\right)\left(1-\frac{\lambda^2-\mu^2}{x^2-\mu^2}\sin^2\varphi\right)\left(1-\frac{x'^2(\lambda^2-\mu^2)}{\lambda'^2(x^2-\mu^2)}\sin^2\varphi\right)}},$$

evolutionis factae coëfficientes primi

$$C = u_2 + u_3\sqrt{-1} - u_4, \quad A = -u_5\sqrt{-1}.$$

Unde functio $x = \lambda(u)$ etiam habebit indicem $2u_5\sqrt{-1}$, sive erit

$$\lambda(u + 2u_5\sqrt{-1}) = \lambda(u).$$

6°. Denique si x in intervallo sexto versatur, inter $\frac{1}{\mu^2}$ et ∞, pono

$$(6.)\qquad x = \frac{1}{\mu^2} + \frac{\lambda^2-\mu^2}{\lambda^2\mu^2}\,\mathrm{tg}^2\varphi,$$

provenit

$$u = u_2 + u_3\sqrt{-1} - u_4 - u_5\sqrt{-1}$$

$$+\frac{2}{\lambda^2\mu'\sqrt{x^2-\mu^2}}\int_0^\varphi \frac{[\lambda^2(a\mu^2+\beta)-\mu^2(a\lambda^2+\beta)\sin^2\varphi]\,d\varphi}{\sqrt{\left(1-\frac{\mu^2}{\lambda^2}\sin^2\varphi\right)\left(1-\frac{\lambda'^2\mu^2}{\mu'^2\lambda^2}\sin^2\varphi\right)\left(1-\frac{(x^2-\lambda^2)\mu^2}{(x^2-\mu^2)\lambda^2}\sin^2\varphi\right)}}.$$

Qua expressione in formam assignatam evoluta, quod licet, positoque

$$u_3 = \int_{\frac{1}{\mu^2}}^{\infty} \frac{(\alpha + \beta x) dx}{\sqrt{X}}$$

$$= \frac{2}{\lambda^3 \mu' \sqrt{\kappa^2 - \mu^2}} \int_0^{\frac{\pi}{2}} \frac{[\lambda^2(\alpha\mu^2 + \beta) - \mu^2(\alpha\lambda^2 + \beta)\sin^2\varphi] d\varphi}{\sqrt{\left(1 - \frac{\mu^2}{\lambda^2}\sin^2\varphi\right)\left(1 - \frac{\lambda'^2\mu^2}{\mu'^2\lambda^2}\sin^2\varphi\right)\left(1 - \frac{(\kappa^2 - \lambda^2)\mu^2}{(\kappa^2 - \mu^2)\lambda^2}\sin^2\varphi\right)}},$$

habentur coëfficientes primi evolutionis

$$C = u_2 + u_3\sqrt{-1} - u_4 - u_5\sqrt{-1}, \quad A = u_6,$$

unde functio $x = \lambda(u)$ etiam indicem $2u_6$ habet, sive erit

$$\lambda(u + 2u_6) = \lambda(u).$$

Unde iam demonstravimus, quod propositum erat, quomodo pro valoribus omnibus realibus ipsius x, integrale propositum

$$u = \int_0^x \frac{(\alpha + \beta x) dx}{\sqrt{X}},$$

evolvi possit in seriem convergentem formae

$$u = C + \frac{2A}{\pi} \cdot \varphi + A_1 \sin 2\varphi + A_2 \sin 4\varphi + A_3 \sin 6\varphi + \cdots$$

Atque sex evolutiones inter se diversae, quas pro intervallis sex, in quibus x versari potest, assignavimus, suggerebant totidem functionis periodicae $x = \lambda(u)$ indices.

5.

Antecedentibus pro singulis intervallis eas adhibuimus substitutiones, quibus integrale propositum in eandem semper formam abeat

$$C + \int_0^\varphi \frac{(m + n\sin^2\varphi) d\varphi}{\sqrt{(1 - p^2\sin^2\varphi)(1 - q^2\sin^2\varphi)(1 - r^2\sin^2\varphi)}},$$

ubi p^2, q^2, r^2 unitate minores, simulque, crescente x a limite inferiore intervalli ad superiorem, crescat φ a 0 ad $\frac{\pi}{2}$. Idem pro singulis intervallis per alteram quoque substitutionem formae eiusdem

$$x = \frac{d + e\sin^2\varphi}{f + g\sin^2\varphi},$$

praestari potest, ita ut, variabili x a limite inferiore crescente ad superiorem, simul φ a $\frac{\pi}{2}$ ad 0 decrescat. Generalius Cl. Richelot in commentatione, quae mox lucem videbit, demonstravit, designante X functionem rationalem integram quamcunque sexti ordinis, quae in factores lineares reales resolvi possit, integrale

$$u = \int \frac{(\alpha + \beta x)dx}{\sqrt{X}},$$

per duodecim substitutiones reales formae

$$x = \frac{d + e \sin^2\varphi}{f + g \sin^2\varphi}.$$

in formam redigi posse

$$\int \frac{(m + n \sin^2\varphi)d\varphi}{\sqrt{(1 - p^2\sin^2\varphi)(1 - q^2\sin^2\varphi)(1 - r^2\sin^2\varphi)}},$$

ubi p^2, q^2, r^2 reales, positivae, unitate minores. Idem ille casui generali applicuit, quo X cuiuslibet $2n^{ti}$ ordinis est. Ad quem igitur casum etiam considerationes antecedentes extendere licuit. Ceterum per innumeras alias substitutiones perveniri poterat ad formam integralis, quae evolutionem in seriem convergentem secundum cosinus aut sinus multiplorum eiusdem anguli procedentem permittit, qua unica hic opus est. Neque tamen per alias substitutiones perveniri potest ad alios indices, nisi qui ex indicibus, a nobis assignatis, componuntur.

At ipsi quoque indices, quos assignavimus, tres reales et tres imaginarii, ita inter se comparati sunt, ut unum realem e duobus reliquis realibus, unum imaginarium e duobus reliquis imaginariis componere liceat. Quod sequentibus comprobemus.

Integrale propositum

$$u = \int_0^x \frac{(\alpha + \beta x)dx}{\sqrt{X}},$$

determinatum non est, nisi pro singulis intervallis de signo radicalis conventum sit. Iam cum pro proximo quoque intervallo novus factor expressionis, quae sub radicali est, signum mutet, statuimus, inde multiplicationem nasci per eandem semper quantitatem $\sqrt{-1}$, ita ut expressioni $\frac{1}{\sqrt{X}}$ in intervallis assignatis resp. signa conveniant

$$-\sqrt{-1}, \quad +, \quad +\sqrt{-1}, \quad -, \quad -\sqrt{-1}, \quad +,$$

si etiam praefixum $\pm\sqrt{-1}$ signis adnumerare licet. His statutis, nanciscimur, adhibitis ipsarum u_1, u_2 etc. valoribus supra propositis,

$$\int_{-\infty}^{+\infty} \frac{(\alpha+\beta x)\,dx}{\sqrt{X}} = -u_1\sqrt{-1}+u_2+u_3\sqrt{-1}-u_4-u_5\sqrt{-1}+u_6.$$

Iam cum posito $\frac{1}{x}$ loco x duo limites coincidant, coniicio, fore

$$0 = -u_1\sqrt{-1}+u_2+u_3\sqrt{-1}-u_4-u_5\sqrt{-1}+u_6;$$

sive

$$u_1+u_5 = u_3, \quad u_2+u_6 = u_4,$$

vel quod idem est:

$$\int_{-\infty}^{0}\frac{(\alpha+\beta x)\,dx}{\sqrt{-X}} + \int_{\frac{1}{\lambda^2}}^{\frac{1}{\mu^2}}\frac{(\alpha+\beta x)\,dx}{\sqrt{-X}} = \int_{1}^{\frac{1}{x^2}}\frac{(\alpha+\beta x)\,dx}{\sqrt{-X}},$$

$$\int_{0}^{1}\frac{(\alpha+\beta x)\,dx}{\sqrt{X}} + \int_{\frac{1}{\mu^2}}^{\infty}\frac{(\alpha+\beta x)\,dx}{\sqrt{X}} = \int_{\frac{1}{x^2}}^{\frac{1}{\lambda^2}}\frac{(\alpha+\beta x)\,dx}{\sqrt{X}},$$

quibus in aequationibus $\sqrt{-X}$ et $\sqrt{X}$ resp. semper positivae accipiantur. Sed cum propter ambiguitatem radicalis $\sqrt{X}$ aliam formularum antecedentium memorabilium demonstrationem desideremus, deducemus easdem de casu speciali theorematis Abeliani. Quem hic accuratius exponemus.

6.

Consideremus aequationem cubicam sequentem

$$f(x) = x(1-x^2 x)(1-\mu^2 x)-h(1-x)(1-\lambda^2 x) = 0,$$

cuius radices tres spectamus ut functiones ipsius h. Sit rursus

$$1>x^2>\lambda^2>\mu^2;$$

si h est positiva, posito

$$x = -\infty, \quad 0, \quad 1, \quad \frac{1}{x^2}, \quad \frac{1}{\lambda^2}, \quad \frac{1}{\mu^2}, \quad +\infty,$$

functio $f(x)$ signis afficitur:

$$-, \quad -, \quad +, \quad +, \quad -, \quad -, \quad +.$$

Unde aequationis cubicae radices tres sunt reales, una inter 0 et 1, secunda inter $\frac{1}{x^2}$ et $\frac{1}{\lambda^2}$, tertia inter $\frac{1}{\mu^2}$ et $+\infty$. Si h est negativa, pro iisdem ipsius x valoribus functio $f(x)$ resp. afficitur signis:

$$-, \quad +, \quad +, \quad -, \quad -, \quad +, \quad +.$$

Unde hoc quoque casu aequationis cubicae tres radices reales sunt, prima negativa, reliquae positivae, et secunda quidem inter 1 et $\frac{1}{\varkappa^2}$, tertia inter $\frac{1}{\lambda^2}$ et $\frac{1}{\mu^2}$ posita.

Aequatione proposita differentiata, facile prodit:

$$\frac{dh}{h\,dx} = \frac{1}{x} + \frac{1-\varkappa^2}{(1-x)(1-\varkappa^2 x)} + \frac{\lambda^2-\mu^2}{(1-\lambda^2 x)(1-\mu^2 x)}$$

$$= \frac{1}{x(1-x)} - \frac{x^2-\lambda^2}{(1-\varkappa^2 x)(1-\lambda^2 x)} - \frac{\mu^2}{1-\mu^2 x}.$$

Haec formula docet,

1) si h sit positiva, atque x aut inter 0 et 1, aut inter $\frac{1}{\varkappa^2}$ et $\frac{1}{\lambda^2}$, aut $\frac{1}{\mu^2}$ et $+\infty$,

2) si h sit negativa, atque x aut negativa, aut inter 1 et $\frac{1}{\varkappa^2}$, aut inter $\frac{1}{\lambda^2}$ et $\frac{1}{\mu^2}$,

expressionem $\frac{dx}{dh}$ semper fieri positivam. Unde utroque casu, quo h aut positiva est aut negativa, aequationis cubicae radices tres omnes simul cum h continuo crescunt vel decrescunt. Iam

posito $h = -\infty$, fiunt radices $-\infty$, 1, $\frac{1}{\lambda^2}$,

- - $h = \quad 0$, - - - 0, $\frac{1}{\varkappa^2}$, $\frac{1}{\mu^2}$,

- - $h = +\infty$, - - - 1, $\frac{1}{\lambda^2}$, $+\infty$.

Unde si resp. vocamus utroque casu a, b, c radices, quae magnitudine se excipiunt, quas diximus primam, secundam, tertiam, videmus, continuo crescere simul:

h ab 0 ad $+\infty$, a ab   0   ad 1, b ab $\frac{1}{\varkappa^2}$ ad $\frac{1}{\lambda^2}$, c ab $\frac{1}{\mu^2}$ ad $+\infty$,

h ab $-\infty$ ad 0, a ab $-\infty$ ad 0, b ab 1 ad $\frac{1}{\varkappa^2}$, c ab $\frac{1}{\lambda^2}$ ad $\frac{1}{\mu^2}$.

Unde simul etiam continuo crescunt:

h ab $-\infty$ ad 0, a ab $-\infty$ ad 1, b ab 1 ad $\frac{1}{\lambda^2}$, c ab $\frac{1}{\lambda^2}$ ad $+\infty$.

Iam statuamus, crescente h ab h_0 ad h_1, simul crescere a ab a_0 ad a_1, b ab b_0 ad b_1, c ab c_0 ad c_1. Posito

$$\frac{df(x)}{dx} = f'(x),$$

habetur e differentiatione aequationis propositae:

$$f'(x)dx - (1-x)(1-\lambda^2 x)dh = 0,$$

vel si substituitur

$$(1-x)(1-\lambda^2 x)\sqrt{h} = \sqrt{x(1-x)(1-\varkappa^2 x)(1-\lambda^2 x)(1-\mu^2 x)} = \sqrt{X},$$

habetur, multiplicatione facta per $\alpha + \beta x$:

$$\frac{(\alpha+\beta x)dx}{\sqrt{X}} = \frac{(\alpha+\beta x)dh}{f'(x).\sqrt{h}}.$$

Si in hac formula loco x ponimus tres eius valores a, b, c, prodeunt formulae tres:

$$\int_{a_0}^{a_1} \frac{(\alpha+\beta x)dx}{\sqrt{X}} = \int_{h_0}^{h_1} \frac{(\alpha+\beta a)dh}{f'(a).\sqrt{h}},$$

$$\int_{b_0}^{b_1} \frac{(\alpha+\beta x)dx}{\sqrt{X}} = \int_{h_0}^{h_1} \frac{(\alpha+\beta b)dh}{f'(b).\sqrt{h}},$$

$$\int_{c_0}^{c_1} \frac{(\alpha+\beta x)dx}{\sqrt{X}} = \int_{h_0}^{h_1} \frac{(\alpha+\beta c)dh}{f'(c).\sqrt{h}}.$$

Iam cum e theoremate algebraico notissimo habeatur:

$$\frac{\alpha+\beta a}{f'(a)} + \frac{\alpha+\beta b}{f'(b)} + \frac{\alpha+\beta c}{f'(c)} = 0,$$

provenit, tres formulas propositas summando, si $\sqrt{h}$ in iis eodem signo accipitur,

$$\varepsilon\int_{a_0}^{a_1} \frac{(\alpha+\beta x)dx}{\sqrt{X}} + \varepsilon_1\int_{b_0}^{b_1} \frac{(\alpha+\beta x)dx}{\sqrt{X}} + \varepsilon_2\int_{c_0}^{c_1} \frac{(\alpha+\beta x)dx}{\sqrt{X}} = 0;$$

factoribus $\varepsilon, \varepsilon_1, \varepsilon_2$, qui propter ambiguitatem radicalis adiiciendi erant, aut $+1$ aut -1 designantibus.

Ad determinandos factores $\varepsilon, \varepsilon_1, \varepsilon_2$ observo, in calculum nostrum introductum esse radicale $\sqrt{X}$ in locum expressionis

$$\sqrt{X} = \sqrt{h}(1-x)(1-\lambda^2 x),$$

quae eodem signo affecta est, si x inter $-\infty$ et 1 atque si x inter $\frac{1}{\lambda^2}$ et $+\infty$,

signo opposito, si x inter 1 et $\frac{1}{\lambda^2}$; sive pro prima et tertia radice a et c eodem, pro secunda b opposito signo affecta erit.   Unde statui debet:

$$s = -s_1 = s_2.$$

Quo facto aequatio nostra fit:

$$\int_{a_0}^{a_1} \frac{(\alpha + \beta x) dx}{\sqrt{X}} + \int_{c_0}^{c_1} \frac{(\alpha + \beta x) dx}{\sqrt{X}} = \int_{b_0}^{b_1} \frac{(\alpha + \beta x) dx}{\sqrt{X}}.$$

In qua formula tria radicalia $\sqrt{X}$ eodem signo accipi debent.

Vidimus, simul haberi

$$a_0 = 0, \quad b_0 = \frac{1}{\kappa^2}, \quad c_0 = \frac{1}{\mu^2},$$

et

$$a_1 = 1, \quad b_1 = \frac{1}{\lambda^2}, \quad c_1 = +\infty,$$

qui valores respondent valoribus

$$h_0 = 0, \quad h_1 = +\infty.$$

Quibus substitutis, e formula proposita fluit:

$$\int_0^1 \frac{(\alpha + \beta x) dx}{\sqrt{X}} + \int_{\frac{1}{\mu^2}}^{\infty} \frac{(\alpha + \beta x) dx}{\sqrt{X}} = \int_{\frac{1}{\kappa^2}}^{\frac{1}{\lambda^2}} \frac{(\alpha + \beta x) dx}{\sqrt{X}}.$$

Porro simul habentur

$$a_0 = -\infty, \quad b_0 = 1, \quad c_0 = \frac{1}{\lambda^2},$$

$$a_1 = 0, \quad b_1 = \frac{1}{\kappa^2}, \quad c_1 = \frac{1}{\mu^2},$$

qui valores respondent ipsius h valoribus

$$h_0 = -\infty, \quad h_1 = 0.$$

Unde e formula proposita, ubi simul per $\sqrt{-1}$ divisionem facimus, fluit:

$$\int_{-\infty}^0 \frac{(\alpha + \beta x) dx}{\sqrt{-X}} + \int_{\frac{1}{\lambda^2}}^{\frac{1}{\mu^2}} \frac{(\alpha + \beta x) dx}{\sqrt{-X}} = \int_1^{\frac{1}{\kappa^2}} \frac{(\alpha + \beta x) dx}{\sqrt{-X}}.$$

Quibus in formulis tria radicalia $\sqrt{X}$ aut $\sqrt{-X}$ eodem signo accipienda sunt.

Quae sunt formulae, quas demonstrandas proposuimus, deductae e formula generaliori de integralibus indefinitis proposita.

In quaestione antecedente suppositum erat, h ipsam x non continere; theorema, a Cl. Abel propositum, suppositione nititur multo generaliore, h esse quadratum cuiuslibet functionis rationalis ipsius x.

7.

Antecedentibus probatum est, sex indices a nobis inventos

$$u_1\sqrt{-1}, \quad u_2, \quad u_3\sqrt{-1}, \quad u_4, \quad u_5\sqrt{-1}, \quad u_6$$

revocari ad quatuor ope formularum

$$u_1 + u_5 = u_3, \quad u_2 + u_6 = u_4.$$

Quos indices statuamus

$$u_2, \quad u_6; \quad u_1\sqrt{-1}, \quad u_5\sqrt{-1}.$$

Neque generaliter u_2 et u_6 aut $u_1\sqrt{-1}$ et $u_5\sqrt{-1}$ revocari poterunt ad eundem indicem, sive erunt u_2 et u_6 nec non u_1 et u_5 inter se incommensurabiles. Unde functio $x = \lambda(u)$ habebit quatuor indices, qui ad minorem numerum revocari non possunt, sive erit illa quadrupliciter periodica. Sed iam tripliciter periodicam non dari, supra pluribus demonstratum est. Hunc vero casum, quo duo indices incommensurabiles sunt reales, duo incommensurabiles imaginarii formae $u_1\sqrt{-1}, u_5\sqrt{-1}$, absurdum esse, iam e §. 1 constat. Darentur enim ex iis, quae ibi diximus, functionis $x = \lambda(u)$ indices $\varDelta$ et $\varDelta'\sqrt{-1}$, ubi $\varDelta$ et $\varDelta'$ sunt quantitates reales minores quantitate data quantumvis parva. Unde functione $\lambda(u)$ immutata manente, ipsum u induere posset valores omnes reales aut imaginarios, sive e numero valorum, quos ipsum u induere potest functione $\lambda(u)$ immutata manente, semper forent, qui a data qualibet quantitate reali aut imaginaria minus differrent quam ulla quantitate data quantumvis parva. Quod absurdum est.

In plures adhuc periodos incideremus, si functio $\mathbf{X}$, quae sub radicali invenitur, ad altiorem quam quintum aut sextum ordinem ascendit. Generaliter enim, si $\mathbf{X}$ est $2n^{\text{ti}}$ aut $(2n-1)^{\text{ti}}$ ordinis, atque posito

$$u = \int \frac{f(x)dx}{\sqrt{\mathbf{X}}},$$

ubi $f(x)$ est functio quaelibet data rationalis integra, spectatur x ut functio

6 *

ipsius u, functio habebit $2n-2$ indices, qui ad minorem numerum, nisi casibus specialibus, revocari nequeunt; eorumque erunt, si coëfficientes functionis X sunt quantitates reales, $n-1$ reales, $n-1$ imaginarii.

Eodem enim modo, atque supra, pro casu generali demonstrantur sequentia. Sit

$$X = x(1-x)(1-x^2 a)(1-x_1^2 x) \ldots (1-x_{2n-4}^2 x),$$

ubi

$$1 > x^2 > x_1^2 \ldots > x_{2n-5}^2 > x_{2n-4}^2 ;$$

aequatio n^{ti} ordinis

$$x(1-x_2^2 x)(1-x_3^2 x) \ldots (1-x_{2n-4}^2 x) = h(1-x)(1-x_1^2 x) \ldots (1-x_{2n-5}^2 x)$$

habet n radices reales; quas si vocamus $a_1, a_2, \ldots a_n$, ordine magnitudinis se insequentes, crescente h a $-\infty$ ad 0, ac deinde a 0 ad $+\infty$, crescit

$$a_1 \text{ a } -\infty \text{ ad } 0, \qquad \text{ac deinde a } 0 \text{ ad } 1,$$

$$a_2 \text{ a } 1 \text{ ad } \frac{1}{x^2}, \qquad \text{ac deinde a } \frac{1}{x^2} \text{ ad } \frac{1}{x_1^2},$$

ac generaliter

$$a_m \text{ a } \frac{1}{x_{2m-5}^2} \text{ ad } \frac{1}{x_{2m-4}^2} \quad \text{ac deinde a } \frac{1}{x_{2m-4}^2} \text{ ad } \frac{1}{x_{2m-3}^2},$$

ac postremo

$$a_n \text{ a } \frac{1}{x_{2n-5}^2} \text{ ad } \frac{1}{x_{2n-4}^2} \quad \text{ac deinde a } \frac{1}{x_{2n-4}^2} \text{ ad } +\infty.$$

Iam si crescente h a $h^{(0)}$ ad h' crescit a_m a $a_m^{(0)}$ ad a'_m, erit:

$$\int_{a_1^{(0)}}^{a'_1} \frac{f(x)dx}{\sqrt{X}} - \int_{a_2^{(0)}}^{a'_2} \frac{f(x)dx}{\sqrt{X}} + \ldots \pm \int_{a_n^{(0)}}^{a'_n} \frac{f(x)dx}{\sqrt{X}} = 0,$$

designante $f(x)$ functionem quamlibet rationalem integram ordinis $n-2$. De qua formula proveniunt duae speciales:

$$\int_{-\infty}^{0} \frac{f(x)dx}{\sqrt{-X}} - \int_{1}^{\frac{1}{x^2}} \frac{f(x)dx}{\sqrt{-X}} + \int_{\frac{1}{x_1^2}}^{\frac{1}{x_2^2}} \frac{f(x)dx}{\sqrt{-X}} \ldots \pm \int_{\frac{1}{x_{2n-5}^2}}^{\frac{1}{x_{2n-4}^2}} \frac{f(x)dx}{\sqrt{-X}} = 0,$$

$$\int_{0}^{1} \frac{f(x)dx}{\sqrt{X}} - \int_{\frac{1}{x^2}}^{\frac{1}{x_1^2}} \frac{f(x)dx}{\sqrt{X}} + \int_{\frac{1}{x_2^2}}^{\frac{1}{x_3^2}} \frac{f(x)dx}{\sqrt{X}} \ldots \pm \int_{\frac{1}{x_{2n-4}^2}}^{\infty} \frac{f(x)dx}{\sqrt{X}} = 0.$$

Quibus in formulis n radicalia $\sqrt{X}$ aut $\sqrt{-X}$ eodem signo accipienda sunt.

Eruntque $2n$ integralia definita apposita duplicata, si in n prioribus loco $\sqrt{-X}$ scribimus $\sqrt{X}$, indices functionis $x = \lambda(u)$, n' reales et n imaginarii, qui per aequationes duas antecedentes ad $n-1$ reales, $n-1$ imaginarios revocantur; nec nisi casibus specialibus, ad minorem numerum revocari possunt.

8.

E praemissis concludimus:

»*quemadmodum arcus circulares pro eodem sinu innumeros valores induunt inter se aequidistantes, quemadmodum eiusdem numeri dantur innumeri logarithmi, eadem quantitate imaginaria inter se distantes; quemadmodum integralia elliptica pro eodem sinu amplitudinis numero valorum dupliciter infinito gaudent, quippe quorum et partes reales et partes imaginariae simul innumeros valores induunt inter se aequidistantes: ita integralia Abeliana seu hyperelliptica, hoc est integralia, in quibus sub signo integrationis invenitur radix quadratica functionis altioris quam quarti gradus, tantam multiplicatem valorum secum ferunt, ut pro datis quibuslibet limitibus valores omnes induant reales aut imaginarios quoscunque, seu ut e numero valorum, quos idem integrale pro iisdem datis limitibus quibuslibet induere potest, semper sint, qui a dato quolibet valore reali aut imaginario minus differant quam ulla quantitate data quantumvis parva.*«*

Patet ex antecedentibus, quoties X altioris quam quarti gradus sit, ipsum x non spectari posse ut functionem analyticam ipsius u; neque igitur videtur, methodos generales, quibus olim trigonometria analytica, et quibus nuper theoria functionum ellipticarum condita est, transcendentibus Abelianis applicari posse. At, quod feliciter evenit in hac quasi desperatione, ratio singularis, quam in commentatione anteriore, (Diar. *Crell.* Vol. IX. pag. 394 sqq., huius vol. p. 7 sqq.) a longe aliis considerationibus profecti explicuimus, qua unica, nostra sententia, transcendentes Abelianas in analysin introducere convenit, et hic difficultates amovet, quae e multiplicitate valorum integralis oriuntur. Rem, levi mutatione facta, paucis repetam.

9.

Sit rursus X functio rationalis integra quinti aut sexti ordinis; statuamus:

$$\int_a^x \frac{(\alpha + \beta x)\,dx}{\sqrt{X}} + \int_b^y \frac{(\alpha + \beta x)\,dx}{\sqrt{X}} = u,$$

$$\int_a^x \frac{(\alpha' + \beta' x)\,dx}{\sqrt{X}} + \int_b^y \frac{(\alpha' + \beta' x)\,dx}{\sqrt{X}} = u',$$

designantibus $a, b, a, \beta, a', \beta'$ .constantes. Considerari debent x, y ut radices aequationis quadraticae

$$Ux - U'x + U'' = 0,$$

in quibus U, U', U'' sunt functiones ipsarum u, u'. Quoties datur u ut summa plurium integralium

$$\int \frac{(\alpha + \beta x)dx}{\sqrt{X}},$$

simulque u' ut summa totidem integralium

$$\int \frac{(\alpha' + \beta' x)dx}{\sqrt{X}},$$

quae respective inter eosdem limites sumuntur: habentur e theoremate Abeliano U, U', U'' ut functiones *rationales* horum limitum valorumque, quos pro iisdem radicale $\sqrt{X}$ induit. Quo igitur casu binae aequationes transcendentes ad algebraicas revocantur. Hac ratione proponere convenit theorema Abelianum, si X quinti aut sexti ordinis est.

Exemplum simplicissimum huius ampli theorematis supra dedimus. Sequitur enim e supra probatis, si statuimus:

$$X = x(1-x)(1-x^2 x)(1-\lambda^2 x)(1-\mu^2 x),$$

ubi $1 > x^2 > \lambda^2 > \mu^2$, propositis duabus aequationibus transcendentibus,

$$\int_0^x \frac{(\alpha + \beta x)dx}{\sqrt{X}} + \int_{\frac{1}{\mu^2}}^y \frac{(\alpha + \beta x)dx}{\sqrt{X}} = \int_{\frac{1}{x^2}}^z \frac{(\alpha + \beta x)dx}{\sqrt{X}},$$

$$\int_0^x \frac{(\alpha' + \beta' x)dx}{\sqrt{X}} + \int_{\frac{1}{\mu^2}}^y \frac{(\alpha' + \beta' x)dx}{\sqrt{X}} = \int_{\frac{1}{x^2}}^z \frac{(\alpha' + \beta' x)dx}{\sqrt{X}},$$

determinari x, y e z ut radices aequationis quadraticae:

$$\frac{(1-z)(1-\lambda^2 z).x(1-x^2 x)(1-\mu^2 x) - z(1-x^2 z)(1-\mu^2 z)(1-x)(1-\lambda^2 x)}{x-z} = 0,$$

sive

$$Ux^2 - U'x + U'' = 0,$$

ubi

$$U = x^2 \mu^2 (1-z)(1-\lambda^2 z),$$
$$U' = x^2 + \mu^2 + [\lambda^2 - (x^2 + \mu^2)(1+\lambda^2) - x^2 \mu^2]z + x^2 \mu^2 (1+\lambda^2)z^2,$$
$$U'' = (1-x^2 z)(1-\mu^2 z).$$

Demonstravimus enim, alteram aequationem transcendentem locum habere, si x, y, z sint radices aequationis cubicae

$$x(1-\varkappa^2 x)(1-\mu^2 x) = h(1-x)(1-\lambda^2 x);$$

de qua aequatione eliminata h ope formulae

$$h = \frac{z(1-\varkappa^2 z)(1-\mu^2 z)}{(1-z)(1-\lambda^2 z)},$$

ac divisione facta per $x-z$, obtinemus duas reliquas radices x, y ut radices aequationis quadraticae propositae. Et cum aequatio illa nullo modo a constantibus α, β afficiatur, eaedem relationes algebraicae, inter x, y, z propositae, satisfaciunt etiam alteri aequationi transcendenti, in qua loco α, β inveniuntur constantes aliae α', β'. Neque novi quid adderetur, si adiungeremus aequationem tertiam transcendentem, in qua rursus aliae constantes α'', β'' loco α, β positae inveniuntur. Nam ubi per relationes inter x, y, z stabilitas satisfactum est duabus aequationibus transcendentibus propositis, inde alia aequatio

$$\int_0^x \frac{(m+nx)dx}{\sqrt{X}} + \int_{\frac{1}{\mu^2}}^y \frac{(m+nx)dx}{\sqrt{X}} = \int_{\frac{1}{\varkappa^2}}^z \frac{(m+nx)dx}{\sqrt{X}},$$

quaecunque sint constantes m, n, sua sponte fluit.

10.

Dedimus supra substitutiones sex formae

$$x = \frac{d+e\sin^2\varphi}{f+g\sin^2\varphi},$$

quarum ope pro intervallis diversis, in quibus x continetur, integrale

$$\int \frac{(\alpha+\beta x)dx}{\sqrt{X}}$$

in eam formam redegimus, quae evolutionem in seriem convergentem permittit huiusmodi:

$$\int_a^x \frac{(\alpha+\beta x)dx}{\sqrt{X}} = C + \frac{2A}{\pi} \cdot \varphi + A'\sin 2\varphi + A''\sin 4\varphi + A'''\sin 6\varphi + \cdots.$$

Substitutiones illae cum nullo modo pendeant a constantibus α, β, singulis casibus per eandem substitutionem etiam eruitur pro aliis constantibus α', β' evolutio convergens:

$$\int_a^x \frac{(\alpha'+\beta'x)dx}{\sqrt{X}} = C' + \frac{2B}{\pi} \cdot \varphi + B'\sin 2\varphi + B''\sin 4\varphi + B'''\sin 6\varphi + \cdots.$$

Pro dato alio valore y, sive eiusdem substitutionis ope sive alius,

$$y = \frac{d' + e' \sin^2 \psi}{f' + g' \sin^2 \psi},$$

pro intervallo, in quo y versatur, adhibendae, eruantur evolutiones sequentes convergentes:

$$\int_b^y \frac{(\alpha + \beta x)dx}{\sqrt{X}} = C_1 + \frac{2A_1}{\pi} \cdot \psi + A_1' \sin 2\psi + A_1'' \sin 4\psi + A_1''' \sin 6\psi + \cdots$$

$$\int_b^y \frac{(\alpha' + \beta' x)dx}{\sqrt{X}} = C_1' + \frac{2B_1}{\pi} \cdot \psi + B_1' \sin 2\psi + B_1'' \sin 4\psi + B_1''' \sin 6\psi + \cdots$$

Hinc posito

$$\int_a^x \frac{(\alpha + \beta x)dx}{\sqrt{X}} + \int_b^y \frac{(\alpha + \beta x)dx}{\sqrt{X}} = u,$$

$$\int_a^x \frac{(\alpha' + \beta' x)dx}{\sqrt{X}} + \int_b^y \frac{(\alpha' + \beta' x)dx}{\sqrt{X}} = u',$$

videmus mutato φ in $\varphi + m\pi$, ψ in $\psi + m'\pi$, designantibus m, m' numeros integros positivos aut negativos quoslibet, mutari simul

$$u \text{ in } u + 2mA + 2m'A_1,$$
$$u' \text{ in } u' + 2mB + 2m'B_1,$$

neque simul mutari x, y. Hic sunt A, A_1 e quantitatibus sex, quas supra vocavimus

$$\frac{u_1}{\sqrt{-1}}, \quad u_2, \quad u_3\sqrt{-1}, \quad -u_4, \quad -u_5\sqrt{-1}, \quad u_6,$$

sive eaedem sive diversae, atque B, B_1 sunt quantitates, in quas A, A_1 abeunt, si loco α, β ponitur α', β'. Hinc, si sex quantitates illae, ubi loco α, β ponitur α', β', resp. abeunt in has:

$$\frac{u_1'}{\sqrt{-1}}, \quad u_2', \quad u_3'\sqrt{-1}, \quad -u_4', \quad -u_5'\sqrt{-1}, \quad u_6',$$

sequitur, designantibus m, m', m'', m''' numeros quoslibet integros, mutato

$$u \text{ in } u + \frac{2mu_1}{\sqrt{-1}} + 2m'u_2 + 2m''u_5\sqrt{-1} + 2m'''u_6$$

simulque

$$u' \text{ in } u' + \frac{2mu_1'}{\sqrt{-1}} + 2m'u_2' + 2m''u_5'\sqrt{-1} + 2m'''u_6',$$

non mutari x, y. Indices $2u_3\sqrt{-1}$, $2u_4$ ac respondentes $2u_3'\sqrt{-1}$, $2u_4'$ omisimus, cum ad reliquos revocentur. Inventum igitur est theorema sequens, de periodis transcendentium nostrarum fundamentale:

Theorema Fundamentale.

»Posito

$$X = x(1-x)(1-\varkappa^2 x)(1-\lambda^2 x)(1-\mu^2 x),$$

statuatur:

$$2\int_{-\infty}^{0} \frac{(\alpha+\beta x)\,dx}{\sqrt{-X}} = i_1, \qquad 2\int_{0}^{1} \frac{(\alpha+\beta x)\,dx}{\sqrt{X}} = i_2,$$

$$2\int_{\frac{1}{\lambda^2}}^{\frac{1}{\mu^2}} \frac{(\alpha+\beta x)\,dx}{\sqrt{-X}} = i_3, \qquad 2\int_{\frac{1}{\mu^2}}^{\infty} \frac{(\alpha+\beta x)\,dx}{\sqrt{X}} = i_4,$$

$$2\int_{-\infty}^{0} \frac{(\alpha'+\beta'x)\,dx}{\sqrt{-X}} = i_1', \qquad 2\int_{0}^{1} \frac{(\alpha'+\beta'x)\,dx}{\sqrt{X}} = i_2',$$

$$2\int_{\frac{1}{\lambda^2}}^{\frac{1}{\mu^2}} \frac{(\alpha'+\beta'x)\,dx}{\sqrt{-X}} = i_3', \qquad 2\int_{\frac{1}{\mu^2}}^{\infty} \frac{(\alpha'+\beta'x)\,dx}{\sqrt{X}} = i_4';$$

considerentur x, y ut functiones ipsarum u, u',

$$x = \lambda(u,u'), \qquad y = \lambda'(u,u'),$$

datae per aequationes:

$$\int_{a}^{x} \frac{(\alpha+\beta x)\,dx}{\sqrt{X}} + \int_{b}^{y} \frac{(\alpha+\beta x)\,dx}{\sqrt{X}} = u,$$

$$\int_{a}^{x} \frac{(\alpha'+\beta'x)\,dx}{\sqrt{X}} + \int_{b}^{y} \frac{(\alpha'+\beta'x)\,dx}{\sqrt{X}} = u',$$

erit:

$$\lambda \begin{pmatrix} u+mi_1\sqrt{-1}+m'i_2+m''i_3\sqrt{-1}+m'''i_4, \\ u'+mi_1'\sqrt{-1}+m'i_2'+m''i_3'\sqrt{-1}+m'''i_4' \end{pmatrix} = \lambda(u,u')$$

$$\lambda' \begin{pmatrix} u+mi_1\sqrt{-1}+m'i_2+m''i_3\sqrt{-1}+m'''i_4, \\ u'+mi_1'\sqrt{-1}+m'i_2'+m''i_3'\sqrt{-1}+m'''i_4' \end{pmatrix} = \lambda'(u,u'),$$

quicunque sint m, m', m'', m''' numeri integri positivi aut negativi.«

Genus periodicitatis, quod theoremate antecedente explicitum est, nihil habet, quod legibus functionum analyticarum obversetur. Sane quidem numeros m, m', m'', m''' ita semper determinare licet, ut expressionum

$$u+m'i_2+m'''i_4+(mi_1+m''i_3)\sqrt{-1},$$
$$u'+m'i_2''+m'''i_4''+(mi_1''+m''i_3'')\sqrt{-1}$$

alterutra a data quantitate qualibet

$$p+q\sqrt{-1}$$

minus differat quam ulla quantitate data quantumvis parva; neque tamen id generaliter effici potest, nisi simul iidem numeri ultra omnes limites crescunt; ita ut, altera expressione ad datam quantitatem infinite prope accedente, altera

7

simul infinite magna evadat. Unde videmus, in functionibus nostris duarum variabilium quadrupliciter periodicis

$$x = \lambda(u, u'), \quad y = \lambda'(u, u')$$

tum demum alterum argumentum fieri indeterminatum, si alterum in infinitum abeat. Quod nihil habet absurdi.

Videmus pro iisdem ipsarum x, y valoribus non alterum tantum argumentum certa quadam constante mutari posse, altero immutato manente, sed semper utrumque simul argumentum mutationem subire; ita ut alterius argumenti indice alterius index prorsus determinatus sit. Quae est istius periodicitatis proprietas characteristica, sine qua non locum habere possit.

11.

E theoremate Abeliano constat, positis

$$x = \lambda(u, u') \qquad y = \lambda'(u, u'),$$

functiones

$$x_n = \lambda(nu, nu'), \quad y_n = \lambda'(nu, nu')$$

datas esse ut radices aequationis quadraticae

$$U_n x^2 - U_n' x + U_n'' = 0,$$

in qua U_n, U_n', U_n'' sunt functiones ipsarum $x, y, \sqrt{X}, \sqrt{Y}$ rationales, si Y ipsius y eadem functio atque X ipsius x. Unde etiam patet, vice versa x, y e x_n, y_n per resolutionem aequationum algebraicarum obtineri. Quarum ordinem e theoremate fundamentali iam coniicis fore n^4. Quod pro $n = 2$ e theoremate Abeliano facile probas; atque idem adeo theorema facile suggerit resolutionem aequationis 16^{ti} gradus, quae in bisectione requiritur, per solas extractiones radicum quadraticarum. Quod alia occasione persequemur.

Si vero dantur transformationes, ex eodem theoremate facile coniicis, perveniri ad multiplicationem per quatuor transformationes n^{ti} ordinis, alias post alias applicatas; unde resolutio aequationis n^{4ti} gradus, quae in divisione in n partes requiritur, ad quatuor aequationes n^{6i} gradus revocatur, si divisionem indicum notam supponis. Hanc vero, etiam facile coniicis, si n sit numerus primus, pendere ab aequatione $(1 + n + n^2 + n^3)^{ti}$ gradus generaliter irresolubili et alia $\left(\frac{n-1}{2}\right)^{ti}$ gradus, quae, illius radicibus ut notis suppositis, solutionem permittit. Atque erit etiam, si n primus, $1 + n + n^2 + n^3$ numerus transformationum eiusdem n^{ti} ordinis, e quo numero erunt $2(n+1)$ reales.

Scr. 14. Febr. 1834.

DE USU

THEORIAE INTEGRALIUM ELLIPTICORUM
ET INTEGRALIUM ABELIANORUM
IN ANALYSI DIOPHANTEA.

AUCTORE

C. G. J. JACOBI
PROF. ORD. MATH. REGIOM.

Crelle Journal für die reine und angewandte Mathematik, Bd. 13. p. 353—355.

7*

DE USU THEORIAE INTEGRALIUM ELLIPTICORUM ET INTEGRALIUM ABELIANORUM IN ANALYSI DIOPHANTEA.

Illustris Academia Petropolitana ante hos quatuor annos commentationes posthumas VV. Cll. Euler, Schubert, Fufs, quae nondum lucem viderant, in unum volumen collegit — nam quadragesimo anno post Euleri mortem eius adhuc quatuordecim commentationes publicandae restabant. In quo volumine pluribus commentationibus Eulerus tractat problema et quasi ad perfectionem ducit, quod diversis temporibus varia eius tentamina provocaverat, videlicet

"dato numero rationali x, qui expressionem $\sqrt{a+bx+cx^2+dx^3+ex^4}$ et ipsam rationalem reddit, alios eiusmodi innumeros valores ipsius x detegendi."

In quibus commentationibus non adnotavit vir — quod bene est supplere — analysin solutionis ab eo traditae aliam non esse nisi multiplicationis integralium ellipticorum — quamquam utriusque analysis autorem consensum illum memorabilem non fugisse, probabile est.

Statuamus

$$f(x) = a + bx + cx^2 + dx^3 + ex^4,$$

$$\Pi(x) = \int_0^x \frac{dx}{\sqrt{f(x)}},$$

docet Eulerianum theorema de additione integralium ellipticorum,

I. "proposita aequatione transcendenti

$$\Pi(z) = \Pi(x) + \Pi(y),$$

simul et ipsum z et ipsum $\sqrt{f(z)}$ *rationaliter* exhiberi per $x, y, \sqrt{f(x)}, \sqrt{f(y)}$."

Unde sequitur theorema:

II. »proposita aequatione

$$\Pi(y) = n\,\Pi(x),$$

ubi n numerus integer, simul et ipsum y et ipsum $\sqrt{f(y)}$ per x, $\sqrt{f(x)}$ *rationaliter* exhiberi,«

vel generalius

III. »proposita aequatione

$$\Pi(x) = m_1\,\Pi(x_1) + m_2\,\Pi(x_2) \cdots + m_n\,\Pi(x_n),$$

ubi m_1, m_2, ..., m_n sunt numeri integri quilibet positivi vel negativi, simul et ipsum x et radicale $\sqrt{f(x)}$ per x_1, x_2, ..., x_n et radicalia $\sqrt{f(x_1)}$, $\sqrt{f(x_2)}$, ..., $\sqrt{f(x_n)}$ *rationaliter* exprimi.«

Patet iam e theoremate II., si pro dato ipsius x uno valore rationali etiam $\sqrt{f(x)}$ rationale fiat, inde per analysin multiplicationis integralium ellipticorum innumeros alios valores rationales y deduci posse, qui et ipsum $\sqrt{f(y)}$ rationale reddant. Valores enim omnes y, qui aequationi

$$\Pi(y) = n\,\Pi(x)$$

satisfaciunt, in qua x datum valorem designat, et n numerum quemlibet integrum, e theoremate assignato proposito satisfaciunt. Ac reapse Euleri analysis, qua utitur in volumine citato (Mémoires posthumes de L. Euler, F. T. Schubert et N. Fufs ci-devant membres de l'académie impériale des sciences de St. Petersbourg) ad solvendum problema Diophanteum, prorsus eadem est atque ea, quam in Institutionibus Calculi Integralis aliisque locis ad aequationem transcendentem

$$\Pi(y) = n\,\Pi(x)$$

algebraice solvendam proposuit.

Patet porro e theoremate III., datis duobus valoribus rationalibus x_1, x_2, pro quibus etiam $\sqrt{f(x_1)}$, $\sqrt{f(x_2)}$ rationalia fiant, si neuter modo antecedentibus exposito ex altero derivari potest, praeter valores novos per methodum antecedentem ex iis deductos innumeros alios x, qui proposito satisfaciant, dari per aequationem

$$\Pi(x) = m_1\,\Pi(x_1) + m_2\,\Pi(x_2),$$

in quibus m_1, m_2 numeros quoslibet integros positivos vel negativos designant; et ita porro pro novis valoribus e tribus, quatuor, etc. datis derivandis.

Exceptionum casus proveniunt, si pro dato valore a fit $\Pi(a)$ pars aliquota indicis; siquidem ea, quae in commentationibus nostris de indicibus functionum ellipticarum proposuimus, ad formam generaliorem integralis $\Pi(x)$, qualem hic consideramus, extendis.

Si vero quaeris, quaenam e theoremate Abeliano, mira illa theorematis Euleriani amplificatione, in artem Diophanteam incrementa redundent, facile e theoremate illo rite examinato hanc deducis propositionem:

»designante $f(x)$ functionem ipsius x rationalem integram quinti aut sexti ordinis, si datur unus valor ipsius x rationalis, pro quo etiam $\sqrt{f(x)}$ rationale fiat, dantur innumeri ipsius x valores formae $a + b\sqrt{c}$, in qua a, b, c quantitates rationales, pro quibus etiam $\sqrt{f(x)}$ eandem formam induit $a' + b'\sqrt{c}$, ubi rursus a', b' rationales;«

ac generaliorem:

»designante $f(x)$ functionem ipsius x rationalem integram $(2n+1)^{ti}$ aut $(2n+2)^{ti}$ ordinis, si datur valor ipsius x rationalis, pro quo etiam $\sqrt{f(x)}$ rationale fiat, dantur innumerae aequationes n^{ti} gradus, quarum coëfficientes numeri rationales sunt, ita comparatae, ut designante x earum radicem quamlibet, radicale $\sqrt{f(x)}$ per ipsam radicem x et numeros rationales rationaliter exhiberi queat.«

Multo vero generaliora adhuc, si loco $\sqrt{f(x)}$ radicem ullius aequationis algebraicae consideras, quarum coëfficientes sunt dati numeri rationales, e theorematis Abelianis petere licet, quae de integralibus functionum algebraicarum quarumcunque proposita sunt.

Nec non monere iuvat, cum ex antecedentibus Euleri de dicto problemate Diophantea scripta etiam ad analysin functionum ellipticarum pertineant, calculi integralis amatores ea non sine fructu perlegere.

Regiom. 20 Dec. 1834.

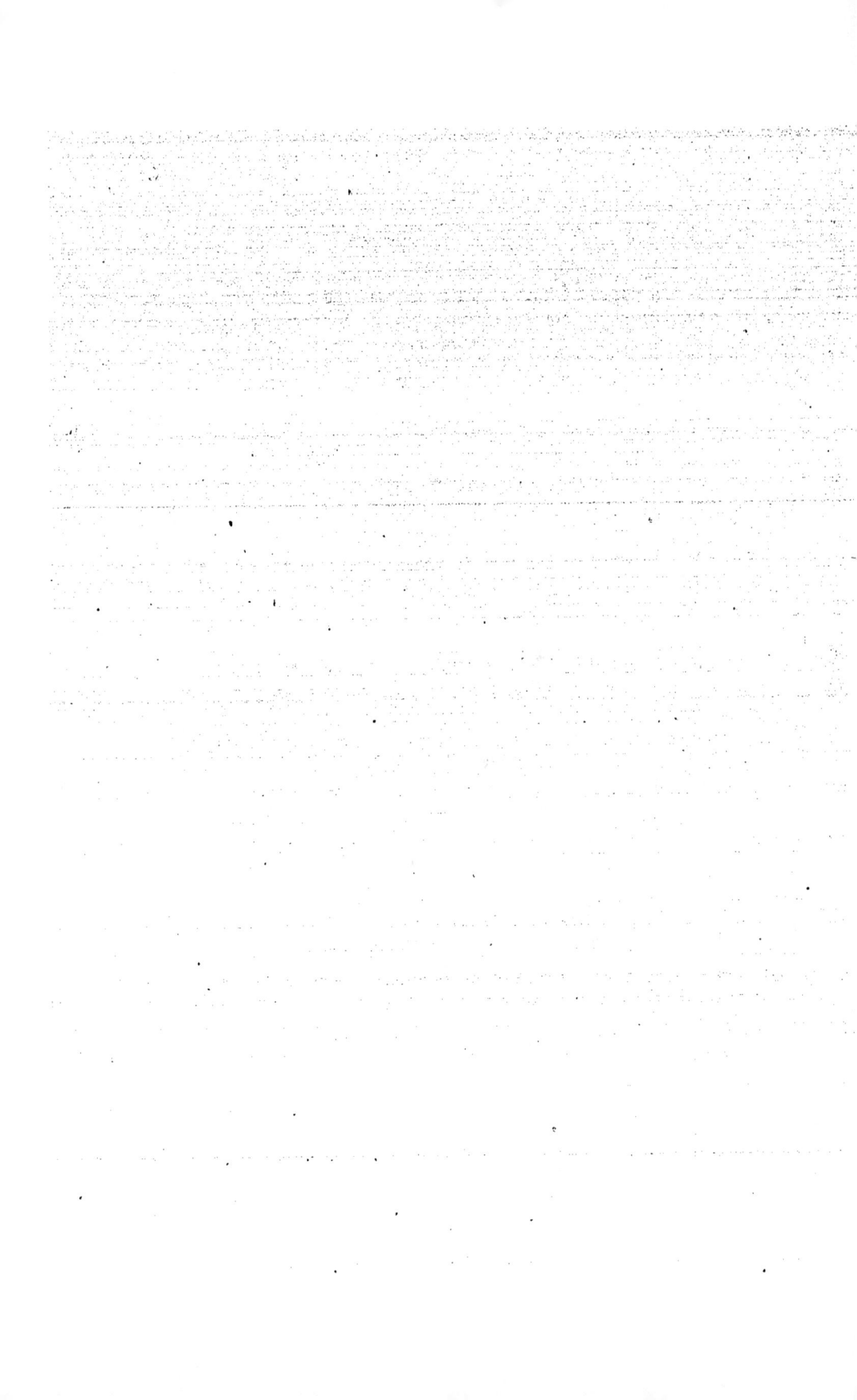

NOTE VON DER

GEODÄTISCHEN LINIE AUF EINEM ELLIPSOID

UND DEN

VERSCHIEDENEN ANWENDUNGEN EINER MERKWÜRDIGEN ANALYTISCHEN SUBSTITUTION.

VON

C. G. J. JACOBI,

PROFESSOR ORDIN. ZU KÖNIGSBERG IN PR.

Crelle Journal für die reine und angewandte Mathematik, Bd. 19. p. 309—313.

NOTE VON DER GEODÄTISCHEN LINIE AUF EINEM ELLIPSOID UND DEN VERSCHIEDENEN ANWENDUNGEN EINER MERKWÜRDIGEN ANALYTISCHEN SUBSTITUTION.

(Gelesen in der Königl. Akademie der Wissenschaften zu Berlin am 18. April 1839.)

———

Da die Erdoberfläche nicht die Form einer Umdrehungsfläche besitzt, so hat man öfter versucht, den an einem Punkte derselben ausgeführten Triangulirungen ein osculirendes Ellipsoid mit drei ungleichen Hauptaxen anzuschliefsen. Dies erhöht das Interesse der Aufgabe, die geodätische Linie auf einem solchen Ellipsoid zu suchen, eine Aufgabe, die von den gröfsten analytischen Schwierigkeiten umringt zu sein scheint. In der That erscheint die Differentialgleichung zweiter Ordnung, von welcher das Problem abhängt, wenn man die gewöhnlich üblichen Variabeln wählt, in einer so complicirten Form, dass man leicht von jeder Behandlung derselben abgeschreckt wird. Nach mehreren vergeblichen Versuchen ist es mir jedoch durch Anwendung besonderer Hülfsmittel gelungen, diese Gleichung vollständig zu integriren, d. h. auf Quadraturen zurückzuführen, wie ich der Pariser Akademie der Wissenschaften unter dem 28. December des vorigen Jahres mitgetheilt habe. Ich will jetzt die Form des Resultats näher auseinander setzen. Es sei die Gleichung des Ellipsoids

$$\frac{x^2}{a} + \frac{y^2}{b} + \frac{z^2}{c} = 1,$$

und a die kleinste, b die mittlere, c die gröfste der drei Constanten a, b, c. Da man die drei Coordinaten des Punktes einer gegebenen Oberfläche durch zwei Gröfsen ausdrücken kann, so wähle ich hierzu die Winkel φ und ψ, welche die Coordinaten durch die folgenden Formeln bestimmen:

8*

$$x = \sqrt{\frac{a}{c-a}}\,\sin\varphi\,\sqrt{b\cos^2\psi + c\sin^2\psi - a}\,;$$

$$y = \sqrt{b}\,\cos\varphi\sin\psi,$$

$$z = \sqrt{\frac{c}{c-a}}\,\cos\psi\,\sqrt{c - a\cos^2\varphi - b\sin^2\varphi}\,.$$

Die geodätische Linie auf dem gegebenen Ellipsoid wird dann durch folgende Gleichung zwischen den beiden Winkeln φ und ψ bestimmt:

$$\alpha = \int \frac{\sqrt{a\cos^2\varphi + b\sin^2\varphi}\,d\varphi}{\sqrt{c - a\cos^2\varphi - b\sin^2\varphi}\,\sqrt{(b-a)\cos^2\varphi - \beta}}$$

$$-\int \frac{\sqrt{b\cos^2\psi + c\sin^2\psi}\,d\psi}{\sqrt{b\cos^2\psi + c\sin^2\psi - a}\,\sqrt{(c-b)\sin^2\psi + \beta}}\,.$$

Die Form dieser Gleichung ist, wie man sieht, sehr einfach. Eine Function des Winkels φ wird einer Function des Winkels ψ gleich; die Functionen selbst sind Abelsche Integrale und zwar von der Form, welche zunächst auf die elliptischen folgt. Die beiden Abelschen Integrale sind, wenn sie auch hier in der trigonometrischen Form verschieden scheinen, doch im Wesen dieselben, so dass man beide durch einfache Substitutionen in Integrale von derselben Form verwandeln kann, in denen die Werthe, welche die Variable anzunehmen hat, sich nur in verschiedenen Intervallen bewegen. Die Gröfsen α und β sind die beiden willkürlichen Constanten, welche das vollständige Integral der Differentialgleichung zweiter Ordnung enthalten muss. Die Constante α wird gleich Null, wenn man die Integrale von denjenigen Werthen von φ und ψ beginnen läfst, welche dem Punkte des Ellipsoids entsprechen, von dem aus man die geodätische Linie zieht. Die andre willkürliche Constante β kommt nur in einem der drei unter dem Integralzeichen als Factoren befindlichen Radicalen vor; sie wird auf algebraischem Wege durch die anfängliche Richtung bestimmt, die man der geodätischen Linie giebt. Man erhält ganz ähnliche Ausdrücke für die Rectification der geodätischen Linie. Für das Umdrehungs-Ellipsoid verwandelt sich das eine der beiden Abelschen Integrale in einen Kreisbogen, das andre in ein elliptisches Integral der dritten Gattung, wodurch man die für das Umdrehungs-Ellipsoid bekannte Gleichung der geodätischen Linie erhält.

Die hier angewandte Art, die drei Coordinaten des Punktes eines Ellipsoids durch zwei Winkel φ und ψ auszudrücken, ist dieselbe, auf welche man geführt wird, wenn man den Punkt des Ellipsoids als Intersection der beiden Krümmungslinien bestimmt, auf welchen er liegt, oder, was nach der schönen Bemerkung von Charles Dupin dasselbe ist, wenn man ihn als Intersection des Ellipsoids mit den beiden durch ihn gehenden Hyperboloiden betrachtet, deren Hauptschnitte mit denen des Ellipsoids die Brennpunkte gemein haben. Legendre hat zuerst die hierauf bezüglichen von Monge gegebenen Formeln als analytisches Instrument benutzt, um den Inhalt der Oberfläche des Ellipsoids auf die Länge von Ellipsenbogen zurückzuführen, wie einst Archimedes den Inhalt der Kugel-Oberfläche auf die Länge der Kreisperipherie zurückgeführt hat*). Früher benutzte schon Euler ähnliche, aber auf die Ebene beschränkte Formeln in seiner berühmten Bestimmung der Bewegung eines nach zwei festen Centren nach dem Newtonschen Gesetze angezogenen Punktes. Denn die von ihm gewählten Variabeln kommen nach einer Bemerkung Legendres darauf hinaus, den angezogenen Punkt als Durchschnitt der durch ihn gehenden Ellipse und Hyperbel zu bestimmen, welche die beiden Anziehungscentra zu gemeinschaftlichen Brennpunkten haben.

Man kann eine andre merkwürdige Anwendung der oben angegebenen Art, die Coordinaten des Punktes eines Ellipsoids auszudrücken, auf die Aufgabe machen, die Oberfläche des Ellipsoids so auf einer Karte abzubilden, dass die unendlich kleinen Theile ähnlich bleiben. In dieser Art hat Lambert in seinen Beiträgen das Problem der Kartenprojection aufgefasst, und Lagrange hat in den Schriften dieser Akademie die allgemeine Lösung für alle Rotationsflächen gegeben, welche Gauss in einer von der Kopenhagener Akademie gekrönten und in Schumachers astronomischen Abhandlungen abgedruckten Preisschrift auf alle Flächen ausgedehnt hat. Drückt man das Element einer auf der Fläche gezeichneten Curve durch

$$\sqrt{A\,dt^2 + 2B\,dt\,du + C\,du^2}$$

---

*) Ich habe im achten Bande des Crelleschen Journals gezeigt, dass man zu den von Legendre gefundenen Resultaten auch auf sehr einfachem und elementarem Wege gelangen kann, wenn man die Coordinaten des Punktes eines Ellipsoids durch die beiden Winkel ausdrückt, welche die Richtung der an ihm errichteten Normale bestimmen. Eine andre hierzu führende, eben so neue als elegante und umfassende Methode hat neuerdings Dirichlet in einer in der Akademie gelesenen Abhandlung angegeben.

aus, wo t und u die beiden Variabeln sind, durch welche man einen Punkt der gegebenen Fläche bestimmt, so hat man den quadratischen Ausdruck

$$A\,dt^2 + 2B\,dt\,du + C\,du^2$$

in zwei Factoren,

$$P\,dt + (Q + \sqrt{R})\,du \quad \text{und} \quad P\,dt + (Q - \sqrt{R})\,du,$$

zu zerfällen. Die Lösung des Problems hängt dann nach der von Gauss gegebenen Theorie von der Integration der Gleichung

$$0 = P\,dt + (Q + \sqrt{R})\,du$$

ab, in welcher P, Q, R gegebene Functionen von t und u sind. Für Rotationsflächen läfst sich diese Gleichung immer integriren, und man kommt dann auf die von Lagrange gegebenen Formeln. Ich bemerke noch, was man leicht sieht, dass dasselbe allgemein für conische und cylindrische Flächen der Fall ist. Wenn man daher auch alle speciellen Flächen zweiter Ordnung leicht behandelt, so bietet doch die Aufgabe für die allgemeine Fläche zweiter Ordnung bei der gewöhnlichen Wahl der Variabeln unübersteigliche Hindernisse wegen der ungemein complicirten Form der zu integrirenden Differentialgleichung. Nimmt man aber den Ausdruck des Elements einer auf einem Ellipsoid befindlichen Curve, welchen ich im achten Bande des Crelleschen Journals gegeben habe, so finden sich in der Differentialgleichung die Variabeln von selbst separirt, und die Aufgabe ist auf blofse Quadraturen zurückgeführt, und zwar auch hier auf Abelsche Transcendenten.

Man kann leicht die in den eben angedeuteten Problemen auf drei Variable bezüglichen Formeln auf jede Zahl von Variabeln ausdehnen, und bekommt dann merkwürdige Amplificationen wichtiger Theoreme. Auf diese Weise habe ich die berühmte von Legendre entdeckte Relation zwischen den vollständigen Integralen der ersten und zweiten Gattung zweier elliptischer Integrale, deren Moduln Complemente zu einander sind, auf alle Abelschen Integrale ausgedehnt. Aber dieselbe Substitution hat mich auf das Abelsche Theorem selbst geführt, auf einem Wege und durch Betrachtungen, welche von dem von Abel eingeschlagenen gänzlich verschieden sind, und welche von einem mechanischen Problem ausgehen. Die von Euler gegebenen Formeln für die Bahn eines von zwei festen Centren angezogenen Punktes enthalten

elliptische Transcendenten. Ist die eine Masse oder beide Null, so ist die Bahn eine Ellipse oder gerade Linie, also ihre Gleichung algebraisch. Aber durch das Verschwinden einer oder beider Massen hören die elliptischen Integrale nicht auf elliptische Integrale zu sein, so dass man die elliptische Bewegung eines Planeten oder selbst die geradlinige Bewegung eines Punktes durch eine Gleichung zwischen elliptischen Integralen erhält. Diese Form ist nicht ohne Interesse; denn wir haben hier für die elliptische Bewegung Formeln, die nur eine geringe Änderung erleiden, wenn noch ein zweites anziehendes Centrum hinzukommt. Aber abgesehen hiervon, sind zwei Methoden gegeben, dasselbe Problem zu behandeln, von denen die eine die Lösung in transcendenter, die andere in algebraischer Form darstellt, oder es ist eine neue Methode gegeben, das Fundamentaltheorem über die Addition der elliptischen Integrale aufzufinden. In seiner Behandlung des mechanischen Problems in den älteren Schriften dieser Akademie hat Euler das früher von ihm gefundene Fundamentaltheorem nur zur Verificirung der für die speciellen Fälle gefundenen Formeln benutzt. Mir schien es von Wichtigkeit, die beiden Methoden mit einander in Verbindung zu setzen, welche die transcendente und die algebraische Form ergeben, um so direct von der einen auf die andre zu kommen. Indem ich die für zwei Variable angewandten Formeln auf jede Zahl von Variabeln ausdehnte, was, wie ich bemerkt, mit Leichtigkeit geschieht, erhielt ich das Abelsche Theorem, und zwar in einer neuen, merkwürdigen und fertigen Form. Zugleich ergab sich ein einfacher Weg, von dem System gewöhnlicher Differentialgleichungen, wie ich dasselbe früher in einer Abhandlung im Crelleschen Journal über die Abelschen Transcendenten aufgestellt habe, durch Anwendung passender Multiplicationen direct zu den algebraischen Integralen zu gelangen, was mir früher wegen der grofsen Complication des Gegenstandes wohl wünschenswerth, aber schwer zu erreichen schien.

Einer der tiefsinnigsten Mathematiker, Herr Lamé, Correspondent dieser Akademie, hat neuerdings die hier erwähnten Substitutionen auf schwierige physikalische Probleme angewendet.

18. April 1839.

DEMONSTRATIO NOVA

THEOREMATIS ABELIANI.

AUCTORE

C. G. J. JACOBI

PROF. MATH. ORD. REGIOM.

Crelle Journal für die reine und angewandte Mathematik, Bd. 24. p. 28.

DEMONSTRATIO NOVA THEOREMATIS ABELIANI.

1.

Proponantur inter n variabiles $\lambda_1, \lambda_2, \ldots \lambda_n$ atque variabilem t aequationes differentiales primi ordinis:

(1.)
$$
\begin{cases}
\dfrac{d\lambda_1}{\sqrt{f(\lambda_1)}} + \dfrac{d\lambda_2}{\sqrt{f(\lambda_2)}} + \cdots + \dfrac{d\lambda_n}{\sqrt{f(\lambda_n)}} = 0, \\[2mm]
\dfrac{\lambda_1 \, d\lambda_1}{\sqrt{f(\lambda_1)}} + \dfrac{\lambda_2 \, d\lambda_2}{\sqrt{f(\lambda_2)}} + \cdots + \dfrac{\lambda_n \, d\lambda_n}{\sqrt{f(\lambda_n)}} = 0, \\[2mm]
\dfrac{\lambda_1^2 \, d\lambda_1}{\sqrt{f(\lambda_1)}} + \dfrac{\lambda_2^2 \, d\lambda_2}{\sqrt{f(\lambda_2)}} + \cdots + \dfrac{\lambda_n^2 \, d\lambda_n}{\sqrt{f(\lambda_n)}} = 0, \\[1mm]
\cdots \cdots \cdots \cdots \cdots \cdots \\[1mm]
\dfrac{\lambda_1^{n-2} \, d\lambda_1}{\sqrt{f(\lambda_1)}} + \dfrac{\lambda_2^{n-2} \, d\lambda_2}{\sqrt{f(\lambda_2)}} + \cdots + \dfrac{\lambda_n^{n-2} \, d\lambda_n}{\sqrt{f(\lambda_n)}} = 0, \\[2mm]
\dfrac{\lambda_1^{n-1} \, d\lambda_1}{\sqrt{f(\lambda_1)}} + \dfrac{\lambda_2^{n-1} \, d\lambda_2}{\sqrt{f(\lambda_2)}} + \cdots + \dfrac{\lambda_n^{n-1} \, d\lambda_n}{\sqrt{f(\lambda_n)}} = dt,
\end{cases}
$$

designante $f(\lambda)$ functionem quantitatis λ ordinis $(2n-1)^{\text{ti}}$. Ponendo

$$ N_k = (\lambda_k - \lambda_1)(\lambda_k - \lambda_2) \ldots (\lambda_k - \lambda_n), $$

ubi factor evanescens $(\lambda_k - \lambda_k)$ omittendus est, ex aequationibus (1.) sequuntur hae:

(2.)
$$ \frac{d\lambda_1}{dt} = \frac{\sqrt{f(\lambda_1)}}{N_1}, \quad \frac{d\lambda_2}{dt} = \frac{\sqrt{f(\lambda_2)}}{N_2}, \ldots \frac{d\lambda_n}{dt} = \frac{\sqrt{f(\lambda_n)}}{N_n}. $$

Substituendo enim (2.) aequationibus (1.) satisfieri per formulas notas algebraicas constat. Formularum (1.) sponte habentur integralia transcendentia; earundem ut inveniantur integralia algebraica, antemittam lemma e theoria fractionum simplicium petitum.

2.

Dedit olim ill. Lagrange in Actis Acad. Berol. a. 1792 huiusmodi formulas pro discerptione fractionis in simplices, quae mutationem non subeant, si

9*

plures denominatoris factores inter se aequales exsistunt. Quas formulas cum
ill. autor sine demonstratione proposuisset, addita demonstratione tractavi in
commentatione »*Disquisitiones analyticae de fractionibus simplicibus*« (Berol. 1825
ap. Herbig). Revocavi eo loco propositionem Lagrangianam ad hanc:

Fractione $\frac{\psi(x)}{\varphi(x)}$, *cuius denominator* $\varphi(x)$ *factorem* $x-a$ *continet, in fractiones
simplices resoluta, eam fractionum simplicium partem, quae ex illo factore ortum
ducit, quotiescunque eum contineat denominator* $\varphi(x)$, *aequari coëfficienti termini*
$\frac{1}{h}$ *in evolutione expressionis*

$$\frac{\psi(a+h)}{\varphi(a+h)(x-a-h)},$$

secundum ascendentes quantitatis h *potestates facta.*

Demonstrationem simplicem huius propositionis videas in comm. cit. §. 10.
Eandem propositionem etiam sic exhibui (l. c. §.7):

Si summa factoris $x-a$ *potestas, per quam denominator* $\varphi(x)$ *dividi potest, est*
$(x-a)^m$ *atque ponitur*

$$\frac{\psi(x)}{\varphi(x)} = \frac{\Pi(x)}{(x-a)^m},$$

*aggregatum fractionum simplicium, quarum denominatores fiunt eius factoris
potestates, aequatur quantitati*

$$\frac{1}{1.2\ldots(m-1)} \cdot \frac{\partial^{m-1} \cdot \frac{\Pi a}{x-a}}{\partial a^{m-1}}.$$

Sit $\psi(\lambda)$ functio ipsius λ integra rationalis ac proponatur fractio

$$\frac{\psi(\lambda)}{[(\lambda-\lambda_1)(\lambda-\lambda_2)\ldots(\lambda-\lambda_n)]^m},$$

in fractiones simplices resolvenda. Secundum propositionem antecedentem fit
aggregatum fractionum simplicium e factore $\lambda-\lambda_k$ provenientium

$$\frac{1}{1.2\ldots(m-1)} \cdot \frac{\partial^{m-1}\left(\frac{\psi(\lambda_k)}{N_k^m} \cdot \frac{1}{\lambda-\lambda_k}\right)}{\partial\lambda_k^{m-1}}.$$

Unde totum systema fractionum simplicium, in quas fractio proposita resolvitur,
aequatur aggregato

$$\frac{1}{1.2\ldots(m-1)} \sum \frac{\partial^{m-1}\left(\frac{\psi(\lambda_k)}{N_k^m} \cdot \frac{1}{\lambda-\lambda_k}\right)}{\partial\lambda_k^{m-1}},$$

summatione extensa ad indicis k valores $1, 2, \ldots n$. Facta evolutione secundum potestates ipsius λ descendentes, obtinemus hanc propositionem:

Evoluta fractione $\dfrac{\psi(\lambda)}{[(\lambda - \lambda_1)(\lambda - \lambda_2) \ldots (\lambda - \lambda_m)]^m}$ *secundum potestates quantitatis* λ *descendentes, coëfficientem termini* $\dfrac{1}{\lambda^p}$ *aequari quantitati*

$$\frac{1}{1.2 \ldots (m-1)} \sum \frac{\partial^{m-1} \cdot \frac{\lambda_k^{p-1} \psi(\lambda_k)}{N_k^m}}{\partial \lambda_k^{m-1}}.$$

Haec propositio valet etiam, si numeratoris $\psi(x)$ gradus gradum denominatoris superat; eo enim casu fractionibus simplicibus accedit functio integra rationalis qui est divisionis quotiens; e functionis integrae rationalis evolutione autem potestates negativae $\dfrac{1}{\lambda^p}$ provenire nequeunt, unde formula antecedens non mutatur. Si denominatoris gradus numeratoris gradum superat i unitatibus, evolutio proposita terminis $\dfrac{1}{\lambda}, \dfrac{1}{\lambda^2}, \cdots \dfrac{1}{\lambda^{i-1}}$ caret. Eo igitur casu quantitates

$$\sum \frac{\partial^{m-1} \cdot \frac{\lambda_k^{p-1} \psi(\lambda_k)}{N_k^m}}{\partial \lambda_k^{m-1}}$$

pro ipsius p valoribus $1, 2, \ldots i-1$ evanescunt. Ad sequentia tantum egemus formula, in qua $i = 2$, $p = 1$, $m = 2$. Quam suppeditat sequens

Lemma.

Sit $\psi(\lambda)$ *functio quantitatis* λ *integra rationalis* $(2n-2)^{ti}$ *gradus, erit*

$$\sum \frac{\partial \frac{\psi(\lambda_k)}{N_k N_k}}{\partial \lambda_k} = 0.$$

Hoc lemmate comprobato ad propositum redeo.

3.

Sit $m - \lambda$ factor functionis $f(\lambda)$ quicunque, unde, posito

$$\frac{f(\lambda)}{m - \lambda} = \psi(\lambda),$$

fit $\psi(\lambda)$ functio rationalis integra $(2n-2)^{ti}$ gradus. Sit brevitatis causa

$$\lambda_k' = \frac{d\lambda_k}{dt}, \qquad \lambda_k'' = \frac{d^2\lambda_k}{dt^2},$$

erit secundum formulas (2.) §. 1

$$\frac{\lambda'_k}{\sqrt{m-\lambda_k}} = \frac{\sqrt{\psi(\lambda_k)}}{N_k}.$$

Unde, rursus differentiando et substituendo valores quantitatum λ'_1, λ'_2 etc. e §. 1 petitos, obtinetur:

(1.)
$$\frac{d \cdot \frac{\lambda'_k}{\sqrt{m-\lambda_k}}}{\sqrt{m-\lambda_k}\, dt} = \frac{\partial \cdot \frac{\sqrt{\psi(\lambda_k)}}{N_k}}{\partial \lambda_k} \cdot \frac{\sqrt{\psi(\lambda_k)}}{N_k} + \sum^i \frac{\sqrt{\psi(\lambda_i)}\sqrt{\psi(\lambda_k)}}{\sqrt{m-\lambda_i}\sqrt{m-\lambda_k}} \cdot \frac{(m-\lambda_i)\,\partial\frac{1}{N_k}}{N_i \partial\lambda_i},$$

summationis signo pertinente ad indicis superscripti valores 1, 2, ... *n* omnes praeter $i=k$. Fit autem

$$\frac{\partial \cdot \frac{\sqrt{\psi(\lambda_k)}}{N_k}}{\partial \lambda_k} \cdot \frac{\sqrt{\psi(\lambda_k)}}{N_k} = \tfrac{1}{2}\frac{\partial \cdot \frac{\psi(\lambda_k)}{N_k N_k}}{\partial \lambda_k}, \qquad \frac{\partial \frac{1}{N_k}}{\partial \lambda_i} = \frac{1}{\lambda_k-\lambda_i} \cdot \frac{1}{N_k}.$$

Unde e (1.) fit, advocato lemmate demonstrato,

$$\sum^k \frac{d \cdot \frac{\lambda'_k}{\sqrt{m-\lambda_k}}}{\sqrt{m-\lambda_k}\, dt} = \sum^k \sum^i \frac{\sqrt{\psi(\lambda_i)}\sqrt{\psi(\lambda_k)}}{\sqrt{m-\lambda_i}\sqrt{m-\lambda_k}\, N_i N_k} \cdot \frac{m-\lambda_i}{\lambda_k-\lambda_i}.$$

Summa duplex in formula praecedente pertinet ad omnes valores 1, 2, ... *n*, quos uterque index *i* et *k* induere potest; exclusis valoribus aequalibus $i=k$. Si quantitati sub signo duplici summationis collocatae additur altera e commutatione indicum *i* et *k* proveniens, summatio tantum extendi debet ad combinationes diversas indicum 1, 2, ... *n*, ita ut e positionibus $i=\alpha$, $k=\beta$ et $i=\beta$, $k=\alpha$, altera tantum eligenda sit. Quod si de summa duplici statuimus atque observamus, fieri $\frac{m-\lambda_i}{\lambda_k-\lambda_i} + \frac{m-\lambda_k}{\lambda_i-\lambda_k} = 1$, expressio antecedens in hanc abit:

(2.)
$$\sum^k \frac{d \cdot \frac{\lambda'_k}{\sqrt{m-\lambda_k}}}{\sqrt{m-\lambda_k}\, dt} = \sum^k \sum^i \frac{\sqrt{\psi(\lambda_i)}\sqrt{\psi(\lambda_k)}}{\sqrt{m-\lambda_i}\sqrt{m-\lambda_k}\, N_i N_k} = \sum^k \sum^i \frac{\lambda'_i \lambda'_k}{(m-\lambda_i)(m-\lambda_k)}$$

$$= \tfrac{1}{2}\left[\frac{\lambda'_1}{m-\lambda_1} + \frac{\lambda'_2}{m-\lambda_2} + \cdots + \frac{\lambda'_n}{m-\lambda_n} \right]^2$$

$$- \tfrac{1}{2}\left[\frac{\lambda'_1 \lambda'_1}{(m-\lambda_1)^2} + \frac{\lambda'_2 \lambda'_2}{(m-\lambda_2)^2} + \cdots + \frac{\lambda'_n \lambda'_n}{(m-\lambda_n)^2} \right].$$

Fit autem

$$\sum \frac{d \cdot \frac{\lambda'_k}{\sqrt{m-\lambda_k}}}{\sqrt{m-\lambda_k}\,dt} = \sum^k \left[\frac{\lambda''_k}{m-\lambda_k} + \tfrac{1}{2} \frac{\lambda'_k \lambda'_k}{(m-\lambda_k)^2} \right].$$

Unde aequatio (2.) in hanc abit:

(3.)
$$0 = \tfrac{1}{2} \left(\frac{\lambda'_1}{m-\lambda_1} + \frac{\lambda'_2}{m-\lambda_2} + \cdots + \frac{\lambda'_n}{m-\lambda_n} \right)^2$$
$$- \left(\frac{\lambda'_1 \lambda'_1}{(m-\lambda_1)^2} + \frac{\lambda'_2 \lambda'_2}{(m-\lambda_2)^2} + \cdots + \frac{\lambda'_n \lambda'_n}{(m-\lambda_n)^2} \right)$$
$$- \left(\frac{\lambda''_1}{m-\lambda_1} + \frac{\lambda''_2}{m-\lambda_2} + \cdots + \frac{\lambda''_n}{m-\lambda_n} \right).$$

Ponatur

(4.)
$$y = \sqrt{(m-\lambda_1)(m-\lambda_2)\ldots(m-\lambda_n)};$$

si insuper fit $u = \log y$, erit!

$$\frac{d^2 y}{dt^2} = y \left[\left(\frac{du}{dt} \right)^2 + \frac{d^2 u}{dt} \right].$$

Fit autem

$$\frac{du}{dt} = -\tfrac{1}{2} \left(\frac{\lambda'_1}{m-\lambda_1} + \frac{\lambda'_2}{m-\lambda_2} + \cdots + \frac{\lambda'_n}{m-\lambda_n} \right),$$
$$\frac{d^2 u}{dt^2} = -\tfrac{1}{2} \left(\frac{\lambda'_1 \lambda'_1}{(m-\lambda_1)^2} + \frac{\lambda'_2 \lambda'_2}{(m-\lambda_2)^2} + \cdots + \frac{\lambda'_n \lambda'_n}{(m-\lambda_n)^2} \right)$$
$$- \tfrac{1}{2} \left(\frac{\lambda''_1}{m-\lambda_1} + \frac{\lambda''_2}{m-\lambda_2} + \cdots + \frac{\lambda''_n}{m-\lambda_n} \right),$$

unde aequatio (3.), per 2 divisa, in hanc abit:

$$0 = \left(\frac{du}{dt} \right)^2 + \frac{d^2 u}{dt^2},$$

sive

(5.)
$$\frac{d^2 y}{dt^2} = 0.$$

Qua formula integrata et substitutis valoribus, $\lambda'_k = \frac{\sqrt{f(\lambda_k)}}{N_k}$, obtinetur e (4.):

(6.) $\quad -2\dfrac{dy}{dt} = y \left(\dfrac{\sqrt{f(\lambda_1)}}{(m-\lambda_1)N_1} + \dfrac{\sqrt{f(\lambda_2)}}{(m-\lambda_2)N_2} + \cdots + \dfrac{\sqrt{f(\lambda_n)}}{(m-\lambda_n)N_n} \right) = $ Const.

Haec formula constituit integrale algebraicum aequationum differentialium propositarum, ex eoque obtinentur $2n-1$ integralia algebraica pro singulis functionis $f(\lambda)$ factoribus linearibus $m-\lambda$. Sufficit autem numerus $n-1$ ad relationes

algebraicas inter n variabiles $\lambda_1, \lambda_2, \ldots \lambda_n$ condendas. Non immorabor hic formulae

$$\text{Const.} = y\left(\frac{\sqrt{f(\lambda_1)}}{(m-\lambda_1)N_1} + \frac{\sqrt{f(\lambda_2)}}{(m-\lambda_2)N_2} + \cdots + \frac{\sqrt{f(\lambda_n)}}{(m-\lambda_n)N_n}\right),$$

e theoremate Abeliano deducendae. Quas res apud cl. Richelot videas in egregia commentatione, qua Lagrangianam integrationis methodum pro $n = 2$ exhibitam amplificatum it eiusque methodi adiumento duo integralia algebraica pro ipsius n valore quocunque, immo pro forma functionis $f(\lambda)$ generaliore eruit. Et forte methodum quoque antecedentibus a me usurpatam, qua cuncta integralia algebraica obtinentur, pro amplificatione methodi Lagrangianae habere placet.

Si ipsi $f(\lambda)$ formam tribuis functionis rationalis integrae $2n^{ti}$ ordinis, per substitutionem obviam $\lambda = \frac{m+ns}{1+ps}$, problema ad eum casum revocas, quo $f(\lambda)$ tantum $(2n-1)^{ti}$ ordinis est. Illo casu generaliore non amplius evanescit summa

$$\sum^k \frac{\partial \cdot \frac{\psi(\lambda)}{N_k N_k}}{\partial \lambda_k},$$

sed ea summa, cum secundum ea, quae §. 2. demonstravi, aequet coëfficientem termini $\frac{1}{\lambda}$ in evolutione quantitatis

$$\frac{\psi(\lambda)}{[(\lambda-\lambda_2)(\lambda-\lambda_3)\ldots(\lambda-\lambda_n)]^2},$$

aequalis evadit constanti $-c$, si quidem $c\lambda^{2n}$ est altissimus functionis $f(\lambda)$ terminus. Hinc aequatio antecedentibus inventa

$$0 = \left(\frac{du}{dt}\right)^2 + \frac{d^2u}{dt^2}$$

in hanc mutari debet:

$$\left(\frac{du}{dt}\right)^2 + \frac{d^2u}{dt^2} = \tfrac{1}{4}c;$$

unde sequitur aequatio haec:

$$\frac{d^2y}{dt^2} = \tfrac{1}{4}cy,$$

quae multiplicata per $2\frac{dy}{dt}$ et integrata suggerit:

$$\left(\frac{dy}{dt}\right)^2 = \tfrac{1}{4}cyy + \alpha,$$

designante α constantem arbitrariam. In qua formula si substituuntur quantitatum y et $\frac{dy}{dt}$ valores (4.) et (6.), proveniunt integralia algebraica formae functionis $f(\lambda)$ generaliori respondentia.

4.

Coronidis instar hoc addo. *Quicunque sit functionis* $f(\lambda)$ *gradus*, si, designante $m-\lambda$ factorem eius quemcunque, vocamus (m) coëfficientem termini $\frac{1}{\lambda}$ in evolutione quantitatis

$$\frac{\frac{f(\lambda)}{m-\lambda}}{[(\lambda-\lambda_1)(\lambda-\lambda_2)\ldots(\lambda-\lambda_n)]^2},$$

suggerit analysis antecedentibus adhibita formulam:

$$\left(\frac{du}{dt}\right)^2 + \frac{d^2u}{dt^2} + \tfrac{1}{4}(m) = 0.$$

Unde, multiplicatione per y facta, prodit:

$$\frac{d^2y}{dt^2} + \tfrac{1}{4}y(m) = 0.$$

Sit y_1 altera functio, ipsius $f(\lambda)$ factori $m_1-\lambda$ respondens, ita ut habeatur

$$y = \sqrt{(m-\lambda_1)(m-\lambda_2)\ldots(m-\lambda_n)}, \qquad y_1 = \sqrt{(m_1-\lambda_1)(m_1-\lambda_2)\ldots(m_1-\lambda_n)},$$

erit:

$$\frac{d^2y}{dt^2} + \tfrac{1}{4}y(m) = 0, \qquad \frac{d^2y_1}{dt^2} + \tfrac{1}{4}y_1(m_1) = 0,$$

unde:

$$y\frac{d^2y_1}{dt^2} - y_1\frac{d^2y}{dt^2} + \tfrac{1}{4}yy_1[(m_1)-(m)] = 0.$$

Cum sit

$$\frac{1}{m_1-\lambda} - \frac{1}{m-\lambda} = \frac{m-m_1}{(m-\lambda)(m_1-\lambda)},$$

aequabit $(m_1)-(m)$ coëfficientem termini $\frac{1}{\lambda}$ in evolutione quantitatis

$$\frac{\frac{f(\lambda)}{(m-\lambda)(m_1-\lambda)}}{[(\lambda-\lambda_1)(\lambda-\lambda_2)\ldots(\lambda-\lambda_n)]^2},$$

multiplicatum per $m-m_1$. Quem coëfficientem designo per (m, m_1), unde fit

$$y\frac{d^2y_1}{dt^2} - y_1\frac{d^2y}{dt^2} + \frac{m-m_1}{4}yy_1(m, m_1) = 0,$$

atque integratione facta,

(1.) $$y\frac{dy_1}{dt} - y_1\frac{dy}{dt} + \frac{m-m_1}{4}\int yy_1(m, m_1)dt = 0.$$

Quae docet formula, *integrale* $\int yy_1(m, m_1)dt$ *valorem obtinere algebraicum*. Sit

ex. gr. functio $f(\lambda)$ gradus $(2n+1)^{ti}$ eiusque summus terminus $c\lambda^{2n+1}$, erit $(m, m_1) = c$, ideoque substituendo formulam (6.) §. pr. eruitur:

(2.)
$$c\int yy_1\, dt = \frac{-4}{m-m_1}\left[y\frac{dy_1}{dt} - y_1\frac{dy}{dt}\right]$$

$$= 2yy_1\left[\frac{\sqrt{f(\lambda_1)}}{(m-\lambda_1)(m_1-\lambda_1)N_1} + \frac{\sqrt{f(\lambda_2)}}{(m-\lambda_2)(m_1-\lambda_2)N_2} + \cdots + \frac{\sqrt{f(\lambda_n)}}{(m-\lambda_n)(m_1-\lambda_n)N_n}\right].$$

Si $m = m_1$ atque

$$\sqrt{f(\lambda)} = (m-\lambda)\sqrt{F(\lambda)},$$

aequatio antecedens in hanc abit:

(3.)
$$c\int (m-\lambda_1)(m-\lambda_2)\cdots(m-\lambda_n)dt$$

$$= 2(m-\lambda_1)(m-\lambda_2)\cdots(m-\lambda_n)\left[\frac{\sqrt{F(\lambda_1)}}{(m-\lambda_1)N_1} + \frac{\sqrt{F(\lambda_2)}}{(m-\lambda_2)N_2} + \cdots + \frac{\sqrt{F(\lambda_n)}}{(m-\lambda_n)N_n}\right].$$

Convenit ut in genere novo formularum exemplum addere. Sit quod est simplicissimum,

$$\sqrt{f(\lambda)} = \sqrt{\lambda^5},$$

unde

$$m = 0, \quad c = 1, \quad \sqrt{F(\lambda)} = -\sqrt{\lambda^3};$$

erunt aequationes differentiales propositae:

$$\frac{d\lambda_1}{\sqrt{\lambda_1^5}} + \frac{d\lambda_2}{\sqrt{\lambda_2^5}} = 0, \quad \frac{d\lambda_1}{\sqrt{\lambda_1^3}} + \frac{d\lambda_2}{\sqrt{\lambda_2^3}} = dt,$$

e quibus secundum (3.) fieri debet:

$$\int \lambda_1\lambda_2 dt = 2\lambda_1\lambda_2 \cdot \frac{\sqrt{\lambda_1} - \sqrt{\lambda_2}}{\lambda_1 - \lambda_2} = \frac{2\lambda_1\lambda_2}{\sqrt{\lambda_1} + \sqrt{\lambda_2}}.$$

Aequationes differentiales propositae suggerunt:

$$\frac{1}{\sqrt{\lambda_1^3}} + \frac{1}{\sqrt{\lambda_2^3}} = a, \quad \frac{1}{\sqrt{\lambda_1}} + \frac{1}{\sqrt{\lambda_2}} = -\tfrac{1}{2}t,$$

designante a constantem arbitrariam; unde, ponendo $\dfrac{1}{\sqrt{\lambda_1\lambda_2}} = u$, fit:

$$a = -\tfrac{1}{8}t^3 + \tfrac{3}{2}tu, \quad \int\lambda_1\lambda_2\,dt = \int\frac{dt}{uu} = \tfrac{9}{4}\int\frac{t^2\,dt}{(a+\frac{1}{8}t^3)^2} = \frac{-6}{a+\frac{1}{8}t^3}.$$

Fit autem $\sqrt{\lambda_1} + \sqrt{\lambda_2} = -\tfrac{1}{2}t\sqrt{\lambda_1\lambda_2}$, unde $\dfrac{\lambda_1\lambda_2}{\sqrt{\lambda_1} + \sqrt{\lambda_2}} = -\dfrac{2}{tu} = \dfrac{-3}{a+\frac{1}{8}t^3}$, ideoque

$$\int\lambda_1\lambda_2 dt = \frac{2\lambda_1\lambda_2}{\sqrt{\lambda_1} + \sqrt{\lambda_2}}, \quad \text{q. d. e.}$$

Regiom. d. 5 Maii 1842.

ÜBER DIE ADDITIONSTHEOREME

DER ABELSCHEN INTEGRALE

ZWEITER UND DRITTER GATTUNG

VON

PROFESSOR DR. C. G. J. JACOBI.

Crelle Journal für die reine und angewandte Mathematik, Bd. 30. p. 121—126.

ÜBER DIE ADDITIONSTHEOREME DER ABELSCHEN INTEGRALE ZWEITER UND DRITTER GATTUNG.

1.

Es sei R eine gegebene ganze Function von x vom $2n^{ten}$ Grade,

$$(1.) \qquad R = a_1 x^{2n} + a_2 x^{2n-1} + a_3 x^{2n-2} + \cdots + 1;$$

V eine ganze Function von x vom n^{ten} Grade, in welcher man den Coëfficienten von x^n der Einheit gleich setze; ferner a eine Constante und

$$(2.) \qquad x V^2 - a^2 R = f(x) = (x - x_1)(x - x_2) \ldots (x - x_{2n+1})$$
$$= x^{2n+1} + a_1 x^{2n} + a_2 x^{2n-1} + \cdots + a_{2n+1}.$$

Die in V vorkommenden Coëfficienten und die Größe a betrachte man als unabhängige Veränderliche, während dagegen die Coëfficienten der Function R unverändert bleiben sollen. Zwischen den ebenfalls veränderlichen $2n+1$ Wurzeln der Gleichung (2.) folgen dann aus dem Abelschen Theorem n transcendente Gleichungen, wodurch n Wurzeln als Functionen der übrigen $n+1$ bestimmt werden. Wenn nämlich m einen der Werthe $0, 1, 2, \ldots n-1$ annimmt und man die Zeichen der Wurzelgröße unter dem Integralzeichen gehörig bestimmt, so wird

$$(3.) \qquad \int \frac{x_1^m dx_1}{\sqrt{x_1 R(x_1)}} + \int \frac{x_2^m dx_2}{\sqrt{x_2 R(x_2)}} + \cdots + \int \frac{x_{2n+1}^m dx_{2n+1}}{\sqrt{x_{2n+1} R(x_{2n+1})}} = 0.$$

Die Anfangs- und Endgrenzen der Integrale sind die beiden Systeme der Wurzeln zweier Gleichungen von der Form (2.), in denen sich a und die Coëfficienten von V verändert haben, während die Function R ungeändert geblieben ist.

Entwickelt man den Ausdruck

$$(4.) \qquad \Lambda = \frac{1}{\sqrt{xR}} \log \frac{\sqrt{x}.V + a\sqrt{R}}{\sqrt{x}.V - a\sqrt{R}}$$

nach den absteigenden Potenzen von x,

$$(5.) \qquad \Lambda = \frac{\Lambda_0}{x^{n+1}} + \frac{\Lambda_1}{x^{n+2}} + \frac{\Lambda_2}{x^{n+3}} + \text{etc.,}$$

so findet Abel ferner für die Werthe von m, welche $\geq n$ sind,

$$(6.) \qquad \int \frac{x_1^{n+i}dx_1}{\sqrt{x_1}\,R(x_1^i)} + \int \frac{x_2^{n+i}dx_2}{\sqrt{x_2}\,R(x_2)} + \cdots + \int \frac{x_{2n+1}^{n+i}dx_{2n+1}}{\sqrt{x_{2n+1}}\,R(x_{2n+1})} = \Lambda.$$

Um die Entwickelungscoëfficienten Λ_i durch die Coëfficienten von $f(x)$ oder die Größen x_1, x_2 etc. und durch die gegebenen Coëfficienten von R darzustellen, setze ich für $\sqrt{x}.V$ vermöge (2.) den Ausdruck $\sqrt{f(x) + a^2 R}$, wodurch man

$$(7.) \qquad \Lambda = \frac{1}{\sqrt{xR}} \log \frac{\sqrt{f(x)+a^2 R} + a\sqrt{R}}{\sqrt{f(x)+a^2 R} - a\sqrt{R}}$$

erhält. Setzt man $y = \dfrac{a\sqrt{R}}{\sqrt{f(x)}}$, so wird

$$\Lambda.\sqrt{xR} = \log \frac{\sqrt{1+y^2}+y}{\sqrt{1+y^2}-y} = 2\int_0^y \frac{dy}{\sqrt{1+y}}$$

$$= 2y - \frac{1}{3}y^3 + \frac{3}{4.5}y^5 - \frac{3.5}{4.6.7}y^7 + \frac{3.5.7}{4.6.8.9}y^9 - \cdots$$

und daher

$$(8.) \quad \Lambda = \frac{2}{\sqrt{x}}\int_0^a \frac{da}{\sqrt{f(x)+a^2 R}} = \frac{2a}{\sqrt{x f(x)}} - \frac{1}{3}\cdot\frac{a^3 R}{\sqrt{x}\sqrt{f(x)^3}} + \frac{3}{4.5}\cdot\frac{a^5 R^2}{\sqrt{x}\sqrt{f(x)^5}} \text{ etc.}$$

Aus dieser Formel kann man zur Bestimmung von Λ_i folgende leichte Regel ableiten: »*Man entwickle den Ausdruck* $(1 + b_1 z + b_2 z^2 + \cdots + b_{2n+1} z^{2n+1})^{-\frac{1}{2}}$ *nach den aufsteigenden Potenzen von* z, *setze in dem Coëfficienten von* z^i *für* b_1, b_2 *etc. die Größen* $a_1 + \alpha_1$, $a_2 + \alpha_2$ *etc., entwickle alle Producte und Potenzen dieser Binome und multiplicire jeden Term, der den Factor* $\alpha_1^{\mu_1} \alpha_2^{\mu_2} \cdots$ *enthält, noch mit* $\dfrac{a^{2(\mu_1 + \mu_2 + \cdots) + 1}}{2(\mu_1 + \mu_2 + \cdots) + 1}$, *so wird der Ausdruck, welchen man erhält, der Werth von* $\frac{1}{2}\Lambda_i$.«

Auf diese Weise findet man

$$(9.) \quad \begin{cases} \frac{1}{2}\Lambda_0 = a, \\[4pt] \frac{1}{2}\Lambda_1 = -\frac{1}{2}(a_1 a + \frac{1}{3}\alpha_1 a^3), \\[4pt] \frac{1}{2}\Lambda_2 = -\frac{1}{2}(a_2 a + \frac{1}{3}\alpha_2 a^3) + \frac{3}{2.4}\left(a_1^2.a + 2a_1\alpha_1.\frac{a^3}{3} + \alpha_1^2.\frac{a^5}{5}\right); \\[4pt] \frac{1}{2}\Lambda_3 = -\frac{1}{2}(a_3 a + \frac{1}{3}\alpha_3 a^3) + \frac{3}{4}\left(a_1 a_2.a + (\alpha_1 a_2 + a_2 \alpha_1)\frac{a^3}{3} + \alpha_1 \alpha_2 . \frac{a^5}{5}\right) \\[6pt] \qquad\qquad - \frac{3.5}{2.4.6}\left(a_1^3.a + 3a_1^2\alpha_1.\frac{a^3}{3} + 3a_1\alpha_1^2.\frac{a^5}{5} + \alpha_1^3.\frac{a^7}{7}\right) \end{cases}$$

u. s. w.

Man hat in diesen Formeln die auf a_{2n+1} und α_{2n+1} folgenden Größen $= 0$ und $a_{2n+1} = 1$ zu setzen. Da man aus (2.) den Werth

(10.) $$a = \sqrt{-a_{2n+1}} = \sqrt{x_1 x_2 \ldots x_{2n+1}}$$

findet, so giebt die erste der Formeln (9.) die einfache Gleichung:

(11.) $$\int \frac{x_1^n dx_1}{\sqrt{x_1 R(x_1)}} + \int \frac{x_2^n dx_2}{\sqrt{x_2 R(x_2)}} + \cdots + \int \frac{x_{2n+1}^n dx_{2n+1}}{\sqrt{x_{2n+1} R(x_{2n+1})}} = 2\sqrt{x_1 x_2 \ldots x_{2n+1}},$$

welche für $n = 1$, wenn man die Zeichen der Quadratwurzeln unter dem Integralzeichen gehörig bestimmt, auf die bekannte Additionsformel der zweiten Gattung der elliptischen Functionen zurückkommt.

Man erhält dieselben Formeln (9.) für den allgemeineren Fall, wenn man noch einen Werth x_{2n+2} hinzunimmt und wieder

(12.) $$\int \frac{x_1^{n+i} dx_1}{\sqrt{x_1 R(x_1)}} + \int \frac{x_2^{n+i} dx_2}{\sqrt{x_2 R(x_2)}} + \cdots + \int \frac{x_{2n+2}^{n+i} dx_{2n+2}}{\sqrt{x_{2n+2} R(x_{2n+2})}} = \Lambda_i$$

setzt. Die Größen $a, a_1, \ldots a_{2n+2}$ werden dann durch die Gleichung

$$(x-x_1)(x-x_2)\ldots(x-x_{2n+2}) = x^{2n+2} + a_1 x^{2n+1} + a_2 x^{2n} + \cdots + a_{2n+2}$$

bestimmt; der Ausdruck, dessen $(-\tfrac{1}{2})^{\text{te}}$ Potenz zu entwickeln ist, wird

$$1 + b_1 y + b_2 y^2 + \cdots + b_{2n+2} y^{2n+2}.$$

In den Formeln (9.), welche man aus der Entwickelung dieses Ausdrucks nach der oben angegebenen Regel ableitet, hat man die auf a_{2n+2} und a_{2n+1} folgenden Größen a_{2n+3}, a_{2n+2} etc. $= 0$ und wieder $a_{2n+1} = 1$ zu setzen. Die Größe a wird hier aber durch keine so einfache Formel wie (10.) bestimmt. Die Zahl dieser Größen a, mit deren Hülfe man die Größen Λ_i rational durch die Werthe x_1, x_2 etc. darstellen kann, vermehrt sich bei demselben R immer um eine, wenn die Zahl der Integrale, welche das Aggregat (6.) bilden, um zwei zunimmt.

Ich bemerke noch, daß man für Λ statt des Ausdrucks (4.) eigentlich die Differenz zweier solcher Ausdrücke zu setzen hätte, welche den beiden Systemen der Anfangs- und Endgrenzen der Integrale entsprechen. Es reicht aber hin in (6.) eines der Integrale und in (12.) zwei der Integrale von $x = 0$ an beginnen zu lassen, und auch in dem allgemeineren Falle, wenn man ein Aggregat von $2n+m$ Integralen betrachtet, m Integrale von der Grenze 0 an zu nehmen, weil dann immer die abzuziehende Function Λ verschwindet.

2.

Nach Abel findet man für die dritte Gattung:

(13.) $$\int \frac{dx_1}{(\alpha-x_1)\sqrt{x_1 R(x_1)}} + \int \frac{dx_2}{(\alpha-x_2)\sqrt{x_2 R(x_2)}} + \cdots + \int \frac{dx_{2n+1}}{(\alpha-x_{2n+1})\sqrt{x_{2n+1} R(x_{2n+1})}} = \Lambda(\alpha),$$

wenn $\Lambda(a)$ den Werth der oben (4.) definirten Function $\Lambda(x)$ für $x=a$ bedeutet. Dieser Werth $\Lambda(a)$ kann, wie ich im Folgenden zeigen will, durch Einführung von Gröfsen, welche von neuen transcendenten Gleichungen abhängen, eine merkwürdige Form annehmen, welche für $n=1$ das bekannte Additionstheorem der dritten Gattung der elliptischen Integrale giebt.

Man kann die Function n^{ten} Grades $\frac{V}{a}$ dadurch bestimmen, dass sie vermöge (2.) für $x=x_1, x_2, \ldots x_{n+1}$ dieselben Werthe wie die gegebene Function $\sqrt{\frac{R}{x}}$ annimmt. Man bestimme jetzt zwei andre ganze Functionen von x vom $(n+1)^{ten}$ Grade, Y und Z, durch die Bedingung, dass jede von ihnen für die Werthe $x=x_1, x_2, \ldots x_{n+1}$ dieselben Werthe wie $\frac{xV}{a}$ oder wie $\sqrt{xR(x)}$ annehmen, und aufserdem noch für $x=a$ die Function Y den Werth $+\sqrt{aR(a)}$, die Function Z den Werth $-\sqrt{aR(a)}$ erhalten soll. Da zufolge dieser Annahme $\frac{x}{a}V-Y$ und $\frac{x}{a}V-Z$ für die Werthe $x=x_1, x_2, \ldots x_{n+1}$ verschwinden müssen, so erhält man diese Functionen Y und Z sogleich durch die Formeln

(14.)
$$\begin{cases} Y = \frac{x}{a} \cdot V - r \cdot \frac{(x-x_1)(x-x_2)\ldots(x-x_{n+1})}{(a-x_1)(a-x_2)\ldots(a-x_{n+1})}, \\ Z = \frac{x}{a} \cdot V - s \cdot \frac{(x-x_1)(x-x_2)\ldots(x-x_{n+1})}{(a-x_1)(a-x_2)\ldots(a-x_{n+1})}, \end{cases}$$

wenn man wegen der letzten Bedingung die Constanten r und s durch die Gleichungen

(15.)
$$r = \frac{a}{a}V(a) - \sqrt{aR(a)}, \quad s = \frac{a}{a}V(a) + \sqrt{aR(a)}$$

bestimmt. Hier ist $V(a)$ der Werth von V für $x=a$, und daher zufolge (4.)

(16.)
$$\Lambda(a) = \frac{1}{\sqrt{aR(a)}} \log \frac{s}{r}.$$

Nach den gemachten Voraussetzungen müssen die beiden Ausdrücke $(2n+2)^{ter}$ Ordnung Y^2-xR, Z^2-xR durch das Product

$$(x-x_1)(x-x_2)\ldots(x-x_{n+1})(x-a)$$

theilbar sein. Man setze daher

(17.)
$$\begin{cases} Y^2-xR = r_1(x-x_1)(x-x_2)\ldots(x-x_{n+1})(x-a)(x-y_1)(x-y_2)\ldots(x-y_n), \\ Z^2-xR = s_1(x-x_1)(x-x_2)\ldots(x-x_{n+1})(x-a)(x-z_1)(x-z_2)\ldots(x-z_n). \end{cases}$$

Da die Function xR weder einen constanten Term enthält noch die Potenz x^{2n+2},

welche die höchste Potenz von x ist, welche in den Ausdrücken (17.) vorkommt, so wird man, wenn man respective in den Functionen Y und Z den Coëfficienten von x^{n+1} durch den constanten Term dividirt, die Quotienten

$$(x_1 x_2 \ldots x_{n+1} . a y_1 y_2 \ldots y_n)^{-\frac{1}{2}}, \qquad (x_1 x_2 \ldots x_{n+1} . a z_1 z_2 \ldots z_n)^{-\frac{1}{2}}$$

erhalten. Die Werthe dieser Quotienten kann man aber auch andererseits aus den Gleichungen (14.) entnehmen, wenn man bemerkt, dass in $\frac{x}{a} V$ der Coëfficient von x^{n+1} den Werth $\frac{1}{a}$ hat und der constante Term $= 0$ ist. Durch Vergleichung der beiden Werthe, welche man auf diese Weise für jeden dieser Quotienten erhält, findet man, wenn man dieselben noch mit $x_1 x_2 \ldots x_{n+1}$ multiplicirt,

(18.)
$$\begin{cases} (-1)^n \sqrt{\dfrac{x_1 x_2 \ldots x_{n+1}}{a y_1 y_2 \ldots y_n}} = (a - x_1)(a - x_2) \ldots (a - x_{n+1}) \dfrac{1}{ar} - 1, \\[2mm] (-1)^n \sqrt{\dfrac{x_1 x_2 \ldots x_{n+1}}{a z_1 z_2 \ldots z_n}} = (a - x_1)(a - x_2) \ldots (a - x_{n+1}) \dfrac{1}{as} - 1, \end{cases}$$

woraus

(19.)
$$\frac{s}{r} = \frac{\sqrt{a}V(a) + a\sqrt{R(a)}}{\sqrt{a}V(a) - a\sqrt{R(a)}} = \frac{1 + (-1)^n \sqrt{\dfrac{x_1 x_2 \ldots x_{n+1}}{a y_1 y_2 \ldots y_n}}}{1 + (-1)^n \sqrt{\dfrac{x_1 x_2 \ldots x_{n+1}}{a z_1 z_2 \ldots z_n}}}$$

folgt. Hieraus erhält man vermöge (13.) und (16.)

(20.)
$$\Lambda(a) = \frac{1}{\sqrt{aR(a)}} \log \frac{1 + (-1)^n \sqrt{\dfrac{x_1 x_2 \ldots x_{n+1}}{a y_1 y_2 \ldots y_n}}}{1 + (-1)^n \sqrt{\dfrac{x_1 x_2 \ldots x_{n+1}}{a z_1 z_2 \ldots z_n}}}$$

$$= \int \frac{dx_1}{(a - x_1)\sqrt{x_1 R(x_1)}} + \int \frac{dx_2}{(a - x_2)\sqrt{x_2 R(x_2)}} + \cdots + \int \frac{dx_{2n+1}}{(a - x_{2n+1})\sqrt{x_{2n+1} R(x_{2n+1})}}.$$

Die in der vorstehenden Formel vorkommenden Hülfsgrößen y_1, y_2 etc.; z_1, z_2 etc., welche aus x_1, x_2, $\ldots x_{n+1}$, a vermittelst der Gleichungen (17.) bestimmt werden, kann man aber auch nach dem Abelschen Theorem durch transcendente Gleichungen definiren und erhält dann, wenn man noch w_1, w_2, $\ldots w_n$ für x_{n+2}, x_{n+3}, $\ldots x_{2n+1}$ schreibt, und die diesen Variabeln entsprechenden Integrale mit entgegengesetzten Zeichen nimmt, folgendes Theorem:

Theorem.

„Aus $n+2$ gegebenen Größen x_1, x_2, $\ldots x_{n+1}$, a bestimme man drei Systeme von n Größen $w_1, w_2, \ldots w_n$; $y_1, y_2, \ldots y_n$; $z_1, z_2, \ldots z_n$ durch die

drei Systeme von n transcendenten Gleichungen,

$$\int \frac{w_1^m\,dw_1}{\sqrt{w_1\,R(w_1)}} + \int \frac{w_2^m\,dw_2}{\sqrt{w_2\,R(w_2)}} + \cdots + \int \frac{w_n^m\,dw_n}{\sqrt{w_n\,R(w_n)}}$$

$$= \int \frac{x_1^m\,dx_1}{\sqrt{x_1\,R(x_1)}} + \int \frac{x_2^m\,dx_2}{\sqrt{x_2\,R(x_2)}} + \cdots + \int \frac{x_{n+1}^m\,dx_{n+1}}{\sqrt{x_{n+1}\,R(x_{n+1})}},$$

$$\int \frac{y_1^m\,dy_1}{\sqrt{y_1\,R(y_1)}} + \int \frac{y_2^m\,dy_2}{\sqrt{y_2\,R(y_2)}} + \cdots + \int \frac{y_n^m\,dy_n}{\sqrt{y_n\,R(y_n)}}$$

$$= \int \frac{x_1^m\,dx_1}{\sqrt{x_1\,R(x_1)}} + \int \frac{x_2^m\,dx_2}{\sqrt{x_2\,R(x_2)}} + \cdots + \int \frac{x_{n+1}^m\,dx_{n+1}}{\sqrt{x_{n+1}\,R(x_{n+1})}} + \int \frac{a^m\,da}{\sqrt{a\,R(a)}},$$

$$\int \frac{z_1^m\,dz_1}{\sqrt{z_1\,R(z_1)}} + \int \frac{z_2^m\,dz_2}{\sqrt{z_2\,R(z_2)}} + \cdots + \int \frac{z_n^m\,dz_n}{\sqrt{z_n\,R(z_n)}}$$

$$= \int \frac{x_1^m\,dx_1}{\sqrt{x_1\,R(x_1)}} + \int \frac{x_2^m\,dx_2}{\sqrt{x_2\,R(x_2)}} + \cdots + \int \frac{x_{n+1}^m\,dx_{n+1}}{\sqrt{x_{n+1}\,R(x_{n+1})}} - \int \frac{a^m\,da}{\sqrt{a\,R(a)}},$$

in welchen R(x) eine gegebene Function von x vom 2n^{ten} Grade bedeutet und m jeden der n Werthe 0, 1, 2, ... n—1 annehmen kann. Man erhält dann zwischen den Integralen dritter Gattung folgende Gleichung:

$$\int \frac{dw_1}{(a-w_1)\sqrt{w_1\,R(w_1)}} + \int \frac{dw_2}{(a-w_2)\sqrt{w_2\,R(w_2)}} + \cdots + \int \frac{dw_n}{(a-w_n)\sqrt{w_n\,R(w_n)}}$$

$$= \int \frac{dx_1}{(a-x_1)\sqrt{x_1\,R(x_1)}} + \int \frac{dx_2}{(a-x_2)\sqrt{x_2\,R(x_2)}} + \cdots + \int \frac{dx_{n+1}}{(a-x_{n+1})\sqrt{x_{n+1}\,R(x_{n+1})}}$$

$$- \frac{1}{\sqrt{a\,R(a)}} \log \frac{1+(-1)^n\sqrt{\dfrac{x_1 x_2 \ldots x_{n+1}}{a y_1 y_2 \ldots y_n}}}{1+(-1)^n\sqrt{\dfrac{x_1 x_2 \ldots x_{n+1}}{a z_1 z_2 \ldots z_n}}} .«$$

Man sieht aus diesem Theorem, dass die Additionsformel für die dritte Gattung der Abel schen Integrale dieselbe Form wie bei den elliptischen Integralen annimmt. Auch in diesem Theorem, so wie in der Formel (13.), muss man im Allgemeinen von dem logarithmischen Ausdrucke rechts vom Gleichheitszeichen einen ähnlichen, den Anfangsgrenzen der Integrale entsprechenden, abziehen. Aber es reicht hin, eines der Integrale von $x = 0$ an zu nehmen, weil in diesem Falle der Anfangswerth von a und mithin auch der Anfangswerth von $\Lambda(a)$ verschwindet.

Berlin, den 25. August 1845.

NOTE

SUR LES FONCTIONS ABÉLIENNES.

PAR

C. G. J. JACOBI.

Bulletin de la classe physico-mathématique de l'académie impériale des sciences de St. Pétersbourg, Tome II. No. 7.   Orelle Journal für die reine und angewandte Mathematik, Bd. 30. p. 183. 184.

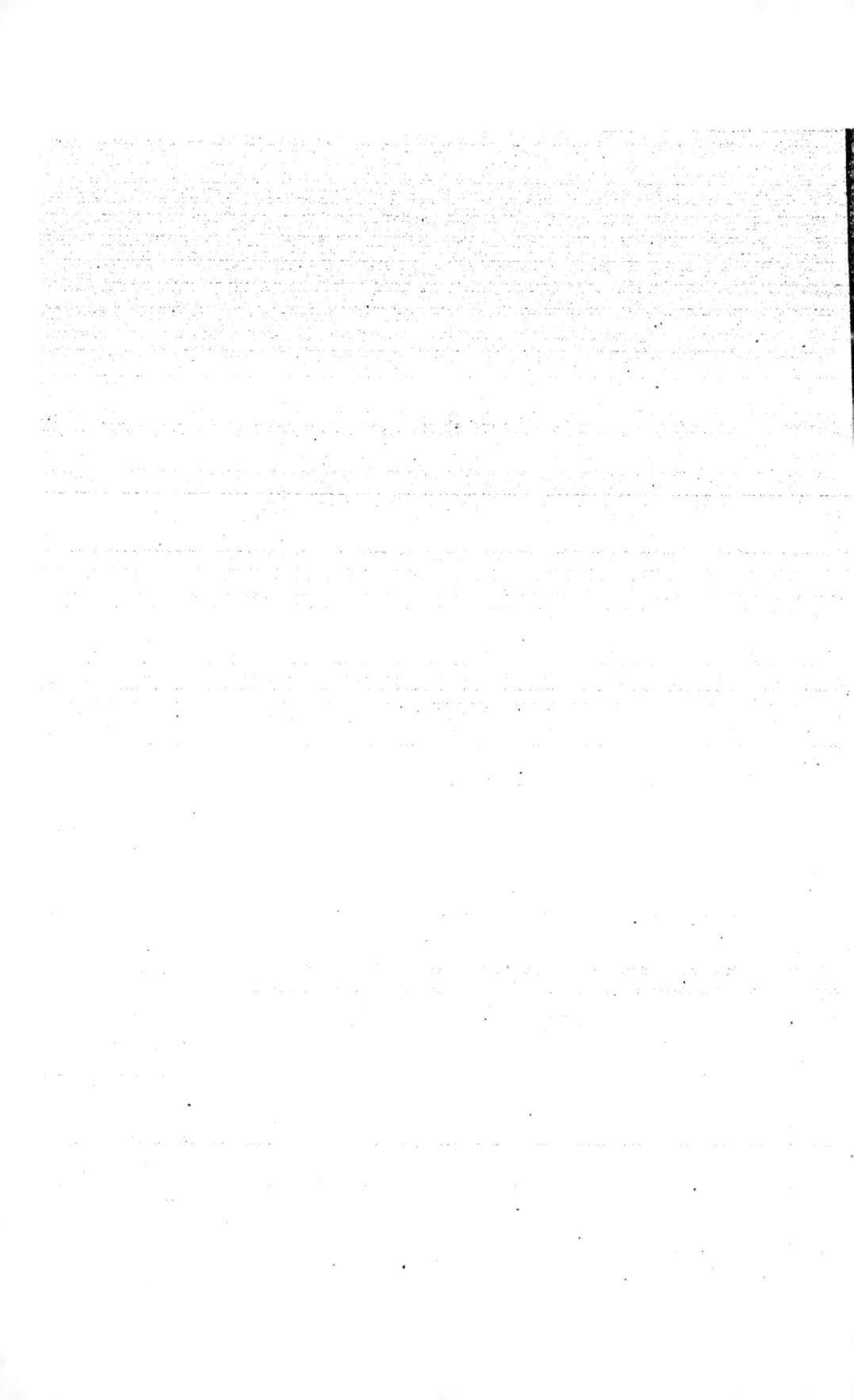

NOTE SUR LES FONCTIONS ABÉLIENNES.

Soit X une fonction rationnelle et entière de x du sixième degré, et nommons Y la même fonction de y; soit de plus

$$\int \frac{dx}{\sqrt{X}} = \Pi(x), \qquad \int \frac{x\,dx}{\sqrt{X}} = \Pi_1(x).$$

Déterminons deux quantités x et y en fonctions de u et v par les équations simultanées

$$\Pi(x) + \Pi(y) = u, \qquad \Pi_1(x) + \Pi_1(y) = v,$$

j'ai fait voir que ce sont ces fonctions de deux variables,

$$x = \lambda(u,v), \qquad y = \lambda_1(u,v),$$

qu'il convient d'introduire dans l'analyse des transcendantes Abéliennes, et qui sont analogues aux fonctions trigonométriques et elliptiques. Or je viens de trouver, *que ces fonctions de deux variables se composent algébriquement de fonctions d'une seule variable.* En effet, nommons x' et y' les valeurs de x et de y, que l'on tire des deux équations transcendantes simultanées, en mettant $v = 0$, et soient x'' et y'' celles qui répondent à $u = 0$; on aura:

$$\Pi(x') + \Pi(y') = u, \qquad \Pi_1(x') + \Pi_1(y') = 0,$$
$$\Pi(x'') + \Pi(y'') = 0, \qquad \Pi_1(x'') + \Pi_1(y'') = v,$$

d'où il suit,

$$\Pi(x') + \Pi(y') + \Pi(x'') + \Pi(y'') = u,$$
$$\Pi_1(x') + \Pi_1(y') + \Pi_1(x'') + \Pi_1(y'') = v.$$

Mais, d'après le théorème d'Abel, on sait exprimer deux quantités x et y en fonctions *algébriques* des quatre variables x', x'', y', y'', de manière que l'on a les deux équations

$$u = \Pi(x') + \Pi(y') + \Pi(x'') + \Pi(y'') = \Pi(x) + \Pi(y),$$
$$v = \Pi_1(x') + \Pi_1(y') + \Pi_1(x'') + \Pi_1(y'') = \Pi_1(x) + \Pi_1(y).$$

Donc les deux fonctions x et y, déterminées par les équations simultanées

$$\Pi(x) + \Pi(y) = u, \qquad \Pi_1(x) + \Pi_1(y) = v,$$

sont des fonctions algébriques des quatre quantités x', x'', y', y'', qui ne sont elles-mêmes que des fonctions d'une seule variable, ou en d'autres termes, *les deux fonctions de deux variables* $\lambda(u, v)$, $\lambda_1(u, v)$ *s'expriment algébriquement par les quatre fonctions d'une seule variable*

$$\lambda(u, 0), \qquad \lambda_1(u, 0),$$
$$\lambda(0, v), \qquad \lambda_1(0, v).$$

La même remarque s'applique aux transcendentes A b é l i e n n e s, dans lesquelles la fonction X est d'un degré quelconque*).

) Dans un mémoire publié dans le vol. 27 du Journal de M. C r e l l e page 185, M. E i s e n s t e i n s'est mépris sur la nature des fonctions $\lambda(u, v)$, $\lambda_1(u, v)$, faute d'avoir bien saisi le principe fondamental de la coëxistence des périodes relatives aux deux arguments u et v. Le mémoire „Sur les fonctions à deux variables et à quatre périodes" tome XIII page 55) a posé les vrais principes dans cette branche nouvelle de l'analyse.

On sait que la fonction $x = \sin \operatorname{am}(u)$ est donnée en u au moyen d'une équation *linéaire*, $A + Bx = 0$, A et B étant des fonctions de u qui ont une valeur unique et finie pour chaque valeur finie, réelle ou imaginaire, de l'argument u. D'une manière analogue, étant données les deux équations établies ci-dessus,

$$\Pi(x) + \Pi(y) = u, \qquad \Pi_1(x) + \Pi_1(y) = v,$$

les quantités x et y se trouvent être les deux racines d'une équation *quadratique*

$$A + Bt + Ct^2 = 0,$$

où A, B, C sont des fonctions de u et v qui ont une valeur unique et finie pour toutes les valeurs finies, réelles ou imaginaires, des deux arguments u et v. C'est là la véritable nature des fonctions x et y. Le caractère de la fonction $\sin \operatorname{am}(u)$ étant d'être un *quotient* $-\dfrac{B}{A}$, M. E i s e n s t e i n dit (pag. 190), que, par analogie, dans la théorie des intégrales Abéliennes il faudrait considérer *des quotients de quotients*. Mais qu'est ce que c'est que *des quotients de quotients*? C'est tout simplement *des quotients*.

Dans le même mémoire M. E i s e n s t e i n a considéré certains produits doublement infinis, que l'on rencontre dans la théorie des fonctions elliptiques, et qu'il n'a pas reconnus être du nombre de ceux qui prennent des valeurs différentes suivant l'ordre dans lequel on range les facteurs. Ces erreurs, ayant été reproduites dans un autre mémoire (page 285 du même volume), ont été la cause, que M. E i s e n s t e i n y a établi des formules fautives relatives aux fonctions $\Theta(x)$. Les formules exactes ont été données depuis longtemps dans le mémoire tome IV pag. 382**).

Oct. 1845.   J.

*) Vol. II de cette édition, pag. 25.
**) Vol. I de cette édition, pag. 309 et 310.

EXTRAIT DE DEUX LETTRES

DE

CHARLES HERMITE À C. G. J. JACOBI

ET D'UNE LETTRE

DE

JACOBI ADRESSÉE À HERMITE.

Crelle Journal für die reine und angewandte Mathematik, Bd. 32. p. 277—299
und Bd. 32. p. 176—181.

EXTRAITS DE DEUX LETTRES DE CH. HERMITE A C. G. J. JACOBI.

I.

Paris, Janvier 1843.

L'étude de votre mémoire publié dans le Journal de M. Crelle sous le titre: »De functionibus quadrupliciter periodicis, quibus theoria transcendentium Abelianarum innititur«, m'a conduit pour la division des arguments dans ces fonctions à un théorème analogue à celui que vous avez donné dans le 3ᵉ volume du même*) journal, pour obtenir l'expression la plus simple des racines des équations traitées par Abel. M. Liouville m'a engagé à vous écrire pour vous soumettre ce travail; oserais-je espérer, Monsieur, que vous daignerez l'accueillir avec toute l'indulgence dont il a besoin?

Soit:

$$\varDelta(x) = \sqrt{x(1-x)(1-\varkappa^2 x)(1-\lambda^2 x)(1-\mu^2 x)};$$

$$u = \int_0^x \frac{(\alpha + \beta x)\,dx}{\varDelta(x)} + \int_0^y \frac{(\alpha + \beta y)\,dy}{\varDelta(y)},$$

$$u' = \int_0^x \frac{(\alpha' + \beta' x)\,dx}{\varDelta(x)} + \int_0^y \frac{(\alpha' + \beta' y)\,dy}{\varDelta(y)},$$

$$x = \lambda_0(u, u'), \qquad y = \lambda_1(u, u').$$

Faisons pour abréger:

$$x_n = \lambda_0(nu, nu'), \qquad y_n = \lambda_1(nu, nu'),$$

ces deux quantités seront déterminées simultanément par les deux racines d'une équation du second degré,

$$U x_n^2 + U' x_n + U'' = 0,$$

dont les coefficients seront des fonctions rationnelles de x, y, $\varDelta(x)$, $\varDelta(y)$; j'ai

---

*) Vol. II. de cette édition, pag. 28.

trouvé qu'ils étaient de la forme $P + Q \varDelta(x) \varDelta(y)$, où P et Q sont des fonctions rationnelles de x et y; mais cette remarque n'est pas essentielle pour ce qui suit.

Je partirai de ce que les racines simultanées des deux équations

$$(A.) \qquad U x_n^2 + U' x_n + U'' = 0, \qquad U y_n^2 + U' y_n + U'' = 0$$

sont données par les formules:

$$x = \lambda_0 \left(u + \frac{m i_1 \sqrt{-1} + m' i_2 + m'' i_3 \sqrt{-1} + m''' i_4}{n}, \ u' + \frac{m i_1' \sqrt{-1} + m' i_2' + m'' i_3' \sqrt{-1} + m''' i_4'}{n} \right),$$

$$y = \lambda_1 \left(u + \frac{m i_1 \sqrt{-1} + m' i_2 + m'' i_3 \sqrt{-1} + m''' i_4}{n}, \ u' + \frac{m i_1' \sqrt{-1} + m' i_2' + m'' i_3' \sqrt{-1} + m''' i_4'}{n} \right),$$

en attribuant aux nombres entiers m, m', m'', m''' les valeurs $0, 1, 2, \ldots n-1$.

Cela posé, soit pour abréger:

$$I = m i_1 \sqrt{-1} + m' i_2 + m'' i_3 \sqrt{-1} + m''' i_4, \qquad I' = m i_1' \sqrt{-1} + m' i_2' + m'' i_3' \sqrt{-1} + m''' i_4',$$

et désignons par $f(x, y)$ une fonction rationnelle symétrique de x et y, et par p, q, r, s quatre racines de l'équation binome $x^n = 1$, je dis qu'on aura:

$$(B.) \quad \sum_{m'''}^{n-1} {}_0 \sum_{m''}^{n-1} {}_0 \sum_{m'}^{n-1} {}_0 \sum_{m}^{n-1} \left\{ f\left[\lambda_0 \left(u + \frac{I}{n}, \ u' + \frac{I'}{n} \right), \ \lambda_1 \left(u + \frac{I}{n}, \ u' + \frac{I'}{n} \right) \right] \right\} p^m q^{m'} r^{m''} s^{m'''}$$

$$= \sqrt[n]{A + B \varDelta(\lambda_0(nu, nu')) + C \varDelta(\lambda_1(nu, nu')) + D \varDelta(\lambda_0(nu, nu')) \varDelta(\lambda_1(nu, nu'))},$$

A, B, C, D désignant des fonctions rationnelles de $\lambda_0(nu, nu')$, $\lambda_1(nu, nu')$.

Le premier membre peut d'abord se ramener à une fonction rationnelle de $\lambda_0(u, u')$, $\lambda_1(u, u')$. En effet, d'après la propriété fondamentale des fonctions λ_0, λ_1, un terme quelconque, tel que

$$f\left[\lambda_0 \left(u + \frac{I}{n}, u' + \frac{I'}{n} \right), \ \lambda_1 \left(u + \frac{I}{n}, u' + \frac{I'}{n} \right) \right],$$

pourra être exprimé rationnellement en

$$\lambda_0(u, u'), \quad \lambda_1(u, u'), \quad \varDelta(\lambda_0(u, u')), \quad \varDelta(\lambda_1(u, u')),$$

et les quantités analogues relatives à la division des indices. Or on trouve aisément ces formules:

$$\varDelta(x) = (\alpha + \beta x) \frac{\partial x}{\partial u} + (\alpha' + \beta' x) \frac{\partial x}{\partial u'} \cdot$$

$$\varDelta(y) = (\alpha + \beta y) \frac{\partial y}{\partial u} + (\alpha' + \beta' y) \frac{\partial y}{\partial u'}$$

qui montrent que les radicaux carrés $\varDelta(\lambda_0(u, u'))$, $\varDelta(\lambda_1(u, u'))$ pourront s'exprimer rationnellement en $\lambda_0(u, u')$, $\lambda_1(u, u')$; car en faisant disparaître les irration-

nelles des équations $(A.)$, puis les différentiant successivement par rapport à u et u', on obtiendra les expressions des dérivées partielles en fonctions rationnelles de $\lambda_0(u, u')$ et $\lambda_1(u, u')$.

Représentons le premier membre de l'équation $(B.)$ par $\varphi(u, u')$, on démontrera bien aisément que:

$$\varphi\left(u + \frac{k i_1 \sqrt{-1} + k' i_2 + k'' i_3 \sqrt{-1} + k''' i_4}{n}, \quad u' + \frac{k i_1' \sqrt{-1} + k' i_2' + k'' i_3' \sqrt{-1} + k''' i_4'}{n}\right)$$
$$= p^{-k} q^{-k'} r^{-k''} s^{-k'''} \varphi(u, u'),$$

quels que soint les entiers k, k', k'', k'''.

En l'élevant à la puissance n^e, on obtient donc une fonction rationnelle de. $\lambda_0(u, u')$, $\lambda_1(u, u')$, qui ne change point, en substituant à ces quantités deux autres quelconques des racines simultanées des équations proposées. Il suit de là et de la théorie des fonctions symétriques des racines d'un système d'équations à plusieurs inconnues, que cette fonction pourra être déterminée rationnellement par les coefficients des équations $(A.)$.

J'observe actuellement qu'il a été introduit les quantités

$$\frac{\partial \lambda_0(nu, nu')}{\partial u}, \quad \frac{\partial \lambda_0(nu, nu')}{\partial u'}, \quad \frac{\partial \lambda_1(nu, nu')}{\partial u}, \quad \frac{\partial \lambda_1(nu, nu')}{\partial u'}$$

qu'on pourra éliminer par les formules suivantes:

$$(\alpha\beta' - \beta\alpha')\frac{\partial x}{\partial u} = \frac{\Delta(x)}{y - x}(\alpha' + \beta' y), \quad (\alpha'\beta - \beta'\alpha)\frac{\partial x}{\partial u'} = \frac{\Delta(x)}{y - x}(\alpha + \beta y),$$

$$(\alpha\beta' - \beta\alpha')\frac{\partial y}{\partial u} = \frac{\Delta(y)}{x - y}(\alpha' + \beta' x), \quad (\alpha'\beta - \beta'\alpha)\frac{\partial y}{\partial u'} = \frac{\Delta(y)}{x - y}(\alpha + \beta x).$$

Or, une fonction rationnelle quelconque des deux radicaux $\Delta(\lambda_0(u, u'))$, $\Delta(\lambda_1(u, u'))$ peut toujours être mise sous la forme

$$a + b\Delta(\lambda_0(u, u')) + c\Delta(\lambda_1(u, u')) + e\Delta(\lambda_0(u, u'))\Delta(\lambda_1(u, u')),$$

ce qui achève la démonstration du théorème énoncé.

En supposant successivement:

$$f(x, y) = x + y, \quad \text{et} \quad f(x, y) = xy,$$

on aura séparément par une somme de $n^4 - 1$ radicaux n^{es} les coefficients d'une équation du second degré, dont les racines détermineront finalement celles des équations proposées. On pourrait aussi faire voir qu'il suffit de connaître l'un d'eux, l'autre se déterminant rationnellement par celui-là.

Pour obtenir la division des indices, soit

$$u = \frac{k i_1 \sqrt{-1} + k' i_2 + k'' i_3 \sqrt{-1} + k''' i_4}{n} = \frac{I}{n},$$

$$u' = \frac{k i_1' \sqrt{-1} + k' i_2' + k'' i_3' \sqrt{-1} + k''' i_4'}{n} = \frac{I'}{n},$$

on aura:

$$x_n = 0, \quad y_n = 0,$$

et les équations à résoudre seront:

(C.) $U' = 0, \quad U'' = 0;$

leurs racines seront comprises dans les formules:

$$x = \lambda_0 \left(\frac{m i_1 \sqrt{-1} + m' i_2 + m'' i_3 \sqrt{-1} + m''' i_4}{n}, \ \frac{m i_1' \sqrt{-1} + m' i_2' + m'' i_3' \sqrt{-1} + m''' i_4'}{n} \right),$$

$$y = \lambda_1 \left(\frac{m i_2 \sqrt{-1} + m' i_2 + m'' i_3 \sqrt{-1} + m''' i_4}{n}, \ \frac{m i_2' \sqrt{-1} + m' i_2' + m'' i_3' \sqrt{-1} + m''' i_4'}{n} \right),$$

en attribuant aux nombres entiers m, m', m'', m''' les valeurs $0, 1, 2, \ldots n-1$. Mais si l'on suppose le nombre n premier, on verra aisément qu'en supposant successivement:

(D.) $I_1 = i_1 \sqrt{-1},$ $I_1' = i_1' \sqrt{-1};$ $I_2 = \mu i_1 \sqrt{-1} + i_2,$ $I_2' = \mu i_1' \sqrt{-1} + i_2';$

$I_3 = \mu i_1 \sqrt{-1} + \mu' i_2 + i_3 \sqrt{-1},$ $I_3' = \mu i_1' \sqrt{-1} + \mu' i_2' + i_3' \sqrt{-1};$

$I_4 = \mu i_1 \sqrt{-1} + \mu' i_2 + \mu'' i_3 \sqrt{-1} + i_4,$ $I_4' = \mu i_1' \sqrt{-1} + \mu' i_2' + \mu'' i_3' \sqrt{-1} + i_4';$

on pourra leur substituer les suivantes:

$$x = \lambda_0 \left(m \frac{I_1}{n}, m \frac{I_1'}{n} \right), \quad y = \lambda_1 \left(m \frac{I_1}{n}, m \frac{I_1'}{n} \right),$$

$$x = \lambda_0 \left(m \frac{I_2}{n}, m \frac{I_2'}{n} \right), \quad y = \lambda_1 \left(m \frac{I_2}{n}, m \frac{I_2'}{n} \right),$$

$$x = \lambda_0 \left(m \frac{I_3}{n}, m \frac{I_3'}{n} \right), \quad y = \lambda_1 \left(m \frac{I_3}{n}, m \frac{I_3'}{n} \right),$$

$$x = \lambda_0 \left(m \frac{I_4}{n}, m \frac{I_4'}{n} \right), \quad y = \lambda_1 \left(m \frac{I_4}{n}, m \frac{I_4'}{n} \right),$$

en excluant la solution zéro, et donnant à $m, \mu, \mu'. \mu''$, les valeurs

$$0, 1, 2, \ldots n-1.$$

Mais comme les intégrales qui entrent dans les expressions de u et u' ont été prises à la limite inférieure zéro, on a:

$$\lambda_0(-u, -u') = \lambda_0(u, u'), \quad \lambda_1(-u, -u') = \lambda_1(u, u'),$$

d'où il arrive que les n^4-1 solutions des équations $(C.)$ sont égales deux à deux; et il suffira de prendre dans les formules précédentes $m = 1, 2, \ldots \frac{1}{2}(n-1)$.

Soit toujours $f(x, y)$ une fonction rationnelle et symétrique de x et y, on établira d'abord, qu'en désignant par I l'une des quantités I_1, I_2, I_3, I_4, par I' la quantité correspondante au second argument, l'expression

$$f\left[\lambda_0\left(k\frac{I}{n}, k\frac{I'}{n}\right), \quad \lambda_1\left(k\frac{I}{n}, k\frac{I'}{n}\right)\right]$$

peut se ramener quel que soit le nombre entier k, à une fonction rationnelle de

$$\lambda_0\left(\frac{I}{n}, \frac{I'}{n}\right), \quad \lambda_1\left(\frac{I}{n}, \frac{I'}{n}\right).$$

Cela résulte de ce que les radicaux

$$\Delta\left[\lambda_0\left(\frac{I}{n}, \frac{I'}{n}\right)\right], \quad \Delta\left[\lambda_1\left(\frac{I}{n}, \frac{I'}{n}\right)\right]$$

s'expriment eux-mêmes rationnellement en

$$\lambda_0\left(\frac{I}{n}, \frac{I'}{n}\right), \quad \lambda_1\left(\frac{I}{n}, \frac{I'}{n}\right),$$

comme il est facile de le voir d'après ce qui a été dit plus haut.

Cela posé, l'expression

$$\sum_0^{\frac{1}{2}(n-1)} \left\{ f\left[\lambda_0\left(k\frac{I}{n}, k\frac{I'}{n}\right), \quad \lambda_1\left(k\frac{I}{n}, k\frac{I'}{n}\right)\right]\right\}^l,$$

où l est un entier quelconque, pourra être ramenée à une fonction rationnelle et symétrique de $\lambda_0\left(\frac{I}{n}, \frac{I'}{n}\right)$, $\lambda_1\left(\frac{I}{n}, \frac{I'}{n}\right)$, que je représenterai, pour abréger, par $\varphi\left(\frac{I}{n}, \frac{I'}{n}\right)$, et qu'on démontrera aisément jouir de la propriété que:

$$\varphi\left(\nu\frac{I}{n}, \nu\frac{I'}{n}\right) = \varphi\left(\frac{I}{n}, \frac{I'}{n}\right).$$

quel que soit le nombre entier ν.

Donc, donnant successivement à I et I' toutes les valeurs correspondantes comprises dans les formules $(D.)$, on pourra construire une équation entièrement rationnelle, qui aura pour racines les valeurs qui en résulteront pour la fonction $\varphi\left(\frac{I}{n}, \frac{I'}{n}\right)$.

Il est bien facile de voir que son degré sera le nombre

$$1 + n + n^2 + n^3 = \frac{n^4-1}{n-1};$$

ainsi, l'équation de degré $\frac{1}{4}(n^4-1)$ de laquelle dépend la détermination d'une fonction rationnelle symétrique de

$$\lambda_0\left(\frac{I}{n},\frac{I'}{n}\right),\quad \lambda_1\left(\frac{I}{n},\frac{I'}{n}\right),$$

peut être décomposée en $\frac{n^4-1}{n-1}$ facteurs du degré $\frac{1}{2}(n-1)$, au moyen des racines d'une équation rationnelle du degré $\frac{n^4-1}{n-1}$.

Les équations de degré $\frac{1}{2}(n-1)$ sont résolubles par radicaux. Pour le faire voir en peu de mots, soit ρ une racine primitive par rapport au nombre premier n, on établira d'abord que leurs racines peuvent être représentées par la formule

$$f\left[\lambda_0\left(\rho^k\frac{I}{n},\rho^k\frac{I'}{n}\right),\ \lambda_1\left(\rho^k\frac{I}{n},\rho^k\frac{I'}{n}\right)\right],$$

en supposant $k=0, 1, 2, \ldots \frac{1}{2}(n-3)$; et si l'on considère la puissance de degré $\frac{1}{2}(n-1)$ de l'expression

$$\sum_0^{\frac{1}{2}(n-3)}{}_k f\left[\lambda_0\left(\rho^k\frac{I}{n},\rho^k\frac{I'}{n}\right),\ \lambda_1\left(\rho^k\frac{I}{n},\rho^k\frac{I'}{n}\right)\right]\theta^k,$$

où θ est une racine de $\theta^{\frac{1}{2}(n-1)}-1=0$, on verra qu'elle peut être ramenée à une fonction rationnelle et symétrique de

$$\lambda_0\left(\frac{I}{n},\frac{I'}{n}\right),\quad \lambda_1\left(\frac{I}{n},\frac{I'}{n}\right)$$

que je représenterai, pour abréger, par $\psi\left(\frac{I}{n},\frac{I'}{n}\right)$, et qui jouira, comme la fonction φ, de la propriété que:

$$\psi\left(\frac{\nu I}{n},\frac{\nu I'}{n}\right)=\psi\left(\frac{I}{n},\frac{I'}{n}\right).$$

Dès lors on démontre aisément qu'on peut trouver une fonction rationnelle $F(x)$ telle, que pour toutes les valeurs de I et I' comprises dans les formules (**D.**), on ait:

$$\psi\left(\frac{I}{n},\frac{I'}{n}\right)=F\left[\varphi\left(\frac{I}{n},\frac{I'}{n}\right)\right].$$

Or, connaissant la fonction ψ, on sait comment en déduire toutes les racines de l'équation proposée.

Les considérations précédentes semblent pouvoir s'appliquer également aux autres classes des transcendantes nommées généralement par Legendre fonctions ultra-elliptiques; il est facile en effet de trouver les formules suivantes. Soit:

$$\Delta(x) = \sqrt{x(1-x)(1-\lambda_1^2 x)\ldots(1-\lambda_{2n+1}^2 x)},$$

$$\theta_k(x) = \alpha_k + \beta_k x + \gamma_k x^2 + \cdots + \eta_k x^n,$$

$$\Phi_k(x) = \int_0^x \frac{\theta_k(x)\,dx}{\Delta(x)};$$

posons:

$$u_0 = \Phi_0(x_0) + \Phi_0(x_1) + \cdots + \Phi_0(x_n),$$

$$u_1 = \Phi_1(x_0) + \Phi_1(x_1) + \cdots + \Phi_1(x_n),$$

$$\cdots\cdots\cdots\cdots$$

$$u_n = \Phi_n(x_0) + \Phi_n(x_1) + \cdots + \Phi_n(x_n),$$

et soit:

$$x_0 = \lambda_0(u_0, u_1, \ldots u_n), \quad x_1 = \lambda_1(u_0, u_1, \ldots u_n), \ldots x_n = \lambda_n(u_0, u_1, \ldots u_n),$$

on aura:

$$\Delta(x_0) = \theta_0(x_0)\frac{\partial x_0}{\partial u_0} + \theta_1(x_0)\frac{\partial x_0}{\partial u_1} + \theta_2(x_0)\frac{\partial x_0}{\partial u_2} + \cdots + \theta_n(x_0)\frac{\partial x_0}{\partial u_n},$$

$$\Delta(x_1) = \theta_0(x_1)\frac{\partial x_1}{\partial u_0} + \theta_1(x_1)\frac{\partial x_1}{\partial u_1} + \theta_2(x_1)\frac{\partial x_1}{\partial u_2} + \cdots + \theta_n(x_1)\frac{\partial x_1}{\partial u_n},$$

$$\cdots\cdots\cdots\cdots$$

$$\Delta(x_n) = \theta_0(x_n)\frac{\partial x_n}{\partial u_0} + \theta_1(x_n)\frac{\partial x_n}{\partial u_1} + \theta_2(x_n)\frac{\partial x_n}{\partial u_2} + \cdots + \theta_n(x_n)\frac{\partial x_n}{\partial u_n}.$$

Les fonctions θ étant du degré n, on trouve aussi que les racines de l'équation du n^e degré

$$0 = \theta_0(x)\frac{\partial x_k}{\partial u_0} + \theta_1(x)\frac{\partial x_k}{\partial u_1} + \theta_2(x)\frac{\partial x_k}{\partial u_2} + \cdots + \theta_n(x)\frac{\partial x_k}{\partial u_n}$$

sont les n fonctions, $x_0, x_1, x_2, \ldots x_{k-1}, x_{k+1} \ldots x_n$.

En cherchant à déterminer directement le degré des équations relatives à la division des arguments dans les fonctions λ, j'ai été conduit à cette remarque, que l'équation algébrique correspondante à l'équation transcendante

$$\Phi(\alpha_0) + \Phi(\alpha_1) + \Phi(\alpha_2) + \cdots + \Phi(\alpha_n) = \mu\Phi(x).$$

a ses coefficients rationnels en x, quel que soit le nombre entier μ; mais voici quelque chose de plus étendu.

Considérez la transcendante

$$\int_0^x \frac{\theta(x)\,dx}{\sqrt[n]{F(x)^k}},$$

où $F(x)$ est un polynome entier du degré m, $\theta(x)$ un autre polynome d'un degré $< m \cdot \dfrac{k}{n} - 1$. Si l'on suppose n et m premiers entre eux, et si l'on fait $\nu = \frac{1}{4}(m-1)(n-1)$, on sait que la somme d'un nombre quelconque μ de pareilles intégrales relatives aux variables x, y, z etc. est réductible à une somme composée de ν termes seulement, dont les arguments α_0, α_1, ... α_{r-1} sont déterminées par les racines d'une équation du degré ν, dont les coefficients sont rationnels en

$$x,\ y,\ z,\ \ldots,\ \sqrt[n]{F(x)},\ \sqrt[n]{F(y)},\ \sqrt[n]{F(z)}\ \text{etc.}$$

Or, si l'on fait $x = y = z = \ldots$, l'équation correspondante à l'équation transcendante

$$\int_0^{\alpha_0} \frac{\theta(x)\,dx}{\sqrt[n]{F(x)^k}} + \int_0^{\alpha_1} \frac{\theta(x)\,dx}{\sqrt[n]{F(x)^k}} + \cdots + \int_0^{\alpha_{r-1}} \frac{\theta(x)\,dx}{\sqrt[n]{F(x)^k}} = \mu \int_0^x \frac{\theta(x)\,dx}{\sqrt[n]{F(x)^k}}$$

aura tous ses coefficients rationnels en x.

II.

Paris, Août 1844.

La bonté avec laquelle vous avez accueilli mes premières recherches sur les fonctions Abéliennes, m'engage à vous écrire une seconde fois, pour vous soumettre quelques nouveaux résultats auxquels j'ai été conduit par l'étude de vos ouvrages, en essayant d'étendre aux transcendantes plus générales, les principales théories des fonctions elliptiques. Mon travail m'a amené naturellement, à rechercher la démonstration de quelques uns des théorèmes que vous avez énoncés dans le journal de M. Crelle; c'est aussi, Monsieur, ce dont je vous demanderai la permission de vous entretenir d'abord; je m'occuperai surtout de l'expression de $\sin \operatorname{am}(u, x)$ par $\sin \operatorname{am}\left(\dfrac{u}{M}, \lambda\right)$, si importante pour la théorie des fonctions elliptiques; mais je ne sais si j'aurai véritablement rencontré les principes qui vous ont conduit à ce beau théorème.

En suivant vos notations, je nommerai $H(x)$, $\Theta(x)$ les deux fonctions qui donnent

$$\sin\operatorname{am}(x) = \frac{1}{\sqrt{x}} \cdot \frac{H(x)}{\Theta(x)},$$

et qui satisfont aux conditions:

(1.) $\quad \Theta(x + 2iK') = -e^{-\frac{i\pi}{K}(x+iK')}\Theta(x), \quad H(x + 2iK') = -e^{-\frac{i\pi}{K}(x+iK')}H(x),$
$\qquad \Theta(x + 2K) = \Theta(x), \qquad\qquad H(x + 2K) = -H(x);$

et voici d'abord une remarque sur laquelle je me fonderai principalement. Soit $\Phi(x)$ une fonction définie par l'équation

(2.) $$\Phi(x + 2iK') = -e^{-\frac{i\pi}{K}(x+iK')}\Phi(x)$$

et par la condition de périodicité

(3.) $$\Phi(x + 4K) = \Phi(x),$$

on trouvera qu'en supposant

$$\Phi(x) = \sum_{-\infty}^{+\infty} a_m e^{m\frac{i\pi x}{2K}},$$

les coefficients se déterminent de la manière suivante:

$$a_{2\mu} = (-1)^\mu a_0 q^{\mu^2}, \qquad a_{2\mu+1} = (-1)^\mu a_1 q^{\mu(\mu+1)},$$

de sorte qu'en employant les fonctions H et Θ, on a

$$\Phi(x) = AH(x) + B\Theta(x).$$

Cela posé, soit n un nombre premier, p un entier compris entre 0 et $n-1$, faisons $a = e^{-p\frac{2i\pi}{n}}$ et considérons la somme

$$\frac{H(x)}{\Theta(x)} + a\frac{H\left(x + \frac{4K}{n}\right)}{\Theta\left(x + \frac{4K}{n}\right)} + a^2\frac{H\left(x + \frac{8K}{n}\right)}{\Theta\left(x + \frac{8K}{n}\right)} + \cdots + a^{n-1}\frac{H\left(x + \frac{4(n-1)K}{n}\right)}{\Theta\left(x + \frac{4(n-1)K}{n}\right)};$$

nommons $\Phi(x)$ le numérateur et $\Phi_0(x)$ le dénominateur, savoir:

$$\Phi_0(x) = \Theta(x)\cdot\Theta\left(x + \frac{4K}{n}\right)\Theta\left(x + \frac{8K}{n}\right)\cdots\Theta\left(x + \frac{4(n-1)K}{n}\right);$$

on déduit sans peine de la propriété fondamentale des Θ, qui est exprimée par l'égalité (1.), la condition

$$\Phi_0(x + 2iK') = -e^{-n\frac{i\pi}{K}(x+iK')}\Phi_0(x),$$

et il est clair qu'on a

$$\Phi_0\left(x+\frac{4K}{n}\right) = \Phi_0(x).$$

Or ces deux équations peuvent être ramenées aux équations (2.) et (3.) de la manière suivante. Soit $\varphi(x)$ une fonction définie par les deux conditions

$$\varphi(x+2iK_1') = -e^{-\frac{i\pi}{K_1}(x+iK_1')}\varphi(x) \text{ et } \varphi(x+4K_1) = \varphi(x),$$

on aura d'après ce qui a été dit tout-à-l'heure :

$$\varphi(x) = AH_1(x) + B\Theta_1(x),$$

en désignant par H_1 et Θ_1 les fonctions H et Θ, dans lesquelles K et K' seraient supposés devenus K_1 et K_1'; posons ensuite $n\dfrac{K_1}{K} = \dfrac{K_1'}{K'}$; et faisons $x = \dfrac{nK_1}{K}\cdot z$, il viendra, comme on le voit facilement :

$$\varphi\left(\frac{nK_1}{K}(z+2iK')\right) = -e^{-n\frac{i\pi}{K}(z+iK')}\varphi\left(\frac{nK_1}{K}z\right)$$

et

$$\varphi\left(\frac{nK_1}{K}\left(z+\frac{4K}{n}\right)\right) = \varphi\left(\frac{nK_1}{K}z\right).$$

Or ces équations font voir qu'on aura :

$$\Phi_0(x) = \varphi\left(\frac{nK_1}{K}x\right) = AH_1\left(\frac{nK_1}{K}x\right)+B\Theta_1\left(\frac{nK_1}{K}x\right),$$

et comme la fonction Φ_0 est paire, il faut faire $A = 0$ et il vient :

$$\Phi_0(x) = \text{Const.}\,\Theta_1\left(\frac{nK_1}{K}x\right).$$

Je passe actuellement au numérateur désigné par $\Phi(x)$. On établit immédiatement, qu'il satisfait encore à l'équation

(4.) $$\Phi(x+2iK') = -e^{-n\frac{i\pi}{K}(x+iK')}\Phi(x),$$

et on peut même observer que chacun des n produits dont la somme le compose, la vérifie isolément. On trouve ensuite en désignant par j un nombre entier :

$$\Phi\left(x+\frac{4jK}{n}\right) = \alpha^{-j}\Phi(x).$$

Si donc je pose

$$\Psi(x) = e^{-2p\frac{i\pi x}{K}}\Phi(x),$$

j'aurai :

$$\Psi\left(x+\frac{4jK}{n}\right) = \Psi(x).$$

D'ailleurs de l'équation fondamentale (4.) on tirera :

$$\Psi(x+2iK') = -e^{-n\frac{i\pi}{K}(x+iK')+4p\frac{\pi K'}{K}}\Psi(x),$$

et en mettant $x-4p\frac{iK'}{n}$ à la place de x, et faisant pour plus de clarté

$$\Psi_1(x) = \Psi\left(x-\frac{4piK'}{n}\right),$$

on en déduit :

$$\Psi_1(x+2iK') = -e^{-n\frac{i\pi}{K}(x+iK')}\Psi_1(x).$$

Ainsi par cette transformation nous sommes entièrement ramenés à l'équation (4.).
Mais on a la condition de périodicité :

$$\Psi_1\left(x+\frac{4K}{n}\right) = \Psi_1(x),$$

donc, en raisonnant comme plus haut, il viendra :

$$\Psi_1(x) = AH_1\left(\frac{nK_1}{K}x\right)+B\Theta_1\left(\frac{nK_1}{K}x\right).$$

Faisons pour la suite $\frac{nK_1}{K} = \frac{1}{M}$, nous aurons le théorème exprimé par l'égalité :

$$\sin\mathrm{am}(x)+\alpha\sin\mathrm{am}\left(x+\frac{4K}{n}\right)+\alpha^2\sin\mathrm{am}\left(x+\frac{8K}{n}\right)+\cdots+\alpha^{n-1}\sin\mathrm{am}\left(x+\frac{4(n-1)K}{n}\right)$$

$$= e^{2p\frac{i\pi x}{K}}\cdot\frac{AH_1\left(\frac{x}{M}+4p\frac{iK_1'}{n}\right)+B\Theta_1\left(\frac{x}{M}+4p\frac{iK_1'}{n}\right)}{\Theta_1\left(\frac{x}{M}\right)}.$$

J'observe que le premier membre change de signe en augmentant x de $2K$;
le nombre n étant impair, il en est de même de la fonction $H_1\left(\frac{x}{M}\right)$; d'ailleurs
$\Theta_1\left(\frac{x}{M}\right)$ ne change pas; ainsi il faut faire $B=0$, et il vient :

$$\sin\mathrm{am}(x)+\alpha\sin\mathrm{am}\left(x+\frac{4K}{n}\right)+\cdots+\alpha^{n-i}\sin\mathrm{am}\left(x+\frac{4(n-1)K}{n}\right)$$

$$= \mathrm{Const.}\,e^{2p\frac{i\pi x}{K}}\cdot\frac{H_1\left(\frac{x}{M}+4p\frac{iK_1'}{n}\right)}{\Theta_1\left(\frac{x}{M}\right)} = \mathrm{Const.}\sin\mathrm{am}\left(\frac{x}{M}+4p\frac{iK_1'}{n}\right)\cdot\frac{e^{2p\frac{i\pi x}{K}}\Theta_1\left(\frac{x}{M}+4p\frac{iK_1'}{n}\right)}{\Theta_1\left(\frac{x}{M}\right)}.$$

13*

Je substitue maintenant aux fonctions Θ à période réelle, les fonctions analogues

$$\vartheta(x) = e^{\frac{\pi x^2}{4KK'}}\Theta(x),$$

à la période imaginaire $4iK'$; on trouve:

$$\vartheta_1\left(\frac{x}{M}\right) = e^{\frac{\pi x^2}{4KK'}}\Theta_1\left(\frac{x}{M}\right),$$

de sorte qu'à un facteur constant près, l'expression

$$\frac{e^{2p\frac{i\pi x}{K}}\Theta_1\left(\frac{x}{M}+4p\frac{iK_1'}{n}\right)}{\Theta_1\left(\frac{x}{M}\right)}$$

se transforme en la suivante:

$$\frac{\vartheta_1\left(\frac{x}{M}+4p\frac{iK_1'}{n}\right)}{\vartheta_1\left(\frac{x}{M}\right)},$$

où l'exponentielle $e^{2p\frac{i\pi x}{K}}$ a disparu; ainsi il vient:

$$\sin\operatorname{am}(x) + \alpha\sin\operatorname{am}\left(x+\frac{4K}{n}\right) + \cdots + \alpha^{n-1}\sin\operatorname{am}\left(x+\frac{4(n-1)K}{n}\right)$$

$$= \operatorname{Const.}\sin\operatorname{am}\left(\frac{x}{M}+4p\frac{iK_1'}{n}\right)\cdot\frac{\vartheta_1\left(\frac{x}{M}+4p\frac{iK_1'}{n}\right)}{\vartheta_1\left(\frac{x}{M}\right)}.$$

Pour déterminer la constante, je multiplie les deux membres par $x-iK'$, puis je fais $x=iK'$; en nommant $\varkappa$, $\varkappa_1$ les modules des fonctions K, K_1, le terme $\sin\operatorname{am}(x)$ qu'il y a seul lieu de considérer dans le premier membre, donne $\frac{1}{\varkappa}$; dans le second il suffit d'avoir la valeur de la dérivée de $\vartheta_1\left(\frac{x}{M}\right)$ pour $x=iK'$. Or on obtient sans peine pour résultat:

$$\frac{i\sqrt{\varkappa_1}\cdot\vartheta_1(0)}{M};$$

ainsi on a l'égalité:

$$\frac{1}{\varkappa} = \operatorname{Const.}\sin\operatorname{am}\left(\frac{iK'}{M}+4p\frac{iK_1'}{n}\right)\cdot\frac{\vartheta_1\left(\frac{iK'}{M}+4p\frac{iK_1'}{n}\right)}{\frac{1}{M}\cdot i\sqrt{\varkappa_1}\cdot\vartheta_1(0)},$$

et on en tire après quelques transformations faciles:

$$\text{Const.} = \frac{\varkappa_1}{M\varkappa} \cdot \frac{\vartheta_1(0)}{\vartheta_1\left(\dfrac{4pi K_1'}{n}\right)}.$$

Nous voici de la sorte parvenus au théorème exprimé par l'égalité:

$$\frac{M\varkappa}{\varkappa_1}\left[\sin\operatorname{am}(x) + \alpha\sin\operatorname{am}\left(x + \frac{4K}{n}\right) + \cdots + \alpha^{n-1}\sin\operatorname{am}\left(x + \frac{4(n-1)K}{n}\right)\right]$$

$$= \sin\operatorname{am}\left(\frac{x}{M} + 4p\,\frac{iK_1'}{n}\right) \cdot \frac{\vartheta_1(0)\,\vartheta_1\left(\dfrac{x}{M} + 4p\,\dfrac{iK_1'}{n}\right)}{\vartheta_1\left(\dfrac{x}{M}\right)\vartheta_1\left(4p\,\dfrac{iK_1'}{n}\right)}.$$

Je n'ai plus maintenant, qu'à vous emprunter, Monsieur, la méthode par laquelle vous établissez les propriétés si remarquables de la fonction

$$\chi(u) = e^{ru^2}\Omega(u).$$

En formant le produit

$$\psi(x) = \frac{\vartheta_1\left(\dfrac{x}{M}\right)\vartheta_1\left(\dfrac{x}{M} + \dfrac{4iK_1'}{n}\right)\vartheta_1\left(\dfrac{x}{M} + \dfrac{8iK_1'}{n}\right)\cdots\vartheta_1\left(\dfrac{x}{M} + \dfrac{4(n-1)iK_1'}{n}\right)}{\vartheta_1(0)\vartheta_1^2\left(\dfrac{4iK_1'}{n}\right)\vartheta_1^2\left(\dfrac{8iK_1'}{n}\right)\cdots\vartheta_1^2\left(\dfrac{2(n-1)iK_1'}{n}\right)},$$

on aura $\psi\left(x + 4p\,\dfrac{iK'}{n}\right) = \psi(x)$, et on en déduit la formule suivante:

$$\frac{\vartheta_1(0)\,\vartheta_1\left(\dfrac{x}{M} + 4p\,\dfrac{iK_1'}{n}\right)}{\vartheta_1\left(\dfrac{x}{M}\right)\vartheta_1\left(4p\,\dfrac{iK_1'}{n}\right)}$$

$$= \left\{\frac{\prod\limits_1^{\frac{1}{2}(n-1)}{}_m\left[1 - \varkappa_1^2\sin^2\operatorname{am}\left(\dfrac{x}{M}\right)\sin^2\operatorname{am}\left(\dfrac{4miK_1'}{n}\right)\right] \cdot \prod\limits_1^{\frac{1}{2}(n-1)}{}_m\left[1 - \varkappa_1^2\sin^2\operatorname{am}\left(4p\,\dfrac{iK_1'}{n}\right)\sin^2\operatorname{am}\left(\dfrac{4miK_1'}{n}\right)\right]}{\prod\limits_1^{\frac{1}{2}(n-1)}{}_m\left[1 - \varkappa_1^2\sin^2\operatorname{am}\left(\dfrac{x}{M} + 4p\,\dfrac{iK_1'}{n}\right)\sin^2\operatorname{am}\left(\dfrac{4miK_1'}{n}\right)\right]}\right\}^{\frac{1}{n}},$$

de laquelle découle ainsi la démonstration de votre théorème sur l'expression algébrique de $\sin\operatorname{am}(x)$ par $\sin\operatorname{am}\left(\dfrac{x}{M}\right)$.

· La méthode précédente est fondée principalement sur ce caractère digne de toute notre attention de la fonction $\sin\operatorname{am}(x)$, d'être exprimable par le quotient de deux fonctions développables en séries, toujours convergentes, et qui restent les mêmes, ou ne font qu'acquérir un facteur commun, en augmentant

l'argument de certaines quantités constantes. Tel est le lien si simple, par lequel se trouve rattaché aux notions analytiques élémentaires l'ensemble des propriétés caractéristiques de la nouvelle transcendante, qui ont leur source dans le principe de la double période. Mais il est important d'abord d'observer dans toute fonction rationnelle de sin am (x) l'analogie des fonctions qui jouent les rôles de numérateur et de dénominateur avec les fonctions H et Θ. A cet effet, je considère la fonction homogène d'un degré quelconque n:

$$\Phi(x) = AH^n(x) + BH^{n-1}(x)\,\Theta(x) + \cdots + LH(x)\,\Theta^{n-1}(x) + I\Theta^n(x).$$

On trouve bien facilement, d'après chaque terme en particulier:

$$\Phi(x+2iK') = (-1)^n e^{-\frac{n i x}{K}(x+iK')}\,\Phi(x);$$

on a d'ailleurs:

$$\Phi(x+4K) = \Phi(x);$$

ainsi dans ce cas général, l'expression analytique du caractère de la double périodicité se présente sous la même forme que pour la fonction sin am (x). Introduisons aussi la fonction $H'(x)\,\Theta(x) - H(x)\,\Theta'(x)$, qui représente le numérateur de la dérivée de $\dfrac{H(x)}{\Theta(x)}$; en la désignant un instant par $\chi(x)$, on aura sans peine:

$$\chi(x+2K) = -\chi(x), \qquad \chi(x+2iK') = e^{-2\frac{i x}{K}(x+iK')}\chi(x).$$

De là résulte que la fonction suivante:

(a.) $\Pi(x) = AH^n(x) + BH^{n-1}(x)\,\Theta(x) + \cdots + LH(x)\,\Theta^{n-1}(x) + I\Theta^n(x)$
$\qquad + [H'(x)\,\Theta(x) - H(x)\,\Theta'(x)][A'H^{n-2}(x) + B'H^{n-3}(x)\,\Theta(x) + \cdots + I'\Theta^{n-2}(x)]$

donnera encore

$$\Pi(x+4K) = \Pi(x), \qquad \Pi(x+2iK') = (-1)^n e^{-n\frac{i x}{K}(x+iK')}\,\Pi(x).$$

Mais on ne peut pas satisfaire à ces deux équations par une solution plus générale que la fonction définie par l'équation (a.) qui renferme $2n$ constantes arbitraires. Supposons en effet:

$$\Pi(x) = \sum_{-\infty}^{+\infty} a_m e^{m\frac{i n x}{2K}},$$

la seconde équation donnera facilement:

$$a_{m+2n} = (-1)^n a_m q^{m+n},$$

d'où:

$$a_{m+2kn} = (-1)^{kn} a_m q^{km+k^2 n},$$

k étant un nombre entier positif ou négatif. On voit par là, que tous les coefficients s'obtiendront au moyen des quantités a_0, a_1, ... a_{2n-1} qui restent arbitraires. Si à la condition $\varPi(x+4K) = \varPi(x)$ on substitue la condition plus particulière $\varPi(x+2K) = -\varPi(x)$, tous les coefficients à indices pairs devront être nuls, ce qui réduira à moitié le nombre des constantes arbitraires.

Ainsi je considère l'expression

$$\sin \operatorname{am}(x) . F(\sin^2 \operatorname{am}(x)) - \frac{d . \sin \operatorname{am}(x)}{dx} f(\sin^2 \operatorname{am}(x)),$$

où $F(x)$ et $f(x)$ désignent deux fonctions entières, l'une du degré m, l'autre du degré $m-1$; je remplace $\sin \operatorname{am}(x)$ par $\frac{1}{\sqrt{\varkappa}} \cdot \frac{H(x)}{\Theta(x)}$, le numérateur

$$\varPi(x) = \Theta(x)^{2m+1} \left\{ \frac{1}{\sqrt{\varkappa}} \cdot \frac{H(x)}{\Theta(x)} \cdot F\left(\frac{1}{\varkappa} \cdot \frac{H^2(x)}{\Theta^2(x)}\right) - \frac{1}{\sqrt{\varkappa}} \cdot \frac{H'(x)\Theta(x) - H(x)\Theta'(x)}{\Theta^2(x)} f\left(\frac{1}{\varkappa} \cdot \frac{H^2(x)}{\Theta^2(x)}\right) \right\}$$

vérifiera les deux équations:

$$\varPi(x+2K) = -\varPi(x), \qquad \varPi(x+2iK') = -e^{-(2m+1)\frac{i\pi}{K}(x+iK')}\varPi(x)$$

indépendamment des valeurs des coefficients au nombre de $2m+1$ qu'il renferme; il en représentera donc la solution la plus générale. Mais d'une autre part, je considère le produit des $2m+1$ facteurs

$$H(x+a_1) . H(x+a_2) ... H(x+a_{2m}) . H(x+a_{2m+1}):$$

il satisfait évidemment à la première des équations précédentes, et on voit sans peine qu'il vérifiera la seconde, en assujettissant les constantes $a_1, a_2, ... a_{2m}. a_{2m+1}$, à la seule condition

$$a_1 + a_2 + \cdots + a_{2m} + a_{2m+1} = 2jK,$$

j étant un nombre entier quelconque. En introduisant un facteur constant, on aura une nouvelle expression de la solution générale, dont la comparaison avec la première donne le théorème exprimé par l'égalité:

$$\sin \operatorname{am}(x) F(\sin^2 \operatorname{am}(x)) - \frac{d . \sin \operatorname{am}(x)}{dx} f(\sin^2 \operatorname{am}(x))$$
$$= \text{Const.} \frac{H(x+a_1) H(x+a_2) ... H(x+a_{2m+1})}{\Theta^{2m+1}(x)} .$$

Ainsi nous obtenons sous la forme trouvée par Abel les propriétés fondamentales des fonctions elliptiques relatives à l'addition des arguments.

Dans le cas le plus simple, celui de $m = 1$, on aura:

$$\sin\operatorname{am}(x)\,(\sin^2\operatorname{am}(x)+A)-B\,\frac{d.\sin\operatorname{am}(x)}{dx} = \text{Const.}\,\frac{H(x+a_1)\,H(x+a_2)\,H(x-a_1-a_2)}{\Theta^3(x)}.$$

Les coefficients A, B dépendent des quantités a_1 et a_2 au moyen des deux équations qui expriment que le premier membre s'annule pour $x = -a_1$, $x = -a_2$.

Si l'on suppose $a_1 = -a_2$, on trouvera

$$B = 0, \qquad A = -\sin^2\operatorname{am}(a_1),$$

ce qui donnera:

$$\sin\operatorname{am}(x)[\sin^2\operatorname{am}(x)-\sin^2\operatorname{am}(a_1)] = \text{Const.}\,\frac{H(x)\,H(x+a_1)\,H(x-a_1)}{\Theta^3(x)}:$$

et par suite:

$$\sin^2\operatorname{am}(x)-\sin^2\operatorname{am}(a_1) = \text{Const.}\,\frac{H(x+a_1)\,H(x-a_1)}{\Theta^2(x)},$$

$$\log[\sin^2\operatorname{am}(x)-\sin^2\operatorname{am}(a_1)] = \text{const.}+\log H(x+a_1)+\log H(x-a_1)-2\log\Theta(x).$$

Cette dernière équation conduit à la théorie des fonctions de 3me espèce, en différentiant par rapport à a_1, et intégrant par rapport à x.

Mais je reprends les deux équations

$$\Pi(x+4K) = \Pi(x), \qquad \Pi(x+2iK') = (-1)^\mu e^{-\mu\frac{i\pi}{K}(x+iK')}\Pi(x),$$

dont la solution générale est donnée par l'expression

$$\Pi(x) = AH^\mu(x)+BH^{\mu-1}(x)\,\Theta(x)+\cdots+I\Theta^\mu(x)$$
$$+[H'(x)\,\Theta(x)-H(x)\,\Theta'(x)][A'H^{\mu-2}(x)+B'H^{\mu-3}(x)\,\Theta(x)+\cdots+I'\Theta^{\mu-2}(x)].$$

En faisant $\alpha = e^{-p\frac{2i\pi}{\mu}}$ et

$$\Phi(x) = \Pi(x)+\alpha\Pi\left(x+\frac{4K}{n}\right)+\alpha^2\Pi\left(x+\frac{8K}{n}\right)+\cdots+\alpha^{n-1}\Pi\left(x+\frac{4(n-1)K}{n}\right),$$

on aura toujours la seconde équation:

$$\Phi(x+2iK') = (-1)^\mu e^{-\mu\frac{i\pi}{K}(x+iK')}\Phi(x),$$

mais de plus:

$$\Phi\left(x+\frac{4jK}{n}\right) = \alpha^{-j}\Phi(x).$$

Posant donc

$$\Psi(x) = e^{-p\frac{i\pi x}{2K}}\Phi(x),$$

il viendra :

$$\Psi\left(x+\frac{4K}{n}\right) = \Psi(x), \qquad \Psi(x+2iK') = (-1)_n e^{-n\frac{in}{K}(x+iK')+p\frac{\pi K'}{K}}\Psi(x).$$

Je mets à la place du facteur $(-1)^n$, e^{nix}, et je fais

$$\Psi_1(x) = \Psi\left(x+\frac{(n-1)K}{n}-\frac{p}{n}iK'\right);$$

j'obtiendrai par là les deux équations

$$\Psi_1\left(x+\frac{4K}{n}\right) = \Psi_1(x), \qquad \Psi_1(x+2iK') = -e^{-n\frac{in}{K}(x+iK')}\Psi_1(x).$$

On aurait pu faire plus généralement :

$$\Psi_1(x) = \Psi\left(x+\frac{(n-v)K}{n}-p\frac{iK'}{n}\right),$$

v désignant un nombre impair quelconque, et on serait arrivé aux mêmes conditions. En faisant

$$\frac{1}{M} = \frac{nK_1}{K},$$

on trouvera, comme je l'ai déjà établi, que le nombre n soit impair ou pair :

$$\Psi_1(x) = aH_1\left(\frac{x}{M}\right)+b\Theta_1\left(\frac{x}{M}\right).$$

Nous voici donc parvenus au théorème exprimé par l'égalité suivante :

$$\Pi(x)+a\Pi\left(x+\frac{4K}{n}\right)+a^2\Pi\left(x+\frac{8K}{n}\right)+\cdots+a^{n-1}\Pi\left(x+\frac{4(n-1)K}{n}\right)$$
$$=e^{p\frac{inx}{2K}}\left\{aH_1\left(\frac{x}{M}+\frac{piK'-(n-v)K}{nM}\right)+b\Theta_1\left(\frac{x}{M}+\frac{piK'-(n-v)K}{nM}\right)\right\}.$$

Sans m'arrêter à la détermination des constantes a, b, il est clair qu'en remplaçant a successivement par toutes les racines de l'équation binome $x^n = 1$, ou en faisant $p = 0, 1, 2, \ldots n-1$, on aura un système de n équations linéaires qui donneront :

$$\Pi(x) = \sum_p^{n-1} e^{p\frac{inx}{2K}}\left\{a_p H_1\left(\frac{x}{M}+\frac{piK'-(n-v)K}{nM}\right)+b_p \Theta_1\left(\frac{x}{M}+\frac{piK'-(n-v)K}{nM}\right)\right\}.$$

Cette nouvelle expression de la fonction $\Pi(x)$ conduit au développement en série de toute fonction rationnelle de $\operatorname{sin\,am}(x)$ et de sa dérivée. (J'ai remarqué à ce sujet, qu'en cherchant le développement de la fonction

$$\vartheta(x) = e^{\frac{\pi x^2}{4KK'}}\Theta(x),$$

d'après celui de

$$\Theta(x) = 1 - 2q\cos\frac{\pi x}{K} + 2q^4\cos 2\,\frac{\pi x}{K} - \cdots = 1 + \sum_1^\infty (-1)^n \Big\{ e^{\frac{n\pi x}{K}(2z-nK')} + e^{-\frac{n\pi x}{K}(2z+nK')} \Big\},$$

on arrivait au résultat suivant:

$$\vartheta(x) = e^{\frac{\pi}{4KK'}x^2} + \sum_1^\infty {}_n(-1)^n \Big\{ e^{\frac{\pi}{4KK'}(x+2n iK')^2} + e^{\frac{\pi}{4KK'}(x-2n iK')^2} \Big\}.$$

La fonction $e^{\frac{\pi x^2}{4KK'}} H(x)$ donne de même:

$$\sum_0^\infty {}_n(-1)^n \Big\{ e^{\frac{\pi}{4KK'}(x+(2n+1)iK')^2} - e^{\frac{\pi}{4KK'}(x-(2n+1)iK')^2} \Big\}. \Big)$$

La théorie de la transformation découle bien simplement des mêmes principes. Considérez en effet, la somme ou la somme des produits deux à deux, trois à trois etc., ou le produit des n fonctions (n étant impair):

$$\frac{H(x)}{\Theta(x)} \cdot \frac{H\Big(x+\dfrac{4K}{n}\Big)}{\Theta\Big(x+\dfrac{4K}{n}\Big)} \cdot \frac{H\Big(x+\dfrac{8K}{n}\Big)}{\Theta\Big(x+\dfrac{8K}{n}\Big)} \cdots \frac{H\Big(x+\dfrac{4(n-1)K}{n}\Big)}{\Theta\Big(x+\dfrac{4(n-1)K}{n}\Big)}.$$

Soit $\Phi_1(x)$ le numérateur, $\Phi_0(x)$ le dénominateur: pour l'une et pour l'autre de ces deux fonctions on trouve les conditions:

$$\Phi(x+2iK') = -e^{-n\frac{i\pi}{K}(x+iK')}\,\Phi(x), \qquad \Phi\Big(x+\frac{4K}{n}\Big) = \Phi(x),$$

desquelles il résulte:

$$\Phi_1(x) = A_1 H_1\Big(\frac{nK_1}{K}x\Big) + B_1 \Theta_1\Big(\frac{nK_1}{K}x\Big),$$

$$\Phi_0(x) = A_0 H_1\Big(\frac{nK_1}{K}x\Big) + B_0 \Theta_1\Big(\frac{nK_1}{K}x\Big).$$

Or la fonction $\Phi_1(x)$ sera paire ou impaire selon qu'elle sera relative à une somme de produits d'un nombre pair ou d'un nombre impair de fonctions. Dans le premier cas on devra faire $A_1 = 0$, dans le second, $B_1 = 0$; d'ailleurs pour $\Phi_0(x)$ on a toujours $A_0 = 0$. De là résulte que la somme des produits 2 à 2, 4 à 4, ... $n-1$ à $n-1$ des quantités

$$\frac{H(x)}{\Theta(x)}, \quad \frac{H\Big(x+\dfrac{4K}{n}\Big)}{\Theta\Big(x+\dfrac{4K}{n}\Big)}, \quad \cdots \quad \frac{H\Big(x+\dfrac{4(n-1)K}{n}\Big)}{\Theta\Big(x+\dfrac{4(n-1)K}{n}\Big)},$$

est constante, et qu'elles peuvent être considérées comme les racines d'une équation du n^{me} degré, dont les coefficients sont des fonctions du premier degré de

$$\frac{H_1\left(\frac{nK_1}{K}x\right)}{\Theta_1\left(\frac{nK_1}{K}x\right)}.$$

On en conclut l'expression connue de cette dernière fonction par une fonction rationnelle de l'une quelconque des quantités précédentes etc. Toutes ces propriétés spéciales à la fonction à double période $\frac{H(x)}{\Theta(x)}$, découlent immédiatement, comme on le voit, de l'équation de définition des fonctions H et Θ simplement périodiques; on peut même remarquer la grande extension que reçoit le développement en produit infini de $\sin \mathrm{am}(x)$, qui a été obtenu la première fois comme conséquence des formules de transformation, au moyen de l'égalité obtenue plus haut, savoir:

$$\sin \mathrm{am}(x)\, F(\sin^2 \mathrm{am}(x)) - \frac{d.\sin \mathrm{am}(x)}{dx} f(\sin^2 \mathrm{am}(x))$$
$$= \mathrm{Const.}\ \frac{H(x+a_1)\,H(x+a_2)\ldots H(x+a_{2m+1})}{\Theta^{2m+1}(x)}.$$

Jusqu'à présent, je n'ose point encore espérer, Monsieur, d'appliquer avec succès la méthode précédente à l'analyse des fonctions de deux variables à quatre périodes simultanées; ce sera donc sous un autre point de vue, que je vais essayer de lier en quelques points, par des résultats analogues, la théorie des fonctions Abéliennes et des fonctions elliptiques. Ainsi je prendrai les fonctions de 3me espèce, et sous la forme suivante:

$$\int \left\{ \left(\frac{\varDelta(a)}{x-a}+\frac{\varDelta(b)}{x-b}\right)\cdot\frac{2dx}{\varDelta x} + \left(\frac{\varDelta(a)}{y-a}+\frac{\varDelta(b)}{y-b}\right)\cdot\frac{2dy}{\varDelta y}\right\};$$

l'intégrale étant assujettie à s'évanouir, lorsqu'on fait à la fois $x=0$, $y=0$, $\varDelta(x)$ représentant la racine carrée du polynome $p_1x^1+p_2x^2+p_3x^3+p_4x^4+p_5x^5$. Je la désignerai par $\varPi(u, v, a, \beta)$, lorsqu'on y aura fait les substitutions

$$x=\lambda_0(u,v),\qquad y=\lambda_1(u,v),$$

les nouvelles variables u et v étant comme à l'ordinaire:

$$u=\int_0^x \frac{dx}{\varDelta(x)}+\int_0^y \frac{dy}{\varDelta(y)},\qquad v=\int_0^x \frac{x\,dx}{\varDelta(x)}+\int_0^y \frac{y\,dy}{\varDelta(y)},$$

14 *

et de même $a = \lambda_0(\alpha, \beta)$, $b = \lambda_1(\alpha, \beta)$. On aura alors les expressions suivantes des coefficients différentiels:

$$\frac{1}{2} \cdot \frac{\partial \Pi}{\partial u} = \varDelta(a) \cdot \frac{x+y-a}{(a-x)(a-y)} + \varDelta(b) \cdot \frac{x+y-b}{(b-x)(b-y)},$$

$$\frac{1}{2} \cdot \frac{\partial \Pi}{\partial v} = -\frac{\varDelta(a)}{(a-x)(a-y)} - \frac{\varDelta(b)}{(b-x)(b-y)}.$$

J'introduirai pareillement les variables u et v dans les fonctions de seconde espèce, savoir:

$$\int \left(\frac{x^2\,dx}{\varDelta(x)} + \frac{y^2\,dy}{\varDelta(y)} \right) \text{ et } \int \left(\frac{x^3\,dx}{\varDelta(x)} + \frac{y^3\,dy}{\varDelta(y)} \right);$$

elles deviendront respectivement:

$$\int ((\lambda_0 + \lambda_1)\,dv - \lambda_0\lambda_1\,du), \quad \int ((\lambda_0^2 + \lambda_0\lambda_1 + \lambda_1^2)\,dv - \lambda_0\lambda_1(\lambda_0 + \lambda_1)\,du).$$

Cela posé, la première étant désignée pour un instant par $(u, v)_1$, et la seconde par $(u, v)_2$, je ferai

$$E_1(u, v) = 2p_4(u, v)_1 + 3p_5(u, v)_2 \text{ et } E_2(u, v) = p_5(u, v)_1;$$

on aura alors le théorème exprimé par l'égalité suivante:

(1.) $\Pi(u, v, \alpha, \beta) - \Pi(\alpha, \beta, u, v) = p_5(\alpha v - \beta u) + \alpha E_1(u, v) + \beta E_2(u, v) - u E_1(\alpha, \beta) - v E_2(\alpha, \beta),$

de laquelle se tirent les valeurs des fonctions complètes. Prenons en effet pour u et v deux demi-périodes simultanées i, j, les valeurs correspondantes de x et y donneront $\varDelta(x) = 0$, $\varDelta(y) = 0$; ainsi l'on aura:

$$\Pi(i, j, \alpha, \beta) = p_5(\alpha j - \beta i) + \alpha E_1(i, j) + \beta E_2(i, j) - i E_1(\alpha, \beta) - j E_2(\alpha, \beta).$$

On remarque sur cette expression un singulier genre de discontinuité de la fonction Π. En effet, les arguments u, v étant quelconques, il est hors de doute qu'on peut, sans altérer sa valeur, ajouter les périodes simultanées aux arguments α, β; mais si l'on suppose $u = i$, $v = j$, la fonction deviendra uniquement périodique pour ces indices; c'est ce qu'on vérifie aisément sur la valeur précédente.

L'égalité (1.) peut être transformée en une autre plus simple. Posons

$$Z_1(u, v) = E_1(u, v) - Au - Bv, \quad Z_2(u, v) = E_2(u, v) - A'u - B'v$$

et déterminons A, B, A', B' par les conditions

$$Ai + Bj = E_1(i, j), \quad Ai' + Bj' = E_1(i', j'),$$
$$A'i + B'j = E_2(i, j), \quad A'i' + B'j' = E_2(i', j'),$$

i', j' désignant deux autres demi-périodes simultanées. Faisons en outre

$$\Phi(u, v, \alpha, \beta) = \Pi(u, v, \alpha, \beta) + uZ_1(\alpha, \beta) + vZ_2(\alpha, \beta) - c(\alpha v - \beta u),$$

c étant une constante dont la valeur est $c = p_2 + B - A'$, il viendra:

(2.) $\qquad \Phi(u, v, \alpha, \beta) - \Phi(\alpha, \beta, u, v) = -c(\alpha v - \beta u).$

Dans le théorème exprimé par cette égalité, la fonction Φ, comme il aisé de le voir, jouira de la propriété que

$$\Phi(u + 2i, v + 2j, \alpha, \beta) = \Phi(u, v, \alpha, \beta),$$
$$\Phi(u + 2i', v + 2j', \alpha, \beta) = \Phi(u, v, \alpha, \beta);$$

ainsi on obtiendrait une fonction séparément périodique en u et en v, en prenant

$$\Psi(u, v, \alpha, \beta) = \Phi\left(\frac{iu + i'v}{\pi}, \frac{ju + j'v}{\pi}, \alpha, \beta\right).$$

Peut-être cela conduira-t-il à un développement de la fonction Ψ de la forme

$$\sum a_{m,n} e^{(mu + nv)\sqrt{-1}}.$$

J'ai remarqué à ce sujet que, le théorème d'Abel permettant d'exprimer algébriquement

$$\lambda_0\left(\frac{iu + i'v}{\pi}, \frac{ju + j'v}{\pi}\right), \quad \lambda_1\left(\frac{iu + i'v}{\pi}, \frac{ju + j'v}{\pi}\right),$$

au moyen de

$$\lambda_0\left(\frac{iu}{\pi}, \frac{ju}{\pi}\right), \quad \lambda_1\left(\frac{iu}{\pi}, \frac{ju}{\pi}\right) \quad \text{et} \quad \lambda_0\left(\frac{i'v}{\pi}, \frac{j'v}{\pi}\right), \quad \lambda_1\left(\frac{i'v}{\pi}, \frac{j'v}{\pi}\right),$$

on obtenait un nouveau genre de réduction des fonctions de deux variables à des fonctions algébriques de fonctions d'une variable, parfaitement analogue à celui que vous m'avez fait, Monsieur, l'honneur de m'écrire; mais ce cas particulier, auquel j'ai été ainsi amené, ne m'a point semblé moins difficile à traiter que le cas général.

Quoiqu'il en soit, le théorème d'Abel donnera pour l'addition des arguments dans la fonction Π l'égalité:

$$\Pi(u + u', v + v', \alpha, \beta) = \Pi(u, v, \alpha, \beta) + \Pi(u', v', \alpha, \beta) + \log f(u, v, u', v', \alpha, \beta);$$

et on aura de même:

(3.) $\qquad \Phi(u + u', v + v', \alpha, \beta) = \Phi(u, v, \alpha, \beta) + \Phi(u', v', \alpha, \beta) + \log f(u, v, u', v', \alpha, \beta).$

L'égalité (2.), au moyen de laquelle on peut faire l'échange simultané des arguments u, v et α, β, nous donnera le théorème correspondant:

$$\Phi(\alpha, \beta, u + u', v + v') = \Phi(\alpha, \beta, u, v) + \Phi(\alpha, \beta, u', v') + \log f(u, v, u', v', \alpha, \beta),$$

auquel on pourrait arriver aussi par une voie directe. Cela posé, je mets dans l'équation (3.), à la place de u, u', v, v', respectivement, $i+u, i+u', j+v, j+v'$; il viendra:

$$\Phi(u+u'+2i,\, v+v'+2j,\, a,\, \beta)$$
$$= \Phi(u+i, v+j, a, \beta) + \Phi(u'+i, v'+j, a, \beta) + \log f(u+i, v+j, u'+i, v'+j, a, \beta),$$

ou bien:

$$\Phi(u+u', v+v', a, \beta)$$
$$= \Phi(u+i, v+j, a, \beta) + \Phi(u'+i, v'+j, a, \beta) + \log f(u+i, v+j, u'+i, v'+j, a, \beta).$$

Cela étant, je fais: $a = u-u'$, $\beta = v-v'$, ce qui donne:

$$\Phi(u+u', v+v', u-u', v-v')$$
$$= \Phi(u+i, v+j, u-u', v-v') + \Phi(u'+i, v'+j, u-u', v-v')$$
$$+ \log f(u+i, v+j, u'+i, v'+j, u-u', v-v').$$

Je change ensuite u', v' en $-u', -v'$. Comme la fonction Φ change de signe avec les deux arguments u, v, le terme $\Phi(-u'+i, -v'+j, \ldots)$ pourra s'écrire $-\Phi(u'-i, v'-j, \ldots)$; et en ajoutant aux deux premiers arguments leurs périodes $2i, 2j$, $-\Phi(u'+i, v'+j, \ldots)$, de sorte qu'il viendra:

$$\Phi(u-u', v-v', u+u', v+v')$$
$$= \Phi(u+i, v+j, u+u', v+v') - \Phi(u'+i, v'+j, u+u', v+v')$$
$$+ \log f(u+i, v+j, i-u', j-v', u+u', v+v').$$

En ajoutant membre à membre les deux dernières égalités, et développant dans le second membre par le théorème sur l'addition des deux derniers arguments, il viendra:

$$\Phi(u+u', v+v', u-u', v-v') + \Phi(u-u', v-v', u+u', v+v')$$
$$= 2\Phi(u+i, v+j, u, v) - 2\Phi(u'+i, v'+j, u', v') + \text{fonct. log}^e.$$

Enfin, si l'on applique au premier membre le théorème

$$\Phi(u, v, a, \beta) - \Phi(a, \beta, u, v) = -c(av - \beta u),$$

on obtiendra l'égalité

$$\Phi(u+u', v+v', u-u', v-v')$$
$$= \Phi(u+i, v+j, u, v) - \Phi(u'+i, v'+j, u', v') - c(uv' - u'v) + \text{une fonct. logarithmique},$$

par laquelle la réduction des fonctions elliptiques de 3me espèce est étendue aux fonctions Abéliennes.

Mais j'ai entrevu un autre genre de démonstration, fondé sur des considé-

rations toutes différentes, et dont je vais essayer de donner l'idée en l'appliquant aux fonctions elliptiques.

Soit, comme à l'ordinaire:

$$\Delta(x) = \sqrt{(1-x^2)(1-\varkappa^2 x^2)};$$

posons

$$z = \int_0^x \frac{\Delta(a).dx}{(x-a)\,\Delta(x)},$$

on trouvera facilement:

$$\Delta(a).\frac{\partial z}{\partial a} = \varkappa^2 \int_0^x \frac{x^2-a^2}{\Delta(x)}\,dx - \frac{\Delta(x)}{x-a} - \frac{1}{a},$$

et en différentiant de nouveau par rapport à a:

$$\frac{\partial\left(\Delta(a)\dfrac{\partial z}{\partial a}\right)}{\partial a} = -2a\varkappa^2 \int_0^x \frac{dx}{\Delta x} - \frac{\Delta(x)}{(x-a)^2} + \frac{1}{a^2}.$$

D'ailleurs on a immédiatement:

$$\Delta(x).\frac{\partial z}{\partial x} = \frac{\Delta(a)}{x-a}, \qquad \frac{\partial\left(\Delta(x)\dfrac{\partial z}{\partial x}\right)}{\partial x} = -\frac{\Delta(a)}{(x-a)^2};$$

on en conclut cette équation:

$$\frac{\partial\left(\Delta(a)\dfrac{\partial z}{\partial a}\right)}{\partial a}.\Delta(a) = \frac{\partial\left(\Delta(x)\dfrac{\partial z}{\partial x}\right)}{\partial x}\Delta(x) - 2a\varkappa^2\Delta(a)\int_0^x \frac{dx}{\Delta(x)} + \frac{\Delta(a)}{a^2}.$$

En prenant pour variables indépendantes les arguments ξ et α des fonctions

$$x = \sin\operatorname{am}(\xi), \qquad a = \sin\operatorname{am}(\alpha),$$

et mettant $\Delta(\operatorname{am}\alpha)$ au lieu de $\Delta(\sin\operatorname{am}(\alpha)) = \dfrac{d\sin\operatorname{am}(\alpha)}{d\alpha}$, il viendra:

$$\frac{\partial^2 z}{\partial\alpha^2} = \frac{\partial^2 z}{\partial\xi^2} - 2\varkappa^2\xi\sin\operatorname{am}(\alpha)\Delta(\operatorname{am}(\alpha)) + \frac{\Delta(\operatorname{am}(\alpha))}{\sin^2\operatorname{am}(\alpha)}.$$

Soit

$$E(\alpha) = \int_0^\alpha \sin^2\operatorname{am}(\alpha)\,d\alpha \quad \text{et} \quad z = -\varkappa^2\xi E(\alpha) - \int \frac{d\alpha}{\sin\operatorname{am}(\alpha)} + u;$$

on aura

$$\frac{\partial^2 u}{\partial\alpha^2} = \frac{\partial^2 u}{\partial\xi^2}, \quad \text{donc} \quad u = F(\alpha+\xi) + f(\alpha-\xi).$$

Considérons donc l'égalité:

$$u = \int_0^{\xi} \frac{\varDelta(\mathrm{am}(\alpha))\,d\xi}{\sin\mathrm{am}(\xi) - \sin\mathrm{am}(\alpha)} - \varkappa^2 \xi E(\alpha) + \int \frac{d\alpha}{\sin\mathrm{am}(\alpha)} = F(\alpha+\xi) + f(\alpha-\xi).$$

En faisant $\xi = 0$, on a

$$F(\alpha) + f(\alpha) = \int \frac{d\alpha}{\sin\mathrm{am}(\alpha)};$$

on trouverait de même pour $\alpha = 0$:

$$F(\xi) + f(-\xi) = \int \frac{d\xi}{\sin\mathrm{am}(\xi)},$$

donc

$$F(\alpha) + f(\alpha) = F(\alpha) + f(-\alpha) \quad \text{ou} \quad f(\alpha) = f(-\alpha).$$

Je m'arrête un instant à cette remarque; car, sans aller plus loin, on peut tirer de là les théorèmes fondamentaux des fonctions elliptiques. En effet, en différentiant par rapport à ξ, il vient:

$$\frac{\varDelta(\mathrm{am}(\alpha))}{\sin\mathrm{am}(\xi) - \sin\mathrm{am}(\alpha)} - \varkappa^2 E(\alpha) = F'(\alpha+\xi) - f'(\alpha-\xi).$$

Faisant successivement $\xi = x+a$, $\xi = x-a$ et retranchant, on obtient l'égalité

$$\frac{\varDelta(\mathrm{am}(\alpha))}{\sin\mathrm{am}(x+a) - \sin\mathrm{am}(\alpha)} - \frac{\varDelta(\mathrm{am}(\alpha))}{\sin\mathrm{am}(x-a) - \sin\mathrm{am}(\alpha)}$$
$$= F'(\alpha+x+a) - F'(\alpha+x-a) - f'(\alpha-x-a) + f'(\alpha-x+a).$$

Or la fonction $f'(x)$ étant impaire, on voit immédiatement que le second membre est symétrique par rapport à x et a; on aura donc:

$$\frac{\varDelta(\mathrm{am}(\alpha))}{\sin\mathrm{am}(x+a) - \sin\mathrm{am}(\alpha)} - \frac{\varDelta(\mathrm{am}(\alpha))}{\sin\mathrm{am}(x-a) - \sin\mathrm{am}(\alpha)}$$
$$= \frac{\varDelta(\mathrm{am}(x))}{\sin\mathrm{am}(a+a) - \sin\mathrm{am}(x)} - \frac{\varDelta(\mathrm{am}(x))}{\sin\mathrm{am}(a-a) - \sin\mathrm{am}(x)}.$$

De là se tire le théorème d'Euler sur l'addition des fonctions elliptiques. Soit en effet $a = 0$, on aura:

$$\frac{1}{\sin\mathrm{am}(x+a)} - \frac{1}{\sin\mathrm{am}(x-a)}$$
$$= \frac{\varDelta(\mathrm{am}(x))}{\sin\mathrm{am}(a) - \sin\mathrm{am}(x)} + \frac{\varDelta(\mathrm{am}(x))}{\sin\mathrm{am}(a) + \sin\mathrm{am}(x)} = \frac{2\sin\mathrm{am}(a)\varDelta(\mathrm{am}(x))}{\sin^2\mathrm{am}(a) - \sin^2\mathrm{am}(x)},$$

et permutant x et a:

$$\frac{1}{\sin \operatorname{am}(x+a)} + \frac{1}{\sin \operatorname{am}(x-a)} = \frac{2 \sin \operatorname{am}(x) \, \varDelta(\operatorname{am}(a))}{\sin^2 \operatorname{am}(x) - \sin^2 \operatorname{am}(a)};$$

donc, en ajoutant membre à membre:

$$\frac{1}{\sin \operatorname{am}(x+a)} = \frac{\sin \operatorname{am}(x) \, \varDelta(\operatorname{am}(a)) - \sin \operatorname{am}(a) \, \varDelta(\operatorname{am}(x))}{\sin^2 \operatorname{am}(x) - \sin^2 \operatorname{am}(a)};$$

ce qui se ramène sans difficulté à la formule connue. De la même source on tire encore le théorème sur l'addition des arguments dans la fonction de 3e espèce, en opérant ainsi que je l'ai fait dans une lettre adressée à M. Liouville, imprimée déjà dans les Comptes-rendus, et qui paraîtra de nouveau dans le prochain numéro du Journal de mathématiques. Il ne serait pas difficile d'arriver à la forme que vous prenez ordinairement, Monsieur, pour les fonctions de troisième espèce; il suffirait pour cela de partir de la formule suivante, qu'on démontrerait comme précédemment; savoir, i étant une quelconque des quantités, qui donnent $\sin \operatorname{am}(u+i) = \sin \operatorname{am}(u-i)$:

$$\frac{\varDelta(\operatorname{am}(a+i))}{\sin \operatorname{am}(x+a) - \sin \operatorname{am}(a+i)} - \frac{\varDelta(\operatorname{am}(a+i))}{\sin \operatorname{am}(x-a) - \sin \operatorname{am}(a+i)}$$
$$= \frac{\varDelta(\operatorname{am}(x+i))}{\sin \operatorname{am}(a+a) - \sin \operatorname{am}(x+i)} - \frac{\varDelta(\operatorname{am}(x+i))}{\sin \operatorname{am}(a-a) - \sin \operatorname{am}(x+i)},$$

et de prendre i tel, que $\dfrac{1}{\sin \operatorname{am}(i)} = 0$.

Mais je reviens à l'égalité:

$$\int_0^\xi \frac{\varDelta(\operatorname{am}(a)) \cdot d\xi}{\sin \operatorname{am}(\xi) - \sin \operatorname{am}(a)} - \varkappa^2 \xi E(a) + \int \frac{da}{\sin \operatorname{am}(a)} = F(a+\xi) + f(a-\xi).$$

Changeons a en $-a$, puis retranchons membre à membre, il viendra:

$$\int_0^\xi \frac{2 \sin \operatorname{am}(a) \varDelta(\operatorname{am}(a)) \cdot d\xi}{\sin^2 \operatorname{am}(\xi) - \sin^2 \operatorname{am}(a)} - 2\varkappa^2 \xi E(a) = F(a+\xi) + f(a-\xi) - F(\xi-a) - f(-\xi-a).$$

Le second membre pourra encore évidemment être représenté par $F(a+\xi) + f(a-\xi)$, et puisque le premier s'annule pour $\xi = 0$, et $a = 0$, par $F(\xi+a) - F(\xi-a)$, F étant une fonction paire. Pour la déterminer, différentions par rapport à ξ; puis faisons $\xi = 0$, il viendra:

$$2F'(a) = -\frac{2 \sin \operatorname{am}(a) \varDelta(\operatorname{am}(a))}{\sin^2 \operatorname{am}(a)} - 2\varkappa^2 E(a),$$

d'où, en posant $Z(\alpha) = \int E(\alpha) \, d\alpha$:

$$F(\alpha) = -\tfrac{1}{2} \log \sin^2 \mathrm{am}(\alpha) - x^2 Z(\alpha);$$

il vient donc cette égalité:

$$\int_0^\xi \frac{2 \sin \mathrm{am}(\alpha) \varDelta(\mathrm{am}(\alpha)) . d\xi}{\sin^2 \mathrm{am}(\xi) - \sin^2 \mathrm{am}(\alpha)}$$

$$= 2x^2 \xi E(\alpha) + \tfrac{1}{2} \log \frac{\sin^2 \mathrm{am}(\xi - \alpha)}{\sin^2 \mathrm{am}(\xi + \alpha)} + x^2 (Z(\xi - \alpha) - Z(\xi + \alpha)),$$

de laquelle se conclut sans peine tout le reste de cette recherche.

EXTRAIT D'UNE LETTRE DE JACOBI ADRESSÉE A HERMITE.

Berlin, le 6. août 1845.

» . . . Les principes dont vous partez pour parvenir aux formules de la transformation inverse que j'ai publiées sans démonstration dans le Journal de M. Crelle, sont précisément les mêmes qui d'abord m'ont conduit à ces formules. Ensuite, j'avais fait une espèce de tour de force en prouvant ces formules par la substitution même des expressions si compliquées de radicaux faite dans l'équation différentielle à laquelle elles doivent satisfaire. [Pour mieux faire saisir l'esprit de cette dernière démonstration en quelque sorte synthétique, j'ai commencé par publier une application de la même méthode à la démonstration des formules de la transformation directe, dans un mémoire imprimé dans le Journal de M. Crelle, tome VI, pages 397 et suivantes *). Plus tard, je suis parvenu à une troisième démonstration qui repose entièrement sur la décomposition de $\frac{\Theta(x+a)}{\Theta(x)}$ en fractions simples, pour laquelle j'ai établi les formules dans une de mes leçons données à l'université de Kœnigsberg.

»Quant aux formules de développement du produit

$$H(x+a_1)\,H(x+a_2)\ldots H(x+a_n),$$

où

$$a_1 + a_2 + \cdots + a_n = 2jK,$$

et des fonctions homogènes de $H(x)$ et $\Theta(x)$, je les avais d'abord, comme vous, déduites des propriétés analytiques et caractéristiques des fonctions $H(x)$ et $\Theta(x)$, et j'y ai fait allusion dans le Journal de M. Crelle, tome XXVI, page 103 **).

---

*) Tome I. de cette édition, pag. 319.
**) Tome I. de cette édition, pag. 356.

15*

Depuis, j'ai remarqué que l'on peut parvenir aux mêmes formules par la considération élémentaire et algébrique, qu'étant mis

$$y_1 = x_1 + b, \quad y_2 = x_2 + b, \quad \text{etc.}$$

à chaque solution des deux équations

$$x_1^2 + x_2^2 + \cdots + x_n^2 = p, \quad x_1 + x_2 + \cdots + x_n = a,$$

répond une solution des deux autres équations

$$y_1^2 + y_2^2 + \cdots + y_n^2 = p - \frac{a^2}{n} + n\left(\frac{a}{n} + b\right)^2,$$

$$y_1 + y_2 + \cdots + y_n = a + nb.$$

On mettra pour a les nombres $0, 1, 2, \ldots, n-1$, et pour b tous les nombres, depuis $-\infty$ jusqu'à $+\infty$.

»Mais ce qui auparavant ne m'est jamais venu dans l'esprit, c'est votre idée ingénieuse et très-originale de faire ressortir de ces mêmes principes le théorème d'Abel, tant qu'il s'applique aux fonctions elliptiques. Ne pensez-vous pas consacrer un mémoire particulier à cette matière qui se détache très-bien des autres questions?

»En cherchant à tirer la transformation directe des propriétés des fonctions Θ, sans faire usage de leur décomposition en facteurs infinis, vous avez pensé savamment aux cas plus généraux, où probablement l'on se doit résigner à l'impossibilité d'une décomposition en facteurs.

»Dans mes leçons universitaires de Kœnigsberg, moi aussi j'ai eu coutume de partir des fonctions Θ. Dans ces leçons, en multipliant quatre séries

$$\sum_{-\infty}^{\infty} e^{-(ax+bi)^2}$$

pour différentes valeurs de x, et en transformant les exposants par la formule

$$i^2 + i'^2 + i''^2 + i'''^2 = \left(\frac{i + i' + i'' + i'''}{2}\right)^2 + \left(\frac{i + i' - i'' - i'''}{2}\right)^2 + \text{etc.},$$

j'ai obtenu tout de suite une formule de laquelle découlent, comme cas particuliers et sans le moindre calcul, les expressions fractionnaires des fonctions elliptiques, les théorèmes sur l'addition des trois espèces, et plusieurs centaines de formules intéressantes auxquelles on ne saurait arriver que par un calcul algébrique fatigant. Dans un des premiers volumes du Journal de M. Crelle, j'ai donné des formules d'addition et de transformation conjointes, ressortantes de la multiplication seulement de deux Θ. Ces formules font voir que l'on peut

arriver par deux transformations successives, non-seulement à la multiplication, mais encore aux formules de l'addition.

»Dans les mêmes leçons, j'ai examiné l'ensemble des différentes formes que peut prendre une même fonction Θ. En faisant usage de la méthode employée par Lagrange pour la réduction des formes quadratiques, j'ai trouvé le fait analytique remarquable que, q étant une quantité imaginaire quelconque, on peut toujours, et par la seule multiplication par une quantité de la forme $e^{rm z}$, ramener la fonction Θ à une autre où le module de q, ce mot pris dans le sens de M. Cauchy, soit $< e^{-\pi\sqrt{\frac{3}{4}}}$. C'est une limite précise, c'est à dire qu'étant prise une quantité inférieure, il y aura toujours des cas, où le module de q dans toutes les formes que pourrait prendre la fonction Θ restera supérieur à cette quantité.

»L'addition des paramètres dans la troisième espèce des intégrales abéliennes et l'échange des paramètres avec les amplitudes me sont bien connus. Il y a douze années environ que je les ai communiqués à deux de mes élèves, M. Richelot, de Kœnigsberg, et M. Senff, à présent professeur de mathématiques près l'université de Dorpat, et qui étudiait à Kœnigsberg lorsque je trouvai ces formules. J'avais d'abord prouvé l'addition des paramètres, indépendamment, par la seule différentiation de

$$\log \frac{\sqrt{R}+U\sqrt{x}}{\sqrt{R}-U\sqrt{x}},$$

U et R étant deux fonctions de l'ordre m et $2m$. Puis je l'ai déduite de l'échange mutuel des paramètres et amplitudes, qui se trouve aisément en remplaçant la somme des deux intégrales simples

$$\int_0^x \frac{\sqrt{\alpha R(\alpha)}\,.\,dx}{(x-\alpha)\sqrt{xR(x)}} + \int_0^\alpha \frac{\sqrt{xR(x)}\,.\,d\alpha}{(x-\alpha)\sqrt{\alpha R(\alpha)}},$$

par la double intégrale

$$\iint \frac{dx\,d\alpha}{\sqrt{\alpha R(\alpha)}\sqrt{xR(x)}} \left[\frac{1}{2(x-\alpha)} \left(\frac{d\,.\,xR(x)}{dx} + \frac{d\,.\,\alpha R(\alpha)}{d\alpha} \right) + \frac{\alpha R(\alpha)-xR(x)}{(x-\alpha)^2} \right],$$

où l'on prouve sans peine que la fonction de x et de α, placée entre les grands crochets, est entière. Depuis, j'ai appris par les Oeuvres posthumes d'Abel, quelle est la généralisation dont ces théorèmes sont susceptibles.

»Feuilletant mes anciens papiers, j'y ai trouvé la démonstration de quelques théorèmes par lesquels on donne aux formules d'addition des intégrales abéliennes de la seconde et de la troisième espèce une forme analogue à celle sous laquelle

les formules d'addition des intégrales elliptiques de la seconde et de la troisième espèce ont été présentées par Legendre, ce qui contribue à rendre de plus en plus parfaite l'analogie entre les fonctions abéliennes et elliptiques[*]).

Permettez-moi d'ajouter une construction géométrique de la transformation dite de Landen, la première qui ait été connue des fonctions elliptiques.

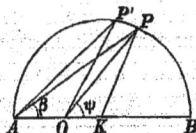

Soit AB le diamètre d'un cercle: si l'on mène d'un point P du cercle la droite PK au centre K, l'angle PKB est double de PAB; mais si l'on mène la droite à un autre point fixe O du diamètre, on obtient l'angle dans lequel par la transformation de Landen se change l'amplitude PAB d'une intégrale elliptique dont le complément du module est $\dfrac{AO}{BO}$, le module transformé étant $\dfrac{KO}{KA}$. En effet soit R le rayon du cercle, $KO = a$, $PAB = \beta$, $POB = \psi$; variant P en P', on aura dans le triangle infiniment petit POP',

$$PP' \sin PP'O = OP \sin POP';$$

donc

$$2R\,d\beta \cdot \cos KPO = OP \cdot d\psi, \qquad \frac{2d\beta}{OP} = \frac{d\psi}{R \cos KPO};$$

or

$$OP^2 = R^2 + a^2 + 2Ra \cos 2\beta = (R+a)^2 \cos^2\beta + (R-a)^2 \sin^2\beta,$$
$$R^2 \cos^2 KPO = R^2 - R^2 \sin^2 KPO = R^2 - a^2 \sin^2\psi;$$

donc

$$\frac{2d\beta}{\sqrt{(R+a)^2\cos^2\beta + (R-a)^2\sin^2\beta}} = \frac{d\psi}{\sqrt{R^2\cos^2\psi + (R^2-a^2)\sin^2\psi}}.$$

On a, en même temps,

$$\sin\psi = \frac{AP \cdot \sin\beta}{OP} = \frac{2R\sin\beta\cos\beta}{\sqrt{(R+a)^2\cos^2\beta + (R-a)^2\sin^2\beta}},$$

ce qui est la substitution de Landen.

»Je suis aussi parvenu à étendre au théorème d'Abel ma construction de l'addition des fonctions elliptiques. Dans cette dernière, la corde PQ d'un

---

[*]) La démonstration de ces théorèmes a été publiée dès l'envoi de cette lettre dans le Journal de M. Crelle Vol. XXX. pag. 121. (Tome II. pag. 75 d. c. éd.)

cercle touche constamment un autre cercle. Soit T le point d'intersection

de deux positions consécutives $(PQ, P'Q')$ de la droite; les deux angles $QQ'T$ et $P'PT$ étant égaux d'après une propriété du cercle, on aura $\dfrac{PP'}{PT} = \dfrac{QQ'}{Q'T}$, ou bien, les arcs PP', QQ' étant infiniment petits,

$$\frac{PP'}{PT} = \frac{QQ'}{QT},$$

ce qui est l'équation différentielle, dont par la construction de la droite inscrite à l'un et circonscrite à l'autre cercle on trouve l'intégrale complète et algébrique, la même qui a été donnée par Euler. A présent, je suppose qu'une corde C d'une courbe I du $n^{ième}$ degré touche constamment une autre courbe II. Soient P un point d'intersection de la corde mobile avec la courbe I, et $ds = \sqrt{dx^2 + dy^2}$ l'élément de la courbe I dans ce point, T le point de contact de la corde C avec la courbe II; si $f(x,y) = 0$ est l'équation de la courbe I, je démontre, par des considérations mixtes de géométrie et d'algèbre, la formule générale

$$\sum \frac{\psi(x,y)\,ds}{PT \cdot \sqrt{\left(\frac{\partial f}{\partial x}\right)^2 + \left(\frac{\partial f}{\partial y}\right)^2}} = 0,$$

$\psi(x,y)$ étant une fonction entière quelconque de x et y de l'ordre $n-2$, et la somme s'étendant aux n points d'intersection, le signe du radical étant $+$ ou $-$, selon que ces points sont de l'un ou de l'autre côté de T. Supposons en particulier que la courbe I rentre dans ces courbes pour les points desquelles on peut exprimer x et y par des fractions dont les numérateurs et le dénominateur commun sont des fonctions entières d'une troisième variable t, $x = \frac{\tau_1}{\tau}$, $y = \frac{\tau_2}{\tau}$, τ, τ_1, τ_2 étant du $n^{ième}$ degré, ce qui même pourra toujours se faire pour les courbes du premier et du second degré. Faisant usage de divers théorèmes établis dans mon mémoire sur l'élimination (Journal de M. Crelle, tome XV), je trouve que, $\beta(t)$ étant une fonction quelconque de t du $(n-2)^{ième}$ degré, on aura:

$$\frac{\beta(t)}{\tau}\,dt = \frac{\psi(x,y)\,ds}{\sqrt{\left(\frac{\partial f}{\partial x}\right)^2 + \left(\frac{\partial f}{\partial y}\right)^2}},$$

$\psi(x,y)$ étant, comme ci-dessus, du $(n-2)^{ième}$ degré. On aura donc.

$$\Sigma \frac{\beta(t)dt}{\tau.PT} = 0.$$

Soit la courbe II un cercle ayant pour équation $x^2+y^2=1$; on aura

$$\tau.PT = \sqrt{\tau_1^2+\tau_2^2-\tau^2},$$

donc

$$\Sigma \frac{\beta(t)dt}{\sqrt{\tau_1^2+\tau_2^2-\tau^2}} = 0, \quad \text{d'où} \quad \Sigma \int \frac{\beta(t)dt}{\sqrt{\tau_1^2+\tau_2^2-\tau^2}} = 0,$$

les n intégrales étant prises entre les limites correspondantes aux intersections de la courbe I avec deux tangentes quelconques du cercle. Soit $f(t)$ une fonction donnée du $(2p)^{ième}$ degré, prenons trois fonctions entières de t quelconques, $\Psi(t)$, U, τ_1, respectivement du $(p-2)^{ième}$, $(n-p)^{ième}$, $n^{ième}$ degré, déterminons deux autres fonctions du $n^{ième}$ degré, τ et τ_2, au moyen de la formule

$$\tau_1^2-U^2f(t) = \tau^2-\tau_2^2,$$

et supposons enfin, que dans l'équation-somme trouvée on ait $\beta(t) = U\Psi(t)$ et que les limites des intégrales correspondent aux intersections de la courbe I avec les deux tangentes du cercle parallèles à l'axe des x, on aura l'équation-somme

$$\Sigma \int \frac{\Psi(t)dt}{\sqrt{f(t)}} = 0,$$

les limites des n intégrales étant les racines de l'équation

$$\tau^2-\tau_2^2 = \tau_1^2-U^2f(t) = 0,$$

ce qui est le théorème d'Abel. Mais la forme sous laquelle ce théorème se présente, d'après la construction précédente, ne semble pas dépourvue d'intérêt. Comme je n'ai étudié avec soin que les intégrales qui ont sous le signe une racine carrée, je ne saurais dire si la formule générale dont je suis parti en prenant deux courbes quelconques I et II, comporte la même généralité que le théorème général d'Abel. Par vos travaux sur ce théorème pris dans toute sa généralité, vous serez mieux que moi à même d'en juger.

»Ne soyez pas fâché, monsieur, si quelques-unes de vos découvertes se sont rencontrées avec mes anciennes recherches. Comme vous dûtes commencer par où je finis, il y a nécessairement une petite sphère de contact. Dans la suite, si vous m'honorez de vos communications, je n'aurai qu'à apprendre. . . .«

ÜBER DIE VERTAUSCHUNG

VON PARAMETER UND ARGUMENT

BEI DER DRITTEN GATTUNG DER ABELSCHEN UND HÖHERN

TRANSCENDENTEN

VON

PROFESSOR DR. C. G. J. JACOBI
ZU BERLIN.

Crelle Journal für die reine und angewandte Mathematik, Bd. 32. p. 185—196.

ÜBER DIE VERTAUSCHUNG VON PARAMETER UND ARGUMENT BEI DER DRITTEN GATTUNG DER ABELSCHEN UND HÖHERN TRANSCENDENTEN.

1.

Unter den hinterlassenen Arbeiten A b e l s finden sich zwei kleine Aufsätze, der 9te und 10te im 2ten Bande seiner gesammelten Werke, in welchen die Sätze, welche L e g e n d r e über die Vertauschung von Parameter und Argument bei der dritten Gattung der elliptischen Integrale gefunden hat, zu einer grofsen Allgemeinheit erhoben sind. Ich will hier diese Arbeiten A b e l s reproduciren, um sie durch eine etwas abweichende Darstellung vielleicht in ein besseres Licht zu setzen.

In der ersten der beiden Abhandlungen, welche den Titel führt: »*Sur une propriété remarquable d'une classe très étendue de fonctions transcendantes*« (S. 54—57 am angef. O.), beweist A b e l ein Theorem, welches mit dem folgenden übereinkommt:

»Es sei $f(x)$ eine ganze rationale Function von x; es seien $f_1(x)$ und $f_2(x)$ zwei beliebige andere ganze rationale Functionen von x, deren Summe

$$f_1(x) + f_2(x) = \frac{df(x)}{dx};$$

man setze ferner

$$\frac{d \log \varphi(x)}{dx} = \frac{f_1(x)}{f(x)}, \quad \frac{d \log \psi(x)}{dx} = \frac{f_2(x)}{f(x)},$$

so wird

$$\varphi(\alpha) \int \frac{dx}{(x-\alpha)\,\varphi(x)} - \psi(x) \int \frac{d\alpha}{(\alpha-x)\,\psi(\alpha)}$$

ein Aggregat von Producten von der Form

$$C_{m,n} \int \frac{\alpha^m \, d\alpha}{\psi(\alpha)} \cdot \int \frac{x^n \, dx}{\varphi(x)},$$

wo m und n ganze positive Zahlen und die Gröfsen $C_{m,n}$ Constanten sind.«

16*

Der vorgelegte Ausdruck, welchen ich mit

$$H = \varphi(\alpha)\int \frac{dx}{(x-\alpha)\,\varphi(x)} - \psi(x)\int \frac{d\alpha}{(\alpha-x)\,\psi(\alpha)}$$

bezeichnen will, kann folgendermafsen dargestellt werden:

$$H = \iint\left(\frac{d\log\varphi(\alpha)}{d\alpha} + \frac{1}{x-\alpha}\right)\frac{\varphi(\alpha)\,d\alpha\,dx}{(x-\alpha)\,\varphi(x)}$$
$$-\iint\left(\frac{d\log\psi(x)}{dx} + \frac{1}{\alpha-x}\right)\frac{\psi(x)\,d\alpha\,dx}{(\alpha-x)\,\psi(\alpha)},$$

oder da in Folge der Gleichungen, durch welche die Functionen $\varphi(x)$ und $\psi(x)$ definirt wurden, ihr Product

$$\varphi(x)\,\psi(x) = f(x)$$

wird, durch die Formel:

$$H = \iint\frac{f(\alpha)+(x-\alpha)f_1(\alpha)}{(x-\alpha)^2\psi(x)\,\varphi(x)}\,d\alpha\,dx - \iint\frac{f(x)+(\alpha-x)f_2(x)}{(\alpha-x)^2\psi(\alpha)\,\varphi(\alpha)}\,d\alpha\,dx$$
$$= \iint\frac{f(\alpha)-f(x)+(x-\alpha)[f_1(\alpha)+f_2(x)]}{(x-\alpha)^2\,\psi(\alpha)\,\varphi(x)}\,d\alpha\,dx.$$

Setzt man $\frac{df(x)}{dx} - f_1(x)$ für $f_2(x)$, so wird der Zähler des Bruchs unter dem doppelten Integralzeichen:

$$f(\alpha)-f(x)-(\alpha-x)\frac{df(x)}{dx}+(x-\alpha)[f_1(\alpha)-f_1(x)].$$

Dieser Ausdruck geht, wie man sogleich sieht, durch $(x-\alpha)^2$ auf. Ich will den Quotient, welcher eine ganze rationale Function der Gröfsen x und α ist, mit

$$\Sigma C_{m,n}\alpha^m x^n = \frac{f(\alpha)-f(x)+(x-\alpha)[f_1(\alpha)+f_2(x)]}{(x-\alpha)^2}$$

bezeichnen, wo die Gröfsen $C_{m,n}$ von α und x unabhängige Constanten sind. Durch Substitution dieses Ausdrucks verwandelt sich der für H gefundene Werth in

$$H = \Sigma C_{m,n}\int\frac{\alpha^m\,d\alpha}{\psi(\alpha)}\cdot\int\frac{x^n\,dx}{\varphi(x)},$$

was der zu beweisende Satz ist.

Entwickelt man die Brüche $\frac{-f(x)}{(x-\alpha)^2}$, $\frac{f_2(x)}{x-\alpha}$ nach absteigenden Potenzen von x, so wird $C_{m,n}$ der Coëfficient von $\alpha^m x^n$ in dieser Entwickelung, da aus den beiden andern Termen des für $\Sigma C_{m,n}\alpha^m x^n$ angegebenen Ausdrucks pur negative Potenzen von x hervorgehen. Setzt man

$$f_1(x) = \Sigma a_1^{(i)} x^i, \quad f_2(x) = \Sigma a_2^{(i)} x^i, \quad f(x) = c + \Sigma\frac{1}{i+1}(a_1^{(i)}+a_2^{(i)})x^{i+1},$$

wo c eine Constante ist, so ergiebt sich auf diese Weise:

$$C_{m,n} = \frac{-(m+1)}{m+n+2}\left(a_1^{(m+n+1)} + a_3^{(m+n+1)}\right) + a_2^{(m+n+1)}$$

$$= \frac{-1}{m+n+2}\left[(m+1)a_1^{(m+n+1)} - (n+1)a_3^{(m+n+1)}\right].$$

Über die Grenzen der Integration ist Folgendes zu bemerken.

Damit, wie gesetzt worden,

$$\frac{\varphi(\alpha)}{x-\alpha} = \int d\cdot\frac{\frac{\varphi(\alpha)}{x-\alpha}}{d\alpha}\,d\alpha$$

sei, muſs das Integral von einem solchen Werthe von α an genommen werden, für welchen $\varphi(\alpha)$ verschwindet, und ebenso muſs in der Gleichung

$$\frac{\psi(x)}{\alpha-x} = \int d\cdot\frac{\frac{\psi(x)}{\alpha-x}}{dx}\,dx$$

das Integral von einem solchen Werthe von x an genommen werden, für welchen $\psi(x)$ verschwindet. Auſserdem aber dürfen die Intervalle, über welche in Bezug auf α und x integrirt wird, keinen Werth mit einander gemein haben, oder es darf kein Werth, den α während der Integration annehmen kann, mit einem Werthe, den x während der Integration annehmen kann, zusammenfallen, weil die Vertauschung der Ordnung der Integration, welche den obigen Betrachtungen zu Grunde liegt, nur dann allgemein zulässig ist, wenn die zu integrirende Function nicht in diesen Intervallen unendlich wird.

Es sei

$$f(x) = (x-\alpha_1)^{\mu_1}(x-\alpha_2)^{\mu_2}(x-\alpha_3)^{\mu_3}\ldots,$$

wo μ_1, μ_2, μ_3 etc. ganze positive Zahlen sind; man erhält dann:

$$\frac{f_1(x)+f_2(x)}{f(x)} = \frac{df(x)}{f(x)dx} = \frac{\mu_1}{x-\alpha_1} + \frac{\mu_2}{x-\alpha_2} + \frac{\mu_3}{x-\alpha_3} + \text{etc.}$$

Man kann daher, wenn

$$\beta_i + \gamma_i = \mu_i,$$

für die Differentialquotienten von $\log\varphi(x)$ und $\log\psi(x)$ folgende Ausdrücke setzen:

$$\frac{d\log\varphi(x)}{dx} = \frac{f_1(x)}{f(x)} = \frac{\beta_1}{x-\alpha_1} + \frac{\beta_2}{x-\alpha_2} + \frac{\beta_3}{x-\alpha_3} + \text{etc.} + U,$$

$$\frac{d\log\psi(x)}{dx} = \frac{f_2(x)}{f(x)} = \frac{\gamma_1}{x-\alpha_1} + \frac{\gamma_2}{x-\alpha_2} + \frac{\gamma_3}{x-\alpha_3} + \text{etc.} - U.$$

Die Function U kann hier eine beliebige ganze rationale Function von x sein, und aufserdem noch für die verschiedenen Werthe von i Aggregate von Brüchen von der Form

$$\frac{\beta_i'}{(x-a_i)^2}+\frac{\beta_i''}{(x-a_i)^3}+\cdots+\frac{\beta_i^{(\mu_i-1)}}{(x-a_i)^{\mu_i}}$$

enthalten. Dieses ist die allgemeinste Annahme, unter welcher die Functionen $f_1(x)$ und $f_2(x)$ ganze Functionen bleiben und ihre Summe $=\frac{df(x)}{dx}$ wird. Die Function $\int U\,dx$ wird daher immer eine rationale, ganze oder gebrochene Function von x, deren Nenner nur die Factoren $x-a_i$ hat, und jeden in einer niedrigern Potenz, als in der ihn $f(x)$ enthält. Es werden demnach in dem aufgestellten Theorem die allgemeinsten Formen, welche $\varphi(x)$ und $\psi(x)$ annehmen können,

$$\varphi(x)=e^{P}(x-a_1)^{\beta_1}(x-a_2)^{\beta_2}(x-a_3)^{\beta_3}\ldots,$$
$$\psi(x)=e^{-P}(x-a_1)^{\gamma_1}(x-a_2)^{\gamma_2}(x-a_3)^{\gamma_3}\ldots,$$

wo $\beta_1+\gamma_1$, $\beta_2+\gamma_2$ etc. ganze positive Zahlen sind, die Null ausgeschlossen, und P eine rationale, ganze oder gebrochene Function, deren Nenner nur die Potenzen von $x-a_1$, $x-a_2$ etc. als Factoren enthält, und zwar jedes $x-a$ höchstens in die $(\beta_i+\gamma_i-1)^{\text{te}}$ Potenz erhoben.

Hieraus ergiebt sich das folgende Theorem.

Theorem I.

»Es sei

$$\varphi(x)=e^{P}(x-a_1)^{\beta_1}(x-a_2)^{\beta_2}(x-a_3)^{\beta_3}\ldots,$$
$$\psi(x)=e^{-P}(x-a_1)^{\gamma_1}(x-a_2)^{\gamma_2}(x-a_3)^{\gamma_3}\ldots,$$

wo $\beta_1+\gamma_1$, $\beta_2+\gamma_2$ etc. ganze positive Zahlen sind, die Null ausgeschlossen, und

$$P=\frac{Q}{(x-a_1)^{\beta_1+\gamma_1-1}(x-a_2)^{\beta_2+\gamma_2-1}(x-a_3)^{\beta_3+\gamma_3-1}\ldots},$$

wo Q eine beliebige ganze rationale Function von x ist; es seien ferner $a_1^{(i)}$ und $a_2^{(i)}$ die Coëfficienten von x^i in den ganzen rationalen Functionen

$$\psi(x)\frac{d\varphi(x)}{dx}\quad\text{und}\quad\varphi(x)\frac{d\psi(x)}{dx},$$

so wird

$$\varphi(\alpha)\int\frac{dx}{(x-\alpha)\,\varphi(x)}-\psi(x)\int\frac{d\alpha}{(\alpha-x)\,\psi(\alpha)}$$

$$=\Sigma\left(\frac{n+1}{m+n+2}\,a_2^{(m+n+1)}-\frac{n+1}{m+n+2}\,a_1^{(m+n+1)}\right)\int\frac{\alpha^m\,d\alpha}{\psi(\alpha)}\cdot\int\frac{x^n\,dx}{\varphi(x)},$$

wo die Integrationen in Bezug auf a und x von solchen Anfangsgrenzen an zu nehmen sind, für welche $\varphi(\alpha)$ und $\psi(x)$ verschwinden.«

Die von Abel (S. 56 a. a. O. oben) hinzugefügte Beschränkung, daß die Exponenten β_1, γ_1 etc. positiv und kleiner als 1 sein müssen, ist nicht für alle wesentlich nothwendig. Wäre dies der Fall, so könnte, wie aus dem Vorigen erhellt, niemals P eine gebrochene Function sein, wie doch Abel annimmt. Soll in dem vorstehenden Theorem $\psi(x)$ dieselbe Function wie $\varphi(x)$ sein, so wird es die Quadratwurzel einer ganzen rationalen Function, $\varphi(x) = \psi(x) = \sqrt{f(x)}$. In diesem Falle muß immer P verschwinden. Setzt man für denselben Fall

$$\frac{1}{i+1}a_1^{(i)} = \frac{1}{i+1}a_2^{(i)} = b_{i+1},$$

wo $\frac{1}{2}b_i$ der Coëfficient von x^i in $f(x)$ ist, so wird

$$C_{m,n} = (n-m)b_{n+m+2}, \quad \text{also} \quad C_{m,m} = 0.$$

2.

Ich komme jetzt zu der großen Ausdehnung, welche Abel dem schon so allgemeinen Theorem, welches im Vorigen bewiesen worden, gegeben hat (s. Abh. 10. des 2ten Theiles seiner Werke S. 58—65). Zu dem näheren Verständniß dieser Ausdehnung ist es nöthig, einige Sätze über lineare Differentialgleichungen voranzuschicken.

Hat man einen Ausdruck

$$Ay + A_1y' + A_2y'' \cdots + A_ny^{(n)},$$

wo $y^{(i)} = \frac{d^iy}{dx^i}$ und A, A_1 etc. Functionen von x sind, so entspricht ihm immer ein anderer

$$Bz + B_1z' + B_2z'' \cdots + B_nz^{(n)}$$

in der Art, daß für unbestimmte Functionen y und z der Ausdruck

$$z[Ay + A_1y' + A_2y'' \cdots + A_ny^{(n)}] + y[Bz + B_1z' + B_2z'' \cdots + B_nz^{(n)}]$$

ein vollständiges Differential wird. Diese Bedingung erfordert die Gleichung

$$By + B_1y' + B_2y'' \cdots + B_ny^{(n)} = -Ay + \frac{d \cdot A_1y}{dx} - \frac{d^2 \cdot A_2y}{dx^2} \cdots + \frac{d^n \cdot A_ny}{dx^n},$$

mittelst welcher der zweite Ausdruck aus dem gegebenen bestimmt wird, und durch dieselbe Bedingung wird auch auf ganz ähnliche Art der gegebene Ausdruck aus dem zweiten mittelst der Gleichung

$$Ay + A_1y' + A_2y'' \cdots + A_ny^{(n)} = -By + \frac{d \cdot B_1y}{dx} - \frac{d^2 \cdot B_2y}{dx^2} \cdots \pm \frac{d^n \cdot B_ny}{dx^n}$$

bestimmt. Ich werde mit $[y]_1$ und $[y]_2$ die Ausdrücke

$$[y]_1 = Ay + A_1 y' + A_2 y'' \cdots + A_n y^{(n)} = -By + \frac{d.B_1 y}{dx} - \frac{d^2.B_2 y}{dx^2} \cdots + \frac{d^n.B_n y}{dx^n},$$

$$[y]_2 = By + B_1 y' + B_2 y'' \cdots + B_n y^{(n)} = -Ay + \frac{d.A_1 y}{dx} - \frac{d^2.A_2 y}{dx^2} \cdots + \frac{d^n.A_n y}{dx^n}$$

bezeichnen, und das Integral

$$\int (z[y]_1 + y[z]_2)\, dx = [y, z]$$

setzen. Wenn man in den Functionen A, A_1 etc., B, B_1 etc. für die unabhängige Variable x eine andere einführt und nach dieser differentiirt, so werde ich dieselbe den Klammern oben rechts beifügen.

Wenn z eine Lösung der Gleichung

$$[z]_2 = 0,$$

y eine beliebige Function ist, so folgt aus der vorstehenden Formel,

$$\int z[y]_1\, dx = [y, z],$$

und ebenso, wenn y eine Lösung der Gleichung

$$[y]_1 = 0,$$

z aber eine beliebige Function ist,

$$\int y[z]_2\, dx = [y, z].$$

Wenn y und z gleichzeitig Lösungen der Gleichungen

$$[y]_1 = 0, \quad [z]_2 = 0$$

sind, so wird $[y, z]$ einer Constanten gleich.

Es seien A, A_1 etc. ganze rationale Functionen von x, so werden auch B, B_1 etc. ganze rationale Functionen von x sein. Nennt man $\mathfrak{A}$, $\mathfrak{A}_1$ etc. die Functionen von α, welche aus A, A_1 erhalten werden, wenn man α für x substituirt, und setzt

$$\frac{A - \mathfrak{A}}{x - \alpha} = P, \quad \frac{A_1 - \mathfrak{A}_1}{x - \alpha} = P_1, \quad \cdots \frac{A_n - \mathfrak{A}_n}{x - \alpha} = P_n,$$

so werden P, P_1 etc. ganze rationale Functionen der beiden Größen x und α. Substituirt man in

$$[y]_2 = -Ay + \frac{d.A_1 y}{dx} - \frac{d^2.A y}{dx^2} \cdots + \frac{d^n.A_n y}{dx^n}$$

für y den Bruch $\dfrac{1}{x - \alpha}$, und setzt statt der Differentiationen von $\dfrac{1}{x - \alpha}$ nach x die nach α, abwechselnd mit entgegengesetztem Zeichen genommen, so erhält man

$$\left[\frac{1}{x - \alpha}\right]_2 = -\left[\frac{1}{x - \alpha}\right]_1^{(\alpha)} - P + \frac{dP_1}{dx} - \frac{d^2 P_2}{dx^2} \cdots + \frac{d^n P_n}{dx^n}.$$

Es wird daher

$$\left[\frac{1}{x-\alpha}\right]_2^{(\alpha)} + \left[\frac{1}{x-\alpha}\right]_1^{(\alpha)}$$

eine ganze rationale Function von x und α. Ich will diese ganze rationale Function von x und α mit U bezeichnen. Setzt man

$$\mathfrak{A}_m^{(l)} = \frac{d^l \mathfrak{A}_m}{d\alpha^l},$$

so wird

(1.) $\quad U = \left[\frac{1}{x-\alpha}\right]_1^{(\alpha)} + \left[\frac{1}{x-\alpha}\right]_2^{(\alpha)}$

$$= \frac{\mathfrak{A}+B}{x-\alpha} + \frac{\mathfrak{A}_1 - B_1}{(x-\alpha)^2} + \Pi 2 \cdot \frac{\mathfrak{A}_2 + B_2}{(x-\alpha)^3} + \cdots + \Pi n \cdot \frac{\mathfrak{A}_n + (-1)^n B_n}{(x-\alpha)^{n+1}}.$$

Ist

$$U = \Sigma C_{m,p} \, \alpha^m x^p,$$

wo m und p nur ganze positive Werthe annehmen, so ergiebt sich $C_{m,p}$ aus (1.) auf doppelte Art, nämlich als Coëfficient von x^p in dem Ausdrucke

$$\frac{B}{\alpha^{m+1}} - (m+1)\frac{B_1}{\alpha^{m+2}} + (m+1)(m+2)\frac{B_2}{\alpha^{m+3}} - \cdots \pm (m+1)(m+2)\cdots(m+n)\frac{B_n}{\alpha^{m+n+1}} = [x^{-m-1}]_2,$$

oder als Coëfficient von α^m in dem Ausdrucke

$$-\frac{\mathfrak{A}}{\alpha^{p+1}} + (p+1)\frac{\mathfrak{A}_1}{\alpha^{p+2}} - (p+1)(p+2)\frac{\mathfrak{A}_2}{\alpha^{p+3}} + \cdots \mp (p+1)(p+2)\cdots(p+n)\frac{\mathfrak{A}_n}{\alpha^{p+n+1}}$$

$$= -[\alpha^{-p-1}]_1^{(\alpha)} *).$$

Die Identität dieser beiden für $C_{m,p}$ gefundenen Darstellungen folgt auch un-

---

*) Setzt man

$$\frac{(p+1)(p+2)\ldots(p+i)}{(\nu+1)(\nu+2)\ldots(\nu+i)}A_i + \frac{(m+1)(m+2)\ldots(m+i)}{(\nu+1)(\nu+2)\ldots(\nu+i)}B_i = M_i,$$

wo $\nu = m+p+1$, so führt die Vergleichung der beiden obigen Bestimmungen von $C_{m,p}$ auf die Gleichung

$$M - \frac{dM_1}{dx} + \frac{d^2 M_2}{dx^2} - \cdots \pm \frac{d^n M_n}{dx^n} = 0,$$

welche man mittelst der bekannten Formel

$$1 - k_1\frac{m+1}{\nu+1} + k_2\frac{(m+1)(m+2)}{(\nu+1)(\nu+2)} - k_3\frac{(m+1)(m+2)(m+3)}{(\nu+1)(\nu+2)(\nu+3)} \cdots \pm \frac{(m+1)(m+2)\ldots(m+k)}{(\nu+1)(\nu+2)\ldots(\nu+k)}$$

$$= \frac{(p+1)(p+2)\ldots(p+k)}{(\nu+1)(\nu+2)\ldots(\nu+k)},$$

wo $k_i = \frac{k(k-1)\ldots(k-i+1)}{1.2\ldots i}$, verificirt. Es wird daher der Ausdruck

$$My + M_1 y' + M_2 y'' \ldots + M_n y^{(n)}$$

ein vollständiges Differential.

mittelbar aus der Betrachtung, dass in
$$x^{-m-1}[x^{-p-1}]_1 + x^{-p-1}[x^{-m-1}]_2$$
als dem Differential des Ausdrucks $[x^{-p-1}, x^{-m-1}]$, welcher aus blofsen Potenzen von x besteht, der Term $\frac{1}{x}$ nicht vorkommen kann.

Ich multiplicire die Gleichung (1.) mit
$$\frac{da\,dx}{\psi(a)\,\varphi(x)},$$
wo $\frac{1}{\varphi(x)}$ und $\frac{1}{\psi(a)}$ respective Lösungen der Gleichungen
$$\left[\frac{1}{\varphi(x)}\right]_1^{(x)} = 0, \qquad \left[\frac{1}{\psi(a)}\right]_2^{(a)} = 0$$
sein sollen, und integrire nach a und x. Man erhält aber zufolge der obigen Formeln:
$$\int \left[\frac{1}{x-a}\right]_2^{(a)} \frac{dx}{\varphi(x)} = \left[\frac{1}{\varphi(x)}, \frac{1}{x-a}\right]^{(x)},$$
$$\int \left[\frac{1}{a-x}\right]_1^{(a)} \frac{da}{\psi(a)} = \left[\frac{1}{a-x}, \frac{1}{\psi(a)}\right]^{(a)},$$
und daher
(2.) $$\int \left[\frac{1}{\varphi(x)}, \frac{1}{x-a}\right]^{(a)} \frac{da}{\psi(a)} - \int \left[\frac{1}{a-x}, \frac{1}{\psi(a)}\right]^{(x)} \frac{dx}{\varphi(x)} = \iint \frac{U\,da\,dx}{\psi(a)\,\varphi(x)}.$$

In der Formel (2.) sind die beiden Ausdrücke $[y, z]$ so beschaffen, dass y eine Lösung der Gleichung $[y]_1 = 0$ oder z eine Lösung der Gleichung $[z]_2 = 0$ ist. Für diese Fälle kann man Folgendes bemerken.

Es seien $y_1, y_2, \ldots y_n$ die n Lösungen der Gleichung $[y]_1 = 0$, und $z_1, z_2, \ldots z_n$ die n Lösungen der Gleichung $[z]_2 = 0$, so sind die nn Ausdrücke $[y_i, z_k]$ Constanten gleich. Da man für $z_1, z_2, \ldots z_n$ beliebige lineare Functionen derselben, deren Coëfficienten constant sind, einführen kann, so kann man sich diese constanten Coëfficienten so bestimmt denken, dass die Ausdrücke
$$[y_i, z_i] = 1,$$
dagegen, wenn i und k verschieden sind, die Ausdrücke
$$[y_i, z_k] = 0$$
sind. Mittelst dieser Bedingungen sind für gegebene Lösungen $y_1, y_2, \ldots y_n$ die Lösungen $z_1, z_2, \ldots z_n$, und umgekehrt für gegebene Lösungen $z_1, z_2, \ldots z_n$ die Lösungen $y_1, y_2, \ldots y_n$ vollkommen bestimmt. Hat man nämlich für eine beliebige Function z die n Gleichungen
$$[y_1, z] = r_1, \quad [y_2, z] = r_2, \quad \ldots \quad [y_n, z] = r_n,$$

welches n lineare Gleichungen zwischen z, z', ... $z^{(n-1)}$ sind, so folgt:

$$z = z_1 r_1 + z_2 r_2 + \cdots + z_n r_n,$$
$$z' = z'_1 r_1 + z'_2 r_2 + \cdots + z'_n r_n,$$
$$z'' = z''_1 r_1 + z''_2 r_2 + \cdots + z''_n r_n,$$

$$z^{(n-1)} = z_1^{(n-1)} r_1 + z_2^{(n-1)} r_2 + \cdots + z_n^{(n-1)} r_n,$$

indem man sogleich sieht, dass durch die Substitution dieser Werthe den n Gleichungen Genüge geschieht. Eben so erhält man für eine beliebige Function y aus den n Gleichungen

$$[y, z_1] = s_1, \quad [y, z_2] = s_2, \quad \ldots \quad [y, z_n] = s_n$$

die Werthe

$$y = y_1 s_1 + y_2 s_2 + \cdots + y_n s_n,$$
$$y' = y'_1 s_1 + y'_2 s_2 + \cdots + y'_n s_n,$$
$$y'' = y''_1 s_1 + y''_2 s_2 + \cdots + y''_n s_n,$$

$$y^{(n-1)} = y_1^{(n-1)} s_1 + y_2^{(n-1)} s_2 + \cdots + y_n^{(n-1)} s_n.$$

Setzt man in $r_i = [y_i, z]$ für z die Function von x, welche durch das Integral

$$z = \int \frac{d\alpha}{(x-\alpha)\,\psi(\alpha)}$$

gegeben ist, und $\dfrac{1}{\varphi(x)} = y_i$, so folgt aus (2.):

$$r_i = \int \left[y_i, \frac{1}{x-\alpha} \right]^{(\alpha)} \frac{d\alpha}{\cdot \psi(\alpha)} = \int \left[\frac{1}{\alpha-x}, \frac{1}{\psi(\alpha)} \right]^{(\alpha)} y_i\, dx + \iint \frac{y_i U d\alpha\, dx}{\psi(\alpha)},$$

und daher

$$z_1^{(i)} r_1 + z_2^{(i)} r_2 + \cdots + z_n^{(i)} r_n = \left[Z^{(i)}, \frac{1}{\psi(\alpha)} \right]^{(\alpha)} + V^{(i)},$$

wenn man

$$Z^{(i)} = z_1^{(i)} \int \frac{y_1 dx}{\alpha-x} + z_2^{(i)} \int \frac{y_2 dx}{\alpha-x} + \cdots + z_n^{(i)} \int \frac{y_n dx}{\alpha-x},$$

$$V^{(i)} = z_1^{(i)} \iint \frac{y_1 U d\alpha\, dx}{\psi(\alpha)} + z_2^{(i)} \iint \frac{y_2 U d\alpha\, dx}{\psi(\alpha)} + \cdots + z_n^{(i)} \iint \frac{y_n U d\alpha\, dx}{\psi(\alpha)}$$

setzt. Man erhält daher durch die im Vorhergehenden zur Auflösung der Gleichungen

$$[y_1, z] = r_1, \quad [y_2, z] = r_2, \quad \ldots \quad [y_n, z] = r_n$$

17*

gegebenen Formeln für die Functionen $z, z', \ldots z^{(n-1)}$ die Werthe

$$z^{(i)} = (-1)^i \Pi i \cdot \int \frac{d\alpha}{(x-\alpha)^{i+1}\psi(\alpha)} = \left[Z^{(i)}, \frac{1}{\psi(\alpha)}\right]^{(\alpha)} + V^{(i)}.$$

Man setze in dieser Gleichung für $\frac{1}{\psi(\alpha)}$ nach und nach $\zeta_1, \zeta_2, \ldots \zeta_n$, wo ζ_k dieselbe Function von α sei, die z_k von x ist. Man bezeichne ferner die der Lösung $\frac{1}{\psi(\alpha)} = \zeta_k$ entsprechenden Werthe von $V^{(i)}$ mit $V_k^{(i)}$, so hat man:

$$[Z^{(i)}, \zeta_k]^{(\alpha)} = (-1)^i \Pi i \cdot \int \frac{\zeta_k d\alpha}{(x-\alpha)^{i+1}} - V_k^{(i)}.$$

Setzt man hierin für k die Werthe $1, 2, \ldots n$, so erhält man n lineare Gleichungen zwischen den Gröfsen

$$Z^{(i)}, \quad \frac{dZ^{(i)}}{d\alpha}, \quad \frac{d^2 Z^{(i)}}{d\alpha^2}, \quad \ldots \frac{d^{n-1} Z^{(i)}}{d\alpha^{n-1}},$$

und nach den obigen Auflösungsformeln, wenn v_i dieselbe Function von α bedeutet, welche y_i von x ist,

$$\frac{d^k Z^{(i)}}{d\alpha^k} = (-1)^i \Pi i \left\{ v_1^{(k)} \int \frac{\zeta_1 d\alpha}{(x-\alpha)^{i+1}} + v_2^{(k)} \int \frac{\zeta_2 d\alpha}{(x-\alpha)^{i+1}} + \cdots + v_n^{(k)} \int \frac{\zeta_n d\alpha}{(x-\alpha)^{i+1}} \right\}$$
$$- \left\{ v_1^{(k)} V_1^{(i)} + v_2^{(k)} V_2^{(i)} \cdots + v_n^{(k)} V_n^{(i)} \right\}.$$

Es ist aber

$$\frac{d^k Z^{(i)}}{d\alpha^k} = (-1)^k \Pi k \left\{ z_1^{(i)} \int \frac{y_1 dx}{(\alpha-x)^{k+1}} + z_2^{(i)} \int \frac{y_2 dx}{(\alpha-x)^{k+1}} + \cdots + z_n^{(i)} \int \frac{y_n dx}{(\alpha-x)^{k+1}} \right\},$$

ferner

$$v_1^{(k)} V_1^{(i)} + v_2^{(k)} V_2^{(i)} \cdots + v_n^{(k)} V_n^{(i)} = \Sigma v_g^{(k)} V_g^{(i)} = \Sigma\Sigma v_g^{(k)} z_h^{(i)} \iint \zeta_g y_h U d\alpha \, dx,$$

wo für die beiden Indices g und h die Werthe $1, 2, \ldots n$ zu setzen sind. Man erhält daher folgendes Theorem.

Theorem.

»Es seien $A, A_1, \ldots A_n$ und $B, B_1, \ldots B_n$ ganze rationale Functionen von x, welche in solcher Beziehung zu einander stehen, dass, wenn man durch die oberen Accente die Differentialquotienten bezeichnet, für zwei beliebige Functionen y und z der Ausdruck

$$z\{Ay + A_1 y' + A_2 y'' \cdots + A_n y^{(n)}\} + y\{Bz + B_1 z' + B_2 z'' \cdots + B_n z^{(n)}\}$$

ein vollständiges Differential wird; es seien

$$y_1, \quad y_2, \quad \ldots y_n$$

die n von einander unabhängigen Lösungen der Gleichung

$$Ay + A_1 y' + A_2 y'' \cdots + A_n y^{(n)} = 0,$$

und
$$z_1, \quad z_2, \quad \ldots z_n$$
die von ihnen abhängigen Lösungen der Gleichung
$$Bz + B_1 z' + B_2 z'' \cdots + B_n z^{(n)} = 0,$$
welche man, was immer möglich ist, so bestimmt, dass das für unbestimmte Functionen y und z und ohne Hinzufügung einer willkürlichen Constante dargestellte Integral des Ausdrucks
$$z\{Ay + A_1 y' + \ldots\} + y\{Bz + B_1 z' + \ldots\}$$
verschwindet, wenn man $y = y_i$ und $z = z_k$, oder $= 1$ wird, wenn man $y = y_i$, $z = z_i$ setzt; es sei ferner $C_{m,p}$ der Coëfficient von $\frac{1}{x}$ in dem Ausdrucke
$$-x^{-m-1}\{Ay + A_1 y' \cdots + A_n y^{(n)}\},$$
wenn $y = x^{-p-1}$, oder, was dasselbe ist, in dem Ausdrucke
$$x^{-p-1}\{By + B_1 y' \cdots + B_n y^{(n)}\},$$
wenn $y = x^{-m-1}$ gesetzt wird; es seien endlich
$$v_1, \quad v_2, \quad \ldots v_n; \quad \zeta_1, \quad \zeta_2, \quad \ldots \zeta_n$$
die Functionen von α, in welche sich
$$y_1, \quad y_2, \quad \ldots y_n; \quad z_1, \quad z_2, \quad \ldots z_n$$
verwandeln, wenn man α für x substituirt, so wird:
$$\Pi k\left\{z_1^{(i)}\int \frac{y_1 dx}{(x-\alpha)^{k+1}} + z_2^{(i)}\int \frac{y_2 dx}{(x-\alpha)^{k+1}} + \cdots + z_n^{(i)}\int \frac{y_n dx}{(x-\alpha)^{k+1}}\right\}$$
$$-\Pi i\left\{v_1^{(k)}\int \frac{\zeta_1 d\alpha}{(\alpha-x)^{i+1}} + v_2^{(k)}\int \frac{\zeta_2 d\alpha}{(\alpha-x)^{i+1}} + \cdots + v_n^{(k)}\int \frac{\zeta_n dx}{(\alpha-x)^{k+1}}\right\}$$
$$= \Sigma C_{m,p} v_g^{(k)} z_h^{(i)} \int \alpha^m \zeta_g d\alpha \cdot \int x^p y_h dx,$$

wo in der mit Σ bezeichneten vierfachen Summe g und h die Werthe $1, 2, \ldots n$ erhalten, m und p alle Werthe, für welche sich in einer oder in mehreren von den Functionen $x^{-i-1} A_i$ ein Term x^{m+p} findet, und die Accente i und k, welche die Ordnung der Differentiale anzeigen, beliebig angenommene Zahlen aus der Reihe der Zahlen $0, 1, 2, \ldots n-1$ sind.«

Die im vorstehenden Theorem gegebene Formel umfasst nn Gleichungen, welche man aus der Combination aller Werthe von i mit allen Werthen von k erhält. Man kann mittelst derselben die nn Größen $\int \frac{y_i dx}{(x-\alpha)^{k+1}}$ linear durch die nn Größen $\int \frac{\zeta_i d\alpha}{(\alpha-x)^{k+1}}$ ausdrücken und umgekehrt. Für $n = 1$ erhält man den §. 1. entwickelten Satz.

Wenn die Differentialgleichung

$$Ay + A_1 y' \cdots + A_n y^{(n)} = 0$$

die besondere Form

$$Ky + \frac{d \cdot K_1 y'}{dx} + \frac{d^2 \cdot K \, y''}{dx^2} + \frac{d^3 \cdot K \, y''}{dx^3} + \text{etc.} = 0$$

hat, welche ich in meinen Untersuchungen *über die Kriterien des Maximum und Minimum bei den isoperimetrischen Problemen* betrachtet habe, wird die Differentialgleichung

$$By + B_1 y' \cdots + B_n y^{(n)} = 0$$

mit ihr identisch, oder es wird

$$B = -A, \quad B_1 = -A_1, \quad B_2 = -A_2, \quad \ldots \quad B_n = -A_n.$$

Man kann diese linearen Differentialgleichungen als solche bezeichnen, bei denen jede Lösung zugleich ein Factor, welcher sie integrabel macht, und jeder solcher Factor eine ihrer Lösungen ist. Sie nehmen für eine gerade Ordnung immer die obige Form an; für eine ungerade Ordnung kann man dieselben passend so darstellen:

$$\sqrt{K_1} \cdot \frac{d \cdot y \sqrt{K_1}}{dx} + \frac{d \cdot \left(\sqrt{K_2} \dfrac{d \cdot y' \sqrt{K_2}}{dx} \right)}{dx} + \frac{d^2 \cdot \left(\sqrt{K_3} \dfrac{d \cdot y'' \sqrt{K_3}}{dx} \right)}{dx^2} + \text{etc.} = 0.$$

Bei der Integration dieser Differentialgleichungen bietet sich der merkwürdige Umstand dar, dass durch *eine* bekannt gewordene Lösung sich ihre Ordnung um *zwei* Einheiten verringern läfst, und die übrigen Lösungen sich je nach der weitern Verringerung der Ordnung der Differentialgleichung, die sich durch sie erreichen läfst, unterscheiden. Man kann ihre Lösungen $y_1, y_2, \ldots y_n$ immer so bestimmen, dass die aus denselben auf die oben angegebene Weise abgeleiteten Lösungen $z_1, z_2, \ldots z_n$ mit ihnen übereinkommen, so dass

$$z_1 = y_1, \quad z_2 = y_2, \quad \ldots z_n = y_n.$$

Um das aufgestellte allgemeine Theorem in ein vollständiges Licht zu setzen, und insbesondere die Anfangsgrenzen der Integrale zu bestimmen und die nothwendigen Beschränkungen des Theorems anzugeben, ist es nöthig, den Charakter der Lösungen der linearen Differentialgleichungen, deren Coëfficienten ganze rationale Functionen der Variablen sind, näher zu ergründen, wofür, wenn man die zweite Ordnung überschreitet, noch wenig von den Mathematikern geschehen ist.

13. Mai 1846.   ———————

ÜBER EINE NEUE METHÓDE

ZUR

INTEGRATION DER HYPERELLIPTISCHEN
DIFFERENTIALGLEICHUNGEN

UND

ÜBER DIE RATIONALE FORM IHRER VOLLSTÄNDIGEN
ALGEBRAISCHEN INTEGRALGLEICHUNGEN.

VON

Professor Dr. C. G. J. JACOBI
ZU BERLIN.

Crelle Journal für die reine und angewandte Mathematik, Bd. 32. p. 220—226.

ÜBER EINE NEUE METHODE ZUR INTEGRATION DER HYPERELLIPTISCHEN DIFFERENTIALGLEICHUNGEN UND ÜBER DIE RATIONALE FORM IHRER VOLLSTÄNDIGEN ALGEBRAISCHEN INTEGRALGLEICHUNGEN.

———

Ich werde das System der Differentialgleichungen

$$(1.) \quad \begin{cases} \dfrac{dx_1}{\sqrt{X_1}} + \dfrac{dx_2}{\sqrt{X_2}} + \cdots + \dfrac{dx_n}{\sqrt{X_n}} = 0, \\[2mm] \dfrac{x_1\,dx_1}{\sqrt{X_1}} + \dfrac{x_2\,dx_2}{\sqrt{X_2}} + \cdots + \dfrac{x_n\,dx_n}{\sqrt{X_n}} = 0, \\[2mm] \dfrac{x_1^2\,dx_1}{\sqrt{X_1}} + \dfrac{x_2^2\,dx_2}{\sqrt{X_2}} + \cdots + \dfrac{x_n^2\,dx_n}{\sqrt{X_n}} = 0, \\[2mm] \cdot \quad \cdot \quad \cdot \quad \cdot \quad \cdot \quad \cdot \quad \cdot \\[2mm] \dfrac{x_1^{n-2}\,dx_1}{\sqrt{X_1}} + \dfrac{x_2^{n-2}\,dx_2}{\sqrt{X_2}} + \cdots + \dfrac{x_n^{n-2}\,dx_n}{\sqrt{X_n}} = 0, \end{cases}$$

in welchem $X_1, X_2, \ldots X_n$ dieselben ganzen Functionen $2n^{\text{ten}}$ Grades respective von den Variabeln $x_1, x_2, \ldots x_n$ sind, und $n > 2$ ist, mit dem Namen *eines Systems hyperelliptischer Differentialgleichungen* bezeichnen. Man weiss, dass sie durch rein algebraische Gleichungen vollständig integrirt werden können. Wenn X_1 und X_2 vom 4ten Grade sind, hat Euler gefunden, dass das algebraische Integral der Gleichung

$$\frac{dx_1}{\sqrt{X_1}} + \frac{dx_2}{\sqrt{X_2}} = 0$$

eine Gleichung zweiter Ordnung zwischen den beiden Größen

$$x_1 + x_2 \quad \text{und} \quad x_1 x_2$$

ist. Die algebraischen Integralgleichungen eines Systems hyperelliptischer Differentialgleichungen hat man noch nicht in rationaler Form dargestellt, dürfte

18

auch dazu von den bekannten Formeln aus durch Anwendung der gewöhnlichen Regeln zur Fortschaffung der Wurzelgröfsen nur mit Mühe gelangen, insbesondere wenn man eine solche rationale Form der Gleichungen zu erlangen wünscht, welche die Gewifsheit gewährt, dass sie ·durch keine Combination derselben vereinfacht werden kann. Ich habe daher eine neue Integrationsmethode ersonnen, welche direct zu den rationalen algebraischen Integralgleichungen eines Systems hyperelliptischer Differentialgleichungen, und zwar in ihrer einfachsten Form führt. Das von Euler gefundene Resultat wird hierdurch verallgemeinert. Ich finde nämlich, dass das System von $n-1$ *rationalen* ,Gleichungen, durch welche das oben aufgestellte System hyperelliptischer Differentialgleichungen vollständig integrirt wird,

aus *einer* Gleichung *zweiten* Grades zwischen der Summe der Gröfsen $x_1, x_2, \ldots x_n$ und der Summe ihrer Amben und aus $n-2$ andern Gleichungen besteht, mittelst welcher durch diese beiden Gröfsen die Summe der Ternen, Quaternen etc. und das Product der Variabeln *linear* ausgedrückt werden.

Ist $\mathbf{X}$ die Function unter dem Wurzelzeichen, wenn man x die Variable nennt, so muss zur Bildung dieser Gleichungen die Function $\mathbf{X}$ durch die Form S^2-RT dargestellt werden, wo R, S, T ganze Functionen von x vom n^{ten} Grade sind. Die hierbei willkürlich anzunehmenden constanten Gröfsen geben, wie bei Euler, die willkürlichen Constanten, mit denen die rationalen Integralgleichungen behaftet sind.

Ich betrachte die Gleichung

$$Ry^2 + 2Sy + T = 0,$$

wo R, S, T ganze Functionen von x vom n^{ten} Grade sind. Dieselbe Gleichung, nach x geordnet, sei

(2.)　　　$Yx^n - Y_1 x^{n-1} + Y_2 x^{n-2} - \cdots \pm Y_n = Ry^2 + 2Sy + T = 0,$

wo $Y, Y_1, \ldots Y_n$ ganze Functionen von y vom 2ten Grade sind. Durch Differentiation dieser Gleichung erhält man:

$$\frac{dx}{Ry+S} + \frac{2dy}{nYx^{n-1} - (n-1)Y_1 x^{n-2} + \cdots \mp Y_{n-1}} = 0.$$

Nennt man

$$x_1, x_2, \ldots x_n$$

die n Werthe, welche x für ein gegebenes y annimmt, und R_i, S_i, T_i die durch Substitution von $x = x_i$ aus R, S, T erhaltenen Ausdrücke, so kann man dieser Differentialgleichung die Form

$$\frac{dx_i}{\sqrt{S_i^2 - R_i T_i}} + \frac{2dy}{Y(x_i - x_1)(x_i - x_2)\ldots(x_i - x_n)} = 0$$

geben, wo im Nenner des zweiten Gliedes der verschwindende Factor $x_i - x_i$ auszulassen ist. Ist P_i eine rationale Function von x_i, und dehnt man die Summen auf die n Werthe von i aus, so erhält man hieraus:

$$\sum \frac{P_i dx_i}{\sqrt{S_i^2 - R_i T_i}} + Q\, dy = 0,$$

wo die Gröfse

$$Q = \frac{2}{Y} \sum \frac{P_i}{(x_i - x_1)(x_i - x_2)\ldots(x_i - x_n)}$$

mittelst der Gleichung (2.) eine rationale Function von y wird. Ist insbesondere P_i eine ganze Potenz von x_i, deren Exponent kleiner als $n-1$ ist, so verschwindet Q. Man erhält in diesem Fall das oben aufgestellte System hyperelliptischer Differentialgleichungen (1.), wenn man auf irgend eine Weise drei ganze Functionen R, S, T vom n^{ten} Grade so bestimmt, dass

$$S^2 - RT = X$$

wird.

Setzt man

$$(x - x_1)(x - x_2)\ldots(x - x_n) = x^n - u_1 x^{n-1} + u_2 x^{n-2} - \cdots \pm u_n,$$

wo u_1 die Summe der Gröfsen x_1, x_2, $\ldots x_n$ und u_2, u_3 etc. die Summe ihrer Amben, Ternen u. s. w. bedeutet, so erhält man aus der Gleichung (2.):

(3.) $\qquad u_1 = \dfrac{Y_1}{Y}, \quad u_2 = \dfrac{Y_2}{Y}, \quad \ldots \quad u_n = \dfrac{Y_n}{Y}.$

Aus den beiden ersten dieser Gleichungen ergiebt sich durch Elimination von y eine Gleichung *zweiter* Ordnung zwischen u_1 und u_2. Denn die sechs Gröfsen

$$Y^2, \quad Y^2 u_1, \quad Y^2 u_2, \quad Y^2 u_1^2, \quad Y^2 u_1 u_2, \quad Y^2 u_2^2,$$

werden ganzen Functionen von y vom 4ten Grade gleich, welche aus 5 Termen bestehen, und man kann daher, wenn man diese sechs Gleichungen mit constanten Factoren α, β etc. multiplicirt und addirt, eine Gleichung von der Form

$$\alpha + \beta u_1 + \gamma u_2 + \delta u_1^2 + \varepsilon u_1 u_2 + \zeta u_2^2 = 0$$

18*

erhalten. Man kann ferner, wenn Y_m eine der Functionen Y_3, Y_4, ... Y_n ist, Y als einen linearen homogenen Ausdruck von Y_1, Y_2, Y_m darstellen,

$$Y = \varkappa_m Y_1 + \lambda_m Y_2 + \mu_m Y_m,$$

wo $\varkappa_m$, λ_m, μ_m Constanten sind, wodurch man zwischen je drei Größen u_1, u_2, u_m eine Gleichung von der Form

$$\varkappa_m u_1 + \lambda_m u_2 + \mu_m u_m = 1$$

erhält. Es findet daher zwischen den Größen $u_1, u_2, \ldots u_n$ eine Anzahl von $n-1$ Gleichungen statt, von denen eine von der zweiten Ordnung ist und die andern linear sind. Man sieht zu gleicher Zeit, dass es unmöglich ist, diese Gleichungen, insofern man sie als Gleichungen zwischen den in den vorgelegten Differentialgleichungen (1.) enthaltenen Variabeln betrachtet, in eine einfachere Form zu bringen.

In den Ausdrücken von R, S, T kann man einen Coëfficienten $= 1$ setzen; aufserdem aber kann man immer noch drei Coëfficienten beliebig annehmen, ohne dass hierdurch die Allgemeinheit der Integralgleichungen beschränkt wird. Setzt man nämlich $\dfrac{my+n}{py+q}$ statt y, wo m, n, p, q beliebige Constanten sind, welche die Gleichung $mq - np = 1$ erfüllen, so verwandelt sich die Gleichung (2.) in

$$R'y^2 + 2S'y + T' = 0,$$

wo

$$R' = m^2 R + 2mpS + p^2 T, \qquad T' = n^2 R + 2nqS + q^2 T,$$
$$S' = mnR + (mq + np)S + pqT, \qquad S'S' - R'T' = SS - RT.$$

Man kann daher die Constanten m, n, p, q z. B. so bestimmen, dass in S zwei Coëfficienten $= 0$ werden, und ein dritter einen gegebenen Werth erhält. Hierdurch reducirt sich die Zahl der in den Integralgleichungen enthaltenen Constanten auf

$$3(n+1) - 4 = 3n - 1.$$

Die Zahl der in den Differentialgleichungen vorkommenden Constanten ist aber nur $2n$, weil dies die Anzahl der Coëfficienten von X ist, wenn man einen derselben $= 1$ setzt. Da sich aus den angegebenen $n-1$ Gleichungen zwischen den Größen $u_1, u_2, \ldots u_n$ durch Einführung der Größe y die Gleichungen (3.), und aus diesen durch die obigen Betrachtungen die Differentialgleichungen (1.) ergeben, welche $n-1$ Constanten weniger als die zwischen den Größen

$u_1, u_2, \ldots u_n$ aufgestellten Gleichungen enthalten, so sind die letztern die vollständigen Integralgleichungen des aufgestellten Systems Differentialgleichungen (1.).

Um die gegebene Function X durch die Form $S^2 - RT$ darzustellen, könnte man alle Coëfficienten in S willkürlich annehmen, und hätte dann nur $S^2 - X$ in zwei Factoren R und T vom n^{ten} Grade zu zerfällen. Dies erfordert aber die Auflösung höherer Gleichungen. Man wird mit Ausziehung von Quadratwurzeln ausreichen, wenn man folgendermaßen verfährt.

Man bestimme, etwa durch die sogenannte Lagrangesche Interpolationsformel, eine ganze Function S vom $(n-1)^{\text{ten}}$ Grade, welche für n willkürlich angenommene Werthe von x,

$$a_1, \quad a_2, \quad \ldots \quad a_n,$$

dieselben Werthe annimmt, wie die irrationale Function $\sqrt{X}$. Nennt man diese Function S, so verschwindet $SS - X$ für diese n Werthe von x und muss also durch

$$T = f(x - a_1)(x - a_2) \ldots (x - a_n)$$

theilbar sein, wo f ein constanter Factor ist. Nennt man den Quotienten R, so sind R, S, T die verlangten Functionen.

Man könnte die Function S auch vom n^{ten} Grade annehmen und noch die Bedingung hinzufügen, dass sie für einen neuen Werth $x = a$ einen bestimmten Werth erhalten solle. Nähme man für letzteren wieder den Werth von $\sqrt{X}$ für $x = a$, so würde man noch von R einen linearen Factor, nämlich $x - a$, kennen.

Für $y = 0$ reduciren sich die Werthe von $x_1, x_2, \ldots x_n$ auf $a_1, a_2, \ldots a_n$. Man erhält also, wenn man die Functionen R, S, T auf die angegebene Art bestimmt hat, die $n-1$ transcendenten Gleichungen:

$$\int_{a_1}^{x_1} \frac{x_1^m dx_1}{\sqrt{X_1}} + \int_{a_2}^{x_2} \frac{x_2^m dx_2}{\sqrt{X_2}} + \cdots + \int_{a_n}^{x_n} \frac{x_n^m dx_n}{\sqrt{X_n}} = 0,$$

wo m jeden der Werthe $0, 1, 2, \ldots n-2$ annehmen kann.

Die Zeichen sämmtlicher Wurzelgrößen $\sqrt{X_i}$ werden durch den Werth der einen Größe y mittelst der Gleichung

$$R_i y + S_i = \sqrt{X_i}$$

bestimmt. Man hat daher für zwei der Variabeln x_i und x_k

$$\frac{-S_i + \sqrt{X_i}}{R} = \frac{-S_k + \sqrt{X_k}}{R_k},$$

durch welche Gleichung die Wurzelgrößen von einander abhängen. Wenn y von 0 an sich continuirlich ändert, so werden auch die Größen $\sqrt{X_i}$ respective von $\sqrt{A_i}$ an sich continuirlich ändern, wenn man A_i den Werth von X für $x = a_i$ nennt. Das Zeichen jeder Wurzelgröße $\sqrt{X_i}$ wird daher auch aus dem Zeichen von $\sqrt{A_i}$ durch die Bedingung der Continuität bestimmt.

Man setze jetzt $U^2 X$ für X, wo U eine ganze Function von x von der p^{ten} Ordnung bedeutet. Es seien ferner R, S, T ganze Functionen von x von der $(n+p)^{ten}$ Ordnung, welche die Gleichung

$$S^2 - RT = U^2 X$$

erfüllen, und $x_1, x_2, \ldots x_{n+p}$ die Wurzeln der Gleichung

$$Ry^2 + 2Sy + T = 0,$$

die einem Werthe von y entsprechen. Man erhält dann die Differentialgleichung

$$\frac{dx_i}{U_i \sqrt{X_i}} + \frac{2\,dy}{Y(x_i - x_1)(x_i - x_2) \ldots (x_i - x_{n+p})} = 0,$$

wo Y der Coëfficient von x^{n+p} in der zwischen x und y aufgestellten Gleichung und U_i der Werth von U für $x = x_i$ ist. Multiplicirt man diese Gleichung mit $x_i^m U_i$, wo m wieder die Werthe $0, 1, 2, \ldots n-2$ annehmen kann, und summirt für alle $n+p$ Werthe von i, so erhält man, indem man dem m seine $n-1$ Werthe giebt, folgendes System von $n-1$ Differentialgleichungen zwischen den $n+p$ Variabeln $x_1, x_2, \ldots x_{n+p}$:

(3.)
$$\begin{cases} \dfrac{dx_1}{\sqrt{X_1}} + \dfrac{dx_2}{\sqrt{X_2}} + \cdots + \dfrac{dx_{n+p}}{\sqrt{X_{n+p}}} = 0, \\[2mm] \dfrac{x_1\,dx_1}{\sqrt{X_1}} + \dfrac{x_2\,dx_2}{\sqrt{X_2}} + \cdots + \dfrac{x_{n+p}\,dx_{n+p}}{\sqrt{X_{n+p}}} = 0, \\[2mm] \cdots \cdots \cdots \cdots \cdots \cdots \cdots \cdots \\[1mm] \dfrac{x_1^{n-2}\,dx_1}{\sqrt{X_1}} + \dfrac{x_2^{n-2}\,dx_2}{\sqrt{X}} + \cdots + \dfrac{x_{n+p}^{n-2}\,dx_{n+p}}{\sqrt{X_{n+p}}} = 0. \end{cases}$$

Setzt man

$$Ry^2 + 2Sy + T = Yx^{n+p} - Y_1 x^{n+p-1} + Y_2 x^{n+p-2} - \cdots \pm Y_{n+p}$$

und nennt u_1, u_2, u_3 etc. die Summe der $n+p$ Variabeln x_1, x_2, $\ldots$ x_{n+p}, die Summe ihrer Amben, Ternen etc., so erhält man:

$$u_1 = \frac{Y_1}{Y}, \quad u_2 = \frac{Y_2}{Y}, \quad \ldots \quad u_{n+p} = \frac{Y_{n+p}}{Y},$$

und hieraus ergeben sich durch Elimination von y die algebraischen Integralgleichungen des Systems der Gleichungen (3.), nämlich *eine* Gleichung zweiter Ordnung zwischen u_1 und u_2 und andere $n+p-2$ Gleichungen, welche u_3, u_4, $\ldots u_{n+p}$ durch u_1 und u_2 linear bestimmen. Setzt man

$$T = f(x-a_1)(x-a_2) \ldots (x-a_{n+p}),$$

wo f eine Constante ist und man, ohne die Allgemeinheit der Integralgleichungen zu beeinträchtigen, für $p+1$ der Größsen a_1, a_2, $\ldots a_{n+p}$ bestimmte Werthe annehmen kann, so wird S eine ganze Function $(n+p)^{\text{ter}}$ Ordnung, die, wenn man für x die $n+p$ Werthe a_1, a_2, $\ldots a_{n+p}$ setzt, dieselben Werthe wie die Function $U\sqrt{X}$ hat. Es wird dann S^2-U^2X durch T theilbar, und der Quotient wird die Function R. Die mit den algebraischen Integralgleichungen identischen transcendenten werden

$$\int_{a_1}^{x_1} \frac{x_1^m dx_1}{\sqrt{X_1}} + \int_{a_2}^{x_2} \frac{x_2^m dx_2}{\sqrt{X_2}} + \cdots + \int_{a_{n+p}}^{x_{n+p}} \frac{x_{n+p}^m dx_{n+p}}{\sqrt{X_{n+p}}} = 0,$$

so dass man auch auf diesem neuen Wege die Addition auf eine beliebige Zahl von Variabeln ausdehnen kann.

Wenn man wieder die Zahl der Variabeln auf n beschränkt und zwischen u_1 und u_2 eine beliebige Gleichung zweiten Grades annimmt, so enthält diese 5 Constanten; wenn man ferner u_3, u_4, $\ldots u_n$ auf beliebige Art linear durch u_1 und u_2 ausdrückt, so enthält jede Gleichung, durch welche dieses geschieht, *drei* Constanten. Die Zahl aller in diesen Gleichungen vorkommenden Constanten ist daher $5+3(n-2) = 3n-1$ oder gleich der Zahl der in den Differentialgleichungen vorkommenden Constanten (der Coëfficienten von X, wenn man einen derselben $=1$ setzt) plus der Zahl der willkürlichen Constanten, welche die vollständigen Integralgleichungen enthalten müssen. Da man nun gezeigt hat, dass letztere immer in die angegebene Form gebracht werden können, so folgt umgekehrt, dass jedes System algebraischer Gleichungen von der angegebenen Form immer das System vollständiger Integralgleichungen von einem System hyperelliptischer Differentialgleichungen (1.) ist, wenn man die Coëffi-

cienten der Function X unter dem Wurzelzeichen durch die Constanten der algebraischen Gleichungen gehörig bestimmt. Wenn man aber die angegebene Form der rationalen algebraischen Integralgleichungen für $n+p$ Variable anwenden will, so können hier nicht mehr alle Constanten der Gleichungen beliebig angenommen werden.

Man kann das gefundene Theorem auch folgendermaßen darstellen:

Setzt man

$$f(x) = (b\,x^n + b_1\,x^{n-1} + b_2\,x^{n-2} \cdots + b_n)^2$$
$$+ (c\,x^n + c_1\,x^{n-1} + c_2\,x^{n-2} \cdots + c_n)^2$$
$$- (a\,x^n + a_1\,x^{n-1} + a_2\,x^{n-2} \cdots + a_n)^2,$$

so werden die Differentialgleichungen

$$\frac{dx_1}{\sqrt{f(x_1)}} + \frac{dx_2}{\sqrt{f(x_2)}} + \cdots + \frac{dx_n}{\sqrt{f(x_n)}} = 0,$$

$$\frac{x_1\,dx_1}{\sqrt{f(x_1)}} + \frac{x_2\,dx_2}{\sqrt{f(x_2)}} + \cdots + \frac{x_n\,dx_n}{\sqrt{f(x_n)}} = 0,$$

$$\frac{x_1^2\,dx_1}{\sqrt{f(x_1)}} + \frac{x_2^2\,dx_2}{\sqrt{f(x_2)}} + \cdots + \frac{x_n^2\,dx_n}{\sqrt{f(x_n)}} = 0,$$

$$\cdots \cdots \cdots \cdots \cdots \cdots$$

$$\frac{x_1^{n-2}\,dx_1}{\sqrt{f(x_1)}} + \frac{x_2^{n-2}\,dx_2}{\sqrt{f(x_2)}} + \cdots + \frac{x_n^{n-2}\,dx_n}{\sqrt{f(x_n)}} = 0$$

vollständig integrirt, wenn man für $x_1, x_2, \ldots x_n$ *die Wurzeln der Gleichung*

$$a\,x^n + a_1\,x^{n-1} + a_2\,x^{n-2} + \cdots + a_n$$
$$= (b\,x^n + b_1\,x^{n-1} + b_2\,x^{n-2} + \cdots + b_n)\cos\varphi$$
$$+ (c\,x^n + c_1\,x^{n-1} + c_2\,x^{n-2} + \cdots + c_n)\sin\varphi$$

setzt, wo φ *einen veränderlichen Winkel bedeutet.*

Den 14. Juli 1846.

NOTIZ ÜBER A. GÖPEL

VON

C. G. J. JACOBI.

Crelle Journal für die reine und angewandte Mathematik, Bd. 35. p. 313—317.

NOTIZ ÜBER A. GÖPEL.

————

Herr Adolph Göpel, Doctor der Philosophie und einer der Beamten der hiesigen Königlichen Bibliothek, ist wenige Wochen, nachdem er im März d. J. die wichtige Abhandlung*) »*Theoriae transcendentium Abelianarum primi ordinis adumbratio levis*« zum Druck übergeben, einer kurzen, aber schmerzlichen Krankheit erlegen. In den Stunden, welche ihm sein Amt frei liess, widmete er sich tiefen mathematischen Speculationen. Die einzige Erholung von diesen fand er in der Musik, in welcher er es bis zu einer bedeutenden Fertigkeit gebracht hatte. In stiller Zurückgezogenheit scheint er selbst den Umgang mit den Gelehrten seines Faches vermieden zu haben, die erst nach seinem Tode erfuhren, welch' ein bedeutendes Talent unter ihnen gelebt hatte. Ich habe ihn nie gesehen.

Seine Jugenderlebnisse erzählt Göpel selbst in dem seiner Doctoraldissertation angehängten Curriculum Vitae. Sein Vater, aus Sachsen gebürtig, war Musiklehrer in Rostock, wo er im September 1812 geboren wurde. Ein mütterlicher Oheim, der englischer Consul in Corsica war, nahm ihn in seinem zehnten Jahre mit sich nach Italien. Dort während eines wechselnden Aufenthaltes in mehreren Städten machte es sich dieser Oheim zum angelegentlichen Geschäft, seinen jungen Verwandten in den Anfangsgründen der Wissenschaften selbst zu unterrichten. Einen längeren Aufenthalt in Pisa während der beiden Winter von 1825 und 1826 benutzte der junge Göpel, um an der dor-

————
*) Crelle Journal für die reine und angewandte Mathematik, Bd. 35. p 277.

tigen Universität den Vorlesungen der Professoren Pieraccioli, Poletti, Gerbi und Gatteschi über Algebra und Differentialrechnung, Statik und analytische Mechanik, theoretische und Experimentalphysik beizuwohnen. Im Jahre 1827 kehrte er nach seiner Vaterstadt Rostock zurück, und besuchte hierauf noch zwei Jahre die erste Classe des dortigen Gymnasiums, von wo er die Berliner Universität bezog. Er ergriff mit Eifer die ihm hier gebotene Gelegenheit einer mannichfachen Ausbildung, und hörte aufser mathematischen, physikalischen und chemischen auch noch philosophische, philologische, historische und ästhetische Vorlesungen. Tieferen mathematischen Studien wandte er sich erst nach Beendigung seiner Universitätszeit zu, und wurde, wie viele von denen, welche zur rein mathematischen Speculation berufen sind, zunächst von der höheren Zahlenlehre angezogen. In seiner zur Erwerbung des Doctorgrades an der Berliner Universität im März 1835 vertheidigten Dissertation »*De aequationibus secundi gradus indeterminatis*«, welche etwa $1\frac{1}{4}$ Bogen umfafst, legte er eine Probe dieser arithmetischen Studien ab, welche von grofsem Scharfsinn zeugte und seine Fähigkeit zu tiefen Forschungen bekundete. Da diese merkwürdige Dissertation nicht in den Handelsverkehr gekommen ist, will ich hier einige der hauptsächlichsten darin enthaltenen Resultate mittheilen.

Wenn man die Quadratwurzel einer Primzahl A von der Form $4n+1$ in einen Kettenbruch verwandelt, so enthält, wie bekannt, die symmetrische Periode der Nenner zwei gleiche mittlere Terme. Sind die diesen entsprechenden vollständigen Quotienten

$$\frac{\sqrt{A}+I}{D}, \quad \frac{\sqrt{A}+I'}{D'},$$

so hat Legendre gezeigt, dass

$$D = D', \quad A = I'I'+DD,$$

und dass man daher auf diese Weise durch die Verwandlung der Quadratwurzel der Primzahl A in einen Kettenbruch ihre Zerfällung in zwei Quadrate erhält. Dieses schöne Resultat war bisher einzig in seiner Art geblieben. Durch tiefer eingehende Betrachtungen zeigt nun hier Göpel, wie man auch, wenn A eine Primzahl von der Form $4n+3$ oder ihr Doppeltes ist, die Zerfällung von A in die Form $\varphi^2 \pm 2\psi^2$ durch die Entwickelung von $\sqrt{A}$ in einen Kettenbruch findet. *Ist nämlich A eine Primzahl von der Form $8n+3$ oder ihr Doppeltes, so*

kommt man bei der Entwickelung von $\sqrt{A}$ *in einen Kettenbruch immer auf drei auf-*
einander folgende vollständige Quotienten

$$\frac{\sqrt{A}+I^0}{D^0}, \quad \frac{\sqrt{A}+I}{D}, \quad \frac{\sqrt{A}+I'}{D'},$$

in welchen D *entweder* $= \frac{1}{2}D^0$ *oder* $\frac{1}{2}D'$ *oder* $\frac{1}{2}(D^0+D')$ *ist, und es wird in den*
beiden ersten Fällen

$$A = I^2 + 2D^2,$$

im dritten

$$A = \frac{1}{4}(I-I')^2 + 2D^2 = \frac{1}{16}(D^0-D')^2 + 2D^2,$$

wo $I-I'$ *immer durch* 2, D^0-D' *durch* 4 *aufgeht. Wenn dagegen* A *eine*
Primzahl von der Form $8n+7$ *oder ihr Doppeltes ist, so wird man bei der Ver-*
wandlung von $\sqrt{A}$ *in einen Kettenbruch immer auf zwei aufeinander folgende voll-*
ständige Quotienten

$$\frac{\sqrt{A}+I^0}{D^0}, \quad \frac{\sqrt{A}+I}{D}$$

kommen, für welche

$$D + D^0 = 2I$$

ist, und diese ergeben

$$A = 2I^2 - \frac{1}{4}(D-D^0)^2,$$

wo $D-D^0$ *immer gerade ist.*

Ich habe mit Hülfe der Degenschen Tafel die folgende Tabelle ange-
fertigt, welche anzeigt, für welche Primzahlen von der Form $8n+3$ oder
Doppelte von solchen die drei von Göpel unterschiedenen Fälle,

$$D = \tfrac{1}{2}D^0, \quad D = \tfrac{1}{2}D', \quad D = \tfrac{1}{2}(D^0+D')$$

eintreten.

$D = \frac{1}{2}D^0$: 3. 6. 11. 22. 38. 43. 59. 83. 131. 139. 179. 211. 214. 227. 262. 278. 283.
326. 379. 419. 443. 467. 491. 502. 547. 619. 659. 683. 694. 739. 787. 811.
827. 838. 971. 998.

$D = \frac{1}{2}D'$: 67. 86. 118. 307. 331. 358. 422. 523. 563. 566. 571. 614. 643. 662. 691.
859. 934. 947.

$D = \frac{1}{2}(D^0+D')$: 19. 107. 134. 163. 166. 251. 347. 454. 499. 587. 758. 883. 886.
907. 982.

Es ist hierbei zu bemerken, dass wenigstens in den hier betrachteten
Zahlen unter 1000 der erste Fall bedeutend überwiegt, indem unter den 69
Zahlen 36 dem ersten, 18 dem zweiten, 15 dem dritten Falle angehören. Für
die Primzahlen von der Form $8n + 7$ und ihre Doppelten sind in ähnlicher Art
die Fälle zu unterscheiden, in welchen $D^0 > D$ oder $D > D^0$.

Nach dieser ersten Arbeit hat Göpel in einem Zeitraume von 12 Jahren
nichts veröffentlicht, aufser in den Jahren 1843—45 mehrere kleine, mit Geist
verfafste, wenn gleich weniger bedeutende Aufsätze, welche er bei Gelegenheit
der Correctur einer in Greifswald von Grunert herausgegebenen mathematischen Zeitschrift niederschrieb. In einem derselben beweist er, *dass wenn in
einer Gleichung* $\left(\dfrac{x + \sqrt{y}}{p}\right)^n = P + \sqrt{Q}$, *wo* x, y, p, n, P, Q *ganze Zahlen bedeuten,
der Nenner* p *von 1 verschieden ist, und* x, y, p *keinen gemeinschaftlichen Theiler
haben, immer* $p = 2$, $n = 3$ *oder ein Vielfaches von 3,* x *ungerade und* y *von der
Form* $8n + 5$ *sein muss.* Mit der Handhabung der synthetischen Methoden
Steiners zeigt er sich in mehreren dieser Aufsätze vollkommen vertraut. Es
ist zu vermuthen, dass sich noch andere gröfsere unpublicirte, mehr oder minder
ausgearbeitete Abhandlungen in seinem Nachlass finden werden. Die von ihm
kurz vor seinem Tode beendigte oben angeführte Abhandlung behandelt einen
hohen und abstracten Theil der Analysis, und giebt die Lösung eines der bedeu-
tendsten Probleme, welches sich die gegenwärtige Mathematik gestellt hat, die
umgekehrten Functionen der ersten Classe der Abelschen Integrale wirklich
darzustellen. Durch eine glückliche Divination verallgemeinert er auf natur-
gemäfse Art die einfachen Reihen Θ, auf welche ich die elliptischen Functionen
zurückgeführt habe, und findet, dass diese verallgemeinerten Reihen die Coëfficienten der quadratischen Gleichung geben, deren beide Wurzeln in meiner
Theorie der hyperelliptischen Functionen die simultanen Umkehrungsfunctionen
zweier Integralsummen sind. Das einfache Mittel, dessen er sich hiezu bedient,
ist die Multiplication zweier von den verallgemeinerten Reihen, wie ich ein
ähnliches Verfahren für die Functionen Θ selbst im 3ten Bande des mathematischen Journals p. 305[*]) angegeben habe. Meisterhaft ist die Art, wie er die

---

[*]) Bd. I. dieser Ausgabe, p. 257.

Differentialgleichungen, welche er findet, ungeschreckt von ihrer Complication, durch eine passende Substitution in die verlangte Form der von mir aufgestellten Systeme der hyperelliptischen Differentialgleichungen bringt, und hierdurch das gestellte Problem vollständig erledigt. Aber Göpel war nicht der einzige, welcher sich mit Glück mit diesem schönen Probleme beschäftigt hat. Eine andere, umfangreichere Arbeit, welche, wie ich glaube, seit dem October v. J. einer berühmten Akademie vorliegt, und deren wesentlicher Inhalt mir von ihrem Verfasser und von mir auch einigen geehrten Freunden seit 3 Jahren bereits mitgetheilt worden ist, geht von derselben glücklichen Divination aus, und führt, wenn auch auf verschiedenem, vielleicht leichterem Wege zu denselben Resultaten.

Ich bemerke noch, dass die von Göpel angestellten Betrachtungen über die zweiten Differentiale seiner Functionen, welche für den jetzigen Zweck der Abhandlung überflüssig sind, so wie seine ausdrücklichen Worte p. 297 »quas ad secundam speciem nostrarum functionum facere *infra* videbis« und p. 298 »Quam *infra* ad tertiam speciem functionum quadrupliciter periodicarum pertinere videbis« auf weitere, noch in der Abhandlung selbst auszuführende Untersuchungen deuten, die man aber in derselben mit Bedauern vermisst. Vielleicht finden sich dieselben in des Autors Papieren, die vielleicht auch das gewagt scheinende Wort rechtfertigen, dass eine ähnliche Methode sich auf alle Transcendenten erstrecke, welche aus der Integration algebraischer Größen entstehen. Auch dürfte schon nicht so ganz unbedenklich, wie der Verfasser meint, die Ausdehnung auf die Integrale erscheinen, in denen die unter dem Quadratwurzelzeichen befindliche Function den *sechsten* Grad übersteigt, da bei ihnen die Anzahl der in den Reihen enthaltenen Constanten nicht mehr, wie bei den elliptischen und den Abelschen Integralen der ersten Classe, mit der Anzahl der Moduln übereinstimmt.

Wenn auch nicht in der ersten Jugendblüthe, wie Galois und Abel, so hat doch auch hier viel zu früh und mitten in der Arbeit der Tod ein bedeutendes Talent hinweggerafft. Freuen wir uns, dass uns von demselben wenigstens ein schönes und dauerndes Denkmal hinterblieben ist. Bei der Gewohnheit der Deutschen, ihre Arbeiten überreif werden zu lassen, und ihrer Scheu, mit ihren besten Gedanken hervorzutreten, wären wir leicht um die Früchte der Arbeit

Göpels gekommen, wenn ihn nicht ein von Hrn. Hermite an mich gerichteter Brief, wie in der Einleitung der Abhandlung angedeutet ist, zu ihrer Bekanntmachung bewogen hätte; oder es hat ein dunkles Vorgefühl, das uns aus den Worten »quum magis quam optabam festinandum fuisset« anspricht, ihn zur Eile ermahnt.

Berlin, d. 22. Sept. 1847.

ÜBER DIE UNMITTELBARE

VERIFICATION EINER FUNDAMENTALFORMEL

DER THEORIE DER ELLIPTISCHEN FUNCTIONEN.

VON

PROF. C. G. J. JACOBI.

Crelle Journal für die reine und angewandte Mathematik, Bd. 36. S. 75—80.

II.

In meinen »*Fundamentis novis*« habe ich die Reihe

$$S = 1 - q(s + s^{-1}) + q^4(s^2 + s^{-2}) - q^9(s^3 + s^{-3}) + \text{etc.}$$

dem Producte unendlich vieler Factoren

$$\Pi = (1-q^2)(1-q^4)(1-q^6)\dots(1-qs)(1-q^3s)(1-q^5s)\dots(1-qs^{-1})(1-q^3s^{-1})(1-q^5s^{-1})\dots$$

gleich gefunden. Wenn man die Logarithmen dieser beiden einander gleichen Ausdrücke S und Π nach q oder nach s differentiirt, die aus dem Product Π hervorgehenden Brüche entwickelt, und dann mit der Reihe S multiplicirt, so muſs man auf identische Gleichungen

(1.)
$$\frac{\partial S}{\partial q} = S \cdot \frac{\partial \log \Pi}{\partial q}, \quad \frac{\partial S}{\partial s} = S \cdot \frac{\partial \log \Pi}{\partial s}$$

kommen. Man kann diese Identitäten auf folgende Art erweisen.

Setzt man

$$-q\frac{\partial \log \Pi}{\partial q} = P, \quad -s\frac{\partial \log \Pi}{\partial s} = R,$$

so erhält man durch Substitution des Ausdrucks von Π:

$$P = \frac{2q^2}{1-q^2} + \frac{4q^4}{1-q^4} + \frac{6q^6}{1-q^6} + \text{etc.}$$
$$+ \frac{qs}{1-qs} + \frac{3q^3s}{1-q^3s} + \frac{5q^5s}{1-q^5s} + \text{etc.}$$
$$+ \frac{qs^{-1}}{1-qs^{-1}} + \frac{3q^3s^{-1}}{1-q^3s^{-1}} + \frac{5q^5s^{-1}}{1-q^5s^{-1}} + \text{etc.},$$

$$R = \frac{qs}{1-qs} + \frac{q^3s}{1-q^3s} + \frac{q^5s}{1-q^5s} + \text{etc.}$$
$$- \frac{qs^{-1}}{1-qs^{-1}} - \frac{q^3s^{-1}}{1-q^3s^{-1}} - \frac{q^5s^{-1}}{1-q^5s^{-1}} - \text{etc.}$$

20 *

Durch die Entwickelung der zur Rechten befindlichen Brüche erhält man:

$$(2.) \quad P = 2\Sigma\psi(m)q^{2m} + \Sigma\Sigma pq^{pm}(z^m + z^{-m})$$
$$= \Sigma\left\{2\psi(m)q^{2m} + \frac{q^m(1+q^{2m})}{(1-q^{2m})^2}(z^m + z^{-m})\right\},$$

$$(3.) \quad R = \Sigma\Sigma q^{pm}(z^m - z^{-m})$$
$$= \Sigma\frac{q^m}{1-q^{2m}}(z^m - z^{-m}),$$

wo

m alle ganzen Zahlen von 1 bis ∞,

p alle ungeraden Zahlen von 1 bis ∞,

$\psi(m)$ die Factorensumme von m

bedeutet. Bezeichnet man noch mit

i alle ganzen Zahlen von $-\infty$ bis $+\infty$,

so wird

$$(4.) \quad S = \Sigma(-1)^i q^{i^2} z^i.$$

Substituirt man die Ausdrücke (2.), (3.), (4.) in die Gleichungen

$$(5.) \quad -q\frac{\partial S}{\partial q} = SP, \quad -z\frac{\partial S}{\partial z} = SR,$$

welche aus (1.) folgen, so erhält man:

$$(6.) \quad \begin{cases} \Sigma(-1)^{i+1} i^2 q^{i^2} z^i = 2\Sigma\Sigma(-1)^i \psi(m)q^{i^2+2m}z^i + \Sigma\Sigma\Sigma(-1)^i pq^{i^2+pm}(z^{i+m} + z^{i-m}), \\ \Sigma(-1)^{i+1} i q^{i^2} z^i = \Sigma\Sigma\Sigma(-1)^i q^{i^2+pm}(z^{i+m} - z^{i-m}). \end{cases}$$

Um in diesen beiden Formeln die allgemeinen Glieder der Summen rechter Hand auf die Form

$$(-1)^i q^{i^2} Q_i z^i \quad \text{und} \quad (-1)^i q^{i^2} Z_i z^i$$

zu bringen, wo Q_i und Z_i die Größe z nicht enthalten sollen, hat man in den dreifachen Summen $i-m$ oder $i+m$ für i zu setzen, wodurch man

$$(7.) \quad Q = 2\Sigma\psi(m)q^{2m} + \Sigma\Sigma(-1)^m pq^{m(m+p-2i)} + \Sigma\Sigma(-1)^m pq^{m(m+p+2i)},$$
$$(8.) \quad Z_i = \Sigma\Sigma(-1)^m q^{m(m+p-2i)} - \Sigma\Sigma(-1)^m q^{m(m+p+2i)}$$

erhält. Es ist daher, um die Gleichungen (6.) zu beweisen, aus welchen die Gleichungen (5.) oder, was dasselbe ist, die Gleichungen (1.) folgen, nöthig und ausreichend, zu zeigen, *dass die Größen Q_i und Z_i für jeden Werth von i von q unabhängig sind, und respective die einfachen Werthe $-\ddot{u}$, $-i$ annehmen.* Dieses geschieht durch folgende Betrachtungen.

In den Ausdrücken der Größen Q_i und Z_i bedeutet m jede ganze positive Zahl, die Null nicht inbegriffen; p jede positive ungerade Zahl; i dagegen eine

bestimmte positive oder negative Zahl, die Null mit inbegriffen; es reicht aber hin, wie im Folgenden geschehen soll, i positiv oder gleich Null anzunehmen, da, wenn man $-i$ für i setzt, Q_i unverändert bleibt und Z_i sich in $-Z_i$ verwandelt.

Bedeutet jetzt π alle positiven und negativen ungeraden Zahlen von $-(2i-1)$ bis $2i-1$, so nimmt p alle Werthe der Zahlen $2i+\pi$ und $4i+p$ an. Man hat daher:

$$\Sigma\Sigma(-1)^m p q^{m(m+p-2i)} + \Sigma\Sigma(-1)^m p q^{m(m+p+2i)}$$
$$= \Sigma\Sigma(-1)^m (2i+\pi) q^{m(m+\pi)} + \Sigma\Sigma(-1)^m (4i+2p) q^{m(m+p+2i)},$$
$$\Sigma\Sigma(-1)^m q^{m(m+p-2i)} - \Sigma\Sigma(-1)^m q^{m(m+p+2i)}$$
$$= \Sigma\Sigma(-1)^m q^{m(m+\pi)}.$$

Ich will jetzt die drei Fälle untersuchen, wenn in den Ausdrücken rechts vom Gleichheitszeichen $m+\pi$ negativ, $m+\pi$ positiv und $m+\pi=0$ ist.

1) Wenn $m+\pi$ negativ ist, so kann m auch den Werth $-(m+\pi)$ annehmen, und es werden sich je zwei von den Werthen der Gröfsen

$$(-1)^m (2i+\pi) q^{m(m+\pi)}, \quad (-1)^m q^{m(m+\pi)},$$

in denen m die beiden Werthe m und $-(m+\pi)$ annimmt, gegenseitig aufheben, da für dieselben $(-1)^m$ entgegengesetzte Werthe erhält, der andere Factor aber ungeändert bleibt.

2) Wenn $m+\pi$ positiv ist, kann man $m+\pi$ für m setzen; da man auch $-\pi$ für π setzen kann, so kann man gleichzeitig $m+\pi$ und $-\pi$ statt m und π setzen. Man erhält so zu jedem Term

$$(-1)^m (2i+\pi) q^{m(m+\pi)}, \quad (-1)^m q^{m(m+\pi)}$$

den entsprechenden

$$-(-1)^m (2i-\pi) q^{m(m+\pi)}, \quad -(-1)^m q^{m(m+\pi)}.$$

Es werden sich daher, wenn $m+\pi$ positiv ist, je zwei Terme, die man durch Substitution von $m+\pi$, $-\pi$ für m, π aus einander erhält, in der Summe $\Sigma\Sigma(-1)^m q^{m(m+\pi)}$ aufheben, und in der Summe $\Sigma\Sigma(-1)^m (2i+\pi) q^{m(m+\pi)}$ zu *einem* Term

$$(-1)^m 2\pi q^{m(m+\pi)}$$

vereinigen. Da π in dem einen der beiden Terme positiv, in dem andern negativ ist, so darf in dem Term, der beide vereinigt, π nur seine positiven (oder nur seine negativen) Werthe annehmen. In diesem Term ist der *Exponent* von q das Product zweier Factoren, deren Differenz ungerade und *kleiner* als $2i$ ist; der *Zahlcoëfficient* das Doppelte dieser Differenz; das *Vorzeichen* $+$ oder $-$,

jenachdem der kleinere Factor gerade oder ungerade ist. Dies ist genau dasselbe Gesetz, welches die Terme der Doppelsumme

$$\Sigma\Sigma(-1)^m(4i+2p)q^{m(m+p+2i)}$$

befolgen, nur dass in letzterer die Differenz der beiden Factoren des Exponenten *größer* als $2i$ ist. Man kann daher in dem ersten der beiden vorgelegten Ausdrücke diejenigen Terme der ersten Doppelsumme, für welche $m+\pi$ positiv ist, mit der zweiten Doppelsumme in die eine

$$\Sigma\Sigma(-1)^m 2pq^{m(m+p)}$$

vereinigen.

3) Wenn $m+\pi=0$, erhält man die Terme

$$(-1)^m(2i+\pi), \qquad (-1)^m.$$

Die Werthe, welche in denselben m und π annehmen können, sind

$$m=1, \quad \pi=-1; \quad m=3, \quad \pi=-3; \quad .. \; m=2i-1, \quad \pi=-(2i-1).$$

Hieraus folgt:

$$\Sigma(-1)^m(2i+\pi)=-[2i-1+2i-3+\cdots+1]=-ii,$$
$$\Sigma(-1)^m=-i.$$

Vereinigt man alle bisher gefundenen Resultate, so erhält man:

$$Q_\iota=-ii+2\Sigma\psi(m)q^{2m}+2\Sigma\Sigma(-1)^m pq^{m(m+p)},$$
$$Z_\iota=-i.$$

Es ist daher der eine Satz, dass $Z_\iota=-i$, bewiesen. Um auch $Q_\iota=-ii$ zu erhalten, was der andere zu beweisende Satz war, muß noch gezeigt werden, dass

$$-\Sigma\Sigma(-1)^m pq^{m(m+p)}=\Sigma\Sigma(-1)^{m+p}pq^{m(m+p)}=\Sigma\psi(m)q^{2m}$$

ist.

Die vorstehende Formel, welche allein noch zu beweisen übrig blieb, kommt mit dem folgenden Satze überein*):

Wenn man eine gegebene gerade Zahl auf alle mögliche Arten in zwei Factoren zerfällt, von denen der eine ungerade, der andere gerade ist, so ist die Summe

---

*) Es ist nämlich

$$(-1)^{m+p}p=(-1)^{m+p}(m+p)+(-1)^m m.$$

Wenn die Zahl $m(m+p)$, welche jeden beliebigen positiven geraden Werth haben kann, gegeben ist, und man dieselbe auf irgend eine Art in zwei Factoren zerfällt, von denen der eine gerade, der andere ungerade ist, so hat man für $m+p$ den größeren, für m den kleineren dieser beiden Factoren zu setzen. Es wird daher in der Doppelsumme der Coëfficient von $q^{m(m+p)}$ oder $\Sigma(-1)^{m+p}p$ gleich der Summe aller dieser Factoren von $m(m+p)$, wenn man jeden Factor positiv oder negativ nimmt, je nachdem er gerade oder ungerade ist.

der geraden weniger der Summe der ungeraden Factoren gleich der Factoren-summe der Hälfte der gegebenen Zahl.

Der Beweis dieses Satzes ist sehr leicht. Es sei nämlich die gerade Zahl $2^t N$, wo N ungerade; es sei ν die Factorensumme von N, so ist $(2^t-1)\nu$ die Factoren-summe der halben Zahl oder von $2^{t-1}N$. Zerfällt man aber die gegebene Zahl $2^t N$ auf alle mögliche Arten in zwei Factoren, von denen der eine un-gerade ist, so ist der andere immer durch 2^t theilbar, also die Summe dieser letztern $2^t\nu$, während ν die Summe der ungeraden Factoren ist. Die Differenz beider ist also $(2^t-1)\nu$ oder die Factorensumme von $2^{t-1}N$. w. z. b. w.

Die vorstehende Untersuchung giebt eine unmittelbare Verification der beiden Gleichungen (6.) oder (5.) oder der Gleichungen:

(9.)
$$q(z+z^{-1})-4q^4(z^2+z^{-2})+9q^9(z^3+z^{-3})-\text{ etc.}$$
$$=\left\{1-q(z+z^{-1})+q^4(z^2+z^{-2})-q^9(z^3+z^{-3})+\text{etc.}\right\}\times\Sigma\left\{2\psi(m)q^{2m}+\frac{q^m(1+q^{2m})}{(1-q^{2m})^2}(z^m+z^{-m})\right\},$$

(10.)
$$q(z-z^{-1})-2q^4(z^2-z^{-2})+3q^9(z^3-z^{-3})-\text{ etc.}$$
$$=\left\{1-q(z+z^{-1})+q^4(z^2+z^{-2})-q^9(z^3+z^{-3})+\text{etc.}\right\}\times\Sigma\frac{q^m}{1-q^{2m}}(z^m-z^{-m}),$$

in welchen m jede beliebige ganze positive Zahl, die Null ausgeschlossen, be-deutet. Da sich aus den Gleichungen (5.),

$$-q\frac{\partial S}{\partial q}=SP,\qquad -z\frac{\partial S}{\partial z}=SR,$$

wenn man für P und R die Ausdrücke

$$-q\frac{\partial\log\Pi}{\partial q}=P,\qquad -z\frac{\partial\log\Pi}{\partial z}=R$$

setzt, die in den *Fundamentis* auf doppelte Art bewiesene Formel $S=\Pi$ er-giebt, so kann das Vorstehende auch als ein dritter Beweis dieser Fundamental-formel betrachtet werden.

Aus der Natur der Reihe S folgt die Gleichung:

(11.)
$$q\frac{\partial S}{\partial q}=\frac{z\partial.z\frac{\partial S}{\partial z}}{\partial z}.$$

Substituirt man hierin die Gleichungen

$$-q\frac{\partial S}{\partial q}=SP,\qquad -z\frac{\partial S}{\partial z}=SR,$$

so ergiebt sich:

$$SP = \frac{z\partial.SR}{\partial z} = S\frac{z\partial R}{\partial z} + R\frac{z\partial S}{\partial z} = S\frac{z\partial R}{\partial z} - SR^2.$$

Die Gleichung

$$SP = \frac{z\partial.SR}{\partial z}$$

läfst sich mittelst der oben bewiesenen

$$-ii = Q_i = iZ_i$$

verificiren, da man

$$SP = \Sigma(-1)^i q^{i'} Q_i z^i, \qquad SR = \Sigma(-1)^i q^{i'} Z_i z^i$$

hat. Aus der vorstehenden Gleichung ergiebt sich ferner, wenn man durch S dividirt:

$$(12.) \qquad\qquad R^2 = \frac{z\partial R}{\partial z} - P,$$

das ist, wenn man für P und R die Ausdrücke (2.) und (3.) setzt:

$$\left\{ \Sigma \frac{q^m}{1-q^{2m}}(z^m - z^{-m}) \right\}^2 = \Sigma \left\{ \left(\frac{(m-1)q^m}{1-q^{2m}} - \frac{2q^{2m}}{(1-q^{2m})^2} \right)(z^m + z^{-m}) - 2\psi(m) q^{2m} \right\}.$$

Von dieser Formel findet man eine unmittelbare Verification in den *Fundamentis* S.136*). Es ist aber von besonderem Interesse, alle solche Formeln der Theorie der elliptischen Functionen hervorzuheben, welche sich auf Identitäten zurückführen lassen, die unmittelbar, d. i. ohne Hülfe anderweitiger analytischer Sätze eingesehen werden können, indem man dadurch ein Mittel erhält, neue Methoden zu gewinnen. So hat der unmittelbare Beweis der Formel

$$\left\{ \frac{\sqrt{q}(z - z^{-1})}{1-q} + \frac{\sqrt{q^3}(z^3 - z^{-3})}{1-q^3} + \frac{\sqrt{q^5}(z^5 - z^{-5})}{1-q^5} + \text{etc.} \right\}^2$$

$$= \frac{q(z - z^{-1})^2}{1-q^2} + \frac{2q^2(z^2 - z^{-2})^2}{1-q^4} + \frac{3q^3(z^3 - z^{-3})^2}{1-q^6} + \text{etc.},$$

welchen ich in den *Fundamentis* S.110 **) gegeben habe, zu einer neuen arithmetischen Methode geführt, aus den für die Zusammensetzungen der Zahlen aus *zwei* Quadraten bekannten Sätzen sowohl den bekannten Satz über die Zusammensetzbarkeit aller Zahlen aus *vier* Quadraten als auch neue Sätze über die *Anzahl* der Zusammensetzungen einer Zahl aus vier Quadraten abzuleiten.

*) Band I. dieser Ausgabe, p. 190.
**) Band I. dieser Ausgabe, p. 166.

ÜBER

DIE PARTIELLE DIFFERENTIALGLEICHUNG,

WELCHER DIE ZÄHLER UND NENNER DER ELLIPTISCHEN

FUNCTIONEN GENÜGE LEISTEN.

VON

PROFESSOR DR. C. G. J. JACOBI
ZU BERLIN.

Crelle Journal für die reine und angewandte Mathematik, Bd. 36. p. 80—88.

ÜBER DIE PARTIELLE DIFFERENTIALGLEICHUNG, WELCHER DIE ZÄHLER UND NENNER DER ELLIPTISCHEN FUNCTIONEN GENÜGE LEISTEN.

Es sei

$$k'k' = 1-k^2, \quad \sqrt{1-k^2\sin^2\varphi} = \Delta$$

und

$$\int_0^\varphi \frac{d\varphi}{\Delta} = u, \qquad \int_0^\varphi \Delta d\varphi = E(u),$$

$$\int_0^{\frac{1}{2}\pi} \frac{d\varphi}{\Delta} = K, \qquad \int_0^{\frac{1}{2}\pi} \Delta d\varphi = E,$$

$$\int_0^{\frac{1}{2}\pi} \frac{d\varphi}{\sqrt{1-k'k'\sin^2\varphi}} = K', \quad e^{-\frac{\pi K'}{K}} = q,$$

$$\Theta = \sqrt{\frac{2K}{\pi}} \, \Delta e^{\int_0^u E(u)du - \frac{1}{2}\frac{Eu^2}{K}},$$

endlich

$$u = \frac{2Kx}{\pi}.$$

In den »*Fundamentis nov. theor. funct. elliptic.*« habe ich gezeigt, dass die elliptischen Functionen $\sin\varphi$, $\cos\varphi$, Δ Brüche sind, deren Zähler und Nenner sich durch die Transcendente Θ darstellen lassen, welche selber sich in die Reihe

$$1 + 2q\cos 2x + 2q^4\cos 4x + 2q^9\cos 6x + \text{etc.} = \Theta$$

entwickeln läfst. Jeder Term dieser Reihe und daher die ganze Reihe selbst genügt der partiellen Differentialgleichung

$$-4q\frac{\partial\Theta}{\partial q} = \frac{\partial^2\Theta}{\partial x^2}.$$

Diese partielle Differentialgleichung muss sich, ohne dass man die Reihenentwickelung von Θ kennt, unmittelbar auch aus den aufgestellten Definitionen ergeben. Es kann die Frage entstehen, ob man nicht zu solchen einfachen

21 *

partiellen Differentialgleichungen durch Einführung analoger Größen auch für complicirtere Transcendenten gelangen könne. Ich werde daher, um aus den obigen Definitionen die partielle Differentialgleichung, welcher θ Genüge leistet, abzuleiten, statt von dem Integral u von dem allgemeineren Integral

$$\int t^{\beta-1}(1-t)^{\gamma-\beta-1}(1-rt)^{-\alpha}dt$$

ausgehen, welches sich für

$$\alpha = \beta = \tfrac{1}{2}, \quad \gamma = 1, \quad r = k^2, \quad t = \sin^2\varphi$$

auf $2u$ reducirt, und nur schließlich, wenn die weitere Fortführung der Rechnung es erfordert, für α, β, γ die angegebenen besondern Werthe setzen.

Es sei für Werthe von α und β, welche zwischen 0 und 1 liegen, und für $\gamma > \beta$,

$$Y = \int_0^t t^{\beta-1}(1-t)^{\gamma-\beta-1}(1-rt)^{-\alpha}dt, \qquad y = \int_0^1 t^{\beta-1}(1-t)^{\gamma-\beta-1}(1-rt)^{-\alpha}dt,$$

wo y die von Euler, Pfaff, Gauss, Kummer und anderen vielfach behandelte Transcendente ist. Man hat für die beiden Transcendenten Y und y die Differentialgleichungen:

$$(r-rr)Y''+[\gamma-(\alpha+\beta+1)r]Y'-\alpha\beta Y = -\alpha t^\beta(1-t)^{\gamma-\beta}(1-rt)^{-\alpha-1},$$
$$(r-rr)y''+[\gamma-(\alpha+\beta+1)r]y'-\alpha\beta y = 0,$$

in denen, wie auch im Folgenden, durch die obern Indices die nach r für ein constantes t genommenen Differentialquotienten angedeutet werden. Setzt man

$$R = r^\gamma(1-r)^{\alpha+\beta+1-\gamma}, \qquad T = t^\beta(1-t)^{\gamma-\beta},$$

so kann man diese Gleichungen auch so darstellen:

$$RY''+R'Y'-\alpha\beta\frac{YR}{r-rr} = -\alpha\frac{TR(1-rt)^{-\alpha-1}}{r-rr},$$
$$Ry''+R'y'-\alpha\beta\frac{yR}{r-rr} = 0.$$

Nennt man z ein zweites Integral der Gleichung, welcher y genügt, so hat man auch

$$Rz''+R'z'-\alpha\beta\frac{zR}{r-rr} = 0.$$

Ein solches Integral ist

$$z = \int_0^{\frac{1}{r}} t^{\beta-1}(t-1)^{\gamma-\beta-1}(1-rt)^{-\alpha}dt = r_1^{\gamma-\alpha-\beta}\int_0^1 t^{\gamma-\beta-1}(1-t)^{-\alpha}(1-r_1t)^{\alpha-\gamma}dt,$$

wo $r_1 = 1 - r$. Aus den vorstehenden Differentialgleichungen folgt, wenn man

$$\frac{Y}{y} = v, \qquad \frac{z}{y} = l, \qquad Z = \int \frac{(1-rt)^{-\alpha-1}\, yR\, dr}{r - rr}$$

setzt, und c eine Constante bedeutet,

$$Rv' = -\alpha\frac{TZ}{yy}, \qquad Rl' = \frac{c}{yy} \quad \text{oder} \quad \frac{c\, dr}{R} = yy\, dl.$$

Wenn man statt r die Gröfse l als unabhängige Variable einführt, so wird das vollständige Differential von v durch die Gleichung

$$dv = \frac{1}{y}\frac{\partial Y}{\partial t}dt + v'dr = \frac{T}{y}(1-rt)^{-\alpha}\frac{dt}{t-tt} - \frac{\alpha}{c}TZ\, dl$$

gegeben. Betrachtet man v und l als die beiden unabhängigen Variabeln, und unterscheidet die unter dieser Annahme abgeleiteten partiellen Differentiale durch Klammern: so geben die vorstehenden Formeln:

$$\left(\frac{\partial t}{\partial v}\right) = \frac{1}{\frac{\partial v}{\partial t}} = \frac{y(t-tt)(1-rt)^{\alpha}}{T},$$

$$\left(\frac{\partial t}{\partial l}\right) = \frac{\alpha}{c}\cdot y(t-tt)(1-rt)^{\alpha}\cdot Z = \frac{\alpha TZ}{c}\left(\frac{\partial t}{\partial v}\right),$$

$$\left(\frac{\partial r}{\partial l}\right) = \frac{1}{c}yyR.$$

Ist eine Function V in r und t gegeben, und man ersetzt die Variabeln r und t durch l und v, so wird

$$\left(\frac{\partial V}{\partial v}\right) = \frac{\partial V}{\partial t}\left(\frac{\partial t}{\partial v}\right),$$

und zufolge der vorstehenden Formeln das nach l genommene Differential

$$\left(\frac{\partial V}{\partial l}\right) = \frac{\partial V}{\partial t}\left(\frac{\partial t}{\partial l}\right) + \frac{\partial V}{\partial r}\left(\frac{\partial r}{\partial l}\right)$$

$$= \frac{\alpha TZ}{c}\left(\frac{\partial V}{\partial v}\right) + \frac{yyR}{c}\frac{\partial V}{\partial r}.$$

Nimmt man für V die Function

$$V = \tfrac{1}{2}\alpha TZ = -\tfrac{1}{2}Ryyv' = \tfrac{1}{2}R(y'Y - yY'),$$

so wird

$$\left(\frac{\partial V}{\partial l}\right) = \frac{1}{c}\left(\frac{\partial . VV}{\partial v}\right) + \frac{\alpha yyTR}{2c}\frac{\partial Z}{\partial r} = \frac{1}{c}\left(\frac{\partial . VV}{\partial v}\right) + \frac{\alpha}{2c}\frac{y^3 RR}{r-rr}T(1-rt)^{-\alpha-1}.$$

Es ist ferner

$$\left(\frac{\partial Y}{\partial v}\right) = y, \qquad \left(\frac{\partial Y'}{\partial v}\right) = \frac{at}{1-rt}\left(\frac{\partial Y}{\partial v}\right) = \frac{aty}{1-rt},$$

woraus

$$\left(\frac{\partial V}{\partial v}\right) = \tfrac{1}{2}yR\left(y' - \frac{aty}{1-rt}\right)$$

folgt, und hieraus

$$-\left(\frac{\partial^2 V}{\partial v^2}\right) = \frac{ay^2 R}{2(1-rt)^2}\left(\frac{\partial t}{\partial v}\right) = \tfrac{1}{2}ay^3 R\frac{(t-tt)(1-rt)^{\alpha-2}}{T}.$$

Durch Combination aller dieser Formeln ergiebt sich

$$\left(\frac{\partial V}{\partial l}\right) - \frac{1}{c}\left(\frac{\partial.VV}{dv}\right) = -\frac{1}{c}\frac{R}{r-rr}\frac{TT}{t-tt}(1-rt)^{-2\alpha+1}\left(\frac{\partial^2 V}{\partial v^2}\right).$$

Man hat daher, wenn man $l = c\lambda$ setzt, in Bezug auf die hier betrachtete allgemeinere Transcendente Y den folgenden Satz:

Es sei

$$Y = \int_0^t t^{\beta-1}(1-t)^{\gamma-\beta-1}(1-rt)^{-\alpha}dt,$$

$$y = \int_0^1 t^{\beta-1}(1-t)^{\gamma-\beta-1}(1-rt)^{-\alpha}dt,$$

$$\lambda = \int r^{-\gamma}(1-r)^{\gamma-\alpha-\beta-1}y^{-2}\partial r, \qquad v = \frac{Y}{y},$$

$$V = \tfrac{1}{2}r^\gamma(1-r)^{\alpha+\beta-\gamma+1}\left(Y\frac{\partial y}{\partial r} - y\frac{\partial Y}{\partial r}\right)$$

$$= \tfrac{1}{2}at^\beta(1-t)^{\gamma-\beta}\int r^{\gamma-1}(1-r)^{\alpha+\beta-\gamma}(1-rt)^{-\alpha-1}y\partial r,$$

so genügt V, als Function von v und λ betrachtet, der partiellen Differentialgleichung:

$$0 = \frac{\partial V}{\partial\lambda} - 2V\frac{\partial V}{\partial v} + r^{\gamma-1}(1-r)^{\alpha+\beta-\gamma}t^{2\beta-1}(1-t)^{2\gamma-2\beta-1}(1-rt)^{-2\alpha+1}\frac{\partial^2 V}{\partial v^2}.$$

In dieser Gleichung sind die Größen t und r außer in λ und v noch explicite enthalten, aber nur in einem einzigen in $\frac{\partial^2 V}{\partial v^2}$ multiplicirten Factor. Ich will jetzt zu dem besondern Falle der elliptischen Integrale übergehen, in welchem dieser Factor der Einheit gleich wird.

Setzt man nämlich in den vorstehenden Formeln

$$\gamma = 1, \quad \alpha = \beta = \tfrac{1}{2},$$

so wird

$$R = r - rr, \quad TT = t - tt, \quad (1-rt)^{-2\alpha+1} = 1,$$

und es verwandelt sich daher die zuletzt gefundene Gleichung in die folgende:

$$\left(\frac{\partial V}{\partial l}\right) = \frac{1}{c}\left(\frac{\partial \cdot VV}{\partial v}\right) - \frac{1}{c}\left(\frac{\partial^2 V}{\partial v^2}\right).$$

Man setze

$$\int V dv = W,$$

so giebt die Integration dieser Gleichung nach v

$$c\left(\frac{\partial W}{\partial l}\right) = \left(\frac{\partial W}{\partial v}\right)^2 - \left(\frac{\partial^2 W}{\partial v^2}\right).$$

Wenn das Integral, durch welches W definirt wird, von 0 an genommen wird, so muſs man zu demselben solche Functionen von l oder r addiren, dass für $v = 0$ oder, was dasselbe ist, für $t = 0$ die vorstehende Gleichung erfüllt wird. Für $t = 0$ verschwindet V und daher auch V', und es wird daher

$$\left(\frac{\partial W}{\partial v}\right) = V = 0;$$

ferner erhält man aus dem oben angegebenen Werthe von $\left(\frac{\partial V}{\partial v}\right)$ für $t = 0$

$$\left(\frac{\partial^2 W}{\partial v^2}\right) = \left(\frac{\partial V}{\partial v}\right) = \tfrac{1}{2}Ryy'.$$

Setzt man daher

$$\int_0^v V dv + W^0 = W,$$

so muss W^0 die Gleichung

$$c\left(\frac{\partial W^0}{\partial l}\right) = yyR\frac{\partial W^0}{\partial r} = -\tfrac{1}{2}Ryy'$$

erfüllen, woraus

$$W^0 = -\log\sqrt{y}$$

folgt. Setzt man endlich

$$\Omega = e^{-W} = \sqrt{y}\,e^{-\int_0^v V dv},$$

so erhält die partielle Differentialgleichung, zu welcher man gelangt war, die einfache Form:

$$-c\left(\frac{\partial\Omega}{\partial l}\right) = \left(\frac{\partial^2\Omega}{\partial v^2}\right).$$

Es ist aber in dem hier betrachteten besondern Falle

$$Y = \int_0^t \frac{dt}{\sqrt{t(1-t)(1-rt)}}, \qquad y = \int_0^1 \frac{dt}{\sqrt{t(1-t)(1-rt)}},$$

und daher, wenn man

$$r = k^2, \qquad t = \sin^2\varphi$$

setzt, und den Gröfsen u, K, K' etc. die ihnen oben beigelegte Bedeutung giebt,

$$Y = 2u, \qquad v = \frac{u}{K} = \frac{2x}{\pi}, \qquad R = k^2 k'^2.$$

Die Differentialgleichung zweiter Ordnung, welcher K genügt, hat auch die Lösung K'; man kann daher

$$s = 2K'$$

setzen, woraus

$$l = \frac{s}{y} = \frac{K'}{K} = -\frac{1}{\pi}\log q$$

folgt. Die Constante c hat man aus der Gleichung $\frac{c\,dr}{R} = y^2\,dl$ oder

$$c\frac{d.k^2}{k^2 k'^2} = -\frac{4}{\pi}\cdot KK d\log q$$

zu bestimmen. Für unendlich kleine Werthe von k wird nach einem Satze Eulers in den Opusc. V. A.

$$\frac{\pi K'}{2K} = \log\frac{4}{k}, \text{ also } k^2 = 16q, \text{ und daher}$$

$$c = -\pi.$$

Substituirt man die Werthe $l = -\frac{1}{\pi}\log q$, $v = \frac{2x}{\pi}$, $c = -\pi$ in die für Ω gefundene partielle Differentialgleichung, so wird dieselbe:

$$-4q\frac{\partial\Omega}{\partial q} = \frac{\partial^2\Omega}{\partial x^2}.$$

Ich will jetzt zeigen, dass die Function Ω von der oben mit Θ bezeichneten Transcendente nur um einen constanten Factor verschieden ist.

Aus der Formel

$$\tfrac{1}{2}Y = \int_0^\varphi \frac{d\varphi}{\sqrt{1-k^2\sin^2\varphi}}$$

ergiebt sich, wenn man nach $r = k^2$ differentiirt,

$$Y' = \int_0^\varphi \frac{\sin^2\varphi\, d\varphi}{\sqrt{(1-k^2\sin^2\varphi)^3}}.$$

Es ist aber

$$k^2 d\, \frac{\sin\varphi\cos\varphi}{\Delta} = \left(-\frac{k'k'}{\Delta^3}+\Delta\right)d\varphi,$$

und daher

$$k^2 Y' = \int_0^\varphi \left(\frac{1}{\Delta^3}-\frac{1}{\Delta}\right)d\varphi = \frac{1}{k'k'}E(u)-u-\frac{k^2}{k'k'}\,\frac{\sin\varphi\cos\varphi}{\Delta}.$$

Hieraus folgt, wenn man $\varphi = \tfrac{1}{2}\pi$ setzt,

$$k^2 y' = \frac{1}{k'k'}E-K,$$

und daher

$$\tfrac{1}{2}k^2(y'Y-yY') = \frac{-1}{k'k'}(KE(u)-E.u)+\frac{k^2K}{k'k'}\cdot\frac{\sin\varphi\cos\varphi}{\Delta}.$$

Man hat daher nach einander die Formeln:

$$-V = \frac{-1}{2}k^2k'^2(y'Y-yY') = KE(u)-E.u-\frac{k^2K\sin\varphi\cos\varphi}{\Delta},$$

$$-\int_0^v Vdv = \frac{-1}{K}\int_0^u V\,du = \int_0^u E(u)\,du-\tfrac{1}{2}\frac{E.u^2}{K}+\log\Delta,$$

$$\Omega = \sqrt{2K}e^{-\int_0^v Vdv} = \sqrt{2K}\,\Delta\, e^{\int_0^u E(u)\,du-\frac{Eu^2}{2K}} = \sqrt{\pi}.\Theta,$$

w. z. b. w.

Die Transcendente $\theta = \frac{1}{\sqrt{\pi}}\Omega$ genügt derselben partiellen Differentialglei-chung wie Ω, oder der Gleichung

$$-4q\frac{\partial\theta}{\partial q} = \frac{\partial^2\theta}{\partial x^2},$$

welche sich aus der Reihenentwickelung von θ unmittelbar ergab. Umgekehrt kann man mittelst dieser partiellen Differentialgleichung die Reihenentwickelung von θ finden. Wenn α positiv ist, wird für $t = \frac{1}{r}$ sowohl V als $\int Vdv$ un-

endlich und demgemäfs θ verschwinden. Für $t = \frac{1}{r}$ erhält man ferner, wenn man für z den oben angegebenen Werth setzt,

$$Y = y + (-1)^{r-\beta-1}z, \qquad v = 1 + (-1)^{r-\beta-1}l,$$

und daher

$$u = K + K'\sqrt{-1}, \qquad x = \frac{\pi u}{2K} = \tfrac{1}{4}\pi - \tfrac{1}{4}\log q\sqrt{-1}.$$

Vermöge der partiellen Differentialgleichung erhält die für θ anzunehmende Reihe die Form:

$$A + 2A_1 q \cos 2x + 2A_2 q^4 \cos 4x + 2A_3 q^9 \cos 6x + \text{etc.},$$

wo A, A_1, A_2, etc. Zahlencoëfficienten sind, und es giebt die Bedingung, dass diese Reihe für $x = \tfrac{1}{4}\pi - \tfrac{1}{4}\log q\sqrt{-1}$ verschwinden soll, die Werthe

$$A = A_1 = A_2 \cdots = 1.$$

Die hierbei gemachte Voraussetzung, dass eine Entwickelung von θ nach den Cosinus der geraden Vielfachen von x für jeden reellen oder imaginären Werth von x gültig bleibt, rechtfertigt sich durch den Erfolg.

Die vorstehenden Betrachtungen lehren, dass man aus der Definition der Function θ durch geschlossene Integralausdrücke die merkwürdige Reihenentwickelung dieser Transcendenten mittelst allgemeiner Methoden, ohne einen der Theorie der elliptischen Functionen eigenthümlichen Satz zu kennen, ableiten kann. Die weitere Verfolgung dieser Betrachtungen und die Untersuchung, wie weit sie auf die allgemeinere Transcendente Y Anwendung finden, behalte ich einer andern Gelegenheit vor.

October 1847.

ÜBER

DIE DIFFERENTIALGLEICHUNG,

WELCHER DIE REIHEN

$$1 \pm 2q + 2q^4 \pm 2q^9 + \text{ etc.}, \quad 2\sqrt[4]{q} + 2\sqrt[4]{q^9} + 2\sqrt[4]{q^{25}} + \text{ etc.}$$

GENÜGE LEISTEN.

VON

PROFESSOR DR. C. G. J. JACOBI

ZU BERLIN.

Crelle Journal für die reine und angewandte Mathematik, Bd. 36. p. 97—112.

22 *

ÜBER DIE DIFFERENTIALGLEICHUNG, WELCHER DIE REIHEN
$$1 \pm 2q + 2q^4 \pm 2q^9 + \text{etc.}, \quad 2\sqrt[4]{q} + 2\sqrt[4]{q^9} + 2\sqrt[4]{q^{25}} + \text{etc.}$$
GENÜGE LEISTEN.

———

Die Aufgabe, eine gegebene Function durch eine Differentialgleichung zu definiren, ist im Allgemeinen eine unbestimmte, weil man mittelst der Gleichung, welche zwischen der Function und der unabhängigen Variablen stattfindet, die Differentialgleichung auf unendlich viele Arten abändern kann. Aber diese Aufgabe wird bestimmt, wenn die Function keine algebraische ist, die Differentialgleichung aber, wie stillschweigend vorausgesetzt zu werden pflegt, eine algebraische Gleichung zwischen der unabhängigen Variablen, der Function und ihren Differentialquotienten sein soll. Unter allen Differentialgleichungen dieser Art, welchen dieselbe Function Genüge leistet, wird eine die niedrigste Ordnung haben und die übrigen durch Differentiation ergeben. Von dieser soll allein im Folgenden die Rede sein, wenn man von der Differentialgleichung spricht, welcher eine Function Genüge leistet. Macht man diese Gleichung rational und befreit den Ausdruck, welcher $= 0$ wird, von Brüchen, so bestimmt die Dimension, auf welche der höchste Differentialquotient in diesem Ausdrucke steigt, den *Grad* der Differentialgleichung.

Es giebt aber im Allgemeinen kein Mittel, um zu erkennen, ob es eine solche endliche Differentialgleichung zwischen der Function und der unabhängigen Variablen giebt, oder wenn man irgend woher wüßte, dass es eine solche giebt, um dieselbe aufzufinden. Nur wenn die Function einer *linearen* Differentialgleichung Genüge leistet, hat man einige allgemeine Vorschriften, dieses zu erkennen und die Differentialgleichung selber zu bilden. Wenn man z. B. die Reihe

$$y = 1 + 2q + 2q^4 + 2q^9 + \text{etc.}$$

betrachtet, deren Bildungsgesetz so einfach ist, so giebt es doch trotz dieser Einfachheit kein Mittel, um *aus der Natur dieser Reihe selber* zu erkennen, ob sie durch eine endliche Differentialgleichung, d. h. durch eine algebraische Gleichung zwischen ihr selbst, der unabhängigen Variablen und ihren Differentialquotienten definirt werden kann. Und wenn es möglich ist, mit Hülfe der Theorie der elliptischen Functionen eine solche Differentialgleichung zu finden, wie complicirt und indirect sind die dazu nöthigen Betrachtungen! Man muſs zuerst zeigen, dass man die beiden Gröſsen y und q durch eine dritte Variable k mittelst der transcendenten Gleichungen

$$y = \sqrt{\frac{2}{\pi} \int_0^{\frac{1}{2}\pi} \frac{d\varphi}{\sqrt{1 - k^2 \sin^2 \varphi}}},$$

$$\log \frac{1}{q} = \frac{\pi \int_0^{\frac{1}{2}\pi} \frac{d\varphi}{\sqrt{\cos^2 \varphi + k^2 \sin^2 \varphi}}}{\int_0^{\frac{1}{2}\pi} \frac{d\varphi}{\sqrt{1 - k^2 \sin^2 \varphi}}}$$

ausdrücken kann. Wie sehr man auch bei der Mannigfaltigkeit der Methoden, welche die Theorie der elliptischen Functionen darbietet, den Beweis dieses merkwürdigen Theorems abkürzen mag, so wird derselbe doch immer eine lange Kette subtiler Schlüsse erfordern. Man zeigt dann, dass der Zähler sowohl wie der Nenner des für $\log \frac{1}{q}$ angegebenen Ausdrucks einer und derselben Differentialgleichung zweiter Ordnung, in welcher k die unabhängige Variable ist, genügen. Durch diesen Umstand wird es möglich, den Differentialquotienten $\frac{\partial \log q}{\partial k}$ durch y und k auszudrücken, wodurch es ferner möglich wird, in der zwischen y und k stattfindenden Differentialgleichung zweiter Ordnung die nach k genommenen Differentialquotienten von y durch andere nach $\log q$ genommene zu ersetzen. Man gewinnt hierdurch eine Gleichung, aus welcher man k durch y und seine nach $\log q$ genommenen Differentialquotienten bestimmen kann. Durch eine neue Differentiation endlich erhält man mittelst Elimination von k eine blofs zwischen y und seinen nach q genommenen Differentialquotienten stattfindende Gleichung dritter Ordnung und zweiten Grades, welche die verlangte Differentialgleichung ist. Diese Differentialgleichung steigt in Bezug auf y und seine Differentialquotienten bis auf die *vierzehnte Dimension*,

und sie dürfte daher trotz aller unserer Kenntnisse von den quadratischen Formen durch die unmittelbare Substitution der Reihe schwer zu beweisen sein.
Ich will jetzt die etwas beschwerliche Rechnung näher angeben, durch welche
man zu dieser Differentialgleichung gelangen kann, deren Complication in einem
merkwürdigen Gegensatz zu der Einfachheit der Reihe steht, welche ihr genügt.

Die Substitution

$$\cos \psi = \frac{k' \sin \varphi}{\Delta}, \quad \sin \psi = \frac{\cos \varphi}{\Delta}, \quad \sqrt{1 - k^2 \sin^2 \psi} = \frac{k'}{\Delta},$$

in welcher

$$k' = \sqrt{1 - k^2}, \quad \Delta = \sqrt{1 - k^2 \sin^2 \varphi}$$

ist, giebt

$$\frac{d\psi}{\sqrt{1 - k^2 \sin^2 \psi}} = \frac{d\varphi}{\Delta},$$

und daher die Gleichungen

$$(1.) \quad \begin{cases} \int \Delta \, d\varphi & = k'^2 \int \dfrac{d\varphi}{\Delta^3}, \\[2mm] \int \dfrac{\sin^2 \varphi \, d\varphi}{\Delta} = \int \dfrac{\cos^2 \varphi \, d\varphi}{\Delta^3}, \\[2mm] \int \dfrac{\cos^2 \varphi \, d\varphi}{\Delta} = k'^2 \int \dfrac{\sin^2 \varphi \, d\varphi}{\Delta^3}, \end{cases}$$

wo die Integrale, so wie auch im Folgenden immer, von 0 bis $\frac{1}{2}\pi$ ausgedehnt
gedacht werden. Bezeichnet man das ganze Integral der ersten Gattung mit

$$K = \int \frac{d\varphi}{\sqrt{1 - k^2 \sin^2 \varphi}},$$

so hat man

$$kK = \int \frac{d\varphi}{\sqrt{\dfrac{1}{k^2} - \sin^2 \varphi}}, \quad k'K = \int \frac{d\varphi}{\sqrt{\dfrac{\cos^2 \varphi}{k'^2} + \sin^2 \varphi}}.$$

Die Differentiation dieser drei Integrale nach k^2 ergiebt, wenn man die Formeln (1.) zu Hülfe nimmt, die folgenden Gleichungen:

$$\frac{dK}{d(k^2)} = \frac{1}{2} \int \frac{\sin^2 \varphi \, d\varphi}{\Delta^3} = \frac{1}{2k'^2} \int \frac{\cos^2 \varphi \, d\varphi}{\Delta},$$

$$\frac{d(kK)}{d(k^2)} = \frac{1}{2k} \int \frac{d\varphi}{\Delta^3} = \frac{1}{2kk'^2} \int \Delta \, d\varphi,$$

$$\frac{d(k'K)}{d(k^2)} = -\frac{1}{2k'} \int \frac{\cos^2 \varphi \, d\varphi}{\Delta^3} = -\frac{1}{2k'} \int \frac{\sin^2 \varphi \, d\varphi}{\Delta}.$$

Die letztere erhält man leicht, wenn man bemerkt, dass $d(k^2) = -d(k'^2)$.

Es ist ferner, wenn man wieder die Gleichungen (1.) zu Hülfe ruft,

$$\frac{d\int \frac{k^2 \cos^2\varphi\, d\varphi}{\Delta}}{d(k^2)} = \frac{d\int \frac{\cos^2\varphi}{\sin^2\varphi}\left(\frac{1}{\Delta} - \Delta\right) d\varphi}{d(k^2)} = \tfrac{1}{2}\int\left(\frac{\cos^2\varphi}{\Delta} + \frac{\cos^2\varphi}{\Delta^3}\right) d\varphi = \tfrac{1}{2}\int \frac{d\varphi}{\Delta},$$

$$\frac{d\int \frac{1}{k}\Delta\, d\varphi}{d(k^2)} = \frac{d\int \sqrt{\frac{1}{k^2} - \sin^2\varphi}\, d\varphi}{d(k^2)} = -\frac{1}{2k^3}\int \frac{d\varphi}{\Delta},$$

$$\frac{d\int \frac{k^2}{k'} \frac{\sin^2\varphi\, d\varphi}{\Delta}}{d(k^2)} = \frac{d\int \frac{\sin^2\varphi\, d\varphi}{\cos^2\varphi\sqrt{\frac{\cos^2\varphi}{k'^2} + \sin^2\varphi}}}{d(k'^2)} = \frac{d\int \frac{\sin^2\varphi}{\cos^2\varphi}\sqrt{\frac{\cos^2\varphi}{k'^3} + \sin^2\varphi}\, d\varphi}{d(k'^2)}$$

$$= \frac{1}{2k'^3}\int\left\{\frac{k^2\sin^2\varphi\, d\varphi}{\Delta^3} + \frac{\sin^2\varphi\, d\varphi}{\Delta}\right\} = \frac{1}{2k'^3}\int \frac{d\varphi}{\Delta}.$$

Setzt man daher

$$K = \tfrac{1}{2}\pi A, \qquad kK = \tfrac{1}{2}\pi A_1, \qquad k'K = \tfrac{1}{2}\pi A_2,$$

ferner

$$k^2\int \frac{\cos^2\varphi\, d\varphi}{\Delta} = \tfrac{1}{2}\pi B,$$

$$\frac{1}{k}\int \Delta\, d\varphi = \tfrac{1}{2}\pi B_1,$$

$$\frac{k^2}{k'}\int \frac{\sin^2\varphi\, d\varphi}{\Delta} = \tfrac{1}{2}\pi B_2,$$

so wird:

$$(2.) \quad \begin{cases} \dfrac{dA}{d(k^2)} = \dfrac{1}{2k^2 k'^2} B, & \dfrac{dB}{d(k^2)} = \tfrac{1}{4}A; \\[2ex] \dfrac{dA_1}{d(k^2)} = \dfrac{1}{2k^2} B_1, & \dfrac{dB_1}{d(k^2)} = -\dfrac{1}{2k^4} A_1; \\[2ex] \dfrac{dA_2}{d(k^2)} = -\dfrac{1}{2k'^2} B_2, & \dfrac{dB_2}{d(k^2)} = \dfrac{1}{2k'^4} A_2. \end{cases}$$

Die erste dieser Gleichungen zeigt, dass A der Differentialgleichung zweiter Ordnung

$$\frac{d\left(k^2 k'^2 \frac{dA}{d(k^2)}\right)}{d(k^2)} = \tfrac{1}{4}A,$$

oder, wenn man der Kürze halber

$$\frac{d(k^2)}{k^2 k'^2} = d\log\frac{k^2}{k'^2} = dl$$

setzt, der Differentialgleichung

$$\frac{d^2 A}{dl^2} = \tfrac{1}{4} k'^2 k'^2 A$$

Genüge leistet. Diese Differentialgleichung bleibt unverändert, wenn man k in k' verändert. Es ist daher auch

$$K' = \int \frac{d\varphi}{\sqrt{1 - k'^2 \sin^2 \varphi}}$$

ein Integral derselben. Aus den beiden Gleichungen

$$\frac{d^2 A}{dl^2} = \tfrac{1}{4} k'^2 k'^2 A, \qquad \frac{d^2 K'}{dl^2} = \tfrac{1}{4} k'^2 k'^2 K'$$

folgt

$$A \frac{d^2 K'}{dl^2} - K' \frac{d^2 A}{dl^2} = 0,$$

und durch Integration

$$A \frac{dK'}{dl} - K' \frac{dA}{dl} = \alpha,$$

wo α eine Constante ist. Diese Gleichung kann man auch so darstellen:

$$\frac{d\left(\frac{K'}{A}\right)}{dl} = \frac{\alpha}{A^2} \quad \text{oder} \quad \frac{d\left(\frac{K'}{A}\right)}{d(k^2)} = \frac{\alpha}{k^2 k'^2 A^2}.$$

Der Bruch

$$\frac{1}{k'^2 A^2} = \frac{\pi^2}{4 k'^2 K^2}$$

läfst sich für kleine Werthe von k in eine nach den ganzen positiven Potenzen von k^2 fortschreitende, mit der Einheit beginnende Reihe entwickeln, woraus durch Integration folgt, dass der Werth von

$$\frac{K'}{A} = \frac{\pi K'}{2K}$$

für kleine Werthe von k bis auf Gröfsen von der Ordnung k^2 genau

$$\alpha \log k^2 + \beta$$

ist, wo β eine neue Constante bedeutet. Die Werthe von α und β hat Euler in den «*Opusculis varii argumenti*» $\alpha = -\tfrac{1}{4}$, $\beta = \log 4$ gefunden. Substituirt man den Werth von α, und setzt

$$\log q = -\frac{\pi K'}{K} = -2 \frac{K'}{A},$$

so erhält man

(3.)
$$\frac{d\log q}{d(k^2)} = \frac{1}{k^2 k'^2 A^2} = \frac{1}{k'^2 A_1^2} = \frac{1}{k^2 A_2^2},$$

oder auch

(3*.)
$$\frac{d\log\frac{k^2}{h'^2}}{d\log q} = A^2, \qquad \frac{d\log\frac{1}{k'^2}}{d\log q} = A_1^2, \qquad \frac{d\log k^2}{d\log q} = A_2^2.$$

Wenn man mittelst der Formeln (3.) statt des Differentials $d(k^2)$ das Differential $d\log q$ einführt, so werden die Formeln (2.):

(4.)
$$\begin{cases} \dfrac{dA}{d\log q} = \tfrac{1}{2}BA^2, & \dfrac{dB}{d\log q} = \tfrac{1}{2}k^2 k'^2 A^3, \\[2mm] \dfrac{dA_1}{d\log q} = \tfrac{1}{2}B_1 A_1^2, & \dfrac{dB_1}{d\log q} = -\tfrac{1}{2}\dfrac{k'^2}{k^4}A_1^3, \\[2mm] \dfrac{dA_2}{d\log q} = -\tfrac{1}{2}B_2 A_2^2, & \dfrac{dB_2}{d\log q} = \tfrac{1}{2}\dfrac{k^2}{k'^4}A_2^3. \end{cases}$$

Man hat daher, wenn man

$$A = \frac{1}{C}, \quad A_1 = \frac{1}{C_1}, \quad A_2 = \frac{1}{C_2}$$

setzt, und die nach $\log q$ genommenen Differentiale der Functionen C mit oberen Indices bezeichnet,

(5.)
$$4C^3 C'' = -k^2 k'^2, \qquad 4C_1^3 C_1'' = \frac{k'^2}{k^4}, \qquad 4C_2^3 C_2'' = \frac{k^2}{k'^4}.$$

Ich bemerke jetzt, dass, wenn man in dem Ausdruck

$$\frac{\sqrt{4h+1}-1}{\sqrt{4h+1}+1}$$

für h die drei vorstehenden Größen

$$-k^2 k'^2, \qquad \frac{k'^2}{k^4}, \qquad \frac{k^2}{k'^4}$$

setzt und bei der zweiten die Wurzel negativ nimmt, die drei Größen

$$-\frac{k^2}{k'^2}, \qquad \frac{1}{k'^2}, \qquad k^2$$

erhalten werden. Dies sind zufolge (3*.) die Größen, deren Logarithmen differentiirt die Differentiale $A^2 d\log q$, $A_1^2 d\log q$, $A_2^2 d\log q$ oder

$$\frac{d\log q}{C^2}, \quad \frac{d\log q}{C_1^2}, \quad \frac{d\log q}{C_2^2}$$

geben. Es ist aber

$$d\log \frac{\sqrt{4h+1}-1}{\sqrt{4h+1}+1} = \frac{dh}{h\sqrt{4h+1}} = \frac{d\log h}{\sqrt{4h+1}}.$$

Substituirt man daher in $\dfrac{d\log h}{\sqrt{4h+1}}$ für h die drei Werthe (5.), so erhält man

$$\frac{d\log q}{C^2}, \quad \frac{d\log q}{C_1^2}, \quad \frac{d\log q}{C_2^2}.$$

Hieraus ergiebt sich, dass für alle drei Größen C, C_1, C_2 dieselbe Differentialgleichung

(6.) $$d\log(C^2 C'') = \sqrt{16 C^3 C''+1} \cdot \frac{d\log q}{C^2}$$

stattfindet, nur dass man, wenn man C_1 für C setzt, die Quadratwurzel negativ zu nehmen hat. Macht man diese Gleichung rational, so ergiebt sich für alle drei Functionen

$$C = \frac{\pi}{2K}, \quad C_1 = \frac{\pi}{2kK}, \quad C_2 = \frac{\pi}{2k'K}$$

dieselbe Differentialgleichung dritter Ordnung und zweiten Grades:

(7.) $$C^2(CC''' + 3C'C'')^2 = C''^2(16 C^3 C'' + 1).$$

Wenn man

$$C = y^{-2}$$

setzt, und die nach $\log q$ genommenen Differentialquotienten von y wieder durch obere Indices bezeichnet, so erhält man nach einander

$$C' = -2y^{-3}y', \quad C'' = -2y^{-3}y'' + 6y^{-4}y'^2, \quad C''' = -2y^{-3}y''' + 18y^{-4}y'y'' - 24y^{-5}y'^3,$$

und daher

$$CC''' + 3C'C'' = -2y^{-5}y''' + 30y^{-6}y'y'' - 60y^{-7}y'^3.$$

Es verwandelt sich daher die Differentialgleichung (7.), wenn man noch mit $\frac{1}{4}y^{18}$ multiplicirt, in die folgende Differentialgleichung zwischen y und q:

(8.) $$(y^2 y''' - 15yy'y'' + 30y'^3)^2 + 32(yy'' - 3y'^2)^3 = y^{10}(yy'' - 3y'^2)^2.$$

In dieser Gleichung kann y, den drei Werthen von C entsprechend, jede der drei Functionen $\sqrt{\dfrac{2K}{\pi}}$, $\sqrt{\dfrac{2kK}{\pi}}$, $\sqrt{\dfrac{2k'K}{\pi}}$ bedeuten. Wenn man daher die aus der Theorie der elliptischen Functionen bekannten, nach den Potenzen von q fortschreitenden Reihenentwickelungen dieser Functionen einführt, so erhält man das folgende Theorem:

Theorem.

Es bedeute y eine der drei Reihen

$$1 \pm 2q + 2q^4 \pm 2q^9 + 2q^{16} \pm 2q^{25} + \text{etc.},$$
$$2\{\sqrt[4]{q} + \sqrt[4]{q^9} + \sqrt[4]{q^{25}} + \sqrt[4]{q^{49}} + \text{etc.}\},$$

so findet zwischen y und q die folgende Differentialgleichung dritter Ordnung und zweiten Grades statt, in welcher $d\log q$ als das constante Differential angenommen ist:

$$\{y^2 d^3 y - 15 y\, dy\, d^2 y + 30\, dy^3\}^2 + 32\{y\, d^2 y - 3\, dy^2\}^3 = y^{10}\{y\, d^2 y - 3\, dy^2\}^2\, d\log q)^2.$$

Die beiden der vorstehenden Differentialgleichung genügenden Reihen,

$$1 + 2q + 2q^4 + 2q^9 + \cdots = \sqrt{\frac{2K}{\pi}},$$

$$1 - 2q + 2q^4 - 2q^9 + \cdots = \sqrt{\frac{2k'K}{\pi}},$$

werden aus einander durch Veränderung von q in $-q$ erhalten. Allgemeiner kann man, da die Differentialgleichung (8.) nur die nach $\log q$ genommenen Differentiale und nicht q selber enthält, aus jedem für y gefundenen Ausdruck einen andern, welcher derselben Differentialgleichung Genüge leistet, erhalten, wenn man aq statt q setzt, wo a eine beliebige Constante bedeutet. Wenn man in der Reihe

$$2\sqrt[4]{q}\{1 + q^2 + q^6 + q^{12} + q^{20} + \text{etc.}\} = \sqrt{\frac{2kK}{\pi}},$$

welche ebenfalls der Differentialgleichung (8.) genügt, die Variable q in $-q$ verwandelt, oder $a + -1$ setzt, so wird diese Reihe mit einer 8ten Wurzel der Einheit multiplicirt. Die Differentialgleichung (8.) muß daher so beschaffen sein, dass sie unverändert bleibt, wenn man y mit einer 8ten Wurzel der Einheit multiplicirt, oder es müssen in den verschiedenen Termen der Glei-

chung (8.) die Unterschiede ihrer Dimensionen in Bezug auf y und seine Differentialquotienten durch 8 theilbar sein. Dies ist auch in der That der Fall, da in Bezug auf y und seine Differentialquotienten die Terme links vom Gleichheitszeichen in der Gleichung (8.) von der 6ten, die Terme rechts vom Gleichheitszeichen von der 14ten Dimension sind.

Die Gleichung

$$d \log q = \frac{d(k^9)}{k^2 k'^2 \left(\frac{2K}{\pi}\right)^2} = \frac{d(k^9)}{k^3 k'^3 y^4}$$

bleibt unverändert, wenn man q in q^m und gleichzeitig y in $\frac{y}{\sqrt[4]{m}}$ (oder C in $\sqrt{m}\,C$) ändert. Hieraus folgt, *dass aus jeder gegebenen Function, welche der Differentialgleichung (8.) Genüge leistet, eine andere erhalten wird, welche derselben Differentialgleichung genügt, wenn man die gegebene Function mit $\sqrt{m}$ multiplicirt und gleichzeitig q in q^m ändert.* Es muß daher in jedem Term der Differentialgleichung (8.) die Summe der Ordnungen der einzelnen Differentialquotienten weniger dem 4ten Theile seiner in Bezug auf y gemessenen Dimension die gleiche Zahl geben, oder in je zwei verschiedenen Termen die Differenz der Summe der Ordnungen der Differentialquotienten gleich dem vierten Theile des Unterschiedes ihrer Dimensionen sein. In der That ist in (8.) der 4te Theil des Unterschiedes der Dimensionen der Terme rechts und links vom Gleichheitszeichen $\frac{1}{4}(14-6) = 2$ und der Unterschied der Summe der Ordnungen ihrer Differentialquotienten ebenfalls $6-4=2$.

In der Theorie der Transformation der elliptischen Functionen wird gezeigt, dass durch die Aenderung von q in q^m, wenn m eine beliebige rationale Zahl ist, das ganze elliptische Integral K und daher auch $C = \frac{\pi}{2K}$ mit einem Factor, welcher eine algebraische Function von k ist, multiplicirt wird. Bedeutet daher g einen solchen Factor, so muss dem Vorhergehenden zufolge der Differentialgleichung (7.), welcher C genügt, auch die Function $\frac{gC}{\sqrt{m}}$ genügen. Es giebt daher unendlich viele Fälle, in welchen zwei Integrale der Differentialgleichung (7.) aus einander durch Multiplication mit einer algebraischen Function von k erhalten werden. Wenn allgemein f einen Factor von der Beschaffenheit bedeutet, dass $fC = \frac{\pi f}{2K}$ wieder ein Integral der Differentialgleichung (7.)

wird, welcher C genügt, so findet man die zwischen diesem Factor f und dem Modul k bestehende Differentialgleichung auf folgende Art.

Die zwischen den Größen C und q stattfindende Differentialgleichung (7.) wurde durch Elimination von $k^2 k'^2$ aus den Gleichungen

$$4 C^3 C'' = -k^2 k'^2, \qquad \frac{d\log(-k^2 k'^2)}{\sqrt{1-4k^2 k'^2}} = \frac{d\log q}{C^2}$$

abgeleitet. Die letztere Gleichung folgt aus der Gleichung $d\log\frac{k^2}{k'^2} = dl = \frac{d\log q}{C^2}$. Diese giebt für eine beliebige Function u:

$$C^2 u' = C^2 \frac{du}{d\log q} = \frac{du}{dl}.$$

Setzt man

$$D = f.C$$

und bezieht die oberen Indices von D und f, ebenso wie die von y, C und u auf die Differentiation nach $\log q$, so wird

$$D'' = fC'' + 2f'C' + f''C.$$

Man hat daher

$$4D^3 D'' = -f^4 k^2 k'^2 + 4f^3 C^2 \frac{d(C^2 f')}{d\log q}$$

$$= -f^4 k^2 k'^2 + 4f^3 \frac{d^2 f}{dl^2},$$

$$\frac{dl}{f^2} = \frac{d\log q}{D^2}.$$

Setzt man den Ausdruck

(9.) $\qquad -f^4 k^2 k'^2 + 4f^3 \dfrac{d^2 f}{dl^2} = H$

und denkt sich die Function f so bestimmt, dass

(10.) $\qquad \dfrac{d\log H}{\sqrt{4H+1}} = \dfrac{dl}{f^2},$

so hat man die beiden Gleichungen:

(11.) $\qquad 4D^3 D'' = H, \qquad \dfrac{d\log H}{\sqrt{4H+1}} = \dfrac{d\log q}{D^2}.$

Eliminirt man aus diesen Gleichungen die Größe H, so erhält man dieselbe Differentialgleichung zwischen D und q, welche zwischen C und q gefunden

worden ist. Wenn man andererseits aus (9.) den Werth von H in (10.) substituirt, so erhält man eine Differentialgleichung 3ter Ordnung zwischen f und k. Setzt man in dieser Differentialgleichung $l = \log k_1$ oder

$$\frac{k^2}{k'^2} = k_1,$$

so wird dieselbe

(12.) $$k_1^2 f^4 \left(\frac{dH}{dk_1}\right)^2 = H^2 + 4H^3,$$

wo zufolge (9.) die Größe H den Ausdruck

(13.) $$4 k_1^2 f^3 \frac{d^2 f}{dk_1^2} + 4 k_1 f^3 \frac{df}{dk_1} - \frac{k_1 f^4}{(1 + k_1)^2)^2} = H$$

bedeutet.

So wie die Function $D = \frac{\pi f}{2K}$ ein Integral der Gleichung (7.) wurde, wenn f ein beliebiges Integral der Gleichung (12.) ist, so wird auch umgekehrt $f = \frac{2K}{\pi} D$ ein Integral der Gleichung (12.), wenn D ein beliebiges Integral der Gleichung (7.) ist. Setzt man nämlich $4D^3 D'' = H$, so verwandelt sich die Gleichung (7.), welcher D genügt, in die Gleichung (10.). Bestimmt man dann f durch die Gleichung $D = \frac{\pi f}{2K} = fC$, so erhält man durch zweimalige Differentiation für H den Werth (9.), und wenn man diesen in die Gleichung (10.) substituirt, die Differentialgleichung (12.).

Aus den Gleichungen (3*.) und (5.) ergiebt sich, dass man, ohne dass $d \log q$ und die Gleichung (7.) sich ändert, für $-\frac{k^2}{k'^2}$ die Größen $\frac{1}{k'^2}$ und k^2 setzen kann, wenn man gleichzeitig K in kK und $k'K$ ändert. Bedeutet daher $f(k_1)$ ein beliebiges Integral der Differentialgleichung (12.), so wird nicht nur $\frac{\pi}{2K} f\left(\frac{k^2}{k'^2}\right)$, sondern es werden auch die Functionen

$$\frac{\pi}{2kK} f\left(-\frac{1}{k'^2}\right), \quad \frac{\pi}{2k'K} f(-k^2)$$

Integrale der Gleichung (7.) werden. Umgekehrt werden, wenn D ein beliebiges Integral der Gleichung (7.) ist, die Functionen

$$\frac{2K}{\pi} D, \quad \frac{2kK}{\pi} D, \quad \frac{2k'K}{\pi} D$$

Integrale der Gleichung (12.), je nachdem in letzterer k_1 die Größen

$$\frac{k^2}{k'^2}, \quad -\frac{1}{k'^2}, \quad -k^2$$

bedeutet.

Der Differentialgleichung (12.) genügen unendlich viele algebraische Werthe von f, welche nur um einen Zahlenfactor von den Werthen verschieden sind, die der in der Theorie der Transformation der elliptischen Integrale vorkommende Multiplicator M für die verschiedenen Transformationen annimmt. Kennt man die algebraische Gleichung zwischen dem gegebenen Modul k und dem transformirten λ, so wird das Quadrat dieses Multiplicators rational durch k und λ vermittelst der allgemeinen Formel

$$(14.) \qquad M^2 = \frac{(\lambda - \lambda^3)\,dk}{n(k - k^3)\,d\lambda}$$

gegeben, wo n die Ordnung der Transformation bedeutet. Außerdem findet zwischen den nach k genommenen ersten beiden Differentialquotienten von M und dem ersten von λ noch die Differentialgleichung

$$(15.) \qquad M\left\{ (k - k^3)\frac{d^2 M}{dk^2} + (1 - 3k^2)\frac{dM}{dk} - kM \right\} + \frac{\lambda\, d\lambda}{n\, dk} = 0$$

statt. In den *Fund. nov.* (pag. 77)[*] ist aus den beiden Gleichungen (14.) und (15.) durch Elimination von M die zwischen je zwei Moduln, welche in einander transformirt werden können, bestehende Differentialgleichung 3ter Ordnung gefunden worden. Wenn man aber aus denselben beiden Differentialgleichungen statt M den transformirten Modul λ eliminirt, so erhält man für $\sqrt{n} \cdot M$ dieselbe Differentialgleichung, wie oben für f gefunden worden, welche von der Ordnung der Transformation unabhängig ist. Es können nämlich die beiden Gleichungen (14.) und (15.), wenn man $\lambda'^2 = 1 - \lambda^2$, $l = \log\dfrac{k^2}{k'^2}$ setzt, durch folgende beide ersetzt werden:

$$(16.) \qquad \begin{cases} n^2\left\{ -M^4 k^2 k'^2 + 4M^3 \dfrac{d^2 M}{dl^2} \right\} = -\lambda^2 \lambda'^2, \\[2mm] d\log\dfrac{\lambda^2}{\lambda'^2} = \dfrac{d\log(-\lambda^2 \lambda'^2)}{\sqrt{1 - 4\lambda^2 \lambda'^2}} = \dfrac{dl}{nM^2}. \end{cases}$$

---

[*] Band I., p. 182 dieser Ausgabe.

Da nun, wenn man

$$H = -\lambda^2 \lambda'^2, \qquad f = \sqrt{n} \cdot M$$

setzt, die Gleichungen (9.) und (10.) mit den Gleichungen (16.) übereinkommen, so werden die Functionen $\sqrt{n} \cdot M$ Integrale der zwischen f und $k_1 = \dfrac{k^2}{k'^2}$ bestehenden Differentialgleichung (12.), und zwar algebraische Integrale dieser Gleichung.

Die für C und y oben aufgestellten Differentialgleichungen sind aus der linearen Differentialgleichung zweiter Ordnung, deren besondere Integrale K und K' sind, in Verbindung mit der Gleichung

$$d \log q = d \frac{-\pi K'}{K} = \frac{d(k^2)}{k^2 k'^2 \left(\dfrac{2K}{\pi} \right)^2}$$

erhalten worden. Setzt man für K und K' zwei vollständige Integrale der erstern,

$$Q = aK + \sqrt{-1}\, bK', \qquad Q' = a'K' + \sqrt{-1}\, b'K,$$

so wird

$$d \frac{-\pi Q'}{Q} = \frac{(aa' + bb')\, d(k^2)}{k^2 k'^2 \left(\dfrac{2Q}{\pi} \right)^2}.$$

Hieraus folgt, dass man in den zwischen K, k und q aufgestellten Differentialgleichungen für K und $\log q$ auf die allgemeinste Art die Gröfsen $\dfrac{Q}{\sqrt{aa' + bb'}}$ und $-\dfrac{\pi Q'}{Q}$ setzen kann. *Es wird daher das vollständige Integral der Differentialgleichungen (7.) und (8.) durch das System der beiden Gleichungen*

$$(17.) \quad \begin{cases} C^{-\frac{1}{2}} = y = \sqrt{\dfrac{\dfrac{2}{\pi}(aK + \sqrt{-1}\, bK')}{\sqrt{aa' + bb'}}}, \\[3ex] \log q = -\dfrac{\pi(a'K' + \sqrt{-1}\, b'K)}{aK + \sqrt{-1}\, bK'} \end{cases}$$

gegeben, wo a, b, a', b' willkürliche Constanten bedeuten, und die Gröfsen K und K' gegebene Functionen einer dritten Gröfse k sind, nämlich die ganzen elliptischen Integrale erster Gattung für die Moduln k und $\sqrt{1-k^2}$.

Setzt man

$$-\frac{K'}{K} = r,$$

woraus

$$\sqrt{\frac{2K}{\pi}} = 1 + 2e^{\pi r} + 2e^{4\pi r} + 2e^{9\pi r} + \text{etc.}$$

folgt, so erhält man aus der letzten der beiden vorstehenden Gleichungen (17.):

$$\log q = \frac{\pi(a'r - \sqrt{-1}\,b')}{a - \sqrt{-1}\,br},$$

und daher

$$r = \frac{a \log q + \sqrt{-1}\,b'\pi}{a'\pi + \sqrt{-1}\,b \log q}, \qquad a - \sqrt{-1}\,br = \frac{(aa' + bb')\pi}{a'\pi + \sqrt{-1}\,b \log q}.$$

Der vollständige Werth von y, durch r ausgedrückt, wird:

$$y = \sqrt{\frac{a - \sqrt{-1}\,br}{\sqrt{aa' + bb'}}} \cdot \left\{ 1 + 2e^{\pi r} + 2e^{4\pi r} + 2e^{9\pi r} + \text{etc.} \right\}.$$

Wenn man in diesen Formeln a, b, a', b' statt

$$\frac{a}{\sqrt{aa' + bb'}}, \qquad \frac{b}{\sqrt{aa' + bb'}}, \qquad \frac{a'}{\sqrt{aa' + bb'}}, \qquad \frac{b'}{\sqrt{aa' + bb'}}$$

und

$$q = e^{\pi \rho}, \qquad \log q = \pi \rho,$$

setzt, so erhält man das folgende

Theorem.

»*Die Reihe*

$$y = 1 + 2e^{\pi \rho} + 2e^{4\pi \rho} + 2e^{9\pi \rho} + \text{etc.}$$

genügt der Differentialgleichung dritter Ordnung

$$\left\{ y^2 d^3 y - 15 y \, dy \, d^2 y + 30 dy^3 \right\}^2 + 32 \left\{ y \, d^3 y - 3 dy^2 \right\}^3 = y^{10} \left\{ y \, d^2 y - 3 dy^2 \right\}^2 \pi^2 d\rho^2,$$

in welcher $d\rho$ *das beständige Differential ist, und es wird das vollständige Integral dieser Differentialgleichung:*

$$y = \frac{1 + 2e^{\pi r} + 2e^{4\pi r} + 2e^{9\pi r} + \text{etc.}}{\sqrt{a' + \sqrt{-1}\,b\rho}},$$

wo

$$r = \frac{a\rho + \sqrt{-1}\,b'}{a' + \sqrt{-1}\,b\rho}$$

ist, und a, a', b, b' willkürliche Constanten bedeuten, für welche

$$aa' + bb' = 1$$

ist.«

Man kann das vorstehende Theorem aus dem ersten oben gegebenen Theorem ableiten, wenn man beweist,

dass, wenn $y = f(\rho)$, wo $\pi\rho = \log q$, ein beliebiges particuläres Integral der Differentialgleichung (8.) bedeutet, und man $r = \dfrac{a\rho + \sqrt{-1}\,b'}{a' + \sqrt{-1}\,b\rho}$ setzt, wo $aa' + bb' = 1$, die Function

$$y = \frac{f(r)}{\sqrt{a' + \sqrt{-1}\,b\rho}}$$

das vollständige Integral der Differentialgleichung (8.) ist.

Man zeigt dieses leicht auf folgende Art.

Die Differentialgleichung (8.) verwandelt sich, wenn man $y = C^{-\frac{1}{2}}$ setzt, in die Differentialgleichung (7.), welche, wie wir gesehen haben, aus dem Systeme zweier Gleichungen,

$$4C^3 C'' = H, \qquad \frac{d\log H}{\sqrt{1 + 4H}} = \frac{d\log q}{C^2},$$

durch Elimination von H hervorgeht. Setzt man $\log q = \pi\rho$ und für C ein beliebiges particuläres Integral der Differentialgleichung (7.),

$$C = \varphi(\rho) = \{f(\rho)\}^{-2},$$

so werden die beiden vorstehenden Gleichungen, wenn man sich der Lagrange-schen Bezeichnungsart der Differentialquotienten bedient,

$$4\varphi(\rho)^3 \varphi''(\rho) = \pi^2 H, \qquad \frac{d\log H}{\sqrt{1 + 4H}} = \frac{\pi\,d\rho}{\varphi(\rho)^2}.$$

Schreibt man r für ρ, so werden auch zwei Gleichungen von der Form

$$4\varphi(r)^3 \varphi''(r) = \pi^2 H_1, \qquad \frac{d\log H_1}{\sqrt{1 + 4H_1}} = \frac{\pi\,dr}{\varphi(r)^2}.$$

gleichzeitig stattfinden. Es seien a, b, a', b' Constanten, für welche $aa' + bb' = 1$, und

$$r = \frac{a\rho + \sqrt{-1}\, b'}{a' + \sqrt{-1}\, b\rho}, \qquad dr = \frac{d\rho}{(a' + \sqrt{-1}\, b\rho)^2},$$

ferner

$$\psi(\rho) = (a' + \sqrt{-1}\, b\rho)\, \varphi(r),$$

so erhält man durch zweimaliges Differentiiren:

$$\psi'(\rho) = \sqrt{-1}\, b\varphi(r) + \frac{\varphi'(r)}{a' + \sqrt{-1}\, b\rho},$$

$$\psi''(\rho) = \frac{\varphi''(r)}{(a' + \sqrt{-1}\, b\rho)^3},$$

und daher

$$\psi(\rho)^3 \psi''(\rho) = \varphi(r)^3 \varphi''(r).$$

Fügt man hierzu die Formel

$$\frac{dr}{\varphi(r)^2} = \frac{d\rho}{(a' + \sqrt{-1}\, b\rho)^2 \varphi(r)^2} = \frac{d\rho}{\psi(\rho)^2},$$

so verwandeln sich die beiden Gleichungen

$$4\varphi(r)^3 \varphi''(r) = \pi^2 H_1, \qquad \frac{d\log H_1}{\sqrt{1 + 4H_1}} = \frac{\pi\, dr}{\varphi(r)^2}$$

in die ganz ähnlichen

$$4\varphi(\rho)^3 \psi''(\rho) = \pi^2 H_1, \qquad \frac{d\log H_1}{\sqrt{1 + 4H_1}} = \frac{\pi\, d\rho}{\psi(\rho)^2}.$$

Es folgt hieraus, dass die Function

$$\psi(\rho) = (a' + \sqrt{-1}\, b\rho)\varphi(r),$$

eben so wie $\varphi(\rho)$, ein Integral der Differentialgleichung (7.) und daher auch

$$\{\psi(\rho)\}^{-\frac{1}{2}} = \frac{f(r)}{\sqrt{a' + \sqrt{-1}\, b\rho}}$$

ein Integral der Differentialgleichung (8.) ist, und zwar sind dies die vollständigen Integrale dieser Differentialgleichungen, weil sie drei willkürliche Constanten enthalten.

Man hat oben gesehen, dass die Reihe

$$2\sqrt[4]{q} + 2\sqrt[4]{q^9} + 2\sqrt[4]{q^{25}} + 2\sqrt[4]{q^{49}} + \text{ etc.}$$

ebenfalls ein Integral der Differentialgleichung (8.) ist. Man wird daher mittelst des eben gefundenen Satzes auch aus dieser Reihe das vollständige Integral der Differentialgleichung (8.) ableiten können, und es muſs das aus der einen Form erhaltene vollständige Integral das Integral der andern Form umfassen. Es müssen daher in dem Ausdruck $r = \dfrac{a\rho + \sqrt{-1}\,b'}{a' + \sqrt{-1}\,b\rho}$ die Constanten a, b, a', b' immer so bestimmt werden können, dass

$$\frac{1 + 2e^{9\pi r} + 2e^{4\pi r} + 2e^{9\pi r} + \text{etc.}}{\sqrt{a' + \sqrt{-1}\,b\rho}} = 2e^{\frac{1}{4}\pi\rho} + 2e^{\frac{9}{4}\pi\rho} + 2e^{\frac{25}{4}\pi\rho} + \text{etc.}$$

Die Theorie der elliptischen Transcendenten lehrt, dass diese Bestimmung auf unendlich viele Arten möglich ist. Es ergiebt sich nämlich aus der Theorie der unendlich vielen Formen der Transcendente θ*), dass die vorstehende Gleichung immer gilt, wenn a, b, a', b' positive oder negative ganze Zahlen sind, von denen a, a' und b ungerade sind, und a' und b durch 4 dividirt nicht denselben Rest lassen. *Das Zeichen der den Nenner bildenden Quadratwurzel in der vorstehenden Formel hängt von dem Werthe der in der Theorie der quadratischen Reste mit $\left(\dfrac{a'}{b}\right)$ bezeichneten Gröſse ab.* Ein doppelter Gang der Untersuchung, welchen man einschlagen kann, führt zu dieser Zeichenbestimmung entweder mittelst einer Kettenbruchentwickelung oder der von Gauſs in seiner Abhandlung *Summatio serierum quarundam singularium* betrachteten Summen. Die vorstehende Gleichung wird, wenn a und b ungerade sind, immer gelten, wofern man nur die eine Seite derselben mit einer 8ten Wurzel der Einheit multiplicirt. Wenn von den Zahlen a und b die eine gerade, die andere ungerade ist, hat man die Gleichung

$$\delta \cdot \frac{1 + 2e^{9\pi r} + 2e^{4\pi r} + 2e^{9\pi r} + \cdots}{\sqrt{a' + \sqrt{-1}\,b\rho}} = 1 \pm 2e^{\pi\rho} + 2e^{4\pi\rho} \pm 2e^{9\pi\rho} + \cdots,$$

wo δ eine 8te Wurzel der Einheit bedeutet, und das obere oder untere Zeichen gilt, jenachdem von den Zahlen a' und b die eine gerade, die andere ungerade oder beide ungerade sind.

---

*) Ich habe diese Theorie in mehreren an der Königsberger Universität gehaltenen Vorlesungen umständlich auseinandergesetzt und behalte mir vor, dieselbe bei einer andern Gelegenheit bekannt zu machen.

Die vorstehenden Reihenentwickelungen setzen voraus, dass der reelle Theil der Größen ρ und r negativ ist. Wenn dies bei ρ, aber nicht bei der Größe r der Fall ist, so kann man die Constanten a und b' mit $\sqrt{-1}$ multipliciren und die Constanten a' und b mit $\sqrt{-1}$ dividiren, wodurch die Bedingung $aa' + bb' = 1$ unverändert bleibt, und sich r in $-r$ verwandelt, also der reelle Theil negativ wird. *Für beliebige reelle Werthe der willkürlichen Constanten* a, a', b, b' *wird, wenn der reelle Theil von* ρ *negativ ist, auch der reelle Theil von* r *immer negativ sein.* Setzt man nämlich

$$\rho = -\rho_0 + \rho_1 \sqrt{-1};$$

so wird

$$r = \frac{-a\rho_0 + (a\rho_1 + b'(\sqrt{-1})}{a' - b\rho_1 - b\rho_0 \sqrt{-1}}$$

$$= \frac{-\rho_0 + \{(a' - b\rho_1)(a\rho_1 + b') - ab\rho_0^2\}\sqrt{-1}}{(a' - b\rho_1)^2 + b^2 \rho_0^2},$$

woraus der vorstehende Satz folgt.

Den 10. November 1847.

ÜBER

EINE PARTICULÄRE LÖSUNG

DER PARTIELLEN DIFFERENTIALGLEICHUNG

$$\frac{\partial^2 V}{\partial x^2} + \frac{\partial^2 V}{\partial y^2} + \frac{\partial^2 V}{\partial z^2} = 0.$$

VON

C. G. J. JACOBI.

Crelle Journal für die reine und angewandte Mathematik, Bd. 36. p. 113—134.

ÜBER EINE PARTICULÄRE LÖSUNG DER PARTIELLEN DIFFERENTIALGLEICHUNG

$$\frac{\partial^2 V}{\partial x^2} + \frac{\partial^2 V}{\partial y^2} + \frac{\partial^2 V}{\partial z^2} = 0.$$

1.

Es seien x, y, z rechtwinklige Coordinaten und

$$\varphi(x,y,z) = \rho, \qquad \varphi_1(x,y,z) = \rho_1, \qquad \varphi_2(x,y,z) = \rho_2$$

die Gleichungen dreier orthogonalen Flächensysteme, in welchen man ρ, ρ_1, ρ_2 als die veränderlichen Parameter betrachtet. Für gegebene Werthe der Coordinaten x, y, z erhalten durch diese Gleichungen die drei Parameter ρ, ρ_1, ρ_2 bestimmte Werthe, und es ist daher für einen gegebenen Punkt des Raumes die individuelle Fläche jedes Systems bestimmt, welche durch ihn hindurchgeht. Setzt man

$$\left(\frac{\partial \rho}{\partial x}\right)^2 + \left(\frac{\partial \rho}{\partial y}\right)^2 + \left(\frac{\partial \rho}{\partial z}\right)^2 = h^2,$$

$$\left(\frac{\partial \rho_1}{\partial x}\right)^2 + \left(\frac{\partial \rho_1}{\partial y}\right)^2 + \left(\frac{\partial \rho_1}{\partial z}\right)^2 = h_1^2,$$

$$\left(\frac{\partial \rho_2}{\partial x}\right)^2 + \left(\frac{\partial \rho_2}{\partial y}\right)^2 + \left(\frac{\partial \rho_2}{\partial z}\right)^2 = h_2^2,$$

und nennt

$$\alpha, \beta, \gamma; \qquad \alpha_1, \beta_1, \gamma_1; \qquad \alpha_2, \beta_2, \gamma_2$$

die Cosinus der Winkel, welche die an den drei Flächen in ihrem gemeinschaftlichen Durchschnitt errichteten Normalen mit den drei Coordinatenaxen bilden, so hat man:

$$(1.) \quad \begin{cases} h\,\alpha = \dfrac{\partial\rho}{\partial x}, & h\beta = \dfrac{\partial\rho}{\partial y}, & h\gamma = \dfrac{\partial\rho}{\partial z}, \\[2mm] h_1\alpha_1 = \dfrac{\partial\rho_1}{\partial x}, & h_1\beta_1 = \dfrac{\partial\rho_1}{\partial y}, & h_1\gamma_1 = \dfrac{\partial\rho_1}{\partial z}, \\[2mm] h_2\alpha_2 = \dfrac{\partial\rho_2}{\partial x}, & h_2\beta_2 = \dfrac{\partial\rho_2}{\partial y}, & h_2\gamma_2 = \dfrac{\partial\rho_2}{\partial z}. \end{cases}$$

Da die drei Normalen selber auf einander senkrecht stehen, so haben die neun Gröfsen α, β, etc. die bekannten Eigenschaften der Coëfficienten der Transformationsformeln zweier rechtwinkligen Coordinatensysteme.

Aus den vorstehenden Formeln folgt für eine beliebige Function V:

$$\begin{aligned}
\frac{\partial V}{\partial x} &= \alpha.h\,\frac{\partial V}{\partial\rho} + \alpha_1.h_1\,\frac{\partial V}{\partial\rho_1} + \alpha_2.h_2\,\frac{\partial V}{\partial\rho_2}, \\[2mm]
\frac{\partial V}{\partial y} &= \beta.h\,\frac{\partial V}{\partial\rho} + \beta_1.h_1\,\frac{\partial V}{\partial\rho_1} + \beta_2.h_2\,\frac{\partial V}{\partial\rho_2}, \\[2mm]
\frac{\partial V}{\partial z} &= \gamma.h\,\frac{\partial V}{\partial\rho} + \gamma_1.h_1\,\frac{\partial V}{\partial\rho_1} + \gamma_2.h_2\,\frac{\partial V}{\partial\rho_2},
\end{aligned}$$

und daher zufolge der erwähnten Eigenschaften der Gröfsen α, β, etc.:

$$(2.) \quad \left(\frac{\partial V}{\partial x}\right)^2 + \left(\frac{\partial V}{\partial y}\right)^2 + \left(\frac{\partial V}{\partial z}\right)^2 = h^2\left(\frac{\partial V}{\partial\rho}\right)^2 + h_1^2\left(\frac{\partial V}{\partial\rho_1}\right)^2 + h_2^2\left(\frac{\partial V}{\partial\rho_2}\right)^2.$$

Vermöge der Eigenschaften dieser Gröfsen hat man auch:

$$\Sigma\pm\alpha\beta_1\gamma_2 = 1,$$

woraus durch Substitution von (1.) die Formel

$$\Sigma\pm\frac{\partial\rho}{\partial x}\,\frac{\partial\rho_1}{\partial y}\,\frac{\partial\rho_2}{\partial z} = h h_1 h_2$$

folgt, und daher auch vermittelst einer bekannten Eigenschaft der Determinanten:

$$(3.) \quad \Sigma\pm\frac{\partial x}{\partial\rho}\,\frac{\partial y}{\partial\rho_1}\,\frac{\partial z}{\partial\rho_2} = \frac{1}{h h_1 h_2}.$$

Man kann diese Formel auch folgendermafsen ableiten. Aus (1.) ergiebt sich:

$$\begin{aligned}
\alpha\,dx + \beta\,dy + \gamma\,dz &= \frac{1}{h}\,d\rho, \\[2mm]
\alpha_1\,dx + \beta_1\,dy + \gamma_1\,dz &= \frac{1}{h_1}\,d\rho_1, \\[2mm]
\alpha_2\,dx + \beta_2\,dy + \gamma_2\,dz &= \frac{1}{h_2}\,d\rho_2,
\end{aligned}$$

und daraus vermöge der Eigenschaften der Größen α, β, etc.:

$$dx = \frac{\alpha}{h}\,d\rho + \frac{\alpha_1}{h_1}\,d\rho_1 + \frac{\alpha_2}{h_2}\,d\rho_2,$$

$$dy = \frac{\beta}{h}\,d\rho + \frac{\beta_1}{h_1}\,d\rho_1 + \frac{\beta_2}{h_2}\,d\rho_2,$$

$$dz = \frac{\gamma}{h}\,d\rho + \frac{\gamma_1}{h_1}\,d\rho_1 + \frac{\gamma_2}{h_2}\,d\rho_2;$$

ferner:

(4.) $$dx^2 + dy^2 + dz^2 = \frac{1}{h^2}\,d\rho^2 + \frac{1}{h_1^2}\,d\rho_1^2 + \frac{1}{h_2^2}\,d\rho_2^2.$$

Die ersten drei der vorstehenden Gleichungen ergeben:

(5.) $$\begin{cases}\dfrac{\partial x}{\partial \rho}=\dfrac{\alpha}{h}, & \dfrac{\partial y}{\partial \rho}=\dfrac{\beta}{h}, & \dfrac{\partial z}{\partial \rho}=\dfrac{\gamma}{h}, \\[2mm] \dfrac{\partial x}{\partial \rho_1}=\dfrac{\alpha_1}{h_1}, & \dfrac{\partial y}{\partial \rho_1}=\dfrac{\beta_1}{h_1}, & \dfrac{\partial z}{\partial \rho_1}=\dfrac{\gamma_1}{h_1}, \\[2mm] \dfrac{\partial x}{\partial \rho_2}=\dfrac{\alpha_2}{h_2}, & \dfrac{\partial y}{\partial \rho_2}=\dfrac{\beta_2}{h_2}, & \dfrac{\partial z}{\partial \rho_2}=\dfrac{\gamma_2}{h_2}, \end{cases}$$

und hieraus folgt, wie oben gefunden worden,

$$\Sigma \pm \frac{\partial x}{\partial \rho}\frac{\partial y}{\partial \rho_1}\frac{\partial z}{\partial \rho_2} = \frac{1}{h\,h_1\,h_2}\Sigma \pm \alpha\,\beta_1\,\gamma_2 = \frac{1}{h\,h_1\,h_2}.$$

Diese Formel zeigt, dass das Raumelement $dx\,dy\,dz$, wenn man die Parameter ρ, ρ_1, ρ_2 statt der rechtwinkligen Coordinaten einführt, durch das Element

$$\frac{1}{h\,h_1\,h_2}\,d\rho\,d\rho_1\,d\rho_2$$

ausgedrückt wird, wie sich leicht auch aus geometrischen Betrachtungen ergiebt.

Will man die Größen ρ, ρ_1, ρ_2 statt x, y, z in die partielle Differentialgleichung

$$\frac{\partial^2 V}{\partial x^2}+\frac{\partial^2 V}{\partial y^2}+\frac{\partial^2 V}{\partial z^2}=0$$

einführen, so kann man die transformirte partielle Differentialgleichung unmittelbar aus den beiden Formeln (2.) und (3.) erhalten, wie aus den folgenden Betrachtungen erhellt.

2.

Man denke sich ein n-faches Integral, welches unter dem Integralzeichen eine unbestimmte abhängige Variable nebst ihren partiellen Differentialquotienten beliebiger Ordnung enthält, durch Einführung neuer unabhängiger Variabeln in ein anderes transformirt, und die Variationen der beiden einander gleichen Integrale nach den bekannten Vorschriften durch partielle Integration so reducirt, dass sich unter den n-fachen Zeichen nur noch die eine Variation der abhängigen Variablen als Factor findet. Die in diese Variation unter den n-fachen Integralzeichen multiplicirten Ausdrücke müssen einander gleich sein. Wenn man in dieser Gleichung die Elemente, in welche diese Ausdrücke multiplicirt sind, auf einander zurückführt, so erhält man die Transformation der Function, welche sich in der reducirten Variation des gegebenen Integrals unter dem n-fachen Zeichen findet, und welche immer auf eine viel höhere Ordnung wie die Function steigt, die in dem gegebenen Integral selbst unter dem Zeichen steht. Ist z. B. F eine Function von

$$x, \quad y, \quad z, \quad V, \quad \frac{\partial V}{\partial x}, \quad \frac{\partial V}{\partial y}, \quad \frac{\partial V}{\partial z},$$

welche sich durch Einführung dreier andern Variabeln u, u_1, u_2 für x, y, z in eine Function von

$$u, \quad u_1, \quad u_2, \quad V, \quad \frac{\partial V}{\partial u}, \quad \frac{\partial V}{\partial u_1}, \quad \frac{\partial V}{\partial u_2}$$

verwandelt, und setzt man

$$\Sigma \pm \frac{\partial x}{\partial u} \frac{\partial y}{\partial u_1} \frac{\partial z}{\partial u_2} = \Delta,$$

so folgt aus der Gleichung

$$\iiint F dx\, dy\, dz = \iiint F \Delta\, du\, du_1\, du_2$$

durch Reduction der Variation der beiden Integrale die Gleichung

$$\Delta \left\{ \frac{\partial F}{\partial V} - \frac{\partial \cdot \frac{\partial F}{\partial \frac{\partial V}{\partial x}}}{\partial x} - \frac{\partial \cdot \frac{\partial F}{\partial \frac{\partial V}{\partial y}}}{\partial y} - \frac{\partial \cdot \frac{\partial F}{\partial \frac{\partial V}{\partial z}}}{\partial z} \right\}$$

$$= \Delta \left(\frac{\partial F}{\partial V} \right) - \left(\frac{\partial \cdot \Delta \left(\frac{\partial F}{\partial \frac{\partial V}{\partial u}} \right)}{\partial u} \right) - \left(\frac{\partial \cdot \Delta \left(\frac{\partial F}{\partial \frac{\partial V}{\partial u_1}} \right)}{\partial u_1} \right) - \left(\frac{\partial \cdot \Delta \left(\frac{\partial F}{\partial \frac{\partial V}{\partial u_2}} \right)}{\partial u_2} \right),$$

wo ich durch die hinzugefügten Klammern angedeutet habe, dass die zu diffe-
rentiirenden Gröfsen als Functionen von

$$u, \quad u_1, \quad u_2, \quad V, \quad \frac{\partial V}{\partial u}, \quad \frac{\partial V}{\partial u_1}, \quad \frac{\partial V}{\partial u_2}$$

angesehen werden. Man dehnt diese zur Transformation der Differentialausdrücke dienende Methode leicht auf die Fälle aus, in welchen sich unter dem
Integralzeichen mehrere abhängige Variable mit ihren Differentialquotienten
befinden. Sie bietet den doppelten Vortheil, beschwerliche Rechnungen zu
ersparen, und die Resultate in einer bequemen Form zu geben.

Setzt man in dem vorstehenden Beispiele

$$F = \left(\frac{\partial V}{\partial x}\right)^2 + \left(\frac{\partial V}{\partial y}\right)^2 + \left(\frac{\partial V}{\partial z}\right)^2,$$

und verwandelt sich dieser Ausdruck durch Einführung neuer Variabeln u, u_1, u_2 in

$$E\left(\frac{\partial V}{\partial u}\right)^2 + E_1\left(\frac{\partial V}{\partial u_1}\right)^2 + E_2\left(\frac{\partial V}{\partial u_2}\right)^2 + 2e\frac{\partial V}{\partial u_1}\frac{\partial V}{\partial u_2} + 2e_1\frac{\partial V}{\partial u_2}\frac{\partial V}{\partial u} + 2e_2\frac{\partial V}{\partial u}\frac{\partial V}{\partial u_1};$$

und ist ferner, wie im Vorhergehenden,

$$\Sigma \pm \frac{\partial x}{\partial u}\frac{\partial y}{\partial u_1}\frac{\partial z}{\partial u_2} = \Delta,$$

so giebt die obige allgemeine Formel:

$$(1.) \qquad \Delta\left(\frac{\partial^2 V}{\partial x^2} + \frac{\partial^2 V}{\partial y^2} + \frac{\partial^2 V}{\partial z^2}\right) = \frac{\partial . \Delta\left(E\frac{\partial V}{\partial u} + e_2\frac{\partial V}{\partial u_1} + e_1\frac{\partial V}{\partial u}\right)}{\partial u}$$

$$+ \frac{\partial . \Delta\left(e_2\frac{\partial V}{\partial u} + E_1\frac{\partial V}{\partial u_1} + e\frac{\partial V}{\partial u_2}\right)}{\partial u_1}$$

$$+ \frac{\partial . \Delta\left(e_1\frac{\partial V}{\partial u} + e\frac{\partial V}{\partial u_1} + E_2\frac{\partial V}{\partial u_2}\right)}{\partial u_2}.$$

Wird insbesondere

$$\left(\frac{\partial V}{\partial x}\right)^2 + \left(\frac{\partial V}{\partial y}\right)^2 + \left(\frac{\partial V}{\partial z}\right)^2 = E\left(\frac{\partial V}{\partial u}\right)^2 + E_1\left(\frac{\partial V}{\partial u_1}\right)^2 + E_2\left(\frac{\partial V}{\partial u_2}\right)^2,$$

so erhält man:

$$(2.) \qquad \Delta\left(\frac{\partial^2 V}{\partial x^2} + \frac{\partial^2 V}{\partial y^2} + \frac{\partial^2 V}{\partial z^2}\right) = \frac{\partial . \Delta E\frac{\partial V}{\partial u}}{\partial u} + \frac{\partial . \Delta E_1\frac{\partial V}{\partial u_1}}{\partial u_1} + \frac{\partial . \Delta E_2\frac{\partial V}{\partial u_2}}{\partial u_2}.$$

Nimmt man für die neuen Variabeln die Parameter ρ, ρ_1, ρ_2, so wird man zufolge dieser Formel aus den Gleichungen (2.) und (3.) des vorigen Paragraphen,

$$\left(\frac{\partial V}{\partial x}\right)^2 + \left(\frac{\partial V}{\partial y}\right)^2 + \left(\frac{\partial V}{\partial z}\right)^2 = h^2\left(\frac{\partial V}{\partial \rho}\right)^2 + h_1^2\left(\frac{\partial V}{\partial \rho_1}\right)^2 + h_2^2\left(\frac{\partial V}{\partial \rho_2}\right)^2,$$

$$\Sigma \pm \frac{\partial x}{\partial \rho}\,\frac{\partial y}{\partial \rho_1}\,\frac{\partial z}{\partial \rho_2} = \Delta = \frac{1}{h h_1 h_2},$$

unmittelbar auch die folgende erhalten:

$$(3.) \quad \frac{\partial^2 V}{\partial x^2} + \frac{\partial^2 V}{\partial y^2} + \frac{\partial^2 V}{\partial z^2} = h h_1 h_2 \left\{ \frac{\partial \cdot \dfrac{h}{h_1 h_2} \dfrac{\partial V}{\partial \rho}}{\partial \rho} + \frac{\partial \cdot \dfrac{h_1}{h_2 h} \dfrac{\partial V}{\partial \rho_1}}{\partial \rho_1} + \frac{\partial \cdot \dfrac{h_2}{h h_1} \dfrac{\partial V}{\partial \rho_2}}{\partial \rho_2} \right\}.$$

Die vorgelegte partielle Differentialgleichung

$$\frac{\partial^2 V}{\partial x^2} + \frac{\partial^2 V}{\partial y^2} + \frac{\partial^2 V}{\partial z^2} = 0$$

verwandelt sich daher durch Einführung der Parameter ρ, ρ_1, ρ_2 statt der rechtwinkligen Coordinaten x, y, z in die Gleichung

$$(4.) \quad \frac{\partial \cdot \dfrac{h}{h_1 h_2} \dfrac{\partial V}{\partial \rho}}{\partial \rho} + \frac{\partial \cdot \dfrac{h_1}{h_2 h} \dfrac{\partial V}{\partial \rho_1}}{\partial \rho_1} + \frac{\partial \cdot \dfrac{h_2}{h h_1} \dfrac{\partial V}{\partial \rho_2}}{\partial \rho_2} = 0,$$

welche von Herrn Lamé im 23. Hefte des Pariser Polytechnischen Journals gegeben ist. Setzt man in (3.) für V eine Function von ρ,

$$V = f(\rho), \quad \text{und} \quad \frac{\partial f(\rho)}{\partial \rho} = f'(\rho),$$

so erhält man:

$$\frac{\partial^2 f(\rho)}{\partial x^2} + \frac{\partial^2 f(\rho)}{\partial y^2} + \frac{\partial^2 f(\rho)}{\partial z^2} = h h_1 h_2 \frac{\partial \cdot \dfrac{h}{h_1 h_2} f'(\rho)}{\partial \rho}.$$

Setzt man $f(\rho) = \rho$, so folgt hieraus:

$$\frac{\partial^2 \rho}{\partial x^2} + \frac{\partial^2 \rho}{\partial y^2} + \frac{\partial^2 \rho}{\partial z^2} = h^2 \frac{\partial \log \dfrac{h}{h_1 h_2}}{\partial \rho},$$

welche Formel Herr Lamé ebendaselbst p. 222 gegeben hat.

Wenn der Coëfficient ΔE in (2.) von u unabhängig ist, so giebt diese Formel

$$\frac{\partial^2 u}{\partial x^2} + \frac{\partial^2 u}{\partial y^2} + \frac{\partial^2 u}{\partial z^2} = 0,$$

so dass also, wenn ΔE von u unabhängig ist, $V = u$ eine Lösung der vorgelegten partiellen Differentialgleichung ist.

Ich will bei dieser Gelegenheit noch bemerken, dass man die Transformation des Ausdrucks

$$\left(\frac{\partial V}{\partial x}\right)^2 + \left(\frac{\partial V}{\partial y}\right)^2 + \left(\frac{\partial V}{\partial z}\right)^2,$$

so wie den Werth von Δ, immer aus der Transformation des Ausdrucks $dx^2 + dy^2 + dz^2$ erhalten kann. Hat man nämlich für irgend welche neue Variabeln u, u_1, u_2:

$$dx^2 + dy^2 + dz^2 = A\,du^2 + B\,du_1^2 + C\,du_2^2 + 2a\,du_1\,du_2 + 2b\,du_2\,du + 2c\,du\,du_1,$$

so wird

$$\Delta^2 = \left\{\Sigma \pm \frac{\partial x}{\partial u}\frac{\partial y}{\partial u_1}\frac{\partial z}{\partial u_2}\right\}^2 = ABC - Aa^2 - Bb^2 - Cc^2 + 2abc$$

und

$$\Delta^2 \left\{\left(\frac{\partial V}{\partial x}\right)^2 + \left(\frac{\partial V}{\partial y}\right)^2 + \left(\frac{\partial V}{\partial z}\right)^2\right\}$$

$$= (BC - a^2)\left(\frac{\partial V}{\partial u}\right)^2 + (CA - b^2)\left(\frac{\partial V}{\partial u_1}\right)^2 + (AB - c^2)\left(\frac{\partial V}{\partial u_2}\right)^2$$

$$+ 2(bc - aA)\frac{\partial V}{\partial u_1}\frac{\partial V}{\partial u_2} + 2(ca - bB)\frac{\partial V}{\partial u_2}\frac{\partial V}{\partial u} + 2(ab - cC)\frac{\partial V}{\partial u}\frac{\partial V}{\partial u_1}.$$

Diese Formel in Verbindung mit der Formel (1.) zeigt,

dass der transformirte Ausdruck des Quadrates des Linienelementes

$$dx^2 + dy^2 + dz^2$$

allein hinreicht, um sogleich die Transformation der partiellen Differentialgleichung

$$\frac{\partial^2 V}{\partial x^2} + \frac{\partial^2 V}{\partial y^2} + \frac{\partial^2 V}{\partial z^2} = 0$$

zu erhalten.

Ist insbesondere

$$dx^2 + dy^2 + dz^2 = A\,du^2 + A_1\,du_1^2 + A_2\,du_2^2,$$

so erhält man:

$$\Delta = \sqrt{A\,A_1\,A_2},$$

$$\left(\frac{\partial V}{\partial x}\right)^2 + \left(\frac{\partial V}{\partial y}\right)^2 + \left(\frac{\partial V}{\partial z}\right)^2 = \frac{1}{A}\left(\frac{\partial V}{\partial u}\right)^2 + \frac{1}{A_1}\left(\frac{\partial V}{\partial u_1}\right)^2 + \frac{1}{A_2}\left(\frac{\partial V}{\partial u_2}\right)^2;$$

und die transformirte partielle Differentialgleichung wird:

$$\frac{\partial \cdot \sqrt{\frac{A_1 A_2}{A}}\, \frac{\partial V}{\partial u}}{\partial u} + \frac{\partial \cdot \sqrt{\frac{A_2 A}{A_1}}\, \frac{\partial V}{\partial u_1}}{\partial u_1} + \frac{\partial \cdot \sqrt{\frac{A A_1}{A_2}}\, \frac{\partial V}{\partial u_2}}{\partial u_2} = 0.$$

Die Zeichen der Wurzelgröfsen sind hier aus einem derselben dadurch bestimmt, dass sich die Wurzelgröfsen wie $\frac{1}{A}$, $\frac{1}{A_1}$, $\frac{1}{A_2}$ verhalten müssen.

Durch Einführung von Polarcoordinaten statt der rechtwinkligen erhält man, indem man

$$x = u \cos u_1, \qquad y = u \sin u_1 \cos u_2, \qquad z = u \sin u_1 \sin u_2$$

setzt:

$$dx^2 + dy^2 + dz^2 = du^2 + u^2 du_1^2 + u^2 \sin^2 u_1 \, du_2^2;$$

es wird daher für diesen Fall $A = 1$, $A_1 = u^2$, $A_2 = u^2 \sin^2 u_1$, also

$$\sqrt{\frac{A_1 A_2}{A}} = u^2 \sin u_1, \qquad \sqrt{\frac{A_2 A}{A_1}} = \sin u_1, \qquad \sqrt{\frac{A A_1}{A_2}} = \frac{1}{\sin u_1};$$

und daher wird die Differentialgleichung

$$\frac{\partial^2 V}{\partial x^2} + \frac{\partial^2 V}{\partial y^2} + \frac{\partial^2 V}{\partial z^2} = 0$$

durch Einführung der Polarcoordinaten in die folgende transformirt:

$$\sin u_1 \frac{\partial \cdot u^2 \frac{\partial V}{\partial u}}{\partial u} + \frac{\partial \cdot \sin u_1 \frac{\partial V}{\partial u_1}}{\partial u_1} + \frac{1}{\sin u_1} \frac{\partial^2 V}{\partial u_2^2} = 0,$$

welches die bekannte von Laplace aufgestellte Gleichung ist.

Um dieselben Formeln auf den Fall anzuwenden, wenn man statt der rechtwinkligen Coordinate x, y, z die sogenannten *elliptischen* einführt, will ich die bekannten auf diese bezüglichen Relationen in der Kürze ableiten.

3.

Die für die Zerfällung rationaler Brüche in Partialbrüche bekannten Formeln ergeben die Gleichung

$$(1.) \qquad \frac{(\lambda - \rho^2)(\lambda - \rho_1^2)(\lambda - \rho_2^2)}{\lambda(\lambda - b^2)(\lambda - c^2)} = 1 - \frac{x^2}{\lambda} - \frac{y^2}{\lambda - b^2} - \frac{z^2}{\lambda - c^2},$$

wenn man

$$(2.) \quad \begin{cases} x^2 = \dfrac{\rho^2 \rho_1^2 \rho_2^2}{b^2 c^2}, \\[2mm] y^2 = \dfrac{(\rho^2 - b^2)(\rho_1^2 - b^2)(\rho_2^2 - b^2)}{b^2(b^2 - c^2)}, \\[2mm] z^2 = \dfrac{(\rho^2 - c^2)(\rho_1^2 - c^2)(\rho_2^2 - c^2)}{c^2(c^2 - b^2)} \end{cases}$$

setzt. Es seien b, c und ρ, ρ_1, ρ_2 positiv, ferner

$$c > b ,$$

so werden die Größen x, y, z immer reell, wenn

$$\rho > c, \quad c > \rho_1 > b, \quad b > \rho_2;$$

und umgekehrt, wenn die Größen x, y, z reell sind, kommen die Größen ρ, ρ_1, ρ_2 in den angegebenen Intervallen zu liegen. Die Formel (1.) zeigt nämlich, dass die cubische Gleichung

$$(3.) \qquad 1 = \frac{x^2}{\lambda} + \frac{y^2}{\lambda - b^2} + \frac{z^2}{\lambda - c^2} ,$$

durch welche λ bestimmt wird, die Größen ρ^2, ρ_1^2, ρ_2^2 zu Wurzeln hat, und es folgt aus bekannten Principien der Theorie der Gleichungen, dass, wenn x^2, y^2, z^2 reelle positive Größen sind, die Wurzeln der Gleichung (3.) immer in den angegebenen Intervallen liegen.

Die drei Gleichungen

$$(4.) \qquad \begin{cases} 1 = \dfrac{x^2}{\rho^2} + \dfrac{y^2}{\rho^2 - b^2} + \dfrac{z^2}{\rho^2 - c^2}, \\[2mm] 1 = \dfrac{x^2}{\rho_1^2} + \dfrac{y^2}{\rho_1^2 - b^2} + \dfrac{z^2}{\rho_1^2 - c^2}, \\[2mm] 1 = \dfrac{x^2}{\rho_2^2} + \dfrac{y^2}{\rho_2^2 - b^2} + \dfrac{z^2}{\rho_2^2 - c^2} \end{cases}$$

geben, wenn man den Parametern ρ, ρ_1, ρ_2 alle ihre in den angegebenen Intervallen befindlichen Werthe beilegt, alle möglichen Ellipsoïde und ein- und zweiflächigen Hyperboloïde, in denen die Hauptschnitte dieselben Brennpunkte haben, die xy- und xz-Schnitte die Punkte der x-Axe, die um b und c, die yz-Schnitte die Punkte der y-Axe, die um $\sqrt{c^2 - b^2}$ vom Mittelpunkte entfernt sind.

Da man die identische Gleichung

$$\frac{1}{b^2 c^2} + \frac{1}{b^2(b^2-c^2)} + \frac{1}{c^2(c^2-b^2)} = 0$$

hat, so folgt aus den Formeln (2.):

$$(5.) \quad \begin{cases} \dfrac{x^2}{\rho_1^2 \rho_2^2} + \dfrac{y^2}{(\rho_1^2-b^2)(\rho_2^2-b^2)} + \dfrac{z^2}{(\rho_1^2-c^2)(\rho_2^2-c^2)} = 0, \\[2mm] \dfrac{x^2}{\rho_2^2 \rho^2} + \dfrac{y^2}{(\rho_2^2-b^2)(\rho^2-b^2)} + \dfrac{z^2}{(\rho_2^2-c^2)(\rho^2-c^2)} = 0, \\[2mm] \dfrac{x^2}{\rho^2 \rho_1^2} + \dfrac{y^2}{(\rho^2-b^2)(\rho_1^2-b^2)} + \dfrac{z^2}{(\rho^2-c^2)(\rho_1^2-c^2)} = 0. \end{cases}$$

Diese Formeln, welche sich auch ergeben, wenn man je zwei der Formeln (4.) von einander abzieht, zeigen, dass die drei Flächensysteme orthogonal sind. Wenn man die Gleichung (1.) nach λ differentiirt, und hierauf dieser Größe nach einander die Werthe ρ^2, ρ_1^2, ρ_2^2 beilegt, so erhält man:

$$(6.) \quad \begin{cases} \dfrac{(\rho^2-\rho_1^2)(\rho^2-\rho_2^2)}{\rho^2(\rho^2-b^2)(\rho^2-c^2)} = \dfrac{x^2}{\rho^4} + \dfrac{y^2}{(\rho^2-b^2)^2} + \dfrac{z^2}{(\rho^2-c^2)^2}, \\[2mm] \dfrac{(\rho_1^2-\rho^2)(\rho_1^2-\rho_2^2)}{\rho_1^2(\rho_1^2-b^2)(\rho_1^2-c^2)} = \dfrac{x^2}{\rho_1^4} + \dfrac{y^2}{(\rho_1^2-b^2)^2} + \dfrac{z^2}{(\rho_1^2-c^2)^2}, \\[2mm] \dfrac{(\rho_2^2-\rho^2)(\rho_2^2-\rho_1^2)}{\rho_2^2(\rho_2^2-b^2)(\rho_2^2-c^2)} = \dfrac{x^2}{\rho_2^4} + \dfrac{y^2}{(\rho_2^2-b^2)^2} + \dfrac{z^2}{(\rho_2^2-c^2)^2}. \end{cases}$$

Nimmt man von den Gleichungen (2.) die Logarithmen und differentiirt, so erhält man:

$$(7.) \quad \begin{cases} dx = \dfrac{x\rho}{\rho^2}\, d\rho + \dfrac{x\rho_1}{\rho_1^2}\, d\rho_1 + \dfrac{x\rho_2}{\rho_2^2}\, d\rho_2, \\[2mm] dy = \dfrac{y\rho}{\rho^2-b^2}\, d\rho + \dfrac{y\rho_1}{\rho_1^2-b^2}\, d\rho_1 + \dfrac{y\rho_2}{\rho_2^2-b^2}\, d\rho_2, \\[2mm] dz = \dfrac{z\rho}{\rho^2-c^2}\, d\rho + \dfrac{z\rho_1}{\rho_1^2-c^2}\, d\rho_1 + \dfrac{z\rho_2}{\rho_2^2-c^2}\, d\rho_2, \end{cases}$$

und daher, vermöge (5.) und (6.):

$$dx^2 + dy^2 + dz^2 = \frac{(\rho^2-\rho_1^2)(\rho^2-\rho_2^2)}{(\rho^2-b^2)(\rho^2-c^2)}\, d\rho^2 + \frac{(\rho_1^2-\rho_2^2)(\rho_1^2-\rho^2)}{(\rho_1^2-b^2)(\rho_1^2-c^2)}\, d\rho_1^2 + \frac{(\rho_2^2-\rho^2)(\rho_2^2-\rho_1^2)}{(\rho_2^2-b^2)(\rho_2^2-c^2)}\, d\rho_2^2.$$

Bestimmt man respective ρ, ρ_1, ρ_2 als Functionen von u, u_1, u_2 mittelst der Gleichungen

(8.)
$$\begin{cases} \dfrac{d\rho}{\sqrt{(\rho^2 - b^2)(\rho^2 - c^2)}} = du, \\[3mm] \dfrac{d\rho_1}{\sqrt{-(\rho_1^2 - b^2)(\rho_1^2 - c^2)}} = du^1, \\[3mm] \dfrac{d\rho_2}{\sqrt{(\rho_2^2 - b^2)(\rho_2^2 - c^2)}} = du_2, \end{cases}$$

so verwandelt sich diese Gleichung in die folgende:

(9.)
$$dx^2 + dy^2 + dz^2 = A\,du^2 + A_1\,du_1^2 + A_2\,du_2^2,$$

wo

(10.)
$$\begin{cases} A = (\rho^2 - \rho_1^2)(\rho^2 - \rho_2^2), \\ -A_1 = (\rho_1^2 - \rho_2^2)(\rho_1^2 - \rho^2), \\ A_2 = (\rho_2^2 - \rho^2)(\rho_2^2 - \rho_1^2), \end{cases}$$

und daher

$$\Delta = \sqrt{A A_1 A_2} = (\rho_1^2 - \rho_2^2)(\rho^2 - \rho_1^2)(\rho^2 - \rho_2^2).$$

Man erhält aus (8.) zufolge der im vorigen Paragraphen gegebenen allgemeinen Regel:

(11.)
$$\left(\frac{\partial V}{\partial x}\right)^2 + \left(\frac{\partial V}{\partial y}\right)^2 + \left(\frac{\partial V}{\partial z}\right)^2 = \frac{1}{A}\left(\frac{\partial V}{\partial u}\right)^2 + \frac{1}{A_1}\left(\frac{\partial V}{\partial u_1}\right)^2 + \frac{1}{A_2}\left(\frac{\partial V}{\partial u_2}\right)^2,$$

und die partielle Differentialgleichung

$$\frac{\partial^2 V}{\partial x^2} + \frac{\partial^2 V}{\partial y^2} + \frac{\partial^2 V}{\partial z^2} = 0$$

wird, wenn man die Größen u, u_1, u_2 als unabhängige Variabele einführt:

$$\frac{\partial \frac{\sqrt{A A_1 A_2}}{A} \frac{\partial V}{\partial u}}{\partial u} + \frac{\partial \frac{\sqrt{A A_1 A_2}}{A_1} \frac{\partial V}{\partial u_1}}{\partial u_1} + \frac{\partial \frac{\sqrt{A A_1 A_2}}{A_2} \frac{\partial V}{\partial u_2}}{\partial u_2} = 0,$$

oder, wenn man die obigen Werthe von A, A_1, A_2 substituirt:

(12.)
$$(\rho_1^2 - \rho_2^2)\frac{\partial^2 V}{\partial u^2} + (\rho^2 - \rho_2^2)\frac{\partial^2 V}{\partial u_1^2} + (\rho^2 - \rho_1^2)\frac{\partial^2 V}{\partial u_2^2} = 0,$$

welches die elegante von Herrn Lamé gegebene Transformation ist. Die Gleichung (12.) ergiebt sich auch aus der allgemeinen Formel (3.) des vorigen

26*

Paragraphen, wenn man bemerkt, dass die im §. 1 eingeführten Größen h, h_1, h_2 die Werthe

$$(18.) \qquad h = \frac{1}{\sqrt{A}}\frac{d\rho}{du}, \qquad h_1 = \frac{1}{\sqrt{A_1}}\frac{d\rho_1}{du_1}, \qquad h_2 = \frac{1}{\sqrt{A_2}}\frac{d\rho_2}{du_2}$$

annehmen, welche sich aus Vergleichung der Formel (11.) mit der Formel (2.) §. 1 ergeben.

Zufolge der allgemeinen Formel (2.) des vorigen Paragraphen wird für eine beliebige Function V der linke Theil der Gleichung (12.)

$$(\rho_1^2 - \rho_2^2)\frac{\partial^2 V}{\partial u^2} + (\rho^2 - \rho_2^2)\frac{\partial^2 V}{\partial u_1^2} + (\rho^2 - \rho_1^2)\frac{\partial^2 V}{\partial u_2^2} = (\rho_1^2 - \rho_2^2)(\rho^2 - \rho_1^2)(\rho^2 - \rho_2^2)\left\{ \frac{\partial^2 V}{\partial x^2} + \frac{\partial^2 V}{\partial y^2} + \frac{\partial^2 V}{\partial z^2} \right\}.$$

Ist V eine Function der einen Größe ρ, $V = f(\rho)$, so folgt hieraus:

$$\frac{\partial^2 f(\rho)}{\partial x^2} + \frac{\partial^2 f(\rho)}{\partial y^2} + \frac{\partial^2 f(\rho)}{\partial z^2} = \frac{1}{(\rho^2 - \rho_1^2)(\rho^2 - \rho_2^2)}\frac{d^2 f(\rho)}{du^2},$$

welche Formel mehrerer merkwürdiger Anwendungen fähig ist.

4.

Der partiellen Differentialgleichung

$$(\rho_1^2 - \rho_2^2)\frac{\partial^2 V}{\partial u^2} + (\rho^2 - \rho_2^2)\frac{\partial^2 V}{\partial u_1^2} + (\rho^2 - \rho_1^2)\frac{\partial^2 V}{\partial u_2^2} = 0$$

geschieht durch einen Ausdruck von der Form

$$V = f(u + u_1 i + u_2) + f_1(u + u_1 i - u_2) + f_2(u - u_1 i + u_2) + f_3(u - u_1 i - u_2)$$

Genüge, wo $i = \sqrt{-1}$ und f, f_1, f_2, f_3 vier willkürliche Functionen sind. Es kann aber niemals eine allgemeine Lösung aus dieser particulären zusammengesetzt werden, weil dieselbe jeder partiellen Differentialgleichung von der Form

$$(U_1 - U_2)\frac{\partial^2 V}{\partial u^2} + (U - U_2)\frac{\partial^2 V}{\partial u_1^2} + (U - U_1)\frac{\partial^2 V}{\partial u_2^2} = 0$$

angehört, die Größen U, U_1, U_2 mögen Functionen der drei Größen u, u_1, u_2 sein, welche sie wollen.

Vermittelst der Theorie der elliptischen Functionen oder des Abel schen Lehrsatzes kann man die willkürlichen Functionen f etc. in andere verwandeln, deren Argumente algebraische Functionen von x, y, z sind. Es sei:

$$(1.) \quad (\lambda^2 + m\lambda + n)^2 - p^2 \lambda (\lambda - b^2)(\lambda - c^2) = (\lambda - \rho^2)(\lambda - \rho_1^2)(\lambda - \rho_2^2)(\lambda - c^2).$$

Sieht man in dieser Gleichung die Grösen ρ, ρ_1, ρ_2 als Veränderliche an, so werden m, n, p, σ Functionen derselben. Zwischen der letzten dieser Grösen und ρ, ρ_1, ρ_2 hat man in Folge des Abelschen Theorems die Differentialgleichung:

$$\frac{d\rho}{\sqrt{(\rho^2-b^2)(\rho^2-c^2)}} \pm \frac{d\rho_1}{\sqrt{(\rho_1^2-b^2)(\rho_1^2-c^2)}} \pm \frac{d\rho_2}{\sqrt{(\rho_2^2-b^2)(\rho_2^2-c^2)}} = \frac{d\sigma}{\sqrt{(\sigma^2-b^2)(\sigma^2-c^2)}}.$$

Der linke Theil dieser Gleichung ist zufolge (8.) des vorigen Paragraphen

$$du \pm du_1 i \pm du_2,$$

woraus hervorgeht, dass die particuläre Lösung

$$V = f(u \pm u_1 i \pm u_2)$$

auch durch

$$V = f(\sigma)$$

dargestellt werden kann. Je nach den vier Werthen von σ, welche den verschiedenen Zeichen der Quadratwurzeln entsprechen, erhält man vier solcher Lösungen, welche man durch Addition mit einander verbinden kann.

Die Werthe, welche der Ausdruck $\lambda^2 + m\lambda + n$ für $\lambda = 0$, b^2, c^2 annimmt, sind zufolge (1.):

$$\sigma\rho\rho_1\rho_2, \quad \sqrt{(b^2-\rho^2)(b^2-\rho_1^2)(b^2-\rho_2^2)} \cdot \sqrt{b^2-\sigma^2}, \quad \sqrt{(c^2-\rho^2)(c_1^2-\rho^2)(c^2-\rho_2^2)} \cdot \sqrt{c^2-\sigma^2},$$

oder nach den zu Anfang des §. 3 gegebenen Formeln:

$$bc \cdot \sigma x, \quad bi\sqrt{b^2-c^2} \cdot \sqrt{b^2-\sigma^2}\, y, \quad ci\sqrt{c^2-b^2} \cdot \sqrt{c^2-\sigma^2}\, z.$$

Man erhält daher durch Zerfällung in Partialbrüche:

(2.) $$\frac{\lambda^2 + m\lambda + n}{\lambda(\lambda-b^2)(\lambda-c^2)} = \frac{\sigma}{bc} \cdot \frac{x}{\lambda} + \frac{i\sqrt{b^2-\sigma^2}}{b\sqrt{b^2-c^2}} \cdot \frac{y}{\lambda-b^2} + \frac{i\sqrt{c^2-b^2}}{c\sqrt{c^2-b^2}} \cdot \frac{z}{\lambda-c^2}.$$

Entwickelt man beide Seiten dieser Gleichung nach den absteigenden Potenzen von λ, so erhält man durch Vergleichung der Coëfficienten von $\frac{1}{\lambda}$:

(3.) $$1 = \frac{\sigma}{bc} x + \frac{i\sqrt{\sigma^2-b^2}}{b\sqrt{c^2-b^2}} y + \frac{i\sqrt{c^2-\sigma^2}}{c\sqrt{c^2-b^2}} z.$$

Es ergiebt sich hieraus der Satz:

wird die Grösse σ durch x, y, z mittelst der Gleichung

$$1 = \frac{\sigma}{bc} x + \frac{i\sqrt{\sigma^2-b^2}}{b\sqrt{c^2-b^2}} y + \frac{i\sqrt{c^2-\sigma^2}}{c\sqrt{c^2-b^2}} z$$

bestimmt, in welcher b und c beliebige Constanten bedeuten, so genügt jede Function dieser Gröfse,

$$V = f(\sigma),$$

der partiellen Differentialgleichung

$$\frac{\partial^2 V}{\partial x^2} + \frac{\partial^2 V}{\partial y^2} + \frac{\partial^2 V}{\partial z^2} = 0.$$

Man kann dieses Resultat auch auf folgende Art erhalten und verallgemeinern.

.5.

Damit es erlaubt sei, in der partiellen Differentialgleichung

$$\frac{\partial^2 V}{\partial x^2} + \frac{\partial^2 V}{\partial y^2} + \frac{\partial^2 V}{\partial z^2} = 0$$

für V eine willkürliche Function einer Gröfse σ zu setzen, muss nicht nur die Gleichung

(1.) $$\frac{\partial^2 \sigma}{\partial x^2} + \frac{\partial^2 \sigma}{\partial y^2} + \frac{\partial^2 \sigma}{\partial z^2} = 0,$$

sondern auch die Gleichung

(2.) $$\left(\frac{\partial \sigma}{\partial x}\right)^2 + \left(\frac{\partial \sigma}{\partial y}\right)^2 + \left(\frac{\partial \sigma}{\partial z}\right)^2 = 0,$$

stattfinden; und umgekehrt kann man, so oft die Function σ beide Gleichungen erfüllt, für V eine beliebige Function von σ setzen. Ein Corollar dieses Satzes ist, *dass kein Ausdruck σ, von dem jede beliebige Function der Gleichung*

$$\frac{\partial^2 V}{\partial x^2} + \frac{\partial^2 V}{\partial y^2} + \frac{\partial^2 V}{\partial z^2} = 0$$

genügt, reell sein kann.

Bezeichnet man die zwischen der Gröfse σ und x, y, z stattfindende Gleichung durch

$$\Pi(x, y, z, \sigma) = 0,$$

so wird

(3.) $$\frac{\partial \Pi}{\partial \sigma}\frac{\partial \sigma}{\partial x} = -\frac{\partial \Pi}{\partial x}, \quad \frac{\partial \Pi}{\partial \sigma}\frac{\partial \sigma}{\partial y} = -\frac{\partial \Pi}{\partial y}, \quad \frac{\partial \Pi}{\partial \sigma}\frac{\partial \sigma}{\partial z} = -\frac{\partial \Pi}{\partial z}.$$

Es erfordert daher die Gleichung (2.), dass auch

(4.) $$\left(\frac{\partial \Pi}{\partial x}\right)^2 + \left(\frac{\partial \Pi}{\partial y}\right)^2 + \left(\frac{\partial \Pi}{\partial z}\right)^2 = 0$$

sei. Differentiirt man die Gleichungen (3.) respective nach x, y, z, und addirt, so verschwindet wegen (2.) der in $\frac{\partial^2 \Pi}{\partial \sigma^2}$ multiplicirte Ausdruck, und man erhält:

$$\frac{\partial \Pi}{\partial \sigma}\left\{\frac{\partial^2 \sigma}{\partial x^2} + \frac{\partial^2 \sigma}{\partial y^2} + \frac{\partial^2 \sigma}{\partial z^2}\right\} = -2\left\{\frac{\partial^2 \Pi}{\partial \sigma \partial x}\frac{\partial \sigma}{\partial x} + \frac{\partial^2 \Pi}{\partial \sigma \partial y}\frac{\partial \sigma}{\partial y} + \frac{\partial^2 \Pi}{\partial \sigma \partial z}\frac{\partial \sigma}{\partial z}\right\} - \left\{\frac{\partial^2 \Pi}{\partial x^2} + \frac{\partial^2 \Pi}{\partial y^2} + \frac{\partial^2 \Pi}{\partial z^2}\right\}.$$

Der erste Theil des Ausdrucks rechts vom Gleichheitszeichen reducirt sich aber, wenn man ihn mit $\frac{\partial \Pi}{\partial \sigma}$ multiplicirt und die Werthe (3.) substituirt, auf das nach σ genommene partielle Differential des Ausdrucks

$$\left(\frac{\partial \Pi}{\partial x}\right)^2 + \left(\frac{\partial \Pi}{\partial y}\right)^2 + \left(\frac{\partial \Pi}{\partial z}\right)^2.$$

Ist daher die Function Π so beschaffen, dass die Gleichung (4.) *identisch* erfüllt wird, so verschwindet dieser Theil, und man erhält:

$$\frac{\partial \Pi}{\partial \sigma}\left\{\frac{\partial^2 \sigma}{\partial x^2} + \frac{\partial^2 \sigma}{\partial y^2} + \frac{\partial^2 \sigma}{\partial z^2}\right\} = -\left\{\frac{\partial^2 \Pi}{\partial x^2} + \frac{\partial^2 \Pi}{\partial y^2} + \frac{\partial^2 \Pi}{\partial z^2}\right\}.$$

Umgekehrt hat man die beiden Gleichungen

$$\left(\frac{\partial \sigma}{\partial x}\right)^2 + \left(\frac{\partial \sigma}{\partial y}\right)^2 + \left(\frac{\partial \sigma}{\partial z}\right)^2 = 0, \quad \frac{\partial^2 \sigma}{\partial x^2} + \frac{\partial^2 \sigma}{\partial y^2} + \frac{\partial^2 \sigma}{\partial z^2} = 0,$$

wenn σ als Function von x, y, z durch die Gleichung $\Pi = 0$ bestimmt wird, und die beiden Gleichungen

$$(5.) \quad \begin{cases} \left(\frac{\partial \Pi}{\partial x}\right)^2 + \left(\frac{\partial \Pi}{\partial y}\right)^2 + \left(\frac{\partial \Pi}{\partial z}\right)^2 = 0, \\ \frac{\partial^2 \Pi}{\partial x^2} + \frac{\partial^2 \Pi}{\partial y^2} + \frac{\partial^2 \Pi}{\partial z^2} = 0, \end{cases}$$

und zwar die erste *identisch*, stattfinden. Man hat daher den Satz:

Wenn eine Größe σ als Function von x, y, z durch die Gleichung $\Pi = 0$ bestimmt wird, in welcher die Function Π der partiellen Differentialgleichung

$$\left(\frac{\partial \Pi}{\partial x}\right)^2 + \left(\frac{\partial \Pi}{\partial y}\right)^2 + \left(\frac{\partial \Pi}{\partial z}\right)^2 = 0,$$

Genüge leistet, und man außerdem

$$\frac{\partial^2 \Pi}{\partial x^2} + \frac{\partial^2 \Pi}{\partial y^2} + \frac{\partial^2 \Pi}{\partial z^2} = 0$$

hat, so ist eine willkürliche Function der Größe σ,

$$V = f(\sigma),$$

eine Lösung der partiellen Differentialgleichung

$$\frac{\partial^2 V}{\partial x^2} + \frac{\partial^2 V}{\partial y^2} + \frac{\partial^2 V}{\partial z^2} = 0.$$

Wenn Π in Bezug auf x, y, z linear ist, so findet die zweite der Bedingungs-gleichungen (5.) von selber statt. Man findet daher in diesem Falle als Corollar des vorstehenden Satzes den folgenden:

Wird eine Gröfse σ als Function von x, y, z durch die Gleichung

$$Ax + By + Cz - 1 = 0$$

bestimmt, in welcher A, B, C beliebige Functionen von σ bedeuten, welche der Gleichung

$$A^2 + B^2 + C^2 = 0$$

Genüge leisten, so ist jede Function von σ,

$$V = f(\sigma),$$

eine Lösung der partiellen Differentialgleichung

$$\frac{\partial^2 V}{\partial x^2} + \frac{\partial^2 V}{\partial y^2} + \frac{\partial^2 V}{\partial z^2} = 0.$$

Der oben mit Hülfe des Abelschen Theorems gefundene Satz (3.) des §. 4 ist ein specieller Fall des vorstehenden. In der That findet für

$$A = \frac{\sigma}{bc}, \quad B = \frac{i\sqrt{\sigma^2 - b^2}}{b\sqrt{c^2 - b^2}}, \quad C = \frac{i\sqrt{c^2 - \sigma^2}}{c\sqrt{c^2 - b^2}}$$

die Gleichung $A^2 + B^2 + C^2 = 0$ statt. Man sieht aber aus dem vorstehenden allgemeineren Satze, dass man in (3.) §. 4 links vom Gleichheitszeichen statt 1 eine beliebige Function von σ setzen kann. Auch erkennt man leicht, dass dieser Satz für jede Zahl n von Variabeln gilt. Für $n = 2$ erhält man auf diese Weise die bekannte allgemeine Lösung der partiellen Differentialgleichung

$$\frac{\partial^2 V}{\partial x^2} + \frac{\partial^2 V}{\partial y^2} = 0;$$

denn es folgt in diesem Falle aus der Gleichung

$$Ax + By = 1,$$

in welcher $A^2 + B^2 = 0$, dass

$$\frac{1}{A} = x + y\,i;$$

es wird daher σ, als Function von A, eine Function derselben Größe, und man kann daher für V eine beliebige Function von $x + yi$ setzen.

6.

Eine Function V, welche der partiellen Differentialgleichung

$$\frac{\partial^2 V}{\partial x^2} + \frac{\partial^2 V}{\partial y^2} + \frac{\partial^2 V}{\partial z^2} = 0$$

genügt, ist bestimmt, wenn sie auf allen Punkten zweier von den §. 3 betrachteten confocalen Ellipsoïden gegebene Werthe annimmt. Ich will jetzt untersuchen, wie diese Werthe beschaffen sein müssen, damit der allgemeine Werth von V die im §. 4 angegebene Form

$$f(u + u_1 i + u_2) + f_1(u + u_1 i - u_2) + f_2(u - u_1 i + u_2) + f_3(u - u_1 i - u_2) = V$$

erhält, wo die Größen u, u_1, u_2 durch die Gleichungen des §. 3 mit den rechtwinkligen Coordinaten x, y, z verbunden sind.

Den gegebenen confocalen Ellipsoïden entsprechen constante Werthe von ρ, die ich mit ρ^0 und ρ^1 bezeichne, und daher auch constante Werthe von u, die ich entsprechend u^0 und u^1 nennen will, so wie V^0 und V^1 die entsprechenden Werthe der Function V sein sollen. Setzt man daher

$$f(u^0 + u_1 i + u_2) + f_3(u^0 - u_1 i - u_2) = \varphi(u_1 i + u_2),$$
$$f(u^1 + u_1 i + u_2) + f_3(u^1 - u_1 i - u_2) = \varphi_1(u_1 i + u_2),$$
$$f_1(u^0 + u_1 i - u_2) + f_2(u^0 - u_1 i + u_2) = \psi(u_1 i - u_2),$$
$$f_1(u^1 + u_1 i - u_2) + f_2(u^1 - u_1 i + u_2) = \psi_1(u_1 i - u_2),$$

so wird

$$V^0 = \varphi(u_1 i + u_2) + \psi(u_1 i - u_2),$$
$$V^1 = \varphi_1(u_1 i + u_2) + \psi_1(u_1 i - u_2).$$

In diesen Formeln ist

$$i\, du_1 = \frac{d\rho_1}{\sqrt{(\rho_1^2 - b^2)(\rho_1^2 - c^2)}}, \qquad du_2 = \frac{d\rho_2}{\sqrt{(\rho_2^2 - b^2)(\rho_2^2 - c^2)}}.$$

Setzt man

(1.) $$\lambda(\lambda + m)^2 - n^2(\lambda - b^2)(\lambda - c^2) = (\lambda - \rho_1^2)(\lambda - \rho_2^2)(\lambda - \tau^2),$$

so wird zufolge des Abelschen Theorems:

$$\frac{d\tau}{\sqrt{(\tau^2 - b^2)(\tau^2 - c^2)}} = i\, du_1 \pm du_2.$$

Es werden also die beiden der Gleichung (1.) genügenden Werthe von τ, die ich τ_1 und τ_2 nennen will, respective Functionen von $u_1 i + u_2$ und $u_1 i - u_2$, und es erhält daher jede von den Functionen V^0 und V^1 die Form

$$\Pi_1(\tau_1) + \Pi_2(\tau_2),$$

wo Π_1 und Π_2 beliebige Functionen sein können.

Aus (1.) folgt, wenn man der Größe λ die Werthe b^2, c^2 beilegt:

$$b(b^2 + m) = \sqrt{(b^2 - \rho_1^2)(b^2 - \rho_2^2)(b^2 - \tau^2)},$$
$$c(c^2 + m) = \sqrt{(c^2 - \rho_1^2)(c^2 - \rho_2^2)(c^2 - \tau^2)},$$

oder zufolge der Formeln (2.) §. 3:

$$\frac{b^2 + m}{b^2 - c^2} = \frac{y}{\sqrt{\rho^2 - b^2}} \frac{\sqrt{b^2 - \tau^2}}{\sqrt{b^2 - c^2}},$$
$$\frac{c^2 + m}{c^2 - b^2} = \frac{z}{\sqrt{\rho^2 - c^2}} \frac{\sqrt{c^2 - \tau^2}}{\sqrt{c^2 - b^2}}.$$

Die Addition dieser beiden Formeln ergiebt

$$1 = \frac{y}{\sqrt{\rho^2 - b^2}} \sqrt{\frac{b^2 - \tau^2}{b^2 - c^2}} + \frac{z}{\sqrt{\rho^2 - c^2}} \sqrt{\frac{c^2 - \tau^2}{c^2 - b^2}}.$$

In diesen Formeln sind ρ, $\sqrt{\rho^2 - b^2}$, $\sqrt{\rho^2 - c^2}$ die halben Hauptaxen des Ellipsoïds. Man kann daher

$$\frac{x}{\rho} = \sin \eta, \qquad \frac{y}{\sqrt{\rho^2 - b^2}} = \cos \eta \cos \vartheta, \qquad \frac{z}{\sqrt{\rho^2 - c^2}} = \cos \eta \sin \vartheta$$

setzen. Setzt man ferner

$$\tau^2 = b^2 \sin^2 t + c^2 \cos^2 t,$$

wodurch

$$\sqrt{\frac{b^2 - \tau^2}{b^2 - c^2}} = \cos t, \qquad \sqrt{\frac{c^2 - \tau^2}{c^2 - b^2}} = \sin t,$$

so verwandelt sich die Gleichung, durch welche τ bestimmt worden, wenn man die verschiedenen Zeichen der Wurzelgrößen berücksichtigt, in:

$$1 = \cos \eta \cos(t \pm \vartheta),$$

woraus

$$\cos(t \pm \vartheta) = \frac{1}{\cos \eta}, \qquad \pm i \sin(t \pm \vartheta) = \frac{\sin \eta}{\cos \eta},$$
$$\pm i(t \pm \vartheta) = \log \frac{1 + \sin \eta}{\cos \eta}.$$

folgt. Hier ergeben sich die vier Werthe von t:

$$t = \pm \vartheta \pm i \log \frac{1+\sin\eta}{\cos\eta},$$

von denen jedoch je zwei, die einander entgegengesetzt sind, hier nur für einen zu rechnen sind. Nennt man t_1 und t_2 zwei nicht bloß einander entgegenge-setzte Werthe von t, so kann die hier betrachtete besondere Form, welche die Function V für $\rho = \rho^0$ und $\rho = \rho^1$ annehmen soll,

$$V = \Pi_1(\tau_1) + \Pi_2(\tau_2),$$

auch durch

$$V = \Pi_1(t_1) + \Pi_2(t_2)$$

dargestellt werden, da eine beliebige Function von τ auch eine beliebige Function von t ist. Man hat daher den Satz:

Wenn auf den beiden gegebenen confocalen Ellipsoïden,

$$\frac{x^2}{\rho^{0^2}} + \frac{y^2}{\rho^{0^2}-b^2} + \frac{z^2}{\rho^{0^2}-c^2} = 1,$$

$$\frac{x^2}{\rho^{1^2}} + \frac{y^2}{\rho^{1^2}-b^2} + \frac{z^2}{\rho^{1^2}-c^2} = 1,$$

die Coordinaten der Punkte durch zwei Winkel η und ϑ mittelst der Formeln

$$x = \rho^0 \sin\eta, \qquad y = \sqrt{\rho^{0^2}-b^2}\cos\eta\cos\vartheta, \qquad z = \sqrt{\rho^{0^2}-c^2}\cos\eta\sin\vartheta;$$

$$x = \rho^1 \sin\eta, \qquad y = \sqrt{\rho^{1^2}-b^2}\cos\eta\cos\vartheta, \qquad z = \sqrt{\rho^{1^2}-c^2}\cos\eta\sin\vartheta$$

ausgedrückt werden, und die diesen Punkten entsprechenden Werthe einer Function V, welche der partiellen Differentialgleichung

$$\frac{\partial^2 V}{\partial x^2} + \frac{\partial^2 V}{\partial y^2} + \frac{\partial^2 V}{\partial z^2} = 0$$

genügt, für jedes der beiden Ellipsoïde die Form

$$\Pi\left(\vartheta + i\log\frac{1+\sin\eta}{\cos\eta}\right) + \Pi_1\left(\vartheta - i\log\frac{1+\sin\eta}{\cos\eta}\right)$$

annehmen, so erhält der allgemeine Werth von V die Form

$$V = F_1(\sigma_1) + F_2(\sigma_2) + F_3(\sigma_3) + F_4(\sigma_4),$$

wo F_1, F_2, F_3, F_4 willkürliche Functionen und σ_1, σ_2, σ_3, σ_4 die vier Wurzeln der Gleichung

$$1 = \frac{\sigma}{bc}x + \frac{i\sqrt{\sigma^2 - b^2}}{b\sqrt{c^2 - b^2}}y + \frac{i\sqrt{c^2 - \sigma^2}}{c\sqrt{c^2 - b^2}}z$$

sind.

Setzt man

$$\log\frac{1 + \sin\eta}{\cos\eta} = \vartheta_1, \quad \text{oder} \quad \frac{1 - \sin\eta}{\cos\eta} = \sqrt{\frac{1 - \sin\eta}{1 + \sin\eta}} = e^{-\vartheta_1},$$

so erhält V in dem hier betrachteten Falle auf jedem der confocalen Ellipsoïde die Form

$$V = \Pi(\vartheta + \vartheta_1 i) + \Pi_1(\vartheta - \vartheta_1 i)$$

und genügt daher der partiellen Differentialgleichung

$$\frac{\partial^2 V}{\partial \vartheta^2} + \frac{\partial^2 V}{\partial \vartheta_1^2} = 0.$$

In demselben Falle hatte aber auch V auf jedem der confocalen Ellipsoïde die Form

$$V = \varphi(u_1 i + u_2) + \psi(u_1 i - u_2)$$

und genügte daher der ganz ähnlichen partiellen Differentialgleichung

$$\frac{\partial^2 V}{\partial u_1^2} + \frac{\partial^2 V}{\partial u_2^2} = 0.$$

Was die Grenzen dieser verschiedenen Variabeln betrifft, so ist zu bemerken, dass, während die Größe ϑ alle Werthe von 0 bis 2π, die Größe ϑ_1 alle Werthe von $-\infty$ bis ∞ annimmt, die Werthe von u_1 und u_2 immer endlich bleiben.

7.

Um die Größen u, u_1, u_2 auf die übliche Form der elliptischen Integrale zu reduciren, führe man statt der Größen ρ, ρ_1, ρ_2 Winkel ein, welche von 0 bis $\frac{1}{2}\pi$ wachsen oder abnehmen, wenn ρ von c bis ∞, ρ_1 von b bis c, ρ_2 von 0 bis b wächst. Zu diesem Zwecke setze man

$$\rho = \sqrt{c^2 + (c^2 - b^2)\,\mathrm{tg}^2\chi},$$

woraus

$$\sqrt{\frac{\rho^2 - b^2}{c^2 - b^2}} = \frac{1}{\cos\chi}, \quad \sqrt{\frac{\rho^2 - c^2}{c^2 - b^2}} = \mathrm{tg}\chi, \quad \frac{1}{c^2 - b^2}\,d\rho = \frac{\mathrm{tg}\chi\,d\chi}{\cos\chi\sqrt{c^2 - b^2\sin^2\chi}}$$

folgt, und daher

$$du = \frac{d\rho}{\sqrt{(\rho^2 - b^2)(\rho^2 - c^2)}} = \frac{d\chi}{\sqrt{c^2 - b^2 \sin^2 \chi}}.$$

Ferner setze man

$$\rho_1 = \sqrt{c^2 \cos^2 \varphi + b^2 \sin^2 \varphi},$$

woraus

$$\sqrt{\frac{\rho_1^2 - b^2}{c^2 - b^2}} = \cos \varphi, \qquad \sqrt{\frac{c^2 - \rho_1^2}{c^2 - b^2}} = \sin \varphi,$$

$$\frac{1}{c^2 - b^2} d\rho_1 = \frac{-\sin\varphi \cos\varphi \, d\varphi}{\sqrt{c^2 \cos^2 \varphi + b^2 \sin^2 \varphi}}$$

folgt, und daher

$$du_1 = \frac{d\rho_1}{\sqrt{(\rho_1^2 - b^2)(c^2 - \rho_1^2)}} = \frac{-d\varphi}{\sqrt{c^2 \cos^2 \varphi + b^2 \sin^2 \varphi}}.$$

Endlich setze man

$$\rho_2 = b \sin \psi,$$

woraus

$$du_2 = \frac{d\rho_2}{\sqrt{(b^2 - \rho_2^2)(c^2 - \rho_2^2)}} = \frac{d\psi}{\sqrt{c^2 - b^2 \sin^2 \psi}}.$$

Wenn

$$\frac{b}{c} = k', \qquad \frac{1}{c}\sqrt{c^2 - b^2} = k,$$

so wird nach der Legendreschen Bezeichnung:

$$cu = F(\chi, k'), \qquad cu_1 = -F(\varphi, k), \qquad cu_2 = F(\psi, k').$$

Setzt man

$$cu = v, \qquad cu_1 = -v_1, \qquad cu_2 = v_2,$$

so erhält man nach den von mir eingeführten Bezeichnungen, wenn man überall den Modul k hinzudenkt, wo kein anderer angegeben ist,

$$\varphi = \operatorname{am} v_1, \qquad \psi = \operatorname{am}(v_2, k'),$$
$$\rho_1 = c \Delta \operatorname{am} v_1, \qquad \rho_2 = c k' \sin \operatorname{am}(v_2, k'),$$

und daher, wenn man noch die Formeln (2.) §. 3 zu Hülfe nimmt,

$$\sin \eta = \frac{x}{\rho} = \frac{\rho_1 \rho_2}{bc} = \Delta \operatorname{am} v_1 \sin \operatorname{am}(v_2, k'),$$

$$\cos \eta \cos \vartheta = \frac{y}{\sqrt{\rho^2 - b^2}} = \frac{\sqrt{(\rho_1^2 - b^2)(b^2 - \rho_2^2)}}{b\sqrt{c^2 - b^2}} = \cos \operatorname{am} v_1 \cos \operatorname{am}(v_2, k'),$$

$$\cos \eta \sin \vartheta = \frac{z}{\sqrt{\rho^2 - c^2}} = \frac{\sqrt{(c^2 - \rho_1^2)(c^2 - \rho_2^2)}}{c\sqrt{c^2 - b^2}} = \sin \operatorname{am} v_1 \, \Delta \operatorname{am}(v_2, k').$$

Um alle Punkte des Ellipsoïds zu erhalten, muss man dem Winkel ϑ alle Werthe von 0 bis 2π und dem Winkel η alle Werthe von $-\frac{1}{2}\pi$ bis $\frac{1}{2}\pi$, oder der Größe v_1 alle Werthe von 0 bis $4K$, der Größe v_2 alle Werthe von $-K'$ bis $+K'$ beilegen, wenn man, wie gewöhnlich, mit K und K' die ganzen Integrale

$$K = \int_0^{\frac{1}{2}\pi} \frac{d\varphi}{\sqrt{1 - k^2 \sin^2 \varphi}}, \quad K' = \int_0^{\frac{1}{2}\pi} \frac{d\varphi}{\sqrt{1 - k'^2 \sin^2 \varphi}}$$

bezeichnet.

Will man das im vorigen Paragraphen gefundene Resultat in der gewöhnlichen Bezeichnung der elliptischen Functionen darstellen, so erhält man den Satz, dass durch die Substitution

$$\mathrm{tg}\,\vartheta = \frac{\mathrm{tg\,am}\,v_1}{\sin \mathrm{coam}(v_2, k')} = \frac{\sin \mathrm{am}\,v_1 \Delta \mathrm{am}(v_2, k')}{\cos \mathrm{am}\,v_1 \cos \mathrm{am}(v_2, k')},$$

$$e^{-\vartheta_1} = \sqrt{\frac{1 - \Delta \mathrm{am}\,v_1 \sin \mathrm{am}(v_2, k')}{1 + \Delta \mathrm{am}\,v_1 \sin \mathrm{am}(v_2, k')}}$$

die partiellen Differentialgleichungen

$$\frac{\partial^2 V}{\partial v_1^2} + \frac{\partial^2 V}{\partial v_2^2} = 0, \quad \frac{\partial^2 V}{\partial \vartheta^2} + \frac{\partial^2 V}{\partial \vartheta_1^2} = 0$$

in einander übergehen.

Aus den Gleichungen, durch welche in dem Vorhergehenden $\mathrm{tg}\,\vartheta$ und $e^{-\vartheta_1}$ bestimmt worden sind, ergeben sich nämlich die Formeln:

$$d\vartheta = \frac{\Delta\varphi \cos \psi \, \Delta(\psi, k') dv_1 + k^2 \sin \varphi \cos \varphi \sin \psi \, dv_2}{1 - \Delta^2 \varphi \sin^2 \psi},$$

$$d\vartheta_1 = \frac{-k^2 \sin \varphi \cos \varphi \sin \psi \, dv_1 + \Delta\varphi \cos \psi \, \Delta(\psi, k') dv_2}{1 - \Delta^2 \varphi \sin^2 \psi}.$$

Hieraus folgt nach mehreren Reductionen:

$$\frac{1}{\cos^2 \eta}[d\eta^2 + \cos^2 \eta \, d\vartheta^2] = d\vartheta^2 + d\vartheta_1^2 = \frac{1 - k^2 \sin^2 \varphi - k'^2 \sin^2 \psi}{1 - \Delta^2 \varphi \sin^2 \psi}(dv_1^2 + dv_2^2),$$

woraus sich zufolge der in §. 2 gegebenen allgemeinen Formeln sogleich die Transformation der partiellen Differentialgleichung $\frac{\partial^2 V}{\partial v_1^2} + \frac{\partial^2 V}{\partial v_2^2} = 0$ in die partielle Differentialgleichung $\frac{\partial^2 V}{\partial \vartheta^2} + \frac{\partial^2 V}{\partial \vartheta_1^2} = 0$ ergiebt.

8.

Man hat in §. 6 gesehen, dass die Function

$$V = \Pi(\vartheta + \vartheta_1 i) + \Pi_1(\vartheta - \vartheta_1 i)$$

der partiellen Differentialgleichung

$$\frac{\partial^2 V}{\partial v_1^2} + \frac{1 \partial^2 V}{\partial v_2^2} = 0$$

genügt. Es muss sich daher diese Function als die Summe zweier Functionen respective von $v_1 + v_2 i$ und von $v_1 - v_2 i$ darstellen lassen, wie sich auch aus bekannten Formeln der Theorie der elliptischen Functionen ergiebt.

Man erhält nämlich aus den Formeln des vorigen Paragraphen

$$\frac{\cos\eta\,(\cos\vartheta + i\sin\vartheta)}{1+\sin\eta} = e^{-\vartheta_1 + \vartheta i} = \frac{\cos\operatorname{am}v_1 \cos\operatorname{am}(v_2, k') + i \sin\operatorname{am}v_1 \Delta\operatorname{am}(v_2, k')}{1+\Delta\operatorname{am}v_1 \sin\operatorname{am}(v_2, k')}.$$

Da (*Fundam.* §. 19 [*)])

$$\sin\operatorname{am}(v_2, k') = -i\operatorname{tg\,am}(v_2 i),$$
$$\cos\operatorname{am}(v_2, k') = \frac{1}{\cos\operatorname{am}(v_2 i)},$$
$$\Delta\operatorname{am}(v_2, k') = \frac{\Delta\operatorname{am}(v_2 i)}{\cos\operatorname{am}(v_2 i)},$$

so wird

$$e^{-\vartheta_1 + \vartheta i} = \frac{\cos\operatorname{am}v_1 + i\sin\operatorname{am}v_1 \Delta\operatorname{am}(v_2 i)}{\cos\operatorname{am}(v_2 i) - i\Delta\operatorname{am}v_1 \sin\operatorname{am}(v_2 i)}.$$

Multiplicirt man Zähler und Nenner des vorstehenden Bruchs mit

$$\cos\operatorname{am}(v_2 i) + i\Delta\operatorname{am}v_1 \sin\operatorname{am}(v_2 i),$$

und bemerkt, dass

$$\cos^2\operatorname{am}(v_2 i) + \Delta^2\operatorname{am}v_1 \sin^2\operatorname{am}(v_2 i) = 1 - k^2\sin^2\operatorname{am}v_1 \sin^2\operatorname{am}(v_2 i),$$

dass ferner nach den Fundamentalformeln

$$\cos\operatorname{am}(v_1 + v_2 i) = \frac{\cos\operatorname{am}v_1 \cos\operatorname{am}(v_2 i) - \sin\operatorname{am}v_1 \Delta\operatorname{am}v_1 \sin\operatorname{am}(v_2 i)\Delta\operatorname{am}(v_2 i)}{1 - k^2\sin^2\operatorname{am}v_1 \sin^2\operatorname{am}(v_2 i)},$$

$$\sin\operatorname{am}(v_1 + v_2 i) = \frac{\sin\operatorname{am}v_1 \cos\operatorname{am}(v_2 i)\Delta\operatorname{am}(v_2 i) + \sin\operatorname{am}(v_2 i)\cos\operatorname{am}v_1 \Delta\operatorname{am}v_1}{1 - k^2\sin^2\operatorname{am}v_1 \sin^2\operatorname{am}(v_2 i)},$$

so erhält man:

$$e^{-\vartheta_1 + \vartheta i} = \cos\operatorname{am}(v_1 + v_2 i) + i\sin\operatorname{am}(v_1 + v_2 i) = e^{i\operatorname{am}(v_1 + v_2 i)},$$

[*)] Vergl. Band I. p. 85 dieser Ausgabe.

und daher auch, wenn man das Zeichen von i ändert,

$$e^{-\vartheta_1 - \vartheta i} = e^{-i \, am(v_1 - v_2 i)}.$$

Hieraus folgen die Formeln:

$$am(v_1 + v_2 i) = \vartheta + \vartheta_1 i,$$
$$am(v_1 - v_2 i) = \vartheta - \vartheta_1 i,$$

aus denen sich sogleich der zu beweisende Satz ergiebt. Die §. 7 gegebenen Formeln können dazu angewandt werden, aus den Gröfsen

$$\sin am\, v_1, \qquad \cos am\, v_1, \qquad \Delta am\, v_1,$$
$$\sin am(v_2, k'), \qquad \cos am(v_2, k'), \qquad \Delta am(v_2, k')$$

den reellen und imaginären Theil von $am(v_1 + v_2 i)$ zu berechnen. Diese Formeln zeigen, dass, wenn man

$$am(v_1 + v_2 i) = \vartheta + \vartheta_1 i$$

setzt, wo v_1 und v_2 reell, v_2 zwischen $-K'$ und $+K'$, und v_1 und ϑ gleichzeitig 0 sein sollen, die Gröfsen v_2 und ϑ_1 immer gleichzeitig positiv und negativ sind, und die beiden Winkel $am\, v_1$ und ϑ immer in denselben Quadranten liegen, welchen Werth zwischen $-K'$ und $+K'$ auch v_2 annimmt. Nimmt man $am\, v_1$ und ϑ in einem beliebigen Quadranten, und läfst v_2 sich einer seiner Grenzen K' oder $-K'$ nähern, so nähert sich ϑ dem nächsten ungraden Vielfachen von $\pm \frac{1}{2}\pi$, und fällt mit demselben zusammen, wenn $v_2 = \pm K'$ wird, wie auch der Werth von v_1 beschaffen ist. Wenn gleichzeitig $v_1 = 0$, oder ein Vielfaches von $\pm 2K$ und $v_2 = +K'$ oder $-K'$, so wird respective $\vartheta_1 = +\infty$ oder $-\infty$ und ϑ unbestimmt.

Ich bemerke noch die Formeln:

$$\cos n\, am(v_1 + v_2 i) + \cos n\, am(v_1 - v_2 i) = (e^{n\vartheta_1} + e^{-n\vartheta_1})\cos n\vartheta,$$
$$i[\cos n\, am(v_1 + v_2 i) - \cos n\, am(v_1 - v_2 i)] = (e^{n\vartheta_1} - e^{-n\vartheta_1})\sin n\vartheta,$$
$$\sin n\, am(v_1 + v_2 i) + \sin n\, am(v_1 - v_2 i) = (e^{n\vartheta_1} + e^{-n\vartheta_1})\sin n\vartheta,$$
$$i[\sin n\, am(v_1 - v_2 i) - \sin n\, am(v_1 + v_2 i)] = (e^{n\vartheta_1} - e^{-n\vartheta_1})\cos n\vartheta.$$

Diese Formeln zeigen, dass für einen positiven Werth von v_2 der erste und vierte und eben so der zweite und dritte Ausdruck, wenn n ins Unendliche wächst, selber ihren absoluten Werthen nach ins Unendliche wachsen, während ihre Unterschiede unendlich klein werden.

Berlin, den 10ten Juli 1847.

UEBER

UNENDLICHE REIHEN

DEREN EXPONENTEN ZUGLEICH IN ZWEI VERSCHIEDENEN

QUADRATISCHEN FORMEN ENTHALTEN SIND

VON

PROFESSOR C. G. J. JACOBI

Crelle Journal für die reine und angewandte Mathematik, Bd. 37. p. 61—94 u. p. 221—254.

UEBER UNENDLICHE REIHEN, DEREN EXPONENTEN ZUGLEICH IN ZWEI VERSCHIEDENEN QUADRATISCHEN FORMEN ENTHALTEN SIND.

EINLEITUNG.

Zwischen der Analysis und Zahlentheorie, welche man lange für völlig getrennte Disciplinen hielt, sind in neuerer Zeit immer häufigere, oft unerwartete Verbindungen und Übergänge entdeckt worden. Eine reichhaltige Quelle gegenseitiger Beziehungen beider, welche noch lange unerschöpft bleiben wird, ist die Analysis der elliptischen Functionen. Ich will im Folgenden eine Anzahl Formeln mittheilen, welche eine neue Anwendung dieser Analysis auf die Arithmetik gewähren, die Anwendung nämlich auf die Simultanformen des zweiten Grades, in denen gewisse Zahlenklassen immer enthalten sind.

Das erste Beispiel von tiefer liegenden Sätzen über die Eigenschaften solcher Simultanformen ergab sich aus der ersten Gaussischen Abhandlung über die biquadratischen Reste, welche von dem biquadratischen Charakter der Zahl 2 handelt. Aus den in dieser Abhandlung gefundenen Resultaten folgt eine Beziehung zwischen den beiden quadratischen Formen

$$aa + 2bb \quad \text{und} \quad cc + dd,$$

in welchen jede Primzahl von der Form $8i+1$ gleichzeitig enthalten ist. Gauss beweist nämlich daselbst durch rein arithmetische Betrachtungen,

dass die Zahl 2, welche quadratischer Rest jeder Primzahl von der Form $8i+1$ ist, auch ihr biquadratischer Rest ist oder nicht, je nachdem bei der Darstellung der Primzahl durch die Form $aa+2bb$ die Wurzel des ungeraden Quadrates a die Form $8i \pm 1$ oder die Form $8i \pm 3$ hat.

Durch andere von diesen ganz unabhängige, aus seiner Theorie der Kreisthei-

lung geschöpfte Betrachtungen, denen er jedoch ebenfalls eine arithmetische Einkleidung gab, beweist dann Gauss an demselben Orte ferner auch,

dass die Zahl 2 biquadratischer Rest einer Primzahl von der Form $8i+1$ ist oder nicht, je nachdem bei Zerfällung der Primzahl in zwei Quadrate die Wurzel des geraden Quadrates durch 8 dividirt aufgeht oder den Rest 4 läfst.

Die Vergleichung dieser beiden Kriterien ergiebt den Satz,

dass bei der Darstellung einer Primzahl von der Form $8i+1$ durch die beiden quadratischen Formen $aa+2bb$ und $cc+dd$, wo d die Wurzel des geraden Quadrates sein mag, immer gleichzeitig a die Form $8i\pm1$ und d die Form $8i$ oder a die Form $8i\pm3$ und d die Form $8i+4$ hat.

Es war zu wünschen, dass dieser Satz unabhängig von der Theorie der biquadratischen Reste durch unmittelbare Betrachtung der Gleichung

$$aa+2bb = cc+dd$$

bewiesen, und dadurch das eine Gaussische Kriterium auf das andere zurückgeführt würde. Dies hat Dirichlet in einer Abhandlung des 3ten Bandes des Crelleschen Journals gethan, wo er zugleich Untersuchungen über die allgemeinere Gleichung

$$aa+nbb = cc+dd$$

angestellt hat.

Der zuletzt erwähnte Satz kann auch noch auf eine andere Art ausgedrückt werden. Da entweder $+a$ oder $-a$, $+c$ oder $-c$ die Form $4m+1$ hat, ferner aus der Gleichung

$$p = aa+2bb = cc+dd,$$

wenn p die Form $8i+1$ hat, folgt, dass b durch 2, d durch 4 aufgeht: so erhält man aus diesen beiden Zerfällungen der Primzahl p immer eine Gleichung

$$(4m'+1)^2+8n'n' = (4m+1)^2+16nn = p,$$

wo die Zahlen m und m' positiv oder negativ sind. Der obige Satz besagt, dass in dieser Gleichung m' und n gleichzeitig gerade oder ungerade sind, oder *dass die Zahl $m'+n$ immer gerade ist.* Aus derselben Gleichung folgt aber auch unmittelbar, dass m und $m'+n'$ gerade sind, wenn p die Form $16n+1$ hat, und dass m und $m'+n'$ ungerade sind, wenn p die Form $16n+9$ hat, oder *dass die Zahl $m+m'+n'$ immer gerade ist.* Es wird daher zufolge des obigen Satzes

auch $m+n+n'$ immer gerade sein, oder dieser Satz folgendermafsen ausge-
sprochen werden können:

Wenn eine Primzahl p von der Form $8i+1$ durch die beiden quadratischen
Formen $(4m+1)^2+16nn$ und $(4m'+1)^2+8n'n'$ dargestellt wird, so sind die
beiden Zahlen $m+n$ und n' immer gleichzeitig gerade oder ungerade.

In dieser Gestalt findet man den Satz auch als ein Corollar einer analytischen
Formel, welche sich aus den Reihenentwickelungen der Theorie der elliptischen
Functionen ergiebt, und in welcher eine Reihe, deren Exponenten durch die eine
quadratische Form dargestellt werden, einer Reihe gleich wird, deren Exponenten
in der andern quadratischen Form enthalten sind. Aus derselben Quelle fliefst
eine grofse Anzahl ähnlicher Gleichungen, die Sätze über die Eigenschaften
quadratischer Simultanformen ergeben, und in denen die Exponenten der Reihen in den quadratischen Formen x^2+y^2, x^2+2y^2, x^2+3y^2, x^2+6y^2, $2x^2+3y^2$
enthalten sind. Einige solcher Gleichungen lassen sich auch aufstellen, in
denen die Exponenten der Reihen in höheren quadratischen Formen, wie
x^2+5y^2, x^2+7y^2 enthalten sind. Die folgenden Untersuchungen sollen sich mit
diesen analytischen Formeln und den daraus folgenden arithmetischen Sätzen
beschäftigen. Da die Anzahl dieser Formeln begrenzt scheint, so kann es Interesse haben, dieselben zu erschöpfen.

Die sämmtlichen diesen Untersuchungen zu Grunde gelegten Entwickelungen sind particuläre Fälle einer Fundamentalformel der Theorie der elliptischen Functionen, welche in der Gleichung

$$(1-q^2)(1-q^4)(1-q^6)(1-q^8)\cdots$$
$$\times(1-qz)(1-q^3z)(1-q^5z)(1-q^7z)\cdots$$
$$\times(1-qz^{-1})(1-q^3z^{-1})(1-q^5z^{-1})(1-q^7z^{-1})\cdots$$
$$= 1-q(z+z^{-1})+q^4(z^2+z^{-2})-q^9(z^3+z^{-3})+\cdots$$

enthalten ist. Diese Gleichung gilt für alle Werthe von z und für die Werthe
von q, deren Modul kleiner als 1 ist. Man kann derselben verschiedene Formen geben. Setzt man q^m für q, wo m eine beliebige positive Gröfse ist, und
gleichzeitig $+q^{\pm n}$ oder $-q^{\pm n}$ für z, so erhält man aus ihr die folgenden beiden Formeln:

(1.) $\quad (1-q^{m-n})(1-q^{m+n})(1-q^{2m})(1-q^{3m-n})(1-q^{3m+n})(1-q^{4m})\cdots$
$\quad\quad = 1-q^{m-n}-q^{m+n}+q^{4m-2n}+q^{4m+2n}-q^{9m-3n}-q^{9m+3n}+\cdots,$

(2.) $\quad (1+q^{m-n})(1+q^{m+n})(1-q^{2m})(1+q^{3m-n})(1+q^{3m+n})(1-q^{4m})\cdots$
$\quad\quad = 1+q^{m-n}+q^{m+n}+q^{4m-2n}+q^{4m+2n}+q^{9m-3n}+q^{9m+3n}+\cdots.$

Setzt man $m - n = a$, $2n = b$, so werden diese Formeln:

(3.) $\quad (1-q^a)(1-q^{a+b})(1-q^{2a+b})(1-q^{3a+b})(1-q^{3a+2b})(1-q^{4a+2b})\ldots$
$$= 1 - q^a - q^{a+b} + q^{4a+b} + q^{4a+3b} - q^{9a+3b} - q^{9a+6b} + \cdots,$$

(4.) $\quad (1+q^a)(1+q^{a+b})(1-q^{2a+b})(1+q^{3a+b})(1+q^{3a+2b})(1-q^{4a+2b})\ldots$
$$= 1 + q^a + q^{a+b} + q^{4a+b} + q^{4a+3b} + q^{9a+3b} + q^{9a+6b} + \cdots,$$

wo die Exponenten in den unendlichen Producten eine Reihe bilden, deren erstes Glied a ist, und deren Differenzen

$$b, a, a, b, a, a, b \text{ etc.}$$

sind, die Exponenten in den Entwickelungen dagegen eine Reihe bilden, deren erstes Glied 0 ist, und deren Differenzen

$$a, b, 3a, 2b, 5a, 3b, 7a \text{ etc.}$$

sind. Bezeichnet man die unendlichen Producte und Reihen durch die ihren allgemeinen Gliedern vorgesetzten Zeichen Π und Σ, so kann man die Formeln (1.) und (2.) folgendermaſsen darstellen:

(5.) $\quad \Pi[(1-q^{2mi+m-n})(1-q^{2mi+m+n})(1-q^{2mi+2m})] = \Sigma(-1)^i q^{mi^2+ni}$,

(6.) $\quad \Pi[(1+q^{2mi+m-n})(1+q^{2mi+m+n})(1-q^{2mi+2m})] = \Sigma q^{mi^2+ni}$.

Hier sind dem Index i unter dem Zeichen Π die Werthe $0, 1, 2, \ldots \infty$, unter dem Zeichen Σ dagegen die Werthe $0, \pm 1, \pm 2, \ldots \pm \infty$ beizulegen, wie auch im Folgenden immer angenommen werden wird. Setzt man in diesen Formeln m^2 für m, $2mn$ für n, und multiplicirt auf beiden Seiten des Gleichheitszeichens mit q^{n^2}, so erhalten sie folgende Form:

(7.) $\quad q^{n^2} \Pi[(1-q^{2m^2i+m^2-2mn})(1-q^{2m^2i+m^2+2mn})(1-q^{2m^2i+2m^2})] = \Sigma(-1)^i q^{(mi+n)^2}$,

(8.) $\quad q^{n^2} \Pi[(1+q^{2m^2i+m^2-2mn})(1+q^{2m^2i+m^2+2mn})(1-q^{2m^2i+2m^2})] = \Sigma q^{(mi+n)^2}$.

Von den drei einfachen unendlichen Producten, welche mit einander zu multipliciren sind, werden zwei einander gleich, wenn $b = 0$; es können die drei in zwei zusammengezogen werden, wenn $b = 2a$, oder in ein einziges, wenn $b = a$. Setzt man in diesen Fällen $a = 1$, wie es unbeschadet der Allgemeinheit geschehen kann, und daher

1. $m = 1$, $n = 0$;   2. $m = 2$, $n = 1$;   3. $m = \frac{3}{2}$, $n = \frac{1}{2}$:

so erhält man aus (5.) und (6.) die *fünf* particulären Formeln:

$$(9.)\quad\begin{cases}\Pi[(1-q^{2i+1})^2(1-q^{2i+2})] = \Sigma(-1)^i q^{i^2}, \\[4pt] \Pi[(1+q^{2i+1})^2(1-q^{2i+2})] = \Sigma q^{i^2}, \\[4pt] \Pi[(1-q^{2i+1})(1-q^{4i+4})] = \Sigma(-1)^i q^{2i^2+i}, \\[4pt] \Pi[(1+q^{2i+1})(1-q^{4i+4})] = \Sigma q^{2i^2+i}, \\[4pt] \qquad\Pi(1-q^{i+1}) = \Sigma(-1)^i q^{\frac{3}{2}i^2+\frac{1}{2}i}.\end{cases}$$

Die Zahlen $2i^2+i$ bilden, wenn man dem i alle positiven und negativen Werthe giebt, die Reihe der *dreieckigen* Zahlen.

Wenn von den unendlichen Producten, welche aus (5.) und (6.) für specielle Werthe von m und n hervorgehen, irgend welche zwei mit einander multiplicirt werden, so erhält man dadurch ein neues unendliches Product, in dessen Reihenentwickelung nur solche Glieder vorkommen, deren Exponenten in einer bestimmten quadratischen Form zweier Variabeln enthalten sind, welche Anzahl der Variabeln der quadratischen Formen ich immer stillschweigend voraussetzen werde, wenn nicht das Gegentheil bemerkt ist. So oft daher, was in einer grofsen Anzahl von Fällen geschieht, ein solches unendliches Product noch durch die Multiplication zweier anderer in den obigen Ausdrücken (5.) und (6.) enthaltener unendlicher Producte entstehen kann, werden durch die Entwickelung desselben Reihen erhalten, in denen die Exponenten der Glieder *in zwei bestimmten quadratischen Functionen zugleich* enthalten sind.

Zufolge ihrer Entstehungsart können diese Reihen durch zwei verschiedene Doppelsummen ausgedrückt, und daher nach zwei verschiedenen Gesetzen gebildet werden. Nach dem einen erhalten die Exponenten der einzelnen Glieder eine andere quadratische Form als nach dem andern; wenn man aber in jeder Doppelsumme alle Glieder, in deren Exponenten die quadratische Form denselben Werth erhält, zusammenfafst, müssen beide Bildungsgesetze zu demselben Resultate führen, und daher sowohl nach dem einen als nach dem andern die Coëfficienten aller Glieder, in welchen die Exponenten nicht zugleich in den beiden quadratischen Formen enthalten sind, verschwinden. Wenn man hingegen die Coëfficienten der Glieder, deren Exponenten in den beiden quadratischen Formen enthalten sind, wie sie aus den beiden verschiedenen Bildungsweisen hervorgehen, mit einander vergleicht, erhält man jedesmal einen ähnlichen arithmetischen Satz, wie oben für die beiden Zerfällungen der Primzahlen von der Form $8i+1$ aufgestellt worden ist.

Durch die Herleitung dieser arithmetischen Sätze aus den analytischen Entwickelungen wird aber nicht allein der Vorrath der arithmetischen Beweismittel vermehrt, sondern es werden dadurch auch die Sätze selbst in einer neuen bemerkenswerthen Form gefunden. Schon in einem früheren Falle, in welchem sich ein arithmetischer Fundamentalsatz als Corollar einer elliptischen Formel ergab, erhielt zugleich dieser Satz eine wesentlich verschiedene Fassung, die ihm einen allgemeineren Charakter und eine erhöhte Wichtigkeit gab. Der Satz nämlich,

dass für jede Zahl *P, die nur Primzahlen von der Form* $4i+1$ *zu Theilern hat,* die Gleichung $xx+yy = P$ so viel Lösungen in ganzen positiven oder negativen Werthen von x und y verstattet, als die vierfache Anzahl der ungeraden Factoren von P beträgt,

ergiebt sich aus der Theorie der elliptischen Functionen in der allgemeineren Form,

dass für *jede beliebige* Zahl P die Gleichung $xx+yy = P$ so viel Lösungen in ganzen positiven oder negativen Werthen von x und y verstattet, als der vierfache *Ueberschuss* der Anzahl der Factoren der Zahl P von der Form $4i+1$ über die Anzahl ihrer Factoren von der Form $4i+3$ beträgt *).

Diese verallgemeinerte Form des Satzes über die Anzahl der Zusammensetzungen der Zahlen aus *zwei* Quadraten verstattet es, von ihm aus zu Sätzen über die Anzahl der Zusammensetzungen der Zahlen aus *vier* Quadraten aufzusteigen. (S. Crelles Journal Band 12, p. 167. Anwendungen ähnlicher Umformungen auf tiefere arithmetische Sätze findet man in der berühmten Abhandlung: *Sur diverses applications de l'analyse infinitésimale à la théorie des nombres,* im 21sten Bande desselben Journals p. 3.)

Als Beispiel der allgemeineren Fassung, in welcher die Sätze über Simultanformen durch die Analysis der elliptischen Functionen gefunden werden, will ich die Erweiterung anführen, welche der oben aufgestellte Satz erfährt,

dass in den Simultanformen $(4m+1)^2+16nn$ und $(4m'+1)^2+8n'n',$ durch welche man jede Primzahl von der Form $8i+1$ darstellen kann, die Zahlen $m+n$ und n' gleichzeitig gerade und ungerade sind.

In der Form, wie er aus der analytischer Formel hervorgeht, heisst dieser Satz:

---

*) S. *Fund. Nov. Theor. Funct. Ellipt.* p. 107. (B. 1, p. 163 dieser Ausgabe.)

Für jede beliebige Zahl P beträgt der Ueberschuss der Anzahl der Lösungen der Gleichung

$$P = (4m+1)^2 + 16nn,$$

in welchen m+n gerade, über die Anzahl der Lösungen, in welchen m+n ungerade ist, eben so viel als der Ueberschuss der Anzahl der Lösungen der Gleichung

$$P = (4m'+1)^2 + 8n'n',$$

in welchen n' gerade, über die Anzahl der Lösungen, in welchen n' ungerade ist.

Der wesentliche Charakter dieser Erweiterungen besteht darin, dass die nur für eine besondere Klasse von Zahlen geltenden Sätze durch andere ersetzt werden, welche *auf alle Zahlen* Anwendung finden, für jene besondern Klassen von Zahlen die tiefer liegenden Eigenschaften, welche man bemerken will, herausstellen, für alle andern Zahlen aber sich auf einen elementaren Inhalt reduciren. Wenn gewisse Zahlenklassen gewisse Zerfällungen verstatten, so ersetzt man die Zahlen, welche die Anzahl dieser Zerfällungen bestimmen, durch Ueberschüsse, welche sich für die besondern Klassen von Zahlen auf die Anzahl ihrer Zerfällungen reduciren, und für alle andern Klassen *verschwinden*.

Ich habe im Folgenden die aus den analytischen Entwickelungen sich ergebenden Eigenschaften der Zahlen auch aus bekannten arithmetischen Sätzen abzuleiten gesucht, wodurch man jedesmal für die analytische Formel einen rein arithmetischen Beweis erhält. Wenn diese arithmetischen Beweise der auf analytischem Wege gewonnenen Resultate keine wesentlichen Schwierigkeiten darbieten, so sind sie doch bisweilen complicirter Natur, und erfordern eigenthümliche Klassificationen der Zahlen, welche vielleicht auch in anderen Untersuchungen von Nutzen sein können. Es verstatten diese Beweise oft eine gewisse Willkür in der Wahl der Methoden der Behandlung, so dass sie leicht variirt werden können.

Ich bemerke noch, dass bei mehreren der hier behandelten Entwickelungen elliptischer Reihen für die Vorzeichen der Glieder solche Gesetze gefunden werden, dass man sie durch Größen ausdrücken kann, welche von den biquadratischen Charakteren der Zahlen abhängen. Man gelangt so *a posteriori* zu den ersten merkwürdigen Beispielen der Einführung der biquadratischen Reste in die Entwickelungsgesetze elliptischer Reihen mit beliebigem Modul. Die

Gröfsen, durch welche sich die Vorzeichen dieser elliptischen Reihen unmittelbar ausdrücken lassen, sind die nämlichen, welche durch ein von mir in die Theorie der Potenzreste eingeführtes besonderes Symbol bezeichnet werden, wodurch die Darstellung dieser Reihen an Einfachheit gewinnt.

ZUSAMMENSTELLUNG DER ANALYTISCHEN FORMELN.

In dem 16ten Capitel der Einleitung in die Analysis des Unendlichen, welches *von der Theilung der Zahlen* handelt, hat Euler das unendliche Product

$$(1+q)(1+q^2)(1+q^3)(1+q^4)\cdots = \frac{1}{(1-q)(1-q^3)(1-q^5)(1-q^7)\ldots},$$

dessen Entwickelungscoëfficienten bestimmen, wie oft eine gegebene Zahl in beliebige ungleiche Zahlen oder in gleiche und ungleiche ungerade Zahlen getheilt werden kann, behufs der Erforschung dieser Coëfficienten untersucht, und dasselbe bei dieser Gelegenheit dem Bruche

$$\frac{1-q^2-q^4+q^{10}+q^{14}-q^{24}-q^{30}+q^{44}+q^{52}-\cdots}{1-q-q^2+q^5+q^7-q^{13}-q^{15}+q^{22}+q^{26}-\cdots} = \frac{\Sigma(-1)^i q^{3ii+i}}{\Sigma(-1)^i q^{\frac{1}{2}(3ii+i)}}$$

gleich gefunden. Euler ersetzt nämlich das unendliche Product durch den Bruch

$$\frac{(1-q^2)(1-q^4)(1-q^6)(1-q^8)\ldots}{(1-q)(1-q^2)(1-q^3)(1-q^4)\ldots},$$

dessen Zähler aus dem Nenner durch die Verwandlung von q in q^2 erhalten wird; für den Nenner aber findet er die in dem Nenner des vorstehenden Bruches befindliche Reihe, deren Glieder zu Exponenten die *fünfeckigen* Zahlen, vor- und rückwärts ins Unendliche fortgesetzt, und abwechselnd die Coëfficienten $+1$ und -1 haben. Die eben angegebenen elliptischen Formeln lehren aber, dass es für dasselbe unendliche Product noch *sechs* ähnliche Brüche, wie der von Euler gefundene, giebt. Um diese demselben unendlichen Product gleichen Brüche zu erhalten, stelle ich dasselbe auf verschiedene Arten als Quotienten zweier anderer dar, welche in den allgemeinen unendlichen Producten (1.) und (2.) enthalten sind. Dies geschieht mittelst der folgenden Formeln:

I.

$$(1+q)(1+q^2)(1+q^3)(1+q^4)\cdots$$

$$= \frac{(1-q^2)(1-q^4)(1-q^6)(1-q^8)\cdots}{(1-q)(1-q^3)(1-q^5)(1-q^7)\cdots}$$

$$= \frac{(1+q)(1+q^3)(1-q^4)(1+q^5)(1+q^7)(1-q^8)\cdots}{(1-q^2)(1-q^4)(1-q^6)(1-q^8)(1-q^{10})(1-q^{12})\cdots}$$

$$= \frac{(1-q)(1-q^2)(1-q^3)(1-q^4)(1-q^5)(1-q^6)\cdots}{(1-q)^2(1-q^2)(1-q^3)^2(1-q^4)(1-q^5)^2(1-q^6)\cdots}$$

$$= \frac{(1+q)(1-q^2)(1+q^3)(1-q^4)(1+q^5)(1-q^6)\cdots}{(1-q^2)^2(1-q^4)(1-q^6)^2(1-q^8)(1-q^{10})^2(1-q^{12})\cdots}$$

$$= \frac{(1-q^4)(1-q^8)(1-q^{12})(1-q^{16})(1-q^{20})(1-q^{24})\cdots}{(1-q)(1-q^3)(1-q^4)(1-q^5)(1-q^7)(1-q^8)\cdots}$$

$$= \frac{(1+q)(1+q^2)(1-q^3)(1+q^4)(1+q^5)(1-q^6)\cdots}{(1-q^3)^2(1-q^6)(1-q^9)^2(1-q^{12})(1-q^{15})^2(1-q^{18})\cdots}$$

$$= \frac{(1+q^3)(1+q^9)(1-q^{12})(1+q^{15})(1+q^{21})(1-q^{24})\cdots}{(1-q)(1-q^5)(1-q^6)(1-q^7)(1-q^{11})(1-q^{12})\cdots}.$$

Wegen der einfachen Reihenentwickelung, deren die elliptischen unendlichen Producte

$$(1\pm q^{m-\mu})(1\pm q^{m+\mu})(1-q^{2m})(1\pm q^{3m-\mu})(1\pm q^{3m+\mu})(1-q^{4m})\cdots$$
$$= \Pi[(1\pm q^{3mi+m-\mu})(1\pm q^{3mi+m+\mu})(1-q^{3mi+2m})]$$

zufolge der Formeln (1.) und (2.) oder (3.) und (4.) fähig sind, kann man sie
gleichsam als Elementarfunctionen betrachten, und andere unendliche Producte
aus ihnen zusammenzusetzen suchen. Die vorstehenden Formeln lösen die Aufgabe, das von Euler betrachtete unendliche Product

$$(1+q)(1+q^2)(1+q^3)(1+q^4)\cdots$$

durch diese elliptischen unendlichen Producte darzustellen. Man sieht, dass
diese Aufgabe mehrere Lösungen hat, indem man das vorgelegte unendliche
Product durch die Formeln (I.) auf *sieben* verschiedene Arten als Quotienten
zweier solcher elliptischen unendlichen Producte findet.

Die Factoren der elliptischen unendlichen Producte, welche die Zähler
und Nenner der Formeln (I.) bilden, sind so geordnet, dass die Exponenten der
Potenzen von q fortwährend wachsen. Die Vorzeichen dieser Potenzen sind in
den Nennern immer —, wie in der Formel (1.); in den Zählern dagegen entweder ebenfalls alle — oder abwechselnd in zweien Factoren + und im drit-

ten —, wie in der Formel (2.). Nur der Zähler des vierten Bruches macht eine Ausnahme, indem derselbe aus (1.) oder (2.) durch Annahme specieller Werthe für m und n nicht unmittelbar hervorgeht, sondern aus dem den Werthen $m = \frac{3}{2}$, $n = \frac{1}{2}$ entsprechenden Product $\Pi(1-q^{i+1})$ durch Aenderung von q in $-q$ erhalten wird. Durch diese Aenderung wird die letzte der Gleichungen (9.),

$$\Pi(1-q^{i+1}) = \Sigma(-1)^i q^{\frac{1}{2}(3i^2+i)},$$

in

(10.) $$\Pi[(1+q^{2i+1})(1-q^{2i+2})] = \Sigma(-1)^{\frac{1}{2}i(i+1)} q^{\frac{1}{2}(3i^2+i)}$$

verwandelt, oder in

(11.) $$(1+q)(1-q^2)(1+q^3)(1-q^4)(1+q^5)\cdots$$
$$= 1+q-q^2-q^5-q^7+q^{12}+q^{15}+q^{22}+q^{26}+q^{35}-\cdots,$$

in welcher Reihe nach den beiden ersten positiven Gliedern abwechselnd *vier* negative und *vier* positive folgen.

Wenn man die beiden ersten Factoren der elliptischen unendlichen Producte mit

$$(1\pm q^a)(1\pm q^{a+b})$$

bezeichnet, so werden die Werthe von a und b oder von $m = a + \frac{1}{2}b$, $n = \frac{1}{2}b$ für die Zähler und Nenner der Formeln (I.) durch folgendes Tableau gegeben:

II.

Zähler:	a	2 1 1 4 1 3	m	3 2 ⅔ 6 ⅔ 6
	b	2 2 1 1 4 1 6	n	1 1 ⅓ ⅓ 2 ⅓ 3
Nenner:	a	1 2 1 2 1 3 1	m	⅔ 3 1 2 2 3 3
	b	1 2 0 0 2 0 4	n	⅓ 1 0 0 1 0 2

Die Fälle, in welchen immer zwei Vorzeichen +, das dritte — sind, habe ich bei den Zählern von den Fällen, in welchen alle Vorzeichen — sind, durch übergesetzte Sternchen unterschieden. Das doppelte Sternchen bezieht sich auf den besondern Fall des Zählers des vierten Bruches, wo die Vorzeichen der Potenzen von q in den einzelnen Factoren abwechselnd + und — sind. Man erhält aus den angegebenen Werthen von a und b die Reihe der Exponenten durch ihre ersten Differenzen b, a, a, b, a, a etc.

Bezeichnet man die elliptischen unendlichen Producte durch die *allgemeinen* Ausdrücke ihrer Factoren, wie in den Formeln (5.) und (6.), so erhält man aus I.

die folgenden Gleichungen, deren Richtigkeit ganz von selbst in die Augen fällt, wenn man nur die eine Hülfsgleichung

$$\Pi[(1+q^{i+1})(1-q^{2i+1})] = \frac{\Pi[(1-q^{2i+1})(1-q^{2i+2})]}{\Pi(1-q^{i+1})} = 1$$

benutzt:

III.

$$\Pi(1+q^{i+1}) = \frac{\Pi(1-q^{2i+2})}{\Pi(1-q^{i+1})} \quad \ldots \ldots \ldots \ldots \quad 1.$$

$$= \frac{\Pi[(1+q^{2i+1})(1-q^{4i+4})]}{\Pi(1-q^{2i+2})} \quad \ldots \ldots \quad 2.$$

$$= \frac{\Pi(1-q^{i+1})}{\Pi[(1-q^{2i+1})^2(1-q^{2i+2})]} \quad \ldots \ldots \quad 3.$$

$$= \frac{\Pi[(1+q^{2i+1})(1-q^{2i+2})]}{\Pi[(1-q^{4i+3})^2(1-q^{4i+4})]} \quad \ldots \ldots \quad 4.$$

$$= \frac{\Pi(1-q^{4i+4})}{\Pi[(1-q^{2i+1})(1-q^{4i+4})]} \quad \ldots \ldots \quad 5.$$

$$= \frac{\Pi[(1+q^{2i+1})(1+q^{3i+2})(1-q^{3i+3})]}{\Pi[(1-q^{6i+3})^2(1-q^{6i+6})]} \quad \ldots \quad 6.$$

$$= \frac{\Pi[(1+q^{4i+3})(1-q^{12i+12})]}{\Pi[(1-q^{6i+1})(1-q^{6i+5})(1-q^{6i+6})]} \quad \ldots \quad 7.$$

Man kann bemerken, dass alle diese Brüche im Zähler oder Nenner oder in beiden einen der fünf in den Formeln (9.) angegebenen particulären Ausdrücke enthalten, in welchen von den drei einfachen unendlichen Producten von der Form $\Pi(1\pm q^{ai+\beta})$, durch deren Multiplication jedes der elliptischen unendlichen Producte (1.) oder (2.) gebildet wird, entweder zwei einander gleich sind, oder zwei oder auch alle drei in ein solches einfaches unendliches Product zusammengezogen werden können.

Wenn man von diesen Zusammenziehungen keinen Gebrauch macht, so kann man die unter dem Zeichen Π befindlichen *allgemeinen* Ausdrücke der Factoren der elliptischen unendlichen Producte *aus ihren drei ersten Factoren* erhalten, indem man in diesen drei Factoren zu den Exponenten von q das Product des Index i mit dem im *dritten* Factor befindlichen Exponenten hinzufügt, wie dies die Vergleichung der Formeln (I.) und (III.) vor Augen legt. Nur in dem Zähler des vierten Bruches müssen wegen der besondern Beschaffenheit desselben die Potenzen von q in den einzelnen Factoren noch mit $(-1)^i$ mul-

tiplicirt werden. Man erhält dann zufolge der angegebenen Regel aus den drei ersten Factoren $(1+q)(1-q^2)(1+q^3)$ das unendliche Product

$$\Pi[(1+(-1)^i q^{6i+1})(1-(-1)^i q^{6i+2})(1+(-1)^i q^{6i+3})],$$

oder wenn man für i einmal alle geraden und dann alle ungeraden Zahlen setzt,

$$\Pi[(1+q^{6i+1})(1-q^{6i+2})(1+q^{6i+3})(1-q^{6i+4})(1+q^{6i+5})(1-q^{6i+6})] = \Pi[(1+q^{2i+1})(1-q^{2i+2})],$$

wie in (III.).

Die Reihenentwickelungen der elliptischen unendlichen Producte der hier betrachteten Art erhält man ebenfalls leicht aus ihren *beiden* ersten Factoren

$$(1+q^a)(1+q^{a+b}) \quad \text{oder} \quad (1-q^a)(1-q^{a+b}).$$

Aus den Formeln (3.) und (4.) der Einleitung erhellt nämlich, dass die Exponenten der Potenzen von q in diesen Entwickelungen eine Reihe bilden, deren erstes Glied 0 ist, und deren erste Differenzen

$$a, \quad b, \quad 3a, \quad 2b, \quad 5a, \quad 3b \text{ etc.}$$

sind. Zufolge der Formeln (5.) und (6.) wird das allgemeine Glied dieser Entwickelungen

$$q^{\frac{1}{2}i(2a+b)i+\frac{1}{2}bi} \quad \text{oder} \quad (-1)^i q^{\frac{1}{2}(2a+b)i+\frac{1}{2}bi},$$

und man erhält aus demselben die einzelnen Glieder in der Ordnung, wie die Exponenten von q der Größe nach auf einander folgen, wenn man dem Index i nach einander die Werthe

$$0, \quad -1, \quad +1, \quad -2, \quad +2, \quad -3 \text{ etc.}$$

beilegt. Die Coëfficienten der Potenzen von q vom zweiten Gliede an werden, wenn die beiden ersten Factoren des unendlichen Products $(1-q^a)(1-q^{a+b})$ sind, abwechselnd $-1, -1$ und $+1, +1$, oder, wenn dieselben $(1+q^a)(1+q^{a+b})$ sind, alle $+1$. Wenn $b=0$, werden vom zweiten Gliede an immer zwei aufeinander folgende Glieder der Entwickelung einander gleich, und können daher in ein Glied, das den Coëfficienten -2 oder $+2$ erhält, zusammengezogen werden.

Es ist im Vorhergehenden immer angenommen, was unbeschadet der Allgemeinheit verstattet ist, dass a und b positiv sind. Betrachtet man nämlich die allgemeine Form der elliptischen unendlichen Producte (1.) und (2.),

$$\Pi[(1\pm q^{2mi+m-n})(1\pm q^{2mi+m+n})(1-q^{2mi+2m})],$$

in welcher m immer positiv sein muss, weil sonst die Factoren nicht convergiren, so kann man darin auch n immer positiv annehmen, da das Product ungeändert bleibt, wenn man n in $-n$ verändert; es wird daher auch $b = 2n$ positiv. Es kann endlich auch $n < m$ oder $m - n = a$ positiv angenommen werden. Denn setzt man in dem vorstehenden unendlichen Producte $n + 2km$ statt n, so erleidet dasselbe keine weitere Veränderung, als dass es mit einem Factor

$$\frac{1 \pm q^{m-n-2kn}}{1 \pm q^{-m+n+2kn}} \ \frac{1 \pm q^{3m-n-2kn}}{1 \pm q^{-3m+n+2kn}} \cdots \frac{1 \pm q^{(2k-1)m-n-2kn}}{1 \pm q^{-(2k-1)m+n+2kn}} = (\pm 1)^k q^{-(km+kn)}$$

multiplicirt wird. Man kann daher n immer kleiner als $2m$ annehmen. Ist n kleiner als $2m$, aber größer als m, so kann man $n + m$ für n setzen, wo $n < m$. Hierdurch aber verwandeln sich die unendlichen Producte

$$\Pi(1 \pm q^{2mi+m-n}), \qquad \Pi(1 \pm q^{2mi+m+n})$$

in

$$(1 \pm q^{-n})\Pi(1 \pm q^{2mi+m+m-n}), \qquad (1 \pm q^n)^{-1}\Pi(1 \pm q^{2mi+m-(m-n)}),$$

und daher die elliptischen unendlichen Producte (1.) und (2.) in andere, in welchen bloss $m - n$ für n gesetzt ist, abgesehen von einem Factor $\pm q^{-n}$, mit welchem man noch zu multipliciren hat; die Größe $m - n$ ist aber positiv und kleiner als m. Es können daher in allen Fällen die elliptischen unendlichen Producte (1.) und (2.) auf solche zurückgeführt werden, in welchen n positiv und kleiner als m ist, und daher $a = m - n$, $b = 2n$ positiv sind.

Vermittelst der obigen Regeln ist es leicht, die Reihenentwickelungen der Zähler und Nenner der Brüche anzugeben, durch welche in den Formeln (I.) das Eulersche unendliche Product ausgedrückt worden ist. Es genügt hierzu, die beiden ersten Factoren jedes Zählers und Nenners, oder auch, wenn man will, das Tableau der Werthe von a und b in (II.) zu betrachten. Nur für den Zähler des vierten Bruches, der von etwas abweichender Beschaffenheit ist, und noch die Aenderung von q in $-q$ erfordert, hat man sich der Formeln (10.) und (11.) zu bedienen. Man erhält hiernach die folgenden Ausdrücke des Eulerschen Products, von denen der erste der von Euler selbst gefundene ist:.

IV.

$$(1+q)(1+q^2)(1+q^3)(1+q^4)\cdots$$

$$= \frac{1-q^2-q^4+q^{10}+q^{14}-q^{24}-\cdots}{1-q-q^3+q^5+q^7-q^{12}-\cdots} = \frac{\Sigma(-1)^i q^{3ii+i}}{\Sigma(-1)^i q^{\frac{1}{2}(3ii+i)}} \quad \cdots \quad 1.$$

$$= \frac{1+q+q^3+q^6+q^{10}+q^{15}+\cdots}{1-q^2-q^4+q^{10}+q^{14}-q^{24}-\cdots} = \frac{\Sigma q^{2ii+i}}{\Sigma(-1)^i q^{3ii+i}} \quad \cdots \quad 2.$$

$$= \frac{1-q-q^3+q^5+q^7-q^{13}-q^{15}+\cdots}{1-2q+2q^4-2q^9+2q^{16}-\cdots} = \frac{\Sigma(-1)^i q^{\frac{1}{2}(3ii+i)}}{\Sigma(-1)^i q^{ii}} \quad \cdots \quad 3.$$

$$= \frac{1+q-q^3-q^6-q^7-q^{13}+q^{15}+\cdots}{1-2q^2+2q^6-2q^{18}+2q^{32}-\cdots} = \frac{\Sigma(-1)^{\frac{1}{2}i(i+1)} q^{\frac{1}{2}(3ii+i)}}{\Sigma(-1)^i q^{2ii}} \quad \cdots \quad 4.$$

$$= \frac{1-q^4-q^8+q^{20}+q^{28}-q^{48}-q^{60}+\cdots}{1-q-q^5+q^8+q^{10}-q^{18}-q^{21}+\cdots} = \frac{\Sigma(-1)^i q^{6ii+2i}}{\Sigma(-1)^i q^{2ii+i}} \quad \cdots \quad 5.$$

$$= \frac{1+q+q^3+q^5+q^7+q^{13}+q^{15}+\cdots}{1-2q^2+2q^{18}-2q^{27}+2q^{48}-\cdots} = \frac{\Sigma q^{\frac{1}{2}(3ii+i)}}{\Sigma(-1)^i q^{3ii}} \quad \cdots \quad 6.$$

$$= \frac{1+q^3+q^9+q^{13}+q^{30}+q^{45}+\cdots}{1-q-q^5+q^6+q^{16}-q^{21}-q^{33}+\cdots} = \frac{\Sigma q^{6ii+3i}}{\Sigma(-1)^i q^{3ii+2i}} \quad \cdots \quad 7.$$

Euler benutzt am angeführten Orte die von ihm gegebene Formel

$$(1+q)(1+q^2)(1+q^3)\cdots = \frac{1-q^2-q^4+q^{10}+q^{14}-\cdots}{1-q-q^3+q^5+q^7-\cdots} = 1+C_1 q+C_2 q^2+C_3 q^3+C_4 q^4+\cdots,$$

um für die Coëfficienten C_i ein recurrirendes Gesetz zu erhalten. Solcher recurrirender Gesetze für die Größen C_i findet man durch die Formeln (IV.) *sieben* verschiedene. Das bequemste gewährt der vorletzte der Brüche (IV.). Derselbe giebt den Satz:

Wenn C_i die Anzahl der Zerlegungen einer Zahl i in beliebige ungleiche Zahlen oder in gleiche und ungleiche ungerade Zahlen bedeutet, so wird

$$C_i = 2[C_{i-3}-C_{i-12}+C_{i-27}-C_{i-48}+C_{i-75}-\cdots],$$

wo man, wenn i die Form $\frac{1}{2}[3nn\pm n]$ hat, rechts vom Gleichheitszeichen noch $+1$ hinzufügen muss.

Nach der Eulerschen Recursionsformel wird jeder Coëfficient C_i durch ungefähr $\sqrt{\frac{8i}{3}}$, nach der vorstehenden Recursionsformel durch ungefähr $\sqrt{\frac{i}{3}}$ vorhergehende Coëfficienten gefunden, so dass man nach der letztern jeden Coëfficienten aus ungefähr $\sqrt{8}$ mal oder nur aus beinahe *dreimal* so wenigen vorhergehenden durch Addition und Subtraction zusammenzusetzen hat.

Wenn man die beiden ersten oder den ersten und dritten von den sieben Brüchen (IV.) mit einander multiplicirt, so erhält man zwei Brüche ähnlicher Art auch für das *Quadrat* des Eulerschen Productes:

$$V.$$

$$[(1+q)(1+q^2)(1+q^3)(1+q^4)\ldots]^2 = \Pi(1+q^{i+1})^2$$

$$= \frac{(1+q)(1+q^3)(1-q^4)(1+q^5)\ldots}{(1-q)(1-q^2)(1-q^3)(1-q^4)\ldots} = \frac{\Pi[(1+q^{2i+1})(1-q^{4i+4})]}{\Pi(1-q^{i+1})}$$

$$= \frac{(1-q^2)(1-q^4)(1-q^6)(1-q^8)\ldots}{(1-q)^3(1-q^2)^2(1-q^3)^2(1-q^4)\ldots} = \frac{\Pi(1-q^{2i+2})}{\Pi[(1-q^{2i+1})^2(1-q^{2i+2})]}$$

$$= \frac{1+q+q^3+q^6+q^{10}+\cdots}{1-q-q^2+q^5+q^7-\cdots} = \frac{\Sigma q^{2ti+i}}{\Sigma(-1)^i q^{\frac{1}{2}(3ti+i)}}$$

$$= \frac{1-q^2-q^4+q^{10}+q^{14}-\cdots}{1-2q+2q^4-2q^9+2q^{16}-\cdots} = \frac{\Sigma(-1)^i q^{3ti+i}}{\Sigma(-1)^i q^{ii}}.$$

Wenn man die *drei* ersten von den Brüchen (IV.) mit einander multiplicirt, erhält man einen ähnlichen Bruch auch noch für den *Cubus* desselben Productes. Man kann aber für diesen Cubus auch eine Darstellung durch einen Bruch anderer Art finden, dessen Zähler und Nenner zwar ebenfalls unendliche Reihen sind, in denen die Exponenten von q eine arithmetische Reihe zweiter Ordnung bilden, die Coëfficienten aber nicht mehr der positiven oder negativen Einheit gleich, sondern, abgesehen vom Zeichen, die Glieder einer arithmetischen Reihe der *ersten* Ordnung sind. Man erhält diese Darstellung mit Hülfe der in den *Fund. Nov.* §. 66, (5.) gegebenen Formel:

$$[(1-q)(1-q^2)(1-q^3)(1-q^4)\cdots]^3 = 1-3q+5q^3-7q^6+9q^{10}-\cdots = \Sigma(4i+1)q^{2ti+i},$$

und der daraus durch Verwandlung von q in q^2 abgeleiteten. Hiernach werden die beiden Ausdrücke für den *Cubus* des Eulerschen Productes:

$$VI.$$

$$[(1+q)(1+q^2)(1+q^3)(1+q^4)\cdots]^3 = \Pi(1+q^{i+1})^3$$

$$= \frac{(1+q)(1+q^3)(1-q^4)(1+q^5)\ldots}{(1-q)^2(1-q^2)(1-q^3)^2(1-q^4)\ldots} = \frac{\Pi[(1+q^{2i+1})(1-q^{4i+4})]}{\Pi[(1-q^{2i+1})^3(1-q^{2i+2})]}$$

$$= \left\{\frac{(1-q^2)(1-q^4)(1-q^6)(1-q^8)\ldots}{(1-q)(1-q^2)(1-q^3)(1-q^4)\ldots}\right\}^3 = \frac{\Pi(1-q^{2i+2})^3}{\Pi(1-q^{i+1})^3}$$

$$= \frac{1+q+q^3+q^6+q^{10}+\cdots}{1-2q+2q^4-2q^9+2q^{16}-\cdots} = \frac{\Sigma q^{2ti+i}}{\Sigma(-1)^i q^{ii}}$$

$$= \frac{1-3q^2+5q^6-7q^{12}+9q^{20}-\cdots}{1-3q+5q^3-7q^6+9q^{10}-\cdots} = \frac{\Sigma(4i+1)q^{4ti+2i}}{\Sigma(4i+1)q^{2ti+i}}.$$

Wenn man in dieser und den vorhergehenden Formeln die Zähler und Nenner mit einander vertauscht, so erhält man die Ausdrücke für das unendliche Product

$$(1-q)(1-q^5)(1-q^5)(1-q^7)\cdots,$$

so wie für sein Quadrat und seinen Cubus.

Ich will jetzt das unendliche Product, durch welches *Fund.* §. 36, (8.) die 4te Wurzel des Complements des Moduls der elliptischen Functionen ausgedrückt wird,

$$\frac{(1-q)(1-q^3)(1-q^5)(1-q^7)\cdots}{(1+q)(1+q^3)(1+q^5)(1+q^7)\cdots} = \sqrt[4]{k'}$$

als Quotienten zweier elliptischen unendlichen Producte von der hier betrachteten Art darstellen. Es kann auch dies auf mehrere Arten geschehen, wie aus den folgenden leicht zu beweisenden Formeln erhellt:

VII.

$$\frac{(1-q)(1-q^3)(1-q^5)\cdots}{(1+q)(1+q^3)(1+q^5)\cdots} = \frac{\Pi(1-q^{2i+1})}{\Pi(1+q^{2i+1})}$$

$$= \frac{(1-q)(1-q^3)(1-q^5)\cdots}{(1+q)(1-q^2)(1+q^3)\cdots} = \frac{\Pi(1-q^{i+1})}{\Pi[(1+q^{2i+1})(1-q^{2i+2})]} \quad\cdots\; 1.$$

$$= \frac{(1-q)(1-q^3)(1-q^4)\cdots}{(1+q)(1+q^3)(1-q^4)\cdots} = \frac{\Pi[(1-q^{2i+1})(1-q^{4i+4})]}{\Pi[(1+q^{2i+1})(1-q^{4i+4})]} \quad\cdots\; 2.$$

$$= \frac{(1-q)^2(1-q^2)(1-q^5)^2\cdots}{(1-q^2)^2(1-q^4)(1-q^6)^2\cdots} = \frac{\Pi[(1-q^{2i+1})^2(1-q^{4i+2})]}{\Pi[(1-q^{4i+2})^2(1-q^{4i+4})]} \quad\cdots\; 3.$$

$$= \frac{(1-q^3)^2(1-q^4)(1-q^6)^2\cdots}{(1+q)^4(1-q^3)(1+q^5)^4\cdots} = \frac{\Pi[(1-q^{4i+2})^2(1-q^{4i+4})]}{\Pi[(1+q^{2i+1})^4(1-q^{2i+2})]} \quad\cdots\; 4.$$

Die Zähler und Nenner der vorstehenden vier Brüche, durch welche das vorgelegte unendliche Product ausgedrückt werden kann, gehören sämmtlich zu den elliptischen unendlichen Producten, welche in den Formeln (9.) entwickelt sind, außer dem Nenner des ersten, der noch die Verwandlung von q in $-q$ erfordert, und in der Formel (10.) oder (11.) entwickelt ist. Substituirt man diese Reihenentwickelungen, die man auch mittelst der oben gegebenen Regeln aus den beiden ersten Factoren der unendlichen Producte ableiten kann, so erhält man die folgenden Formeln:

VIII.

$$\sqrt{k'} = \frac{1-q-q^2+q^5+q^7-q^{12}-\cdots}{1+q-q^3-q^5-q^7-q^{12}+\cdots} = \frac{\Sigma(-1)^i q^{\frac{1}{2}(3ii+i)}}{\Sigma(-1)^{\frac{1}{2}i(i+1)}q^{\frac{1}{2}(3ii+i)}} \quad \cdots \cdot 1.$$

$$= \frac{1-q-q^3+q^6+q^{10}-\cdots}{1+q+q^3+q^6+q^{10}+\cdots} = \frac{\Sigma(-1)^i q^{2ii+i}}{\Sigma q^{2ii+i}} \quad \cdots \cdot 2.$$

$$= \frac{1-2q+2q^4-2q^9+2q^{16}-\cdots}{1-2q^2+2q^8-2q^{18}+2q^{32}-\cdots} = \frac{\Sigma(-1)^i q^{ii}}{\Sigma(-1)^i q^{2ii}} \quad \cdots \cdot 3.$$

$$= \frac{1-2q^2+2q^8-2q^{18}+2q^{32}-\cdots}{1+2q+2q^4+2q^9+2q^{16}+\cdots} = \frac{\Sigma(-1)^i q^{2ii}}{\Sigma q^{ii}} \quad \cdots \cdot 4.$$

Die beiden letzten Brüche können aus einander durch die Betrachtung abgeleitet werden, dass das vorgelegte Product, wenn man q in $-q$ verändert, den reciproken Werth annimmt. Wenn man diese beiden Brüche mit einander multiplicirt, so heben der Nenner des ersten und der Zähler des zweiten einander auf, und man erhält für das *Quadrat* des vorgelegten Products oder für $\sqrt{k'}$ den in den *Fund.* §.65, (11.) angegebenen Ausdruck.

Die 4te Wurzel des Moduls selbst wird zufolge *Fund.* §.36, (7.)

$$\sqrt[4]{k} = \sqrt{2}.\sqrt[8]{q}\cdot\frac{(1+q^2)(1+q^4)(1+q^6)\cdots}{(1+q)(1+q^3)(1+q^5)\cdots}$$

$$= \sqrt{2}.\sqrt[8]{q}\cdot\frac{(1-q)(1+q^2)(1-q^3)(1+q^4)\cdots}{(1-q^2)(1-q^6)(1-q^{10})(1-q^{14})\cdots}.$$

Wenn man wieder das in $\sqrt{2}.\sqrt[8]{q}$ multiplicirte unendliche Product durch einen Bruch auszudrücken sucht, dessen Zähler und Nenner zu den elliptischen unendlichen Producten (1.) oder (2.) oder den daraus durch Verwandlung von q in $-q$ abgeleiteten gehören, so kann dies durch die folgenden *vier* Formeln geschehen:

IX.

$$\frac{(1+q^2)(1+q^4)(1+q^6)\cdots}{(1+q)(1+q^3)(1+q^5)\cdots} = \frac{\Pi(1+q^{2i+2})}{\Pi(1+q^{2i+1})}$$

$$= \frac{(1-q^4)(1-q^8)(1-q^{12})\cdots}{(1+q)(1-q^2)(1+q^3)\cdots} = \frac{\Pi(1-q^{4i+4})}{\Pi[(1+q^{2i+1})(1-q^{2i+2})]} \quad \cdots \cdot 1.$$

$$= \frac{(1+q^2)(1+q^6)(1-q^8)\cdots}{(1+q)(1+q^3)(1-q^4)\cdots} = \frac{\Pi[(1+q^{4i+2})(1-q^{8i+8})]}{\Pi[(1+q^{2i+1})(1-q^{4i+4})]} \quad \cdots \cdot 2.$$

$$= \frac{(1-q)(1-q^3)(1-q^4)\cdots}{(1-q^2)^2(1-q^4)\cdots} = \frac{\Pi[(1-q^{2i+1})(1-q^{4i+4})]}{\Pi[(1-q^{4i+2})^2(1-q^{4i+4})]} \quad \cdots \cdot 3.$$

$$= \frac{(1+q)(1+q^3)(1-q^4)\cdots}{(1+q)^2(1-q^2)\cdots} = \frac{\Pi[(1+q^{2i+1})(1-q^{4i+4})]}{\Pi[(1+q^{2i+1})^2(1-q^{2i+2})]} \quad \cdots \cdot 4.$$

30*

Hieraus ergeben sich mit Hülfe der Formeln (9.)—(11.) die folgenden vier Ausdrücke von $\sqrt[4]{k}$:

X.

$$\sqrt[4]{k} = \sqrt{2} \cdot \sqrt[8]{q} \cdot \frac{1-q^4-q^8+q^{20}+\cdots}{1+q-q^3-q^5-\cdots} = \frac{\sqrt{2} \cdot \sqrt[8]{q}\, \Sigma(-1)^i q^{6ii+2i}}{\Sigma(-1)^{\frac{1}{2}i(i+1)} q^{\frac{1}{2}(8ii+i)}} \quad \cdots \quad 1.$$

$$= \sqrt{2} \cdot \sqrt[8]{q} \cdot \frac{1+q^3+q^6+q^{12}+\cdots}{1+q+q^3+q^5+\cdots} = \frac{\sqrt{2} \cdot \sqrt[8]{q}\, \Sigma q^{4ii+2i}}{\Sigma q^{2ii+i}} \quad \cdots \quad 2.$$

$$= \sqrt{2} \cdot \sqrt[8]{q} \cdot \frac{1-q-q^3+q^6+\cdots}{1-2q^4+2q^8-\cdots} = \frac{\sqrt{2} \cdot \sqrt[8]{q}\, \Sigma(-1)^i q^{2ii+i}}{\Sigma(-1)^i q^{2ii}} \quad \cdots \quad 3.$$

$$= \sqrt{2} \cdot \sqrt[8]{q} \cdot \frac{1+q+q^3+q^6+\cdots}{1+2q+2q^4+\cdots} = \frac{\sqrt{2} \cdot \sqrt[8]{q}\, \Sigma q^{2ii+i}}{\Sigma q^{ii}} \quad \cdots \quad 4.$$

Wenn man den zweiten und vierten Bruch mit einander multiplicirt, so hebt sich der Nenner des zweiten mit dem Zähler des vierten, und man erhält die *Fund.* §. 65 (10.) für $\sqrt{k}$ gegebene Formel. Man sieht, dass die für $\sqrt[4]{k}$ und die für $\sqrt[4]{k'}$ gefundenen vier Brüche respective *dieselben Nenner* haben, was in den Anwendungen dieser Formeln von Wichtigkeit ist.

Von besonderem Interesse sind in diesen Formeln diejenigen Brüche, in welchen der Zähler aus dem Nenner, wie in IV. (1.), X. (2.), oder der Nenner aus dem Zähler, wie in VIII. (3.), durch Verwandlung von q in q^2 erhalten wird. Wenn man nämlich in solchem Bruche wiederholt q^2 für q substituirt, und die dadurch erhaltenen Resultate mit einander multiplicirt, so giebt die unendliche Multiplication den Zähler oder Nenner des Bruches. Zugleich wird durch dieses Verfahren aus jedem Factor $1+q^a$ ein Factor $\frac{1}{1-q^a}$. Wenn daher, wie in den angeführten Fällen, diese Brüche unendlichen Producten gleich sind, welche aus Factoren $(1+q^a)^{\pm a}$ gebildet werden können, so kann man aus denselben sogleich auch diejenigen unendlichen Producte ableiten, welchen die Zähler und die Nenner der Brüche für sich besonders gleich werden. Diese Methode ist in der Theorie der elliptischen Functionen von grofser Wichtigkeit, indem sie dazu dient, aus den leichter zu findenden Formeln für den Modul die Factoren- und Reihenentwickelung des ganzen elliptischen Integrals abzuleiten.

Die im Vorhergehenden aufgestellten Formeln geben eine Gleichung zwischen je zwei Brüchen, durch welche man dasselbe unendliche Product ausgedrückt hat. Aus jeder dieser Gleichungen geht durch Multipliciren über Kreuz

eine andere zwischen zwei Producten hervor, von denen jedes durch Multiplication zweier elliptischer unendlicher Producte oder elliptischer unendlicher Reihen gebildet wird, welche aus (1.) oder (2.) für specielle Werthe von m und n erhalten werden. Solcher Gleichungen wird es überhaupt so viele geben, als es unendliche Producte giebt, die man auf verschiedene Art in zwei elliptische unendliche Producte von der Form der unendlichen Producte (1.) oder (2.) zerfällen kann. Man wird 21 Gleichungen dieser Art aus (IV.), *zwei* neue aus (VIII.) und *zwei* andere aus (X.), ferner *eine* Gleichung aus (VI.) erhalten. Die übrigen Gleichungen, welche man noch aus (VIII.), (X.) und (V.) ableiten kann, sind in diesen enthalten.

Die Producte von der Form

$$\Sigma \pm q^{mi+ni} \cdot \Sigma \pm q^{m'ii+n'i},$$

welche sich auf jeder Seite des Gleichheitszeichens der auf die angegebene Art erhaltenen Gleichungen befinden, können durch *Doppelsummen* von der Form

$$\Sigma \pm q^{mii+m'ik+ni+n'k}$$

dargestellt werden, in welchen jedem der Indices i und k die Werthe $0, \pm 1, \pm 2, \pm 3$, etc. zukommen. In den hier und weiter unten betrachteten Doppelsummen dieser Art sind $2m$ und $2n$ und eben so $2m'$ und $2n'$ ganze positive Zahlen, und zwar gleichzeitig gerade oder ungerade. Das Zeichen $\pm$ erhält in den verschiedenen Fällen Werthe von der Form

$$(-1)^i, \quad (-1)^{i+k}, \quad (-1)^{\frac{1}{2}(ii+i)}, \quad (-1)^{\frac{1}{2}(ii+i)+k}.$$

Nur in der einen Gleichung, welche aus den Brüchen X. (2.), (4.) entspringt, haben alle Glieder in beiden Doppelsummen das Vorzeichen $+$; in diesem Falle werden die *einzelnen* Glieder der Doppelsummen identisch, wodurch die Gleichung einen ganz elementaren Charakter erhält. In allen übrigen sind die quadratischen Formen, in denen die Exponenten der beiden einander gleichen Doppelsummen enthalten sind, nicht äquivalent, so dass nicht jede in der einen enthaltene Zahl nothwendig auch in der andern enthalten ist. Es müssen daher die Vorzeichen der Glieder in beiden Doppelsummen abwechselnd positiv und negativ sein, damit sich in jeder derselben alle Glieder, deren Exponenten nicht in beiden quadratischen Formen zugleich enthalten sind, gegenseitig zerstören können.

Zu den auf die angegebene Art aus den obigen Formeln abgeleiteten Gleichungen können noch *drei* andere etwas mehr verborgene hinzugefügt werden, zu welchen man durch folgende Betrachtungen gelangt.

Aus der Formel (5.) der Einleitung folgt für $m = \frac{5}{2}$, $n = \frac{3}{2}$ und für $m = \frac{5}{2}$, $n = \frac{1}{2}$:

$$\Pi[(1-q^{5i+1})(1-q^{5i+4})(1-q^{5i+5})] = \Sigma(-1)^i q^{\frac{1}{2}(5ii+3i)},$$
$$\Pi[(1-q^{5i+2})(1-q^{5i+3})(1-q^{5i+5})] = \Sigma(-1)^i q^{\frac{1}{2}(5ii+i)}.$$

Die Multiplication dieser beiden Formeln ergiebt, wenn man die letzte der Gleichungen (9.) benutzt,

(12.)
$$\Pi[(1-q^{i+1})(1-q^{5i+5})] = \Sigma(-1)^{i+k} q^{\frac{1}{2}(5ii+5kk+3i+k)}$$
$$= \Sigma(-1)^{i+k} q^{\frac{1}{2}(3ii+15kk+i+5k)}.$$

Es ist ferner

$$\Pi[(1-q^{8i+1})(1-q^{8i+3})^2]$$
$$= \Pi[(1-q^{8i+1})(1-q^{8i+7})(1-q^{8i+8})].\Pi[(1-q^{8i+3})(1-q^{8i+5})(1-q^{8i+8})]$$
$$= \Pi[(1-q^{4i+1})(1-q^{4i+3})(1-q^{4i+4})].\Pi[(1+q^{16i+4})(1+q^{16i+12})(1-q^{16i+16})].$$

und daher, wenn man nach einander in (5.) $m = 4$, $n = 3$; $m = 4$, $n = 1$; $m = 2$, $n = 1$, und in (6.) $m = 8$, $n = 4$ setzt:

(13.)
$$\Pi[(1-q^{2i+1})(1-q^{8i+3})^2] = \Sigma(-1)^{i+k} q^{4ii+4kk+3i+k}$$
$$= \Sigma(-1)^i q^{2ii+8kk+i+4k}.$$

Ferner ist

$$\Pi[(1-q^{6i+1})(1-q^{6i+5})(1-q^{12i+12})^2]$$
$$= \Pi[(1-q^{12i+1})(1-q^{12i+11})(1-q^{12i+12})].\Pi[(1-q^{12i+5})(1-q^{12i+7})(1-q^{12i+12})]$$
$$= \Pi[(1-q^{6i+1})(1-q^{6i+5})(1-q^{6i+6})].\Pi[(1+q^{24i+6})(1+q^{24i+18})(1-q^{24i+24})],$$

und daher, wenn man nach einander in (5.) $m = 6$, $n = 5$; $m = 6$, $n = 1$; $m = 3$, $n = 2$, und in (6.) $m = 12$, $n = 6$ setzt,

(14.)
$$\Pi[(1-q^{6i+1})(1-q^{6i+5})(1-q^{12i+12})^2] = \Sigma(-1)^{i+k} q^{6ii+6kk+5i+k}$$
$$= \Sigma(-1)^i q^{3ii+12kk+2i+6k}.$$

Diese drei Formeln sind auf analoge Art gebildet, und entsprechen respective den Zahlen 5, 8, 12. Es scheint nicht, dass es noch mehrere ähnlich gebildete giebt.

Die hier betrachteten Doppelsummen

$$\Sigma \pm q^{mii+m'kk+ni+n'k}$$

werden durch das Gesetz der Vorzeichen ihrer Glieder und durch die quadratischen Formen definirt, in welchen die Exponenten derselben enthalten sind.
Der Charakter dieser Formen, in welchen $2m$ und $2m'$ ganze positive Zahlen
sind, wird hauptsächlich von dem Producte $4mm'$ abhängen, welches man von
einem quadratischen Factor, wenn es solchen hat, befreit. Ich will daher die
Gleichungen, welche man zwischen zwei Doppelsummen der angegebenen Art
findet, nach den Werthen, welche die von ihren quadratischen Factoren befreiten Zahlen $4mm'$ in der einen und der andern Doppelsumme annehmen, in verschiedene Klassen theilen. Es soll hiebei mit

$$(\mu, \nu)$$

die Klasse bezeichnet werden, welche alle diejenigen Gleichungen umfasst, in
denen der Werth von $4mm'$ für die eine Doppelsumme μ, für die andere ν ist,
oder sich von diesen Zahlen nur durch einen quadratischen Factor unterscheidet.

Unter den zwischen Doppelsummen der angegebenen Art gefundenen
Gleichungen können diejenigen als von mehr elementarer Natur angesehen werden, in welchen $\mu = \nu$, oder in welchen $4mm'$ für die beiden einander gleichen
Doppelsummen entweder denselben Werth oder zwei nur durch einen quadratischen Factor unterschiedene annimmt. Von dieser Art Gleichungen enthält die
hier unten folgende Formelntabelle drei Klassen $(1, 1)$, $(2, 2)$, $(3, 3)$. Eine zu
einer Klasse $(6, 6)$ gehörige Gleichung geht aus den im Vorhergehenden gefundenen Formeln nicht hervor. Die Gleichungen dieser drei Klassen lassen sich
alle unmittelbar beweisen, d. h. ohne dass hierzu ein besonderer Satz der Analysis oder Arithmetik zu Hülfe genommen zu werden braucht. Wenn solche
unmittelbare Verification keine neuen merkwürdigen Resultate giebt, so gewährt
sie das Mittel, zu Resultaten, welche auf einem sogenannten indirecten Wege,
wie hier durch die Zerfällung der unendlichen Reihen in unendliche Producte,
in einem allgemeineren Zusammenhange gefunden sind, auf einem elementaren
und directen Wege zu gelangen. Man bewerkstelligt solche Verification durch
eine Art von Synthesis, durch welche die auf indirectem Wege gefundenen Resultate auf reine Identitäten zurückgeführt werden. Diese Synthesis ist in allen
Fällen, in welchen sie möglich ist, von Interesse. Die gefundenen Identitäten
geben nämlich entweder verborgene Eigenschaften der Größen, die oft einem
heterogenen Gebiet angehören, oder, wenn sie evident sind, einfache und
directe Beweise und bisweilen neue Methoden. Uebrigens sind gerade diese

elementareren Gleichungen, welche den Klassen (μ, μ) angehören, wichtiger Verallgemeinerungen fähig.

Die Klassen, in denen μ und ν von einander verschieden sind, oder in denen die Werthe, die 4mm' für die beiden einander gleichen Doppelsummen annimmt, weder die nämlichen sind, noch sich bloss durch einen quadratischen Factor unterscheiden, sind auf den Fall bezüglich, wo die Entwickelung der unendlichen Producte nur solche Glieder giebt, deren Exponenten in zwei wesentlich verschiedenen quadratischen Formen zugleich enthalten sind. Man findet aus den obigen Formeln *sechs* Klassen dieser Art, welche den Combinationen je zweier von den Zahlen 1, 2, 3, 6 entsprechen, und aufserdem noch eine Klasse, welche der Combination der Zahlen 1 und 5 entspricht, aber nur *eine* Gleichung enthält. Die hier folgende Formelntabelle wird daher *zehn* Klassen Gleichungen enthalten, deren Charakter durch die Symbole

$$(1, 1), \quad (2, 2), \quad (3, 3), \quad (1, 2), \quad (1, 3),$$
$$(1, 6), \quad (2, 3), \quad (2, 6), \quad (3, 6), \quad (1, 5)$$

bezeichnet wird. Bei jeder Formel habe ich die Gleichung angemerkt, aus der sie erhalten worden ist.

[*In den unendlichen Producten sind dem Index i die Werthe* 0, 1, 2, 3 *etc., in den Doppelsummen den Indices i und k die Werthe* 0, ±1, ±2, ±3, *etc. beizulegen.*]

A. (1, 1).

1. $\prod[(1 + q^{2i+1})^2 (1 - q^{4i+4})^2]$

$= \sum q^{2ii + 2kk + i + k} = \sum q^{ii + 4kk + 2k}$ . . . . X. 2. 4.

2. $\prod[(1 - q^{6i+2})(1 - q^{3i+3})^2 (1 - q^{6i+4})]$

$= \sum(-1)^{i+k} q^{3ii + 3kk + i} = \sum(-1)^i q^{\frac{1}{4}(3ii + 3kk + i + k)}$ . . . . IV. 1. 6.

3. $\prod[(1 - q^{3i+1})(1 - q^{3i+2})(1 - q^{6i+6})^2]$

$= \sum(-1)^{i+k} q^{2ii + 3kk + i + 2k} = \sum(-1)^i q^{\frac{1}{4}(3ii + 12kk + i + 6k)}$ . . . . IV. 1. 7.

4. $\prod[(1 - q^{4i+2})^4 (1 - q^{4i+4})^2]$

$= \sum(-1)^{i+k} q^{2ii + 2kk} = \sum(-1)^i q^{ii + kk}$ . . . . VIII. 3. 4.

5. $\prod[(1 - q^{4i+2})(1 - q^{4i+4})^3]$

$= \sum(-1)^{i+k} q^{4ii + 4kk + 2i} = \sum(-1)^k q^{2ii + 2kk + i + k}$ *) . . . . D. 2. 3.

---

*) Die Formel (A. 5.) ergiebt sich aus der Combination der Formeln (D. 2.) und (D. 3.).

6. $\prod[(1-q^{2i+1})(1-q^{2i+3})^2]$

$= \Sigma(-1)^{i+k}q^{4ii+4kk+i+3k} = \Sigma(-1)^i q^{2ii+3kk+i+k}$ . . . . 18.

7. $\prod[(1-q^{6i+1})(1-q^{6i+5})(1-q^{12i+12})^2]$

$= \Sigma(-1)^{i+k}q^{6ii+6kk+i+5k} = \Sigma(-1)^i q^{9ii+12kk+3i+6k}$ . . . . 14.

8. $\prod[(1-q^{2i+1})^2(1-q^{2i+2})^4]$

$= \Sigma(4k+1)q^{2ii+2kk+i+k} = \Sigma(-1)^i(4k+1)q^{ii+4kk+2k}$ . . . . . . VI.

B. (2, 2).

1. $\prod[(1-q^{2i+1})(1-q^{2i+2})^2]$

$= \Sigma(-1)^{i+k}q^{\frac{1}{2}(3ii+6kk+i+2k)} = \Sigma(-1)^i q^{ii+3kk+k}$ . . . . . . IV. 2. 3; V.

2. $\prod[(1-q^{6i+3})(1-q^{6i+6})^2]$

$= \Sigma(-1)^k q^{\frac{1}{2}(3ii+6kk+i+4k)} = \Sigma(-1)^k q^{6ii+3kk+3i}$ . . . . IV. 6. 7.

C. (3, 3).

$\prod(1-q^{2i+3})^2$

$= \Sigma(-1)^{i+k}q^{6ii+2kk+2i} = \Sigma(-1)^i q^{\frac{2}{3}(3ii+4kk+i+2k)}$

$= \Sigma(-1)^{\frac{1}{2}i(i+1)+k}q^{\frac{1}{3}(3ii+4kk+i+2k)}$ . . . . IV. 4. 5; X. 1. 3; VIII. 1. 2.

D. (1, 2).

1. $\prod[(1+q^{2i+1})(1-q^{2i+2})^2]$

$= \Sigma(-1)^k q^{2ii+2kk+i} = \Sigma(-1)^{\frac{1}{2}i(i-1)+k}q^{\frac{1}{2}(3ii+6kk+i+2k)}$

$= \Sigma(-1)^k q^{ii+2kk+k}$ . . . . VIII. 2. 4; IV. 2. 4; X. 3. 4.

2. $\prod[(1-q^{4i+2})(1-q^{4i+4})^2]$

$= \Sigma(-1)^k q^{2ii+2kk+i+k} = \Sigma(-1)^{i+k}q^{3ii+6kk+i+2k}$

$= \Sigma(-1)^i q^{2ii+4kk+2k}$ . . . . IV. 2. 5; X. 2. 3.

3. $\prod[(1-q^{2i+1})(1-q^{2i+2})^2]$

$= \Sigma(-1)^{i+k}q^{2ii+2kk+k} = \Sigma(-1)^i q^{ii+2kk+k}$ . . . . VIII. 2. 3.

E. (1, 3).

1. $\prod(1-q^{i+1})^2$

$= \Sigma(-1)^{i+k}q^{\frac{1}{2}(3ii+3kk+i+k)} = \Sigma(-1)^{i+k}q^{3ii+kk+i}$ . . . . IV. 1. 3.

2. $\prod(1-q^{2i+2})^2$

$= \Sigma(-1)^{i+k}q^{6ii+3kk+i+k} = \Sigma(-1)^i q^{\frac{1}{2}(3ii+4kk+i+2k)}$ . . . . IV. 1. 2.

F. (1, 6).

1. $\Pi[(1-q^{4i+3})^3(1-q^{4i+4})^3]$

$= \Sigma(-1)^{\frac{1}{2}i(i+1)+k}q^{\frac{1}{2}(8ii+3kk+i+k)} = \Sigma(-1)^{i+k}q^{8ii+2kk+i}$ . . . . . IV. 1. 4.

2. $\Pi[(1-q^{2i+1})(1-q^{4i+2})(1-q^{4i+4})^2]$

$= \Sigma(-1)^{i+k}q^{\frac{1}{2}(3ii+12kk+i+4k)} = \Sigma(-1)^{i+k}q^{3ii+2kk+i+k}$ . . . . . . IV. 1. 5.

G. (2, 3).

1. $\Pi[(1+q^{6i+1})(1-q^{6i+2})(1-q^{6i+3})(1-q^{6i+4})(1+q^{6i+5})(1-q^{12i+6})^3(1-q^{12i+12})^3]$

$= \Sigma(-1)^{\frac{1}{2}i(i+1)}q^{\frac{1}{2}(3ii+6kk+i)} = \Sigma(-1)^{k}q^{\frac{1}{2}(3ii+4kk+i)}$ . . . . . . IV. 4. 6.

2. $\Pi[(1-q^{6i+1})^2(1+q^{6i+3})(1-q^{12i+4})(1-q^{12i+8})(1-q^{12i+12})^2]$

$= \Sigma(-1)^{\frac{1}{2}i(i+1)+k}q^{\frac{1}{2}(3ii+6kk+i+4k)} = \Sigma(-1)^{k}q^{6ii+2kk+3i}$ . . . . . IV. 4. 7.

3. $\Pi[(1-q^{6i+3})^2(1-q^{12i+4})(1-q^{12i+6})(1-q^{12i+8})(1-q^{12i+12})^2]$

$= \Sigma(-1)^{i+k}q^{6ii+3kk+2i} = \Sigma(-1)^{k}q^{\frac{1}{2}(3ii+4kk+i+2k)}$ . . . . . IV. 5. 6.

4. $\Pi[(1-q^{6i+1})(1-q^{12i+4})(1-q^{6i+5})(1-q^{12i+6})(1-q^{12i+8})(1-q^{12i+12})^2]$

$= \Sigma(-1)^{i+k}q^{6ii+3kk+2i+k} = \Sigma(-1)^{k}q^{6ii+2kk+3i+k}$ . . . . . . IV. 5. 7.

H. (2, 6).

1. $\Pi[(1-q^{3i+1})(1-q^{3i+2})(1-q^{6i+3})^3(1-q^{6i+6})^3]$

$= \Sigma(-1)^{i+k}q^{\frac{1}{2}(3ii+6kk+i)} = \Sigma(-1)^{k}q^{\frac{1}{2}(3ii+2kk+i)}$ . . . . IV. 3. 6.

2. $\Pi[(1-q^{6i+1})^2(1-q^{6i+2})(1-q^{6i+3})(1-q^{6i+4})(1-q^{6i+5})^2(1-q^{6i+6})^2]$

$= \Sigma(-1)^{i+k}q^{\frac{1}{2}(3ii+6kk+i+4k)} = \Sigma(-1)^{k}q^{6ii+kk+3i}$ . . . . IV. 3. 7.

3. $\Pi[(1+q^{6i+1})(1-q^{6i+3})(1-q^{12i+4})(1+q^{6i+5})(1-q^{6i+6})^2(1-q^{12i+8})]$

$= \Sigma(-1)^{k}q^{\frac{1}{2}(3ii+6kk+i+2k)} = \Sigma(-1)^{k}q^{6ii+3kk+i}$ . . . . . . IV. 2. 6.

4. $\Pi[(1-q^{6i+2})(1+q^{6i+3})(1-q^{6i+4})(1-q^{12i+6})(1-q^{12i+12})^2]$

$= \Sigma(-1)^{k}q^{6ii+3kk+3i+k} = \Sigma(-1)^{k}q^{6ii+3kk+i+2k}$ . . . . IV. 2. 7.

I. (3, 6).

1. $\Pi[(1-q^{2i+1})(1-q^{4i+2})^3(1-q^{4i+4})^2]$

$= \Sigma(-1)^{i+k}q^{\frac{1}{2}(3ii+4kk+i)} = \Sigma(-1)^{\frac{1}{2}i(i+1)+k}q^{\frac{1}{2}(3ii+2kk+i)}$ VIII. 1. 3 ; 1. 4; IV. 3. 4.

2. $\Pi[(1-q^{2i+1})^3(1-q^{4i+2})(1-q^{4i+4})^2]$

$= \Sigma(-1)^{i+k}q^{\frac{1}{2}(3ii+4kk+i+2k)} = \Sigma(-1)^{i+k}q^{6ii+kk+3i}$ . . . . . X. 1. 4; IV. 3. 5.

3. $\Pi[(1+q^{2i+1})(1-q^{4i+4})^2]$

$= \Sigma(-1)^{k}q^{2ii+6kk+i+2k} = \Sigma(-1)^{\frac{1}{2}k(k+1)}q^{\frac{1}{2}(6ii+3kk+4i+k)}$ . . . . . X. 1. 2.

$$\mathbf{K}.\ (1,\,5).$$

$$\Pi[(1-q^{5k+1})(1-q^{5k+2})(1-q^{5k+3})(1-q^{5k+4})(1-q^{5k+5})^2]$$
$$= \Sigma(-1)^{i+k}q^{\frac{1}{2}(5ii+5kk+3i+k)} = \Sigma(-1)^{i+k}q^{\frac{1}{2}(6ii+15kk+i+5k)} \quad \ldots \ldots 12.$$

Anmerkung. Die *drei* Formeln Λ. (2.), A. (4.), A. (5.) sind particuläre Fälle einer *allgemeineren* Formel. Man hat nämlich, wie sich auf den ersten Anblick ergiebt, die folgende Gleichung:

$$\Pi[(1+q^{2mi+m-n})(1+q^{2mi+m+n})(1-q^{2mi+2m})]\cdot\Pi[(1-q^{2ni+n-m})(1-q^{2ni+m+n})(1-q^{2ni+2m})]$$
$$= \Pi[(1-q^{4mi+3m-2n})(1-q^{4mi+2m+2n})(1-q^{4mi+4m})]\cdot\Pi[(1-q^{4mi+2m})^2(1-q^{4mi+4m})],$$

woraus sich vermöge der Formeln (5.) und (6.) der Einleitung die folgende Gleichung zwischen zwei Doppelsummen ergiebt:

$$(15.) \qquad \Sigma(-1)^k q^{m(ii+kk)+n(i+k)} = \Sigma(-1)^{i+k} q^{2m(ii+kk)+2mi}.$$

Die drei Formeln A. (2.), A. (4.), A. (5.) werden hieraus erhalten, wenn man respective $m=\tfrac{1}{2},\ n=\tfrac{1}{4}$; $m=1,\ n=0$; $m=2,\ n=1$ setzt.

Ich will noch einiges über die Art bemerken, wie in der vorstehenden Formelntabelle die unendlichen Producte ausgedrückt worden sind. Diese unendlichen Producte können nämlich auf mannichfache Art dargestellt werden, wie alle, welche durch Multiplication einfacher unendlicher Producte von der Form $\Pi(1\pm q^{\alpha i+\beta})$ oder ihrer Potenzen gebildet werden. Man bewerkstelligt ihre Transformationen, indem man die einfachen unendlichen Producte $\Pi(1\pm q^{\alpha i+\beta})$, welche ihre Factoren bilden, in mehrere ähnliche unendliche Producte zerfällt. Dies geschieht mittelst der Formel:

$$(16.) \quad \Pi(1\pm q^{\alpha i+\beta}) = \Pi(1\pm q^{p\alpha i+\beta})\Pi(1\pm q^{p\alpha i+\alpha+\beta})\Pi(1\pm q^{p\alpha i+2\alpha+\beta})\ldots\Pi(1\pm q^{p\alpha i+(p-1)\alpha+\beta}),$$

in welcher p eine beliebige positive ganze Zahl bedeuten kann, und immer das obere oder immer das untere Zeichen zu nehmen ist. Mehrere von den unendlichen Producten, welche aus solchen Zerfällungen von von einander verschiedenen unendlichen Producten $\Pi(1\pm q^{\alpha i+\beta})$, $\Pi(1\pm q^{\alpha' i+\beta'})$, etc. hervorgehen, kann man dann bisweilen wieder umgekehrt mittelst derselben Formel in ein einziges einfaches unendliches Product zusammenziehen. Wenn aus den vorgenommenen Zerfällungen zwei Factoren $\Pi(1+q^{\alpha i+\beta})$, $\Pi(1-q^{\alpha i+\beta})$ entstehen, wird man diesel-

ben ebenfalls in ein einziges einfaches unendliches Product $\Pi(1-q^{2\alpha i+2\beta})$ zusammenziehen können. Endlich wird man das Product $\Pi(1+q^{\alpha i+\alpha})\Pi(1-q^{2\alpha i+\alpha})$, welches der Einheit gleich ist, so oft dasselbe nach den geschehenen Zerfällungen angetroffen wird, fortwerfen können. Durch diese Verfahrungsarten kann man demselben Ausdruck unendlich viele Formen geben, und es werden bisweilen selbst die einfachsten Formen, welche derselbe annehmen kann, noch so verschieden unter einander sein können, dass ihre Identität nicht sogleich in die Augen springt.

Unter den verschiedenen Formen, welche die hier betrachteten unendlichen Producte durch die im Vorigen angedeuteten Zerfällungen und Zusammenziehungen erhalten, kann man einige als *Normalformen* ansehen. *Es soll ein Ausdruck*

$$\Pi[(1\pm q^{\alpha i+\beta})^{\gamma}(1\pm q^{\alpha' i+\beta'})^{\gamma'}(1\pm q^{\alpha'' i+\beta''})^{\gamma''}\ldots]$$

eine Normalform haben, wenn die unendlichen Producte

$$\Pi(1\pm q^{\alpha i+\beta}),\quad \Pi(1\pm q^{\alpha' i+\beta'}),\ \textit{etc.}$$

keine gemeinschaftlichen Factoren oder nicht solche Factoren haben, die sich nur durch die Vorzeichen der gleichnamigen Potenzen von q unterscheiden. Es werden daher die arithmetischen Reihen, welche die Exponenten $\alpha i+\beta$, $\alpha' i+\beta'$, etc. bilden, wenn man der Gröfse i die Werthe 0, 1, 2, 3, etc. in inf. giebt, lauter von einander verschiedene Zahlen enthalten müssen. Hierzu ist erforderlich, *dass keine zwei von den Zahlen α, α', α'', etc. relative Primzahlen sind, und, wenn f den gröfsten gemeinschaftlichen Theiler zweier Zahlen α und α' bedeutet, die entsprechenden Zahlen β und β', durch f dividirt, nicht denselben Rest lassen.* --

· Wenn mehrere von den einfachen unendlichen Producten, deren Potenzen, mit einander multiplicirt, eine Normalform bilden, in dieselbe Potenz erhoben sind, und es möglich ist, dieselben mittelst der obigen Formel (16.) in ein einziges einfaches unendliches Product zusammenzuziehen, so wird durch diese Zusammenziehung die Normalform nicht aufhören eine solche zu sein, zugleich aber eine einfachere Gestalt gewinnen. Wenn keine solche Zusammenziehung einer Normalform mehr stattfinden kann, wird man sagen, dass sie einen einfachsten Ausdruck hat. In solchen *einfachsten Normalformen* sind die in der Formelntabelle enthaltenen unendlichen Producte dargestellt worden. Es kann aber bisweilen *mehrere* einfachste Normalformen desselben unendlichen Productes geben, und es wird vorkommen können, dass zwei einfachste Normalformen

auch *dieselbe Anzahl* Factoren von der Form $\Pi(1\pm q^{\alpha i+\beta})^r$ haben. So wird z. B. das unendliche Product

$$\Pi[(1-q^{6i+1})(1-q^{6i+5})(1-q^{6i+2})(1-q^{6i+4})(1-q^{6i+3})],$$

welches bereits eine Normalform hat, in die beiden verschiedenen Formen

$$\Pi[(1-q^{6i+1})(1-q^{6i+3})(1-q^{6i+5})], \qquad \Pi[(1-q^{3i+1})(1-q^{3i+2})(1-q^{6i+3})]$$

zusammengezogen werden können, von denen jede eine einfachste Normalform ist, und aus derselben Anzahl einfacher unendlicher Producte gebildet wird. Es ist jedoch zu bemerken, dass die unendlichen Producte der Formelntabelle alle nur die eine dort angegebene einfachste Normalform haben.

Schätzt man die Einfachheit der Formen desselben unendlichen Productes nach der Anzahl der Factoren $\Pi(1\pm q^{\alpha i+\beta})^r$, welche in einander multiplicirt werden, so werden die einfachsten Normalformen gewöhnlich nicht die an sich einfachsten Formen sein, welche das unendliche Product überhaupt annehmen kann. Solcher an sich einfachster Formen wird es für dasselbe unendliche Product in der Regel mehrere geben. Um eine an sich einfachste Form, welche keine Normalform ist, in eine Normalform zu verwandeln, sind Zerfällungen nöthig, durch welche die Anzahl der Factoren $\Pi(1\pm q^{\alpha i+\beta})^r$ gewöhnlich sehr vermehrt wird. Es treten zwar auch andererseits wieder Vereinfachungen dadurch ein, dass die durch die Zerfällung ermittelten gleichen Factoren eine Potenz bilden; ferner wenn je zwei $1+q^{\alpha i+\beta}$, $1-q^{\alpha i+\beta}$ in den einen $1-q^{2\alpha i+2\beta}$ vereinigt und Producte $\Pi(1+q^{2i+\alpha})\Pi(1-q^{2\alpha i+\alpha})$ fortgeworfen werden können; endlich, wenn man mittelst der oben aufgestellten Formel mehrere Factoren $\Pi(1\pm q^{\alpha i+\beta})^r$, in denen der Exponent r derselbe ist, in einen einzigen zusammenziehen kann. Aber die Anzahl der Factoren $\Pi(1\pm q^{\alpha i+\beta})^r$ pflegt hierdurch nicht so verringert zu werden, dass dadurch ihre durch die erforderten Zerfällungen entstandene Vermehrung aufgewogen würde. Dessenungeachtet habe ich den unendlichen Producten der Formelntabelle die *Normalform* gegeben, weil sich aus derselben durch die blofse Substitution der Werthe von i die wirkliche Darstellung der unendlichen Producte in der Form

$$(1\pm q^a)^r(1\pm q^{a'})^{r'}(1\pm q^{a''})^{r''}\ldots,$$

in welcher die Exponenten a, a', a'', etc. lauter verschiedene Werthe haben, ohne weitere Reductionen ergiebt. Ich habe es nicht für nöthig gehalten, die

hierzu erforderlichen Transformationen näher auseinanderzusetzen, da sich die-selben in den einzelnen Fällen leicht ergeben. Es wird genügen, das Verfah-ren an einem Beispiel zu erläutern, wozu ich das unendliche Product H. (3.) wählen will.

Die beiden Doppelsummen, welche in der Formel H. (3.) einander gleich werden, wurden durch die Reihenentwickelung der vier elliptischen unendlichen Producte

$$\Pi[(1+q^{8i+1})(1+q^{8i+2})(1-q^{8i+3})], \quad \Pi(1-q^{8i+3}),$$
$$\Pi[(1+q^{8i+1})(1-q^{4i+4})], \quad \Pi[(1-q^{6i+3})^2(1-q^{6i+6})]$$

gefunden, von denen das Product der beiden ersten gleich dem Product der beiden letzten ist. Um von diesen beiden einander gleichen Ausdrücken

$$\Pi[(1+q^{8i+1})(1+q^{8i+2})(1-q^{8i+3})(1-q^{4i+4})],$$
$$\Pi[(1+q^{8i+1})(1-q^{4i+4})(1-q^{6i+3})^2(1-q^{6i+6})]$$

den ersten auf eine Normalform zu bringen, zerfällt man mittelst der Formel (16.) jeden seiner drei ersten unter dem Zeichen Π enthaltenen Factoren in *zwei*, den vierten in *drei* Factoren. Hierdurch erhält man

$$\Pi[(1+q^{6i+1})(1+q^{6i+4})(1+q^{4i+2})(1+q^{8i+5})(1-q^{8i+3})(1-q^{6i+6})(1-q^{8i+2})(1-q^{8i+4})(1-q^{6i+6})],$$

oder, wenn man die Gleichungen

$$(1+q^{8i+2})(1-q^{6i+2}) = (1-q^{12i+4}), \quad (1+q^{6i+4})(1-q^{8i+4}) = (1-q^{12i+8})$$

substituirt,

$$\Pi[(1+q^{6i+1})(1-q^{4i+3})(1+q^{6i+5})(1-q^{12i+4})(1-q^{12i+8})(1-q^{8i+6})^2],$$

welches die dem unendlichen Producte in der Formel H. (3.) gegebene Normal-form ist. Das andere unendliche Product entsteht durch Multiplication der bei-den unendlichen Producte

$$\Pi[(1+q^{8i+1})(1-q^{6i+3})^2], \quad \Pi[(1-q^{4i+4})(1-q^{6i+6})],$$

welche ursprünglich keinen Factor mit einander gemeinschaftlich haben, und daher für sich besonders transformirt werden können. Es ist

$$\Pi[(1+q^{8i+1})(1-q^{6i+3})^2] = \Pi[(1+q^{6i+1})(1+q^{6i+3})(1+q^{6i+5})(1-q^{6i+3})^2]$$
$$= \Pi[(1+q^{4i+1})(1+q^{6i+5})(1-q^{6i+3})(1-q^{12i+6})]$$
$$\Pi[(1-q^{4i+4})(1-q^{6i+6})] = \Pi[(1-q^{12i+4})(1-q^{12i+8})(1-q^{12i+12})^2(1-q^{12i+4})].$$

In dieser transformirten Form erhalten die beiden unendlichen Producte den Factor $\Pi(1-q^{12i+6})$ gemeinschaftlich; ihr Product wird daher den Factor $\Pi(1-q^{12i+6})^2$ haben, welcher sich mit dem Factor $\Pi(1-q^{12i+12})^2$ in den einen $\Pi(1-q^{6i+6})^2$ vereinigen läßt. Nach dieser Reduction giebt die Multiplication der beiden vorstehenden unendlichen Producte wieder die obige Normalform. Diese Normalform hat unter dem Zeichen Π *sechs* Factoren von der Form $(1\pm q^{ai+\beta})^r$, während die beiden ursprünglich gegebenen unendlichen Producte, welche an sich einfachste sind, nur [*vier* dergleichen enthielten. Andere einfachste Formen desselben unendlichen Productes sind

$$\Pi[(1+q^{i+1})(1-q^{6i+2})(1-q^{6i+4})(1-q^{3i+3})^2]$$
$$=\Pi[(1+q^{i+1})(1-q^{2i+3})(1-q^{6i+3})^2(1-q^{6i+6})]$$
$$=\Pi[(1+q^{i+1})(1-q^{2i+3})(1-q^{3i+3})(1-q^{6i+3})]$$
$$=\Pi[(1+q^{2i+1})(1-q^{4i+4})(1-q^{6i+3})(1-q^{6i+3})].$$

Verwandelt man q in $-q$, so wird die einfachste Normalform ein unendliches Product, das ebenfalls nur *vier* Factoren der angegebenen Art enthält,

$$\Pi[(1-q^{2i+1})(1-q^{6i+6})^2(1-q^{12i+4})(1-q^{12i+8})].$$

Aehnliche Vereinfachungen erhalten durch die Aenderung von q in $-q$ mehrere in der Formelntabelle enthaltene unendliche Producte.

Wenn man in einer gegebenen Normalform

$$\Pi[(1\pm q^{ai+\beta})^r(1\pm q^{a'i+\beta'})^{r'}(1\pm q^{a''i+\beta''})^{r''}\ldots]$$

die Werthe von i substituirt, muss man die einzelnen Factoren $(1\pm q^a)^r$ noch so ordnen, dass die Exponenten a der Größe nach auf einander folgen. Um eine Normalform zu erhalten, in welcher diese Ordnung schon in dem allgemeinen Ausdruck selbst befolgt ist, so dass es bloss der Substitution der Werthe von i bedarf, muss man dem unendlichen Producte die Form

$$\Pi[(1\pm q^{Ni+P})^s(1\pm q^{Ni+P'})^{s'}(1\pm q^{Ni+P''})^{s''}\ldots]$$

geben, in welcher der Coëfficient von i in allen unter dem Zeichen Π enthaltenen Factoren derselbe ist, und die Zahlen P, P', P'', etc. der Größe nach geordnet sind. Für den Coëfficienten von i oder N kann man die kleinste Zahl nehmen, welche durch alle Zahlen a, a', a'', etc. theilbar ist. Man erhält

dann die gesuchte Form, indem man jeden der einzelnen Factoren der gegebenen Normalform,

$$\Pi(1\pm q^{\alpha i+\beta}), \qquad \Pi(1\pm q^{\alpha' i+\beta'}), \qquad \Pi(1\pm q^{\alpha'' i+\beta''}), \text{ etc.}$$

mittelst der oben gegebenen Formel (16.) respective in $\dfrac{N}{\alpha i}$, $\dfrac{N}{\alpha'}$, $\dfrac{N}{\alpha''}$, etc. ähnliche unendliche Producte zerfällt. Es wird daher die Anzahl aller gleichen oder verschiedenen Factoren $\Pi(1\pm q^{Ni+P})$ durch die Formel

$$\nu = N\left\{\frac{r}{\alpha} + \frac{r'}{\alpha'} + \frac{r''}{\alpha''} + \text{ etc.}\right\}$$

ausgedrückt. Durch diesen Coëfficienten N des Index i und die Anzahl ν der einfachen unendlichen Producte $\Pi(1\pm q^{Ni+P})$, welche die gleichen oder verschiedenen Factoren des unendlichen Productes bilden, wird der allgemeine Charakter desselben am besten bestimmt. Für das obige Beispiel war die Normalform

$$\Pi[(1+q^{6i+1})(1-q^{6i+3})(1-q^{12i+4})(1+q^{6i+5})(1-q^{6i+6})^2(1-q^{12i+8})];$$

die *charakteristische* Form wird

$$\Pi\left\{\begin{matrix}(1+q^{12i+1})(1-q^{12i+3})(1-q^{12i+4})(1+q^{12i+5})(1-q^{12i+6})^2 \\ .(1+q^{12i+7})(1-q^{12i+9})(1-q^{12i+9})(1+q^{12i+11})(1-q^{12i+12})^2\end{matrix}\right\},$$

und man erhält aus ihr alle Factoren $(1\pm q^{a})^r$ in der Ordnung, wie die Zahlen a aufeinander folgen, wenn man für i nach einander 0, 1, 2, etc. setzt.

Unter den verschiedenen charakteristischen Formen desselben unendlichen Productes ist diejenige die einfachste, in welcher der Coëfficient N den möglichst kleinsten Werth hat. Man erkennt dies leicht auf folgende Art. Es sei die gegebene charakteristische Form

$$\Pi[(1\pm q^{Ni+P'})(1\pm q^{Ni+Q'})(1\pm q^{Ni+R'})\ldots]^{s'}$$
$$\Pi[(1\pm q^{Ni+P''})(1\pm q^{Ni+Q''})(1\pm q^{Ni+R''})\ldots]^{s''}\ldots,$$

wo, wie man immer voraussetzen kann, in den Factoren jeder Horizontalreihe das Vorzeichen $\pm$ dasselbe sei, und in allen Horizontalreihen, in welchen dieses Vorzeichen dasselbe ist, die Exponenten s', s'', etc. von einander verschieden seien. Die Zahlen P', Q', R', etc., P'', Q'', etc. bedeuten hier von einander verschiedene ganze positive Zahlen, welche größer als 0 und gleich oder kleiner als N sind. Ist $\nu^{(l)}$ die Anzahl der Zahlen $P^{(l)}$, $Q^{(l)}$, $R^{(l)}$, etc., und bedeutet f einen sämmtlichen Zahlen N, ν', ν'', etc. gemeinschaftlichen Factor, so hat man

von den Zahlen $P^{(k)}$, $Q^{(k)}$, $R^{(k)}$, etc. diejenigen auszuwählen, welche gleich oder kleiner als $\dfrac{N}{f}$ sind, und muss dann aus ihnen die übrigen durch successive Addition von $\dfrac{N}{f}$, $\dfrac{2N}{f}$, $\ldots$ $\dfrac{(f-1)N}{f}$ erhalten können. Trifft dies für jeden der Werthe des Index k zu, so kann man das unendliche Product in eine andere ähnliche Form bringen, in welcher der Coëfficient von i sich auf $\dfrac{N}{f}$ reducirt hat. Wenn dies aber für keinen der allen Zahlen N, ν, ν', ν'', etc. gemeinschaftlichen Factoren f gleichzeitig für alle Werthe von k gelingt, so ist die gegebene charakteristische Form die einfachste. Solche *einfachste charakteristische Form* giebt es immer nur eine.

Ich will im Folgenden die einfachsten charakteristischen Formen der in der Formelntabelle enthaltenen unendlichen Producte, nach dem Werthe des Coëfficienten N und der Anzahl ν der gleichen oder ungleichen einfachen unendlichen Producte $\Pi(1\pm q^{Ni+P})$ geordnet, zusammenstellen, und jedesmal ihren doppelten oder mehrfachen Ausdruck durch elliptische unendliche Producte der oben angegebenen Art hinzufügen. Ich habe größerer Einförmigkeit halber in allen Factoren der charakteristischen Formen den Potenzen von q dasselbe Vorzeichen $(-)$ zu geben gesucht, und deshalb in einigen unendlichen Producten q in $-q$ geändert. Nur bei zwei charakteristischen Formen der nachstehenden Tabelle hat diese Einförmigkeit der Vorzeichen nicht erreicht werden können.

$$N = 1.$$

1. $\quad \Pi(1-q^{i+1})^2$

$= \Pi(1-q^{2i+2})\,\Pi[(1-q^{2i+1})^2(1-q^{2i+2})]$

$= \Pi(1-q^{\frac{1}{2}(4i+1)})\,\Pi[(1+q^{\frac{1}{2}(2i+1)})(1-q^{\frac{1}{2}(4i+4)})]$

$= \Pi[(1+q^{\frac{1}{4}(8i+1)})(1-q^{\frac{1}{4}(2i+3)})]\,\Pi[(1-q^{\frac{1}{2}(3i+1)})(1-q^{\frac{1}{2}(4i+4)})]$ $\quad \ldots \ldots$ C. E.

$$N = 2.$$

2. $\quad \Pi[(1-q^{2i+1})(1-q^{2i+3})^2]$

$= \Pi(1-q^{i+1})\,\Pi(1-q^{2i+2})$

$= \Pi[(1-q^{2i+1})^2(1-q^{2i+2})]\,\Pi[(1+q^{2i+1})(1-q^{4i+4})]$

$= \Pi[(1+q^{\frac{1}{2}(8i+1)})(1+q^{\frac{1}{2}(2i+3)})(1-q^{\frac{1}{2}(8i+3)})]\,\Pi[(1-q^{\frac{1}{2}(6i+1)})(1-q^{\frac{1}{2}(6i+5)})(1-q^{\frac{1}{3}(6i+6)})]$

$= \Pi[(1-q^{2i+1})(1-q^{4i+4})]\,\Pi[(1-q^{4i+2})^2(1-q^{4i+4})]$

$= \Pi[(1+q^{\frac{1}{2}(2i+1)})(1-q^{\frac{1}{2}(4i+4)})]\,\Pi[(1-q^{\frac{1}{2}(2i+1)})(1-q^{\frac{1}{2}(4i+4)})]$ $\quad \ldots \ldots$ B. D. A. (5).

3. $\prod[(1-q^{8i+1})^3(1-q^{2i+2})^3]$

$= \prod(1-q^{i+1})\prod[(1-q^{2i+1})^2(1-q^{8i+2})]$

$= \prod[(1+q^{\frac{1}{2}(3i+1)})(1-q^{\frac{1}{2}(2i+2)})]\prod(1-q^{\frac{1}{2}(i+1)})$ . . . . F. (1).

4. $\prod[(1-q^{8i+1})^9(1-q^{2i+2})^4]$

$= \prod[(1-q^{2i+1})^2(1-q^{2i+2})]\prod(1-q^{8i+2})^3$

$= \prod[(1+q^{8i+4})(1-q^{4i+4})]\prod(1-q^{i+1})^3$ . . . . A. (8).

$$N = 4.$$

5. $\prod[(1-q^{4i+1})(1-q^{4i+8})(1-q^{4i+4})^2]$

$= \prod[(1-q^{2i+1})(1-q^{4i+4})]\prod(1-q^{4i+4})$

$= \prod[(1+q^{4i+2})(1-q^{8i+3})]\prod(1-q^{4i+1})$ . . . . I. (3).

6. $\prod[(1-q^{4i+1})(1-q^{4i+2})(1-q^{4i+3})(1-q^{4i+4})^2]$

$= \prod(1-q^{i+1})\prod(1-q^{4i+4})$

$= \prod(1-q^{8i+2})\prod[(1-q^{2i+1})(1-q^{4i+4})]$ . . . . F. (2).

7. $\prod[(1-q^{4i+1})(1-q^{4i+3})(1-q^{4i+4})]^2$

$= \prod[(1-q^{2i+1})^2(1-q^{2i+2})]\prod[(1+q^{4i+2})(1-q^{8i+8})]$ . . . . A. (1).

8. $\prod[(1-q^{4i+1})^2(1-q^{4i+4})(1-q^{4i+3})^3(1-q^{4i+4})^2]$

$= \prod(1-q^{4i+1})\prod[(1-q^{2i+1})(1-q^{4i+4})]$

$= \prod[(1-q^{2i+1})^2(1-q^{2i+2})]\prod(1-q^{4i+4})$ . . . . I. (2).

9. $\prod[(1-q^{4i+2})(1-q^{4i+2})^3(1-q^{4i+3})(1-q^{4i+4})^2]$

$= \prod(1-q^{i+1})\prod[(1-q^{4i+2})^2(1-q^{4i+4})]$

$= \prod[(1+q^{2i+1})(1-q^{2i+2})]\prod[(1-q^{2i+1})^2(1-q^{2i+2})]$ . . . . I. (1).

$$N = 8.$$

10. $\prod[(1-q^{8i+1})(1-q^{8i+3})(1-q^{8i+5})(1-q^{8i+7})(1-q^{8i+8})^2]$

$= \prod[(1-q^{8i+1})(1-q^{8i+7})(1-q^{8i+8})]\prod[(1-q^{8i+3})(1-q^{8i+5})(1-q^{8i+8})]$

$= \prod[(1-q^{8i+1})(1-q^{4i+4})]\prod[(1+q^{8i+4})(1-q^{16i+16})]$ . . . . A. (6).

$$N = 6.$$

11. $\prod[(1-q^{6i+1})(1-q^{6i+2})(1-q^{6i+4})(1-q^{6i+5})(1-q^{6i+6})^2]$

$= \prod(1-q^{2i+3})\prod[(1-q^{6i+1})(1-q^{6i+5})(1-q^{6i+6})]$

$= \prod(1-q^{i+1})\prod[(1+q^{6i+3})(1-q^{12i+12})]$ . . . . A. (3).

12. $\prod[(1-q^{6i+1})(1-q^{6i+2})(1-q^{6i+3})^3(1-q^{6i+4})(1-q^{6i+5})(1-q^{6i+6})^3]$

$= \prod(1-q^{i+1})\prod[(1-q^{6i+3})^3(1-q^{6i+6})]$

$= \prod[(1+q^{6i+1})(1+q^{3i+2})(1-q^{6i+3})]\prod[(1-q^{2i+1})^3(1-q^{6i+3})]$ . . . . H. (1).

13. $\prod[(1-q^{6i+1})^3(1-q^{6i+2})(1-q^{6i+3})(1-q^{6i+4})(1-q^{6i+5})^2(1-q^{6i+6})^3]$

$= \prod(1-q^{i+1})\prod[(1-q^{6i+1})(1-q^{6i+5})(1-q^{6i+6})]$

$= \prod[(1+q^{6i+3})(1-q^{12i+12})]\prod[(1-q^{2i+1})^3(1-q^{3i+3})]$ . . . . H. (2).

$$N = 12.$$

14. $\prod[(1-q^{12i+1})(1-q^{12i+5})(1-q^{12i+7})(1-q^{12i+11})(1-q^{12i+12})^3]$

$= \prod[(1-q^{12i+1})(1-q^{12i+11})(1-q^{12i+12})]\prod[(1-q^{12i+5})(1-q^{12i+7})(1-q^{12i+12})]$

$= \prod[(1+q^{12i+6})(1-q^{24i+24})]\prod[(1-q^{6i+1})(1-q^{6i+5})(1-q^{6i+6})]$ . . . . . . A. (7).

15. $\prod[(1-q^{12i+3})^2(1-q^{12i+4})(1-q^{12i+6})(1-q^{12i+8})(1-q^{12i+9})^2(1-q^{12i+12})^2]$

$= \prod(1-q^{4i+4})\prod[(1-q^{6i+3})^2(1-q^{6i+6})]$

$= \prod[(1+q^{3i+1})(1+q^{3i+2})(1-q^{3i+3})]\prod[(1-q^{2i+1})(1-q^{4i+4})]$ . . . . G. (3).

16. $\prod[(1-q^{12i+3})(1-q^{12i+3})(1-q^{12i+4})(1-q^{12i+6})(1-q^{12i+8})(1-q^{12i+9})(1-q^{12i+10})(1-q^{12i+12})^3]$

$= \prod(1-q^{2i+2})\prod[(1-q^{6i+3})(1-q^{12i+12})]$

$= \prod[(1+q^{6i+1})(1+q^{6i+5})(1-q^{6i+6})]\prod[(1-q^{2i+1})(1-q^{4i+4})]$ . . . . H. (4).

17. $\prod[(1-q^{12i+1})(1-q^{12i+4})(1-q^{12i+5})(1-q^{12i+6})(1-q^{12i+7})(1-q^{12i+8})(1-q^{12i+11})(1-q^{12i+12})^2]$.

$= \prod(1-q^{4i+4})\prod[(1-q^{6i+1})(1-q^{6i+5})(1-q^{6i+6})]$

$= \prod[(1+q^{6i+3})(1-q^{12i+12})]\prod[(1-q^{2i+1})(1-q^{4i+4})]$ . . . . G. (4).

18. $\prod[(1-q^{12i+3})^2(1-q^{12i+3})(1-q^{12i+4})(1-q^{15i+6})^2(1-q^{12i+9})(1-q^{12i+9})(1-q^{12i+10})^2(1-q^{124i+12})^2]$

$= \prod(1-q^{i+1})\prod[(1+q^{6i+1})(1+q^{6i+5})(1-q^{6i+6})]$

$= \prod[(1-q^{4i+2})^2(1-q^{4i+4})]\prod[(1-q^{6i+3})(1-q^{12i+12})]$ . . . . G. (2).

19. $\prod[(1+q^{12i+1})(1-q^{12i+3})(1-q^{12i+4})(1+q^{12i+6})(1-q^{12i+6})^2(1+q^{12i+7})(1-q^{12i+8})$
$\qquad\qquad\qquad \times(1-q^{12i+9})(1+q^{12i+11})(1-q^{12i+12})^2]$

$= \prod(1-q^{2i+2})\prod[(1+q^{6i+1})(1+q^{2i+2})(1-q^{6i+3})]$

$= \prod[(1+q^{2i+1})(1-q^{4i+4})]\prod[(1-q^{6i+3})^2(1-q^{4i+6})]$ . . . . H. (3).

20. $\prod[(1-q^{12i+1})(1-q^{12i+2})(1+q^{12i+3})(1-q^{12i+4})(1-q^{12i+6})(1-q^{12i+6})^2(1-q^{12i+7})$
$\qquad\qquad\qquad \times(1-q^{12i+8})(1+q^{12i+9})(1-q^{12i+10})(1-q^{12i+11})(1-q^{12i+12})^2]$

$= \prod(1-q^{i+1})\prod[(1+q^{6i+3})^2(1-q^{6i+6})]$

$= \prod[(1-q^{4i+2})^2(1-q^{4i+4})]\prod[(1-q^{6i+1})(1+q^{6i+2})(1+q^{6i+3})(1+q^{6i+4})(1-q^{6i+5})$
$\qquad\qquad\qquad\qquad \times(1-q^{6i+6})]$ . . . . . . G. (1).

$$N = 5.$$

21. $\Pi[(1-q^{5i+1})(1-q^{5i+2})(1-q^{5i+3})(1-q^{5i+4})(1-q^{5i+5})^2]$

$= \Pi(1-q^{i+1})\Pi(1-q^{5i+5})$

$= \Pi[(1-q^{5i+1})(1-q^{5i+4})(1-q^{5i+5})]\Pi[(1-q^{5i+2})(1-q^{5i+3})(1-q^{5i+5})]$ . . . . . K.

Aus der vorstehenden Tabelle sind die unendlichen Producte A. (2), (4) fortgelassen worden, da ihre doppelte Zerfällung in zwei elliptische unendliche Producte zufolge der oben gemachten Anmerkung in einer allgemeinen Formel enthalten ist.

Die Formeln (1.) und (2.) der Tabelle zeigen, dass sich das unendliche Product

$$\Pi(1-q^{i+1})^2$$

auf *vier*, das unendliche Product

$$\Pi[(1-q^{2i+1})(1-q^{2i+3})^3]$$

auf *fünf* verschiedene Arten in zwei elliptische unendliche Producte der hier betrachteten Art zerfällen läfst, woraus folgt, dass die Entwickelung des einen auf *vier*, des andern auf *fünf* verschiedene Arten durch Doppelsummen von der Form

$$\Sigma \pm q^{ai^2+\beta i k + \gamma i + \delta k}$$

dargestellt werden kann. Setzt man nämlich in der ersten Formel q^2, in der zweiten q^6 für q, so erhält man mittelst der Formeln der Einleitung:

$$(1-q^2)^2(1-q^4)^2(1-q^6)^2(1-q^8)^2 \cdots$$
$$= [1-q^2-q^4+q^{10}+q^{14}-q^{24}-\cdots]^2$$
$$= [1-q^4-q^8+q^{20}+q^{28}-\cdots][1-2q^3+2q^8-2q^{18}+2q^{32}-\cdots]$$
$$= [1-q-q^2+q^5+q^7-\cdots][1+q+q^3+q^6+q^{10}+\cdots]$$
$$= [1+q-q^3-q^5-q^7-q^{12}+\cdots][1-q-q^3+q^6+q^{10}-\cdots],$$

$$(1-q^6)(1-q^{12})^2(1-q^{18})(1-q^{24})^2(1-q^{30}) \cdots$$
$$= [1-q^6-q^{12}+q^{30}+q^{42}-\cdots][1-q^{12}-q^{24}+q^{60}+q^{84}-\cdots]$$
$$= [1-2q^6+2q^{24}-2q^{54}+\cdots][1+q^6+q^{18}+q^{36}+q^{60}+\cdots]$$
$$= [1+q^2+q^4+q^{10}+q^{14}+\cdots][1-q^2-q^{10}+q^{16}+q^{32}-\cdots]$$
$$= [1-q^6-q^{18}+q^{36}+q^{60}-\cdots][1-2q^{12}+2q^{48}-2q^{108}+\cdots]$$
$$= [1+q^{18}+q^{30}+q^{84}+\cdots]^2 - [q^3+q^9+q^{45}+q^{63}+\cdots]^2,$$

oder die folgenden beiden Formeln:

$$\Pi(1-q^{2i+2})^2 = \Sigma(-1)^{i+k}q^{3ii+3kk+i+k} = \Sigma(-1)^{i+k}q^{3ii+2kk+2i}$$
$$= \Sigma(-1)^i q^{4ii+2kk+i+k} = \Sigma(-1)^{k(k+1)+i+k}q^{4ii+2kk+i+k},$$

$$\Pi[(1-q^{12i+6})(1-q^{12i+12})^2] = \Sigma(-1)^i q^{9ii+18kk+3i+6i}$$
$$= \Sigma(-1)^i q^{6ii+12kk+6i} = \Sigma(-1)^i q^{9ii+6kk+i+4i}$$
$$= \Sigma(-1)^{i+k}q^{12ii+12kk+6i} = \Sigma(-1)^k q^{6ii+6kk+3i+3k}.$$

In der ersten Formel unterscheiden sich die beiden letzten Doppelsummen nur durch die unter dem Summenzeichen befindlichen Vorzeichen $(-1)^i$ und $(-1)^{k(k+1)+k}$. Es müssen sich daher alle Glieder gegenseitig aufheben, für welche diese beiden Vorzeichen von einander verschiedene Werthe annehmen, welches geschieht, wenn der Exponent von q ungerade ist. Hieraus folgt, dass, wenn man

$$\Sigma(-1)^i q^{i(3i+i)} = A - B, \qquad \Sigma q^{2ii+i} = C + D$$

setzt, wo A und C gerade, B und D ungerade Functionen von q bedeuten, die beiden Gleichungen stattfinden,

$$\Pi(1-q^{2i+2})^2 = AC - BD, \qquad AD = BC.$$

Die Größen A, B, C, D bedeuten hier die unendlichen Reihen

$$A = 1 - q^2 - q^{12} + q^{22} + q^{26} - q^{40} - q^{70} + q^{92} + q^{100} - \cdots,$$
$$B = q - q^5 - q^7 + q^{15} + q^{35} - q^{51} - q^{57} + q^{77} + q^{117} - \cdots,$$
$$C = 1 + q^6 + q^{10} + q^{28} + q^{36} + q^{66} + q^{78} + \cdots,$$
$$D = q + q^3 + q^{15} + q^{21} + q^{45} + q^{55} + q^{91} + \cdots,$$

deren allgemeines Gesetz durch die folgenden Ausdrücke gegeben wird:

$$A = \Sigma q^{2i(12i+1)} - \Sigma q^{(6i+3)(4i+1)}, \qquad B = \Sigma q^{(4i-1)(6i-1)} - \Sigma q^{(2i-1)(12i-5)},$$
$$C = \Sigma q^{2i(4i+1)}, \qquad D = \Sigma q^{(2i-1)(4i-1)}.$$

Substituirt man diese Ausdrücke in die Gleichungen

$$AD - BC = 0$$

und

$$AC - BD = \Pi(1-q^{2i+2})^2,$$

so erhält man nach einigen Reductionen die Gleichung

$$(17.) \qquad 0 = \Sigma q^{k(6i+1)+i(2k+1)} - \Sigma q^{(2i+1)(3i+2)+k(2k+1)},$$

in deren beiden Doppelsummen für i und k nur solche positive oder negative ganse

Zahlen zu setzen sind, für welche $i+k$ *ungerade ist;* ferner die Gleichung

(18.) $\qquad \Pi(1-q^{2i+2})^2 = \Sigma q^{i(6i+1)+k(2k+1)} - \Sigma q^{(2i+1)(3i+2)+k(2k+1)}$,

wo man in den beiden Doppelsummen für i *und* k *nur solche positive oder negative ganze Zahlen zu setzen hat, für welche* $i+k$ *gerade ist.* Diese letztere Formel gilt aber wegen (17.) auch, wenn man für i und k alle *beliebigen* positiven oder negativen ganzen Zahlen annimmt. Setzt man darin $-q$ für q, so erhält man

(19.) $\qquad \Pi(1-q^{2i+2})^2 = \Sigma(-1)^{i+k}q^{i(6i+1)+k(2k+1)} - \Sigma(-1)^{i+k}q^{(2i+1)(3i+2)+k(2k+1)}$.

Die Formeln (18.) und (19.) geben eine *fünfte* und *sechste* Darstellung der Entwickelung von $\Pi(1-q^{2i+2})^2$ durch Doppelsummen.

Aehnliche Betrachtungen kann man in Bezug auf die *dritte* Darstellung der Entwickelung des unendlichen Productes

$$\Pi[(1-q^{12i+6})(1-q^{12i+12})^2] = \Sigma(-1)^k q^{6ii+6kk+i+4k}$$

anstellen, in welcher nur solche Potenzen von q vorkommen können, deren Exponent durch 3 theilbar ist, so dass es hinreicht, die Doppelsumme nur auf solche Werthe von i und k auszudehnen, *für welche* $i+k$ *durch 3 theilbar ist,* und dieselbe Doppelsumme in den beiden Fällen *verschwinden muss,* wenn man sie nur über solche Werthe von i und k erstreckt, *für welche* $i+k$ *durch 3 dividirt den Rest 1 oder den Rest 2 läfst.*

Alle im Vorhergehenden gefundenen Resultate ergaben sich aus der einen Fundamentalformel

$$(1-q^2)(1-q^4)(1-q^6)\ldots(1-q z)(1-q^3 z)(1-q^5 z)\ldots(1-q z^{-1})(1-q^3 z^{-1})(1-q^5 z^{-1})\ldots$$
$$= 1 - q(z+z^{-1}) + q^4(z^2+z^{-2}) - q^9(z^3+z^{-3}) + \cdots.$$

Sie wurden als unmittelbare Folge von Gleichungen gefunden, welche aus dieser Formel hervorgehen, wenn man in ihr für $\pm q$ und $\pm z$ ganze positive Potenzen von q setzt. Selbst die zum Beweise der Formel A. (8) erforderliche Gleichung

$$[(1-q)(1-q^2)(1-q^3)(1-q^4)\ldots]^3 = 1 - 3q + 5q^3 - 7q^6 + 9q^{10} - \cdots$$

folgt aus derselben Fundamentalformel, wenn man $z = (1+\epsilon)q$ annimmt, und, nachdem man mit ϵ dividirt hat, $\epsilon = 0$ macht, wonach man nur noch q für q^2 zu setzen hat. Aber es lassen sich aus derselben Fundamentalformel noch einige andere Resultate, durch welche das System der im Vorigen gefundenen Gleichungen zwischen Doppelsummen vervollständigt werden kann, ableiten, wenn man für q und z Potenzen von q setzt, welche mit gewissen imaginären Wurzeln der Einheit multiplicirt sind.

GLEICHUNGEN ZWISCHEN DREI DOPPELSUMMEN.

Man kann der in der Einleitung aufgestellten Fundamentalgleichung die folgenden Formen geben:

(α) $\qquad \Pi[(1-q^{2i+2})(1+q^{2i+1}z)(1+q^{2i+1}z^{-1})] = \Sigma q^{i^2}z^i;$

(β) $\qquad (z+z^{-1})\Pi[(1-q^{i+1})(1+q^{i+1}z^2)(1+q^{i+1}z^{-2})] = \Sigma q^{i(i+1)}z^{2i+1},$

(γ) $\qquad (z-z^{-1})\Pi[(1-q^{i+1})(1-q^{i+1}z^2)(1-q^{i+1}z^{-2})] = \Sigma(-1)^i q^{i(i+1)}z^{2i+1},$

wo, wie immer, für den Index i unter dem Zeichen Π die Werthe $0, 1, 2, \ldots \infty$ und unter dem Zeichen Σ die Werthe $0, \pm 1, \pm 2, \ldots \pm \infty$ zu nehmen sind. Die Formel (β) wird aus (α) erhalten, wenn man respective $\sqrt{q}$ und $\sqrt{q}.z^2$ für q und z setzt und mit z dividirt. Die Formel (γ) folgt aus (α), wenn man $z\sqrt{-1}$ für z setzt und mit $\sqrt{-1}$ dividirt.

Ich will jetzt in diesen allgemeinen Formeln für z primitive 3te, 5te, 8te und 12te Wurzeln der Einheit setzen, und bei Aufsuchung von unendlichen Producten, welche sich auf doppelte Art in zwei elliptische zerfällen lassen, unter die Zahl der letzteren auch diejenigen aufnehmen, welche für die angegebenen Werthe von z aus (α) — (γ) erhalten werden. Die Gleichungen, zu welchen man auf diesem Wege gelangt, werden sich von den oben mitgetheilten dadurch unterscheiden, dass sie nicht mehr zwischen nur zwei, sondern zwischen drei oder einer größern Zahl Doppelsummen stattfinden. Obgleich einige dieser Resultate sich aus den früher gefundenen zusammensetzen lassen, so habe ich sie doch deshalb für bemerkenswerth gehalten, weil sie mehrere derselben in einer einzigen Formel umfassen, zu welcher man durch dieselbe Methode der doppelten Zerfällung gelangt, welche auf jene Formeln geführt hat. Es beruht dies auf der Eigenschaft der elliptischen Transcendente $\Sigma q^{i^2}z^i$, dass sie, wenn man für z Wurzeln der Einheit setzt, in mehrere Reihen zerlegt werden kann, welche aus derselben Transcendente erhalten werden, wenn man darin, wie in den früheren Untersuchungen, für q und z Potenzen von q setzt. Ich werde zur größern Deutlichkeit einige elementare Eigenschaften der 3-eckigen und 5-eckigen Zahlen, auf welchen die Zerlegungen der elliptischen Transcendente, welche hier zu betrachten sind, beruhen, besonders hervorheben, und bei dieser Gelegenheit einige allen Polygonzahlen gemeinschaftliche Eigenschaften bemerken.

I. ε gleich einer imaginären Cubikwurzel der Einheit.

Alle ganzen Zahlen von $-\infty$ bis $+\infty$, welche für den Index i unter den Summenzeichen zu setzen sind, sind unter den drei Formen $3i$, $-(3i+1)$, $3i+1$ enthalten. Wenn man in dem allgemeinen Ausdruck der 3-eckigen Zahlen $\frac{1}{2}i(i+1)$ für i die Formen $3i$ und $-(3i+1)$ setzt, so erhält man in beiden Fällen $\frac{3}{2}(3ii+i)$; setzt man dagegen $3i+1$ für i, so verwandelt sich $\frac{1}{2}i(i+1)$ in $\frac{3}{2}(ii+i)+1$. Man hat daher den folgenden Satz:

> die durch 3 theilbaren 3-eckigen Zahlen sind die 3fachen der vor- und rückwärts fortgesetzten 5-eckigen Zahlen; die durch 3 nicht theilbaren 3-eckigen Zahlen lassen durch 9 dividirt den Rest 1, und geben, wenn man von ihnen 1 abzieht und den Rest durch 9 dividirt, wiederum die sämmtlichen 3-eckigen Zahlen.

Es folgt aus diesem Satze das Corollar,

> dass man aus jeder 3-eckigen Zahl unendlich viel andere erhält, wenn man wiederholt mit 9 multiplicirt und 1 addirt.

Da $(3i+1)(3i+2)$ unverändert bleibt, wenn man $-(i+1)$ für i setzt, während sich gleichzeitig $2i+1$ in $-(2i+1)$ verwandelt, und man für i unter dem Zeichen Σ auch $i+a$ oder $-(i+a)$ setzen kann, wo a eine beliebige ganze positive oder negative Zahl bedeutet, so hat man

$$\Sigma q^{\frac{1}{2}(3i+1)(3i+2)}\varepsilon^{6i+3} = \Sigma q^{\frac{1}{2}(3i+1)(3i+2)}\varepsilon^{-(6i+3)},$$

$$\Sigma(-1)^i q^{\frac{1}{2}(3i+1)(3i+2)}\varepsilon^{6i+3} = -\Sigma(-1)^i q^{\frac{1}{2}(3i+1)(3i+2)}\varepsilon^{-(6i+3)}.$$

Man kann ferner für i unter dem Zeichen Σ nach einander

$$\varepsilon(mi+a), \qquad \varepsilon_1(mi+a_1), \qquad \ldots \varepsilon_{m-1}(mi+a_{m-1})$$

setzen, wo ε, ε_1, $\ldots \varepsilon_{m-1}$ entweder $+1$ oder -1, und εa, $\varepsilon_1 a_1$, $\ldots \varepsilon_{m-1} a_{m-1}$ alle verschiedenen Reste bedeuten, welche durch Division mit der ganzen Zahl m erhalten werden können. Man erhält daher, wenn man in (α), (β), (γ) für i unter dem Zeichen Σ nach einander $3i$, $-(3i+1)$, $3i+1$ setzt, und die vorstehenden Sätze benutzt, die folgenden Formeln:

(20.) $$\Pi[(1-q^{2i+2})(1+q^{3i+1}\varepsilon)(1+q^{3i+1}\varepsilon^{-1})] = \Sigma q^{ii}\varepsilon^i$$

$$= \Sigma q^{9ii}\varepsilon^{3i} + \Sigma q^{(3i+1)^2}(\varepsilon^{3i+1}+\varepsilon^{-(3i+1)}),$$

(21.) $\quad (z+z^{-1})\Pi[(1-q^{i+1})(1+q^{i+1}z^2)(1+q^{i+1}z^{-2})] = \Sigma q^{\frac{1}{2}(ii+i)}z^{2i+1}$

$\qquad = \Sigma q^{\frac{1}{2}(3ii+i)}(z^{6i+1}+z^{-(6i+1)}) + \Sigma q^{\frac{1}{2}(3i+1)(3i+2)}z^{6i+3}$

$\qquad = \Sigma q^{\frac{1}{2}(3ii+i)}(z^{6i+1}+z^{-(6i+1)}) + \frac{1}{2}\Sigma q^{\frac{1}{2}(3i+1)(3i+2)}(z^{6i+3}+z^{-(6i+3)}),$

(22.) $\quad (z-z^{-1})\Pi[(1-q^{i+1})(1-q^{i+1}z^2)(1-q^{i+1}z^{-2})] = \Sigma(-1)^i q^{\frac{1}{2}(ii+i)}z^{2i+1}$

$\qquad = \Sigma(-1)^i q^{\frac{1}{2}(3ii+i)}(z^{6i+1}-z^{-(6i+1)}) - \Sigma(-1)^i q^{\frac{1}{2}(3i+1)(3i+2)}z^{6i+3}$

$\qquad = \Sigma(-1)^i q^{\frac{1}{2}(3ii+i)}(z^{6i+1}-z^{-(6i+1)}) - \frac{1}{2}\Sigma(-1)^i q^{\frac{1}{2}(3i+1)(3i+2)}(z^{6i+3}-z^{-(6i+3)}).$

Setzt man in diesen Formeln die Gröfse *z einer imaginären Cubikwurzel der Einheit* gleich, so erhält man

(23.) $\qquad \Pi\dfrac{(1-q^{2i+2})(1+q^{6i+3})}{1+q^{2i+1}} = \Sigma q^{3ii}-\Sigma q^{(3i+1)^2},$

(24.) $\qquad \Pi\dfrac{(1-q^{i+1})(1+q^{6i+3})}{1+q^{i+1}} = \Sigma q^{\frac{1}{2}(3ii+i)}-\Sigma q^{\frac{1}{2}(3i+1)(3i+2)},$

(25.) $\qquad \Pi(1-q^{3i+3}) = \Sigma(-1)^i q^{\frac{1}{2}(3ii+i)}.$

Die letzte dieser Formeln giebt, wenn man q für q^3 setzt, die Eulersche Entwickelung des Products $\Pi(1-q^{i+1})$.

Man kann der Reihe $\Sigma q^{\frac{1}{2}(3i+1)(3i+2)}$ noch eine andere merkwürdige Form geben. Es sind nämlich alle Werthe des Index i in den beiden Formen $2i$ und $-(2i+1)$ enthalten, und für beide geht die Gröfse $\frac{1}{2}i(i+1)$ in denselben Ausdruck $2ii+i$ über, was dem Satze entspricht,

dafs die 6-eckigen Zahlen, vor- und rückwärts fortgesetzt, alle 3-eckigen Zahlen geben[*]).

Man erhält hieraus

(26.) $\qquad \Sigma q^{\frac{1}{2}i(i+1)} = 2\Sigma q^{2ii+i}, \qquad \Sigma(-1)^i q^{\frac{1}{2}i(i+1)} = 0,$

und daher

(27.) $\qquad \Sigma q^{\frac{1}{2}(3i+1)(3i+2)} = q\Sigma q^{\frac{3}{2}(ii+i)} = 2q\Sigma q^{3(2ii+i)} = 2\Sigma q^{(3i+1)(6i+1)},$

(28.) $\qquad \Sigma(-1)^i q^{\frac{1}{2}(3i+1)(3i+2)} = 0.$

_____

*) **Proclus** in seinem Commentar zum 1sten Buch des Euclides bemerkt als Beispiel, dass man nicht alle mathematischen Sätze umkehren könne, dass jede 6-eckige Zahl eine 3-eckige, aber nicht jede 3-eckige Zahl eine 6-eckige ist. Man sieht, dass, wenn man die Benennung *sechseckige* Zahlen auch auf diejenigen Zahlen $2ii-i$ ausdehnt, welche den negativen Werthen von i entsprechen, die Umkehrung in der That erlaubt ist.

Vermöge der Gleichung (27.) kann man die Gleichung (24.) auch so darstellen:

$$\Pi \frac{(1-q^{4i+1})(1+q^{8i+3})}{1+q^{4i+1}} = \Sigma q^{\frac{1}{2}(3i+1)} - 2\Sigma q^{(3i+1)(6i+1)}.$$

Wenn man die unendlichen Producte (23.) und (24.) von ihren Nennern befreit, und ihnen ihre einfachste oder ihre Normal - oder ihre charakteristische Form giebt, so erhält man

(29.) $\Pi \dfrac{(1-q^{8i+2})(1+q^{6i+3})}{1+q^{2i+1}} = \Pi[(1-q^{2i+1})(1-q^{4i+4})(1+q^{6i+3})]$

$= \Pi[(1-q^{6i+1})(1-q^{6i+5})(1-q^{4i+4})(1-q^{12i+8})]$

$= \Pi[(1-q^{12i+1})(1-q^{12i+4})(1-q^{12i+5})(1-q^{12i+6})(1-q^{12i+7})(1-q^{12i+8})(1-q^{12i+11})(1-q^{12i+12})]$

$= \Sigma q^{3i^2} - \Sigma q^{(3i+1)^2}$,

(30.) $\Pi \dfrac{(1-q^{4i+1})(1+q^{8i+3})}{1+q^{4i+1}} = \Pi[(1-q^{4i+1})(1-q^{6i+1})(1-q^{6i+5})]$

$= \Pi[(1-q^{2i+2})(1-q^{6i+1})^2(1-q^{6i+3})(1-q^{6i+5})^2]$

$= \Pi[(1-q^{6i+1})^2(1-q^{6i+3})(1-q^{6i+3})(1-q^{6i+4})(1-q^{6i+5})^2(1-q^{6i+6})]$

$= \Sigma q^{\frac{1}{2}(3i+i)} - \Sigma q^{\frac{1}{2}(3i+1)(3i+2)} = \Sigma q^{\frac{1}{2}(3i+i)} - 2\Sigma q^{(3i+1)(6i+1)}$.

Andere Darstellungen dieser unendlichen Producte werde ich weiter unten geben.

Von den Formeln (23.), (24.), (25.) ist die letzte, welche mit der Euler-schen übereinkommt, oben noch auf eine andere Art, welche von der im Vorigen gebrauchten wesentlich verschieden ist, aus der allgemeinen Formel abgeleitet worden. Nach den beiden Methoden erhält man (25.) aus der Formel (γ.), indem man entweder für z eine imaginäre Cubikwurzel der Einheit setzt und mit $\sqrt{-3}$ dividirt, oder indem man für q und z respective q^9 und q^3 setzt und mit $-q^3$ multiplicirt. In ähnlicher Weise kann man auch zu den beiden andern Formeln (23.) und (24.), welche durch Substitution einer imaginären Cubikwurzel der Einheit für z erhalten wurden, durch eine Combination der früher gefundenen Formeln gelangen, welche aus der Fundamentalformel dadurch abgeleitet worden waren, dass man für q und z Potenzen von q gesetzt hat. Ich will diese zweite Beweisart hier mittheilen, weil man daraus desto leichter erkennen wird, ob und auf welche Art die aus den Formeln (23.) und (24.) folgenden Gleichungen zwischen Doppelsummen aus den früher gefundenen erhalten werden können.

Von den oben aus der Fundamentalformel abgeleiteten Formeln wähle ich, um die Formeln (23.) und (24.) dadurch zu beweisen, die Formeln IV. (6.) und IV. (7.),

$$(31.) \quad \begin{cases} \Pi(1+q^{i+1}) = \dfrac{1}{\Pi(1-q^{2i+1})} = \dfrac{\Sigma q^{\frac{1}{2}(3ii+i)}}{\Sigma(-1)^i q^{3ii}}, \\[2ex] \Pi(1+q^{i+1}) = \dfrac{1}{\Pi(1-q^{2i+1})} = \dfrac{\Sigma q^{6ii+3i}}{\Sigma(-1)^i q^{6ii+2i}}. \end{cases}$$

Multiplicirt man mit den Nennern der Brüche, und setzt $-q^3$ für q, so erhält man, nachdem man die zweite Gleichung noch mit q multiplicirt,

$$(32.) \quad \begin{cases} \Sigma q^{9ii} = \Pi(1+q^{6i+3}) \cdot \Sigma(-1)^{\frac{1}{2}(ii-i)} q^{\frac{3}{2}i(3i+1)}, \\[1ex] \Sigma q^{(3i+1)^2} = \Pi(1+q^{6i+3}) \cdot \Sigma(-1)^i q^{(3i+1)(6i+1)}. \end{cases}$$

Zieht man diese beiden Gleichungen von einander ab, so kann der in $\Pi(1+q^{6i+3})$ multiplicirte Factor in den einfacheren Ausdruck $\Sigma(-1)^i q^{3ii+i}$ zusammengezogen werden. Setzt man nämlich in (21.) $z=1$, so erhält man

$$(33.) \quad \Sigma q^{\frac{1}{2}(ii+i)} = 2\Sigma q^{\frac{3}{2}i(3i+1)} + \Sigma q^{\frac{1}{2}(3i+1)(3i+2)},$$

oder, vermöge (26.) und (27.),

$$(34.) \quad \Sigma q^{3ii+i} = \Sigma q^{\frac{3}{2}i(3i+1)} + \Sigma q^{(3i+1)(6i+1)},$$

und hieraus, wenn man $-q$ für q setzt,

$$(35.) \quad \Sigma(-1)^i q^{3ii+i} = \Sigma(-1)^{\frac{1}{2}(ii-i)} q^{\frac{3}{2}i(3i+1)} - \Sigma(-1)^i q^{(3i+1)(6i+1)}.$$

Mit Hülfe dieser Formel erhält man aus den Gleichungen (32.), wenn man die zweite von der ersten abzieht,

$$(36.) \quad \Sigma q^{9ii} - \Sigma q^{(3i+1)^2} = \Pi(1+q^{6i+3}) \cdot \Sigma(-1)^i q^{3ii+i}.$$

Substituirt man hierin die häufig im Vorhergehenden angewandte Formel

$$\Sigma(-1)^i q^{2ii+i} = \Pi[(1-q^{2i+1})(1-q^{4i+4})],$$

welche sich aus (α.) ergiebt, wenn man darin respective q^2 und $-q$ für q und z setzt, so folgt die Formel (29.).

Die Formel (30.) findet man aus denselben Gleichungen (31.) auf folgende Weise. Setzt man in denselben q^3 für q, so erhält man

33 *

$$(87.) \quad \begin{cases} \Sigma q^{\frac{1}{2}i(8i+1)} = \Pi(1+q^{8i+3}) \cdot \Sigma(-1)^i q^{9ii}, \\ \Sigma q^{(8i+1)(6i+1)} = \Pi(1+q^{8i+5}) \cdot \Sigma(-1)^i q^{(3i+1)^2}, \end{cases}$$

und hieraus, da

$$\Sigma(-1)^i q^{(3i+1)^2} = \Sigma(-1)^i q^{(3i-1)^2},$$

$$(88.) \quad \Sigma q^{\frac{1}{2}i(8i+1)} - 2\Sigma q^{(8i+1)(6i+1)} = \Pi(1+q^{8i+3})[\Sigma(-1)^i q^{9ii} - \Sigma(-1)^i q^{(3i+1)^2} - \Sigma(-1)^i q^{(3i-1)^2}]$$
$$= \Pi(1+q^{8i+3}) \, \Sigma(-1)^i q^{ii}.$$

Substituirt man hierin die ebenfalls sehr häufig im Vorhergehenden angewandte Formel

$$(89.) \quad \Sigma(-1)^i q^{ii} = \Pi[(1-q^{2i+2})(1-q^{2i+1})^2] = \Pi\frac{1-q^{i+1}}{1+q^{i+1}},$$

welche aus (α.) für $z = -1$ folgt, so erhält man die Formel (30.).

‚ Für den hier vorliegenden Zweck, Gleichungen zwischen Doppelsummen von der Form

$$\Sigma \pm q^{\alpha ii + \beta kk + \gamma i + \delta k + \epsilon}$$

zu finden, kommt es darauf an, die elliptischen unendlichen Producte (29.) und (30.) mit solchen andern elliptischen unendlichen Producten zu multipliciren, dass das unendliche Product, welches man durch diese Multiplication erhält, sich noch auf eine andere Art in zwei elliptische unendliche Producte zerfällen läfst, oder, was dasselbe ist, *die unendlichen Producte* (29.) *und* (30.) *als Brüche darzustellen, deren Nenner ein elliptisches unendliches Product, und deren Zähler das Product zweier elliptischen Producte ist.* Die Formeln III. führen mit Leichtigkeit zu mehreren solchen Darstellungen. Wenn man nämlich die unendlichen Producte (29.) und (30.) auf folgende Art ausdrückt,

$$\Pi[(1-q^{8i+1})(1-q^{4i+4})] \cdot \Pi(1+q^{6i+3}),$$
$$\Pi[(1-q^{2i+1})^2(1-q^{8i+3})] \cdot \Pi(1+q^{8i+3}),$$

so sind die ersten Factoren bereits elliptische unendliche Producte, und es kommt nur noch darauf an, die zweiten Factoren

$$\Pi(1+q^{6i+3}), \quad \Pi(1+q^{8i+3})$$

als Brüche darzustellen, deren Zähler und Nenner elliptische unendliche Producte sind. Dies geschieht aber mittelst der Formeln III. für jedes dieser beiden

unendlichen Producte auf 7 verschiedene Arten. Man erhält für $\Pi(1+q^{8i+3})$ *sieben* solcher Brüche, wenn man in III. $-q^3$ für q setzt und alle Brüche umkehrt, und eine gleiche Anzahl für $\Pi(1+q^{8i+3})$, wenn man in III. selber q^3 für q substituirt. Es ergeben sich hiernach aus (36.) und (38.) *vierzehn* Gleichungen zwischen Doppelsummen. Bezeichnet man nämlich jeden der 7 Brüche in IV. mit $\dfrac{f(q)}{\varphi(q)}$, so folgt aus (36.):

$$f(-q^3)[\Sigma q^{6ii} - \Sigma q^{(3i+1)^2}] = \varphi(-q^3)\Sigma(-1)^i q^{2ii+i},$$

und aus (38.):

$$\varphi(q^3)[\Sigma q^{\frac{3}{2}i(3i+1)} - 2\Sigma q^{(3i+1)(6i+1)}] = f(q^3)\Sigma(-1)^i q^{ii}.$$

Es wird aber nicht nöthig sein, diese 14 Gleichungen besonders aufzustellen, da sie keine wesentlich neuen Resultate geben. Denn durch dasselbe Verfahren, durch welches im Vorhergehenden die Formeln (36.) und (38.) aus den Formeln (32.) und (37.) abgeleitet worden sind, welche ihrerseits aus den Formeln IV. (6.) und IV. (7.) folgten, müssen sich auch die aus den Formeln (36.), (38.) und IV. (1.)—(7.) folgenden 14 Gleichungen zwischen Doppelsummen aus denjenigen Formeln der obigen Tabelle ergeben, welche durch Combination der Formeln IV. (6.) und IV. (7.) unter sich und mit den übrigen Formeln IV. (1.)—(5.) erhalten worden sind.

Man kann aber die unendlichen Producte (29.) und (30.) noch auf andere Arten als solche Brüche darstellen, deren Nenner ein elliptisches unendliches Product und deren Zähler das Product zweier elliptischen unendlichen Producte ist, und diese Darstellungen werden zu Resultaten führen, welche in den Gleichungen der obigen Formeltabelle nicht enthalten sind. Es ist nämlich

$$\Pi\frac{(1-q^{8i+2})(1+q^{8i+3})}{1+q^{8i+1}} = \Sigma q^{8ii} - \Sigma q^{(3i+1)^2}$$

$$= \frac{\Pi[(1-q^{6i+1})(1-q^{6i+5})(1-q^{6i+6})] \cdot \Pi(1-q^{4i+4})}{\Pi(1-q^{12i+12})}$$

$$= \frac{\Pi(1-q^{2i+2}) \cdot \Pi[(1-q^{6i+1})(1+q^{6i+2})(1+q^{6i+3})(1+q^{6i+4})(1-q^{6i+5})(1-q^{6i+6})]}{\Pi[(1+q^{6i+3})(1-q^{6i+6})]}$$

$$= \frac{\Pi(1-q^{4i+1}) \cdot \Pi[(1+q^{6i+2})(1+q^{6i+4})(1-q^{6i+6})]}{\Pi(1-q^{8i+3})}$$

$$= \frac{\Pi(1-q^{2i+2}) \cdot \Pi(1-q^{6i+6})}{\Pi[(1+q^{6i+1})(1+q^{6i+5})(1-q^{6i+6})]},$$

woraus, wenn man für die elliptischen unendlichen Producte ihre Entwickelungen setzt, die folgenden Gleichungen erhalten werden:

(40.)
$$\Pi[(1-q^{2i+1})(1-q^{4i+4})(1+q^{6i+3})]$$

$$= \Sigma q^{3ii} - \Sigma q^{(3i+1)^2} = \frac{\Sigma(-1)^i q^{3ii+2i} \cdot \Sigma(-1)^i q^{6ii+2i}}{\Sigma(-1)^i q^{18ii+6i}}$$

$$= \frac{\Sigma(-1)^i q^{3ii+i} \cdot \Sigma(-1)^{\frac{1}{2}(ii-i)} q^{\frac{3}{2}(3ii+i)}}{\Sigma(-1)^{\frac{1}{2}(ii+i)} q^{\frac{3}{2}(3ii+i)}} = \frac{\Sigma(-1)^i q^{\frac{1}{2}(3ii+i)} \cdot \Sigma q^{3ii+i}}{\Sigma(-1)^i q^{\frac{3}{2}(3ii+i)}}$$

$$= \frac{\Sigma(-1)^i q^{3ii+i} \cdot \Sigma(-1)^i q^{9ii+3i}}{\Sigma q^{3ii+2i}}.$$

Es ist ferner

$$\Pi \frac{(1-q^{i+1})(1+q^{3i+3})}{1+q^{i+1}} = \Sigma q^{\frac{3}{2}(3ii+i)} - \Sigma q^{\frac{1}{2}(3i+1)(3i+2)}$$

$$= \frac{\Pi(1-q^{i+1}) \cdot \Pi[(1-q^{6i+1})(1-q^{6i+5})(1-q^{6i+6})]}{\Pi(1-q^{6i+6})} = \frac{\Pi(1-q^{i+1}) \cdot \Pi(1-q^{3i+3})}{\Pi[(1+q^{3i+1})(1+q^{3i+2})(1-q^{3i+3})]},$$

woraus

(41.)
$$\Pi[(1-q^{i+1})(1-q^{6i+1})(1-q^{6i+5})]$$

$$= \Sigma q^{\frac{3}{2}(3ii+i)} - \Sigma q^{\frac{1}{2}(3i+1)(3i+2)} = \Sigma q^{\frac{3}{2}(3ii+i)} - 2\Sigma q^{(3i+1)(6i+1)}$$

$$= \frac{\Sigma(-1)^i q^{\frac{1}{2}(3ii+i)} \cdot \Sigma(-1)^i q^{3ii+2i}}{\Sigma(-1)^i q^{3(3ii+i)}} = \frac{\Sigma(-1)^i q^{i(3ii+i)} \cdot \Sigma(-1)^i q^{\frac{1}{2}(3ii+i)}}{\Sigma q^{\frac{1}{2}(3ii+i)}}.$$

folgt. Aus den Formeln (40.) und (41.) ergeben sich durch Multiplication mit den Nennern die unten folgenden Gleichungen zwischen Doppelsummen. Da in den Zählern der Brüche (40.) der Factor $\Sigma(-1)^i q^{3ii+i}$, in den Zählern der Brüche (41.) der Factor $\Sigma(-1)^i q^{3ii}$ nicht vorkommt, so müssen diese Gleichungen von denen, welche auf die oben angegebene Art aus (36.) und (38.) abgeleitet werden können, wesentlich verschieden werden.

Der Zähler des letzten Bruches in (40.) wird aus dem Zähler des letzten Bruches in (41.) erhalten, wenn man darin q^2 für q setzt. Es ergeben sich daher für denselben aus (40.) und (41.) drei oder, wenn man noch in (40.) $-q$ für q setzt, vier verschiedene Darstellungen durch Doppelsummen, wobei man diejenige nicht mitrechnet, welche aus der doppelten Form der in (41.) mit dem Minuszeichen behafteten Summe folgt. Die hieraus erhaltenen Gleichungen gehören zur Klasse (3, 3), die übrigen aus (40.) und (41.) folgenden zur Klasse (2, 2). Sie können den zu diesen Klassen gehörigen Formeln der obigen Tabelle angeschlossen werden, obgleich sie sich von ihnen dadurch unterscheiden, dass

sie jede eine Gleichung zwischen *drei* Doppelsummen geben. Die unendlichen Producte in den folgenden Formeln sind die Zähler der Ausdrücke, welche die Brüche (40.) und (41.) ergaben; nur sind diese Producte, wie in der obigen Formelntabelle, durch ihre Normalformen ausgedrückt.

XI.

B. (2, 2).

3. $\quad \Pi[(1-q^{6i+1})(1-q^{6i+5})(1-q^{12i+4})(1-q^{12i+6})(1-q^{12i+8})(1-q^{12i+12})^2]$

$= \Sigma(-1)^i q^{9ii+18kk+6i} - \Sigma(-1)^k q^{(3i+1)^2+18kk+6k} = \Sigma(-1)^{i+k} q^{3ii+6kk+2i+2k}$

4. $\quad \Pi[(1-q^{6i+1})(1+q^{6i+3})(1-q^{6i+5})(1-q^{6i+6})^2(1-q^{12i+4})(1-q^{12i+8})]$

$= \Sigma(-1)^{\frac{i}{2}(kk+k)} q^{9ii+\frac{3}{2}(kk+k)} - \Sigma(-1)^{\frac{1}{2}(kk+k)} q^{(3i+1)^2+\frac{3}{2}(kk+k)} = \Sigma(-1)^{i+\frac{1}{2}(kk-k)} q^{3ii+\frac{3}{2}kk+i+\frac{1}{4}k}$

5. $\quad \Pi[(1-q^{2i+1})(1-q^{6i+6})^2(1-q^{12i+4})(1-q^{12i+8})]$

$= \Sigma(-1)^k q^{9ii+\frac{3}{2}(3kk+k)} - \Sigma(-1)^k q^{(3i+1)^2+\frac{3}{2}(3kk+k)} = \Sigma(-1)^i q^{\frac{3}{2}ii+3kk+\frac{1}{3}i+k}$

6. $\quad \Pi[(1-q^{6i+1})^3(1-q^{6i+2})(1-q^{6i+3})(1-q^{6i+4})(1-q^{6i+5})^2(1-q^{6i+6})^2]$

$= \Sigma(-1)^k q^{\frac{1}{2}\,3ii(i+i)+3(3kk+k)} - 2\Sigma(-1)^k q^{(3i+1)(6i+1)+3(3kk+k)} = \Sigma(-1)^{i+k} q^{\frac{3}{2}ii+3kk+\frac{1}{2}i+2k}.$

C. (3, 3).

2. $\quad \Pi[(1-q^{6i+2})(1-q^{6i+4})(1-q^{6i+6})^2]$

$= \Sigma q^{9ii+3kk+2k} - \Sigma q^{(3i+1)^2+3kk+2k}$

$= \Sigma(-1)^{i+k} q^{9ii+3kk+2k} + \Sigma(-1)^{i+k} q^{(3i+1)^2+3kk+2k}$

$= \Sigma q^{3(3ii+i)+3kk+k} - \Sigma q^{(6i+1)(3i+2)+3kk+k}$

$= \Sigma q^{3(3ii+i)+3kk+k} - 2\Sigma q^{2(6i+1)(6i+1)+3kk+k} = \Sigma(-1)^{i+k} q^{9ii+9kk+i+3k}.$

Man kann durch Combination der Formeln (36.) und (38.) noch eine Gleichung zwischen *fünf* Doppelsummen ableiten. Multiplicirt man nämlich die Formeln (36.) und (38.) mit einander, nachdem man in der ersten $-q$ für q gesetzt hat, und bemerkt, dass

$$\Pi(1+q^{6i+3})\Pi(1-q^{6i+3}) = 1,$$

so erhält man

(42.) $\quad \Sigma(-1)^i q^{ii+3kk+k} = [\Sigma(-1)^i q^{9ii} + \Sigma(-1)^i q^{(3i+1)^2}][\Sigma q^{\frac{3}{2}i(3i+1)} - 2\Sigma q^{(3i+1)(6i+1)}].$

Diese Formel läfst sich aber auf die Gleichung B. (2.) zurückführen. Setzt man nämlich für $\Sigma(-1)^i q^{ii}$, Σq^{2ii+i} die äquivalenten, bloss durch andere Gruppirung der Glieder unterschiedenen Ausdrücke

$$\Sigma(-1)^i q^{9ii} - 2\Sigma(-1)^i q^{(3i+1)^2}, \qquad \Sigma q^{\frac{3}{2}(3ii+i)} + \Sigma q^{(3i+1)(6i+1)},$$

von denen der erstere aus (20.) für $z = -1$ folgt, und der zweite durch die Formel (34.) gegeben wird, so wird die Doppelsumme links vom Gleichheitszeichen

$$[\Sigma(-1)^i q^{9ii} - 2\Sigma(-1)^i q^{(3i+1)^2}][\Sigma q^{\frac{3}{2}i(3i+1)} + \Sigma q^{(3i+1)(6i+1)}],$$

und es kommt daher die Gleichung (42.) auf die folgende zurück:

$$\Sigma(-1)^i q^{(3i+1)^2 + \frac{3}{2}k(3k+1)} = \Sigma(-1)^i q^{9ii + (3i+1)(6i+1)},$$

welche aus B. (2.) erhalten wird, wenn man darin q^3 für q setzt und mit q multiplicirt.

II. z gleich einer imaginären 5ten Wurzel der Einheit.

Ich will jetzt in der Formel (β.) für z nach einander zwei *imaginäre nicht reciproke 5te Wurzeln der Einheit* setzen, und die daraus hervorgehenden Gleichungen mit einander multipliciren. Wenn man in der Gleichung (β.),

$$(z - z^{-1})\prod[(1 - q^{i+1})(1 - q^{i+1}z^2)(1 - q^{i+1}z^{-2})] = \Sigma(-1)^i q^{\frac{1}{2}i(i+1)} z^{2i+1},$$

für den Index i unter dem Summenzeichen nach einander $5i$, $-(5i+1)$, ferner $-(5i+2)$, $5i+1$, endlich $5i+2$ setzt, wodurch alle Werthe von i erschöpft werden, so verwandelt sich dieselbe in die folgende:

(43.) $\quad (z - z^{-1})\prod[(1 - q^{i+1})(1 - q^{i+1}z^2)(1 - q^{i+1}z^{-2})]$

$$= \Sigma(-1)^i q^{\frac{5}{2}i(5i+1)}(z^{10i+1} - z^{-(10i+1)}) + \Sigma(-1)^i q^{\frac{1}{2}(5i+1)(5i+3)}(z^{-(10i+3)} - z^{10i+3})$$

$$+ \Sigma(-1)^i q^{\frac{1}{2}(5i+2)(5i+3)} z^{10i+5}.$$

Setzt man $-i-1$ für i, so erleidet die letzte Summe keine weitere Aenderung, als dass die Größe $(-1)^i z^{10i+5}$ unter dem Summenzeichen in $-(-1)^i z^{-(10i+5)}$ übergeht; man kann daher für diese Summe auch

$$\tfrac{1}{2}\Sigma(-1)^i q^{\frac{1}{2}(5i+2)(5i+3)}(z^{10i+5} - z^{-(10i+5)})$$

setzen, woraus man sieht, dass dieselbe verschwindet, wenn z einer beliebigen 5ten Wurzel der Einheit gleich wird. Bedeutet daher σ eine imaginäre 5te Wurzel der Einheit, und setzt man in (43.)

$$z = \sigma,$$

so erhält man nach Division mit $\sigma - \sigma^{-1}$,

(44.) $\prod[(1 - q^{i+1})(1 - q^{i+1}\sigma^2)(1 - q^{i+1}\sigma^{-2})] = \Sigma(-1)^i q^{\frac{5}{2}i(5i+1)} + (\sigma + \sigma^{-1})\Sigma(-1)^i q^{\frac{1}{2}(5i+1)(5i+3)}.$

Setzt man hierin σ^2 für σ, so ergiebt sich:

$$\Pi\left[(1-q^{i+1})(1-q^{i+1}\sigma)(1-q^{i+1}\sigma^{-1})\right] = \Sigma(-1)^i q^{\frac{1}{2}i(6i+1)}+(\sigma^2+\sigma^{-2})\Sigma(-1)^i q^{\frac{1}{2}i(6i+1)(6i+2)}.$$

Multiplicirt man beide Formeln mit einander, und bemerkt, dass sowohl die Summe als das Product von $\sigma+\sigma^{-1}$ und $\sigma^2+\sigma^{-2}$ gleich -1 ist, so findet man

(45.) $\qquad \Pi\left[(1-q^{i+1})(1-q^{6i+5})\right] = \Sigma(-1)^i q^{\frac{1}{2}i(9i+1)}\Sigma(-1)^i q^{\frac{1}{2}i(3i+1)}$

$$= \left[\Sigma(-1)^i q^{\frac{1}{2}i(6i+1)}\right]^2 - \Sigma(-1)^i q^{\frac{1}{2}i(6i+1)}\Sigma(-1)^i q^{\frac{1}{2}(6i+1)(6i+2)} - \left[\Sigma(-1)^i q^{\frac{1}{2}(6i+1)(6i+2)}\right]^2,$$

oder die zur Klasse (1, 5) gehörige Gleichung:

(46.) $\qquad \Pi\left[(1-q^{i+1})(1-q^{6i+5})\right] = \Sigma(-1)^{i+k} q^{\frac{1}{2}(3ii+15kk+i+5k)}$

$$= \Sigma(-1)^{i+k} q^{\frac{1}{2}i(6i+1)+\frac{5}{2}k(5k+1)} - \Sigma(-1)^{i+k} q^{\frac{1}{2}i(6i+1)+\frac{1}{2}(5k+1)(5k+2)} - \Sigma(-1)^{i+k} q^{\frac{1}{2}(6i+1)(6i+2)+\frac{1}{2}(5k+1)(5k+2)}.$$

In der ersten der drei Summen rechts vom Gleichheitszeichen sind die Exponenten von q durch 5 theilbar, in den beiden andern lassen dieselben, durch 5 dividirt, respective die Reste 1 und 2. Wenn man daher auch die Doppelsumme links vom Gleichheitszeichen in drei andere theilt, je nachdem die Exponenten von q oder, was dasselbe ist, die Werthe von $\frac{1}{2}i(3i+1)$, durch 5 dividirt, die Reste 0, 1, 2 lassen; so zerfällt die Gleichung (46.) in drei Gleichungen, von denen jede zwischen Doppelsummen statthat, in denen die Exponenten von q, durch 5 dividirt, dieselben Reste lassen. Je nachdem i die Werthe $5i$ und $-(5i+2)$; $-(5i+1)$; $5i+1$ und $5i+2$ annimmt, erhält die Zahl $\frac{1}{2}i(3i+1)$ die ihren drei Resten 0, 1, 2 entsprechenden Formen,

$$\frac{5}{2}i(15i+1) \quad \text{und} \quad \frac{5}{2}(3i+1)(5i+2); \quad \frac{25}{2}i(3i+1)+1;$$

$$\frac{5}{2}i(15i+7)+2 \quad \text{und} \quad \frac{5}{2}(3i+2)(5i+1)+2.$$

Es werden daher die sich je nach diesen drei Fällen aus (46.) ergebenden Gleichungen, wenn man im zweiten und dritten Falle respective mit q und q^2 dividirt, und hierauf überall q für q^5 setzt, die nachstehenden. Die den Doppelsummen gleichen unendlichen Producte, welche ich beigefügt habe, ergeben sich leicht aus dem Fundamentaltheorem.

XII.

1.
$$\Pi\left[(1-q^{5i+1})(1-q^{5i+2})(1-q^{5i+3})(1-q^{5i+4})(1-q^{5i+5})^2\right]$$
$$= \Sigma(-1)^{i+k}q^{\frac{1}{2}(3ii+i)+\frac{1}{2}(3kk+k)} = \Sigma(-1)^{i+k}q^{\frac{1}{2}(5ii+5kk+i+3k)}$$

2.
$$\Pi\left[(1-q^{5i+2})(1-q^{5i+3})(1-q^{5i+5})\right]^2$$
$$= \Sigma(-1)^{i+k}\left[q^{\frac{1}{2}(15ii+3kk+i+k)} + q^{\frac{1}{2}((5i+1)(5i+2)+3kk+k)}\right] = \Sigma(-1)^{i+k}q^{\frac{1}{2}(5ii+5kk+i+k)}$$

3.
$$\Pi\left[(1-q^{5i+1})(1-q^{5i+4})(1-q^{5i+5})\right]^2$$
$$= \Sigma(-1)^{i+k}\left[q^{\frac{1}{2}(15ii+3kk+7i+k)} - q^{\frac{1}{2}((3i+2)(5i+1)+3kk+k)}\right] = \Sigma(-1)^{i+k}q^{\frac{1}{2}(5ii+5kk+3i+3k)}$$

Die erste dieser Formeln ist dieselbe, wie die oben in der Formelntabelle aufgestellte, welche dort durch eine ganz verschiedene Methode gefunden worden ist.

Die Formel XII. (1.) ergab sich im Vorhergehenden aus (46.) durch die Bemerkung, dass, wenn man dem i den Werth $-(5i+1)$ giebt, die 5-eckigen Zahlen $\frac{1}{2}i(3i+1)$ die Form $\frac{25}{2}i(3i+1)+1$ erhalten. Dies giebt den Satz:

Wenn man von den 5-eckigen Zahlen, welche, durch 5 dividirt, 1 übrig lassen, 1 abzieht, so geht der Rest nicht bloss durch 5, sondern auch durch 25 auf, und man erhält nach Division mit 25 wieder 5-eckige Zahlen.

Werden die unter der Form $\frac{1}{2}(3ii-i)$ enthaltenen Zahlen in 2 Klassen getheilt, je nachdem i positive oder negative Werthe annimmt (von denen die erste Klasse die eigentlichen 5-eckigen Zahlen umfafst, deren Name aber, wie im Vorhergehenden, auch auf die andere Klasse ausgedehnt zu werden pflegt): so kann man den vorstehenden Satz näher so bestimmen, *dass, wenn man von jeder von beiden Klassen 5-eckiger Zahlen diejenigen nimmt, welche, durch 5 dividirt, 1 übrig lassen, von denselben 1 abzieht und den Rest durch 25 dividirt, die sämmtlichen 5-eckigen Zahlen der andern Klasse erhalten werden.*

Der vorstehende Satz ist dem oben für die 3-eckigen Zahlen bemerkten analog. In beiden Fällen werden diejenigen 3- und 5-eckigen Zahlen betrachtet, welche um 1 vermindert respective durch 3 und 5 aufgehen; zieht man von ihnen 1 ab, so lassen sich die Reste respective durch 3^2 und 5^2 theilen. Es werden ferner nach geschehener Division respective die sämmtlichen 3- und 5-eckigen Zahlen erhalten. Wenn man das umgekehrte Verfahren anwendet, und aus 3- und 5-eckigen Zahlen durch Multiplication mit 9 und 25 und Addition

der Einheit immer andere 3- und 5-eckige Zahlen ableitet, so erhält man den Satz, *dass, wenn A eine beliebige 3- oder 5-eckige Zahl ist, auch*

$$\tfrac{1}{8}(9^n-1)+9^n A, \quad \tfrac{1}{24}(25^n-1)+25^n A$$

respective 3- und 5-eckige Zahlen werden, von denen die letzteren zu derselben oder einer andern Klasse wie A gehören, je nachdem n gerade oder ungerade ist.

Der Satz, dass die 3- und 5-eckigen Zahlen von der Form $3i+1$, $5i+1$ immer auch die Form 3^2i+1, 5^2i+1 haben, läfst sich durch folgende Betrachtungen auf alle vieleckigen Zahlen ausdehnen.

Es sei M eine m-eckige Zahl, welche, durch m dividirt, den Rest 1 läfst. Ist M die n^{te} m-eckige Zahl

$$M = \tfrac{1}{2}n[(m-2)(n-1)+2],$$

so wird

$$M-1 = \tfrac{1}{2}(n-1)[(m-2)n+2]$$
$$= m \cdot \tfrac{1}{2}n(n-1)-(n-1)^2.$$

Aus dieser Formel folgt, dass, weil $M-1$ durch m theilbar ist, auch $(n-1)^2$ durch m theilbar sein muss. Es sei

$$m = a^2 b,$$

wo a^2 das gröfste Quadrat bedeutet, durch welches m theilbar ist, und also b durch keine Quadratzahl theilbar sein darf. Es muss dann $(n-1)^2$, welches durch $a^2 b = m$ theilbar ist, auch durch $a^2 b^2 = mb$ und daher $n-1$ durch ab theilbar sein. *Es werden daher nur diejenigen m-eckigen Zahlen, durch $m = a^2 b$ dividirt, den Rest 1 lassen, deren Seite (n), durch $ab = \dfrac{m}{a}$ dividirt, den Rest 1 läfst.* Es sei

$$n-1 = abc,$$

so wird

$$M-1 = \tfrac{1}{2}n \cdot a^3 b^2 c - a^2 b^2 c^2 = a^2 b^2 c[\tfrac{1}{2}n \cdot a - c].$$

Es sei zuerst m ungerade, so werden a und b ungerade, und, wegen $n-1 = abc$, von den beiden Zahlen n und c immer die eine gerade. Es wird also $c(\tfrac{1}{2}na-c)$ eine ganze Zahl, und daher $M-1$ durch $a^2 b^2$ theilbar. Es sei zweitens m das *Doppelte einer ungeraden Zahl,* so wird a ungerade und b ebenfalls das Doppelte einer ungeraden Zahl; es wird daher auch n ungerade, und $c(\tfrac{1}{2}na-c)$ für ein ungerades c nicht mehr eine ganze Zahl werden. In diesem Falle wird also

34*

$M-1$ nur durch $\frac{1}{4}a^2b^2$ theilbar. Wenn drittens m *das Vier- oder Achtfache einer ungeraden Zahl* ist, wird a das Doppelte einer ungeraden Zahl; es wird daher sowohl n als $\frac{1}{2}a$ ungerade, und $c(\frac{1}{2}na-c)$ für jedes c nicht bloss eine ganze Zahl, sondern auch immer gerade, und also $M-1$ durch $2a^2b^2$ theilbar. Wenn viertens m *durch 16 theilbar* ist, so wird a durch 4 theilbar, $c[\frac{1}{2}na-c]$ eine ganze Zahl, und $M-1$ durch a^2b^2 theilbar. Man erhält daher, wenn man Q für a^2b^2 setzt, den Satz: *Wenn M eine m-eckige Zahl ist, welche, durch m dividirt, den Rest 1 läfst, und Q das kleinste durch m theilbare Quadrat bedeutet, so wird $M-1$, wenn m das Doppelte einer ungeraden Zahl ist, durch $\frac{1}{4}Q$, in allen andern Fällen durch Q, und wenn m das Vier- oder Achtfache einer ungeraden Zahl ist, immer auch durch $2Q$ theilbar.* Wenn $a=1$, hat man $b=m$, $Q=m^2$, und daher den Satz:

Wenn m eine durch kein Quadrat theilbare ungerade Zahl ist, und M eine m-eckige Zahl, welche, durch m dividirt, den Rest 1 läfst, so wird $M-1$ auch durch m^2 theilbar sein.

Die für M und $M-1$ angegebenen Werthe zeigen, dass immer gleichzeitig $2M$ durch n und $2(M-1)$ durch $n-1$ theilbar ist. Wenn also M nicht bloss die zweite M-eckige, sondern noch aufserdem eine vieleckige Zahl ist, so haben die beiden Zahlen $2M$ und $2(M-1)$ aufser den Factoren 2 und 1 noch andere Factoren, welche nur um 1 verschieden sind. Diese Eigenschaft kann als Definition einer vieleckigen Zahl gebraucht werden. Man beweist nämlich sehr leicht den umgekehrten Satz:

Jede Zahl M ist so oft eine vieleckige Zahl, als $2M$ einen Factor hat, welcher von einem Factor der Zahl $2(M-1)$ nur um 1 verschieden ist; wenn von den beiden um 1 verschiedenen Factoren der Zahlen $2M$ und $2(M-1)$ der Factor von $2M$ der gröfsere ist, so ist M eine *eigentliche* vieleckige Zahl und dieser Factor ihre Seite, und wenn man

$$2M = ff', \quad 2(M-1) = gg', \quad f = g+1$$

hat, so wird $g'-f'+2$ die der Seite f entsprechende Eckenzahl von M.

Mit der Aufgabe, zu bestimmen, *wie oft und auf welche Art eine gegebene Zahl eine vieleckige sein kann,* schliesst das grofse Werk des Diophantus; doch ist ihre Lösung in den auf uns gekommenen Handschriften abgebrochen, vielleicht vom Verfasser selbst unvollendet gelassen.

III. s gleich einer primitiven 8ten oder 16ten Wurzel der Einheit.

Bezeichnet ρ eine primitive 16te, $\sigma = \rho^2$ eine primitive 8te Wurzel der Einheit, so wollen wir jetzt in den Gleichungen

$$\Pi[(1-q^{2i+2})(1+q^{2i+1}z)(1+q^{2i+1}z^{-1})] = \Sigma q^{ii} z^i,$$

$$(z+z^{-1})\,\Pi[(1-q^{i+1})(1+q^{i+1}z^2)(1+q^{i+1}z^{-2})] = \Sigma q^{\frac{1}{2}i(i+1)} z^{2i+1},$$

in der ersten nach einander $z = \sigma$, $z = -\sigma$, in der zweiten nach einander $z = \rho$, $z = \rho^5$ setzen, und die beiden jedesmal erhaltenen Formeln mit einander multipliciren.

Man kann den rechts vom Gleichheitszeichen befindlichen Reihen die folgende Form geben:

(47.) $\Sigma q^{ii} z^i = \Sigma q^{16ii} z^{4i} + \Sigma q^{(4i+1)^2}(z^{4i+1} + z^{-(4i+1)}) + \tfrac{1}{2}\Sigma q^{(4i+2)^2}(z^{4i+2} + z^{-(4i+2)}),$

(48.) $\Sigma q^{\frac{1}{2}i(i+1)} z^{2i+1} = \tfrac{1}{2}\Sigma q^{\frac{1}{2}i(i+1)}(z^{2i+1} + z^{-(2i+1)}) = \Sigma q^{2i(4i+1)}(z^{8i+1} + z^{-(8i+1)})$
$\qquad\qquad + \Sigma q^{(2i+1)(4i+1)}(z^{8i+3} + z^{-(8i+3)}).$

Die beiden Summen rechts vom zweiten Gleichheitszeichen in der Formel (48.) werden aus der Summe $\Sigma q^{\frac{1}{2}i(i+1)} z^{2i+1}$ erhalten, wenn man dem Index i respective die Formen $4i$ und $-(4i+1)$, $4i+1$ und $-(4i+2)$ giebt.

Da

$$\rho^{8i} = \sigma^{4i} = (-1)^i, \quad \rho^4+\rho^{-4} = \sigma^2+\sigma^{-2} = 0, \quad \rho^2+\rho^{-2} = \sigma+\sigma^{-1} = \sqrt{2},$$

$$\rho^3+\rho^{-3} = (\rho+\rho^{-1})[\rho^2+\rho^{-2}-1] = (\rho+\rho^{-1})(\sqrt{2}-1),$$

so folgt aus (47.) für $z = \sigma$ und aus (48.) für $z = \rho$, wenn man letztere Gleichung mit $\rho+\rho^{-1}$ dividirt,

(49.) $\Pi[(1-q^{2i+2})(1+q^{2i+1}\sigma)(1+q^{2i+1}\sigma^{-1})] = \Sigma\sigma^i q^{ii}$
$\qquad\qquad = \Sigma(-1)^i q^{16ii} + \sqrt{2}\,\Sigma(-1)^i q^{(4i+1)^2}$

(50.) $\Pi[(1-q^{i+1})(1+q^{i+1}\sigma)(1+q^{i+1}\sigma^{-1})] = \tfrac{1}{2}\Sigma\dfrac{\rho^{2i+1}+\rho^{-(2i+1)}}{\rho+\rho^{-1}}q^{\frac{1}{2}i(i+1)}$
$\qquad\qquad = \Sigma(-1)^i q^{2i(4i+1)} + (\sqrt{2}-1)\Sigma(-1)^i q^{(2i+1)(4i+1)}.$

Setzt man in diesen Gleichungen ρ^5 für ρ und also $-\sigma$ für σ, so ändert sich in den Ausdrücken rechts bloss das Zeichen von $\sqrt{2}$. Man erhält daher durch Multiplication je zweier durch diese Aenderung aus einander abgeleiteten Formeln:

(51.)
$$\Pi[(1-q^{8i+8})^2(1+q^{8i+4})]$$
$$= [\Sigma(-1)^i q^{16ii}]^2 - 2[\Sigma(-1)^i q^{4(i+1)^2}]^2$$
$$= \Sigma(-1)^{i+k} q^{16(ii+kk)} - 2q^2\Sigma(-1)^{i+k} q^{16(ii+kk)+8(i+k)}$$

(52.)
$$\Pi[(1-q^{i+1})^2(1+q^{4i+4})]$$
$$= [\Sigma(-1)^i q^{2i(4i+1)}]^2 - 2\Sigma(-1)^i q^{2i(4i+1)}\cdot\Sigma(-1)^i q^{(2i+1)(4i+1)} - [\Sigma(-1)^i q^{(2i+1)(4i+1)}]^2$$
$$= \Sigma(-1)^{i+k} q^{8(ii+kk)+2(i+k)} - q^2\Sigma(-1)^{i+k} q^{8(ii+kk)+6(i+k)} - 2q\Sigma(-1)^{i+k} q^{8(ii+kk)+2i+6k}.$$

Jedes der beiden unendlichen Producte kann man in zwei *elliptische* unendliche
Producte zerfällen, und erhält auf diese Weise für die vorstehenden Ausdrücke
noch andere Darstellungen durch Doppelsummen. Man hat nämlich:

(53.)
$$\Pi[(1-q^{8i+8})^2(1+q^{8i+4})] = \Pi[(1-q^{4i+2})^2(1-q^{4i+4})]\cdot\Pi[(1-q^{8i+8})(1-q^{16i+8})]$$
$$= \Sigma(-1)^i q^{2ii}\cdot\Sigma(-1)^i q^{8ii} = [\Sigma q^{2ii} - 2\Sigma q^{2(4i+1)^2}]\Sigma(-1)^i q^{8ii}$$
$$= \Sigma(-1)^i q^{8(ii+kk)} - 2q^2\Sigma(-1)^i q^{8(ii+4kk)+16k}$$

(54.)
$$\Pi[(1-q^{i+1})^2(1+q^{4i+4})] = \Pi[(1-q^{2i+1})^2(1-q^{2i+2})]\cdot\Pi[(1-q^{4i+2})(1-q^{8i+8})]$$
$$= \Sigma(-1)^i q^{ii}\cdot\Sigma(-1)^i q^{2i(2i+1)} = [\Sigma q^{ii} - 2\Sigma q^{(4i+1)^2}]\Sigma(-1)^i q^{4ii+2i}$$
$$= \Sigma(-1)^i q^{4(ii+kk)+2i} - 2q\Sigma(-1)^i q^{4(ii+4kk)+2i+8k}.$$

Wenn man die Formeln (51.) und (53.) mit einander vergleicht, und die
Reihen, in denen die Exponenten von q die Form $8i$ und in denen sie die Form
$8i+2$ haben, besonders gleich setzt; ferner in den so erhaltenen Gleichungen
q für q^8 setzt, nachdem man die zweite derselben zuvor mit q^2 dividirt hat, so
kommt man auf die bereits früher gefundenen Gleichungen A. (4.) und A. (1.)
der Formelntabelle.

Ebenso zerfällt die durch Vergleichung von (52.) und (54.) erhaltene Gleichung in zwei Gleichungen, wenn man die Reihen, in denen die Exponenten
von q gerade und in denen sie ungerade sind, besonders einander gleich setzt.
Wenn man die zweite dieser Gleichungen durch q dividirt, und hierauf q für q^2
setzt, so ergiebt sich die Formel A. (6.). Wenn man dagegen in der ersten von
diesen Gleichungen q für $-q^2$ setzt, so erhält man eine neue Formel:

(55.)
$$\Sigma q^{4(ii+kk)+i+k} + \Sigma q^{4(ii+kk)+3(i+k)+1} = \Sigma q^{2(ii+kk)+k}.$$

Man wird aber weiter unten sehen, dass diese Gleichung in einer allgemeineren
enthalten ist, welche unmittelbar aus der Fundamentalformel fliefst.

IV. z gleich einer primitiven 24sten Wurzel der Einheit.

Setzt man in (21.) unter den Zeichen Σ für i nach einander $2i$ und $-(2i+1)$, so erhält man

(56.) $\quad (z+z^{-1})\prod[(1-q^{i+1})(1+q^{i+1}z^2)(1+q^{i+1}z^{-2})] = \Sigma q^{\frac{1}{2}i(i+1)}z^{2i+1}$

$= \Sigma q^{\frac{1}{2}i(8i+1)}(z^{2i+1}+z^{-(2i+1)}) + \Sigma q^{i(8i+3)}z^{8i+3}$

$= \Sigma q^{3i(8i+1)}(z^{12i+1}+z^{-(12i+1)}) + \Sigma q^{(3i+1)(8i+3)}(z^{12i+5}+z^{-(12i+5)}) + \Sigma q^{(8i+1)(6i+1)}(z^{12i+3}+z^{-(12i+3)}).$

Es bedeute jetzt ρ eine primitive 24ste Wurzel der Einheit, welche in der vorstehenden Gleichung für z gesetzt werden soll. Da

$$\rho^{12i} = (-1)^i, \quad \rho^6+\rho^{-6} = 0, \quad \rho^4+\rho^{-4} = 1, \quad \rho^2+\rho^{-2} = \sqrt{3},$$
$$\rho^3+\rho^{-3} = (\rho+\rho^{-1})(\rho^2+\rho^{-2}-1) = (\rho+\rho^{-1})(\sqrt{3}-1),$$
$$\rho^5+\rho^{-5} = (\rho+\rho^{-1})(\rho^4+\rho^{-4}-\rho^2-\rho^{-2}+1) = (\rho+\rho^{-1})(2-\sqrt{3}),$$

so folgt aus (56.) für $z=\rho$ und nach Division mit $\rho+\rho^{-1}$:

(57.) $\qquad \prod[(1-q^{i+1})(1+q^{i+1}\rho^2)(1+q^{i+1}\rho^{-2})]$

$\qquad = \Sigma(-1)^i q^{3i(8i+1)} + (2-\sqrt{3})\Sigma(-1)^i q^{(3i+1)(8i+3)} + (\sqrt{3}-1)\Sigma(-1)^i q^{(8i+1)(6i+1)}.$

Setzt man ρ^7 für ρ, so geht $\sqrt{3}$ und ρ^2 in $-\sqrt{3}$ und $-\rho^2$ über. Man erhält daher aus (57.) eine zweite Formel, wenn man darin gleichzeitig ρ^2 und $\sqrt{3}$ in $-\rho^2$ und $-\sqrt{3}$ verwandelt. Durch Multiplication beider Formeln ergiebt sich, da

$$(1-\rho^4 x)(1-\rho^{-4}x) = \frac{1+x^2}{1+x},$$

die folgende:

(58.) $\qquad \prod \frac{(1-q^{i+1})^2(1+q^{2i+2})}{1+q^{2i+2}}$

$= [\Sigma(-1)^i q^{3i(6i+1)} + (2-\sqrt{3})\Sigma(-1)^i q^{(3i+1)(8i+3)} + (-1+\sqrt{3})\Sigma(-1)^i q^{(8i+1)(6i+1)}]$

$\cdot [\Sigma(-1)^i q^{3i(6i+1)} + (2+\sqrt{3})\Sigma(-1)^i q^{(3i+1)(8i+3)} + (-1-\sqrt{3})\Sigma(-1)^i q^{(8i+1)(6i+1)}].$

Andererseits folgt aus (56.), wenn man für z eine imaginäre Cubikwurzel der Einheit und dann q^2 für q setzt,

$$\prod \frac{(1-q^{2i+2})(1+q^{4i+6})}{1+q^{2i+2}} = \Sigma q^{3i(8i+1)} - \Sigma q^{(8i+1)(8i+2)}$$
$$= \Sigma q^{3i(8i+1)} - 2\Sigma q^{(6i+1)(6i+2)}.$$

Multiplicirt man diese Gleichung mit

$$\Pi[(1-q^{2i+1})^2(1-q^{8i+8})] = \Sigma(-1)^i q^{ii} = \Sigma(-1)^i q^{9ii} - 2\Sigma(-1)^i q^{(3i+1)^2},$$

so erhält man das unendliche Product (58.) noch auf eine andere Art als Product zweier Reihen ausgedrückt:

(59.)
$$\Pi\frac{(1-q^{i+1})^2(1+q^{8i+6})}{1+q^{8i+2}}$$
$$= [\Sigma q^{2i(8i+1)} - 2\Sigma q^{(6i+1)(8i+2)}][\Sigma(-1)^i q^{9ii} - 2\Sigma(-1)^i q^{(3i+1)^2}].$$

Wenn man in (58.) und (59.) die angedeutete Multiplication ausführt, indem man das Product zweier Summen immer durch eine Doppelsumme ersetzt, so giebt die Vergleichung dieser beiden Formeln eine Gleichung zwischen *zehn* Doppelsummen. Diese Gleichung zerfällt in drei einfachere, wenn man die Doppelsummen besonders einander gleich setzt, in welchen die Exponenten von q respective die Formen $3i$, $3i+1$ und $3i+2$ haben. Wenn man in diesen Gleichungen $-q$ für q^3 setzt, nachdem man respective die zweite und dritte Gleichung durch q und q^2 dividirt hat, so kommt die dritte auf die Gleichung A. (1.) zurück, und es werden die beiden andern Gleichungen:

(60.) $\Sigma q^{6(ii+kk)+i+i+3k} + \Sigma q^{6(ii+kk)+5i+3k+1} = \Sigma q^{3(ii+kk)+i+2k}$

(61.) $\Sigma q^{6(ii+kk)+i+k} - 4\Sigma q^{6(ii+kk)+i+5k+1} + \Sigma q^{6(ii+kk)+5(i+k)+2} = \Sigma q^{3ii+3kk+i} - 4\Sigma q^{9ii+12kk+2i+6k+1}.$

Je nachdem die Zahl i gerade $= 2i$ oder ungerade $= -(2i+1)$ ist, verwandelt sich $\frac{1}{2}(3ii+i)$ in $6ii+i$ oder in $(2i+1)(3i+1) = 6ii+5i+1$. Hieraus folgt, dass man in (60.) die beiden Doppelsummen links vom Gleichheitszeichen in die eine

(60*.) $\Sigma q^{\frac{1}{2}(3ii+i)+6kk+3k} = \Sigma q^{3(ii+kk)+i+2k}$

zusammenziehen kann. Zufolge A. (7.) werden in (61.) die zweiten Doppelsummen auf den beiden Seiten des Gleichheitszeichens einander gleich. Die Gleichung (61.) wird dadurch auf die folgende reducirt:

(62.) $\Sigma q^{6(ii+kk)+i+k} + \Sigma q^{6(ii+kk)+5(i+k)+2} = \Sigma q^{3ii+3kk+i}.$

Wir werden im Folgenden sehen, dass auch die Gleichungen (60*.) und (62.) in allgemeineren Formeln enthalten sind.

Allgemeinere zur Klasse (1, 1) gehörige Gleichungen zwischen Doppelsummen.

Ich will jetzt zeigen, wie man unmittelbar aus den Fundamentalformeln *drei* allgemeine Gleichungen zwischen Doppelsummen ableiten kann, in welchen die Größsen q und z, welche sie enthalten, beide beliebig bleiben. Diese zur Klasse (1, 1) gehörigen Gleichungen werden die Formeln A. (1.) — (7.) der Formelntabelle, so wie die im Vorhergehenden gefundenen Gleichungen (55.), (60*.) und (62.) als besondere Fälle umfassen. Eine dieser Formeln kommt mit derjenigen, welche ich in der Anmerkung zur Formelntabelle mitgetheilt habe, überein, wenn man für q und z beliebige Potenzen von q setzt, was dasselbe ist, als wenn diese Größsen ihre völlige Allgemeinheit beibehalten.

Man erhält zwei von diesen allgemeinen Gleichungen, wenn man die beiden Formeln

$$\Pi[(1-q^{2i+2})(1+q^{2i+1}z)(1+q^{2i+1}z^{-1})] = \Sigma q^{ii}z^{i},$$
$$\Pi[(1-q^{2i+2})(1-q^{2i+1}z)(1-q^{2i+1}z^{-1})] = \Sigma(-1)^{i}q^{ii}z^{i},$$

ferner die beiden Formeln

$$\Pi[(1-q^{2i+2})(1+q^{2i+1}z^{2})(1+q^{2i+1}z^{-2})] = \Sigma q^{ii}z^{2i},$$
$$(z+z^{-1})\Pi[(1-q^{2i+2})(1+q^{2i+2}z^{2})(1+q^{2i+2}z^{-2})] = \Sigma q^{i+i}z^{2i+1}$$

mit einander multiplicirt. Man kann nämlich jedes der beiden unendlichen Producte, welche man nach geschehener Multiplication erhält, noch auf eine andere Art in zwei elliptische unendliche Producte zerfällen, von denen nur das eine die Größse z enthält, und erhält hierdurch die beiden allgemeinen Formeln:

(63.) $\quad \Pi[(1-q^{4i+2})^{2}(1-q^{4i+4})] \cdot \Pi[(1-q^{4i+4})(1-q^{4i+2}z^{2})(1-q^{4i+2}z^{-2})]$
$$= \Sigma(-1)^{i+k}q^{2ii+2kk}z^{2k} = \Sigma(-1)^{i}q^{i+kk}z^{i+k}$$

(64.) $\quad \Pi[(1+q^{2i+1})(1-q^{4i+4})] \cdot (z+z^{-1})\Pi[(1-q^{4i+1})(1+q^{4i+1}z^{2})(1+q^{4i+1}z^{-2})]$
$$= \Sigma q^{\frac{1}{2}(ii+i)+2kk+k}z^{2k+1} = \Sigma q^{ii+kk+i}z^{2i+2k+1}.$$

Da
$$\Sigma q^{\frac{1}{2}(kk+k)} = 2\Sigma q^{2kk+k},$$

so wird die erste Doppelsumme in (64.)
$$\tfrac{1}{2}\Sigma q^{\frac{1}{2}(ii+2kk+i+k)}z^{2k+1};$$

vertauscht man in diesem Ausdruck die Indices i und k, und setzt hierauf wieder $2\Sigma q^{2kk+k}$ für $\Sigma q^{\frac{1}{2}(kk+k)}$, so erhält man:
$$\Sigma q^{\frac{1}{2}(ii+i)+2kk+k}z^{2k+1} = \Sigma q^{ii+kk+i}z^{2i+2k+1},$$

oder, wenn man mit z dividirt und dann s für z^2 setzt:

(64*.) $\sum q^{\frac{1}{2}(ii+i)+2ki+2k} s^i = \sum q^{\frac{1}{2}(ii+i)+2ki+k} s^k = \sum q^{ii+2k+k} s^{i+k}.$

Die beiden Formeln (63.) und (64*.) umfassen sämmtliche Formeln A. (1.)—(7.) und die im Vorigen gefundene Formel (60*.). Setzt man nämlich in (63.) für q und z nach einander

$$q^{\frac{3}{2}},\ q^{\frac{1}{2}};\quad q,\ 1;\quad q^2,\ q,$$

so erhält man die Formeln A. (2.), (4.), (5.). Setzt man ferner in (64*.) $-q^{-1}$ für z und für q nach einander q^3, q^4, q^6, so erhält man die Formeln A. (3.), (6.), (7.); setzt man in derselben Formel q^{-1} für z und q^2 für q, so erhält man A. (1.); endlich, wenn man q^{-1} für z und q^3 für q setzt, die Formel (60*.). Die Formel (63.) verwandelt sich in die oben (p. 243 unter (15.)) gegebene, wenn man für q und z beliebige Potenzen von q setzt.

Eine dritte allgemeine Formel kann man auf folgende Art aus der Fundamentalformel ableiten.

Man setze in der Formel

$$\Pi[(1-q^{2i+2})(1+q^{2i+1}z)(1+q^{2i+1}z^{-1})] = \sum q^{ii} z^i$$

für q nach einander die Werthe $q\sqrt{-1}$ und $-q\sqrt{-1}$, und multiplicire die beiden hierdurch erhaltenen Gleichungen. Da

$$\Pi(1-q^{2i+2}) = \Pi(1-q^{4i+2})\Pi(1-q^{4i+4}),$$

$$\sum(\sqrt{-1})^i q^{ii} z^i = \sum q^{4ii} z^{2i} + \sqrt{-1}\sum q^{(2i+1)^2} z^{2i+1},$$

so findet man auf diese Weise:

$$\Pi[(1+q^{4i+2})^2(1-q^{4i+4})] \cdot \Pi[(1-q^{4i+4})(1+q^{4i+2}z^2)(1+q^{4i+2}z^{-2})]$$
$$= \sum q^{ii} z^{2i} \cdot \sum q^{2ii} z^{2i} = [\sum q^{4ii} z^{2i}]^2 + [\sum q^{(2i+1)^2} z^{2i+1}]^2,$$

oder, wenn man wieder für jedes Product zweier Reihen eine Doppelsumme und zugleich q, z für q^2, z^2 setzt:

(65.) $\Pi[(1+q^{2i+1})^2(1-q^{2i+2})^2(1+q^{2i+1}z)(1+q^{2i+1}z^{-1})]$
$$= \sum q^{ii+kk} z^i = \sum q^{2ii+2kk} z^{2i+k} + \sum q^{2(ii+kk)+2(i+k)+1} z^{2i+k+1}.$$

Setzt man in dieser allgemeinen Formel wieder q^2 für q und giebt der Größe z den Werth q^{-1}, setzt man ferner rechts vom Gleichheitszeichen $-i$ und $-k$ für i und k, so erhält man die obige Formel (55.). Setzt man dagegen in der

zweiten Doppelsumme rechts $-i-1$ und $-k-1$ für i und k, wodurch sich z^{i+k+1} in $z^{-(i+k+1)}$ ändert, und hierauf q^3 und q für q und z, so erhält man die obige Formel (62.). Diese particulären Formeln (55.) und (62.) waren dadurch gefunden worden, dass in den Fundamentalformeln für z primitive 16te und 24ste Wurzeln der Einheit gesetzt wurden, während im Vorhergehenden die allgemeine Formel (65.) aus denselben Fundamentalformeln dadurch abgeleitet worden ist, dass man für q die Größe $q\sqrt{-1}$ setzte, welche Methoden wesentlich von einander verschieden sind.

Neue Gleichungen zwischen Doppelsummen, welche aus den der Transformation der 3ten und 7ten Ordnung angehörenden Modulgleichungen hervorgehen.

Zu den zahlreichen in den vorhergehenden Untersuchungen aus einer und derselben Fundamentalformel abgeleiteten Gleichungen zwischen Doppelsummen will ich noch einige hinzufügen, welche aus einer andern Quelle fließen, nämlich aus den *Modulgleichungen* oder den algebraischen Gleichungen zwischen den Moduln zweier elliptischen Integrale, welche in einander transformirt werden können. Unter den unendlich vielen Gleichungen dieser Art können jedoch nur die auf die Transformation der 3ten und der 7ten Ordnung bezüglichen zu dem vorliegenden Zweck angewendet werden. Diese nehmen ihre einfachste Form an, wenn man die erstere zwischen den *Quadratwurzeln* und die letztere zwischen den *Biquadratwurzeln* der Moduln und ihrer Complemente aufstellt. Es wird nämlich die erstere eine *lineare* Gleichung zwischen dem Product der Quadratwurzeln des gegebenen und transformirten Moduls und dem Product der Quadratwurzeln ihrer Complemente; die letztere eine *lineare* Gleichung zwischen dem Product der Biquadratwurzeln des gegebenen und transformirten Moduls und dem Product der Biquadratwurzeln ihrer Complemente. Ich habe in den *Fundamentis* (§. 65) die Quadratwurzel des Moduls und seines Complements durch gebrochene Functionen von q ausgedrückt, welche denselben Nenner haben, und oben (p. 235 und p. 236) dasselbe in Bezug auf ihre Biquadratwurzel gethan, und zwar auf *vier* verschiedene Arten. Setzt man in diesen Ausdrücken q^n für q, so verwandeln sie sich nach der von mir aufgestellten Theorie der Transformation der elliptischen Functionen respective in die Ausdrücke der Quadrat- und Biquadratwurzel des durch eine Transformation

35*

der n^{ten} Ordnung transformirten Moduls und seines Complements. Wenn man daher in dem Ausdrucke der Quadratwurzel des Moduls und seines Complements q^3 für q und in den Ausdrücken ihrer Biquadratwurzel q^7 für q setzt, so wird man alle in die beiden Modulgleichungen eingehenden Größen durch q ausgedrückt haben, und zwar werden die beiden Producte, zwischen denen eine lineare Gleichung gegeben ist, durch Brüche ausgedrückt werden, welche denselben Nenner haben. Die beiden Zähler derselben und ihr gemeinschaftlicher Nenner werden Doppelsummen von der hier betrachteten Art, und es wird daher durch Multiplication mit dem gemeinschaftlichen Nenner jedesmal eine Gleichung zwischen diesen drei Doppelsummen erhalten. In mehreren dieser Gleichungen trifft es sich jedoch, dass die allgemeinen Glieder zweier von diesen Doppelsummen nur im Vorzeichen verschieden sind, und sich daher in eines zusammenziehen lassen. In diesen Fällen erhält man aus den beiden Modulgleichungen Gleichungen zwischen nur zwei Doppelsummen, doch wird in der einen das allgemeine Gesetz der Vorzeichen einen complicirteren Ausdruck haben. Die Modulgleichung, die sich auf die Transformation 3ter Ordnung bezieht, führt zu einer zur Klasse C. oder $(3,3)$ gehörenden Formel. Die auf die Transformation 7ter Ordnung bezügliche Modulgleichung führt durch Combination der verschiedenen Ausdrücke, die ich oben für die Biquadratwurzel des Moduls und seines Complementes gegeben habe, zu 16 Formeln, die sich aber, wenn man diejenigen ausschließt, die in den übrigen enthalten sind, auf 7 zurückführen lassen, von denen 3 der Klasse $(7,7)$, 2 der Klasse $(7,14)$ und 2 der Klasse $(21,42)$ angehören.

I. $n = 8$.

Wenn man durch eine Transformation 3ter Ordnung oder durch eine Substitution von der Form

$$\sin\psi = \frac{a\sin\varphi + b\sin^3\varphi}{1 + c\sin^2\varphi}$$

die Integrale

$$\int \frac{d\varphi}{\sqrt{1-k^2\sin^2\varphi}}, \qquad \int \frac{d\psi}{\sqrt{1-\lambda^2\sin^2\psi}}$$

in einander transformiren kann, so findet zwischen den beiden Moduln k und λ und ihren Complementen $k' = \sqrt{1-k^2}$, $\lambda' = \sqrt{1-\lambda^2}$ die einfache Gleichung

$$\sqrt{k'\lambda'} + \sqrt{k\lambda} = 1$$

statt, welche zuerst von Legendre in seinem »Traité des Fonctions Elliptiques«
aufgestellt worden ist. Substituirt man in den in den Fundamentis gegebenen
Ausdrücken von $\sqrt{k}$ und $\sqrt{k'}$,

$$\sqrt{k} = \frac{2[\sqrt{q}+\sqrt{q^9}+\sqrt{q^{25}}+\cdots]}{1+2q+2q^4+2q^9+\cdots} = \frac{2\sqrt{q}\,\Sigma q^{4ii+2i}}{\Sigma q^{ii}},$$

$$\sqrt{k'} = \frac{1-2q+2q^4-2q^9+\cdots}{1+2q+2q^4+2q^9+\cdots} = \frac{\Sigma(-1)^i q^{ii}}{\Sigma q^{ii}},$$

für q die Gröfse q^3, so erhält man:

$$\sqrt{\lambda} = \frac{2\sqrt{q^3}\,\Sigma q^{3(4ii+2i)}}{\Sigma q^{3ii}}, \qquad \sqrt{\lambda'} = \frac{\Sigma(-1)^i q^{3ii}}{\Sigma q^{3ii}}.$$

Wenn man diese Ausdrücke in die Modulgleichung substituirt, so ergiebt sich
die folgende Formel, welcher ich das den Doppelsummen gleiche unendliche
Product in seiner Normalform beigefügt habe.

XIII.

$$4q\,\Pi[(1+q^{12i+2})(1+q^{12i+6})^2(1+q^{12i+10})(1-q^{24i+8})(1-q^{24i+16})(1-q^{24i+24})^2]$$
$$= \Sigma[1-(-1)^{i+k}]q^{ii+3ik} = 4\Sigma q^{4ii+12kk+2i+6k+1}.$$

Diese Formel gehört der Klasse (3, 3) oder C. an, und kann den oben gegebenen
Formeln dieser Klasse hinzugefügt werden.

Die in XIII. links vom Gleichheitszeichen befindliche Doppelsumme besitzt die Eigenschaft, dass, wenn von ihr blofs diejenigen Glieder, deren Exponent durch 3 aufgeht, genommen werden, für welche i die Form $3i$ annimmt,
und in denselben q für q^3 gesetzt wird, man auf die ursprüngliche Doppelsumme wieder zurückkommt. Dieselbe Eigenschaft läfst sich auch von der
hinter dem letzten Gleichheitszeichen befindlichen leicht erweisen. Um nämlich
alle Glieder, deren Exponent durch 3 theilbar ist, zu erhalten, hat man in
derselben unter dem Zeichen Σ nur $-(3i+1)$ für i zu setzen, wodurch sich
$4ii+2i+1$ in $36ii+18i+3$ verwandelt; setzt man hierauf q für q^3 und vertauscht die Indices i und k, so kommt man auf den ursprünglichen Ausdruck
zurück. Es giebt daher die besondere Vergleichung derjenigen Glieder der
Gleichung XIII., deren Exponent durch 3 theilbar ist, wieder dieselbe Gleichung XIII., nur dass in ihr q^3 für q steht.

Will man in XIII. die Glieder der Doppelsummen besonders mit einander
vergleichen, deren Exponent, durch 3 dividirt, den Rest 1 läfst, so hat man in

der Doppelsumme links $\pm(3i+1)$ für i zu setzen, in der Doppelsumme rechts dagegen muss man dem Index i die Formen $3i$ und $3i+1$ geben. Wenn man dann noch mit $2q$ dividirt und q für q^3 setzt, ferner auf beiden Seiten die Indices i und k vertauscht, so erhält man

$$\Sigma[1+(-1)^{i+k}]q^{ii+3kk+2k} = 2\Sigma q^{4ii+12kk+2i+2k} + 2\Sigma q^{4ii+12kk+2i+10k+2}.$$

Die beiden Doppelsummen rechts kann man in eine zusammenziehen. Da nämlich $12kk+10k+2 = (2k+1)(6k+2)$, so sind $12kk+2k$ und $12kk+10k+2$ die beiden Formen, welche die Zahl $k(3k+1)$ annimmt, je nachdem k gerade $= 2k$ oder ungerade $= -(2k+1)$ wird. Man kann daher statt der vorstehenden Gleichung einfacher die folgende setzen, bei welcher ich zugleich das den Doppelsummen gleiche unendliche Product in seiner Normalform beigefügt habe:

$$2\Pi[(1+q^{12i+2})^2(1+q^{12i+10})^2(1-q^{12i+12})^3(1+q^{24i+4})(1+q^{24i+20})(1-q^{48i+16})(1-q^{48i+32})]$$

$$= \Sigma[1+(-1)^{i+k}]q^{ii+3kk+2k} = 2\Sigma q^{4ii+3kk+2i+k}.$$

Wie diese Gleichung aus der Gleichung XIII. folgt, so wird sich auch umgekehrt aus ihr die Gleichung XIII. ergeben. Wenn nämlich $q<1$ und $f(q)$ eine Function ist, welche für $q=0$ verschwindet, und wenn durch $f(q)$ eine andere Function $\varphi(q)$ mittelst der Gleichung

$$f(q) = f(q^3) + q\varphi(q^3)$$

definirt wird, so wird umgekehrt $\varphi(q)$ aus $f(q)$ durch die unendliche Reihe

$$q\varphi(q^3) + q^3\varphi(q^9) + q^9\varphi(q^{27}) + q^{27}\varphi(q^{81}) + \text{etc.} = f(q)$$

bestimmt. Bezeichnet man eine der beiden Doppelsummen in XIII. mit $f(q)$, so wird die auf derselben Seite des Gleichheitszeichens befindliche Doppelsumme in der aus XIII. abgeleiteten Gleichung $\frac{1}{2}\varphi(q)$; und da immer auch $f(q)$ durch $\varphi(q)$ bestimmt ist, so folgt, dass, wenn die beiden Doppelsummen der letzteren Gleichung einander gleich sind, auch die beiden Doppelsummen in XIII. einander gleich sein müssen.

II. $n = 7$.

In dem 12ten Bande des Crelleschen Journals p. 173 hat Herr Dr. Gützlaff die algebraische Transformation der 7ten Ordnung untersucht, und die auf diese Transformation bezügliche Modulgleichung auf die einfache Form

$$\sqrt[8]{k'\lambda'} + \sqrt[8]{k\lambda} = 1$$

gebracht. Jede der beiden Größen $\sqrt[4]{k}$ und $\sqrt[4]{k'}$ habe ich oben durch *vier* verschiedene Brüche ausgedrückt. Es ist nämlich

$$(66.) \begin{cases} (a) \ \sqrt[4]{k} = \dfrac{\sqrt{2}\cdot\sqrt[4]{q}\,\Sigma(-1)^i q^{2ii+2i}}{\Sigma(-1)^{\frac{1}{2}i(i+1)}q^{\frac{1}{2}i(3ii+1)}}, & \sqrt[4]{k'} = \dfrac{\Sigma(-1)^i q^{\frac{1}{2}i(3ii+1)}}{\Sigma(-1)^{\frac{1}{2}i(i+1)}q^{\frac{1}{2}i(3ii+1)}}, \\[2ex] (b) \ \sqrt[4]{k} = \dfrac{\sqrt{2}\cdot\sqrt[4]{q}\,\Sigma q^{2ii+2i}}{\Sigma q^{2ii+i}}, & \sqrt[4]{k'} = \dfrac{\Sigma(-1)^i q^{2ii+i}}{\Sigma q^{2ii+i}}, \\[2ex] (c) \ \sqrt[4]{k} = \dfrac{\sqrt{2}\cdot\sqrt[4]{q}\,\Sigma(-1)^i q^{2ii+i}}{\Sigma(-1)^i q^{2ii}}, & \sqrt[4]{k'} = \dfrac{\Sigma(-1)^i q^{ii}}{\Sigma(-1)^i q^{2ii}}, \\[2ex] (d) \ \sqrt[4]{k} = \dfrac{\sqrt{2}\cdot\sqrt[4]{q}\,\Sigma q^{2ii+i}}{\Sigma q^{ii}}, & \sqrt[4]{k'} = \dfrac{\Sigma(-1)^i q^{ii}}{\Sigma q^{ii}}, \end{cases}$$

wo die neben einander gestellten Brüche denselben Nenner haben.

Wenn man in diesen Ausdrücken für q die Größe q^7 setzt, so erhält man vier verschiedene Brüche für jede der beiden Größen $\sqrt[4]{\lambda}$ und $\sqrt[4]{\lambda'}$, welche wieder respective dieselben Nenner haben. Man substituire jetzt beliebige dieser Ausdrücke von $\sqrt[4]{k}$, $\sqrt[4]{k'}$, $\sqrt[4]{\lambda}$, $\sqrt[4]{\lambda'}$ für diese Größen in die Modulgleichung, *indem man jedoch für $\sqrt[4]{k}$ und $\sqrt[4]{k'}$ und eben so für $\sqrt[4]{\lambda}$ und $\sqrt[4]{\lambda'}$ gleichzeitig immer nur diejenigen Brüche setzt, welche denselben Nenner haben.* Es werden dann jedesmal auch die Ausdrücke von $\sqrt[4]{k\lambda}$ und $\sqrt[4]{k'\lambda'}$ einen gemeinschaftlichen Nenner haben, und es wird sich durch Multiplication mit demselben jedesmal eine Gleichung zwischen drei Doppelsummen ergeben.

Bezeichnet man die aus den Formeln (a), (b), (c), (d) durch Verwandlung von q in q^7 hervorgehenden Formeln respective mit (α), (β), (γ), (δ), so ergeben sich auf die angegebene Art aus der einen Modulgleichung 16 Gleichungen zwischen Doppelsummen, welche dadurch erhalten werden, dass man jede der Formeln (a), (b), (c), (d) mit jeder der Formeln (α), (β), (γ), (δ) combinirt. Diese Gleichungen werden zu Klassen gehören, von denen in den vorhergehenden Untersuchungen noch kein Beispiel gefunden war. Es geben nämlich die Combinationen

$$a\alpha, \quad b\beta, \quad c\gamma, \quad d\delta \quad \text{Gleichungen der Klasse } (7, 7);$$

$$\left.\begin{array}{l} a\beta, \quad a\gamma, \quad a\delta \\ b\alpha, \quad c\alpha, \quad d\alpha \end{array}\right\} \quad - \qquad - \quad - \quad (21, 42);$$

$$\left.\begin{array}{l} b\gamma, \quad b\delta, \quad c\delta \\ c\beta, \quad d\beta, \quad d\gamma \end{array}\right\} \quad - \qquad - \quad - \quad (7, 14).$$

Diese Gleichungen lassen sich jedoch, wenn man nur die wesentlich verschie-

denen von ihnen betrachten will, auf eine viel geringere Anzahl zurückführen. Es werden nämlich die aus den Combinationen $d\delta$; $b\delta$, $d\beta$, $d\gamma$; $a\delta$, $d\alpha$ hervorgehenden Gleichungen respective aus den durch die Combinationen $c\gamma$; $b\gamma$, $c\beta$, $c\delta$; $a\gamma$, ca gefundenen durch blofse Verwandlung von q in $-q$ erhalten. Es ergiebt sich ferner bei näherer Untersuchung, dass die aus den Combinationen $b\gamma$, $a\beta$, $a\gamma$ entspringenden Gleichungen respective in den durch die Combinationen $c\beta$, ba, ca gefundenen enthalten sind und aus ihnen dadurch abgeleitet werden können, dass man die Glieder, deren Exponent durch 7 aufgeht, besonders mit einander vergleicht. Ich werde daher in dem folgenden Tableau nur die 7 aus den Combinationen

$$a\alpha, \quad b\beta, \quad c\gamma; \quad c\beta, \quad c\delta; \quad ba, \quad ca$$

hervorgehenden Gleichungen zusammenstellen, aus denen die übrigen folgen. Die diesen Gleichungen hinzugefügten unendlichen Producte habe ich in einer einfachen, nicht in der Normalform dargestellt, da in diesen Fällen das allgemeine Glied der Normalform eine sehr grofse Factorenanzahl umfafst.

XIV.

L. (7, 7).

1. $2q\Pi[(1+q^{12i+4})(1+q^{12i+8})(1-q^{12i+12})(1+q^{84i+28})(1+q^{84i+56})(1-q^{84i+84})]$

$= \Sigma[(-1)^{\frac{1}{2}(i^2+kk+i+k)}-(-1)^{i+k}]q^{\frac{1}{2}(3ii+21kk+i+7k)}$

$= 2\Sigma(-1)^{i+k}q^{6ii+42kk+2i+14k+1}$ . . . . . . a, α

2. $2q\Pi[(1+q^{8i+2})(1+q^{8i+6})(1-q^{8i+8})(1+q^{56i+14})(1+q^{56i+42})(1-q^{56i+56})]$

$= \Sigma[1-(-1)^{i+k}]q^{2ii+14kk+i+7k} = 2\Sigma q^{4ii+28kk+2i+14k+1}$ . . . . . . b, β

3. $\Pi[(1-q^{2i+1})^2(1-q^{2i+2})(1-q^{14i+7})^2(1-q^{14i+14})]$

$= \Sigma(-1)^{i+k}q^{ii+7kk}$

$= \Sigma(-1)^{i+k}q^{2ii+14kk}-2\Sigma(-1)^{i+k}q^{2ii+14kk+i+7k+1}$ . . . . . . c, γ

M. (7, 14).

1. $\Pi[(1-q^{4i+2})^2(1-q^{4i+4})(1+q^{28i+7})(1+q^{28i+21})(1-q^{28i+28})]$

$= \Sigma(-1)^i q^{2ii+14kk+7k}$

$= \Sigma(-1)^{i+k}q^{4ii+14kk+7k}+2\Sigma(-1)^i q^{2ii+28kk+i+14k+1}$ . . . . . . c, β

2. $2q\Pi[(1-q^{2i+1})(1-q^{4i+4})(1+q^{14i+7})(1-q^{28i+28})]$

$= 2\Sigma(-1)^i q^{2ii+14kk+i+7k+1}$

$= \Sigma(-1)^i q^{2ii+7kk}-\Sigma(-1)^{i+k}q^{ii+14kk}$ . . . . . . c, δ

N. (21, 42).

1. $2q\Pi[(1+q^{4i+2})(1-q^{2i+8})(1-q^{28i+28})]$

$\qquad = \Sigma[(-1)^{\frac{1}{3}(2k-k)}-(-1)^{i+k}]q^{\frac{1}{3}(4ii+21kk+2i+7k)}$

$\qquad = 2\Sigma(-1)^k q^{4ii+42kk+2i+14k+1}$ . . . . b, α

2. $\Pi[(1-q^{2i+1})^2(1-q^{2i+2})(1-q^{7i+7})]$

$\qquad = \Sigma(-1)^{\frac{1}{3}(kk-k)+i}q^{\frac{1}{3}(4ii+21kk+7k)} - 2\Sigma(-1)^{i+k}q^{2ii+42kk+i+14k+1}$

$\qquad = \Sigma(-1)^{i+k}q^{\frac{1}{3}(2ii+21kk+7k)}$ . . . . c, α

Wenn man in den drei Gleichungen L. und der Gleichung M. (2.) die Glieder besonders vergleicht, deren Exponenten, durch 7 dividirt, respective die Reste 2, 6, 0, 0 lassen, so wird man wieder auf ähnliche Gleichungen zurückgeführt. Aus dieser Eigenschaft lassen sich, wie die folgenden Betrachtungen zeigen, ähnlich wie in I., besondere Formen schliefsen, welche die durch die Doppelsummen ausgedrückten Reihen haben müssen.

1. Die Zahl $\frac{1}{4}(3ii+i)$ erhält die Form $7i+2$ nur für die Werthe von i, welche die Form $7i+1$ haben. Setzt man $7i+1$ für i, so verwandelt sich $\frac{1}{4}(3ii+i+10)$ in $\frac{7}{4}(21ii+7i+2)$ und $6ii+2i+6$ in $7(42ii+14i+2)$, und es erhält $(-1)^{\frac{1}{3}(i+i)}$ den entgegengesetzten Werth. Wenn man daher in der Gleichung L. (1.) nach Multiplication mit q^5 nur die Glieder beibehält, deren Exponent durch 7 theilbar ist, und in denselben q für q^7 setzt, ferner mit $-q$ dividirt und die Indices i und k vertauscht, so werden auf beiden Seiten der Gleichung wieder die ursprünglichen Doppelsummen erhalten werden. Bezeichnet man daher die auf den beiden Seiten von L. (1.) befindlichen Doppelsummen mit $f(q)$, so wird

$$f(q) = -q^2 f(q^7) + f_1(q),$$

wo $f_1(q)$ eine Function von q ist, in welcher kein Exponent die Form $7i+2$ hat. Aus dieser Gleichung ergiebt sich umgekehrt $f(q)$ durch $f_1(q)$ mittelst der Formel:

$$f(q) = f_1(q) - q^2 f_1(q^7) + q^{\frac{1}{4}(7^2-1)} f_1(q^{7^2}) - q^{\frac{1}{4}(7^3-1)} f_1(q^{7^3}) + \text{ etc.}$$

Das Charakteristische dieser Form der Reihe $f(q)$ besteht darin, dass, wenn man den Theil derselben, welcher die Glieder umfaßt, deren Exponent, durch 7^m dividirt, den Rest $\frac{1}{4}(7^m-1)$, aber nicht auch, durch 7^{m+1} dividirt, den Rest $\frac{1}{4}(7^{m+1}-1)$ läßt, durch $(-1)^m q^{\frac{1}{4}(7^m-1)} f_1(q^{7^m})$ ausdrückt, die Function $f_1(q)$ für

II. 36

jedes m dieselbe bleibt, und die Glieder der Reihe $f(q)$ enthält, deren Exponent, durch 7 dividirt, nicht den Rest 2 läßt.

In der Gleichung L. (1.) ist die Doppelsumme hinter dem zweiten Gleichheitszeichen eine ungerade Function von q; man beweist leicht, dass dies auch mit der Doppelsumme vor diesem Gleichheitszeichen der Fall ist, indem der Factor $(-1)^{\frac{1}{4}(ii+kk+i+k)} - (-1)^{i+k} = 0$ ist, so oft der Exponent $\frac{1}{4}(3ii+21kk+i+7k)$ gerade ist. Weil hier die Function $f(q)$ eine ungerade ist, muss auch $f_1(q)$ eine ungerade Function sein.

2. Man multiplicire die Gleichung L. (2.) mit q, und behalte bloss die Glieder, deren Exponent durch 7 aufgeht, was dadurch geschieht, dass man $-(7i+2)$ für i substituirt, wodurch $2ii+i+1$ sich in $7(14ii+7i+1)$ verwandelt. Setzt man hierauf q für q^7 und dividirt mit q, so erhält man nach Vertauschung der Indices wieder auf beiden Seiten der Gleichung die ursprünglichen Doppelsummen. Bezeichnet man daher die Doppelsummen in L. (2.) mit $f(q)$ und mit $f_1(q)$ die Glieder von $f(q)$, in welchen kein Exponent die Form $7n+6$ hat, so wird

$$f(q) = q^6 f(q^7) + f_1(q).$$

Man erhält hieraus für $f(q)$ die Form

$$f_1(q) + q^6 f_1(q^7) + q^{7^2-1} f_1(q^{7^2}) + q^{7^3-1} f_1(q^{7^3}) + \text{etc.} = f(q).$$

Das Charakteristische dieser Form besteht darin, dass wenn man die Glieder von $qf(q)$, deren Exponent durch 7^m, nicht aber durch 7^{m+1} aufgeht, durch den Ausdruck $q^{7^m} f_1(q^{7^m})$ darstellt, die Function $qf_1(q)$ für jedes m dieselbe bleibt, und die Glieder der Reihe $qf(q)$ enthält, deren Exponent nicht durch 7 aufgeht.

3. Die beiden Doppelsummen in L. (3.) gehen in sich selbst über, wenn man in den Gliedern, deren Exponent durch 7 theilbar ist, q für q^7 setzt. Hieraus folgt, dass sie die Form

$$f_1(q) + f_1(q^7) + f_1(q^{7^2}) + \text{etc.}$$

haben, wo $f_1(q)$ eine Reihe bedeutet, in der kein Exponent durch 7 theilbar ist. Bezeichnet man daher den Theil derselben, welcher die Glieder umfaßt, deren Exponent durch 7^m, aber nicht durch 7^{m+1} aufgeht, mit $f_1(q^{7^m})$, so bleibt $f_1(q)$ für jedes m dieselbe Function.

4. Betrachtet man in M. (2.) diejenigen Glieder, deren Exponent durch 7 theilbar ist, setzt in ihnen $-q$ für q^7, und kehrt alle Zeichen um, so kommt

man wieder auf die ursprünglichen Doppelsummen zurück. Bezeichnet man daher diese Doppelsummen mit $f(q)$, und umfaſst mit $f_1(q)$ die Glieder derselben, die einen durch 7 theilbaren Exponenten haben, so muss die Gleichung

$$f(q) = -f(-q^7) + f_1(q)$$

stattfinden, woraus

$$f(q) = f_1(q) - f_1(-q^7) + f_1(q^{7^2}) - f_1(-q^{7^3}) + \text{etc.}$$

folgt. Diese Formel zeigt, dass, wenn man in $f(q)$ alle Glieder, deren Exponenten durch 7^m, aber nicht durch 7^{m+1} theilbar sind, durch den Ausdruck $(-1)^m f_1((-1)^m q^{7m})$ umfaſst, $f_1(q)$ für jedes m unverändert bleibt.

Man kann noch aus andern Darstellungen der Modulgleichung Gleichungen zwischen Doppelsummen ableiten, welche aber in den im Vorhergehenden aufgestellten Formeln enthalten sein werden, weshalb die folgenden Andeutungen genügen mögen. Die Gröſsen

$$\sqrt[4]{k'}, \quad \sqrt[4]{k}, \quad \sqrt{k'}, \quad \sqrt[4]{kk'}, \quad \sqrt{k}$$

lassen sich durch Brüche darstellen, welche alle denselben Nenner Σq^{ii} haben, während die Zähler Reihen ähnlicher Art sind. Für $\sqrt[4]{kk'}$ erhält man einen solchen Bruch, wenn man den Werth von $\sqrt[4]{k}$ aus (66. c) mit dem Werthe von $\sqrt[4]{k'}$ aus (66. d) multiplicirt. Fügt man aus (66.) die mit dem Nenner Σq^{ii} behafteten Ausdrücke der andern 4 Gröſsen hinzu, so erhält man

$$(67.)\quad \begin{cases} \sqrt[4]{k'} = \dfrac{\Sigma(-1)^i q^{2ii}}{\Sigma q^{ii}}, \quad \sqrt[4]{k} = \dfrac{\sqrt{2}.\sqrt[4]{q}\,\Sigma q^{2ii+i}}{\Sigma q^{ii}}, \\[2ex] \sqrt{k'} = \dfrac{\Sigma(-1)^i q^{ii}}{\Sigma q^{ii}}, \quad \sqrt[4]{kk'} = \dfrac{\sqrt{2}.\sqrt[4]{q}\,\Sigma(-1)^i q^{2ii+i}}{\Sigma q^{ii}}, \quad \sqrt{k} = \dfrac{2\sqrt[4]{q}\,\Sigma q^{ii+2i}}{\Sigma q^{ii}}. \end{cases}$$

Bedeutet λ irgend einen transformirten Modul, so folgt hieraus, dass, so oft man zwischen den 36 Gröſsen, welche aus der Multiplication von

$$1, \quad \sqrt[4]{k'}, \quad \sqrt[4]{k}, \quad \sqrt{k'}, \quad \sqrt[4]{kk'}, \quad \sqrt{k} \quad \text{mit} \quad 1, \quad \sqrt[4]{\lambda'}, \quad \sqrt[4]{\lambda}, \quad \sqrt{\lambda'}, \quad \sqrt[4]{\lambda\lambda'}, \quad \sqrt{\lambda}$$

erhalten werden, eine lineare Gleichung hat, sich aus derselben auch eine Gleichung zwischen Doppelsummen der hier betrachteten Art ergiebt. Multiplicirt man z. B. die Modulgleichung

$$\sqrt[4]{k'\lambda'} + \sqrt[4]{k\lambda} = 1$$

mit $\sqrt[4]{k'\lambda'}$ oder mit $\sqrt[4]{k\lambda}$ und substituirt in den hieraus entstehenden Gleichungen,

$$\sqrt{k'\lambda'} + \sqrt[4]{k'k\lambda'\lambda} = \sqrt[4]{k'\lambda'}, \qquad \sqrt[4]{k'k\lambda'\lambda} + \sqrt{k\lambda} = \sqrt[4]{k\lambda},$$

die Formeln (67.), so erhält man nach Multiplication mit dem gemeinschaft-

lichen Nenner $\Sigma q^u \Sigma q^w$. Gleichungen zwischen Doppelsummen, die mit den obigen L. (2.), (3.) übereinkommen. Ob es aufser den hier gegebenen Beispielen noch andere Modulgleichungen giebt, welche als lineare Gleichungen zwischen den angegebenen 35 Gröfsen dargestellt werden können, bezweifle ich. Wenigstens scheint die zur Transformation 5ter Ordnung gehörige Modulgleichung

$$\sqrt[4]{k\lambda}\,[\sqrt[4]{k}-\sqrt[4]{\lambda}\,] \;=\; \sqrt[4]{k'\lambda'}\,[\sqrt[4]{\lambda'}-\sqrt[4]{k'}\,],$$

die ich in den »*Fund. Theor. F. Ellipt.* §. 30.« gegeben habe, welche man auch auf die beiden folgenden Arten darstellen kann,

$$\sqrt[4]{k}-\sqrt[4]{\lambda} \;=\; \sqrt[4]{k'\lambda'}[\sqrt[4]{k\lambda'}+\sqrt[4]{k'\lambda}\,],$$
$$\sqrt[4]{\lambda'}-\sqrt[4]{k'} \;=\; \sqrt[4]{k\lambda}\,[\sqrt[4]{k\lambda'}+\sqrt[4]{k'\lambda}\,],$$

auf keine solche Form gebracht werden zu können.

Ich will jetzt alle zwischen Doppelsummen gefundenen Gleichungen, welche in der obigen Formeltabelle und in den Formeln XI.—XIV. enthalten sind, in einer *zweiten Formeltabelle* zusammenstellen, dabei aber zugleich durch Substitution einer Potenz von q für q selbst und durch Multiplication mit einer Potenz von q die Exponenten auf die Form

$$m(\alpha i + \beta)^2 + n(\gamma k + \delta)^2$$

bringen, was für jede der in derselben Gleichung enthaltenen Doppelsummen durch dieselbe Substitution und Multiplication bewerkstelligt werden kann. Die Formen der Exponenten habe ich in Klammern übergeschrieben, wobei gemeinschaftliche Factoren von m und n fortgelassen sind. Die Gleichungen A. 1.—6. der ersten Formeltabelle und die Formeln (55.), (62.), (64.) habe ich durch die allgemeinen Formeln, in denen sie enthalten sind, ersetzt.

Zweite Formeltabelle.

Allgemeine Gleichungen zwischen Doppelsummen.

1. $\Pi[(1-q^{2i+2})^2(1-q^{4i+3}z^2)(1-q^{4i+2}z^{-2})]$

     $= \Sigma(-1)^i q^{ii+kk} z^{i+k} = \Sigma(-1)^{i+k} q^{2(ii+kk)} z^{2k}$ . . . . 63.

2. $(z+z^{-1})\Pi[(1-q^{16i+16})^2(1+q^{8i+8}z^2)(1+q^{8i+8}z^{-2})]$

     $= \Sigma q^{2[(2i+1)^2+4kk]} z^{2(i+k)+1} = \Sigma q^{(2i+1)^2+(4k+1)^2} z^{2k+1}$ . . . . . 64*.

3. $\Pi[(1+q^{4i+3})^2(1-q^{4i+4})^2(1+q^{4i+3}z^2)(1+q^{4i+3}z^{-2})]$

     $= \Sigma q^{2(ii+kk)} z^{2i} = \Sigma q^{4(ii+kk)} z^{2(i+k)} + \Sigma q^{(2i+1)^2+(2k+1)^2} z^{2(i+k+1)}$ . . . . . 65.

Particulare Gleichungen zwischen Doppelsummen, deren Exponenten ähnliche quadratische Formen haben.

$$[xx+yy]$$

$$q^2\Pi[(1-q^{16i+8})^2(1-q^{16i+16})^4]$$
$$= \Sigma(4k+1)q^{(4i+1)^2+(4k+1)^2} = \Sigma(-1)^i(4k+1)q^{2[4i+(4k+1)^2]} \quad \ldots \ldots \text{A. 8.}$$

$$[xx+2yy]$$

1. $$q^9\Pi[(1-q^{144i+72})(1-q^{144i+144})^3]$$
$$= \Sigma(-1)^{i+k}q^{3[(6i+1)^2+2(6k+1)^2]} = \Sigma(-1)^kq^{(6i+1)^2+8(8k+1)^2}$$
$$= \Sigma(-1)^kq^{9[(4i+1)^2+8kk]} \quad \ldots \ldots \text{B. 1, 2.}$$

2. $$q^3\Pi[(1-q^{24i+24})(1-q^{36i+6})(1-q^{36i+30})(1-q^{36i+36})]$$
$$= \Sigma(-1)^iq^{3(6i+1)^2+54kk} - \Sigma(-1)^iq^{3(6i+1)^2+6(8k+1)^2}$$
$$= \Sigma(-1)^{i+k}q^{(6i+1)^2+2(3k+1)^2} \quad \ldots \ldots \text{XI. B. 3.}$$

3. $$q^9\Pi[(1-q^{48i+24})(1-q^{96i+96})(1+q^{144i+72})^2(1-q^{144i+144})]$$
$$= \Sigma(-1)^{\frac{1}{2}(6i+i)}q^{3(6i+1)^2+216kk} - \Sigma(-1)^{\frac{1}{2}(6i+i)}q^{3(6i+1)^2+24(3k+1)^2}$$
$$= \Sigma(-1)^{\frac{1}{2}(6i-i)+k}q^{(6i+1)^2+2(6k+1)^2} \quad \ldots \ldots \text{XI. B. 4.}$$

4. $$q^3\Pi[(1-q^{48i+24})(1-q^{144i+144})^2(1-q^{288i+96})(1-q^{288i+192})]$$
$$= \Sigma(-1)^iq^{3(6i+1)^2+216kk} - \Sigma(-1)^iq^{3(6i+1)^2+24(3k+1)^2}$$
$$= \Sigma(-1)^iq^{(6i+1)^2+2(6k+1)^2} \quad \ldots \ldots \text{XI. B. 5.}$$

5. $$q^9\Pi[(1-q^{24i+24})(1-q^{144i+24})(1-q^{144i+120})(1-q^{144i+144})]$$
$$= \Sigma(-1)^kq^{3(6i+1)^2+6(6k+1)^2} - 2\Sigma(-1)^kq^{27(4i+1)^2+6(8k+1)^2}$$
$$= \Sigma(-1)^{i+k}q^{(6i+1)^2+9(3k+1)^2} \quad \ldots \ldots \text{XI. B. 6.}$$

$$[xx+3yy]$$

1. $$q^4\Pi(1-q^{48i+48})^2$$
$$= \Sigma(-1)^{i+k}q^{4[(6i+1)^2+12kk]} = \Sigma(-1)^kq^{(6i+1)^2+3(4k+1)^2}$$
$$= \Sigma(-1)^{\frac{1}{2}(ii+i)+k}q^{(6i+1)^2+3(4k+1)^2} \quad \ldots \ldots \text{C.}$$

2. $$q^4\Pi[(1-q^{72i+24})(1-q^{72i+48})(1-q^{72i+72})^2]$$
$$= \Sigma q^{4[(6i+1)^2+27kk]} - \Sigma q^{4[(6i+1)^2+3(3k+1)^2]} = \Sigma q^{(6i+1)^2+3(6k+1)^2} - 2\Sigma q^{(6i+1)^2+27(4k+1)^2}$$
$$= \Sigma(-1)^{i+k}q^{(6i+1)^2+3(6k+1)^2} \quad \ldots \ldots \text{XI. C. 3.}$$

3. $$4q^4\Pi[(1+q^{16i+8})(1-q^{32i+32})(1+q^{48i+24})(1-q^{96i+96})]$$
$$= \Sigma[1-(-1)^{i+k}]q^{4(ii+3kk)} = 4\Sigma q^{(4i+1)^2+3(4k+1)^2} \quad \ldots \ldots \text{XIII.}$$

$$[xx+7yy]$$

1. $2q^{32}\prod[(1+q^{288/+96})(1+q^{288/+192})(1-q^{288/+288})(1+q^{2016/+672})(1+q^{2016/+1344})(1-q^{2016/+2016})]$

$$= \sum[(-1)^{\frac{1}{2}(6/+4k+4+k)} - (-1)^{4+k}]q^{(6/+1)^3+7(6k+1)^3}$$

$$= 2\sum(-1)^{4+k}q^{4[(6/+1)^3+7(6k+1)^3]} \quad \dots\dots\dots\dots \text{XIV. L. 1.}$$

2. $2q^{16}\prod[(1+q^{64/+16})(1+q^{64/+48})(1-q^{64/+64})(1+q^{448/+112})(1+q^{448/+336})(1-q^{448/+448})]$

$$= \sum[1-(-1)^{4+k}]q^{(4/+1)^3+7(4k+1)^3} = 2\sum q^{2[(4/+1)^3+7(4k+1)^3]} \quad \dots \text{XIV. L. 2.}$$

3. $\prod[(1-q^{16/+8})^2(1-q^{16/+16})(1-q^{112/+56})^2(1-q^{112/+112})]$

$$= \sum(-1)^{4+k}q^{16(6/+7kk)} - 2\sum(-1)^{4+k}q^{(4/+1)^3+7(4k+1)^3}$$

$$= \sum(-1)^{4+k}q^{8(6/+7kk)} \quad \dots\dots\dots\dots\dots \text{XIV. L. 3.}$$

Particuläre Gleichungen zwischen Doppelsummen, deren Exponenten in wesentlich verschiedenen quadratischen Formen enthalten sind.

$$[xx+yy,\ xx+2yy]$$

$q^6\prod[(1+q^{96/+48})(1-q^{96/+96})^2]$

$$= \sum(-1)^{4+k}q^{6[(4/+1)^2+16kk]} = \sum(-1)^k q^{3[(4/+1)^2+(4k+1)^2]}$$

$$= \sum(-1)^{4+k}q^{2[(6/+1)^2+3(6k+1)^2]} = \sum(-1)^k q^{6[(4/+1)^2+8kk]} \quad \dots\dots \text{D. 1. 2. 3.}$$

$$[xx+yy,\ xx+3yy]$$

$q^4\prod(1-q^{48/+48})^2$

$$= \sum(-1)^{4+k}q^{2[(6/+1)^2+(6k+1)^2]}$$

$$= \sum(-1)^l q^{(6/+1)^2+3(4k+1)^2} = \sum(-1)^{4+k}q^{4[(6/+1)^2+12kk]} \quad \dots\dots \text{E. 1. 2.}$$

$$[xx+yy,\ xx+6yy]$$

$q^2\prod[(1-q^{96/+48})^3(1-q^{96/+96})^2]$

$$= \sum(-1)^{\frac{1}{2}(6/+4)+k}q^{(6/+1)^2+(6k+1)^2}$$

$$= \sum(-1)^{4+k}q^{2[(6/+1)^2+24kk]} \quad \dots\dots\dots\dots\dots \text{F. 1.}$$

$$[xx+yy,\ 2xx+3yy]$$

$q^5\prod[(1-q^{48/+24})(1-q^{96/+48})(1-q^{96/+96})^2]$

$$= \sum(-1)^{4+k}q^{(6/+1)^2+4(6k+1)^2}$$

$$= \sum(-1)^{4+k}q^{2(6/+1)^2+3(4k+1)^2} \quad \dots\dots\dots\dots \text{F. 2.}$$

$$[xx+2yy,\ xx+3yy]$$

1. $q\prod[(1+q^{48/+24})(1-q^{48/+48})(1-q^{72/+72})(1-q^{144/+72})]$

$$= \sum(-1)^{\frac{1}{2}(6/+l)+k}q^{(6/+1)^2+72kk}$$

$$= \sum(-1)^k q^{(6/+1)^2+48kk} \quad \dots\dots\dots\dots\dots \text{G. 1.}$$

2. $q^9 \prod [(1-q^{96i+48})^3 (1-q^{96i+96})(1+q^{144i+72})(1-q^{288i+288})]$

$\quad = \sum (-1)^{\frac{1}{2}(i+i)+k} q^{(6i+1)^2+8(3k+1)^2}$

$\quad = \sum (-1)^i q^{9[10i+8(4k+1)^2]}$ . . . . G. 2.

3. $q^4 \prod [(1-q^{72i+72})(1-q^{144i+72})(1-q^{96i+96})]$

$\quad = \sum (-1)^{i+k} q^{4[(6i+1)^2+18kk]}$

$\quad = \sum (-1)^k q^{(6i+1)^2+8(4k+1)^2}$ . . . . G. 3.

4. $q^{12} \prod [(1-q^{96i+96})(1-q^{144i+24})(1-q^{144i+120})(1-q^{144i+144})]$

$\quad = \sum (-1)^{i+k} q^{4[(6i+1)^2+2(3k+1)^2]}$

$\quad = \sum (-1)^i q^{3[(6i+1)^2+3(4k+1)^2]}$ . . . . G. 4.

$$[xx+2yy, \ xx+6yy]$$

1. $q \prod [(1-q^{72i+24})(1-q^{72i+48})(1-q^{144i+72})^3(1-q^{144i+144})^2]$

$\quad = \sum (-1)^{i+k} q^{(6i+1)^2+72kk}$

$\quad = \sum (-1)^k q^{(6i+1)^2+24kk}$ . . . . H. 1.

2. $q^9 \prod [(1-q^{24i+24})(1-q^{144i+24})(1-q^{144i+120})(1-q^{144i+144})]$

$\quad = \sum (-1)^{i+k} q^{(6i+1)^2+8(3k+1)^2}$

$\quad = \sum (-1)^k q^{9(4i+1)^2+24kk}$ . . . . H. 2.

3. $q^8 \prod [(1+q^{48i+24})(1-q^{72i+72})(1-q^{96i+96})(1-q^{144i+72})]$

$\quad = \sum (-1)^k q^{(6i+1)^2+2(6k+1)^2}$

$\quad = \sum (-1)^k q^{3[(4i+1)^2+24kk]}$ . . . . H. 3.

$$[xx+2yy, \ 2xx+3yy]$$

$q^{11} \prod [(1-q^{48i+48})(1+q^{144i+72})(1-q^{288i+288})]$

$\quad = \sum (-1)^k q^{2(4i+1)^2+2(6k+1)^2}$

$\quad = \sum (-1)^i q^{2(3i+1)^2+3(4k+1)^2}$ . . . . H. 4.

$$[xx+3yy, \ xx+6yy]$$

1. $q \prod [(1-q^{48i+24})(1-q^{96i+48})^3(1-q^{96i+96})^2]$

$\quad = \sum (-1)^{i+k} q^{(6i+1)^2+48kk}$

$\quad = \sum (-1)^{\frac{1}{2}(i+i)+k} q^{(6i+1)^2+24kk}$ . . . . I. 1.

2. $q^4 \prod [(1-q^{48i+24})^2(1-q^{96i+48})(1-q^{96i+96})^2]$

$\quad = \sum (-1)^{i+k} q^{(6i+1)^2+3(4k+1)^2}$

$\quad = \sum (-1)^{i+k} q^{4[(6i+1)^2+6kk]}$ . . . . I. 2.

3. $q^7 \Pi[(1+q^{48i+24})(1-q^{96i+90})^2]$

$\qquad = \Sigma(-1)^i q^{4(6i-1)^2+3(4k+1)^2}$

$\qquad = \Sigma(-1)^{\frac{1}{2}(4i+i)} q^{(6i+1)^2+6(4k+1)^2}$ . . . . I. 3.

$$[xx+yy, \ xx+5yy]$$

1. $q^{30} \Pi[(1-q^{120i+120})(1-q^{600i+600})]$

$\qquad = \Sigma(-1)^{i+k} q^{3[(10i+1)^2+(10k+3)^2]}$

$\qquad = \Sigma(-1)^{i+k} q^{5[(6i+1)^2+5(6k+1)^2]}$ . . . . XII. 1. K.

2. $q^6 \Pi[(1-q^{600i+240})(1-q^{600i+360})(1-q^{600i+600})]^2$

$\qquad = \Sigma(-1)^{i+k} q^{3[(10i+1)^2+(10k+1)^2]}$

$\qquad = \Sigma(-1)^{i+k} q^{(30i+1)^2+5(6k+1)^2} + \Sigma(-1)^{i+k} q^{(30i+11)^2+5(6k+1)^2}$ . . . . . . XII. 2.

3. $q^{54} \Pi[(1-q^{600i+120})(1-q^{600i+480})(1-q^{600i+600})]^2$

$\qquad = \Sigma(-1)^{i+k} q^{3[(10i+3)^2+(10k+3)^2]}$

$\qquad = \Sigma(-1)^{i+k} q^{(30i+7)^2+5(6k+1)^2} - \Sigma(-1)^{i+k} q^{(30i+13)^2+5(6k+1)^2}$ . . . . . . XII. 3.

$$[xx+7yy, \ xx+14yy \ \text{und} \ 2xx+7yy]$$

1. $q^7 \Pi[(1-q^{32i+16})^2(1-q^{32i+32})(1+q^{224i+56})(1+q^{224i+168})(1-q^{224i+224})]$

$\qquad = \Sigma(-1)^i q^{18ii+7(4k+1)^2}$

$\qquad = \Sigma(-1)^{i+k} q^{8ii+7(4k+1)^2} + 2\Sigma(-1)^i q^{(4i+1)^2+14(4k+1)^2}$ . . . . XIV. M. 1.

2. $2q^8 \Pi[(1-q^{16i+8})(1-q^{32i+32})(1+q^{112i+56})(1-q^{224i+224})]$

$\qquad = 2\Sigma(-1)^i q^{(4i+1)^2+7(4k+1)^2}$

$\qquad = \Sigma(-1)^i q^{16ii+56kk} - \Sigma(-1)^{i+k} q^{8ii+112kk}$ . . . . XIV. M. 2.

$$[3xx+7yy, \ 3xx+14yy]$$

$2q^{34} \Pi[(1+q^{96i+48})(1-q^{192i+192})(1-q^{672i+672})]$

$\qquad = \Sigma[(-1)^{\frac{1}{2}(kk-k)} - (-1)^{i+k}] q^{3(4i+1)^2+7(6k+1)^2}$

$\qquad = 2\Sigma(-1)^k q^{3[3(4i+1)^2+14(6k+1)^2]}$ . . . . XIV. N. 1.

$$[3xx+7yy, \ 6xx+7yy]$$

$q^7 \Pi[(1-q^{48i+24})^2(1-q^{48i+48})(1-q^{168i+168})]$

$\qquad = \Sigma(-1)^{\frac{1}{2}(kk-k)+i} q^{48ii+7(6k+1)^2} - 2\Sigma(-1)^{i+k} q^{3(4i+1)^2+28(6k+1)^2}$

$\qquad = \Sigma(-1)^{i+k} q^{24ii+7(6k+1)^2}$ . . . . XIV. N. 2.

SUR LA ROTATION D'UN CORPS

EXTRAIT D'UNE LETTRE ADRESSÉE A L'ACADÉMIE DES SCIENCES DE PARIS

PAR

MR. C. G. J. JACOBI

Crelle Journal für die reine und angewandte Mathematik, Bd. 39. p. 293—350.

SUR LA ROTATION D'UN CORPS.

EXTRAIT D'UNE LETTRE ADRESSÉE A L'ACADÉMIE DES SCIENCES DE PARIS.

(Lu dans la séance du 30 juillet 1849.)

———

Le problème de la rotation d'un corps solide quelconque, qui n'est sollicité par aucune force accélératrice, est susceptible d'être résolu par des formules nouvelles si élégantes et si parfaites, que je ne peux m'empêcher de les communiquer à votre illustre Académie. Ce sont les fonctions Θ et H que j'ai introduites dans l'analyse des fonctions elliptiques, c'est-à-dire les fonctions

$$\Theta\left(\frac{2Kx}{\pi}\right) = 1 - 2q\cos 2x + 2q^4 \cos 4x - 2q^9 \cos 6x + \cdots,$$

$$H\left(\frac{2Kx}{\pi}\right) = 2\sqrt[4]{q}\sin x - 2\sqrt[4]{q^9}\sin 3x - 2\sqrt[4]{q^{25}}\sin 5x - 2\sqrt[4]{q^{49}}\sin 7x - \cdots,$$

au moyen desquelles je suis parvenu à exprimer, de la manière la plus simple, les neuf cosinus eux-mêmes qu'il s'agit, dans ce problème, de déterminer en fonctions du temps. En effet, x étant une variable proportionnelle au temps, on trouve les cosinus des angles qui, à chaque instant, déterminent la position des axes principaux du corps, égaux à des fractions qui ont cette fonction Θ pour commun dénominateur, les neuf numérateurs étant, abstraction faite de facteurs constants, la même fonction Θ, dans laquelle seulement x se trouve augmenté d'une constante imaginaire. Quel que soit le degré d'exactitude auquel on voudra pousser les calculs, on n'aura guère à prendre plus de trois ou quatre termes de ces séries, excepté les cas extrêmes. On doit donc regarder ces cosinus comme exprimés par des quantités finies, et même par des quantités finies très-simples. Si l'on veut résoudre le problème du mouvement elliptique d'une planète par de semblables formules définitives qui ont le temps sous le signe

cos ou sin, on a, comme on sait, des séries beaucoup moins convergentes, et des coefficients beaucoup plus compliqués.

La rotation en question se compose de *deux rotations périodiques*, et dont les périodes, en général, sont incommensurables entre elles. Pour avoir une idée nette et claire de ce mouvement, il faut supposer aux axes des x et y, dans le plan invariable, un certain mouvement rotatoire uniforme, et rapporter la position du corps à ces axes mobiles et à l'axe fixe des z perpendiculaire au plan invariable. Or, étant posé

$$x = \alpha x' + \beta y' + \gamma z'$$
$$y = \alpha' x' + \beta' y' + \gamma' z'$$
$$z = \alpha'' x' + \beta'' y' + \gamma'' z',$$

les axes des x', y', z' étant les axes principaux du corps, et les axes des x et y, comme on vient de dire, des axes mobiles tournoyant uniformément, avec une vitesse déterminée, dans le plan invariable, les neuf quantités α, β, etc., seront des fonctions du temps (simplement) *périodiques*. Avant de donner leurs valeurs en fonctions du temps, il faut convenir des notations suivantes:

Soient, h la force vive, l le moment de rotation dans le plan invariable, A, B, C les trois moments d'inertie relatifs aux axes des x', y', z', et supposons, pour fixer les idées, que, B étant le moment moyen, l'on ait

$$Bh > l^2, \quad A > B > C.$$

Dans le cas de $Bh < l^2$, on supposera $A < B < C$.

Le module des transcendantes elliptiques qui entreront dans les formules données ci-dessous, sera

$$k = \sqrt{\frac{A-B}{B-C}} \cdot \sqrt{\frac{l^2-Ch}{Ah-l^2}},$$

d'où

$$k' = \sqrt{1-k^2} = \sqrt{\frac{A-C}{B-C}} \cdot \sqrt{\frac{Bh-l^2}{Ah-l^2}}.$$

Faisons, comme dans mon ouvrage sur les fonctions elliptiques,

$$K = \int_0^{\frac{1}{2}\pi} \frac{d\beta}{\sqrt{1-k^2\sin^2\beta}}, \quad K' = \int_0^{\frac{\pi}{2}} \frac{d\beta}{\sqrt{1-k'^2\sin^2\beta}}, \quad q = e^{-\frac{\pi K'}{K}};$$

soit de plus $K'-a$ une intégrale elliptique de première espèce, dont le sinus de l'amplitude, par rapport au module complémentaire k', est

$$\sqrt{\frac{A(B-C)}{B(A-C)}} = \sin\operatorname{am}(K'-a, k'),$$

ou, étant mis

$$\sin\beta = \sqrt{\frac{A(B-C)}{B(A-C)}},$$

soit

$$a = \int_\beta^{\frac{1}{2}\pi} \frac{d\beta}{\sqrt{1-k'^2\sin^2\beta}}.$$

Soit t le temps, et

$$u = nt + \tau,$$

τ étant une constante arbitraire, et de plus

$$n = \sqrt{\frac{(B-C)(Ah-l^2)}{ABC}}.$$

Aux fonctions $\Theta(u)$ et $H(u)$ dont j'ai fait usage dans les *Fundamenta*, je joins les fonctions

$$\Theta_1(u) = \Theta(K-u), \qquad H_1(u) = H(K-u);$$

de sorte qu'on a

$$\sqrt{k}\sin\operatorname{am} u = \frac{H(u)}{\Theta(u)}, \qquad \sqrt{\frac{k}{k'}}\cos\operatorname{am} u = \frac{H_1(u)}{\Theta(u)}, \qquad \frac{1}{\sqrt{k'}}\varDelta\operatorname{am} u = \frac{\Theta_1(u)}{\Theta(u)}.$$

Cela posé, et étant $i = \sqrt{-1}$, *on aura le tableau suivant des valeurs des neuf quantités* α, β, *etc.*:

$$\alpha = -\frac{\Theta_1(0)[H(u+ia)+H(u-ia)]}{2H_1(ia)\Theta(u)}, \qquad \alpha' = \frac{\Theta_1(0)[H(u+ia)-H(u-ia)]}{2iH_1(ia)\Theta(u)},$$

$$\beta = -\frac{\Theta(0)[H_1(u-ia)+H_1(u+ia)]}{2H_1(ia)\Theta(u)}, \qquad \beta' = -\frac{\Theta(0)[H_1(u-ia)-H_1(u+ia)]}{2iH_1(ia)\Theta(u)},$$

$$\gamma = \frac{H_1(0)[\Theta(u+ia)-\Theta(u-ia)]}{2iH_1(ia)\Theta(u)}, \qquad \gamma' = \frac{H_1(0)[\Theta(u+ia)+\Theta(u-ia)]}{2H_1(ia)\Theta(u)};$$

$$\alpha'' = -\frac{\Theta(ia)H_1(u)}{H_1(ia)\Theta(u)}, \qquad \beta'' = \frac{\Theta_1(ia)H(u)}{H_1(ia)\Theta(u)}, \qquad \gamma'' = \frac{H(ia)\Theta_1(u)}{iH_1(ia)\Theta(u)}.$$

Les vitesses de rotation autour des axes des x, y, z seront :

$$-\frac{f[\Theta_1(u-ia)-\Theta_1(u+ia)]}{2iH_1(ia)\,\Theta(u)}, \quad \frac{f[\Theta_1(u-ia)+\Theta_1(u+ia)]}{2H_1(ia)\,\Theta(u)}, \quad \frac{h}{l},$$

où

$$f = n\sqrt{kk'}\,\Theta_1(0).$$

Les axes des x et des y ayant, dans le plan invariable, un mouvement de rotation uniforme autour du point fixe, dans le sens du choc primitif appliqué au corps, l'angle proportionel au temps qu'ils décriront dans un intervalle t du temps, sera $nn't$, où la constante n' est

$$n' = \frac{1}{A-C}\left(C\,\frac{d\log H(ia)}{da} - A\,\frac{d\log\Theta(ia)}{da}\right).$$

Mettant

$$x = \frac{\pi u}{2K} = \frac{\pi(nt+\tau)}{2K}, \quad b = \frac{a}{K'},$$

où $b<1$, on aura d'après la définition des fonctions Θ etc.,

$$\tfrac{1}{2}[\Theta(u+ia)+\Theta(u-ia)] = 1 - q^{1-b}(1+q^{2b})\cos 2x + q^{4-2b}(1+q^{4b})\cos 4x - \cdots,$$

$$\tfrac{1}{2i}[\Theta(u+ia)-\Theta(u-ia)] = q^{1-b}(1-q^{2b})\sin 2x - q^{4-2b}(1-q^{4b})\sin 4x + \cdots,$$

$$\tfrac{1}{2}[H(u+ia)+H(u-ia)] = q^{\frac{1}{4}-\frac{1}{2}b}[(1+q^{b})\sin x - q^{2-b}(1+q^{3b})\sin 3x + \cdots],$$

$$\tfrac{1}{2i}[H(u+ia)-H(u-ia)] = q^{\frac{1}{4}-\frac{1}{2}b}[(1-q^{b})\cos x - q^{2-b}(1-q^{3b})\cos 3x + \cdots],$$

$$\tfrac{1}{2}[H_1(u-ia)+H_1(u+ia)] = q^{\frac{1}{4}-\frac{1}{2}b}[(1+q^{b})\cos x + q^{2-b}(1+q^{3b})\cos 3x + \cdots],$$

$$\tfrac{1}{2i}[H_1(u-ia)-H_1(u+ia)] = q^{\frac{1}{4}-\frac{1}{2}b}[(1-q^{b})\sin x + q^{2-b}(1-q^{3b})\sin 3x + \cdots],$$

$$\tfrac{1}{2}[\Theta_1(u-ia)+\Theta_1(u+ia)] = 1 + q^{1-b}(1+q^{2b})\cos 2x + q^{4-2b}(1+q^{4b})\cos 4x + \cdots,$$

$$\tfrac{1}{2i}[\Theta_1(u-ia)-\Theta_1(u+ia)] = q^{1-b}(1-q^{2b})\sin 2x + q^{4-2b}(1-q^{4b})\sin 4x + \cdots.$$

Dans les deux premières et les deux dernières formules, les premiers termes qui suivent ceux qu'on a écrits, sont de l'ordre de la quantité q^{9-3b}; dans les quatre autres formules, ces termes sont de l'ordre de la quantité q^{6-2b}: ceux-ci ajoutés, on n'aura rejeté que les termes respectivement de l'ordre des quantités q^{16-4b} et q^{12-3b}. En mettant ou $b=0$ ou $x=0$, on aura le développement des autres fonctions qui entrent dans les formules établies ci-dessus et dont l'argument est u ou ia. On a d'ailleurs

$$\Theta_1(0) = \sqrt{\frac{2K}{\pi}}, \quad \Theta(0) = \sqrt{\frac{2k'K}{\pi}}, \quad H_1(0) = \sqrt{\frac{2kK}{\pi}}.$$

Si la quantité q et le module k sont très-proches de l'unité, on se servira des transformations suivantes, par lesquelles les fonctions qui se rapportent au module k sont changées en d'autres qui se rapportent à son complément k', d'où suit que la quantité q sera remplacée par la quantité extrêmement petite $q' = e^{\frac{\pi^2}{\log q}}$:

$$\Theta(u+ia) = igH[u-i(K'-a)] = g'H_1(a-iu, k')$$
$$= g''\Theta_1[a+i(K-u), k']$$
$$H(u+ia) = ig\Theta[u-i(K'-a)] = ig'H(a-iu, k')$$
$$= g''\Theta[a+i(K-u), k']$$
$$H_1(u+ia) = g\Theta_1[u-i(K'-a)] = g'\Theta(a-iu, k')$$
$$= -ig''H[a+i(K-u), k']$$
$$\Theta_1(u+ia) = gH_1[u-i(K'-a)] = g'\Theta_1(a-iu, k')$$
$$= g''H_1[a+i(K-u), k'],$$

où

$$g = e^{-\frac{\pi}{4K}(K'-2a+2iu)}, \quad g' = \sqrt{\frac{K}{K'}}e^{-\frac{\pi}{4KK'}(u+iu)^2}, \quad g'' = \sqrt{\frac{K}{K'}}e^{-\frac{\pi}{4KK'}(K-u-ia)^2}.$$

Par cette transformation, les formules perdent leur caractère périodique, comme cela est bien propre à des formules par lesquelles doit être exprimé un mouvement extrêmement lent et dont la période est d'une durée quasi-infinie.

On peut aussi développer les valeurs fractionnaires des neuf cosinus α, β, etc., en séries très-simples et assez convergentes, quoique dépourvues de cette convergence extraordinaire dont jouissent le dénominateur et les numérateurs des fractions mêmes. On obtient ces développements en se servant des formules suivantes :

(1.) $\quad H_1(0)\,\Theta(0)\,\Theta_1(0)\,\dfrac{i[\Theta(u+ia)+\Theta(u-ia)]}{2H(ia)\,\Theta(u)}$

$$= \frac{2q^{\frac{1}{2}b}}{1-q^b} - 2(q^{-\frac{1}{2}b}-q^{\frac{1}{2}b})\left(\frac{q(1+q^2)\cos 2x}{(1-q^{2-b})(1-q^{2+b})} + \frac{q^2(1+q^4)\cos 4x}{(1-q^{4-b})(1-q^{4+b})} + \cdots\right);$$

(2.) $\quad H_1(0)\,\Theta(0)\,\Theta_1(0)\,\dfrac{\Theta(u+ia)-\Theta(u-ia)}{2H(ia)\,\Theta(u)}$

$$= 2(q^{-\frac{1}{2}b}+q^{\frac{1}{2}b})\left(\frac{q(1-q^2)\sin 2x}{(1-q^{2-b})(1-q^{2+b})} + \frac{q^2(1-q^4)\sin 4x}{(1-q^{4-b})(1-q^{4+b})} + \cdots\right);$$

(3.) $\quad H_1(0)\,\Theta(0)\,\Theta_1(0)\,\dfrac{H(u+ia)+H(u-ia)}{2\Theta(ia)\,\Theta(u)}$

$$= 2(q^{-\frac{1}{2}b}+q^{\frac{1}{2}b})\left(\frac{\sqrt{q}(1-q)\sin x}{(1-q^{1-b})(1-q^{1+b})} + \frac{\sqrt{q^3}(1-q^3)\sin 3x}{(1-q^{3-b})(1-q^{3+b})} + \cdots\right);$$

$$(4.) \qquad H_1(0)\,\Theta(0)\,\Theta_1(0)\,\frac{H(u+ia)-H(u-ia)}{2i\Theta(ia)\,\Theta(u)}$$

$$= 2(q^{-\frac{1}{2}b}-q^{\frac{1}{2}b})\left(\frac{\sqrt{q}(1+q)\cos x}{(1-q^{1-b})(1-q^{1+b})}+\frac{\sqrt{q^3}(1+q^3)\cos 3x}{(1-q^{3-b})(1-q^{3+b})}+\cdots\right);$$

$$(5.) \qquad H_1(0)\,\Theta(0)\,\Theta_1(0)\,\frac{H_1(u-ia)+H_1(u+ia)}{2\Theta_1(ia)\,\Theta(u)}$$

$$= 2(q^{-\frac{1}{2}b}+q^{\frac{1}{2}b})\left(\frac{\sqrt{q}(1+q)\cos x}{(1+q^{1-b})(1+q^{1+b})}+\frac{\sqrt{q^3}(1+q^3)\cos 3x}{(1+q^{3-b})(1+q^{3+b})}+\cdots\right);$$

$$(6.) \qquad H_1(0)\,\Theta(0)\,\Theta_1(0)\,\frac{H_1(u-ia)-H_1(u+ia)}{2i\Theta_1(ia)\,\Theta(u)}$$

$$= 2(q^{-\frac{1}{2}b}-q^{\frac{1}{2}b})\left(\frac{\sqrt{q}(1-q)\sin x}{(1+q^{1-b})(1+q^{1+b})}+\frac{\sqrt{q^3}(1-q^3)\sin 3x}{(1+q^{3-b})(1+q^{3+b})}+\cdots\right);$$

$$(7.) \qquad H_1(0)\,\Theta(0)\,\Theta_1(0)\,\frac{\Theta_1(u-ia)+\Theta_1(u+ia)}{2H_1(ia)\,\Theta(u)}$$

$$= \frac{2q^{\frac{1}{2}b}}{1+q^b}+2(q^{-\frac{1}{2}b}+q^{\frac{1}{2}b})\left(\frac{q(1+q^2)\cos 2x}{(1+q^{2-b})(1+q^{2+b})}+\frac{q^2(1+q^4)\cos 4x}{(1+q^{4-b})(1+q^{4+b})}+\cdots\right);$$

$$(8.) \qquad H_1(0)\,\Theta(0)\,\Theta_1(0)\,\frac{\Theta_1(u-ia)-\Theta_1(u+ia)}{2iH_1(ia)\,\Theta(u)}$$

$$= 2(q^{-\frac{1}{2}b}-q^{\frac{1}{2}b})\left(\frac{q(1-q^2)\sin 2x}{(1+q^{2-b})(1+q^{2+b})}+\frac{q^2(1-q^4)\sin 4x}{(1+q^{4-b})(1+q^{4+b})}+\cdots\right);$$

$$(9.) \quad H_1(0)\,\Theta(0)\,\frac{H_1(u)}{\Theta(u)}=\frac{2kK}{\pi}\cos\mathrm{am}\,u=\frac{4\sqrt{q}\cos x}{1+q}+\frac{4\sqrt{q^3}\cos 3x}{1+q^3}+\cdots;$$

$$(10.) \quad H_1(0)\,\Theta_1(0)\,\frac{H(u)}{\Theta(u)}=\frac{2kK}{\pi}\sin\mathrm{am}\,u=\frac{4\sqrt{q}\sin x}{1-q}+\frac{4\sqrt{q^3}\sin 3x}{1-q^3}+\cdots;$$

$$(11.) \quad \Theta(0)\,\Theta_1(0)\,\frac{\Theta_1(u)}{\Theta(u)}=\frac{2K}{\pi}\,\Delta\,\mathrm{am}\,u=1+\frac{4q\cos 2x}{1+q^2}+\frac{4q^2\cos 4x}{1+q^4}+\cdots.$$

Quant aux facteurs constants par lesquels il faut multiplier les formules précédentes pour obtenir les valeurs des neuf cosinus, j'observe qu'on a

$$\frac{\Theta(ia)}{H_1(ia)}=\sqrt{\frac{k'}{k}}\,\frac{1}{\cos\mathrm{am}\,(ia)}=\sqrt{\frac{k'}{k}}\,\sqrt{\frac{A(l^2-Ch)}{(A-C)l^2}}$$

$$\frac{\Theta_1(ia)}{H_1(ia)}=\frac{1}{\sqrt{k}}\,\frac{\Delta\,\mathrm{am}\,(ia)}{\cos\mathrm{am}\,(ia)}=\frac{1}{\sqrt{k}}\,\sqrt{\frac{B(l^2-Ch)}{(B-C)l^2}}$$

$$\frac{H(ia)}{iH_1(ia)}=\frac{\sqrt{k'}\,\mathrm{tg}\,\mathrm{am}\,(ia)}{i}=\sqrt{k'}\,\sqrt{\frac{C(Ah-l^2)}{(A-C)l^2}}.$$

Les huit formules (1.) ... (8.) sont nouvelles et d'une grande importance dans la théorie des fonctions elliptiques; j'ai remarqué dans une lettre à Mr. Hermite (*Mathematische Werke* Vol. I. p. 357 *)) que, par leur moyen, on parvient, de la manière la plus aisée et la plus directe, aux formules de la transformation inverse et de la division des fonctions elliptiques.

On trouvera des séries analogues pour les valeurs des six quantités

$$\frac{\alpha}{\alpha''}, \quad \frac{\alpha'}{\alpha''}, \quad \frac{\beta}{\beta''}, \quad \frac{\beta'}{\beta''}, \quad \frac{\gamma}{\gamma''}, \quad \frac{\gamma'}{\gamma''},$$

ou pour les tangentes des angles que les projections des axes des x', y', z' sur les plans des x, z et des y, z forment avec l'axe des z.

Pour les recherches générales et analytiques, il conviendra presque toujours de faire usage des formules fractionnaires. Ces formules remarquables pourront, dans le problème de la rotation, servir de point de départ pour résoudre des questions analogues à celles que M. Gaufs a traitées dans sa *Theoria motus corp. coel.* etc. par rapport au mouvement elliptique et hyperbolique.

Les mêmes formules donnent une nouvelle manière d'exprimer par trois quantités les neuf cosinus des angles que forment entre eux deux systèmes d'axes de coordonnées rectangulaires. Ces trois quantités sont ici les deux arguments u et a, et le module k; ou, si l'on veut, les quantités x, b, q.

DÉMONSTRATION **).

Exposé des notations dont on fait usage et des formules par lesquelles le problème est réduit aux quadratures.

Faisons voir à présent comment on peut tirer les résultats précédents des formules connues et dont on trouve la démonstration dans les traités de Mécanique. Pour plus de commodité, on a emprunté ces formules au Traité de Mécanique de M. Poisson. On ne s'est écarté des notations de cet auteur que dans la

---

*) Vol. II de cette édition, p. 115.

**) On a cru faire plaisir aux géomètres, en ajoutant la démonstration des formules précédentes, laquelle n'avait pas été donnée dans la lettre à l'Académie de Paris. On a changé les directions des axes des x' et des y dans les directions opposées, afin qu'elles s'accordent parfaitement avec celles qui ont été supposées dans la Mécanique de M. Poisson. En outre, on a corrigé quelques fautes qui s'étaient glissées dans les formules relatives à la détermination de l'axe instantané de rotation.

définition des axes des x et des y, lesquels, chez M. Poisson, sont supposés
fixes dans le plan invariable et qui ont été supposés ici faire dans ce plan, autour
du point fixe, une rotation uniforme, dans le sens de la rotation initiale du
corps. On supposera, avec M. Poisson, que l'axe des x parvient dans la
direction de l'axe des y, après une rotation de 90^0, faite dans le même sens; de
sorte que, d'après la notation employée dans nos formules, les quantités désignées par x et y dans le Traité de M. Poisson, devront être remplacées, par

$$\cos \Psi(t-t_0) \cdot x - \sin \Psi(t-t_0) \cdot y$$
$$\cos \Psi(t-t_0) \cdot y + \sin \Psi(t-t_0) \cdot x,$$

Ψ et t_0 désignant des quantités constantes.

J'observe encore que la lettre k désignant dans le Traité de M. Poisson
le moment principal, a été remplacé ici par l, k étant employé comme module
des fonctions elliptiques qui entrent dans nos formules.

Nommons donc,

x', y', z' les coordonnées parallèles aux axes principaux du corps;

A, B, C les moments du corps par rapport à ces axes, et dont B soit le
moment moyen;

ψ l'angle que l'intersection du plan des x', y' et du plan invariable, fait avec
une droite fixe, menée dans ce dernier plan par le point fixe;

φ l'angle que cette intersection fait avec l'axe des x';

ϑ l'angle que l'axe des z' fait avec une droite perpendiculaire au plan invariable, laquelle sera prise pour l'axe des z;

p, q, r les vitesses de rotation autour des axes des x', y', z'.

Connaissant les angles ψ, φ, ϑ, on déterminera la direction des axes des
x', y', z', de la manière suivante. Supposons que le plan invariable soit horizontal et menons à ce plan une verticale, par le point fixe O, dirigée en bas ou
dans le sens de la pesanteur. Soit OA la droite fixe prise à l'arbitraire dans le
plan invariable; soient OB, OC, OD trois autres droites dans le même plan,
telles que les angles BOA, BOC, BOD, comptés dans le même sens dans
lequel le choc primitif a fait tourner le corps, soient respectivement égaux à
ψ, φ, $\varphi + \frac{1}{2}\pi$. Faisons tourner le plan et la perpendiculaire qu'on lui a menée,
supposée fixement liée avec lui, autour de la droite OB, de manière que la
partie adjacente à OB et dirigée dans le même sens dans lequel les trois angles

ψ, φ, $\varphi + \tfrac{1}{2}\pi$ ont été comptés, s'élève, au commencement de son mouvement, au dessus du plan horizontal. Quand le plan et l'axe perpendiculaire au plan, auront décrit l'angle ϑ, les directions qu'occuperont alors les droites OC et OD, et l'axe perpendiculaire au plan, seront celles des axes des x', y', z'. La direction de la verticale, perpendiculaire au plan invariable, sera prise pour l'axe des z. (Poisson *Méc.* II. p. 62—64.)

Les quantités p, q, r sont liées entre elles par les deux équations:

(1.) $$\begin{cases} Ap^2 + Bq^2 + Cr^2 = h \\ A^2p^2 + B^2q^2 + C^2r^2 = l^2; \end{cases}$$

les mêmes quantités sont liées avec le temps, par les formules différentielles:

(2.) $$dt = \frac{A}{B-C} \frac{dp}{qr} = -\frac{B}{A-C} \frac{dq}{rp} = \frac{C}{A-B} \frac{dr}{pq};$$

l'angle ψ s'obtient au moyen d'une autre formule différentielle:

(3.) $$d\psi = -\frac{Ap^2 + Bq^2}{A^2p^2 + B^2q^2} l\,dt;$$

enfin les angles ϑ et φ sont données par les formules algébriques:

(4.) $$\frac{Ap}{l} = -\sin\vartheta \sin\varphi, \quad \frac{Bq}{l} = -\sin\vartheta \cos\varphi, \quad \frac{Cr}{l} = \cos\vartheta.$$

Les quantités h et l sont des constantes arbitraires; deux autres constantes arbitraires entreront dans les formules du problème par l'intégration des équations (2.) et (3.) (Poisson *Méc.* II. p. 139—144.)

Limites des quantités p, q, r.

Substituant les valeurs (1.) de h et de l^2, on voit que les deux constantes

$$(A-C)(Ah-l^2), \quad (A-C)(l^2-Ch)$$

sont positives, parceque, B étant moyen entre A et C, les quantités $A-B$ et $B-C$ ont le même signe que $A-C$. Comme on est maître de choisir pour A le plus grand ou le plus petit moment, supposons que l'on ait fait l'un ou l'autre choix, selon que $Bh-l^2$ est positif ou négatif. Il suit de là, que les six constantes,

$$A-C, \quad A-B, \quad B-C,$$
$$Ah-l^2, \quad Bh-l^2, \quad l^2-Ch,$$

auront toutes le même signe, ou que le produit de deux d'entre elles sera toujours positif. J'observe que quand on emploiera, dans les calculs suivants,

le signe ambigu $\pm$ ou $\mp$, on supposera toujours que le signe supérieur ait lieu, lorsque $Bh > l^2$, et le signe inférieur, dans le cas contraire. On prendra les radicaux toujours avec le signe positif, de sorte qu'on devra mettre, par exemple,

$$\frac{1}{A-C}\sqrt{\frac{(A-C)(Ah-l^2)}{C}} = \pm\sqrt{\frac{Ah-l^2}{C(A-C)}}.$$

Exprimons p^2 et r^2 par q^2, on aura

$$(5.)\qquad \begin{cases} p^2 = \dfrac{l^2-Ch-B(B-C)q^2}{A(A-C)} \\[2mm] r^2 = \dfrac{Ah-l^2-B(A-B)q^2}{C(A-C)}. \end{cases}$$

On voit par là, que q^2 doit être plus petit que la plus petite des deux quantités,

$$\frac{l^2-Ch}{B(B-C)} \quad \text{et} \quad \frac{Ah-l^2}{B(A-B)}.$$

Or comme, suivant la supposition faite, la différence

$$\frac{Ah-l^2}{A-B} - \frac{l^2-Ch}{B-C} = \frac{(A-C)(Bh-l^2)}{(A-B)(B-C)}$$

est positive, on aura

$$\frac{Ah-l^2}{B(A-B)} > \frac{l^2-Ch}{B(B-C)} > q^2.$$

Nous verrons que q^2 peut atteindre la valeur limite, pour laquelle la quantité p s'évanouit; mais la quantité r ne saura jamais s'évanouir et conservera, par suite, toujours le même signe. Comme le choix de ce signe est arbitraire, supposons que r ait le même signe que $Bh-l^2$ ou $A-C$.

Sur la marche que suivent les variables p, q, r, avec le temps croissant, et comment le mouvement proposé se compose de deux mouvements périodiques.

Nommons q' la limite supérieure de q,

$$q' = \sqrt{\frac{l^2-Ch}{B(B-C)}},$$

et supposons qu'à un certain temps le signe de p soit négatif. Le signe de dq sera alors positif ou q croissant, à cause de la formule

$$dq = -\frac{(A-C)rp.dt}{B},$$

et de ce que l'élément du temps est toujours positif. Le facteur p ne pouvant changer de signe avant de s'évanouir, q devra continuer à croître jusqu'à ce qu'on ait $p = 0$, et par suite $q = +q'$.

A cause de la formule

$$dp = \frac{(B-C)qr \cdot dt}{A},$$

et parceque $q = q'$ est positif, on aura alors dp positif; donc p devant continuer à croître, changera de signe, en passant du négatif au positif. La quantité q, par suite, commencera à décroître, dq devenant négatif, et elle devra continuer à décroître tant que p reste positif. Au contraire, p devra continuer à croître, 'tant que q, en décroissant, à partir de sa limite supérieure $+q'$, restera positif. Lorsque q s'évanouit, en passant du positif au négatif, p aura atteint sa limite supérieure

$$p' = \sqrt{\frac{l^2 - Ch}{A(A-C)}},$$

et devra commencer à décroître, dp devenant négatif. Lorsque p, en décroissant, atteint la valeur zéro et repasse au négatif, la variable q, en décroissant aussi, atteint sa limite inférieure $-q'$, et recommencera à croître jusqu'à ce qu'elle soit parvenue à sa limite supérieure $+q'$, et lorsqu'elle, dans cette marche, en s'évanouissant, repassera au positif, la variable p, de son côté, aura atteint sa limite inférieure $-p'$. C'est ainsi que les variables p et q, avec le temps croissant, passent et repassent d'une de leurs limites à l'autre, de manière que, q prenant successivement les valeurs

$$\cdots -q', \quad 0, \quad +q', \quad 0, \quad -q', \quad 0, \cdots,$$

la quantité p obtiendra les valeurs correspondantes,

$$\cdots \quad 0, \quad -p', \quad 0, \quad +p', \quad 0, \quad -p', \cdots$$

La limite inférieure de r est

$$r^0 = \pm\sqrt{\frac{Bh - l^2}{C(B-C)}},$$

la limite supérieure

$$r' = \pm\sqrt{\frac{Ah - l^2}{C(A-C)}},$$

et l'on démontre aisément qu'aux valeurs précédentes de p et q correspondent les valeurs de la quantité r :

$$\dots \; r^0, \;\; r', \;\; r^0, \;\; r', \;\; r^0, \;\; r', \;\; \dots$$

Supposons que le temps dans lequel la variable q croît ou décroît d'une de ses limites à l'autre, soit égal à T; supposons de plus que, pendant que q croît constamment d'une valeur indéfinie q jusqu'à sa limite supérieure q' ou décroît constamment de q' à q, le temps t ait augmenté de la quantité $\tau - t$; on aura

$$m \int_{-q'}^{q'} \frac{dq}{pr} = m \int_{q'}^{-q'} \frac{dq}{pr} = T$$

$$m \int_{q}^{q'} \frac{dq}{pr} = m \int_{q'}^{q} \frac{dq}{pr} = \tau - t,$$

où l'on a posé $m = -\dfrac{B}{A-C}$. Généralement, la quantité pr ayant, pour la même valeur de q, des valeurs opposées, selon que q est croissant ou décroissant, il sera toujours permis d'échanger entre elles les deux limites de l'intégrale. On aura donc successivement,

$$m \int_{q}^{q'} \frac{dq}{pr} = \tau - t$$

$$m \int_{q'}^{q} \frac{dq}{pr} = \tau - t,$$

$$m \int_{q}^{-q'} \frac{dq}{pr} = m \int_{q'}^{-q'} \frac{dq}{pr} - m \int_{q'}^{q} \frac{dq}{pr} = T - (\tau - t)$$

$$m \int_{-q'}^{q} \frac{dq}{pr} = m \int_{-q'}^{q'} \frac{dq}{pr} - m \int_{q}^{q'} \frac{dq}{pr} = T - (\tau - t),$$

où l'on suppose toujours que la variable q croît ou décroît constamment, en passant d'une limite de l'intégrale à l'autre. La variable q étant retournée à sa valeur primitive et à l'état de croître, elle recommencera de nouveau les mêmes tours et retours, et l'on retrouvera, pour les différents intervalles, les mêmes valeurs de l'intégrale que précédemment.

Ajoutant successivement au temps t correspondant à la valeur primitive de q, les différentes intégrales dont on vient de donner les valeurs, on aura le tableau suivant des valeurs correspondantes du temps t et de la variable q:

$$
\begin{array}{ccccccccc}
q, & q', & q, & -q', & q, & q', & q, & \dots \\
t, & \tau, & 2\tau - t, & \tau + T, & t + 2T, & \tau + 2T, & 2\tau + 2T - t, & \dots
\end{array}
$$

On voit par ce tableau que, le temps ayant augmenté de la quantité $2T$, la variable q sera retournée à la même valeur et aura repris la même direction de sa marche. La même chose aura lieu par rapport aux quantités p et r et, par suite, comme il résulte des formules (4.), par rapport aux cosinus et sinus des angles φ et ϑ.

Venons à l'examen de l'intégrale par laquelle on a exprimé l'angle ψ,

$$\psi = -l \int \frac{Ap^2 + Bq^2}{A^2p^2 + B^2q^2}\, dt.$$

Si l'on prend la constante l avec le signe positif, cette intégrale montre que ψ décroît constamment. Considérons l'expression par laquelle, sous le signe intégral, se trouve multiplié dt, comme fonction de t, il suit des remarques précédentes, que cette fonction reprend les mêmes valeurs quand t augmente de la constante $2T$. On aura donc, en désignant cette fonction par $F(t)$, pour deux limites quelconques de l'intégrale, t_0 et t_1,

$$\int_{t_0}^{t_1} F(t)\, dt = \int_{t_0+2T}^{t_1+2T} F(t)\, dt,$$

ou, en ajoutant aux deux membres la même intégrale étendue de t_1 à t_0+2T,

$$\int_{t_0}^{t_0+2T} F(t)\, dt = \int_{t_1}^{t_1+2T} F(t)\, dt.$$

On voit, par cette formule, que l'intégrale

$$\int_{t}^{t+2T} F(t)\, dt$$

est indépendante de la valeur de la variable t ou que cette intégrale est une quantité constante positive que nous désignerons par

$$\frac{2T\Psi}{l} = \int_{t}^{t+2T} \frac{Ap^2 + Bq^2}{A^2p^2 + B^2q^2}\, dt.$$

Supposons que la valeur $\psi = 0$ corresponde au temps $t = t_0$, on aura

$$-l \int_{t_0}^{t} \frac{Ap^2 + Bq^2}{A^2p^2 + B^2q^2}\, dt = \psi$$

$$-l \int_{t_0}^{t+2T} \frac{Ap^2 + Bq^2}{A^2p^2 + B^2q^2}\, dt = -l \int_{t_0}^{t} \frac{Ap^2 + Bq^2}{A^2p^2 + B^2q^2}\, dt - l \int_{t}^{t+2T} \frac{Ap^2 + Bq^2}{A^2p^2 + B^2q^2}\, dt$$

$$= \psi - 2T\Psi.$$

Donc, toutes les fois que le temps augmentera de la quantité constante $2T$,

l'angle ψ décroîtra de la quantité constante $2T\Psi$. De là suit que, faisant

$$\psi' = \psi + \Psi(t-t_0),$$

l'angle ψ' ne change pas du tout de valeur, quand le temps augmente de la constante $2T$, ou que ψ', de même que les quantités p, q, r, et les cosinus et sinus des angles φ et ϑ, est une fonction du temps *périodique* et qui jouit de la même période que ces quantités, $2T$.

Supposons que, dans le plan invariable, une droite, que je désignerai par (x), tourne uniformément, et avec une vitesse angulaire Ψ, autour du point fixe dans le même sens dans lequel les angles ψ décroissent ou dans lequel se fait la rotation du corps autour de l'axe des z. Supposons de plus que, pour le temps $t=t_0$, cette droite coïncide avec la droite fixe, à partir de laquelle l'angle ψ est compté. Dans un temps indéfini t la droite (x) fera avec la droite fixe un angle égal à

$$-\Psi(t-t_0).$$

Donc, ψ étant l'angle que l'intersection du plan des x', y' et du plan invariable fait avec la droite fixe, la même intersection fera avec la droite mobile (x) un angle égal à

$$\psi + \Psi(t-t_0) = \psi'.$$

On pourra donc, indifféremment, déterminer cette intersection, ou par l'angle ψ qu'elle fait avec la droite fixe, ou par l'angle ψ' qu'elle fait avec la droite mobile (x).

Soit fixement liée avec la droite (x) une autre droite (y), perpendiculaire à (x) dans le plan invariable, et dont la direction est la même que la droite (x) aurait après une rotation de 90^0, faite dans le sens de son mouvement. On connaîtra, à chaque instant, la position des droites (x) et (y), puisqu'elles tournent uniformément, dans le plan invariable, autour du point fixe, dans un sens donné, et avec une vitesse angulaire donnée. A un instant quelconque prenons les droites (x) et (y) pour axes des coordonnées x et y, et pour axe des z la perpendiculaire menée, par le point fixe, au plan invariable. Soient x, y, z les coordonnées d'un point quelconque du corps mobile, rapportées à ces axes; soient x', y', z' les coordonnées du même point, rapportées aux axes principaux fixes dans le corps; on aura

$$x = \alpha x' + \beta y' + \gamma z'$$
$$y = \alpha' x' + \beta' y' + \gamma' z'$$
$$z = \alpha'' x' + \beta'' y' + \gamma'' z',$$

et l'on obtiendra les expressions des neuf quantités, α, β, etc., de celles données dans la Mécanique de Mr. Poisson (II. p. 64), en remplaçant seulement
l'angle ψ par l'angle

$$\psi' = \psi + \Psi(t - t_0).$$

On aura donc

$$\alpha = \cos\vartheta \sin\varphi \sin\psi' + \cos\varphi \cos\psi'$$
$$\alpha' = \cos\vartheta \sin\varphi \cos\psi' - \cos\varphi \sin\psi'$$
$$\alpha'' = -\sin\vartheta \sin\varphi,$$

$$\beta = \cos\vartheta \cos\varphi \sin\psi' - \sin\varphi \cos\psi'$$
$$\beta' = \cos\vartheta \cos\varphi \cos\psi' + \sin\varphi \sin\psi'$$
$$\beta'' = -\sin\vartheta \cos\varphi$$

$$\gamma = \sin\vartheta \sin\psi'$$
$$\gamma' = \sin\vartheta \cos\psi'$$
$$\gamma'' = \cos\vartheta.$$

Les cosinus et sinus des trois angles φ, ϑ, ψ', reprenant toujours les
mêmes valeurs, après un accroissement du temps égal à $2T$, on voit, par ces formules, que les neuf quantités α, β, etc. sont des fonctions du temps périodiques
et jouissent toutes de la même période $2T$. Connaissant donc les positions diverses que le corps mobile prend dans un temps limité $2T$, on en connaîtra la
position pour tout le temps, futur ou passé. En effet, étant donnée une des
positions du corps, correspondante à un temps t, pour en déterminer la position
correspondante au temps $t + 2iT$, i étant un nombre entier quelconque, on
n'aura qu'à faire tourner le corps, autour de l'axe des z, d'un angle constant
égal à $2i\Psi T$, dans le sens de la rotation primitive. Le corps se trouvera dans
la position correspondante au temps $t - 2iT$, après avoir fait la même rotation
dans le sens opposé. On voit par là, que le mouvement du corps se compose de
deux mouvements périodiques; après un temps égal à $\frac{2\pi}{\Psi}$, les droites (x) et (y),
mobiles dans le plan invariable, auront repris la même position dans ce plan,
l'axe des z restant toujours en repos; et après le temps $2T$, le corps aura repris
la même position, par rapport aux axes des x, y, z.

Quand on est parvenu à réduire un problème aux quadratures, un grand
avantage de cette réduction consiste en ce qu'elle nous met à même de juger

en général de la marche que suivent les variables. Mais il semble que l'on n'a pas assez fait ressortir cet avantage, dans tous les cas, des formules intégrales, puisque, si l'on a discuté cette marche des variables, ce n'a été presque toujours que dans les cas qui se prêtent aux solutions approximatives et que l'on aurait pu traiter, sans même connaître la solution générale.

Le raisonnement qu'on vient de faire sur la nature des variables qui, dans le problème proposé, déterminent à chaque instant la position du mobile, est indépendant de ce qu'on peut réduire ces variables aux fonctions elliptiques. Mais par le moyen de ces fonctions, on saura représenter ces mêmes variables par des séries périodiques simples et régulières et d'une convergence des plus rapides.

Réduction des neuf coefficients α, β etc. aux fonctions elliptiques.

Legendre, dans son Traité des Fonctions Elliptiques, a réduit les expressions du temps t et de l'angle ψ, à des intégrales elliptiques, respectivement de la première et de la troisième espèce. Les cos., sin., Δ de l'amplitude de ces intégrales sont égaux aux cosinus des angles que les axes principaux du corps font avec l'axe des z, multipliés par des facteurs constants lesquels, comme le module et le paramètre des mêmes intégrales, sont déterminés par les moments principaux du corps et les données initiales du problème. On saura donc exprimer, réciproquement, en fonctions de t, les cosinus des angles que les axes principaux font avec l'axe des z, ou les quantités désignées ci-dessus par α'', β'', γ''. La théorie des fonctions elliptiques fait voir que ces expressions inverses peuvent être représentées par des *fractions* dont les numérateurs et le dénominateur sont des fonctions de la plus grande simplicité et lesquelles, à cause de l'extrême convergence des séries dans lesquelles elles peuvent être développées, pour toute valeur réelle ou imaginaire de leur argument, doivent être regardées, dans le calcul, comme des quantités finies, de même que les quantités algébriques, trigonométriques ou exponentielles. Par ces mêmes fonctions on a exprimé encore, d'une manière très simple, les intégrales elliptiques de la troisième espèce. On saura donc aussi exprimer l'angle ψ, dépendant d'une intégrale elliptique de la troisième espèce, par ces fonctions simples et explicites du temps.

Les expressions en fonctions du temps, dont on vient de parler, des trois coefficients, α'', β'', γ'', et de l'angle ψ, ont été données par M. Rueb dans une savante thèse[*]) laquelle, en outre, contient plusieurs développements intéressants. Ces expressions suffisent pour déterminer la position des axes principaux du mobile, correspondante à un temps quelconque. Mais on a cru que, pour avoir une solution complète, il faudra donner les fonctions du temps, par lesquelles s'expriment tous les neuf coefficients, α, β etc. En remplissant cette tâche, on est parvenu à des expressions de ces quantités, qui par leur simplicité et leur caractère analogue à celui des fonctions algébriques rationnelles, sont éminemment propres à être traitées dans le calcul, circonstance d'autant plus importante, puisque ces mêmes quantités pourront et devront être un élément fondamental de la mécanique des mobiles à trois dimensions.

Rappelons les formules (5.) que j'écrirai de la manière suivante:

$$p^2 = \frac{l^2 - Ch}{A(A-C)}\left(1 - \frac{B(B-C)}{l^2 - Ch}q^2\right),$$
$$r^2 = \frac{Ah - l^2}{C(A-C)}\left(1 - \frac{B(A-B)}{Ah - l^2}q^2\right).$$

Le facteur de q^2 étant plus grand dans la valeur de p^2 que dans celle de r^2, on fera

$$\sqrt{\frac{B(B-C)}{l^2 - Ch}}\cdot q = \sin\xi$$
$$\sqrt{\frac{B(A-B)}{Ah - l^2}}\cdot q = k\sin\xi,$$

où k est une constante plus petite que l'unité et qui est donnée par l'équation

$$k = \sqrt{\frac{(A-B)(l^2 - Ch)}{(B-C)(Ah - l^2)}},$$

d'où suit

$$k' = \sqrt{1 - k^2} = \sqrt{\frac{(A-C)(Bh - l^2)}{(B-C)(Ah - l^2)}}.$$

Posant, de plus,

$$\Delta(\xi) = \sqrt{1 - k^2\sin^2\xi},$$

---

[*]) Specimen inaugurale de motu gyratorio corporis rigidi nulla vi acceleratrici sollicitati auct. Adolpho Stephano Rueb Roterodamensi, Trajecti ad Rhenum 1834.

il viendra

$$p = -\sqrt{\frac{l^2 - Ch}{A(A-C)}} \cdot \cos \xi$$

$$q = \sqrt{\frac{l^2 - Ch}{B(B-C)}} \cdot \sin \xi$$

$$r = \pm \sqrt{\frac{Ah - l^2}{C(A-C)}} \cdot \Delta(\xi).$$

L'on a, dans ces formules, déterminé les signes de manière que l'angle ξ croît constamment avec le temps. En effet, on a vu que le signe de p doit être opposé à celui de dq, ou à celui de $\cos \xi \, d\xi$. Donc, pour que $d\xi$ soit toujours positif, ainsi que l'élément dt, on a dû donner à la valeur de p le signe —. Quant à la valeur de r, il a fallu lui donner le signe $\pm$, puisqu'on a supposé que r ait le même signe que $Bh - l^2$, et qu'on est convenu de prendre le signe supérieur ou inférieur, selon que $Bh - l^2$ est positif ou négatif.

En substituant les valeurs de p, q, r, dans la formule différentielle,

$$dt = -\frac{B}{A-C} \frac{dq}{rp},$$

il viendra

$$\frac{d\xi}{\Delta(\xi)} = \sqrt{\frac{(B-C)(Ah-l^2)}{ABC}} \, dt.$$

Supposons que ξ s'évanouisse en même temps que ψ ou pour $t = t_0$, et faisons

$$u = \sqrt{\frac{(B-C)(Ah-l^2)}{ABC}} \cdot (t - t_0) = n(t - t_0),$$

en posant

$$n = \sqrt{\frac{(B-C)(Ah-l^2)}{ABC}}.$$

On aura donc

$$\frac{d\xi}{\Delta(\xi)} = du,$$

ou, d'après la notation dont on se sert dans l'analyse des fonctions elliptiques,

$$\xi = \operatorname{am}(u),$$

et, par suite,

$$p = -\frac{l}{A} \sin \vartheta \sin \varphi = -\sqrt{\frac{l^2 - Ch}{A(A-C)}} \cos \operatorname{am} u$$

$$q = -\frac{l}{B} \sin \vartheta \cos \varphi = \sqrt{\frac{l^2 - Ch}{B(B-C)}} \sin \operatorname{am} u$$

$$r = \frac{l}{C} \cos \vartheta \quad = \pm \sqrt{\frac{Ah - l^2}{C(A-C)}} \Delta \operatorname{am} u,$$

le module des fonctions elliptiques étant la constante k dont on a donné ci-dessus la valeur.

L'angle ϑ est supposé entre 0 et $180°$, d'où suit que $\sin\vartheta$ sera toujours positif. Cet angle sera entre 0 et $90°$, si $Bh > l^2$, et entre $90°$ et $180°$, dans le cas contraire. Donc, selon que $Bh - l^2$ est positif ou négatif, l'axe des z' doit être mené au dessous ou au dessus du plan invariable supposé horizontal.

L'intersection qu'a, au temps $t = t_0$, le plan des x', y' avec le plan invariable, est la droite fixe dans ce dernier plan, parceque pour $t = t_0$ on a supposé $\psi = 0$. D'autre côté, pour $t = t_0$ ou $u = 0$, on a $\cos\varphi = 0$ et $\sin\vartheta\sin\varphi$ positif; par conséquence, $\sin\vartheta$ étant toujours positif, l'on doit avoir $\varphi = +\frac{1}{2}\pi$, c'est à dire, l'axe des x' fera, dans le sens convenu, l'angle $+\frac{1}{2}\pi$ avec l'intersection du plan des x', y' et du plan invariable, ou avec la droite fixe dans ce dernier plan. En augmentant cet angle, dans son plan et dans le même sens, de $\frac{1}{2}\pi$, on a la position de l'axe des y'. Cet axe fera donc avec la droite fixe dans le plan invariable l'angle π. Donc, au temps $t = t_0$, l'axe des y' sera couché sur le plan invariable, et y prendra une position opposée à la direction de la droite fixe dans ce plan.

Pour réduire aux fonctions elliptiques l'angle ψ, substituons d'abord dans $A^2p^2 + B^2q^2$ les valeurs, données ci-dessus, de p et de q. On aura par cette substitution

$$A^2p^2 + B^2q^2 = (l^2 - Ch)\left\{ \frac{A\cos^2 \mathrm{am}\, u}{A - C} + \frac{B\sin^2 \mathrm{am}\, u}{B - C} \right\}$$

$$= \frac{A(l^2 - Ch)}{A - C}\left(1 + \frac{C(A - B)}{A(B - C)}\sin^2 \mathrm{am}\, u \right).$$

En faisant

$$\frac{A(B - C)}{C(A - B)} = -\sin^2 \mathrm{am}\,(ia') = \mathrm{tg}^2\, \mathrm{am}\,(a', k'),$$

où l'on supposera a' entre 0 et K', cette expression se change dans la suivante:

$$A^2p^2 + B^2q^2 = \frac{A(l^2 - Ch)}{A - C}\left(1 - \frac{\sin^2 \mathrm{am}\, u}{\sin^2 \mathrm{am}\,(ia')} \right),$$

ou, comme on a

$$\sin \mathrm{am}\,(iK' - ia') = \frac{-1}{k \sin \mathrm{am}\,(ia')},$$

dans celle-ci:

$$A^2p^2 + B^2q^2 = \frac{A(l^2 - Ch)}{A - C}\left(1 - k^2 \sin^2 \mathrm{am}\, i(K' - a')\sin^2 \mathrm{am}\, u \right).$$

Donc, étant posé

$$K'-a' = a,$$

il viendra

$$A^2p^2+B^2q^2 = \frac{A(l^2-Ch)}{A-C}\left(1- k^2 \sin^2 \mathrm{am}\,(ia)\, \sin^2 \mathrm{am}\, u\right).$$

On tire de là

$$\frac{Ap^2+Bq^2}{A^2p^2+B^2q^2} = \frac{1}{A} + \frac{A-B}{A} \cdot \frac{Bq^2}{A^2p^2+B^2q^2}$$

$$= \frac{1}{A} + \frac{(A-B)(A-C)}{A^2(B-C)} \cdot \frac{\sin^2 \mathrm{am}\, u}{1- k^2 \sin^2 \mathrm{am}\,(ia)\sin^2 \mathrm{am}\, u},$$

d'où suit

$$\psi = -l\int \frac{Ap^2+Bq^2}{A^2p^2+B^2q^2}\, dt$$

$$= -l\sqrt{\frac{BC}{A(B-C)(Ah-l^2)}}\cdot \left(u+\frac{(A-B)(A-C)}{A(B-C)} \int_0^u \frac{\sin^2 \mathrm{am}\, u\, du}{1- k^2 \sin^2 \mathrm{am}\,(ia)\, \sin^2 \mathrm{am}\, u}\right).$$

Or, de ce qu'on a posé ci-dessus, l'on tire

$$-k^2 \sin^2 \mathrm{am}\,(ia) = \frac{C(A-B)}{A(B-C)},$$

$$\Delta^2 \mathrm{am}\,(ia) = \frac{B(A-C)}{A(B-C)},$$

$$k^2 \cos^2 \mathrm{am}\,(ia) = \frac{A-B}{B-C}\left(\frac{l^2-Ch}{Ah-l^2}+\frac{C}{A}\right) = \frac{(A-B)(A-C)}{A(B-C)} \cdot \frac{l^2}{Ah-l^2},$$

et, par suite,

$$k^2 \sin \mathrm{am}\,(ia) \cos \mathrm{am}\,(ia)\, \Delta \mathrm{am}\,(ia) = \frac{\pm il(A-B)(A-C)}{A(B-C)} \sqrt{\frac{BC}{A(B-C)(Ah-l^2)}}.$$

Donc, en posant

$$\nu = \frac{l}{An} = l\sqrt{\frac{BC}{A(B-C)(Ah-l^2)}} = \pm i\frac{C}{A-C} \cdot \frac{\cos \mathrm{am}\,(ia)\, \Delta \mathrm{am}\,(ia)}{\sin \mathrm{am}\,(ia)},$$

il viendra

$$\psi = -\nu.u \pm i\int_0^u \frac{k^2 \sin \mathrm{am}\,(ia)\cos \mathrm{am}\,(ia)\, \Delta \mathrm{am}\,(ia)\, \sin^2 \mathrm{am}\, u\, du}{1- k^2 \sin^2 \mathrm{am}\,(ia)\, \sin^2 \mathrm{am}\, u}.$$

On tire la valeur de l'intégrale précédente de la formule (*Fundamenta nova* §. 52. (3.)):

$$\int_0^u \frac{k^2 \sin \mathrm{am}\, a \cos \mathrm{am}\, a\, \Delta \mathrm{am}\, a \sin^2 \mathrm{am}\, u\, du}{1- k^2 \sin^2 \mathrm{am}\, a \sin^2 \mathrm{am}\, u} = \frac{d \log \Theta(a)}{da}\, u + \tfrac{1}{2} \log \frac{\Theta(u-a)}{\Theta(u+a)},$$

dans laquelle la constante a peut avoir des valeurs quelconques, réelles ou imaginaires. En effet, il suit de cette formule, en y mettant ia au lieu de a,

$$\psi = \left(\pm \frac{d \log \Theta(ia)}{da} - \nu \right) u \pm \tfrac{1}{2} i \log \frac{\Theta(u-ia)}{\Theta(u+ia)},$$

ou

$$\psi = - n'u \pm \frac{1}{2i} \log \frac{\Theta(u+ia)}{\Theta(u-ia)},$$

étant posé

$$n' = \nu \mp \frac{d \log \Theta(ia)}{da}.$$

Pour parvenir aux valeurs précédentes des quantités p, q, r, et de l'angle ϕ, il suffit de remplacer les formules de Legendre par celles établies dans mon ouvrage sur les fonctions elliptiques. Ces valeurs ont été données, pour la première fois, dans le beau mémoire de M. Rueb. Mais, pour achever la solution du problème proposé, et pour arriver à des formules définitives, il faudra faire des calculs ultérieurs et pour lesquels les expressions trouvées précédemment ne sont, pour ainsi dire, qu'un point de départ.

Substituant dans n' la valeur donnée ci-dessus de ν, et remarquant qu'on a

$$\frac{i \cos \operatorname{am}(ia) \, \Delta \operatorname{am}(ia)}{\sin \operatorname{am}(ia)} = \frac{d \log \sin \operatorname{am}(ia)}{da} = \frac{d \log H(ia)}{da} - \frac{d \log \Theta(ia)}{da},$$

on trouve

$$n' = \pm \left\{ \frac{C d \log H(ia)}{(A-C) da} - \frac{A d \log \Theta(ia)}{(A-C) da} \right\}.$$

La quantité q étant proportionnelle au $\sin \operatorname{am} u$, lorsqu'elle croît constamment de sa limite inférieure à sa limite supérieure, l'argument u, croissant indéfiniment avec le temps, aura augmenté de $2K$, et, par suite, le temps $t = \frac{1}{n} u + t_0$, aura augmenté de $\frac{2K}{n}$. Or, on a ci-dessus appelé T cet intervalle de temps pendant lequel q, en croissant constamment, parvient d'une limite à l'autre; on aura donc

$$T = \frac{2K}{n}.$$

En augmentant u de $2K$ ou t de T, la fonction $\Theta(u \mp ia)$ ne change pas de valeur, donc l'angle ψ décroîtra de $2n'K = nn'T$. Or, on a trouvé égale

à ΨT cette quantité de laquelle ψ décroît chaque fois que le temps augmente de T, Ψ étant la vitesse angulaire de la droite (x); on aura donc

$$\Psi = nn' = \pm \left\{ \frac{nC}{A-C} \frac{d\log H(ia)}{da} - \frac{nA}{A-C} \frac{d\log \Theta(ia)}{da} \right\}.$$

Des formules données ci-dessus, l'on déduit aisément les suivantes:

$$\frac{l}{n} \cdot \frac{A-C}{AC} = \pm \frac{i\cos\operatorname{am}(ia)\,\Delta\operatorname{am}(ia)}{\sin\operatorname{am}(ia)} = \pm \frac{d\log\sin\operatorname{am}(ia)}{da}$$

$$\frac{l}{n} \cdot \frac{A-B}{AB} = \pm \frac{k^2\sin\operatorname{am}(ia)\cos\operatorname{am}(ia)}{i\Delta\operatorname{am}(ia)} = \pm \frac{d\log\Delta\operatorname{am}(ia)}{da}$$

$$\frac{l}{n} \cdot \frac{B-C}{BC} = \pm \frac{i\cos\operatorname{am}(ia)}{\sin\operatorname{am}(ia)\,\Delta\operatorname{am}(ia)} = \pm \frac{d\log\cos\operatorname{am}(K-ia)}{da}.$$

La première de ces formules donne

$$\Psi \frac{d\log\sin\operatorname{am}(ia)}{da} = \frac{l}{A} \frac{d\log H(ia)}{da} - \frac{l}{C} \frac{d\log \Theta(ia)}{da},$$

d'où l'on tire, après quelques réductions faciles, les formules remarquables:

$$\Psi - \frac{l}{A} = \mp n \frac{d\log \Theta(ia)}{da}$$

$$\Psi - \frac{l}{B} = \mp n \frac{d\log \Theta_1(ia)}{da}$$

$$\Psi - \frac{l}{C} = \mp n \frac{d\log H(ia)}{da}.$$

L'argument constant a étant entre 0 et K', les quantités

$$-\frac{d\log \Theta(ia)}{da}, \quad \frac{d\log H(ia)}{da}, \quad \frac{d\log H_1(ia)}{da}, \quad \frac{d\log \Theta_1(ia)}{da}$$

seront réelles et positives[*]. En vertu de cette remarque, on pourra conclure, des formules précédentes, que $\frac{l}{\Psi}$ est toujours contenu entre le plus grand et le plus petit moment, et que le moment moyen est toujours contenu entre $\frac{l^2}{h}$ et $\frac{l}{\Psi}$.

Posons

$$\psi' = \psi + \Psi(t-t_0) = \psi + nn'(t-t_0) = \psi + n'u,$$

---

[*] C'est ce qui est clair par rapport à la troisième et la quatrième de ces quantités; par rapport à la première, on le démontre en développant $\Theta(ia)$ en produit infini, et par rapport à la deuxième, en la ramenant à la première par la formule:

$$\frac{d\log H(ia)}{da} = \frac{\pi}{2K} - \frac{d\log \Theta(ia')}{da'}.$$

l'angle ψ' sera une fonction périodique de l'argument u ou du temps t, donnée par l'équation

$$\psi' = \frac{\pm 1}{2i} \log \frac{\Theta(u+ia)}{\Theta(u-ia)} = \frac{1}{2i} \log \frac{\Theta(u \pm ia)}{\Theta(u \mp ia)}.$$

L'angle ψ' étant exprimé ainsi par un logarithme divisé par l'unité imaginaire, le *sine* et le *cosine* de cet angle seront des fonctions algébriques de la quantité qui se trouve sous le signe logarithmique. Les expressions du sine et cosine d'une intégrale elliptique de la troisième espèce et au caractère trigonométrique, telle qu'elle sert à exprimer l'angle ψ', seront donc plus simples que celle de l'intégrale même. Or ce ne sont presque jamais les angles eux mêmes, mais leurs sines et cosines, dont on fait usage dans les calculs analytiques. En passant de l'expression logarithmique, de l'intégrale, aux expressions de son sine et cosine, on aura donc réuni le double avantage, d'avoir des expressions algébriques, et d'avoir les expressions des quantités mêmes qui entrent dans le calcul. C'est ainsi qu'on franchit véritablement la barrière devant laquelle on a coutume de s'arrêter dans les cas nombreux où l'on parvient à ramener un angle à une intégrale elliptique de la troisième espèce. On verra, de plus, dans la question que l'on traite ici, et dans beaucoup d'autres, que, le sine et cosine de l'intégrale se trouvant divisés par un radical, ce radical s'en ira dans le cours du calcul, à l'aide d'un facteur par lequel ces mêmes sine et cosine seront multipliés; de sorte que l'on parviendra, finalement, à des expressions fractionnaires *rationnelles* et qui ont une manière d'être parfaitement analogue à celle des fonctions elliptiques, $\sin am$, $\cos am$, Δam; seulement les arguments des numérateurs de ces fractions différeront de celui de leur dénominateur d'une quantité constante qui pourrait être quelconque, pendant que, dans les expressions des fonctions elliptiques élémentaires, $\sin am$, $\cos am$, Δam, les différences des arguments du numérateur et du dénominateur ont des valeurs constantes particulières, savoir celles des demi-indices, iK', $K+iK'$ ou K.

Voici à présent les calculs mêmes qu'il reste à faire pour achever la solution du problème mécanique proposé.

De la valeur donnée ci-dessus, de l'angle ψ', on tire

$$e^{i\psi'} = \sqrt{\frac{\Theta(u \pm ia)}{\Theta(u \mp ia)}} = \frac{\Theta(u \pm ia)}{\sqrt{N}},$$

II. 40

où l'on a posé

$$\Theta(u+ia)\,\Theta(u-ia) = N.$$

On aura donc

$$\cos\psi' = \frac{\Theta(u+ia)+\Theta(u-ia)}{2\sqrt{N}}$$

$$\pm\sin\psi' = \frac{\Theta(u+ia)-\Theta(u-ia)}{2i\sqrt{N}}.$$

Les formules par lesquelles on a ci-dessus rappelé les variables p, q, r aux fonctions elliptiques, donnent

$$\alpha'' = -\sin\vartheta\sin\varphi = -\frac{1}{l}\sqrt{\frac{A(l^2-Ch)}{A-C}}\cos\operatorname{am}u$$

$$\beta'' = -\sin\vartheta\cos\varphi = \frac{1}{l}\sqrt{\frac{B(l^2-Ch)}{B-C}}\sin\operatorname{am}u$$

$$\gamma'' = \cos\vartheta = \frac{\pm 1}{l}\sqrt{\frac{C(Ah-l^2)}{A-C}}\Delta\operatorname{am}u.$$

Ramenons, dans ces formules, les facteurs constants aux fonctions elliptiques à l'argument imaginaire ia.

On aura d'abord, d'après les formules par lesquelles on a introduit le module k et les fonctions elliptiques de ia,

$$\frac{C(Ah-l^2)}{(A-C)l^2} = -\operatorname{tg}^2\operatorname{am}(ia);$$

puis

$$\frac{(A-B)(l^2-Ch)}{(B-C)(Ah-l^2)} = k^2$$

$$\frac{B(A-C)}{C(A-B)} = -\frac{\Delta^2\operatorname{am}(ia)}{k^2\sin^2\operatorname{am}(ia)}$$

$$\frac{A(B-C)}{C(A-B)} = -\frac{1}{k^2\sin^2\operatorname{am}(ia)},$$

et, par suite,

$$\frac{B(l^2-Ch)}{(B-C)l^2} = \frac{\operatorname{tg}^2\operatorname{am}(ia)\,\Delta^2\operatorname{am}(ia)}{\sin^2\operatorname{am}(ia)} = \frac{\Delta^2\operatorname{am}(ia)}{\cos^2\operatorname{am}(ia)}$$

$$\frac{A(l^2-Ch)}{(A-C)l^2} = \frac{\operatorname{tg}^2\operatorname{am}(ia)}{\sin^2\operatorname{am}(ia)} = \frac{1}{\cos^2\operatorname{am}(ia)}.$$

On aura donc les valeurs suivantes des cosinus des angles que les axes principaux du mobile font avec la perpendiculaire au plan invariable:

$$\alpha'' = -\sin\vartheta\sin\varphi = -\frac{\cos\operatorname{am}u}{\cos\operatorname{am}(ia)}$$

$$\beta'' = -\sin\vartheta\cos\varphi = \frac{\Delta\operatorname{am}(ia)\sin\operatorname{am}u}{\cos\operatorname{am}(ia)}$$

$$\gamma'' = \cos\vartheta = \pm\frac{\sin\operatorname{am}(ia)\,\Delta\operatorname{am}u}{i\cos\operatorname{am}(ia)}.$$

En y substituant les formules

$$\sin\operatorname{am}u = \frac{1}{\sqrt{k}}\frac{H(u)}{\Theta(u)}, \qquad \sin\operatorname{am}(ia) = \frac{1}{\sqrt{k}}\frac{H(ia)}{\Theta(ia)}$$

$$\cos\operatorname{am}u = \sqrt{\frac{k'}{k}}\frac{H_1(u)}{\Theta(u)}, \qquad \cos\operatorname{am}(ia) = \sqrt{\frac{k'}{k}}\frac{H_1(ia)}{\Theta(ia)},$$

$$\Delta\operatorname{am}u = \sqrt{k'}\frac{\Theta_1(u)}{\Theta(u)}, \qquad \Delta\operatorname{am}(ia) = \sqrt{k'}\frac{\Theta_1(ia)}{\Theta(ia)},$$

ces valeurs se changent dans celles-ci:

$$\alpha'' = -\sin\vartheta\sin\varphi = -\frac{\Theta(ia)H_1(u)}{H_1(ia)\Theta(u)}$$

$$\beta'' = -\sin\vartheta\cos\varphi = \frac{\Theta_1(ia)H(u)}{H_1(ia)\Theta(u)}$$

$$\gamma'' = \cos\vartheta = \pm\frac{H(ia)\Theta_1(u)}{iH_1(ia)\Theta(u)}.$$

On déduit des formules précédentes

$$\sin^2\vartheta = \frac{\cos^2\operatorname{am}u + \Delta^2\operatorname{am}(ia)\sin^2\operatorname{am}u}{\cos^2\operatorname{am}(ia)} = \frac{1 - k^2\sin^2\operatorname{am}(ia)\sin^2\operatorname{am}u}{\cos^2\operatorname{am}(ia)}.$$

Or on a la formule suivante, qui est d'un grand usage dans l'analyse des fonctions elliptiques (*Fund.* §. 54. III.):

$$\frac{\Theta^2(0)\,\Theta(u+ia)\,\Theta(u-ia)}{\Theta^2(ia)\,\Theta^2(u)} = \frac{\Theta^2(0).N}{\Theta^2(ia)\,\Theta^2(u)} = 1 - k^2\sin^2\operatorname{am}(ia)\sin^2\operatorname{am}u;$$

laquelle étant substituée dans l'équation précédente, donnera

$$\sin\vartheta = \frac{\Theta(0)\sqrt{N}}{\Theta(ia)\,\Theta(u)}\cdot\frac{1}{\cos\operatorname{am}(ia)},$$

ou

$$\sin\vartheta = \frac{H_1(0)\sqrt{N}}{H_1(ia)\,\Theta(u)}.$$

40*

On tire de cette formule et des valeurs données ci-dessus de $\cos\psi'$ et de $\sin\psi'$,

$$\cos\psi' = \frac{\Theta(u+ia)+\Theta(u-ia)}{2\sqrt{N}}$$

$$\pm\sin\psi' = \frac{\Theta(u+ia)-\Theta(u-ia)}{2i\sqrt{N}},$$

les valeurs des cosinus des angles que l'axe des z' fait avec les droites (x) et (y), mobiles dans le plan invariable,

$$\gamma = \sin\vartheta\sin\psi' = \pm\frac{H_1(0)[\Theta(u+ia)-\Theta(u-ia)]}{2iH_1(ia)\,\Theta(u)}$$

$$\gamma' = \sin\vartheta\cos\psi' = \frac{H_1(0)[\Theta(u+ia)+\Theta(u-ia)]}{2H_1(ia)\,\Theta(u)},$$

formules rationnelles et dans lesquelles le radical, $\sqrt{N}$, par lequel sont divisées les valeurs de $\cos\psi'$ et de $\sin\psi'$, s'en est allé par la multiplication faite avec le facteur $\sin\vartheta$.

En divisant par la valeur de $\sin\vartheta$ les équations données ci-dessus,

$$\sin\vartheta\sin\varphi = \frac{\Theta(ia)\,H_1(u)}{H_1(ia)\,\Theta(u)}, \qquad \sin\vartheta\cos\varphi = -\frac{\Theta_1(ia)\,H(u)}{H_1(ia)\,\Theta(u)},$$

on trouvera les valeurs suivantes de $\sin\varphi$ et $\cos\varphi$:

$$\sin\varphi = \frac{\Theta(ia)\,H_1(u)}{H_1(0)\sqrt{N}}, \qquad \cos\varphi = -\frac{\Theta_1(ia)\,H(u)}{H_1(0)\sqrt{N}},$$

dans lesquelles on retrouve le radical, $\sqrt{N}$.

On vient d'exprimer par les fonctions elliptiques les valeurs des *cinq* coefficients,

$$\alpha'', \quad \beta'', \quad \gamma'', \quad \gamma', \quad \gamma.$$

Quant aux *quatre* restants, ils sont donnés par les angles φ, ϑ, ψ', au moyen des formules,

$$\alpha = \cos\vartheta\sin\varphi\sin\psi' + \cos\varphi\cos\psi'$$

$$\alpha' = \cos\vartheta\sin\varphi\cos\psi' - \cos\varphi\sin\psi'$$

$$\beta = \cos\vartheta\cos\varphi\sin\psi' - \sin\varphi\cos\psi'$$

$$\beta' = \cos\vartheta\cos\varphi\cos\psi' + \sin\varphi\sin\psi'.$$

En substituant dans ces expressions les valeurs qu'on a trouvées de

$$\cos\vartheta, \quad \sin\varphi, \quad \cos\varphi, \quad \sin\psi', \quad \cos\psi',$$

on voit tout d'abord, qu'encore dans les valeurs de α, β, α', β' s'en va le radical $\sqrt{N}$. Mais pour avoir les expressions les plus simples de ces coefficients, il faudra passer par quelques transformations et appeler à l'aide les formules de l'addition des fonctions elliptiques.

En effet, en substituant dans les deux formules d'addition,

$$\cos\text{am}(u\pm ia) = \frac{\cos\text{am}(ia)\cos\text{am}\,u \mp \sin\text{am}(ia)\,\Delta\text{am}(ia)\sin\text{am}\,u\,\Delta\text{am}\,u}{1-k^2\sin^2\text{am}(ia)\sin^2\text{am}\,u}$$

$$\sin\text{am}(u\pm ia) = \frac{\cos\text{am}(ia)\,\Delta\text{am}(ia)\sin\text{am}\,u \pm \sin\text{am}(ia)\cos\text{am}\,u\,\Delta\text{am}\,u}{1-k^2\sin^2\text{am}(ia)\sin^2\text{am}\,u},$$

les formules trouvées ci-dessus,

$$\frac{\cos\text{am}\,u}{\cos\text{am}(ia)} = \sin\vartheta\sin\varphi$$

$$\frac{\Delta\text{am}(ia)\sin\text{am}\,u}{\cos\text{am}(ia)} = -\sin\vartheta\cos\varphi$$

$$\frac{\sin\text{am}(ia)\,\Delta\text{am}\,u}{\cos\text{am}(ia)} = \pm i\cos\vartheta$$

$$\frac{1-k^2\sin^2\text{am}(ia)\sin^2\text{am}\,u}{\cos^2\text{am}(ia)} = \sin^2\vartheta,$$

on parvient aux formules importantes:

$$\cos\text{am}(u\pm ia) = \frac{\sin\varphi\pm i\cos\vartheta\cos\varphi}{\sin\vartheta}$$

$$\sin\text{am}(u\pm ia) = \frac{-\cos\varphi\pm i\cos\vartheta\sin\varphi}{\sin\vartheta}.$$

On substituera aux signes ambigus $\pm$, dans les deux membres de chacune de ces deux équations, ou le même signe ou des signes opposés, selon que $Bh-l^2$ est positif ou négatif.

Introduisons à présent dans les valeurs données ci-dessus de α, α', β, β' au lieu de $\cos\psi'$ et $\sin\psi'$ les exponentielles, on aura:

$$2\alpha = (-i\cos\vartheta\sin\varphi + \cos\varphi)e^{i\psi'} + (i\cos\vartheta\sin\varphi + \cos\varphi)e^{-i\psi'}$$

$$2\alpha' = (\cos\vartheta\sin\varphi + i\cos\varphi)e^{i\psi'} + (\cos\vartheta\sin\varphi - i\cos\varphi)e^{-i\psi'}$$

$$2\beta = (-i\cos\vartheta\cos\varphi - \sin\varphi)e^{i\psi'} + (i\cos\vartheta\cos\varphi - \sin\varphi)e^{-i\psi'}$$

$$2\beta' = (\cos\vartheta\cos\varphi - i\sin\varphi)e^{i\psi'} + (\cos\vartheta\cos\varphi + i\sin\varphi)e^{-i\psi'},$$

d'où l'on tire, en substituant les valeurs qu'on vient de trouver, de $\sin \operatorname{am}(u \pm ia)$ et $\cos \operatorname{am}(u \pm ia)$,

$$2a = -\sin \vartheta\, e^{i\psi'} \sin \operatorname{am}(u \pm ia) - \sin \vartheta\, e^{-i\psi'} \sin \operatorname{am}(u \mp ia)$$

$$2a' = -i \sin \vartheta\, e^{i\psi'} \sin \operatorname{am}(u \pm ia) + i \sin \vartheta\, e^{-i\psi'} \sin \operatorname{am}(u \mp ia)$$

$$2\beta = -\sin \vartheta\, e^{i\psi'} \cos \operatorname{am}(u \pm ia) - \sin \vartheta\, e^{-i\psi'} \cos \operatorname{am}(u \mp ia)$$

$$2\beta' = -i \sin \vartheta\, e^{i\psi'} \cos \operatorname{am}(u \pm ia) + i \sin \vartheta\, e^{-i\psi'} \cos \operatorname{am}(u \mp ia).$$

Or on a

$$\sin \vartheta\, e^{i\psi'} = \frac{H_1(0)\, \Theta(u \pm ia)}{H_1(ia)\, \Theta(u)}$$

$$\sin \vartheta\, e^{-i\psi'} = \frac{H_1(0)\, \Theta(u \mp ia)}{H_1(ia)\, \Theta(u)},$$

et les formules elliptiques

$$H_1(0)\, \Theta(u \pm ia) \cos \operatorname{am}(u \pm ia) = \Theta(0)\, H_1(u \pm ia)$$

$$H_1(0)\, \Theta(u \pm ia) \sin \operatorname{am}(u \pm ia) = \Theta_1(0)\, H(u \pm ia).$$

En substituant ces équations dans les expressions précédentes de α, α', β, β', on parvient, finalement, aux expressions suivantes de ces coefficients :

$$\alpha = -\frac{\Theta_1(0)[H(u+ia)+H(u-ia)]}{2H_1(ia)\, \Theta(u)}$$

$$\alpha' = \pm \frac{\Theta_1(0)[H(u+ia)-H(u-ia)]}{2iH_1(ia)\, \Theta(u)}$$

$$\beta = -\frac{\Theta(0)[H_1(u+ia)+H_1(u-ia)]}{2H_1(ia)\, \Theta(u)}$$

$$\beta' = \pm \frac{\Theta(0)[H_1(u+ia)-H_1(u-ia)]}{2iH_1(ia)\, \Theta(u)}.$$

On a exprimé, dans ce qui précède, les cosinus des angles que les trois axes principaux du corps font avec les droites (x) et (y), ou les quantités

$$\alpha, \quad \beta, \quad \gamma; \quad \alpha', \quad \beta', \quad \gamma',$$

par des fractions qui ont toutes le même dénominateur et dont les numérateurs, abstraction faite des facteurs constants qui ne sont que fonctions du module, sont formés, respectivement, à l'aide des trois fonctions Θ, H, H_1 d'une manière parfaitement analogue. On pourrait désirer, pour rendre complet le système de ces formules, de voir paraître encore, dans cette théorie, les fractions analogues dont les numérateurs sont formés à l'aide de la quatrième fonction, Θ_1. De

pareilles fractions ne se sont pas trouvées parmi les valeurs des trois autres quantités, α'', β'', γ'', ou des cosinus des angles que les axes principaux font avec le troisième axe de coordonnées, celui des z; mais de telles expressions se présenteront, en cherchant les vitesses de rotation du corps autour des droites (x) et (y), ou les produits de la vitesse de rotation autour de l'axe instantané avec les cosinus des angles que cet axe fait avec ces mêmes droites, la vitesse de rotation autour de l'axe des z étant, comme on sait, une constante,

$$\frac{h}{l}.$$

On pourra parvenir à ces expressions de plusieurs manières différentes, et en faisant usage de telle ou telle formule d'addition des fonctions elliptiques. L'analyse suivante qui peut-être n'est ni la plus courte ni la plus symétrique, a paru pourtant celle qui s'offre le plus naturellement.

Détermination des vitesses de rotation du corps autour des axes des x et y.

Désignons les vitesses de rotation du corps autour des droites (x) et (y), mobiles elles mêmes dans le plan invariable, par v et v', on aura

$$v = \alpha p + \beta q + \gamma r$$
$$v' = \alpha' p + \beta' q + \gamma' r,$$

ou

$$v = l\left(\frac{\alpha\alpha''}{A} + \frac{\beta\beta''}{B} + \frac{\gamma\gamma''}{C}\right)$$
$$v' = l\left(\frac{\alpha'\alpha''}{A} + \frac{\beta'\beta''}{B} + \frac{\gamma'\gamma''}{C}\right).$$

Éliminons les valeurs de $\gamma\gamma''$ et de $\gamma'\gamma''$ au moyen des équations

$$\alpha\alpha'' + \beta\beta'' + \gamma\gamma'' = 0$$
$$\alpha'\alpha'' + \beta'\beta'' + \gamma'\gamma'' = 0,$$

il viendra

$$v = -\frac{l}{C}\left(\frac{A-C}{A}\alpha\alpha'' + \frac{B-C}{B}\beta\beta''\right)$$
$$v' = -\frac{l}{C}\left(\frac{A-C}{A}\alpha'\alpha'' + \frac{B-C}{B}\beta'\beta''\right).$$

En substituant la formule

$$\Delta^2 \mathrm{am}(ia) = \frac{B(A-C)}{A(B-C)},$$

et en posant

$$\mu = -\frac{(B-C)l}{BC},$$

ces expressions se changeront dans celles-ci :

$$v = \mu[\Delta^2 \operatorname{am}(ia)\alpha\alpha'' + \beta\beta'']$$
$$v' = \mu[\Delta^2 \operatorname{am}(ia)\alpha'\alpha'' + \beta'\beta''].$$

Au lieu de considérer à part les quantités v et v', nous allons chercher la valeur de

$$v \pm iv',$$

où l'on prendra encore le signe $+$ ou $-$, selon que $Bh - l^2$ est positif ou négatif. Pour cet effet, je remarque qu'en mettant

$$m = H_1(ia)\Theta(u),$$

l'on tire des valeurs trouvées ci-dessus de α, α', β, β' les deux formules suivantes :

$$m(\alpha \pm i\alpha') = -\Theta_1(0)H(u-ia)$$
$$m(\beta \pm i\beta') = -\Theta(0)H_1(u-ia).$$

Ces équations étant substituées dans la valeur de

$$v \pm iv' = \mu[\Delta^2 \operatorname{am}(ia)(\alpha \pm i\alpha')\alpha'' + (\beta \pm i\beta')\beta''],$$

on aura

$$-\frac{m}{\mu}(v \pm iv') = \Theta_1(0)\Delta^2 \operatorname{am}(ia)H(u-ia)\alpha'' + \Theta(0)H_1(u-ia)\beta''.$$

Substituant les valeurs

$$\alpha'' = -\frac{\cos \operatorname{am} u}{\cos \operatorname{am}(ia)}$$

$$\beta'' = \frac{\Delta \operatorname{am}(ia)\sin \operatorname{am} u}{\cos \operatorname{am}(ia)},$$

et faisant usage des formules

$$\Theta_1(0)H(u-ia) = H_1(0)\Theta(u-ia).\sin \operatorname{am}(u-ia)$$
$$\Theta(0)H_1(u-ia) = H_1(0)\Theta(u-ia).\cos \operatorname{am}(u-ia),$$

on trouvera

$$-\frac{m\cos \operatorname{am}(ia)}{\mu\Delta \operatorname{am}(ia)} \cdot \frac{v \pm iv'}{H_1(0)\Theta(u-ia)} = \sin \operatorname{am} u \cos \operatorname{am}(u-ia) - \Delta \operatorname{am}(ia)\cos \operatorname{am} u \sin \operatorname{am}(u-ia).$$

Or d'après une formule d'addition que l'on déduit aisément des formules connues, on a

$$\sin \operatorname{am} u \cos \operatorname{am}(u-ia) - \Delta \operatorname{am}(ia)\cos \operatorname{am} u \sin \operatorname{am}(u-ia) = \sin \operatorname{am}(ia) \Delta \operatorname{am}(u-ia),$$

d'où l'on tire

$$-\frac{m\cos\mathrm{am}\,(ia)}{\mu\Delta\,\mathrm{am}\,(ia)}\cdot\frac{v\pm iv'}{H_1(0)\,\Theta(u-ia)}=\sin\mathrm{am}\,(ia)\,\Delta\,\mathrm{am}\,(u-ia).$$

Remarquons qu'on a,

$$\frac{\sin\mathrm{am}\,(ia)\,\Delta\,\mathrm{am}\,(ia)}{\cos\mathrm{am}\,(ia)}=\frac{i}{l}\sqrt{\frac{BC(Ah-l^2)}{A(B-C)}},$$

et, par suite, multipliant par μ et substituant la valeur de μ et celle donnée ci-dessus du facteur n,

$$\frac{\mu\sin\mathrm{am}\,(ia)\,\Delta\,\mathrm{am}\,(ia)}{\cos\mathrm{am}\,(ia)}=\mp i\sqrt{\frac{(B-C)(Ah-l^2)}{ABC}}=\mp in.$$

Remarquons, de plus, qu'on a

$$H_1(0)=\sqrt{\frac{2kK}{\pi}},\qquad \Theta(u-ia)\,\Delta\,\mathrm{am}\,(u-ia)=\sqrt{k'}.\,\Theta_1(u-ia),$$

il viendra

$$v\pm iv'=\pm in\sqrt{\frac{2kk'K}{\pi}}\cdot\frac{\Theta_1(u-ia)}{H_1(ia)\,\Theta(u)}.$$

Changeant i en $-i$, on aura de même

$$v\mp iv'=\mp in\sqrt{\frac{2kk'K}{\pi}}\cdot\frac{\Theta_1(u+ia)}{H_1(ia)\,\Theta(u)}.$$

Donc, les vitesses de rotation autour des droites mobiles (x) et (y) que l'on a choisies pour axes des x et y, deviendront

$$v=\mp\frac{f[\Theta_1(u-ia)-\Theta_1(u+ia)]}{2iH_1(ia)\,\Theta(u)}$$

$$v'=\frac{f[\Theta_1(u-ia)+\Theta_1(u+ia)]}{2H_1(ia)\,\Theta(u)},$$

où l'on a posé

$$f=n\sqrt{\frac{2kk'K}{\pi}}=nH'(0),$$

en désignant par $H'(0)$ la valeur de $\dfrac{dH(u)}{du}$ pour $u=0$ (*Fund.* §. 61).

Remarquons que partout où entrent dans les résultats trouvés les signes ambigus $\pm$ et $\mp$, on peut s'en passer et les remplacer par le signe supérieur, en

ayant soin de donner aux axes des z' et des y les directions opposées quand $Bh < l^2$. C'est ce qui résulte des formules primitives desquelles on est parti et peut servir à vérifier ces signes dans les valeurs que l'on a trouvées des cosinus des angles que les axes principaux et l'axe instantané font avec les axes des x, y, z.

Le quarré de la vitesse de rotation autour de l'axe instantané est la somme des quarrés de celles autour de trois axes rectangulaires quelconques. En prenant pour ces axes ceux des x', y', z' ou des x, y, z, on aura l'équation

$$p^2 + q^2 + r^2 = v^2 + v'^2 + \frac{h^2}{l^2},$$

laquelle peut servir à vérifier les valeurs trouvées de v et v'. C'est ce que nous allons faire de la manière suivante.

Des équations (5.),

$$p^2 = \frac{l^2 - Ch - B(B-C)q^2}{A(A-C)}$$

$$r^2 = \frac{Ah - l^2 - B(A-B)q^2}{C(A-C)},$$

il s'ensuit

$$p^2 + q^2 + r^2 - \frac{h^2}{l^2} = \frac{(Ah - l^2)(l^2 - Ch) - l^2(A-B)(B-C)q^2}{AC.l^2},$$

et comme on a

$$q^2 = \frac{l^2 - Ch}{B(B-C)} \sin^2 \mathrm{am}\, u, \qquad n^2 = \frac{(B-C)(Ah - l^2)}{ABC},$$

il viendra

$$p^2 + q^2 + r^2 - \frac{h^2}{l^2} = \frac{l^2 - Ch}{A.BC.l^2} \left[B(Ah - l^2) - (A-B)l^2 \sin^2 \mathrm{am}\, u \right]$$

$$= n^2 \left(\frac{B(l^2 - Ch)}{(B-C)l^2} - \frac{(A-B)(l^2 - Ch)}{(B-C)(Ah - l^2)} \sin^2 \mathrm{am}\, u \right),$$

et comme on a de plus

$$k^2 = \frac{(A-B)(l^2 - Ch)}{(B-C)(Ah - l^2)}, \qquad \frac{\Delta^2 \mathrm{am}\, (ia)}{\cos^2 \mathrm{am}\, (ia)} = \frac{B(l^2 - Ch)}{(B-C)l^2},$$

il résultera

$$p^2 + q^2 + r^2 - \frac{h^2}{l^2} = n^2 \left(\frac{\Delta^2 \mathrm{am}\, (ia)}{\cos^2 \mathrm{am}\, (ia)} - k^2 \sin^2 \mathrm{am}\, u \right).$$

D'autre côté, on trouve successivement

$$v^2 + v'^2 = \frac{f^2 \,\Theta_1(u+ia)\,\Theta_1(u-ia)}{H_1^2(ia)\,\Theta^2(u)}$$

$$= \frac{f^2}{k'} \frac{\Theta(u+ia)\,\Theta(u-ia)}{H_1^2(ia)\,\Theta^2(u)}\,\Delta\,\mathrm{am}\,(u+ia)\,\Delta\,\mathrm{am}\,(u-ia)$$

$$= \frac{f^2}{k'} \frac{\Theta^2(ia)}{\Theta^2(0)\,H_1^2(ia)}[1-k^2\sin^2\mathrm{am}\,(ia)\sin^2\mathrm{am}\,u]\,\Delta\,\mathrm{am}\,(u+ia)\,\Delta\,\mathrm{am}\,(u-ia)$$

$$= \frac{f^2[\Delta^2\,\mathrm{am}\,(ia)-k^2\cos^2\mathrm{am}\,(ia)\sin^2\mathrm{am}\,u]}{kk'\,\Theta_1^2(0)\cos^2\mathrm{am}\,(ia)}\quad *),$$

donc

$$v^2+v'^2 = n^2\left(\frac{\Delta^2\,\mathrm{am}\,(ia)}{\cos^2\mathrm{am}\,(ia)}-k^2\sin^2\mathrm{am}\,u\right)$$

$$= p^2+q^2+r^2-\frac{h^2}{l^2},$$

ce qu'il fallait démontrer.

Au lieu de faire tourner les droites (x) et (y) dans le plan invariable autour du point fixe avec la vitesse angulaire Ψ, on peut donner ce mouvement de rotation au plan invariable même. La vitesse de rotation du corps, parallèle à ce même plan, étant $\frac{h}{l}$, on aura

$$\frac{h}{l} - \Psi$$

pour la vitesse *relative* de la rotation du corps parallèle au plan invariable, ce dernier de son côté étant supposé tournoyer autour du point fixe avec la vitesse angulaire Ψ. Cette vitesse relative, $\frac{h}{l} - \Psi$, peut être exprimée au moyen des fonctions Θ d'une manière remarquable.

Pour trouver cette expression, on partira de la formule

$$\cos^2\mathrm{am}\,(ia) = \frac{(A-C)l^2}{A(l^2-Ch)},$$

d'où l'on tire

$$\frac{h}{l} = l\left(\frac{1}{C}-\frac{A-C}{AC\cos^2\mathrm{am}\,(ia)}\right).$$

Or on a trouvé ci-dessus la formule

$$\frac{l}{n}\cdot\frac{A-C}{AC} = \pm\,\frac{i\cos\mathrm{am}\,(ia)\,\Delta\,\mathrm{am}\,(ia)}{\sin\mathrm{am}\,(ia)},$$

---

*) *Fund. nov.* §. 18. form. (11).

41 *

d'où suit

$$\frac{(A-C)l}{AC\cos^2 \operatorname{am}(ia)} = \pm \frac{in \, \Delta \operatorname{am}(ia)}{\sin \operatorname{am}(ia)\cos \operatorname{am}(ia)}$$

$$= \pm n \frac{d\log \operatorname{tg} \operatorname{am}(ia)}{da} = \pm n\left(\frac{d\log H(ia)}{da} - \frac{d\log H_1(ia)}{da}\right).$$

Ajoutons à cette équation la suivante à laquelle on est parvenu au même endroit,

$$\psi - \frac{l}{C} = \mp n \frac{d\log H(ia)}{da},$$

on aura

$$\psi - \frac{h}{l} = \mp n \frac{d\log H_1(ia)}{da}.$$

On voit par cette formule et par les valeurs données ci-dessus des quantités $\psi - \frac{l}{A}$, $\psi - \frac{l}{B}$, $\psi - \frac{l}{C}$, que les quatre quantités,

$$\psi - \frac{l}{A}, \qquad \psi - \frac{l}{B}, \qquad \psi - \frac{l}{C}, \qquad \psi - \frac{h}{l},$$

forment un système de quantités analogues entre elles, leurs valeurs étant exprimées, respectivement, par les produits de $\mp n$ avec les différentielles logarithmiques des quatre fonctions

$$\Theta(ia), \qquad \Theta_1(ia), \qquad H(ia), \qquad H_1(ia).$$

Tableau de formules d'addition des fonctions elliptiques.

La formule d'addition dont on s'est servi dans l'article précédent, fait partie d'un système de *seize* formules semblables que l'on peut aisément déduire des formules connues ou les unes des autres et que je veux présenter ici dans un même tableau. Soit posé

$$\operatorname{am}(a) = \alpha, \qquad \operatorname{am}(b) = \beta, \qquad \operatorname{am}(a+b) = \sigma,$$

ces seize formules qui sont autant d'équations entre les fonctions sine, cosine et Δ des amplitudes α, β, σ, peuvent être distribuées dans quatre systèmes dont trois embrassent les équations dans lesquelles entrent deux des quantités, $\sin\sigma$, $\cos\sigma$, $\Delta\sigma$, et le quatrième les équations dans lesquelles entrent toutes ces quantités à la fois. On remarquera que les différents termes de ces équations sont composés de manière que l'on ne trouve jamais la même amplitude dans deux facteurs du même terme. La formule d'addition dont on a fait usage dans l'article précédent, s'obtient de la dernière formule du tableau, en posant

$$\alpha = \operatorname{am}(u), \qquad \beta = -\operatorname{am}(ia), \qquad \sigma = \operatorname{am}(u-ia).$$

$$[\operatorname{am}(a) = \alpha, \quad \operatorname{am}(b) = \beta, \quad \operatorname{am}(a+b) = \sigma].$$

(1.) $\quad \Delta\alpha\ \Delta\beta\ \Delta\sigma - k^2\cos\alpha\cos\beta\cos\sigma = k'^2$

(2.) $\quad \Delta\sigma + k^2\sin\alpha\sin\beta\cos\sigma = \Delta\alpha\ \Delta\beta$

(3.) $\quad \cos\alpha\cos\beta\,\Delta\sigma - \Delta\alpha\ \Delta\beta\cos\sigma = k'^2\sin\alpha\sin\beta$

(4.) $\quad \sin\alpha\sin\beta\,\Delta\sigma + \cos\sigma = \cos\alpha\cos\beta$

(5.) $\quad \Delta\beta\ \Delta\sigma + k^2\cos\alpha\sin\beta\sin\sigma = \Delta\alpha$

(6.) $\quad \Delta\alpha\ \Delta\sigma + k^2\sin\alpha\cos\beta\sin\sigma = \Delta\beta$

(7.) $\quad -\sin\alpha\cos\beta\,\Delta\sigma + \Delta\alpha\sin\sigma = \cos\alpha\sin\beta$

(8.) $\quad -\cos\alpha\sin\beta\,\Delta\sigma + \Delta\beta\sin\sigma = \sin\alpha\cos\beta$

(9.) $\quad \cos\beta\cos\sigma + \Delta\alpha\sin\beta\sin\sigma = \cos\alpha$

(10.) $\quad \cos\alpha\cos\sigma + \Delta\beta\sin\alpha\sin\sigma = \cos\beta$

(11.) $\quad \Delta\alpha\sin\beta\cos\sigma - \cos\beta\sin\sigma = -\sin\alpha\,\Delta\beta$

(12.) $\quad \Delta\beta\sin\alpha\cos\sigma - \cos\alpha\sin\sigma = -\sin\beta\,\Delta\alpha$

(13.) $\quad \Delta\alpha\cos\beta\cos\sigma + k'^2\sin\beta\sin\sigma = \cos\alpha\,\Delta\beta\,\Delta\sigma$

(14.) $\quad \Delta\beta\cos\alpha\cos\sigma + k'^2\sin\alpha\sin\sigma = \cos\beta\,\Delta\alpha\,\Delta\sigma$

(15.) $\quad \sin\beta\cos\sigma - \Delta\alpha\cos\beta\sin\sigma = -\sin\alpha\,\Delta\sigma$

(16.) $\quad \sin\alpha\cos\sigma - \Delta\beta\cos\alpha\sin\sigma = -\sin\beta\,\Delta\sigma$

Dans les quatre premières de ces formules on peut échanger entre elles les amplitudes α et β; par le même changement les autres formules, deux à deux, se changeront l'une dans l'autre. Mais on peut aussi échanger entre elles les amplitudes α et σ, si l'on change en même temps β en −β. C'est ce qui suit de ce que par le changement de a en $a+b$ et de b en $-b$, $a+b$ se change réciproquement en a.

La formule (4.) qui long-temps a été la seule connue de celles du tableau précédent, a donné lieu à la célèbre construction de Lagrange, laquelle fait voir qu'à chaque formule de trigonométrie sphérique répond une formule d'addition des fonctions elliptiques, et réciproquement. En effet, d'après cette construction on peut supposer que α, β, σ, soient les côtés d'un triangle sphérique dont les angles, α', β', σ', respectivement opposés à ces côtés, sont donnés par les equations

$$\sin\alpha' = k\sin\alpha, \quad \sin\beta' = k\sin\beta, \quad \sin\sigma' = k\sin\sigma$$
$$\cos\alpha' = \Delta\alpha, \quad \cos\beta' = \Delta\beta, \quad \cos\sigma' = -\Delta\sigma.$$

Or, comme dans chaque formule de trigonométrie sphérique on peut échanger entre eux les trois côtés du triangle, en faisant le même échange entre les angles opposés, il suit que dans chaque formule d'addition des fonctions elliptiques, ou dans chaque équation entre les amplitudes α, β, σ, on peut échanger entre elles ces trois amplitudes, en ayant soin toutefois de prendre $\Delta\sigma$ avec le signe —, de manière qu'en permutant α, β, σ d'une manière quelconque, on doit permuter entre elles de la même manière les quantités $\sin\alpha$, $\sin\beta$, $\sin\sigma$; $\cos\alpha$, $\cos\beta$, $\cos\sigma$; $\Delta\alpha$, $\Delta\beta$, $-\Delta\sigma$. C'est ce qu'on peut déduire aussi de la théorie des fonctions elliptiques, en remarquant que si l'on change a en $2K + 2iK' - a - b$, les quantités $\sin\alpha$, $\cos\alpha$, $\Delta\alpha$ sont changées respectivement en $\sin\sigma$, $\cos\sigma$, $-\Delta\sigma$, et réciproquement.

D'après les remarques précédentes les seize formules du tableau peuvent être ramenées à *cinq* d'entre elles, par exemple aux équations (1.) — (4.) et (7.), desquelles on déduira les autres par de simples échanges de lettres et des changements de signes. La formule (1.) est unique en son genre; de chacune des formules (2.), (3.), (4.) on tire, par ces changements, trois formules du tableau, et de la formule (7.) les six autres. Mais on peut, de plus, réduire ces cinq formules et, par suite, toutes les seize à une quelconque d'entre elles au moyen des remarques suivantes.

Et d'abord, en divisant les formules (1.) et (3.) par $\Delta\alpha\,\Delta\beta$ et en changeant a, b, $a+b$ en $K-a$, $K-b$, $2K-a-b$, l'on obtient respectivement les formules (2.) et (4.). Il suffira donc, pour pouvoir déduire toutes les quatre formules (1.) — (4.) d'une d'entre elles, de déduire l'une des formules (1.) et (3.) d'une des formules (2.) et (4.).

Pour cet effet, on remarquera qu'en changeant u en iu, et en même temps le module k dans son complément k', les fonctions $\sin\operatorname{am}u$, $\cos\operatorname{am}u$, $\Delta\operatorname{am}u$ seront changées respectivement dans

$$\frac{i\sin\operatorname{am}u}{\cos\operatorname{am}u}, \quad \frac{1}{\cos\operatorname{am}u}, \quad \frac{\Delta\operatorname{am}u}{\cos\operatorname{am}u}.$$

D'où suit qu'en divisant la formule (2.) par $\cos\alpha\cos\beta\cos\sigma$, et changeant les quantités a, b, $a+b$, k en ia, ib, $ia+ib$, k', l'on obtiendra la formule (3.).

Il ne restera donc qu'à faire voir comment on peut déduire encore la formule (7.) d'une des formules (1.) — (4.). On peut se servir, pour cet effet, d'une

proposition qui se fonde sur la remarque importante et utile dans beaucoup d'autres occasions, *qu'en changeant q en — q dans les expressions*

$$\frac{2\sqrt[4]{q}(1+q^2+q^6+\cdots)}{1+2q+2q^4+\cdots} = \sqrt{k}$$

$$\frac{1-2q+2q^4-\cdots}{1+2q+2q^4+\cdots} = \sqrt{k'}$$

$$\frac{1+2q+2q^4+\cdots}{1+q^3+q^6+\cdots} \cdot \frac{\sin x - q^2\sin 3x + q^6\sin 5x - \cdots}{1-2q\cos 2x+2q^4\cos 4x-\cdots} = \sin \operatorname{am}\frac{2Kx}{\pi}$$

$$\frac{1-2q+2q^4-\cdots}{1+q^3+q^6+\cdots} \cdot \frac{\cos x + q^2\cos 3x+q^6\cos 5x+\cdots}{1-2q\cos 2x+2q^4\cos 4x-\cdots} = \cos \operatorname{am}\frac{2Kx}{\pi}$$

$$\frac{1-2q+2q^4-\cdots}{1+2q+2q^4+\cdots} \cdot \frac{1+2q\cos 2x+2q^4\cos 4x+\cdots}{1-2q\cos 2x+2q^4\cos 4x-\cdots} = \Delta \operatorname{am}\frac{2Kx}{\pi},$$

les quantités k^2, k'^2, $\sin \operatorname{am}\dfrac{2Kx}{\pi}$, $\cos \operatorname{am}\dfrac{2Kx}{\pi}$, $\Delta \operatorname{am}\dfrac{2Kx}{\pi}$, *seront changées respectivement dans les suivantes:*

$$-\frac{k^2}{k'^2}, \quad \frac{1}{k'^2}, \quad \frac{k'\sin \operatorname{am}\dfrac{2Kx}{\pi}}{\Delta \operatorname{am}\dfrac{2Kx}{\pi}}, \quad \frac{\cos \operatorname{am}\dfrac{2Kx}{\pi}}{\Delta \operatorname{am}\dfrac{2Kx}{\pi}}, \quad \frac{1}{\Delta \operatorname{am}\dfrac{2Kx}{\pi}},$$

et que, si dans ces expressions l'on change à la fois q en — q et x en $\frac{1}{2}\pi-x$, les mêmes quantités seront changées, respectivement, dans

$$-\frac{k^2}{k'^2}, \quad \frac{1}{k'^2}, \quad \cos \operatorname{am}\frac{2Kx}{\pi}, \quad \sin \operatorname{am}\frac{2Kx}{\pi}, \quad \frac{1}{k'}\Delta \operatorname{am}\frac{2Kx}{\pi}.$$

Dans une équation quelconque entre les fonctions elliptiques des arguments $a, b, a+b$ mettons respectivement $-a, K-b, K-a-b$ au lieu de $a, b, a+b,$ et considérant les quantités qui entrent dans cette équation comme des fonctions de q, $\dfrac{\pi a}{2K}$, $\dfrac{\pi b}{2K}$, changeons dans ces fonctions le signe de q, on aura, en profitant de la remarque précédente, la proposition, *que dans les formules d'addition ou dans les équations entre les amplitudes*

$$a = \operatorname{am}(a), \quad \beta = \operatorname{am}(b), \quad \sigma = \operatorname{am}(a+b),$$

il est permis de mettre respectivement au lieu des quantités

$$k^2, \quad k'^2, \quad \sin\alpha, \quad \cos\alpha, \quad \Delta\alpha,$$
$$\sin\beta, \quad \cos\beta, \quad \Delta\beta, \quad \sin\sigma, \quad \cos\sigma, \quad \Delta\sigma$$

les quantités

$$-\frac{k^2}{k'^2}, \quad \frac{1}{k'^2}, \quad -\frac{k' \sin\alpha}{\Delta\alpha}, \quad \frac{\cos\alpha}{\Delta\alpha}, \quad \frac{1}{\Delta\alpha},$$

$$\cos\beta, \quad \sin\beta, \quad \frac{1}{k'}\Delta\beta, \quad \cos\sigma, \quad \sin\sigma, \quad \frac{1}{k'}\Delta\sigma.$$

Au moyen de cette proposition l'on obtiendra tout de suite la formule (7.) de la formule (4.) divisée par $\Delta\alpha$. On aura donc déduit de la formule (1.) la formule (2.), en changeant a et b en $K-a$ et $K-b$; de la formule (2.) la formule (3.), en multipliant les arguments par i et en changeant k en k'; de la formule (3.) la formule (4.), en changeant encore a et b en $K-a$ et $K-b$; enfin de la formule (4.) la formule (7.), en changeant a en $-a$, b en $K-b$, et en imaginant que dans les développements des fonctions elliptiques et du module on ait changé q en $-q$. On obtiendra ensuite de ces cinq formules les onze autres formules du tableau, en échangeant entre eux a et b, ou en changeant a et b en $a+b$ et $-b$.

    Les projections sur le plan invariable de l'axe des z' et de l'axe instantané, de même que celles des axes des x' et des y', sont accouplées l'une à l'autre de manière que deux projections accouplées [ont le même mouvement moyen et que l'une d'elles est donnée par la position que l'autre a avant ou après le temps $\frac{1}{4}T$.

Soient respectivement

$$\psi', \quad \psi'_1, \quad \psi'_2, \quad \psi'_3$$

les angles que les intersections avec le plan invariable, du plan des x', y', du plan des y', z', du plan des z', x' et du plan instantané de rotation*), font avec l'axe mobile des x ou la droite (x). Ces angles sont respectivement égaux à ceux que les projections sur le plan invariable, des axes des z', x', y' et de l'axe instantané, font avec l'axe mobile des y ou la droite (y). Les quantités

$$\alpha, \quad \beta, \quad \gamma, \quad \frac{v}{w}$$

étant respectivement les cosinus des angles que les axes principaux et l'axe instantané font avec l'axe des x, et les quantités

$$\alpha', \quad \beta', \quad \gamma', \quad \frac{v'}{w},$$

---

*) C'est ainsi qu'on nomme le plan perpendiculaire à l'axe instantané de rotation; on nommera plus bas, avec M. Poisson, w la vitesse de rotation du corps autour de l'axe instantané.

les cosinus des angles que ces mêmes axes font avec l'axe des y, on a

$$\operatorname{tg}\psi' = \frac{\gamma}{\gamma'}, \qquad \operatorname{tg}\psi_1' = \frac{\alpha}{\alpha'},$$

$$\operatorname{tg}\psi_3' = \frac{v}{v'}, \qquad \operatorname{tg}\psi_2'' = \frac{\beta}{\beta'},$$

d'où l'on tire les expressions suivantes des quatre angles mêmes:

$$\psi' = \frac{1}{2i}\log\frac{\gamma'+i\gamma}{\gamma'-i\gamma}, \qquad \psi_1' = \frac{1}{2i}\log\frac{\alpha'+i\alpha}{\alpha'-i\alpha},$$

$$\psi_3' = \frac{1}{2i}\log\frac{v'+iv}{v'-iv}, \qquad \psi_2' = \frac{1}{2i}\log\frac{\beta'+i\beta}{\beta'-i\beta}.$$

En substituant dans ces expressions les valeurs trouvées ci-dessus des quantités α, β, etc., on aura les équations

$$\psi' = \pm\frac{1}{2i}\log\frac{\Theta(u+ia)}{\Theta(u-ia)}$$

$$\psi_1' = \pm\frac{1}{2i}\log\left[-\frac{H(u+ia)}{H(u-ia)}\right] = \pm\frac{1}{2i}\log\frac{H(ia+u)}{H(ia-u)}$$

$$\psi_2' = \pm\frac{1}{2i}\log\left[-\frac{H_1(u+ia)}{H_1(u-ia)}\right] = \pm\frac{1}{2i}\log\frac{H_1(u+ia)}{H_1(u-ia)} - \tfrac{1}{2}\pi$$

$$\psi_3' = \pm\frac{1}{2i}\log\frac{\Theta_1(u+ia)}{\Theta_1(u-ia)},$$

dont la première est la même que celle que l'on a pris pour point de départ dans les recherches antérieures.

Les quantités logarithmiques,

$$\log\frac{\Theta(u+ia)}{\Theta(u-ia)}, \qquad \log\frac{\Theta_1(u+ia)}{\Theta_1(u-ia)},$$

peuvent être développées dans des séries convergentes suivant les cosinus et sinus des multiples de l'angle

$$\frac{\pi u}{K} = \frac{2\pi}{T}(t-t_0).$$

Il suit de là, que les angles ψ' et ψ_3' sont des fonctions du temps *périodiques*. Mais la même chose n'a pas lieu par rapport aux quantités logarithmiques,

$$\log\frac{H(ia+u)}{H(ia-u)}, \qquad \log\frac{H_1(u+ia)}{H_1(u-ia)},$$

dont les développements contiendront chacun un terme proportionel au temps en

II.   42

dehors des signes sinus ou cosinus. On peut séparer ces termes de la partie périodique, en se servant des formules (*Fund.* §. 61)

$$H(u+iK') = ie^{\frac{\pi(K'-2iu)}{iK}} \Theta(u)$$

$$H_1(u+iK') = e^{\frac{\pi(K'-2iu)}{iK}} \Theta_1(u),$$

lesquelles peuvent être déduites l'une de l'autre en changeant u en $K-u$ et i en $-i$. En effet, on tire de ces formules en posant, comme ci-dessus, $a = K'-a'$,

$$\frac{1}{2i}\log\frac{H(ia-u)}{H(ia+u)} = \frac{\pi u}{2K} + \frac{1}{2i}\log\frac{\Theta(u+ia')}{\Theta(u-ia')}$$

$$\frac{1}{2i}\log\frac{H_1(u-ia)}{H_1(u+ia)} = \frac{\pi u}{2K} - \frac{1}{2i}\log\frac{\Theta_1(u-ia')}{\Theta_1(u+ia')}.$$

On aura donc, en remplaçant $\frac{u}{2K}$ par $\frac{t-t_0}{T}$, le système suivant de quatre équations dans lesquelles les seconds membres sont des fonctions du temps périodiques,

$$\mp\psi' \qquad\qquad = -\frac{1}{2i}\log\frac{\Theta(u+ia)}{\Theta(u-ia)}$$

$$\mp\psi'_1 - \frac{\pi(t-t_0)}{T} \qquad = \frac{1}{2i}\log\frac{\Theta(u+ia')}{\Theta(u-ia')}$$

$$\mp\psi'_2 - \frac{\pi(t-t_0)}{T} \mp\tfrac{1}{2}\pi = -\frac{1}{2i}\log\frac{\Theta_1(u-ia')}{\Theta_1(u+ia')}$$

$$\mp\psi'_3 \qquad\qquad = \frac{1}{2i}\log\frac{\Theta_1(u-ia)}{\Theta_1(u+ia)}.$$

A cause de la multiplicité des valeurs des logarithmes, il est permis d'ajouter aux valeurs précédentes la quantité $\pm\pi$. Il faut donc examiner, si pour $t=t_0$ ou $u=0$ les seconds membres des équations précédentes ont les valeurs 0 ou $\pm\pi$. Pour cet effet, on remarquera que les neuf quantités a, β, etc., et les quantités v, v', v'', qui sont suffisantes et nécessaires pour déterminer les directions des axes principaux et de l'axe instantané, ont pour $t=t_0$ ou $u=0$ les valeurs suivantes:

$$\alpha = 0, \qquad \beta = -1, \qquad \gamma = 0$$
$$\alpha' = \pm\sin\operatorname{am}(a,k'), \qquad \beta' = 0, \qquad \gamma' = \cos\operatorname{am}(a,k')$$
$$\alpha'' = -\cos\operatorname{am}(a,k'), \qquad \beta'' = 0, \qquad \gamma'' = \pm\sin\operatorname{am}(a,k')$$
$$v = 0, \qquad v' = n\Delta\operatorname{am}(a,k'), \qquad v'' = \frac{h}{l},$$

où les quantités

$$\operatorname{sin am}(a, k'), \quad \operatorname{cos am}(a, k'), \quad \Delta \operatorname{am}(a, k'), \quad n, \quad \frac{h}{l}$$

sont positives, et où l'on a nommé v'' la vitesse de la rotation autour de l'axe des z. On conclut de ces valeurs par de simples considérations géométriques que, pour $t = t_0$, l'on doit avoir, lorsque $Bh > l^2$,

$$\psi' = 0, \quad \psi'_1 = 0, \quad \psi'_2 = -\tfrac{1}{2}\pi, \quad \psi'_3 = 0,$$

et lorsque $Bh < l^2$,

$$\psi' = 0, \quad \psi'_1 = \pi, \quad \psi'_2 = -\tfrac{1}{2}\pi, \quad \psi'_3 = 0.$$

Il faudra donc ajouter, dans le second cas, la demi-circonférence du cercle à la valeur de ψ'_1. Donc, si l'on désigne par π_1 une quantité telle que l'on a

$$\pi_1 = 0, \quad \text{si} \quad Bh > l^2, \quad \text{et}$$

$$\pi_1 = \pi, \quad \text{si} \quad Bh < l^2,$$

et que l'on ajoute à la valeur de ψ'_1 la quantité π_1, on ne doit pas ajouter de terme constant aux développements des fonctions logarithmiques par lesquelles on a exprimé précédemment les angles ψ', ψ'_1, ψ'_2, ψ'_3.

On a déterminé l'intersection du plan des x', y' avec le plan invariable, ou par l'angle ψ qu'elle fait avec la droite fixe dans ce plan, ou par l'angle ψ' qu'elle fait avec la droite (x) mobile dans le même plan, les deux angles étant liés entre eux par l'équation

$$\psi' = \psi + \Psi(t - t_0).$$

Les angles ψ'_1, ψ'_2, ψ'_3 étant ceux qu'avec la droite (x) font les intersections du plan invariable avec le plan des y', z', celui des x', z' et le plan instantané de rotation, nommons respectivement

$$\psi_1, \quad \psi_2, \quad \psi_3$$

les angles que ces mêmes intersections font avec la droite fixe dans le plan invariable, on aura de même:

$$\psi'_1 = \psi_1 + \Psi(t - t_0)$$
$$\psi'_2 = \psi_2 + \Psi(t - t_0)$$
$$\psi'_3 = \psi_3 + \Psi(t - t_0).$$

Donc, étant posé

$$\Psi_1 = \Psi \pm \frac{\pi}{T},$$

on aura les équations :

$$\psi + \Psi(t - t_0) = \pm \frac{1}{2i} \log \frac{\Theta(u + ia)}{\Theta(u - ia)}$$

$$\psi_1 + \Psi_1(t - t_0) = \mp \frac{1}{2i} \log \frac{\Theta(u + ia')}{\Theta(u - ia')} + \pi_1$$

$$\psi_2 + \Psi_1(t - t_0) = \pm \frac{1}{2i} \log \frac{\Theta_1(u - ia')}{\Theta_1(u + ia')} - \tfrac{1}{2}\pi$$

$$\psi_3 + \Psi(t - t_0) = \mp \frac{1}{2i} \log \frac{\Theta_1(u - ia)}{\Theta_1(u + ia)}.$$

Supposons à présent qu'une droite (x_1) tourne uniformément avec la vitesse angulaire Ψ_1 autour du point fixe dans le plan invariable, dans le même sens que (x), qui est opposé à celui dans lequel les angles ψ sont comptés. Supposons, de plus, que cette droite dans son mouvement de rotation soit avancée d'un angle de 90° par une droite (y_1) tournant autour du point fixe avec la même vitesse angulaire Ψ_1. Il suit des formules précédentes que les intersections des quatre plans avec le plan invariable font des rotations oscillatoires, savoir

1) l'intersection du plan des x', y' autour de (x);
2) celle du plan |des y', z' autour de (x_1) ou autour de la droite opposée, selon que $Bh >$ ou $< l^2$;
3) celle du plan des x', z' autour de (y_1);
4) celle du plan instantané de rotation autour de (x).

On a supposé dans ce qui précède que les directions des intersections des quatre plans avec le plan invariable coïncident avec celles des projections, sur le plan invariable, des axes perpendiculaires à ces plans, après avoir fait un tour de 90° dans le sens convenu de leur rotation. Après la même rotation de 90°, les droites (x) et (x_1) coïncident avec les droites (y) et (y_1), et les droites (y) et (y_1) avec les droites opposées à (x) et (x_1). Les projections des quatre axes sur le plan invariable feront donc des rotations oscillatoires,

1) la projection de l'axe des z' autour de (y);
2) celle de l'axe des x' autour de (y_1) ou autour de la droite opposée, selon que $Bh >$ ou $< l^2$;
3) celle de l'axe des y' autour de la droite opposée à (x_1);
4) celle de l'axe instantané autour de (y).

Augmentant t de $\frac{1}{4}T$, l'argument u augmentera de K, et, par suite, les fonctions

$$\Theta(u \pm ia), \quad \Theta(u \pm ia') \quad \text{et} \quad \Theta_1(u \pm ia), \quad \Theta_1(u \pm ia')$$

se changeront les unes dans les autres. Nommant donc

$$O, \quad O_1, \quad O_2, \quad O_3$$

les angles que les quatre projections font respectivement avec les droites mobiles autour desquelles elles ont leur mouvement d'oscillation, et

$$(O), \quad (O_1), \quad (O_2), \quad (O_3)$$

les valeurs que ces mêmes angles ont après un laps de temps égal au quart de période, $\frac{1}{4}T$, on aura d'après les équations précédemment établies :

$$(O) = O_3, \quad (O_1) = O_1,$$
$$(O_2) = O, \quad (O_3) = O_1.$$

La position des droites (x), (x_1), (y), (y_1), et des droites opposées, est connue pour chaque instant du temps, puisque ces droites tournent uniformément autour du point fixe dans le plan invariable avec des vitesses angulaires données. Il suffira donc pour déterminer, à un temps quelconque, les projections des quatre axes sur le plan invariable, de connaître, à ce même temps, les angles qu'elles font avec ces droites, autour desquelles elles font respectivement leurs oscillations. L'on tire par suite des équations précédentes le théorème, que si l'on connaît à deux temps quelconques distants entre eux d'un quart de période, $\frac{1}{4}T$, les positions de la projection de l'axe des z', on connaîtra immédiatement les positions de la projection de l'axe instantané aux mêmes temps et réciproquement, et que si l'on connaît, à ces deux temps, les positions de la projection de l'un des axes des x' et des y', on connaîtra aux mêmes temps les positions de la projection de l'autre.

Des trois axes principaux celui que l'on a pris pour l'axe des z' ne se couche jamais sur le plan invariable; c'est l'axe auquel se rapporte le plus petit moment, quand $Bh > l^2$, ou le plus grand, quand $Bh < l^2$. Cet axe, comme on voit, est accouplé en quelque sorte à l'axe instantané, de même que les deux autres axes principaux, ceux des x' et des y', sont accouplés l'un à l'autre.

Il conviendra d'appeler l'angle

$$\frac{\pi(t - t_0)}{T} = \frac{\pi u}{2K},$$

le mouvement moyen de la rotation oscillatoire du corps, et les angles

$$\Psi(t-t_0), \qquad \Psi_1(t-t_0)$$

les mouvements moyens de la rotation progressive des projections des quatre axes sur le plan invariable. Ceci convenu, on voit par ce qui précède, *que les projections sur le plan invariable de deux axes accouplés ont le même mouvement moyen et que l'on connaît immédiatement à un temps donné la projection sur le plan invariable de l'un des axes d'un même couple, si l'on connaît la projection de l'autre avant ou après un quart de période,* $\frac{1}{4}T$. On voit, de plus, par l'équation

$$\Psi_1(t-t_0) = \Psi(t-t_0) \pm \frac{\pi}{T}(t-t_0),$$

que les mouvements moyens des projections des deux couples diffèrent l'un de l'autre du mouvement moyen de la rotation oscillatoire.

Au moyen des formules

$$\frac{n\,d\log H(ia)}{da} = \frac{n\pi}{2K} - \frac{n\,d\log\Theta(ia')}{da'} = \frac{\pi}{T} - \frac{n\,d\log\Theta(ia')}{da'}$$

$$\frac{n\,d\log H_1(ia)}{da} = \frac{n\pi}{2K} - \frac{n\,d\log\Theta_1(ia')}{da'} = \frac{\pi}{T} - \frac{n\,d\log\Theta_1(ia')}{da'},$$

et en substituant Ψ_1 au lieu de $\Psi \pm \dfrac{\pi}{T}$, on tire des valeurs données ci-dessus des quantités $\Psi - \dfrac{l}{A}$, etc., les équations suivantes :

$$\Psi - \frac{l}{A} = \mp n\frac{d\log\Theta(ia)}{da}$$

$$\Psi - \frac{l}{B} = \mp n\frac{d\log\Theta_1(ia)}{da}$$

$$\Psi_1 - \frac{l}{C} = \pm n\frac{d\log\Theta(ia')}{da'}$$

$$\Psi_1 - \frac{h}{l} = \pm n\frac{d\log\Theta_1(ia')}{da'}.$$

Dans le cas particulier remarquable où

$$h = l^2\Big(\frac{1}{A} - \frac{1}{B} + \frac{1}{C}\Big),$$

on aura

$$a = a' = \tfrac{1}{2}K',$$

et, par suite,

$$\Psi + \Psi_1 = \frac{l}{A} + \frac{l}{C} = \frac{l}{B} + \frac{h}{l}.$$

On aura de plus,

$$\psi + \psi_1 = -(\Psi + \Psi_1)(t - t_0) + \pi_1$$

$$\psi_2 + \psi_3 = -(\Psi + \Psi_1)(t - t_0) - \tfrac{1}{2}\pi.$$

Soient menées dans le plan invariable et par le point fixe deux droites dont l'une divise en deux parties égales l'angle que font entre elles les projections, sur le plan invariable, des axes des x' et des z', et l'autre l'angle que font entre elles les projections, sur le même plan, de l'axe des y' et de l'axe instantané, les deux formules précédentes font voir que dans le cas particulier où l'on a

$$\frac{l}{A} + \frac{l}{C} = \frac{l}{B} + \frac{h}{l},$$

ces droites tournent autour du point fixe uniformément et avec la vitesse angulaire $\tfrac{1}{2}\left(\dfrac{l}{A} + \dfrac{l}{C}\right)$, en faisant l'une avec l'autre un angle de 45^0 ou de 135^0.

Recherche des différentielles $d\psi_1$, $d\psi_2$, $d\psi_3$.

De la formule (3.)

$$d\psi = -\frac{Ap^2 + Bq^2}{A^2 p^2 + B^2 q^2} \cdot l\, dt$$

on déduit par un simple échange des lettres les deux autres

$$d\psi_1 = -\frac{Bq^2 + Cr^2}{B^2 q^2 + C^2 r^2} \cdot l\, dt$$

$$d\psi_2 = -\frac{Cr^2 + Ap^2}{C^2 r^2 + A^2 p^2} \cdot l\, dt.$$

Vérifions ces formules au moyen des valeurs trouvées ci-dessus de ψ_1 et ψ_2, et cherchons en même temps la valeur de $d\psi_3$.

D'après les formules données au commencement de l'article précédent, on a

$$\psi = -n'u \pm \frac{1}{2i} \log \frac{\Theta(u + ia)}{\Theta(u - ia)}$$

$$\psi_1 = -n'u \pm \frac{1}{2i} \log \frac{H(ia + u)}{H(ia - u)} + \pi_1$$

$$\psi_2 = -n'u \pm \frac{1}{2i} \log \frac{H_1(u + ia)}{H_1(u - ia)} - \tfrac{1}{2}\pi$$

$$\psi_3 = -n'u \pm \frac{1}{2i} \log \frac{\Theta_1(u + ia)}{\Theta_1(u - ia)},$$

où

$$n' = \frac{\Psi}{n} = \frac{l}{nA} \mp \frac{d \log \Theta(ia)}{da}.$$

Cherchons les différentielles des quatre équations précédentes, u étant la seule variable; au lieu de différentier, dans chaque cas, par rapport à u, le logarithme du *quotient* des deux fonctions aux arguments $u + ia$ et $u - ia$, on pourra différentier par rapport à ia le logarithme du *produit* de ces mêmes fonctions. On obtiendra, de cette manière, les quatre équations suivantes:

$$\frac{d\phi}{du} = -\frac{l}{nA} \mp \frac{\partial \log [\Theta^{-2}(ia)\, \Theta(u+ia)\, \Theta(u-ia)]}{2\partial a}$$

$$\frac{d\phi_1}{du} = -\frac{l}{nA} \mp \frac{\partial \log [\Theta^{-2}(ia)\, H(u+ia)\, H(u-ia)]}{2\partial a}$$

$$\frac{d\phi_2}{du} = -\frac{l}{nA} \mp \frac{\partial \log [\Theta^{-2}(ia)\, H_1(u+ia)\, H_1(u-ia)]}{2\partial a}$$

$$\frac{d\phi_3}{du} = -\frac{l}{nA} \mp \frac{\partial \log [\Theta^{-2}(ia)\, \Theta_1(u+ia)\, \Theta_1(u-ia)]}{2\partial a}.$$

Or on a l'équation

$$\Theta^{-2}(ia)\, \Theta(u+ia)\, \Theta(u-ia) = \Theta^{-2}(0)\, \Theta^2(u)[1 - k^2 \sin^2 \mathrm{am}\,(ia) \sin^2 \mathrm{am}\, u],$$

et l'on en déduit aisément les trois autres analogues. Remarquons, pour cet effet, que des formules connues d'addition l'on tire les suivantes (*Fund.* §. 18):

$$\sin \mathrm{am}\,(u+ia) \sin \mathrm{am}\,(u-ia) = \frac{\sin^2 \mathrm{am}\, u - \sin^2 \mathrm{am}\,(ia)}{1 - k^2 \sin^2 \mathrm{am}\,(ia) \sin^2 \mathrm{am}\, u}$$

$$\cos \mathrm{am}\,(u+ia) \cos \mathrm{am}\,(u-ia) = \frac{\cos^2 \mathrm{am}\, u - \sin^2 \mathrm{am}\,(ia)\, \Delta^2 \mathrm{am}\, u}{1 - k^2 \sin^2 \mathrm{am}\,(ia) \sin^2 \mathrm{am}\, u}$$

$$\Delta \mathrm{am}\,(u+ia)\ \Delta \mathrm{am}\,(u-ia) = \frac{\Delta^2 \mathrm{am}\, u - k^2 \sin^2 \mathrm{am}\,(ia) \cos^2 \mathrm{am}\, u}{1 - k^2 \sin^2 \mathrm{am}\,(ia) \sin^2 \mathrm{am}\, u},$$

lesquelles étant multipliées par l'équation précédente, on obtient le système suivant de formules:

$$\Theta^{-2}(ia)\, \Theta(u+ia)\, \Theta(u-ia) = \quad \Theta^{-2}(0)\, \Theta^2(u)[1 - k^2 \sin^2 \mathrm{am}\,(ia) \sin^2 \mathrm{am}\, u]$$

$$\Theta^{-2}(ia)\, H(u+ia)\, H(u-ia) = \quad k\, \Theta^{-2}(0)\, \Theta^2(u)[\sin^2 \mathrm{am}\, u - \sin^2 \mathrm{am}\,(ia)]$$

$$\Theta^{-2}(ia)\, H_1(u+ia)\, H_1(u-ia) = \frac{k}{k'}\, \Theta^{-2}(0)\, \Theta^2(u)[\cos^2 \mathrm{am}\, u - \sin^2 \mathrm{am}\,(ia)\, \Delta^2 \mathrm{am}\, u]$$

$$\Theta^{-2}(ia)\, \Theta_1(u+ia)\, \Theta_1(u-ia) = \frac{1}{k'}\, \Theta^{-2}(0)\, \Theta^2(u)[\Delta^2 \mathrm{am}\, u - k^2 \sin^2 \mathrm{am}\,(ia) \cos^2 \mathrm{am}\, u].$$

Substituant ces formules dans les équations différentielles précédentes et posant, pour plus de simplicité,

$$\frac{1}{i} \sin am\,(ia) \cos am\,(ia)\, \Delta\, am\,(ia) = m,$$

on aura

$$\frac{d\phi}{du} = -\frac{l}{nA} \mp \frac{k^2 m \sin^2 am\,u}{1 - k^2 \sin^2 am\,(ia) \sin^2 am\,u}$$

$$\frac{d\phi_1}{du} = -\frac{l}{nA} \mp \frac{m}{\sin^2 am\,u - \sin^2 am\,(ia)}$$

$$\frac{d\phi_2}{du} = -\frac{l}{nA} \mp \frac{m\Delta^2 am\,u}{\cos^2 am\,u - \sin^2 am\,(ia)\,\Delta^2 am\,u}$$

$$\frac{d\phi_3}{du} = -\frac{l}{nA} \mp \frac{k^2 m \cos^2 am\,u}{\Delta^2 am\,u - k^2 \sin^2 am\,(ia) \cos^2 am\,u}.$$

Or, on a trouvé ci-dessus:

$$\mp k^2 m = -\frac{l}{nA} \cdot \frac{(A-B)(A-C)}{A(B-C)}$$

$$\alpha'' = \frac{Ap}{l} = -\frac{\cos am\,u}{\cos am\,(ia)}$$

$$\beta'' = \frac{Bq}{l} = \frac{\Delta\, am\,(ia) \sin am\,u}{\cos am\,(ia)} = \sqrt{\frac{B(A-C)}{A(B-C)}} \cdot \frac{\sin am\,u}{\cos am\,(ia)}$$

$$\gamma'' = \frac{Cr}{l} = \pm \frac{\sin am\,(ia)\, \Delta\, am\,u}{i \cos am\,(ia)} = \frac{\pm 1}{k} \sqrt{\frac{C(A-C)}{A(B-C)}} \cdot \frac{\Delta\, am\,u}{\cos am\,(ia)},$$

d'où l'on tire les formules:

$$A^2 p^2 + B^2 q^2 = \frac{l^2}{\cos^2 am\,(ia)} [1 - k^2 \sin^2 am\,(ia) \sin^2 am\,u]$$

$$B^2 q^2 + C^2 r^2 = \frac{l^2}{\cos^2 am\,(ia)} [\sin^2 am\,u - \sin^2 am\,(ia)]$$

$$C^2 r^2 + A^2 p^2 = \frac{l^2}{\cos^2 am\,(ia)} [\cos^2 am\,u - \sin^2 am\,(ia)\,\Delta^2 am\,u],$$

auxquelles on joindra cette autre trouvée ci-dessus:

$$v^2 + v'^2 = \frac{n^2}{\cos^2 am\,(ia)} [\Delta^2 am\,(ia) - k^2 \cos^2 am\,(ia) \sin^2 am\,u]$$

$$= \frac{n^2}{\cos^2 am\,(ia)} [\Delta^2 am\,u - k^2 \sin^2 am\,(ia) \cos^2 am\,u].$$

Substituant ces formules dans les valeurs des différentielles des quatre angles, et

remarquant qu'on a

$$\frac{l^3}{k^2 \cos^2 \operatorname{am}(ia)} = \frac{A(B-C)(Ah-l^3)}{(A-B)(A-C)} = \frac{AB(B-C)q^3}{A-C} + \frac{AC(B-C)r^3}{A-B},$$

on trouvera, en mettant ndt au lieu de u,

$$\frac{d\phi}{dt} = -\frac{l}{A} - \frac{l}{A} \cdot \frac{B(A-B)q^2}{A^2 p^2 + B^2 q^2} \qquad = -\frac{l(Ap^2 + Bq^2)}{A^2 p^2 + B^2 q^2}$$

$$\frac{d\psi_1}{dt} = -\frac{l}{A} - \frac{l}{A} \cdot \frac{B(A-B)q^2 + C(A-C)r^2}{B^2 q^2 + C^2 r^2} = -\frac{l(Bq^2 + Cr^2)}{B^2 q^2 + C^2 r^2}$$

$$\frac{d\psi_2}{dt} = -\frac{l}{A} - \frac{l}{A} \cdot \frac{C(A-C)r^2}{A^2 p^2 + C^2 r^2} \qquad = -\frac{l(Ap^2 + Cr^2)}{A^2 p^2 + C^2 r^2}$$

$$\frac{d\psi_3}{dt} = -\frac{l}{A} - \frac{n^2(A-B)(A-C)}{l(B-C)} \cdot \frac{p^2}{v^2 + v'^2}.$$

Les trois premières équations peuvent être déduites d'une d'entre elles par le seul échange des lettres. On donnera à la quatrième différentes formes, au moyen des équations

$$l^2(v^2 + v'^2) = l^2(p^2 + q^2 + r^2) - h^2$$

$$= (B-C)^2 q^2 r^2 + (C-A)^2 r^2 p^2 + (A-B)^2 p^2 q^2,$$

$$\frac{An^2}{B-C} = \frac{Ah-l^3}{BC} = \frac{1}{BC}[B(A-B)q^2 + C(A-C)r^2],$$

$$(A-B)(A-C)p^2 = l^2 - (B+C)h + BC\left(v^2 + v'^2 + \frac{h^2}{l^2}\right),$$

desquelles on tire, après quelques réductions faciles, les expressions suivantes de $\frac{d\psi_3}{dt}$:

$$\frac{d\psi_3}{dt} = -l \cdot \frac{\dfrac{(B-C)^2}{Ap^2} + \dfrac{(C-A)^2}{Bq^2} + \dfrac{(A-B)^2}{Cr^2}}{\dfrac{(B-C)^2}{p^2} + \dfrac{(C-A)^2}{q^2} + \dfrac{(A-B)^2}{r^2}} = -\frac{h}{l} - \frac{(Ah-l^2)(Bh-l^2)(Ch-l^2)}{ABCl^2(v^2 + v'^2)},$$

expressions symétriques et qui n'avaient pas encore été données. En comparant entre elles les deux expressions égales à $\frac{d\psi_3}{dt}$, on trouve

$$(A^2 p^2 + B^2 q^2 + C^2 r^2)\left(\frac{(B-C)^2}{Ap^2} + \frac{(C-A)^2}{Bq^2} + \frac{(A-B)^2}{Cr^2}\right)$$

$$= (Ap^2 + Bq^2 + Cr^2)\left(\frac{(B-C)^2}{p^2} + \frac{(C-A)^2}{q^2} + \frac{(A-B)^2}{r^2}\right)$$

$$+ \frac{[B(A-B)q^2 + C(A-C)r^2][C(B-C)r^2 + A(B-A)p^2][A(C-A)p^2 + B(C-B)q^2]}{ABCp^2 q^2 r^2},$$

équation identique et facile à vérifier.

Tableaux de valeurs des intégrales elliptiques de la troisième espèce.

Les formules de l'article précédent fournissent les équations suivantes, au moyen desquelles les quatre angles ψ, ψ_1, ψ_2, ψ_3 sont exprimés par des intégrales elliptiques de la troisième espèce et au caractère trigonométrique:

$$\mp\left(\psi + \frac{lu}{An}\right) = -\frac{d\log\Theta(ia)}{da}u - \frac{1}{2i}\log\frac{\Theta(u+ia)}{\Theta(u-ia)}$$

$$= \int_0^u \frac{k^2 m \sin^2 \operatorname{am} u \cdot du}{1 - k^2 \sin^2(ia)\sin^2 \operatorname{am} u}$$

$$\mp\left(\psi_1 + \frac{lu}{An} - \pi_1\right) = -\frac{d\log\Theta(ia)}{da}u - \frac{1}{2i}\log\frac{H(ia+u)}{H(ia-u)}$$

$$= \frac{d\log H(ia')}{da'}u + \frac{1}{2i}\log\frac{\Theta(u+ia')}{\Theta(u-ia')}$$

$$= \int_0^u \frac{m\,du}{\sin^2 \operatorname{am} u - \sin^2 \operatorname{am}(ia)}$$

$$\mp\left(\psi_2 + \frac{lu}{An} + \tfrac{1}{2}\pi\right) = -\frac{d\log\Theta(ia)}{da}u - \frac{1}{2i}\log\frac{H_1(u+ia)}{H_1(u-ia)}$$

$$= \frac{d\log H(ia')}{da'}u - \frac{1}{2i}\log\frac{\Theta_1(u-ia')}{\Theta_1(u+ia')}$$

$$= \int_0^u \frac{m\,\Delta^2 \operatorname{am} u \cdot du}{\cos^2 \operatorname{am} u - \sin^2 \operatorname{am}(ia)\Delta^2 \operatorname{am} u}$$

$$\mp\left(\psi_3 + \frac{lu}{An}\right) = -\frac{d\log\Theta(ia)}{da}u + \frac{1}{2i}\log\frac{\Theta_1(u-ia)}{\Theta_1(u+ia)}$$

$$= \int_0^u \frac{k^2 m \cos^2 \operatorname{am} u \cdot du}{\Delta^2 \operatorname{am} u - k^2 \sin^2 \operatorname{am}(ia)\cos^2 \operatorname{am} u}.$$

La double expression par les fonctions Θ des angles ψ_1 et ψ_2 se tire de ce que, si $a + a' = K'$, l'on a

$$\frac{1}{2i}\log\frac{\Theta(u-ia')}{\Theta(u+ia')} + \frac{1}{2i}\log\frac{H(ia-u)}{H(ia+u)} = \frac{\pi u}{2K}$$

$$\frac{1}{2i}\log\frac{\Theta_1(u-ia')}{\Theta_1(u+ia')} + \frac{1}{2i}\log\frac{H_1(u-ia)}{H_1(u+ia)} = \frac{\pi u}{2K}$$

$$\frac{d\log\Theta(ia')}{da'} + \frac{d\log H(ia)}{da} = \frac{\pi}{2K}$$

$$\frac{d\log\Theta_1(ia')}{da'} + \frac{d\log H_1(ia)}{da} = \frac{\pi}{2K},$$

formules dans lesquelles il est permis d'échanger entre eux a et a'.

43*

On obtiendra des expressions analogues et de là même simplicité que les précédentes pour chaque somme des quatre angles et des trois quantités $\frac{lu}{Cn}$, $\frac{lu}{Bn}$, $\frac{hu}{ln}$ correspondantes à $\frac{lu}{An}$. On tire ces expressions des quatre équations précédentes en y ajoutant les produits de u par les quantités

$$\mp \frac{l}{n}\left(\frac{1}{C}-\frac{1}{A}\right) = -\frac{d\log\frac{H(ia)}{\Theta(ia)}}{da} = \frac{d\log\frac{\Theta(ia')}{H(ia')}}{da'} = \frac{\cos\mathrm{am}\,(ia)\,\Delta\,\mathrm{am}\,(ia)}{i\sin\mathrm{am}\,(ia)}$$

$$\mp \frac{l}{n}\left(\frac{1}{B}-\frac{1}{A}\right) = -\frac{d\log\frac{\Theta_1(ia)}{\Theta(ia)}}{da} = \frac{d\log\frac{H_1(ia')}{H(ia')}}{da'} = \frac{ik^2\sin\mathrm{am}\,(ia)\cos\mathrm{am}\,(ia)}{\Delta\,\mathrm{am}\,(ia)}$$

$$\mp \frac{l}{n}\left(\frac{h}{l^2}-\frac{1}{A}\right) = -\frac{d\log\frac{H_1(ia)}{\Theta(ia)}}{da} = \frac{d\log\frac{\Theta_1(ia')}{H(ia')}}{da'} = \frac{i\sin\mathrm{am}\,(ia)\,\Delta\,\mathrm{am}\,(ia)}{\cos\mathrm{am}\,(ia)}.$$

On aura ainsi un système de *seize* formules analogues entre elles et au moyen desquelles on exprime chacun des quatre angles par les intégrales elliptiques et les fonctions Θ de quatre manières différentes. Nous allons réunir ces seize formules dans un même tableau qui sera en même temps très utile et même nécessaire dans la théorie des fonctions elliptiques. En effet, pour chaque intégrale elliptique de la troisième espèce et au caractère trigonométrique,

$$\int \frac{H\,du}{1+n\sin^2\mathrm{am}\,u},$$

où H est ou une simple constante ou une constante multipliée par l'une des quantités $\sin^2\mathrm{am}\,u$, $\cos^2\mathrm{am}\,u$, $\Delta^2\mathrm{am}\,u$, on aura par ce tableau la formule la plus propre à ramener cette intégrale aux fonctions Θ. Dans ces expressions par les fonctions Θ on a séparé la partie périodique et la partie proportionnelle à u. L'argument u étant positif, toutes les intégrales réunies dans le tableau auront des valeurs positives, pourvu qu'on ait a entre 0 et K', ce qu'on a supposé dans les recherches précédentes. Le même tableau donne la construction mécanique des seize intégrales au moyen du mouvement proposé, c'est à dire, de la rotation d'un corps qui n'est sollicité par aucune force accélératrice.

Tableau de valeurs des intégrales elliptiques de la troisième espèce
et au caractère trigonométrique.

$$[a' = K' - a]$$

1. $$\int_0^u \frac{k^2 \sin \operatorname{am}(ia) \cos \operatorname{am}(ia) \Delta \operatorname{am}(ia) . \sin^2 \operatorname{am} u\, du}{i\,[1 - k^2 \sin^2 \operatorname{am}(ia) \sin^2 \operatorname{am} u]}$$

$$= -\frac{d \log \Theta(ia)}{da} u - \frac{1}{2i} \log \frac{\Theta(u + ia)}{\Theta(u - ia)} = \mp \left(\psi + \frac{lu}{An} \right)$$

2. $$\int_0^u \frac{\sin \operatorname{am}(ia) \cos \operatorname{am}(ia) \Delta \operatorname{am}(ia)\, du}{i[\sin^2 \operatorname{am} u - \sin^2 \operatorname{am}(ia)]}$$

$$= \frac{d \log H(ia')}{da'} u + \frac{1}{2i} \log \frac{\Theta(u + ia')}{\Theta(u - ia')} = \mp \left(\psi_1 + \frac{lu}{An} - \pi_1 \right)$$

3. $$\int_0^u \frac{\sin \operatorname{am}(ia) \cos \operatorname{am}(ia) \Delta \operatorname{am}(ia) . \Delta^2 \operatorname{am} u\, du}{i[\cos^2 \operatorname{am} u - \sin^2 \operatorname{am}(ia) \Delta^2 \operatorname{am} u]}$$

$$= \frac{d \log H(ia')}{da'} u - \frac{1}{2i} \log \frac{\Theta_1(u - ia')}{\Theta_1(u + ia')} = \mp \left(\psi_2 + \frac{lu}{An} + \tfrac{1}{2}\pi \right)$$

4. $$\int_0^u \frac{k^2 \sin \operatorname{am}(ia) \cos \operatorname{am}(ia) \Delta \operatorname{am}(ia) . \cos^2 \operatorname{am} u\, du}{i[\Delta^2 \operatorname{am} u - k^2 \sin^2 \operatorname{am}(ia) \cos^2 \operatorname{am} u]}$$

$$= -\frac{d \log \Theta(ia)}{da} u + \frac{1}{2i} \log \frac{\Theta_1(u - ia)}{\Theta_1(u + ia)} = \mp \left(\psi_3 + \frac{lu}{An} \right)$$

5. $$\int_0^u \frac{\operatorname{tg} \operatorname{am}(ia) \Delta \operatorname{am}(ia) . \Delta^2 \operatorname{am} u\, du}{i\,[1 - k^2 \sin^2 \operatorname{am}(ia) \sin^2 \operatorname{am} u]}$$

$$= \frac{d \log H_1(ia)}{da} u + \frac{1}{2i} \log \frac{\Theta(u + ia)}{\Theta(u - ia)} = \pm \left(\psi + \frac{hu}{ln} \right)$$

6. $$\int_0^u \frac{\operatorname{tg} \operatorname{am}(ia) \Delta \operatorname{am}(ia) . \cos^2 \operatorname{am} u\, du}{i[\sin^2 \operatorname{am} u - \sin^2 \operatorname{am}(ia)]}$$

$$= \frac{d \log \Theta_1(ia')}{da'} u + \frac{1}{2i} \log \frac{\Theta(u + ia')}{\Theta(u - ia')} = \mp \left(\psi_1 + \frac{hu}{ln} - \pi_1 \right)$$

7. $$\int_0^u \frac{k^2 \operatorname{tg} \operatorname{am}(ia) \Delta \operatorname{am}(ia) . \sin^2 \operatorname{am} u\, du}{i[\cos^2 \operatorname{am} u - \sin^2 \operatorname{am}(ia) \Delta^2 \operatorname{am} u]}$$

$$= \frac{d \log \Theta_1(ia')}{da'} u - \frac{1}{2i} \log \frac{\Theta_1(u - ia')}{\Theta_1(u + ia')} = \mp \left(\psi_2 + \frac{hu}{ln} + \tfrac{1}{2}\pi \right)$$

8. $$\int_0^u \frac{k^2 \operatorname{tg} \operatorname{am}(ia) \Delta \operatorname{am}(ia)\, du}{i[\Delta^2 \operatorname{am} u - k^2 \sin^2 \operatorname{am}(ia) \cos^2 \operatorname{am} u]}$$

$$= \frac{d \log H_1(ia)}{da} u - \frac{1}{2i} \log \frac{\Theta_1(u - ia)}{\Theta_1(u + ia)} = \pm \left(\psi_3 + \frac{hu}{ln} \right)$$

9.
$$\int_0^u \frac{k^2 \sin\operatorname{am}(ia)\,\sin\operatorname{coam}(ia).\cos^2\operatorname{am} u\,du}{i[1-k^2\sin^2\operatorname{am}(ia)\,\sin^2\operatorname{am} u]}$$

$$= \frac{d\log\Theta_1(ia)}{da}u + \frac{1}{2i}\log\frac{\Theta(u+ia)}{\Theta(u-ia)} = \pm\left(\psi + \frac{lu}{Bn}\right)$$

10.
$$\int_0^u \frac{\sin\operatorname{am}(ia)\,\sin\operatorname{coam}(ia).\Delta^2\operatorname{am} u\,du}{i[\sin^2\operatorname{am} u - \sin^2\operatorname{am}(ia)]}$$

$$= \frac{d\log H_1(ia')}{da'}u + \frac{1}{2i}\log\frac{\Theta(u+ia')}{\Theta(u-ia')} = \mp\left(\psi_1 + \frac{lu}{Bn} - \pi_1\right)$$

11.
$$\int_0^u \frac{k'^2\sin\operatorname{am}(ia)\,\sin\operatorname{coam}(ia)\,du}{i[\cos^2\operatorname{am} u - \sin^2\operatorname{am}(ia)\,\Delta^2\operatorname{am} u]}$$

$$= \frac{d\log H_1(ia')}{da'}u - \frac{1}{2i}\log\frac{\Theta_1(u-ia')}{\Theta_1(u+ia')} = \mp\left(\psi_2 + \frac{lu}{Bn} + \tfrac{1}{2}\pi\right)$$

12.
$$\int_0^u \frac{k^2 k'^2\sin\operatorname{am}(ia)\,\sin\operatorname{coam}(ia).\sin^2\operatorname{am} u\,du}{i[\Delta^2\operatorname{am} u - k^2\sin^2\operatorname{am}(ia)\cos^2\operatorname{am} u]}$$

$$= \frac{d\log\Theta_1(ia)}{da}u - \frac{1}{2i}\log\frac{\Theta_1(u-ia)}{\Theta_1(u+ia)} = \pm\left(\psi_2 + \frac{lu}{Bn}\right)$$

13.
$$\int_0^u \frac{i\operatorname{cotg}\operatorname{am}(ia)\,\Delta\operatorname{am}(ia)\,du}{1-k^2\sin^2\operatorname{am}(ia)\,\sin^2\operatorname{am} u}$$

$$= \frac{d\log H(ia)}{da}u + \frac{1}{2i}\log\frac{\Theta(u+ia)}{\Theta(u-ia)} = \pm\left(\psi + \frac{lu}{Cn}\right)$$

14.
$$\int_0^u \frac{i\operatorname{cotg}\operatorname{am}(ia)\,\Delta\operatorname{am}(ia).\sin^2\operatorname{am} u\,du}{\sin^2\operatorname{am} u - \sin^2\operatorname{am}(ia)}$$

$$= -\frac{d\log\Theta(ia')}{da'}u - \frac{1}{2i}\log\frac{\Theta(u+ia')}{\Theta(u-ia')} = \pm\left(\psi_1 + \frac{lu}{Cn} - \pi_1\right)$$

15.
$$\int_0^u \frac{i\operatorname{cotg}\operatorname{am}(ia)\,\Delta\operatorname{am}(ia).\cos^2\operatorname{am} u\,du}{\cos^2\operatorname{am} u - \sin^2\operatorname{am}(ia)\,\Delta^2\operatorname{am} u}$$

$$= -\frac{d\log\Theta(ia')}{da'}u + \frac{1}{2i}\log\frac{\Theta_1(u-ia')}{\Theta_1(u+ia')} = \pm\left(\psi_2 + \frac{lu}{Cn} + \tfrac{1}{2}\pi\right)$$

16.
$$\int_0^u \frac{i\operatorname{cotg}\operatorname{am}(ia)\,\Delta\operatorname{am}(ia).\Delta^2\operatorname{am} u\,du}{\Delta^2\operatorname{am} u - k^2\sin^2\operatorname{am}(ia)\cos^2\operatorname{am} u}$$

$$= \frac{d\log H(ia)}{da}u - \frac{1}{2i}\log\frac{\Theta_1(u-ia)}{\Theta_1(u+ia)} = \pm\left(\psi_2 + \frac{lu}{Cn}\right).$$

Les trois axes principaux et l'axe instantané étant projetés sur le plan invariable, on a vu que les quantités

$$\frac{1}{2i} \log \frac{\Theta(u+ia)}{\Theta(u-ia)}, \quad \frac{1}{2i} \log \frac{\Theta(u+ia')}{\Theta(u-ia')},$$

$$\frac{1}{2i} \log \frac{\Theta_1(u-ia)}{\Theta_1(u+ia)}, \quad \frac{1}{2i} \log \frac{\Theta_1(u-ia')}{\Theta_1(u+ia')},$$

dans lesquelles on a supposé $a < K$, sont égales aux angles desquels s'écartent les mouvements effectifs de ces projections de leurs mouvements moyens. Or, afin que ces écarts de part et d'autre puissent être regardés comme de véritables *oscillations* autour de droites déterminées, tournant uniformément autour du point fixe dans le plan invariable, il faut que les quantités précédentes ne surpassent jamais $\tfrac{1}{4}\pi$. C'est ce qui a effectivement lieu, comme on démontre de la manière suivante.

Et d'abord remarquons qu'il suffit de considérer une seule des quatre quantités précédentes, puisque les trois autres en dérivent, en changeant u en $u+K$ ou a en $K'-a$ ou en même temps u en $u+K$ et a en $K'-a$.

Les quatre quantités s'évanouissent pour $u = 0$, $\pm K$, $\pm 2K$, etc.; elles ne changent pas de valeurs lorsque u augmente de $2K$; elles prennent des valeurs opposées, si l'on change u en $-u$ ou $2K-u$. C'est ce qui suit des formules

$$\Theta(u) = \Theta(-u) = \Theta(2K-u).$$

Il suffira donc, pour connaître toutes les valeurs des quatre quantités, de supposer u entre 0 et K.

Faisons

$$u = \frac{2Kx}{\pi}, \quad a = bK',$$

où $b < 1$, on aura

$$\frac{\pi a}{2K} = \tfrac{1}{2}b \cdot \frac{\pi K'}{K} = -\tfrac{1}{2}b \log q,$$

et, par suite,

$$\frac{1}{2i} \log \frac{1 - q^m e^{-\frac{\pi}{K}(u+ia)}}{1 - q^m e^{\frac{i\pi}{K}(u-ia)}} = \text{Arc tg} \frac{q^{m-b} \sin 2x}{1 - q^{m-b} \cos 2x}$$

$$\frac{1}{2i} \log \frac{1 - q^m e^{\frac{i\pi}{K}(u+ia)}}{1 - q^m e^{-\frac{i\pi}{K}(u-ia)}} = -\text{Arc tg} \frac{q^{m+b} \sin 2x}{1 - q^{m+b} \cos 2x}.$$

En donnant à m, dans ces deux équations, toutes les valeurs des nombres positifs entiers impairs, on aura, d'après le développement en produit infini de la fonction Θ (*Fund. N.* §. 61),

$$\frac{1}{2i}\log\frac{\Theta(u+ia)}{\Theta(u-ia)}$$

$$= \operatorname{Arctg}\frac{q^{1-b}\sin 2x}{1-q^{1-b}\cos 2x} + \operatorname{Arctg}\frac{q^{3-b}\sin 2x}{1-q^{3-b}\cos 2x} + \operatorname{Arctg}\frac{q^{5-b}\sin 2x}{1-q^{5-b}\cos 2x} + \cdots$$

$$-\operatorname{Arctg}\frac{q^{1+b}\sin 2x}{1-q^{1+b}\cos 2x} - \operatorname{Arctg}\frac{q^{3+b}\sin 2x}{1-q^{3+b}\cos 2x} - \operatorname{Arctg}\frac{q^{5+b}\sin 2x}{1-q^{5+b}\cos 2x} - \cdots$$

Comme on suppose que pour $u = 0$ ou $x = 0$ la quantité

$$\frac{1}{2i}\log\frac{\Theta(u+ia)}{\Theta(u-ia)}$$

s'évanouisse, on pourra aussi supposer, dans le développement précédent de cette quantité, que pour $x = 0$ chaque Arctg s'évanouisse séparément et ne devienne pas un multiple de $\pm\pi$. Dans tous ces arcs compris sous la forme générale,

$$\operatorname{Arctg}\frac{q^{n}\sin 2x}{1-q^{n}\cos 2x},$$

les exposants n sont positifs puisqu'on a supposé $b<1$; on aura donc $q^{n}<1$ et, par suite, aucun de ces arcs ne saura atteindre la valeur $\frac{1}{2}\pi$, leurs *maxima*, abstraction faite du signe, étant

$$\operatorname{Arcsin} q^{n},$$

comme on voit aisément par la différentiation. Lorsque u est entre 0 et K ou x entre 0 et $\frac{1}{2}\pi$, comme il est permis de supposer d'après la remarque faite ci-dessus, tous ces arcs auront des valeurs positives. Si l'on ordonne le développement de manière que l'exposant n, dans les termes successifs, ait des valeurs toujours croissantes, ces termes décroîtront et, en même temps, leurs signes alterneront constamment, d'où suit, d'après un raisonnement connu, que l'on aura une valeur trop grande, lorsque le développement est continué jusqu'à un terme quelconque positif, et que l'on aura une valeur trop petite, lorsque le développement est continué jusqu'à un terme quelconque négatif. Par suite, en réunissant les deux premiers termes, on trouve que la valeur de la quantité logarithmique proposée est positive et comprise entre les deux quantités

$$\operatorname{Arctg}\frac{q^{1-b}\sin 2x}{1-q^{1-b}\cos 2x}, \qquad \operatorname{Arctg}\frac{(q^{1-b}-q^{1+b})\sin 2x}{1-(q^{1-b}+q^{1+b})\cos 2x+q^{2}}.$$

On aura donc, lorsque a est entre 0 et K', la quantité proposée

$$\frac{1}{2i}\log\frac{\Theta(u+ia)}{\Theta(u-ia)} < \text{Arc}\sin q^{1-b} < \tfrac{1}{2}\pi,$$

et la même quantité pourra toujours croître au delà de

$$\text{Arc}\sin\frac{q^{1-b}(1-q^{2b})}{1-q^{2}},$$

valeur *maximum* de la somme des deux premiers termes. De même, les trois autres quantités logarithmiques seront $<\text{Arc}\sin q^{1-b}$ ou $\text{Arc}\sin q^{b}$ et, par suite, $<\tfrac{1}{2}\pi$, c. q. f. d.

On aurait pu déduire la même conséquence d'une quelconque des formules (7.), (8.), (11.), (12.), du tableau présenté ci-dessus. En effet, ces formules donnent

$$\frac{1}{2i}\log\frac{\Theta_1(u-ia')}{\Theta_1(u+ia')} = \frac{\pi u}{2K} - \frac{d\log\Theta_1(ia)}{da}u - \int_0^u \frac{k'^2\sin\alpha\cos\alpha\,.\,du}{\Delta(\alpha,k')[1-\Delta^2(\alpha,k')\sin^2\text{am}\,u]}$$

$$= \frac{\pi u}{2K} - \frac{d\log H_1(ia)}{da}u - \int_0^u \frac{k'^2\sin\alpha\cos\alpha\,\Delta(\alpha,k')\,.\,\sin^2\text{am}\,u\,du}{1-\Delta^2(\alpha,k')\sin^2\text{am}\,u}$$

$$\frac{1}{2i}\log\frac{\Theta_1(u-ia)}{\Theta_1(u+ia)} = \frac{\pi u}{2K} - \frac{d\log H_1(ia')}{da'}u - \int_0^u \frac{k^2k'^2\sin\alpha\cos\alpha\,.\,\sin^2\text{am}\,u\,du}{\Delta(\alpha,k')[\Delta^2(\alpha,k')-k^2\sin^2\text{am}\,u]}$$

$$= \frac{\pi u}{2K} - \frac{d\log\Theta_1(ia')}{da'}u - \int_0^u \frac{k^2\sin\alpha\cos\alpha\,\Delta(\alpha,k')\,.\,du}{\Delta^2(\alpha,k')-k^2\sin^2\text{am}\,u},$$

où l'on a posé

$$\alpha = \text{am}(a,k'),$$

et où les deux quantités à retrancher de $\frac{\pi u}{2K}$ sont positives, lorsque u est positif.

La valeur $\tfrac{1}{2}\pi$ pourra être atteinte ou même surpassée par deux des quatre quantités logarithmiques, dans les cas où l'on a

$$a = K', \quad a' = 0 \quad \text{ou} \quad a' = K', \quad a = 0.$$

C'est ce qui suit en remarquant que des formules données ci-dessus,

$$-\frac{1}{2i}\log\frac{\Theta(u-ia)}{\Theta(u+ia)} + \frac{1}{2i}\log\frac{H(ia'-u)}{H(ia'+u)} = \frac{\pi u}{2K}$$

$$\frac{1}{2i}\log\frac{\Theta_1(u-ia)}{\Theta_1(u+ia)} + \frac{1}{2i}\log\frac{H_1(u-ia')}{H_1(u+ia')} = \frac{\pi u}{2K},$$

l'on tire, en faisant $a' = 0$, les valeurs

$$\frac{1}{2i}\log\frac{\Theta(u+iK')}{\Theta(u-iK')} = \frac{\pi(K-u)}{2K}$$

$$\frac{1}{2i}\log\frac{\Theta_1(u-iK')}{\Theta_1(u+iK')} = \frac{\pi u}{2K},$$

lesquelles deviendront égales à $\frac{1}{4}\pi$, quand on fait respectivement $u = 0$ ou $u = K$. Lorsque a devient 0 ou K', il ne sera donc plus possible de supposer, comme ci-dessus, que pour $u = 0$ toutes les quatre quantités logarithmiques s'évanouissent.

Du développement précédemment donné on déduit les trois autres analogues, en mettant ou $\frac{1}{4}\pi - x$ au lieu de x, ou $1 - b$ au lieu de b, ou faisant l'un et l'autre changement. On aura ainsi les quatre formules:

$$\frac{1}{2i}\log\frac{\Theta(u+ia)}{\Theta(u-ia)}$$

$$= \operatorname{Arc\,tg}\frac{q^{1-b}\sin 2x}{1-q^{1-b}\cos 2x} - \operatorname{Arc\,tg}\frac{q^{1+b}\sin 2x}{1-q^{1+b}\cos 2x} + \operatorname{Arc\,tg}\frac{q^{3-b}\sin 2x}{1-q^{3-b}\cos 2x} - \cdots$$

$$\frac{1}{2i}\log\frac{\Theta_1(u-ia)}{\Theta_1(u+ia)}$$

$$= \operatorname{Arc\,tg}\frac{q^{1-b}\sin 2x}{1+q^{1-b}\cos 2x} - \operatorname{Arc\,tg}\frac{q^{1+b}\sin 2x}{1+q^{1+b}\cos 2x} + \operatorname{Arc\,tg}\frac{q^{3-b}\sin 2x}{1+q^{3-b}\cos 2x} - \cdots ,$$

$$\frac{1}{2i}\log\frac{\Theta(u+ia')}{\Theta(u-ia')}$$

$$= \operatorname{Arc\,tg}\frac{q^{b}\sin 2x}{1-q^{b}\cos 2x} - \operatorname{Arc\,tg}\frac{q^{2-b}\sin 2x}{1-q^{2-b}\cos 2x} + \operatorname{Arc\,tg}\frac{q^{2+b}\sin 2x}{1+q^{2+b}\cos 2x} - \cdots$$

$$\frac{1}{2i}\log\frac{\Theta_1(u-ia')}{\Theta_1(u+ia')}$$

$$= \operatorname{Arc\,tg}\frac{q^{b}\sin 2x}{1+q^{b}\cos 2x} - \operatorname{Arc\,tg}\frac{q^{2-b}\sin 2x}{1+q^{2-b}\cos 2x} + \operatorname{Arc\,tg}\frac{q^{2+b}\sin 2x}{1+q^{2+b}\cos 2x} - \cdots ,$$

auxquelles on joindra les suivantes:

$$-\frac{d\log\Theta(ia)}{da} = \frac{\pi}{K}\left\{\frac{q^{1-b}}{1-q^{1-b}} - \frac{q^{1+b}}{1-q^{1+b}} + \frac{q^{3-b}}{1-q^{3-b}} - \cdots\right\}$$

$$\frac{d\log\Theta_1(ia)}{da} = \frac{\pi}{K}\left\{\frac{q^{1-b}}{1+q^{1-b}} - \frac{q^{1+b}}{1+q^{1+b}} + \frac{q^{3-b}}{1+q^{3-b}} - \cdots\right\}$$

$$-\frac{d\log\Theta(ia')}{da'} = \frac{\pi}{K}\left\{\frac{q^{b}}{1-q^{b}} - \frac{q^{2-b}}{1-q^{2-b}} + \frac{q^{2+b}}{1-q^{2-b}} - \frac{q^{4-b}}{1-q^{4-b}} + \cdots\right\}$$

$$\frac{d\log\Theta_1(ia')}{da'} = \frac{\pi}{K}\left\{\frac{q^{b}}{1+q^{b}} - \frac{q^{2-b}}{1+q^{2-b}} + \frac{q^{2+b}}{1+q^{2+b}} - \frac{q^{4-b}}{1+q^{4-b}} + \cdots\right\}.$$

Les quatre dernières formules jouissent de la même propriété que les quatre précédentes, de donner alternativement des valeurs trop grandes et trop petites.

Ajoutons quelques remarques sur la nature et l'usage du tableau de formules présenté ci-dessus.

Si l'on réduit à la forme

$$f(1 + n \sin^2 am\, u),$$

où f est un facteur constant, les dénominateurs des différentes fractions qui dans les formules du tableau se trouvent sous le signe d'intégration, on a les quatre valeurs suivantes de n ou du *paramètre* des intégrales de la troisième espèce :

1. $n = - k^2 \sin^2 am\,(ia) = k^2 \mathrm{tg}^2 am\,(a, k') = \cotg^2 am\,(a', k')$;

2. $n = - \dfrac{1}{\sin^2 am\,(ia)} = \cotg^2 am\,(a, k') = k^2 \mathrm{tg}^2 am\,(a', k')$;

3. $n = - \dfrac{\Delta^2 am\,(ia)}{\cos^2 am\,(ia)} = - \Delta^2 am\,(a, k') = - \dfrac{k^2}{\Delta^2 am\,(a', k')}$;

4. $n = - \dfrac{k^2 \cos^2 am\,(ia)}{\Delta^2 am\,(ia)} = - \dfrac{k^2}{\Delta^2 am\,(a, k')} = - \Delta^2 am\,(a', k')$.

Lorsque le paramètre n est une quantité quelconque positive, on peut lui donner indifféremment l'une ou l'autre des deux premières formes, et l'on peut lui donner indifféremment l'une ou l'autre des deux dernières formes, lorsque ce paramètre est une quantité négative entre $-k^2$ et -1. Dans l'un et l'autre cas, les deux formes d'un même paramètre se changent l'une dans l'autre, en mettant $K' - a$ au lieu de a, on pourra donc toujours faire, entre les deux formes du paramètre, un tel choix que l'on ait $a < \frac{1}{2}K'$. Or

$$\mathrm{tg}^2 am(\tfrac{1}{2}K', k') = \frac{1}{k}, \qquad \Delta^2 am(\tfrac{1}{2}K', k') = k,$$

donc, si l'on veut que la valeur de a soit comprise entre 0 et $\frac{1}{2}K'$ et, par suite, celle de b entre 0 et $\frac{1}{2}$, on aura cette règle que l'on doit poser

1. $n = - k^2 \sin^2 am\,(ia)$, lorsque n est entre 0 et k;

2. $n = - \dfrac{1}{\sin^2 am\,(ia)}$, lorsque n est entre k et ∞;

3. $n = - \dfrac{\Delta^2 am\,(ia)}{\cos^2 am\,(ia)}$, lorsque n est entre -1 et $-k$;

4. $n = - \dfrac{k^2 \cos^2 am\,(ia)}{\Delta^2 am\,(ia)}$, lorsque n est entre $-k$ et $-k^2$.

44*

Soit proposé, à présent, de réduire aux fonctions Θ une intégrale au caractère trigonométrique,

$$\int \frac{H\,du}{1+n\sin^2\mathrm{am}\,u},$$

le numérateur H sous le signe d'intégration étant une quelconque des quantités

$$1,\quad \sin^2\mathrm{am}\,u,\quad \cos^2\mathrm{am}\,u,\quad \Delta^2\mathrm{am}\,u,$$

multipliée par une constante ; si d'après la règle énoncée l'on donne à la valeur de n la forme correspondante à l'intervalle dans lequel se trouve compris ce paramètre, on connaîtra par cette forme de n et par celle du numérateur H la formule du tableau à prendre et, dans cette formule, l'on aura toujours $a < \frac{1}{4}K'$.

Les intégrales comprises dans les formules (1.), (4.), (9.), (12.) du tableau s'évanouissent pour $k = 0$ ou $q = 0$. Pour tirer, dans ce cas, les valeurs des autres intégrales des formules du tableau, on remarquera que, K' et b passant pour ce même cas à l'infini, l'on a $\log q = -2K'$ et, par suite,

$$q^b = e^{-2a},$$

ce qui étant substitué dans les développements donnés ci-dessus, on aura pour $k = 0$:

$$\frac{1}{2i}\log\frac{H(ia'-u)}{H(ia'+u)} = \frac{1}{2i}\log\frac{H_1(u-ia')}{H_1(u+ia')} = u,\quad \frac{d\log H(ia')}{da'} = \frac{d\log H_1(ia')}{da'} = 1$$

$$\frac{1}{2i}\log\frac{\Theta(u+ia')}{\Theta(u-ia')} = \frac{1}{2i}\log\frac{H(ia-u)}{H(ia+u)} - u = \mathrm{Arc\,tg}\,\frac{e^{-2a}\sin 2u}{1-e^{-2a}\cos 2u}$$

$$\frac{1}{2i}\log\frac{\Theta_1(u-ia')}{\Theta_1(u+ia')} = -\frac{1}{2i}\log\frac{H_1(u-ia)}{H_1(u+ia)} + u = \mathrm{Arc\,tg}\,\frac{e^{-2a}\sin 2u}{1+e^{-2a}\cos 2u}$$

$$-\frac{d\log\Theta(ia')}{da'} = \frac{d\log H(ia)}{da} - 1 = \frac{2e^{-2a}}{1-e^{-2a}}$$

$$\frac{d\log\Theta_1(ia')}{da'} = -\frac{d\log H_1(ia)}{da} + 1 = \frac{2e^{-2a}}{1+e^{-2a}}.$$

Nous allons rendre complet le système des formules les plus propres pour ramener aux fonctions Θ les intégrales elliptiques de la troisième espèce, en joignant ci-dessous les formules relatives aux intégrales *au caractère logarithmique*, formules que l'on déduit aisément ou de celles établies dans le tableau précédent en mettant a au lieu de ia, ou directement des formules démontrées dans les *Fundamenta Nova*.

Tableau de valeurs des intégrales elliptiques de la troisième espèce et au caractère logarithmique.

1. $$\int_0^u \frac{k^2 \sin \operatorname{am} a \cos \operatorname{am} a \, \Delta \operatorname{am} a \cdot \sin^2 \operatorname{am} u \, du}{1 - k^2 \sin^2 \operatorname{am} a \sin^2 \operatorname{am} u} = \frac{d \log \Theta(a)}{da} u - \tfrac{1}{2} \log \frac{\Theta(u+a)}{\Theta(u-a)}$$

2. $$\int_0^u \frac{k^2 \sin \operatorname{am} a \cos \operatorname{am} a \cdot \cos^2 \operatorname{am} u \, du}{\Delta \operatorname{am} a (1 - k^2 \sin^2 \operatorname{am} a \sin^2 \operatorname{am} u)} = -\frac{d \log \Theta_1(a)}{da} u + \tfrac{1}{2} \log \frac{\Theta(u+a)}{\Theta(u-a)}$$

3. $$\int_0^u \frac{\operatorname{tg} \operatorname{am} a \, \Delta \operatorname{am} a \cdot \Delta^2 \operatorname{am} u \, du}{1 - k^2 \sin^2 \operatorname{am} a \sin^2 \operatorname{am} u} = -\frac{d \log H_1(a)}{da} u + \tfrac{1}{2} \log \frac{\Theta(u+a)}{\Theta(u-a)}$$

4. $$\int_0^u \frac{\Delta \operatorname{am} a \cot \operatorname{g} \operatorname{am} a \cdot du}{1 - k^2 \sin^2 \operatorname{am} a \sin^2 \operatorname{am} u} = \frac{d \log H(a)}{da} u - \tfrac{1}{2} \log \frac{\Theta(u+a)}{\Theta(u-a)}$$

5. $$\int_0^u \frac{\sin \operatorname{am} a \cos \operatorname{am} a \, \Delta \operatorname{am} a \cdot du}{\sin^2 \operatorname{am} a - \sin^2 \operatorname{am} u} = -\frac{d \log \Theta(a)}{da} u + \tfrac{1}{2} \log \frac{H(a+u)}{H(a-u)}$$

6. $$\int_0^u \frac{\sin \operatorname{am} a \cos \operatorname{am} a \cdot \Delta^2 \operatorname{am} u \, du}{\Delta \operatorname{am} a (\sin^2 \operatorname{am} a - \sin^2 \operatorname{am} u)} = -\frac{d \log \Theta_1(a)}{da} u + \tfrac{1}{2} \log \frac{H(a+u)}{H(a-u)}$$

7. $$\int_0^u \frac{\operatorname{tg} \operatorname{am} a \, \Delta \operatorname{am} a \cdot \cos^2 \operatorname{am} u \, du}{\sin^2 \operatorname{am} a - \sin^2 \operatorname{am} u} = -\frac{d \log H_1(a)}{da} u + \tfrac{1}{2} \log \frac{H(a+u)}{H(a-u)}$$

8. $$\int_0^u \frac{\Delta \operatorname{am} a \cot \operatorname{g} \operatorname{am} a \cdot \sin^2 \operatorname{am} u \, du}{\sin^2 \operatorname{am} a - \sin^2 \operatorname{am} u} = -\frac{d \log H(a)}{da} u + \tfrac{1}{2} \log \frac{H(a+u)}{H(a-u)}$$

5*. $$\int_u^K \frac{\sin \operatorname{am} a \cos \operatorname{am} a \, \Delta \operatorname{am} a \cdot du}{\sin^2 \operatorname{am} u - \sin^2 \operatorname{am} a} = \frac{d \log \Theta(a)}{da} (K-u) + \tfrac{1}{2} \log \frac{H(u+a)}{H(u-a)}$$

6*. $$\int_u^K \frac{\sin \operatorname{am} a \cos \operatorname{am} a \cdot \Delta^2 \operatorname{am} u \, du}{\Delta \operatorname{am} a (\sin^2 \operatorname{am} u - \sin^2 \operatorname{am} a)} = \frac{d \log \Theta_1(a)}{da} (K-u) + \tfrac{1}{2} \log \frac{H(u+a)}{H(u-a)}$$

7*. $$\int_u^K \frac{\operatorname{tg} \operatorname{am} a \, \Delta \operatorname{am} a \cdot \cos^2 \operatorname{am} u \, du}{\sin^2 \operatorname{am} u - \sin^2 \operatorname{am} a} = \frac{d \log H_1(a)}{da} (K-u) + \tfrac{1}{2} \log \frac{H(u+a)}{H(u-a)}$$

8*. $$\int_u^K \frac{\Delta \operatorname{am} a \cot \operatorname{g} \operatorname{am} a \cdot \sin^2 \operatorname{am} u \, du}{\sin^2 \operatorname{am} u - \sin^2 \operatorname{am} a} = \frac{d \log H(a)}{da} (K-u) + \tfrac{1}{2} \log \frac{H(u+a)}{H(u-a)} .$$

Il paraît que l'on pourrait se passer entièrement d'une notation particulière des intégrales elliptiques de la troisième espèce. Leurs valeurs, en effet, exprimées par les fonctions Θ, sont assez simples pour entrer elles-mêmes dans le calcul et sans se cacher sous une notation laquelle ne saurait mettre en évidence ni leur nature logarithmique ni la liaison intime entre leur argument et celui du paramètre ni, enfin, leur décomposition en deux parties, l'une proportionnelle à leur argument et l'autre périodique.

Pour la même valeur de la fonction elliptique $\sin^2 am\, u$ les intégrales elliptiques de la troisième espèce et au même argument u peuvent augmenter des multiples de *trois* quantités constantes et indépendantes entre elles. En effet, la fonction $\sin^2 am\, u$ ne changera pas de valeur pendant que les intégrales elliptiques de la troisième espèce dont une valeur est

$$\frac{d\log\Theta(a)}{da}\, u - \tfrac{1}{2}\log\frac{\Theta(u+a)}{\Theta(u-a)}$$

ou

$$-\frac{d\log\Theta(ia)}{da}\, u - \frac{1}{2i}\log\frac{\Theta(u+ia)}{\Theta(u-ia)},$$

prendront toutes les valeurs comprises sous les formes générales

$$\frac{d\log\Theta(a)}{da}\, u - \tfrac{1}{2}\log\frac{\Theta(u+a)}{\Theta(u-a)} + m\frac{2K\, d\log\Theta(a)}{da} + m'i\left(\frac{2K'\, d\log\Theta(a)}{da} + \frac{\pi a}{K}\right) + m''i\pi,$$

$$-\frac{d\log\Theta(ia)}{da}\, u - \frac{1}{2i}\log\frac{\Theta(u+ia)}{\Theta(u-ia)} + m\frac{2K\, d\log\Theta(ia)}{da} + m'i\left(\frac{2K'\, d\log\Theta(ia)}{da} - \frac{\pi a}{K}\right) + m''\pi,$$

m, m', m'' désignant des nombres entiers positifs ou négatifs quelconques. C'est ce qui résulte de la multiplicité des valeurs du logarithme et de ce que la fonction $\Theta(u)$ ne change pas de valeur lorsque u est augmenté de $2K$ et qu'elle est multipliée par

$$-q^{-1}e^{-\frac{i\pi u}{K}}$$

lorsque u est augmenté de $2iK'$ (*Fund.* §. 61. (8.)).

Les expressions précédentes font connaître les trois constantes dont les multiples peuvent être ajoutés aux valeurs des intégrales proposées de la troisième espèce, et l'on voit que de ces constantes une est réelle et deux imaginaires ou deux réelles et une imaginaire selon que l'intégrale a le caractère logarithmique

ou trigonométrique. Il suit de là, par un raisonnement connu, que telle est la variété des valeurs de ces intégrales que si l'on ramène chacune d'elles à la forme $P+iQ$, où P et Q sont des quantités réelles, l'une des quantités P et Q sera arbitraire ou pourra approcher indéfiniment d'une quantité donnée quelconque, les valeurs de l'autre formant une série arithmétique, et celle de ces quantités qui restera arbitraire, sera ou P ou Q, selon que l'intégrale a le caractère trigonométrique ou logarithmique *).

Le résultat précédent peut être étendu à l'intégrale plus générale

$$\int \frac{dx}{(x-a)\sqrt{\alpha+\beta x+\gamma x^2+\delta x^3+\varepsilon x^4}},$$

dans laquelle $a, \alpha, \beta, \gamma, \delta, \varepsilon$ sont des constantes réelles. Si l'on ramène chacune des valeurs dont cette intégrale est susceptible à la forme $P+iQ$, la quantité arbitraire sera ou P ou Q selon que la constante

$$\alpha+\beta a+\gamma a^2+\delta a^3+\varepsilon a^4$$

est négative ou positive.

Si ce n'est pas la fonction $\sin \operatorname{am} u$ mais l'argument u lui même qui est donné, l'indétermination des intégrales elliptiques de la troisième espèce ne peut naître que de la multiplicité des valeurs du logarithme qui entre dans l'expression de ces intégrales par les fonctions Θ. Ce dernier cas a lieu dans l'application que l'on vient de faire, de ces intégrales, au problème mécanique proposé, l'argument u y étant proportionnel au temps qui dans les problèmes de mécanique est considéré comme la variable donnée.

Remarquons, en finissant, que les fonctions elliptiques dont l'argument est proportionnel au temps, manifestent ici géométriquement, d'une manière

---

*) J'avais fait connaître autrefois aux élèves géomètres de l'université de Kœnigsberg ces affections fondamentales des intégrales elliptiques de la troisième espèce par lesquelles la nature de ces intégrales est rapprochée de celle des intégrales Abéliennes ou hyperelliptiques. C'est ce qui a engagé M. Rosenhain, l'un de ces élèves dont cette université se glorifie à juste titre, à soumettre, dans une thèse académique, les intégrales elliptiques de la troisième espèce au même traitement analytique que j'avais proposé pour les intégrales Abéliennes. Depuis, ce savant géomètre est parvenu à établir d'une manière explicite les fonctions qui dans la première classe des fonctions hyperelliptiques jouent le rôle des fonctions Θ, grande et belle découverte qui vient d'être couronnée par l'académie des sciences de Paris.

singulière, leurs deux périodes l'une réelle et l'autre imaginaire. Les axes des x' et y' étant ceux des axes principaux qui se couchent alternativement sur le plan invariable, on a vu qu'il y a une corrélation entre ces axes et une autre entre celui des z' et l'axe instantané, corrélations lesquelles correspondent l'une et l'autre à la période réelle des fonctions elliptiques. Mais il y a aussi des corrélations semblables des axes des x' et y' avec l'axe des z' et l'axe instantané et ces corrélations répondent à la période imaginaire des fonctions elliptiques ou à une augmentation du temps d'une constante imaginaire.

      Berlin Hôtel de Londres le 17 Mars 1850.

AUSZUG EINES SCHREIBENS

VON

C. G. J. JACOBI an E. HEINE

Crelle Journal für die reine und angewandte Mathematik, Bd. 42. p. 35—40.

AUSZUG EINES SCHREIBENS VON C. G. J. JACOBI AN E. HEINE.

Gotha, den 10. Januar 1851.

Sie haben in Ihrem „Beitrag zur Theorie der Anziehung und der Wärme" im 29ten Bande des mathematischen Journals eine neue Lösung der von Lamé behandelten Aufgabe darauf gegründet, dass der Ausdruck

$$[\sin\eta + i\cos\eta\cos(\vartheta-\psi)]^n = X_n$$

der partiellen Differentialgleichung

$$\frac{\partial^2 X_n}{\partial\varepsilon_1^2} + \frac{\partial^2 X_n}{\partial\varepsilon_2^2} + n(n+1)(\rho_1^2-\rho_2^2)X_n = 0$$

genügt, wenn

ψ eine willkürliche Constante bedeutet

und ferner

$$\varepsilon_1 = \int_b^{\rho_1} \frac{d\rho_1}{\sqrt{(\rho_1^2-b^2)(c^2-\rho_1^2)}},$$

$$\varepsilon_2 = \int_0^{\rho_2} \frac{d\rho_2}{\sqrt{(b^2-\rho_2^2)(c^2-\rho_2^2)}}$$

ist, wo $b<c$ gegebene Constanten sind; endlich

$$\sin\eta = \frac{\rho_1\rho_2}{bc}$$

$$\cos\eta\cos\vartheta = \frac{\sqrt{(\rho_1^2-b^2)(b^2-\rho_2^2)}}{b\sqrt{c^2-b^2}}$$

$$\cos\eta\sin\vartheta = \frac{\sqrt{(c^2-\rho_1^2)(c^2-\rho_2^2)}}{c\sqrt{c^2-b^2}}$$

ist.

Ich habe mir hier erlaubt, die in meiner »particulären Lösung« im 36ten Bande des Journals angewandte Bezeichnung beizubehalten und für Ihre Winkel ϑ und φ respective $\frac{1}{2}\pi-\eta$ und ϑ zu schreiben. Setzt man, wie dort

$$c\varepsilon_1 = K-v_1, \quad c\varepsilon_2 = v_2,$$

45 *

und bezieht die elliptischen Functionen auf den Modul

$$k = \frac{1}{c}\sqrt{c^2 - b^2},$$

so ist

$$\rho_1 = c\,\Delta\,\mathrm{am}\,v_1,$$

$$\rho_2 = c\,\frac{k'}{i}\,\mathrm{tg\,am}\,(iv_2)$$

$$= c\Delta\mathrm{am}(K + iK' - iv_2);$$

woraus

$$\sin\eta = \frac{1}{i}\Delta\,\mathrm{am}\,v_1\,\mathrm{tg\,am}\,(iv_2),$$

$$\cos\eta\,\cos\vartheta = \frac{\cos\mathrm{am}\,v_1}{\cos\mathrm{am}\,(iv_2)},$$

$$\cos\eta\,\sin\vartheta = \frac{\sin\mathrm{am}\,v_1\,\Delta\,\mathrm{am}\,(iv_2)}{\cos\mathrm{am}\,(iv_2)}$$

folgt. Es wird ferner die partielle Differentialgleichung zu

$$\frac{\partial^2 X_n}{\partial v_1^2} + \frac{\partial^2 X_n}{\partial v_2^2} + n(n+1)(\Delta^2\mathrm{am}\,v_1 + k'^2\,\mathrm{tg}^2\,\mathrm{am}\,(iv_2))\,X_n = 0.$$

Es wird Ihnen vielleicht nicht ganz uninteressant sein, zu sehen, wie man mit Hülfe der elliptischen Additionsformeln durch einfache Betrachtungen von dieser Differentialgleichung mit Nothwendigkeit zu dem obigen Ausdruck von X_n gelangt, wenn man die alleinige Voraussetzung macht, dass X_n die n^{te} Potenz einer von n unabhängigen Function sein soll.

Ich führe zuerst an die Stelle von v_1 und v_2 als unabhängige Variabele die Größen

$$v_1 + iv_2 = w', \qquad v_1 - iv_2 = w''$$

ein. Es wird dann

$$\frac{\partial^2 X_n}{\partial v_1^2} = \frac{\partial^2 X_n}{\partial w'^2} + \frac{\partial^2 X_n}{\partial w''^2} + 2\frac{\partial^2 X_n}{\partial w'\partial w''},$$

$$\frac{\partial^2 X_n}{\partial v_2^2} = -\frac{\partial^2 X_n}{\partial w'^2} - \frac{\partial^2 X_n}{\partial w''^2} + 2\frac{\partial^2 X_n}{\partial w'\partial w''},$$

und daher die vorgelegte Differentialgleichung:

$$4\frac{\partial^2 X_n}{\partial w'\partial w''} + n(n+1)(\Delta^2\,\mathrm{am}\,v_1 + k'^2\,\mathrm{tg}^2\,\mathrm{am}\,iv_2)\,X_n = 0.$$

Es sei jetzt

$$X_n = U^{-n},$$

so wird

$$\frac{\partial X_n}{\partial w'} = -n U^{-(n+1)} \frac{\partial U}{\partial w'},$$

$$\frac{\partial^2 X_n}{\partial w' \partial w''} = n(n+1) U^{-(n+2)} \frac{\partial U}{\partial w'} \frac{\partial U}{\partial w''} - n U^{-(n+1)} \frac{\partial^2 U}{\partial w' \partial w''}.$$

Wenn man den letzten Ausdruck in die Differentialgleichung substituirt, so sieht man, dass für den besondern Fall, wo

$$\frac{\partial^2 U}{\partial w' \partial w''} = 0,$$

der Exponent n aus ihr gänzlich herausgeht, und dass umgekehrt, wenn es eine Lösung $X_n = U^{-n}$ geben soll, in welcher U von n unabhängig ist, die vorstehende Gleichung stattfinden, d. h. U die Form

$$U = U' + U''$$

haben muss, wo U' eine Function bloss von w', U'' eine Function bloss von w'' ist. Für diesen Fall verwandelt sich durch die Substitution

$$X_n = (U' + U'')^{-n},$$

in welcher U' eine Function bloss von w', U'' eine Function bloss von w'' ist, die partielle Differentialgleichung in die folgende:

$$4 \frac{\partial U'}{\partial w'} \frac{\partial U''}{\partial w''} + (U' + U'')^2 (\Delta^2 \operatorname{am} v_1 + k'^2 \operatorname{tg}^2 \operatorname{am} iv_2) = 0;$$

aus welcher n ganz herausgegangen ist.

Es ist jetzt der wichtige Umstand zu bemerken, dass sich der Ausdruck

$$\Delta^2 \operatorname{am} v_1 + k'^2 \operatorname{tg}^2 \operatorname{am} (iv_2) = \frac{1}{c^2} (\rho_1^2 - \rho_2^2)$$

auf eine einfache und rationale Art durch die elliptischen Functionen darstellen läfst, deren Argumente $w' = v_1 + i v_2$ und $w'' = v_1 - i v_2$ sind. In der That hat man zufolge der in den *Fundamentis* § 18 gegebenen Additionsformeln (11.) und (33.)

$$N(1 + \Delta \operatorname{am} w' \Delta \operatorname{am} w'') = \Delta^2 \operatorname{am} v_1 + \Delta^2 \operatorname{am} (iv_2)$$

$$N \cos(\operatorname{am} w' - \operatorname{am} w'') = \cos^2 \operatorname{am} (iv_2) - \sin^2 \operatorname{am} (iv_2) \Delta^2 \operatorname{am} v_1,$$

wo

$$N = 1 - k^2 \sin^2 \operatorname{am} v_1 \sin^2 \operatorname{am} (iv_2)$$

ist. Es folgt hieraus

$$N \, \Delta \operatorname{am} w' \, \Delta \operatorname{am} w'' = \Delta^2 \operatorname{am} v_1 - k^2 \sin^2 \operatorname{am}(iv_2) \cos^2 \operatorname{am} v_1$$
$$= \Delta^2 \operatorname{am} v_1 \cos^2 \operatorname{am}(iv_2) + k'^2 \sin^2 \operatorname{am}(iv_2),$$
$$N[1 + \cos(\operatorname{am} w' - \operatorname{am} w'')] = 2 \cos^2 \operatorname{am}(iv_2),$$

und es ist daher

$$\frac{2\Delta \operatorname{am} w' \, \Delta \operatorname{am} w''}{1 + \cos(\operatorname{am} w' - \operatorname{am} w'')} = \Delta^2 \operatorname{am} v_1 + k'^2 \operatorname{tg}^2 \operatorname{am}(iv_2).$$

Die zu erfüllende partielle Differentialgleichung wird daher

$$2 \frac{\partial U'}{\partial w'} \frac{\partial U''}{\partial w''} + (U' + U'')^2 \cdot \frac{\Delta \operatorname{am} w' \, \Delta \operatorname{am} w''}{1 + \cos(\operatorname{am} w' - \operatorname{am} w'')} = 0.$$

Da U' eine Function von w' und U'' eine Function von w'' ist, so kann man auch U' als Function von $e^{i \operatorname{am} w'}$ und U'' als Function von $e^{i \operatorname{am} w''}$ betrachten. Setzt man

$$e^{i \operatorname{am} w'} = t', \qquad e^{i \operatorname{am} w''} = t'',$$

so wird

$$\frac{\partial U'}{\partial w'} = i \Delta \operatorname{am} w' \cdot t' \frac{\partial U'}{\partial t'},$$

$$\frac{\partial U''}{\partial w''} = i \Delta \operatorname{am} w'' \cdot t'' \frac{\partial U''}{\partial t''},$$

$$1 + \cos(\operatorname{am} w' - \operatorname{am} w'') = \frac{(t' + t'')^2}{2 t' t''},$$

und daher

$$\frac{\partial U'}{\partial t'} \frac{\partial U''}{\partial t''} = \left(\frac{U' + U''}{t' + t''} \right)^2.$$

Es folgt hieraus

$$t' \sqrt{\frac{\partial U'}{\partial t'}} \cdot \sqrt{\frac{\partial U''}{\partial t''}} + t'' \sqrt{\frac{\partial U''}{\partial t''}} \cdot \sqrt{\frac{\partial U'}{\partial t'}} = U' + U'',$$

und wenn man hintereinander nach t' und t'' differentiirt,

$$\frac{\partial . t' \sqrt{\frac{\partial U'}{\partial t'}}}{\partial t'} \cdot \frac{\partial \sqrt{\frac{\partial U''}{\partial t''}}}{\partial t''} + \frac{\partial . t'' \sqrt{\frac{\partial U''}{\partial t''}}}{\partial t''} \cdot \frac{\partial \sqrt{\frac{\partial U'}{\partial t'}}}{\partial t'} = 0.$$

Diese Gleichung kann nur erfüllt werden, wenn gleichzeitig

$$\frac{\partial . t' \sqrt{\frac{\partial U'}{\partial t'}}}{\partial t'} = \alpha \frac{\partial \sqrt{\frac{\partial U''}{\partial t''}}}{\partial t'} \quad \text{und} \quad \frac{\partial . t'' \sqrt{\frac{\partial U''}{\partial t''}}}{\partial t''} = -\alpha \frac{\partial \sqrt{\frac{\partial U''}{\partial t''}}}{\partial t''}$$

ist, wo α eine Constante bedeutet. Die Integration giebt:

$$\sqrt{\frac{\partial U'}{\partial t'}} = \frac{\beta'}{t'-\alpha}, \qquad \sqrt{\frac{\partial U''}{\partial t''}} = \frac{\beta''}{t''+\alpha},$$

$$U' = -\frac{\beta'\beta'}{t'-\alpha}+\gamma', \qquad U'' = -\frac{\beta''\beta''}{t''+\alpha}+\gamma'';$$

wo β', β'', γ', γ'' ebenfalls Constanten sind. Substituirt man diese Werthe von U' und U'' in die Differentialgleichung

$$\frac{\partial U'}{\partial t'}\frac{\partial U''}{\partial t''} = \left(\frac{U'+U''}{t'+t''}\right)^2,$$

so erhält man, wenn man die Quadratwurzel auszieht und mit

$$(t'+t'')(t'-\alpha)(t''+\alpha)$$

multiplicirt:

$$\beta'\beta''(t'+t'') = -\beta''\beta''(t'-\alpha)-\beta'\beta'(t''+\alpha)+(\gamma'+\gamma'')(t'-\alpha)(t''+\alpha).$$

Diese Gleichung kann nur erfüllt werden, wenn

$$\gamma'+\gamma'' = 0, \qquad \beta'\beta' = \beta''\beta'' = -\beta'\beta''$$

ist. Setzt man

$$\beta'\beta' = \beta''\beta'' = -\beta,$$

so wird

$$U = U'+U'' = \frac{\beta(t'+t'')}{(t'-\alpha)(t''+\alpha)}.$$

Es wird daher

$$X_n = U^{-n} = \beta^{-n}\left\{\frac{(t'-\alpha)(t''+\alpha)}{t'+t''}\right\}^n;$$

und dies ist die allgemeinste Lösung der vorgelegten partiellen Differentialgleichung, in welcher X_n der n^{ten} Potenz einer von n selbst unabhängigen Function gleich wird.

Wenn α' und α'' die Amplituden zweier Argumente sind und σ' die Amplitude ihrer *Summe* bedeutet, so hat man, wenn

$$N = 1-k^2\sin^2\alpha'\sin^2\alpha''$$

gesetzt wird,

$$Ne^{i\sigma'} = \cos\alpha'\cos\alpha''-\sin\alpha'\sin\alpha''\Delta\alpha'\Delta\alpha''$$
$$+i(\sin\alpha'\cos\alpha''\Delta\alpha''+\sin\alpha''\cos\alpha'\Delta\alpha')$$

oder

$$Ne^{i\sigma'} = (\cos\alpha''+i\sin\alpha''\Delta\alpha')(\cos\alpha'+i\sin\alpha'\Delta\alpha'').$$

Es ist ferner

$$N = (\cos\alpha''+i\sin\alpha''\Delta\alpha')(\cos\alpha''-i\sin\alpha''\Delta\alpha')$$
$$= (\cos\alpha'+i\sin\alpha'\Delta\alpha'')(\cos\alpha'-i\sin\alpha'\Delta\alpha''),$$

und daher, wie ich in der oben genannten Abhandlung bemerkt habe,

$$e^{i\sigma} = \frac{\cos\alpha' + i\sin\alpha'\,\Delta\alpha''}{\cos\alpha'' - i\sin\alpha''\,\Delta\alpha'} = \frac{\cos\alpha'' + i\sin\alpha''\,\Delta\alpha'}{\cos\alpha' - i\sin\alpha'\,\Delta\alpha''}.$$

Nennt man σ'' die Amplitude der *Differenz* der beiden Argumente, so erhält man aus dieser Formel durch Änderung von α'' in $-\alpha''$:

$$e^{i\sigma''} = \frac{\cos\alpha' + i\sin\alpha'\,\Delta\alpha''}{\cos\alpha'' + i\sin\alpha''\,\Delta\alpha'} = \frac{\cos\alpha'' - i\sin\alpha''\,\Delta\alpha'}{\cos\alpha' - i\sin\alpha'\,\Delta\alpha''}.$$

Nimmt man v_1 und iv_2 für die beiden Argumente, so wird

$$\alpha' = \mathrm{am}\,v_1, \quad \alpha'' = \mathrm{am}\,(iv_2), \quad \sigma' = \mathrm{am}(v_1 + iv_2), \quad \sigma'' = \mathrm{am}(v_1 - iv_2),$$
$$e^{i\sigma} = t', \quad e^{i\sigma''} = t'';$$

ferner zufolge der zu Anfang gefundenen Formeln

$$\sin\eta_1 = -i\,\Delta\alpha'\,\mathrm{tg}\,\alpha'',$$
$$\cos\eta_1\cos\vartheta = \frac{\cos\alpha'}{\cos\alpha''},$$
$$\cos\eta_1\sin\vartheta = \frac{\sin\alpha'\,\Delta\alpha''}{\cos\alpha''},$$

und daher auch

$$\mathrm{tg}\,\vartheta = \mathrm{tg}\,\alpha'\,\Delta\alpha''.$$

Man hat daher

$$t' = e^{i\,\mathrm{am}\,(v_1 + iv_2)} = \frac{1 - \sin\eta_1}{\cos\eta_1}\,e^{i\vartheta},$$
$$t'' = e^{i\,\mathrm{am}\,(v_1 - iv_2)} = \frac{1 + \sin\eta_1}{\cos\eta_1}\,e^{i\vartheta};$$

woraus auch

$$t' + t'' = \frac{2e^{i\vartheta}}{\cos\eta_1}, \quad t' - t'' = -2\,\mathrm{tg}\,\eta_1\,e^{i\vartheta}, \quad t'\,t'' = e^{2i\vartheta}$$

folgt. Es wird daher

$$\frac{(t' - \alpha)(t'' + \alpha)}{t' + t''} = \tfrac{1}{2}(\cos\eta_1\,e^{i\vartheta} - 2\alpha\sin\eta_1 - \alpha^2\cos\eta_1\,e^{-i\vartheta}).$$

Setzt man

$$\alpha = ie^{i\psi},$$

so verwandelt sich diese Formel in die folgende,

$$\frac{(t' - \alpha)(t'' + \alpha)}{t' + t''} = -\alpha(\sin\eta_1 + \tfrac{1}{2}i\cos\eta_1\,e^{i(\vartheta - \psi)} + \tfrac{1}{2}i\cos\eta_1\,e^{-i(\vartheta - \psi)})$$
$$= -ie^{i\psi}[\sin\eta_1 + i\cos\eta_1\cos(\vartheta - \psi)].$$

Es wird daher, abgesehen von einem constanten Factor, der allgemeinste Ausdruck von $\mathbf{X}_n$, welcher eine n^{te} Potenz einer von n unabhängigen Function ist,

$$[\sin\eta_1 + i\cos\eta_1\cos(\vartheta - \psi)]^n,$$

w. z. b. w.

NACHLASS.

ÜBER

DIE SUBSTITUTION

$$(ax^2 + 2bx + c)y^2 + 2(a'x^2 + 2b'x + c')y + a''x^2 + 2b''x + c'' = 0$$

UND ÜBER

DIE REDUCTION DER ABELSCHEN INTEGRALE

ERSTER ORDNUNG IN DIE NORMALFORM

Borchardt Journal für die reine und angewandte Mathematik, Bd. 55. p. 1—14.

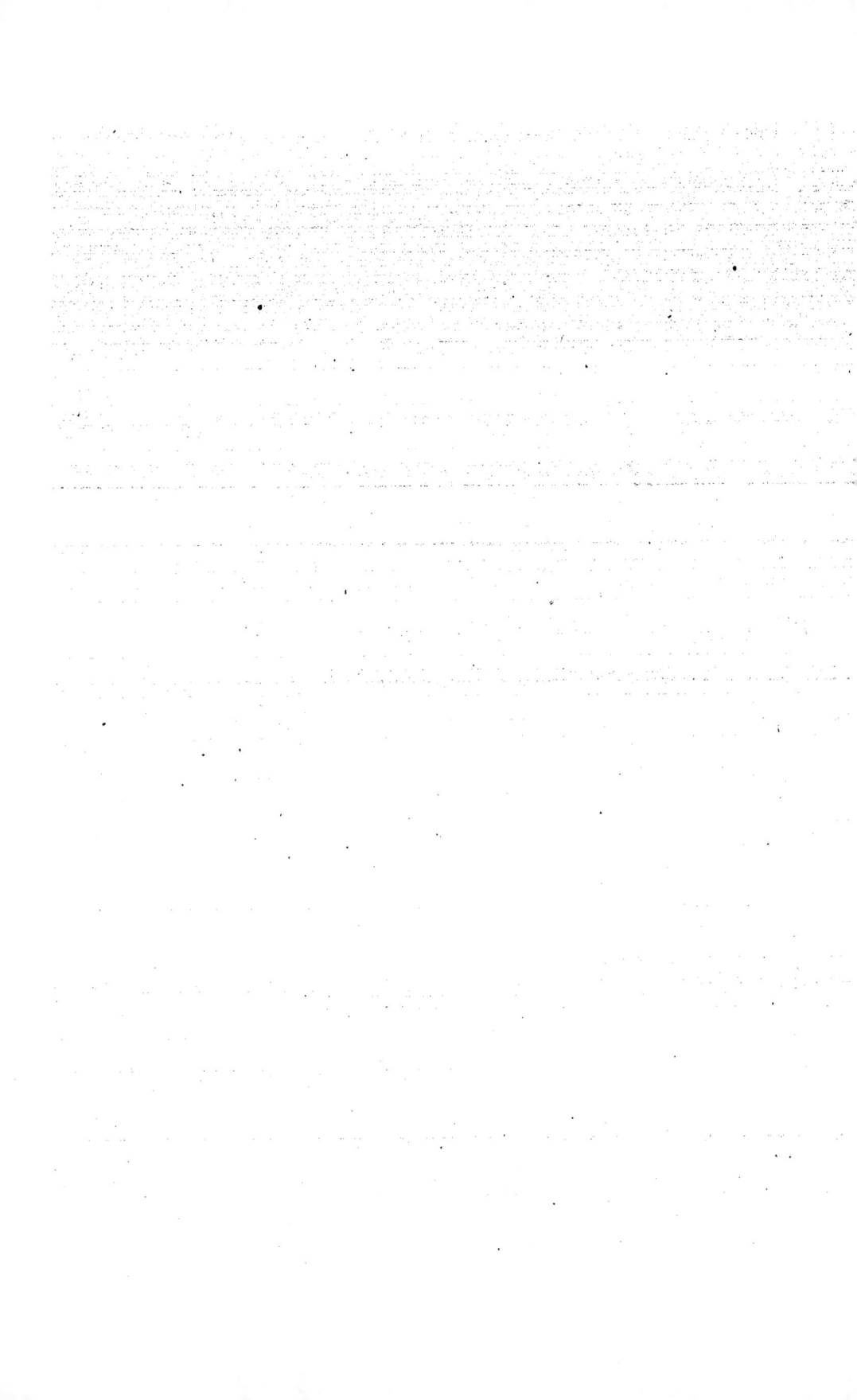

ÜBER DIE SUBSTITUTION

$$(ax^2 + 2bx + c)y^2 + 2(a'x^2 + 2b'x + c')y + a''x^2 + 2b''x + c'' = 0$$

UND ÜBER DIE REDUCTION DER ABELSCHEN INTEGRALE ERSTER ORDNUNG IN DIE NORMALFORM *).

(Aus den hinterlassenen Papieren von C. G. J. Jacobi mitgetheilt durch F. Richelot.)

Die allgemeinste Relation zwischen zwei Variabeln, in welcher keine den zweiten Grad übersteigt, ist

(1.)
$$(ax^2 + 2bx + c)y^2 + 2(a'x^2 + 2b'x + c')y + (a''x^2 + 2b''x + c'')$$
$$= (ay^2 + 2a'y + a'')x^2 + 2(by^2 + 2b'y + b'')x + (cy^2 + 2c'y + c'') = 0.$$

Es folgen aus ihr die beiden Gleichungen

(2.)
$$\begin{cases} (ax^2 + 2bx + c)y + a'x^2 + 2b'x + c' = \sqrt{(a'x^2 + 2b'x + c')^2 - (ax^2 + 2bx + c)(a''x^2 + 2b''x + c'')}, \\ (ay^2 + 2a'y + a'')x + by^2 + 2b'y + b'' = \sqrt{(by^2 + 2b'y + b'')^2 - (ay^2 + 2a'y + a'')(cy^2 + 2c'y + c'')}; \end{cases}$$

ferner hat man durch ihre Differentiation

$$[(ay^2 + 2a'y + a'')x + by^2 + 2b'y + b'']dx + [(ax^2 + 2bx + c)y + a'x^2 + 2b'x + c']dy = 0,$$

---

*) Ich habe mir erlaubt, den Zusatz »und über die Reduction der Abelschen Integrale erster Ordnung in die Normalform« zu dem von Jacobi gegebenen Titel dieser Note zu machen, weil darin in der That das Princip zur Reduction eines beliebigen solchen Integrals, welches Jacobi in seinem Aufsatz Abelsches Integral erster Klasse nennt, enthalten ist. Andrerseits behalte ich mir vor, eine längst vollendete Arbeit von mir, worin diese vollständige Reduction in den 8 Fällen von einem, zwei oder drei Paaren imaginärer conjugirter Factoren des Ausdrucks geleistet wird, so bald als möglich bekannt zu machen.   R.

und daher die Differentialgleichung

$$(3.) \quad \frac{dx}{\sqrt{(a'x^2 + 2b'x + c')^2 - (ax^2 + 2bx + c)(a''x^2 + 2b''x + c'')}}$$

$$+ \frac{dy}{\sqrt{(by^2 + 2b'y + b'')^2 - (ay^2 + 2a'y + a'')(cy^2 + 2c'y + c'')}} = 0.$$

Ich werde die beiden Functionen unter den Wurzelzeichen mit

$$(4.) \quad \begin{cases} X = (a'x^2 + 2b'x + c')^2 - (ax^2 + 2bx + c)(a''x^2 + 2b''x + c''), \\ Y = (by^2 + 2b'y + b'')^2 - (ay^2 + 2a'y + a'')(cy^2 + 2c'y + c'') \end{cases}$$

bezeichnen. Die Gleichungen (2.) zeigen, dass die zwischen den Größen x und y aufgestellte Relation von der Beschaffenheit ist, *dass, wenn für einen reellen Werth von x auch $\sqrt{X}$ reell ist, zugleich y und $\sqrt{Y}$, und umgekehrt, wenn für einen reellen Werth von y auch $\sqrt{Y}$ reell ist, zugleich x und $\sqrt{X}$ reell werden.* Wenn man daher die Gleichung (1.) zur Transformation von Integralausdrücken $\int \frac{Pdx}{\sqrt{X}}$ benutzt, in welchen P eine rationale Function von x ist, so wird, wofern nur der vorgelegte Ausdruck während der Integration reell bleibt, immer auch der transformirte Ausdruck reell bleiben, so dass es keiner weiteren Discussion der Grenzen bedarf. Da in den Formeln (2.) in Bezug auf die Coefficienten a, b etc. keine Wurzelausziehung stattfindet, so kann man von diesen Formeln eine Anwendung auf die Zahlentheorie machen, indem man annimmt, dass a, b etc. ganze Zahlen sind. Man erhält dann den Satz,

dass, wenn für einen rationalen Werth von x der Ausdruck

$$(a'x^2 + 2b'x + c')^2 - (ax^2 + 2bx + c)(a''x^2 + 2b''x + c'')$$

ein Quadrat wird, man immer auch die Function

$$(by^2 + 2b'y + b'')^2 - (ay^2 + 2a'y + a'')(cy^2 + 2c'y + c'')$$

durch einen rationalen Werth von y zu einem Quadrat machen kann.

In dem besondern Falle, wenn $a' = b' = c' = 0$, erhält man hieraus den Satz: Wenn eine Function 4ter Ordnung, deren Coefficienten ganze Zahlen sind, zu einem Quadrat gemacht werden soll, so kann man für den Fall, wenn die Function in zwei rationale Factoren zerfällt ist, die Aufgabe immer auf den Fall zurückführen, in welchem die ungeraden Potenzen fehlen.

Man kann nämlich von den beiden Ausdrücken

$$-(ax^2+2bx+c)(a''x^2+2b''x+c'')$$

und

$$(by^2+b'')^2-(ay^2+a'')(cy^2+c'')$$

den einen immer zu einem Quadrat machen, wenn man den andern zu einem Quadrat machen kann.   Dieser Satz entspricht der Reduction des Integrals

$$\int \frac{dx}{\sqrt{-(ax^2+2bx+c)(a''x^2+2b''x+c'')}}$$

auf die Form

$$\int \frac{dy}{\sqrt{(by^2+b'')^2-(ay^2+a'')(cy^2+c'')}},$$

welche Legendre durch die Substitution

$$y^2 = -\frac{a''x^2+2b''x+c''}{ax^2+2bx+c}$$

bewerkstelligt, die für den Fall, wo $a'=b'=c'=0$, aus (1.) folgt. Setzt man noch $b=b''=0$, so werden die beiden Ausdrücke, die auf einander reducirt werden können,

$$-(ax^2+c)(a''x^2+c'') \quad \text{und} \quad -(ay^2+a'')(cy^2+c'');$$

die Gleichungen (2.) zeigen nämlich, dass y und $\sqrt{Y}$ immer rational durch x und $\sqrt{X}$ ausgedrückt werden kann, und umgekehrt.

Euler hat nur den Fall betrachtet, wenn die Functionen X und Y dieselben Functionen respective von x und y sind, oder wenn man

$$a'=b, \quad a''=c, \quad b''=c'$$

hat, und hieraus seine berühmten Additionstheoreme für die elliptischen Integrale der drei Gattungen abgeleitet, ohne dass er dazu der Reductionen auf die jetzt übliche Form dieser Integrale bedurfte.   Die allgemeinere Form hat Lagrange in den *Turiner Memoiren* von 1784 und 1785 aufgestellt. Da dort aber nicht aller Nutzen aus der Substitution (1.) gezogen ist, welchen man aus derselben ziehen kann, so will ich noch einige Bemerkungen über die Anwendungen, welche man von dieser Substitution machen kann, hinzufügen.

Da durch die Function X die drei Trinome

$$ax^2+2bx+c, \quad a'x^2+2b'x+c', \quad a''x^2+2b''x+c''$$

nicht vollkommen bestimmt sind, so kann man die willkürlich bleibenden Bestimmungen dazu benutzen, *dass in* Y *die ungeraden Potenzen fortfallen*, wie wenn man, was erlaubt ist,

$$a' = b' = c' = 0$$

setzt, oder auch dazu, *dass der erste und letzte Term von* Y *gleichzeitig verschwindet*. Setzt man im zweiten Falle $y = z^2$, so erhält das Resultat dieselbe Form, wie im ersten Falle. *Die Vergleichung dieser beiden Resultate giebt die Transformation*. Nimmt man an, dass in dem Ausdrucke von X bereits die ungeraden Potenzen fehlen, und schafft man den ersten und letzten Term fort, indem dagegen wieder die ungeraden Potenzen eingeführt werden, so erhält man die Transformation sogleich in der reducirten Form selbst. Euler hat diese beiden Wege zur Reduction des Integrals, die directe Fortschaffung der ungeraden Potenzen und die Fortschaffung des ersten und letzten Terms und nachherige Einführung des Quadrats einer neuen Variabeln, angegeben, und er hätte hierdurch auf die Transformation kommen müssen, wenn er sich nur die Aufgabe gestellt hätte. Dieselbe Idee ist für mich leitend gewesen, als ich die Transformation der A b e l schen Integrale suchte. Denn durch eine Substitution von der Form

$$x = \frac{m + ny}{1 + y}$$

kann man das Integral

$$\int \frac{(fx+g)dx}{\sqrt{\alpha x^6 + \beta x^5 + \gamma x^4 + \delta x^3 + e x^2 + \zeta x + \eta}},$$

wenn man die Function unter dem Wurzelzeichen in zwei Factoren der 4ten und 2ten Ordnung zerfällt, in die Form

$$\int \frac{(f'y+g')\,dy}{\sqrt{\alpha' y^4 + \beta' y^2 + \gamma'}\,\sqrt{a y^2 + 2 b y + c}}$$

bringen, und durch eine ähnliche Substitution, in der man aber die neuen Variabeln als Quadrate einführt,

$$x = \frac{p + qz^2}{1 + z^2},$$

kann man dasselbe Integral in die Form

$$\int \frac{(f''z^2 + g'')\,dz}{\sqrt{\alpha'' z^8 + \beta'' z^6 + \gamma'' z^4 + \delta'' z^2 + \varepsilon''}}$$

bringen. Gelingt es nun durch Substitution einer rationalen Function von t^2 für y^2 die Differentialausdrücke

$$\frac{(f''y+g')\,dy}{\sqrt{ay^2+2by+c}} - \frac{(f'y-g')\,dy}{\sqrt{ay^2-2by+c}},$$

$$\frac{(f''y+g')\,dy}{\sqrt{ay^2+2by+c}} + \frac{(f'y-g')\,dy}{\sqrt{ay^2-2by+c}}$$

so zu transformiren, dass die ungeraden Potenzen herausgehen, und dadurch die erste Form des reducirten Integrals in Integrale von der Form

$$\int \frac{(f'''t^2+g''')\,dt}{\sqrt{a''t^8+\beta''t^6+\gamma'''t^4+\delta'''t^2+\varepsilon'''}}$$

zu verwandeln, so war ich gewiss, durch Vergleichung der beiden auf verschiedenem Wege erhaltenen Reductionen eine Transformation des Abelschen Integrals zu erhalten, ähnlich der Landenschen für die elliptischen Integrale.

Wenn man für den Zähler $f'y+g'$ die Größe $ay+b$ setzt, so wird der zu transformirende Ausdruck das Differential einer Größe

$$2t = \sqrt{ay^2+2by+c} - \sqrt{ay^2-2by+c},$$

und man sieht leicht, dass y^2 eine rationale Function von t^2 wird. Man erhält nämlich nach einander die Formeln

$$2t^2 = ay^2+c-\sqrt{(ay^2+c)^2-4b^2y^2},$$

$$t^4-(ay^2+c)t^2+b^2y^2 = 0$$

und daher

$$y^2 = t^2 \cdot \frac{c-t^2}{b^2-at^2}.$$

Hieraus folgt aber sogleich

(5.) $$\frac{dy}{\sqrt{\alpha'y^4+\beta'y^2+\gamma'}} \left\{ \frac{ay+b}{\sqrt{ay^2+2by+c}} - \frac{ay-b}{\sqrt{ay^2-2by+c}} \right\}$$

$$= \frac{2dt}{\sqrt{\alpha'y^4+\beta'y^2+\gamma'}} = \frac{2(b^2-at^2)dt}{\sqrt{\alpha't^4(t^2-c)^2+\beta't^2(t^2-c)(at^2-b^2)+\gamma'(at^2-b^2)^2}},$$

welches ein Ausdruck von der verlangten Form ist. Es ergiebt sich aber eine ähnliche Formel für jeden Zähler $fy+g$.

Es ist nämlich

$$\frac{\dfrac{1}{\sqrt{ay^2-2by+c}} - \dfrac{1}{\sqrt{ay^2+2by+c}}}{\dfrac{1}{\sqrt{ay^2-2by+c}} + \dfrac{1}{\sqrt{ay^2+2by+c}}} = \frac{t^2}{by},$$

und daher

$$2b\,dt = -aby\,dy\left\{\frac{1}{\sqrt{ay^2-2by+c}} - \frac{1}{\sqrt{ay^2+2by+c}}\right\}$$

$$+ b^2\,dy\left\{\frac{1}{\sqrt{ay^2+2by+c}} + \frac{1}{\sqrt{ay^2-2by+c}}\right\}$$

$$= (b^2-at^2)\left\{\frac{dy}{\sqrt{ay^2+2by+c}} + \frac{dy}{\sqrt{ay^2-2by+c}}\right\}.$$

Man erhält hieraus

$$\frac{dy}{\sqrt{ay^2+2by+c}} + \frac{dy}{\sqrt{ay^2-2by+c}} = \frac{2b\,dt}{b^2-at^2},$$

$$\frac{y\,dy}{\sqrt{ay^2-2by+c}} - \frac{y\,dy}{\sqrt{ay^2+2by+c}} = \frac{2t^2\,dt}{b^2-at^2}.$$

Bezeichnet man daher in (5.) die gerade Function der 8ten Ordnung von t, die sich unter dem Wurzelzeichen befindet, mit T, so dass

$$\sqrt{T} = (b^2-at^2)\sqrt{\alpha'y^4+\beta'y^2+\gamma'},$$

so ergeben sich die Gleichungen

$$\frac{dy}{\sqrt{\alpha'y^4+\beta'y^2+\gamma'}}\left\{\frac{1}{\sqrt{ay^2+2by+c}} + \frac{1}{\sqrt{ay^2-2by+c}}\right\} = \frac{2b\,dt}{\sqrt{T}},$$

$$\frac{y\,dy}{\sqrt{\alpha'y^4+\beta'y^2+\gamma'}}\left\{\frac{1}{\sqrt{ay^2-2by+c}} - \frac{1}{\sqrt{ay^2+2by+c}}\right\} = \frac{2t^2\,dt}{\sqrt{T}}.$$

Setzt man

$$2t' = \sqrt{ay^2+2by+c} + \sqrt{ay^2-2by+c},$$

so erhält man ganz auf dieselbe Art

$$\frac{dy}{\sqrt{\alpha'y^4+\beta'y^2+\gamma'}}\left\{\frac{1}{\sqrt{ay^2-2by+c}} - \frac{1}{\sqrt{ay^2+2by+c}}\right\} = -\frac{2b\,dt'}{\sqrt{T'}},$$

$$\frac{y\,dy}{\sqrt{\alpha'y^4+\beta'y^2+\gamma'}}\left\{\frac{1}{\sqrt{ay^2+2by+c}} + \frac{1}{\sqrt{ay^2-2by+c}}\right\} = -\frac{2t'^2\,dt'}{\sqrt{T'}},$$

wo T' dieselbe Function von t' wie T von t ist.

Die Combination beider Substitutionen giebt

$$\frac{(f'y+g')\,dy}{\sqrt{\alpha'y^4+\beta'y^2+\gamma'}\,\sqrt{ay^2+2by+c}} = \frac{(bg'-f't^2)\,dt}{\sqrt{T}} + \frac{(bg'-f't'^2)\,dt'}{\sqrt{T'}}.$$

Der oben gefundene Differentialausdruck

$$\frac{(f''z^2 + g'')dz}{\sqrt{Z}},$$

wo Z eine ganze Function 8ter Ordnung von z ist, wird auf diese Weise gleich dem Aggregat zweier Ausdrücke von ähnlicher Form gefunden,

$$\frac{(f''z^2 - g'')dz}{\sqrt{Z}} = \frac{(bg' - f't^2)dt}{\sqrt{T}} + \frac{(bg' - f't'^2)dt'}{\sqrt{T'}},$$

und diese Vergleichung der auf doppeltem Wege erhaltenen Reductionen ist es, wodurch sich eine Transformation der Abelschen Integrale ergiebt, welche die den elliptischen Integralen zunächst stehende Gattung bilden.

Da die weitere Ausbildung der hier angegebenen Substitution bei der grofsen Complication des Gegenstandes eine anhaltende Beschäftigung erforderte, zu welcher mir selbst mehrere andere Arbeiten nicht die gehörige Mufse gewährten, so hatte ich die glückliche Idee, dieselbe meinem Schüler und Freunde Herrn Prof. Richelot zu übergeben, unter dessen Händen sie dieselbe Vollendung erhielt, welche die Landensche Substitution durch Lagrange und Legendre erlangt hat. (S. Bd. XVI, p. 224 des Crelleschen Journals.)

Man kann die gefundene Transformation nach zwei Seiten auszudehnen unternehmen, indem man entweder für die nächst höheren Abelschen Integrale eine ähnliche Transformation, oder auch für dieselben Integrale noch andere von der gefundenen wesentlich verschiedene Transformationen sucht. Da aber bisher noch Niemand eine solche Ausdehnung geleistet hat, so habe ich, um dadurch vielleicht zu der Lösung dieser Probleme etwas beitragen zu können, den anfänglichen Weg, der zu der gefundenen Transformation geleitet, genauer angegeben.

Die Relation zwischen y und t^2, welche die verlangte Transformation bewerkstelligt hat, ist ebenfalls in der oben aufgestellten Grundgleichung enthalten, und kann daher auch nach der im Anfange angegebenen Methode aus ihr die Differentialgleichung abgeleitet werden. Es ist nämlich diese Relation vollständig entwickelt,

$$t^4 - (ay^2 + c)t^2 + b^2y^2 = (b^2 - at^2)y^2 + t^4 - ct^2 = 0,$$

woraus

$$\frac{dy}{\sqrt{(ay^2 + c)^2 - 4b^2y^2}} = \frac{d \cdot t^2}{2\sqrt{(ct^2 - t^4)(b^2 - at^2)}}.$$

Durch Auflösung der Gleichung folgt

$$2t^2 = ay^2 + c - \sqrt{(ay^2+c)^2 - 4b^2 y^2},$$

$$\frac{2b^2 y^2}{t^2} = ay^2 + c + \sqrt{(ay^2+c)^2 - 4b^2 y^2},$$

und daher

$$2t = \sqrt{ay^2 + 2by + c} - \sqrt{ay^2 - 2by + c},$$

$$\frac{2by}{t} = \sqrt{ay^2 + 2by + c} + \sqrt{ay^2 - 2by + c}.$$

Es ist ferner

$$(b^2 - at^2)y = \sqrt{(ct^2 - t^4)(b^2 - at^2)}.$$

Multiplicirt man die vorstehende Differentialgleichung mit

$$y\sqrt{ay^2 + 2by + c} - \sqrt{ay^2 - 2by + c} = \frac{2t\sqrt{(ct^2 - t^4)(b^2 - at^2)}}{b^2 - at^2},$$

$$\sqrt{ay^2 + 2by + c} + \sqrt{ay^2 - 2by + c} = \frac{2b\sqrt{(ct^2 - t^4)(b^2 - at^2)}}{t(b^2 - at^2)},$$

so erhält man

$$y\,dy\left\{\frac{1}{\sqrt{ay^2 - 2by + c}} - \frac{1}{\sqrt{ay^2 + 2by + c}}\right\} = \frac{2t^2\,dt}{b^2 - at^2},$$

$$dy\left\{\frac{1}{\sqrt{ay^2 - 2by + c}} + \frac{1}{\sqrt{ay^2 + 2by + c}}\right\} = \frac{2b\,dt}{b^2 - at^2},$$

welches die zuvor gefundenen Gleichungen sind.

In dem 12ten Bande des Crelleschen Journals p. 182 ff. hat Herr Prof. Richelot das Abelsche Integral, wenn die Größe unter dem Wurzelzeichen lauter reelle lineare Factoren hat, auf die Form

$$\int^{\cdot} \frac{(f + g\sin^2\varphi)\,d\varphi}{\sqrt{(1 - \varkappa^2\sin^2\varphi)(1 - \lambda^2\sin^2\varphi)(1 - \mu^2\sin^2\varphi)}}$$

zurückgeführt, wo $\varkappa, \lambda, \mu$ kleiner als 1 sind. Ich will jetzt zeigen, wie man durch die von mir gegebene Substitution die übrigen Fälle erledigt.

Es sei das vorgelegte Integral

$$\int \frac{dx}{\sqrt{A + Bx + Cx^2 + Dx^3 + Ex^4}} \cdot \frac{m + nx}{\sqrt{x^2 - 2ax + \beta}},$$

wo $x^2 - 2ax + \beta$ nicht in zwei reelle lineare Factoren zerlegt werden kann.

Dieser Fall umfaſst alle übrigen, in welchen die 6 linearen Factoren nicht alle reell sind. Durch eine lineare Substitution

$$x = \frac{p + qy}{1 + y},$$

wo p und q reell sind, kann man immer, wie Legendre gezeigt hat, den Differentialausdruck

$$\frac{dx}{\sqrt{A + Bx + Cx^2 + Dx^3 + Ex^4}}$$

in den einfacheren

$$\frac{dy}{\sqrt{f + gy^2}\sqrt{f' + g'y^2}}$$

transformiren, wo f, g, f', g' reell sind. Es wird dadurch das vorgelegte Integral die Form

$$\int \frac{dy}{\sqrt{f + gy^2}\sqrt{f' + g'y^2}} \cdot \frac{h + iy}{\sqrt{ay^2 + 2by + c}}$$

erhalten, wo $ay^2 + 2by + c$ ebenfalls nicht in reelle Factoren zerlegt werden kann oder

$$ac > b^2$$

ist, und wo ich, was erlaubt ist, a und c positiv annehme.

Durch die Substitution

$$2t = \sqrt{ay^2 + 2by + c} - \sqrt{ay^2 - 2by + c}$$
$$2t' = \sqrt{ay^2 + 2by + c} + \sqrt{ay^2 - 2by + c}$$

erhielten wir oben

$$\frac{(h + iy)\,dy}{\sqrt{f + gy^2}\sqrt{f' + g'y^2}\sqrt{ay^2 + 2by + c}} = \frac{(bh - it^2)\,dt}{\sqrt{T}} + \frac{(bh - it'^2)\,dt'}{\sqrt{T'}},$$

wo

$$\sqrt{T} = (b^2 - at^2)\sqrt{f + gy^2}\sqrt{f' + g'y^2}$$

und T' dieselbe Function von t' wie T von t ist.

Dieselbe Substitution ergab

(6.) $$y^2 = \frac{ct^2 - t^4}{b^2 - at^2},$$

woraus

$$T = [fb^2 + (gc - fa)t^2 - gt^4][f'b^2 + (g'c - f'a)t^2 - g't^4].$$

Es sind aber die Größen

$$(gc - fa)^2 + 4fg\,b^2 = (gc + fa)^2 - 4fg(ac - b^2),$$
$$(g'c - f'a)^2 + 4f'g'\,b^2 = (g'c + f'a)^2 - 4f'g'(ac - b^2)$$

immer positiv, sowohl für positive als negative Werthe von fg und $f'g'$, woraus folgt, dass in den transformirten Integralen die Größe T unter dem Wurzelzeichen das Product von vier reellen, in Bezug auf t^2 linearen Factoren ist. Es hat aber keine weitere Schwierigkeit, solche Integrale in die von Herrn Prof. Richelot als die kanonische gewählte Form zu bringen, wie man in der angeführten Abhandlung im 12ten Bande des Crelleschen Journals sehen kann, wo alle hierbei vorkommenden Fälle umständlich discutirt sind. Setzt man für t^2 eine neue Variable, so sieht man, dass das Abelsche Integral, in welchem die Function unter dem Wurzelzeichen auf die 6te Ordnung steigt, immer in andere transformirt werden kann, in denen der erste und letzte Term dieser Function fehlt und alle ihre linearen Factoren reell sind.

Herr Prof. Richelot hat die Reduction auf seine kanonische Form in dem Fall, wo die linearen Factoren der Function unter dem Wurzelzeichen alle reell sind, nicht bloss für die *erste Klasse* der Abelschen Integrale, d. h. diejenigen, in welchen die Function unter dem Wurzelzeichen auf den 6ten Grad steigt, bewerkstelligt, sondern gezeigt, dass in diesem Falle dasselbe Verfahren angewandt werden kann, auf welchen Grad auch die unter dem Wurzelzeichen befindliche Function steigt. Aber für die Abelschen Integrale, in welchen diese Function den 6ten Grad übersteigt, hat man noch keine Substitution aufgefunden, durch welche die Reduction in den übrigen Fällen, wo mehrere der linearen Factoren oder alle imaginär sind, geleistet werden könnte. Dass man bei der ersten Klasse der Abelschen Integrale durch eine Substitution die Reduction in Fällen bewirken konnte, welche sich einer andern entzogen, liess im Voraus erkennen, dass ihre Anwendung auf die bereits reducirte Form nicht wieder auf dieselbe reducirte Form zurück, sondern auf eine transformirte führen würde. So wird man bei den Untersuchungen über die höheren Klassen der Abelschen Integrale gewiss sein können, dass die Substitution, mittelst welcher man die Reduction in dem Falle, wo die Function unter dem Wurzelzeichen nicht lauter reelle Factoren hat, bewerkstelligen kann, zugleich eine Transformation geben wird.

Ich habe oben bei Anwendung der Substitution

$$2t = \sqrt{ay^2 + 2by + c} \mp \sqrt{ay^2 - 2by + c}$$

vorausgesetzt, dass die Function 6ten Grades unter dem Wurzelzeichen wenigstens *einen* trinomischen Factor hat, der sich nicht in reelle lineäre Factoren auflösen läfst. Wäre diese Bedingung nothwendig, so würde man das von mir vorgeschlagene Verfahren nicht auf das bereits reducirte Integral

$$\int \frac{(f+gx)\,dx}{\sqrt{x(1-x)(1-\kappa^2 x)(1-\lambda^2 x)(1-\mu^2 x)}}$$

anwenden können, ohne dass die erhaltene Transformation auf imaginäre Argumente führt. Auch ist in der That Herr Prof. Richelot auf imaginäre Argumente gekommen*), und hat dieselben durch das Abelsche Additionstheorem

---

*) Man gelangt nur auf imaginäre Argumente, wenn man bei dieser Substitution Jacobi's von der Unterscheidung der Bedingungen

$$\kappa\lambda \gtrless \mu$$

abstrahirt, und solche Werthe des Arguments y annimmt, wofür die beiden neuen Argumente t und t' in *einem* und demselben Intervall des Ausdrucks $F\xi$ liegen. Beide Rücksichten sind in dieser Jacobischen Umformung nicht beobachtet worden. Er scheint entweder nur beabsichtigt zu haben, zu zeigen, wie seine Formel auch im Fall von lauter reellen Factoren unter dem gegebenen Wurzelzeichen eine einmalige Reduction in reeller Form mit sich führe, oder hat diese Note später noch fortsetzen wollen. Da meine Transformation der Abelschen Integrale erster Ordnung nicht nur von jeder Bedingung zwischen den 3 Moduln unabhängig ist, sondern, was ihre Haupteigenschaft ist, bei ihrer weitern Anwendung nicht auf die gegebenen Integrale zurück-, sondern auf Integrale mit successive kleiner oder grösser werdenden Moduln führt, so ist sie von den obigen, welche schon bei der ersten Wiederholung auf das gegebene Integral zurückführt, wesentlich verschieden. Wenn man diese letztere in die Normalform überträgt, so erhält man für $\kappa\lambda > \mu$ die Gleichungen

$$\frac{(1+\mu\xi^2)\,d\xi^2}{\sqrt{\Delta\xi}} = C\left\{ \frac{(1-c^2 x_1^2)\,dx_1}{\sqrt{Dx_1}} - \frac{(1-c^2 x_2^2)\,dx_2}{\sqrt{Dx_2}} \right\},$$

$$\frac{(1-\mu^2\xi)\,d\xi^2}{\sqrt{\Delta\xi}} = L\left\{ \frac{(1-l^2 x_1^2)\,dx_1}{\sqrt{Dx_1}} - \frac{(1-l^2 x_2^2)\,dx_2}{\sqrt{Dx_2}} \right\},$$

worin:

$$m = \frac{\kappa\sqrt{(\lambda^2-\mu^2)(1-\lambda^2)} - \lambda\sqrt{(\kappa^2-\mu^2)(1-\kappa^2)}}{\kappa\sqrt{(\lambda^2-\mu^2)(1-\lambda^2)} + \lambda\sqrt{(\kappa^2-\mu^2)(1-\kappa^2)}},$$

$$l^2 = m\,\frac{(\kappa^2-\mu)\sqrt{(\lambda^2-\mu^2)(1-\lambda^2)} + (\lambda^2-\mu)\sqrt{(\kappa^2-\mu^2)(1-\kappa^2)}}{(\kappa^2-\mu)\sqrt{(\lambda^2-\mu^2)(1-\lambda^2)} - (\lambda^2-\mu)\sqrt{(\kappa^2-\mu^2)(1-\kappa^2)}},$$

$$c^2 = m\,\frac{(\kappa^2+\mu)\sqrt{(\lambda^2-\mu^2)(1-\lambda^2)} + (\lambda^2+\mu)\sqrt{(\kappa^2-\mu^2)(1-\kappa^2)}}{(\kappa^2+\mu)\sqrt{(\lambda^2-\mu^2)(1-\lambda^2)} - (\lambda^2+\mu)\sqrt{(\kappa^2-\mu^2)(1-\kappa^2)}},$$

auf reelle Argumente zurückgeführt. (S. den 16ten Band des Crelleschen Journals p. 224.) Ich will aber zeigen, dass dies immer vermieden werden kann.

Es sei das Integral

$$J = \int \frac{(f+gx)\,dx}{\sqrt{x(1-x)(1-\varkappa^2 x)(1-\lambda^2 x)(1-\mu^2 x)}}$$

vorgelegt, wo man $\varkappa$, λ, μ reell und positiv und $1 > \varkappa > \lambda > \mu$, ferner x zwischen 0 und 1 annimmt. Setzt man

$$x = \frac{y-1}{\mu(y+1)},$$

so wird

$$1-x = \frac{1+\mu-(1-\mu)y}{\mu(y+1)}, \qquad 1-\mu^2 x = \frac{1+\mu+(1-\mu)y}{y+1},$$

$$1-\varkappa^2 x = \frac{\varkappa^2+\mu-(\varkappa^2-\mu)y}{\mu(y+1)}, \qquad 1-\lambda^2 x = \frac{\lambda^2+\mu-(\lambda^2-\mu)y}{\mu(y+1)},$$

$$dx = \frac{2}{\mu} \cdot \frac{dy}{(y+1)^2},$$

und daher

$$J = h\int \frac{[(f\mu+g)y+(f\mu-g)]dy}{\sqrt{(y^2-1)(1-\nu^2 y^2)(1+my)(1+ny)}},$$

$$(1-m^2)\frac{c\sqrt{(l^2-m^2)(1-l^2)}+l\sqrt{(c^2-m^2)(1-c^2)}}{c\sqrt{(c^2-m^2)(1-l^2)}+\sqrt{(l^2-m^2)(1-c^2)}} = 2C\sqrt{(c^2-m^2)(1-c^2)} = -2L\sqrt{(l^2-m^2)(1-l^2)},$$

$$\Delta\xi = (1-\xi^2)(1-\varkappa^2\xi^2)(1-\lambda^2\xi^2)(1-\mu^2\xi^2), \qquad Dx = (1-x^2)(1-c^2 x^2)(1-l^2 x^2)(1-m^2 x^2).$$

gesetzt ist, und die beiden Argumente x_1 und x_2 aus dem gegebenen Argument ξ vermittelst der Gleichungen:

$$\sqrt{\left(\frac{l^2+m}{c^2+m}\right)\left(\frac{1-c^2 x_2^2}{1-l^2 x_2^2}\right)} = \sqrt{\frac{\varkappa^2-\mu}{\varkappa^2+\mu}} \cdot \frac{\sqrt{(\varkappa^2-\mu^2\xi^2)(\lambda^2-\mu^2\xi^2)}-\mu\sqrt{(1-\varkappa^2\xi^2)(1-\lambda^2\xi^2)}}{\sqrt{\varkappa^2\lambda^2-\mu^2}\cdot(1-\mu\xi^2)},$$

$$\sqrt{\left(\frac{l^2+m}{c^2+m}\right)\left(\frac{1-c^2 x_2^2}{1-l^2 x_2^2}\right)} = \sqrt{\frac{\varkappa^2-\mu}{\varkappa^2+\mu}} \cdot \frac{\sqrt{(\varkappa^2-\mu^2\xi^2)(\lambda^2-\mu^2\xi^2)}+\mu\sqrt{(1-\varkappa^2\xi^2)(1-\lambda^2\xi^2)}}{\sqrt{\varkappa^2\lambda^2-\mu^2}\cdot(1-\mu\xi^2)}$$

abgeleitet sind.

In dieser Form kann man sich auch durch Rechnung davon überzeugen, dass die vorliegende Umformung von der oben bezeichneten reciproken Natur ist, und daher, weiter angewendet, auf das ursprünglich gegebene Integral zurückführt. So sind auch die drei Moduln c, l, m eben solche Functionen der drei Moduln $\varkappa$, λ, μ, wie umgekehrt diese es von jenen sind. — Gelegentlich werde ich diesen Gegenstand ausführlicher verfolgen.   R.

wo

$$h = \frac{2}{(1+\mu)\sqrt{\varkappa^2 + \mu}\,\sqrt{\lambda^2 + \mu}}, \quad v = \frac{1-\mu}{1+\mu}, \quad m = \frac{\mu - \varkappa^2}{\mu + \varkappa^2}, \quad n = \frac{\mu - \lambda^2}{\mu + \lambda^2},$$

und y zwischen 1 und $\dfrac{1}{v}$ ist. Die Substitution

$$2t = \sqrt{ay^2 + 2by + c} \mp \sqrt{ay^2 - 2by + c}$$

bleibt immer reell, wenn in den Intervallen, in welchen sich y während der Integration befindet, nicht bloss die Gröfse $ay^2 + 2by + c$, sondern auch die Gröfse $ay^2 - 2by + c$ positiv ist. Für den hier betrachteten Fall ist

$$ay^2 + 2by + c = (1 + my)(1 + ny)$$

und liegt y zwischen 1 und $\dfrac{1}{v}$. Es sind aber die absoluten Werthe von m und n kleiner als v, und daher die vier Gröfsen $1 \pm \dfrac{m}{v}$, $1 \pm \dfrac{n}{v}$ immer positiv, so dass die Gröfsen $(1 + my)(1 + ny)$ und $(1 - my)(1 - ny)$, wenn y von 1 bis $\dfrac{1}{v}$ wächst, positiv bleiben, wodurch der geforderten Bedingung Genüge geschieht.

Ich setze jetzt zufolge der angewandten Substitution

$$\pm 2t = \sqrt{(1+my)(1+ny)} - \sqrt{(1-my)(1-ny)},$$
$$2t' = \sqrt{(1+my)(1+ny)} + \sqrt{(1-my)(1-ny)},$$

wo das obere oder untere Zeichen gilt, je nachdem $m + n$ positiv oder negativ ist oder, was dasselbe ist, je nachdem $\varkappa\lambda < \mu$ oder $\varkappa\lambda > \mu$. Die Quadratwurzeln werde ich immer positiv nehmen.

Setzt man der Kürze halber

$$1 - \varkappa^2 = \varkappa'^2, \quad 1 - \lambda^2 = \lambda'^2, \quad 1 - \mu^2 = \mu'^2,$$
$$\varkappa^2 - \lambda^2 = \lambda''^2, \quad \varkappa^2 - \mu^2 = \mu''^2, \quad \lambda^2 - \mu^2 = \mu'''^2,$$
$$N = \sqrt{(\varkappa^2 + \mu)(\lambda^2 + \mu)},$$
$$\alpha = \frac{\sqrt{(\varkappa\lambda - \mu)^2}}{N}, \quad \alpha' = \frac{\varkappa\lambda + \mu}{N},$$
$$\beta = \frac{\sqrt{(\mu''\mu''' - \mu\varkappa'\lambda')^2}}{(1-\mu)N}, \quad \beta' = \frac{\mu''\mu''' + \mu\varkappa'\lambda'}{(1-\mu)N},$$

so wird gleichzeitig

$$y = 1, \qquad t = \alpha, \qquad t' = \alpha',$$

und

$$y = \frac{1}{v}, \qquad t = \beta, \qquad t' = \beta'.$$

Es ist, wie man leicht zeigt,

$$\pm \tfrac{1}{2}(m+n) = \alpha\alpha', \qquad \beta\beta' = \frac{1}{\nu}\cdot\alpha\alpha',$$

ferner, da

$$\varkappa\lambda - \mu^2 > \mu''\mu''', \qquad 1 - \varkappa\lambda > \varkappa'\lambda', \qquad \text{auch} \quad \alpha' > \beta'$$

und daher um so mehr

$$\frac{1}{\nu}\alpha' > \beta', \qquad \alpha < \beta.$$

Es folgen demnach α, β, β', α' der Größe nach auf einander; diese Größen sind sämmtlich kleiner als 1, da $\alpha' < 1$. Wenn y von 1 bis $\frac{1}{\nu}$ wächst, wird t von α bis β wachsen, t' von α' bis β' abnehmen.

Die angewandte Substitution giebt, wenn man in den obigen Formeln

$$4b^2 = (m+n)^2, \qquad a = mn, \qquad c = 1$$

setzt, die Gleichungen

$$y^2 = \frac{4(t^2 - t^4)}{(m+n)^2 - 4mnt^2} = \frac{4(t'^2 - t'^4)}{(m+n)^2 - 4mnt'^2},$$

$$(y^2 - 1)(1 - \nu^2 y^2) = \frac{\left(\dfrac{t^2}{\alpha^2} - 1\right)\left(1 - \dfrac{t^2}{\beta^2}\right)\left(1 - \dfrac{t^2}{\beta'^2}\right)\left(1 - \dfrac{t^2}{\alpha'^2}\right)}{\left(1 - \dfrac{4mn}{(m+n)^2}t^2\right)^2},$$

$$= \frac{\left(\dfrac{t'^2}{\alpha^2} - 1\right)\left(\dfrac{t'^2}{\beta^2} - 1\right)\left(\dfrac{t'^2}{\beta'^2} - 1\right)\left(1 - \dfrac{t'^2}{\alpha'^2}\right)}{\left(1 - \dfrac{4mnt'^2}{(m+n)^2}\right)^2},$$

wo

$$\frac{4mn}{(m+n)^2} < 1.$$

Die Factoren sind hier so geschrieben, daß jeder einzelne während der Integration positiv bleibt, da, wenn y sich zwischen 1 und $\frac{1}{\nu}$ befindet, t in dem Intervalle von α bis β, t' in dem Intervalle von β' bis α' liegt.

Um die Differentialgleichungen zu erhalten, muss man die Zeichen so bestimmen, dass, wie es die Substitution mit sich bringt, t und y gleichzeitig

wachsen, aber t' abnimmt, wenn t wächst. Die obigen Differentialformeln für t und die ihnen ähnlichen für t' werden jetzt:

$$\frac{y\,dy}{\sqrt{(1-my)(1-ny)}} - \frac{y\,dy}{\sqrt{(1+my)(1+ny)}} = \frac{\pm\, 2t^2\,dt}{\left(\dfrac{m+n}{2}\right)^3 - mnt^2},$$

$$\frac{dy}{\sqrt{(1+my)(1+ny)}} + \frac{dy}{\sqrt{(1-my)(1-ny)}} = \frac{\pm\,(m+n)dt}{\left(\dfrac{m+n}{2}\right)^3 - mnt^2},$$

$$\frac{y\,dy}{\sqrt{(1+my)(1+ny)}} + \frac{y\,dy}{\sqrt{(1-my)(1-ny)}} = \frac{-\,2t'^2\,dt'}{\left(\dfrac{m+n}{2}\right)^3 - mnt'^2},$$

$$\frac{dy}{\sqrt{(1-my)(1-ny)}} - \frac{dy}{\sqrt{(1+my)(1+ny)}} = \frac{-\,(m+n)\,dt'}{\left(\dfrac{m+n}{2}\right)^3 - mnt'^2}.$$

Hieraus folgt, wenn $\varkappa\lambda < \mu$, also die oberen Zeichen gelten,

$$J = \int\frac{(f'-g't^2)\,dt}{\sqrt{F(t)}} + \int\frac{(f'-g't'^2)\,dt'}{\sqrt{F(t')}},$$

wenn $\varkappa\lambda > \mu$, also die unteren Zeichen gelten,

$$J = \int\frac{(f'+g't^2)\,dt}{\sqrt{F(t)}} - \int\frac{(f'+g't'^2)\,dt'}{\sqrt{F(t')}},$$

wo

$$f' = \frac{\pm\,(m+n)(f\mu-g)}{(1-\mu)N}, \qquad g' = \frac{2(f\mu+g)}{(1-\mu)N},$$

$$F(t) = (t^2-\alpha^2)(\beta^2-t^2)(\beta'^2-t^2)(\alpha'^2-t^2),$$

$$F(t') = (t'^2-\alpha^2)(t'^2-\beta^2)(t'^2-\beta'^2)(\alpha'^2-t'^2).$$

48*

DARSTELLUNG

DER ELLIPTISCHEN FUNCTIONEN

DURCH POTENZREIHEN

Borchardt Journal für die reine und angewandte Mathematik, Bd. 54. p. 82—97.

DARSTELLUNG DER ELLIPTISCHEN FUNCTIONEN DURCH POTENZREIHEN.

(Aus den hinterlassenen Papieren von C. G. J. Jacobi mitgetheilt durch C. W. Borchardt.)

Die vier Reihen

$$\vartheta(x) = 1 - 2q\cos 2x + 2q^4\cos 4x - 2q^9\cos 6x + \cdots$$

$$\vartheta_1(x) = 2\left[\sqrt[4]{q}\sin x - \sqrt[4]{q^9}\sin 3x + \sqrt[4]{q^{25}}\sin 5x - \cdots\right]$$

$$\vartheta_2(x) = 2\left[\sqrt[4]{q}\cos x + \sqrt[4]{q^9}\cos 3x + \sqrt[4]{q^{25}}\cos 5x + \cdots\right]$$

$$\vartheta_3(x) = 1 + 2q\cos 2x + 2q^4\cos 4x + 2q^9\cos 6x + \cdots$$

bilden den Nenner und die Zähler der Brüche, durch welche ich in meinen *Fundam. Nov.* die elliptischen Functionen

$$\sqrt{k}\sin\mathrm{am}\,\frac{2Kx}{\pi}, \qquad \sqrt{\frac{k}{k'}}\cos\mathrm{am}\,\frac{2Kx}{\pi}, \qquad \frac{1}{\sqrt{k'}}\Delta\,\mathrm{am}\,\frac{2Kx}{\pi}$$

dargestellt habe. Ich will im Folgenden diese vier Reihen nach Potenzen von x entwickeln.

Man hat hierzu ein einfaches Mittel durch die in die Augen springende Eigenschaft dieser Reihen, dass, wenn man

$$\log\sqrt[4]{q} = h$$

setzt, ihre erste nach h genommene Ableitung den entgegengesetzten Werth wie ihre zweite nach x genommene Ableitung hat. Hieraus folgt sogleich auch, dass ihre m^{te} nach h genommene Ableitung ihrer $(2m)^{\text{ten}}$ nach x genommenen Ableitung gleich oder entgegengesetzt ist, je nachdem m gerade oder ungerade ist, so dass man die nachstehenden Gleichungen hat:

$$\frac{\partial^{2m}\,\vartheta(x)}{\partial x^{2m}} = (-1)^m\,\frac{\partial^m\,\vartheta(x)}{\partial h^m},$$

$$\frac{\partial^{2m+1}\,\vartheta_1(x)}{\partial x^{2m+1}} = (-1)^m\,\frac{\partial^{m+1}\,\vartheta_1(x)}{\partial x\,\partial h^m},$$

$$\frac{\partial^{2m}\,\vartheta_2(x)}{\partial x^{2m}} = (-1)^m\,\frac{\partial^m\,\vartheta_2(x)}{\partial h^m},$$

$$\frac{\partial^{2m}\,\vartheta_3(x)}{\partial x^{2m}} = (-1)^m\,\frac{\partial^m\,\vartheta_3(x)}{\partial h^m}.$$

Um die vorgelegten Entwickelungen zu erhalten, muss man die Werthe kennen, welche die nach x genommenen geraden Ableitungen von $\vartheta(x)$, $\vartheta_2(x)$, $\vartheta_3(x)$ und die ungeraden Ableitungen von $\vartheta_1(x)$ für $x = 0$ annehmen. Wenn man statt dieser Ableitungen die Ausdrücke rechts setzt, so erlangt man den Vortheil, dass man den speciellen Werth 0, für welchen allein man ihre Werthe zu kennen braucht, vor den nach h angestellten Differentiationen in die Functionen

$$\vartheta(x),\qquad \frac{\partial\vartheta_1(x)}{\partial x},\qquad \vartheta_2(x),\qquad \vartheta_3(x)\cdot$$

substituiren kann, und dann nur diese speciellen Werthe, welche sie für $x = 0$ annehmen, nach h zu differentiiren hat.   Nach in den *Fund. Nov.* gegebenen Formeln hat man

$$\vartheta_3(0) = \sqrt{\frac{2K}{\pi}},\qquad \vartheta_2(0) = \sqrt{\frac{2kK}{\pi}},\qquad \vartheta(0) = \sqrt{\frac{2k'K}{\pi}},$$

und es wurde dort der Werth, welchen $\frac{\partial\vartheta_1(x)}{\partial x}$ für $x = 0$ annimmt, gleich dem Product der vorstehenden drei Werthe gefunden oder gleich

$$\sqrt{kk'\left(\frac{2K}{\pi}\right)^3}.$$

Wenn man daher nach den nach x ausgeführten Differentiationen $x = 0$ setzt, so erhält man

(1.)
$$\begin{cases}
\dfrac{\partial^{2m}\,\vartheta_3(x)}{\partial x^{2m}} = (-1)^m\,\dfrac{\partial^m\sqrt{\dfrac{2K}{\pi}}}{\partial h^m}, & \dfrac{\partial^{2m+1}\,\vartheta_1(x)}{\partial x^{2m+1}} = (-1)^m\,\dfrac{\partial^m\sqrt{kk'\left(\dfrac{2K}{\pi}\right)^3}}{\partial h^m}, \\[4ex]
\dfrac{\partial^{2m}\,\vartheta_2(x)}{\partial x^{2m}} = (-1)^m\,\dfrac{\partial^m\sqrt{\dfrac{2kK}{\pi}}}{\partial h^m}, & \dfrac{\partial^{2m}\,\vartheta(x)}{\partial x^{2m}} = (-1)^m\,\dfrac{\partial^m\sqrt{\dfrac{2k'K}{\pi}}}{\partial h^m}.
\end{cases}$$

Hieraus folgt zufolge des Maclaurinschen Satzes, wenn man mit A, A_1, A_2 die drei Größen

$$\frac{2K}{\pi} = A, \qquad \frac{2kK}{\pi} = A_1, \qquad \frac{2k'K}{\pi} = A_2$$

und mit Πn das Product $1.2.3\ldots n$ bezeichnet,

$$(2.) \quad \begin{cases} \vartheta_3(x) = \sqrt{A} - \dfrac{\partial \sqrt{A}}{\partial h}\dfrac{x^2}{\Pi 2} + \dfrac{\partial^2 \sqrt{A}}{\partial h^2}\dfrac{x^4}{\Pi 4} - \dfrac{\partial^3 \sqrt{A}}{\partial h^3}\dfrac{x^6}{\Pi 6} + \cdots \\[2ex] \vartheta_2(x) = \sqrt{A_1} - \dfrac{\partial \sqrt{A_1}}{\partial h}\dfrac{x^2}{\Pi 2} + \dfrac{\partial^2 \sqrt{A_1}}{\partial h^2}\dfrac{x^4}{\Pi 4} - \dfrac{\partial^3 \sqrt{A_1}}{\partial h^3}\dfrac{x^6}{\Pi 6} + \cdots \\[2ex] \vartheta(x) = \sqrt{A_2} - \dfrac{\partial \sqrt{A_2}}{\partial h}\dfrac{x^2}{\Pi 2} + \dfrac{\partial^2 \sqrt{A_2}}{\partial h^2}\dfrac{x^4}{\Pi 4} - \dfrac{\partial^3 \sqrt{A_2}}{\partial h^3}\dfrac{x^6}{\Pi 6} + \cdots \end{cases}$$

Ferner, wenn man

$$D = \sqrt{kk'\left(\frac{2K}{\pi}\right)^5}$$

setzt,

$$(3.) \quad \vartheta_1(x) = D.x - \frac{\partial D}{\partial h}\frac{x^3}{\Pi 3} + \frac{\partial^2 D}{\partial h^2}\frac{x^5}{\Pi 5} - \frac{\partial^3 D}{\partial h^3}\frac{x^7}{\Pi 7} + \cdots$$

Ich will jetzt die Formeln angeben, durch welche man die nach h genommenen Differentialquotienten am bequemsten nach einander findet.

Es sei

$$B = \frac{2k^2}{\pi}\int_0^{\frac{1}{2}\pi}\frac{\cos^2\varphi\,d\varphi}{\sqrt{1-k^2\sin^2\varphi}} = \frac{2E}{\pi} - k'^2\frac{2K}{\pi},$$

$$B_1 = \frac{2}{\pi}\frac{1}{k}\int_0^{\frac{1}{2}\pi}\sqrt{1-k^2\sin^2\varphi}\,d\varphi = \frac{1}{k}\frac{2E}{\pi},$$

$$B_2 = -\frac{2}{\pi}\frac{k^2}{k'}\int_0^{\frac{1}{2}\pi}\frac{\sin^2\varphi\,d\varphi}{\sqrt{1-k^2\sin^2\varphi}} = \frac{1}{k'}\left(\frac{2E}{\pi} - \frac{2K}{\pi}\right),$$

so wird, wie ich in einer früheren Abhandlung in Crelle's Journal Bd. 36, p. 100 (p. 176 dieses Bandes) gezeigt habe,

$$\frac{\partial A}{\partial h} = 2A^2 B, \qquad\qquad \frac{\partial B}{\partial h} = 2k^2 k'^2 A^3,$$

$$\frac{\partial A_1}{\partial h} = 2A_1^2 B_1, \qquad\quad -\frac{\partial B_1}{\partial h} = -\frac{2k'^2}{k^4}A_1^3,$$

$$\frac{\partial A_2}{\partial h} = 2A_2^2 B_2, \qquad\quad -\frac{\partial B_2}{\partial h} = -\frac{2k^2}{k'^4}A_2^3,$$

$$\frac{\partial .k^2}{\partial h} = -\frac{\partial .k'^2}{\partial h} = 4k^2 k'^2 A^2 = 4k'^2 A_1^2 = 4k^2 A_2^2,$$

in welchen Formeln man $d\log q$ durch $4\,dh$ ersetzt hat*). Aus der letzten dieser Formeln folgt

$$\frac{\partial \log (2k^2 k'^2)}{\partial h} = 4(1-2k^2)A^2, \qquad \frac{\partial\, 4(1-2k^2)}{\partial h} = -32k^2 k'^2 A^2,$$

$$\frac{\partial \log\left(-\dfrac{2k'^4}{k^4}\right)}{\partial h} = -4\left(\frac{2}{k^2}-1\right)A_1^2, \qquad -\frac{\partial\, 4\left(\dfrac{2}{k^2}-1\right)}{\partial h} = 32\frac{k'^2}{k^4}A_1^2,$$

$$\frac{\partial \log\left(-\dfrac{2k^2}{k'^4}\right)}{\partial h} = 4\left(\frac{2}{k'^2}-1\right)A_2^2, \qquad \frac{\partial\, 4\left(\dfrac{2}{k'^2}-1\right)}{\partial h} = 32\frac{k^2}{k'^4}A_2^2.$$

Es ergiebt sich hieraus, *dass, wenn man respective*

mit A eine der Gröfsen	$\dfrac{2K}{\pi}$,	$\dfrac{2kK}{\pi}$,	$\dfrac{2k'K}{\pi}$,
mit B eine der Gröfsen	$\dfrac{2E}{\pi}-k'^2\dfrac{2K}{\pi}$,	$\dfrac{1}{k}\cdot\dfrac{2E}{\pi}$,	$\dfrac{1}{k'}\left(\dfrac{2E}{\pi}-\dfrac{2K}{\pi}\right)$,
mit a eine der Gröfsen	$4(1-2k^2)$,	$-4\left(\dfrac{2}{k^2}-1\right)$,	$4\left(\dfrac{2}{k'^2}-1\right)$,
mit b eine der Gröfsen	$2k^2 k'^2$,	$-\dfrac{2k'^2}{k^4}$,	$-\dfrac{2k^2}{k'^4}$,

bezeichnet, wo immer $a^2 = 16(1-2b)$, *zwischen den Gröfsen*

$$A,\; B,\; a,\; b,\; h$$

die *Differentialgleichungen*

(4.)
$$\begin{cases}\dfrac{\partial A}{\partial h}=2A^2 B, & \dfrac{\partial a}{\partial h}=-16bA^2,\\[2mm] \dfrac{\partial B}{\partial h}=bA^3, & \dfrac{\partial b}{\partial h}=abA^2\end{cases}$$

stattfinden.

Der vorstehende Satz gewährt die grofse Erleichterung, dass man die nach h genommenen Ableitungen der *drei* Functionen

$$\sqrt{\frac{2K}{\pi}}, \quad \sqrt{\frac{2kK}{\pi}}, \quad \sqrt{\frac{2k'K}{\pi}},$$

---

*) Die hier gebrauchte Bezeichnung unterscheidet sich von der in der angeführten früheren Abhandlung angewandten überdies noch dadurch, dass die Gröfse, die hier B_2 heifst, dort $= -B_2$ gesetzt war. Diese Aenderung ist der Symmetrie der Formeln wegen nothwendig.

welche zu suchen sind, durch dieselben Formeln ausdrücken kann. Hat man nämlich den m^{ten} nach $h = \log \sqrt[4]{q}$ genommenen Differentialquotienten der ersten dieser Functionen durch

$$A = \frac{2K}{\pi}, \quad B = \frac{2E}{\pi} - k'^2 \frac{2K}{\pi}, \quad a = 4(k'^2 - k^2), \quad b = 2k^2 k'^2$$

ausgedrückt, so erhält man denselben Differentialquotienten von $\sqrt{\dfrac{2kK}{\pi}}$, wenn man in diesem Ausdrucke die Werthe

$$A = \frac{2kK}{\pi}, \quad B = \frac{1}{k} \cdot \frac{2E}{\pi}, \quad a = -\frac{4(1+k'^2)}{k^2}, \quad b = -\frac{2k'^2}{k^4}$$

substituirt, und denselben Differentialquotienten von $\sqrt{\dfrac{2k'K}{\pi}}$, wenn man wieder in dem nämlichen Ausdrucke für A, B, a, b die Werthe

$$A = \frac{2k'K}{\pi}, \quad B = \frac{1}{k'}\left(\frac{2E}{\pi} - \frac{2K}{\pi}\right), \quad a = \frac{4(1+k^2)}{k'^2}, \quad b = -\frac{2k^2}{k'^4}$$

setzt. Man wird daher auch die vorgelegten Entwickelungen der drei Functionen $\vartheta_3(x), \vartheta_2(x), \vartheta(x)$ durch dieselben Formeln darstellen können, wenn man die Entwickelungscoefficienten durch die Grössen A, B, a, b darstellt, und dann diesen Grössen die drei verschiedenen im obigen Satze angegebenen Bedeutungen giebt. Man hat ferner

$$D = \sqrt{kk'\left(\frac{2K}{\pi}\right)^3} = \sqrt[4]{\tfrac{1}{4}b} \cdot \sqrt{A^3},$$

wenn man den Grössen A und b ihre erste Bedeutung beilegt; und wenn man in dieser Formel den Grössen A und b ihre beiden andern Bedeutungen giebt, erhält man keine andere Veränderung, als dass der Ausdruck mit einer 8ten Wurzel der Einheit multiplicirt wird. Man wird daher den nach h genommenen Differentialquotienten dieses Ausdrucks und daher auch den Entwickelungscoefficienten von $\vartheta_1(x)$ drei verschiedene Formen geben können, wenn man sie durch die Grössen A, B, a, b ausdrückt und dann diesen Grössen ihre dreierlei Bedeutung beilegt, wobei man nur die zweite und dritte Form, welche man so erhält, noch durch $\sqrt[4]{-1}$ zu dividiren hat.

Man bildet die verschiedenen Differentialquotienten von $\sqrt{A}$ nach einander mittelst der sich aus (4.) ergebenden Formel

$$(5.) \qquad \frac{\partial H}{\partial h} = 2A^2 B \frac{\partial H}{\partial A} + bA^3 \frac{\partial H}{\partial B} + abA^2 \frac{\partial H}{\partial b} - 16 bA^2 \frac{\partial H}{\partial a},$$

49*

in welcher H eine beliebige Function von A, B, a, b bedeutet. Durch wiederholte Anwendung dieser Formel ergiebt sich

$$A^{\frac{1}{2}} = A^{\frac{1}{2}},$$

$$\frac{\partial . A^{\frac{1}{2}}}{\partial h} = A^{\frac{3}{2}}B,$$

$$\frac{\partial^2 . A^{\frac{1}{2}}}{\partial h^2} = 3A^{\frac{5}{2}}B^2 + bA^{\frac{9}{2}},$$

$$\frac{\partial^3 . A^{\frac{1}{2}}}{\partial h^3} = 15A^{\frac{7}{2}}B^3 + 15bA^{\frac{11}{2}}B + abA^{\frac{13}{2}},$$

$$\frac{\partial^4 . A^{\frac{1}{2}}}{\partial h^4} = 105A^{\frac{9}{2}}B^4 + 210bA^{\frac{13}{2}}B^2 + 28abA^{\frac{15}{2}}B + (a^2b - b^2)A^{\frac{17}{2}},$$

$$\frac{\partial^5 . A^{\frac{1}{2}}}{\partial h^5} = 945A^{\frac{11}{2}}B^5 + 3150bA^{\frac{15}{2}}B^3 + 630abA^{\frac{17}{2}}B^2 + 45(a^2b - b^2)A^{\frac{19}{2}}B + (a^3b - 6ab^2)A^{\frac{21}{2}}$$

u. s. w.   u. s. w.

Man sieht hier, dass abgesehen von den Zahlenfactoren die Coefficienten in jedem Differentialquotienten von Anfang an dieselben werden, nämlich, wenn man dem fehlenden Gliede den Coefficienten Null giebt, die folgenden:

$$1, \quad 0, \quad b, \quad ab, \quad a^2b - b^2, \quad a^3b - 6ab^2, \text{ etc.}$$

Man sieht aber aus der angegebenen Art der Ableitung keinen Grund hierfür. Ich will daher und um ein Beispiel für diese Ableitung zu geben die Coefficienten der drei letzten Terme in dem Ausdrucke von $\dfrac{\partial^6 . A^{\frac{1}{2}}}{\partial h^6}$ aufsuchen. Bezeichnet man den zuletzt angegebenen 5ten Differentialquotienten von $A^{\frac{1}{2}}$ mit H, so hat man zufolge (5.) die vier Ausdrücke

$$2A^2B\frac{\partial H}{\partial A}, \quad bA^3\frac{\partial H}{\partial B}, \quad abA^2\frac{\partial H}{\partial b}, \quad -16bA^3\frac{\partial H}{\partial a}$$

zu bilden und dieselben zu addiren. Diese vier Ausdrücke ergeben respective die Terme

$$855(a^2b - b^2)A^{\frac{21}{2}}B^2 + (21a^3b - 126ab^2)A^{\frac{23}{2}}B,$$

$$9450b^2A^{\frac{21}{2}}B^2 + \qquad 1260ab^2A^{\frac{23}{2}}B + \qquad 45(a^2b^2 - b^3)A^{\frac{25}{2}},$$

$$630a^2bA^{\frac{21}{2}}B^2 + (45a^3b - 90ab^2)A^{\frac{23}{2}}B + \qquad (a^4b - 12a^2b^2)A^{\frac{25}{2}},$$

$$-10080b^2A^{\frac{21}{2}}B^2 \qquad -1440ab^2A^{\frac{23}{2}}B + (-48a^2b^3 + 96b^3)A^{\frac{25}{2}},$$

und deren Summe

$$1485(a^2b-b^3)A^{\frac{21}{2}}B^2+66(a^3b-6ab^2)A^{\frac{23}{2}}B+(a^4b-15a^2b^2+51b^3)A^{\frac{25}{2}},$$

wo die beiden ersten Terme wieder die Factoren a^2b-b^3 und a^3b-6ab^2 haben.

Man multiplicire jetzt $A^{\frac{1}{2}}$ und die angegebenen Werthe seiner Differentialquotienten nach einander mit den Gröfsen

$$1, \quad \frac{-x^2}{\Pi 2}, \quad \frac{x^4}{\Pi 4}, \quad \frac{-x^6}{\Pi 6}, \quad \frac{x^8}{\Pi 8}, \quad \frac{-x^{10}}{\Pi 10}$$

oder, was dasselbe ist, mit den Gröfsen

$$1, \quad -\frac{x^2}{2}, \quad \frac{1}{\Pi 2}\cdot\frac{\left(\frac{x^2}{2}\right)^2}{1.3}, \quad -\frac{1}{\Pi 3}\cdot\frac{\left(\frac{x^2}{2}\right)^3}{1.3.5}, \quad \frac{1}{\Pi 4}\cdot\frac{\left(\frac{x^2}{2}\right)^4}{1.3.5.7}, \quad -\frac{1}{\Pi 5}\cdot\frac{\left(\frac{x^2}{2}\right)^5}{1.3.5.7.9}\cdot$$

und addire die erhaltenen Producte, so bekommt man zufolge (2.) die Entwickelungen von $\vartheta_3(x)$, $\vartheta_2(x)$, $\vartheta(x)$, je nachdem man den Gröfsen A, B, a, b die verschiedenen angegebenen Bedeutungen giebt. Ordnet man die erhaltene Summe nach den Functionen von a und b, in welche die einzelnen Terme multiplicirt sind, so erhält man:

$$A^{\frac{1}{2}}\left[1-\frac{AB.x^2}{2}+\frac{1}{\Pi 2}\left(\frac{AB.x^2}{2}\right)^2-\frac{1}{\Pi 3}\left(\frac{AB.x^2}{2}\right)^3+\frac{1}{\Pi 4}\left(\frac{AB.x^2}{2}\right)^4-\cdots\right]$$

$$+\frac{bA^{\frac{9}{2}}.x^4}{\Pi 4}\left[1-\frac{AB.x^2}{2}+\frac{1}{\Pi 2}\left(\frac{AB.x^2}{2}\right)^2-\frac{1}{\Pi 3}\left(\frac{AB.x^2}{2}\right)^3+\cdots\right]$$

$$-\frac{abA^{\frac{13}{2}}.x^6}{\Pi 6}\left[1-\frac{AB.x^2}{2}+\frac{1}{\Pi 2}\left(\frac{AB.x^2}{2}\right)^2-\cdots\right]$$

$$+\frac{(a^2b-b^3)A^{\frac{17}{2}}.x^8}{\Pi 8}\left[1-\frac{AB.x^2}{2}+\frac{1}{\Pi 2}\left(\frac{AB.x^2}{2}\right)^2-\cdots\right]$$

$$-\frac{(a^3b-6ab^2)A^{\frac{21}{2}}.x^{10}}{\Pi 10}\left[1-\frac{AB.x^2}{2}+\cdots\right]$$

$$+\frac{(a^4b-15a^2b^2+51b^3)A^{\frac{25}{2}}.x^{12}}{\Pi 12}\left[1-\cdots\right] \text{ u. s. w.}$$

Dieser Ausdruck läfst noch ein anderes Gesetz erkennen, wonach man auch die Zahlenfactoren allgemein angeben kann, mit welchen dieselben ganzen rationalen Functionen von a und b in den verschiedenen Differentialquotienten von $A^{\frac{1}{2}}$ zu multipliciren sind. Die in Klammern eingeschlossenen Reihen werden nämlich,

so weit man aus der hier geführten Induction ersehen kann, dieselben und der aus der Entwickelung der Exponentialfunction

$$e^{-\frac{1}{4}ABx^2}$$

sich ergebenden Reihe gleich. Bezeichnet man daher mit $\vartheta(x)$ eine der drei Functionen $\vartheta_3(x)$, $\vartheta_2(x)$, $\vartheta(x)$, je nachdem man den Gröfsen A, B, a, b ihre dreierlei Bedeutungen giebt, so erhält man zufolge der angestellten Induction

$$(6.) \quad \vartheta(x) = \sqrt{A}\, e^{-\frac{1}{4}ABx^2} \left(1 + r_2 \frac{A^4 x^4}{\Pi 4} - r_3 \frac{A^6 x^6}{\Pi 6} + r_4 \frac{A^8 x^8}{\Pi 8} - \cdots \right),$$

wo

$$(7.) \quad r_2 = b, \quad r_3 = ab, \quad r_4 = a^2 b - b^2, \quad r_5 = a^3 b - 6ab^2, \quad r_6 = a^4 b - 15a^2 b^2 + 51b^3, \text{ etc.}$$

Man sieht aus diesen Ausdrücken, *dass die Functionen r_i rationale ganze Functionen von a und b sind, und zwar, wenn man der Gröfse a eine, der Gröfse b zwei Dimensionen beilegt, homogene Functionen der i^{ten} Dimension.*

Vergleicht man die Ausdrücke (6.) von $\vartheta(x)$ mit dem Ausdrucke (2.),

$$\vartheta(x) = \sqrt{A} - \frac{\partial \sqrt{A}}{\partial h} \cdot \frac{x^2}{\Pi 2} + \frac{\partial^2 \sqrt{A}}{\partial h^2} \cdot \frac{x^4}{\Pi 4} - \frac{\partial^3 \sqrt{A}}{\partial h^3} \cdot \frac{x^6}{\Pi 6} + \cdots,$$

so erhält man

$$(8.) \quad \frac{\partial^m \sqrt{A}}{\partial h^m} = \sqrt{A^{2m+1}}\, [(m)_0 B^m + (m)_2 r_2 B^{m-2} A^2 + (m)_3 r_3 B^{m-3} A^3 + \cdots + (m)_m r_m A^m],$$

wo der Zahlenfactor

$$(9.) \quad (m)_i = \frac{\Pi(2m)}{2^{m-i}\Pi(m-i)\Pi(2i)} = (2i+1)(2i+3)\ldots(2m-1)\frac{m \cdot m-1 \ldots m-i+1}{1 . 2 . 3 \ldots i}$$

gefunden wird.

Ich will jetzt die Bedingungen untersuchen, welche stattfinden müssen, damit die beiden im Vorigen durch Induction gefundenen Gesetze sich erhalten. Diese Gesetze bestehen darin, dass, wenn man den Ausdruck (8.) noch einmal nach h differentiirt, in dem neuen Ausdrucke die algebraische Function, welche in $A^{\frac{2m+3}{2}+i}$ multiplicirt ist, unverändert $= r_i$ bleiben, und der Werth des Zahlenfactors aus $(m)_i$ durch Aenderung von m in $m+1$ erhalten werden muss. Zufolge der Formel (5.) hat man

$$\frac{\partial H}{\partial h} = 2A^2 B \frac{\partial H}{\partial A} + bA^3 \frac{\partial H}{\partial B} + abA^2 \frac{\partial H}{\partial b} - 16bA^2 \frac{\partial H}{\partial a}.$$

Der Term

$$A^{\frac{2m+3}{2}+i}B^{m+1-i}$$

entsteht zufolge dieser Formel aus den drei Termen

$$(m)_i r_i A^{\frac{2m+1}{2}+i}B^{m-i},$$

$$(m)_{i-2}r_{i-2}A^{\frac{2m-3}{2}+i}B^{m-i+2},$$

$$(m)_{i-1}r_{i-1}A^{\frac{2m-1}{2}+i}B^{m-i+1}$$

und erhält den Factor

$$(2m+2i+1)(m)_i\,r_i+(m-i+2)(m)_{i-2}r_{i-2}b+(m)_{i-1}\frac{\partial r_{i-1}}{\partial b}ab-16(m)_{i-1}\frac{\partial r_{i-1}}{\partial a}b\,.$$

Dieser Ausdruck muss $= (m+1)_i r_i$ werden. Es muss daher

$$(10.)\qquad [(2m+2i+1)(m)_i-(m+1)_i]r_i+(m-i+2)(m)_{i-2}br_{i-2}$$
$$+(m)_{i-1}ab\frac{\partial r_{i-1}}{\partial b}-16(m)_{i-1}b\frac{\partial r_{i-1}}{\partial a}=0$$

sein. Diese Gleichung, welche eine Relation zwischen den Functionen $r_i,\ r_{i-1},\ r_{i-2}$ ausdrückt, muss von der Zahl m unabhängig sein, wenn diese Functionen selbst von m unabhängig sein sollen. In der That hat man

$$(m+1)_i=\frac{(m+1)(2m+1)}{m-i+1}(m)_i,\qquad (m)_{i-1}=\frac{i(2i-1)}{m-i+1}(m)_i,$$

also

$$(m+1)_i-(2m+2i+1)(m)_i=\frac{i(2i-1)}{m-i+1}(m)_i=(m)_{i-1},$$

überdies der zweiten dieser drei Gleichungen analog

$$(m-i+2)(m)_{i-2}=(i-1)(2i-3)(m)_{i-1}.$$

Die Gleichung (10.) verwandelt sich daher nach Division durch $(m)_{i-1}$ in die folgende:

$$(11.)\qquad r_i-(i-1)(2i-3)br_{i-2}=b\left[a\frac{\partial r_{i-1}}{\partial b}-16\frac{\partial r_{i-1}}{\partial a}\right],$$

in welcher m nicht mehr vorkommt. Wenn für einen gegebenen Werth von m in dem für $\frac{\partial^m\sqrt{A}}{\partial h^m}$ gefundenen Ausdruck (8.) die Zahlfactoren $(m)_i$ die ihnen durch die Formel (9.) gegebene Bedeutung haben, und die Functionen $r_0,\ r_1,\ r_2,\ r_3\ldots r_m$ so beschaffen sind, dass zwischen je drei auf einander

folgenden die Gleichung (11.) stattfindet, so ergiebt sich aus dem Vorhergehenden, dass die $m+1$ ersten Glieder von $\dfrac{\partial^{m+1}\sqrt{A}}{\partial h^{m+1}}$ die folgenden sein werden:

$$\sqrt{A^{2m+3}}[(m+1)_0 B^{m+1}+(m+1)_2 r_2 B^{m-1}A^2+(m+1)_3 r_3 B^{m-2}A^3+\cdots+(m+1)_m r_m BA^m].$$

Damit daher das durch die Formel (8.) gegebene Gesetz auch für den nächsten Werth von m gelte und daher allgemein gültig sei, braucht nur gezeigt zu werden, dass der in dem Ausdrucke von $\dfrac{\partial^{m+1}\sqrt{A}}{\partial h^{m+1}}$ noch hinzukommende eine Term

$$\sqrt{A^{2m+3}}\cdot(m+1)_{m+1}r_{m+1}A^{m+1}=\sqrt{A^{2m+3}}\cdot r_{m+1}\cdot A^{m+1}$$

dasselbe Gesetz wie die übrigen befolge, oder dass

$$r_{m+1}=m(2m-1)br_{m-1}+b\left[a\,\frac{\partial r_m}{\partial b}-16\,\frac{\partial r_m}{\partial a}\right].$$

Dieser Werth von r_{m+1} ergiebt sich aber vermöge der Formel (5.) durch die Differentiation von (8.). Es sind daher die durch die Induction gefundenen Resultate bewiesen.

Durch ein ganz ähnliches Verfahren erhält man nach und nach die nach k genommenen Differentialquotienten von

$$D=\sqrt{kk'\left(\frac{2K}{\pi}\right)^3}=\sqrt[4]{\tfrac14 b}\sqrt{A^3}.$$

Setzt man

$$\alpha=k'^2-k^2=\tfrac14 a,\qquad \beta=\sqrt{kk'}=\sqrt[4]{\tfrac14 b},$$

so wird die Formel (5.)

(12.) $\qquad \dfrac{\partial H}{\partial h}=2A^3B\,\dfrac{\partial H}{\partial A}+2\beta^4A^3\,\dfrac{\partial H}{\partial B}+\alpha\beta A^2\,\dfrac{\partial H}{\partial \beta}-8\beta^4A^2\,\dfrac{\partial H}{\partial \alpha}.$

Durch die wiederholte Anwendung dieser Formel erhält man

$$D=\beta A^{\frac32}$$
$$\frac{\partial D}{\partial h}=3\beta A^{\frac52}B+\alpha\beta A^{\frac72}$$
$$\frac{\partial^2 D}{\partial h^2}=15\beta A^{\frac72}B^2+10\alpha\beta A^{\frac92}B+(\alpha^2\beta-2\beta^5)A^{\frac{11}{2}}$$
$$\frac{\partial^3 D}{\partial h^3}=105\beta A^{\frac92}B^3+105\alpha\beta A^{\frac{11}{2}}B^2+21(\alpha^2\beta-2\beta^5)A^{\frac{13}{2}}B+(\alpha^3\beta-6\alpha\beta^5)A^{\frac{15}{2}}$$

u. s. w.   u. s. w.

Multiplicirt man diese Ausdrücke der Reihe nach mit

$$x, \quad -\frac{x^3}{\Pi 3}, \quad \frac{x^5}{\Pi 5}, \quad -\frac{x^7}{\Pi 7}, \quad \text{u. s. w.,}$$

so erhält man durch die Addition der entstehenden Producte zufolge (3.)

$$\vartheta_1(x) = \beta A^{\frac{3}{2}} x\left[1 - \frac{ABx^2}{2} + \frac{1}{\Pi 2}\left(\frac{ABx^2}{2}\right)^2 - \frac{1}{\Pi 3}\left(\frac{ABx^2}{2}\right)^3 + \cdots\right]$$
$$- \frac{1}{\Pi 3}\alpha\beta A^{\frac{7}{2}} x^3\left[1 - \frac{ABx^2}{2} + \frac{1}{\Pi 2}\left(\frac{ABx^2}{2}\right)^2 - \cdots\right]$$
$$+ \frac{1}{\Pi 5}(\alpha^2\beta - 2\beta^5)A^{\frac{11}{2}} x^5\left[1 - \frac{ABx^2}{2} + \cdots\right]$$
$$- \frac{1}{\Pi 7}(\alpha^3\beta - 6\alpha\beta^5)A^{\frac{15}{2}} x^7\left[1 - \cdots\right] \quad \text{u. s. w.}$$

oder

(13.) $\qquad \vartheta_1(x) = \sqrt{A}\, e^{-\frac{1}{2}ABx^2}\left[s_0 Ax - s_1\frac{A^3 x^3}{\Pi 3} + s_2\frac{A^5 x^5}{\Pi 5} - s_3\frac{A^7 x^7}{\Pi 7} + \cdots\right],$

wo

$$s_0 = \beta, \quad s_1 = \alpha\beta, \quad s_2' = \beta(\alpha^2 - 2\beta^4), \quad s_3 = \alpha\beta(\alpha^2 - 6\beta^4), \quad \text{etc.}$$

Man wird hierdurch auf den folgenden allgemeinen Ausdruck von $\dfrac{\partial^m D}{\partial h^m}$ geführt:

(14.) $\qquad \dfrac{\partial^m D}{\partial h^m} = \sqrt{A^{2m+3}}[(m)_0 s_0 B^m + (m)_1 s_1 B^{m-1}A + (m)_2 s_2 B^{m-2}A^2 + \cdots + (m)_m s_m A^m],$

wo

(15.) $\qquad (m)_i = \dfrac{\Pi(2m+1)}{2^{m-i}\Pi(m-i)\Pi(2i+1)} = (2i+3)(2i+5)\cdots(2m+1)\dfrac{m.m-1\ldots m-i+1}{1.2\ldots i}.$

Durch Differentiation von (14.) ergiebt sich vermöge (12.) zwischen den drei auf einander folgenden Functionen s_{m-1}, s_m, s_{m+1} die Gleichung

(16.) $\qquad s_{m+1} = 2m(2m+1)\beta^4 s_{m-1} + \alpha\beta\dfrac{\partial s_m}{\partial\beta} - 8\beta^4\dfrac{\partial s_m}{\partial\alpha}.$

Man kann diese Induction ganz auf dieselbe Art, wie im Vorhergehenden, zur allgemeinen Gültigkeit erheben. Es wird aber um so mehr genügen, dieses in dem vorigen Beispiel ausgeführt zu haben, als man auf folgende Art unmittelbar zu den gefundenen Gesetzen gelangen kann.

Es sei nämlich

$$u = Ax$$

und

(17.) $\qquad \vartheta(x) = \sqrt{A}\, e^{-\frac{1}{2}ABx^2}U,$

50

II.

so wird, wenn man $\Im(x)$ als Function von x und h, aber U als Function von u und h ansieht

$$\frac{\partial \Im(x)}{\partial x} = \sqrt{A}\, e^{-\frac{1}{4}AB x^2}\left[A\,\frac{\partial U}{\partial u} - BuU\right],$$

und durch nochmalige Differentiation

$$\frac{\partial^2 \Im(x)}{\partial x^2} = \sqrt{A}\, e^{-\frac{1}{4}AB x^2}\left[A^2\frac{\partial^2 U}{\partial u^2} - 2ABu\,\frac{\partial U}{\partial u} + (B^2u^2 - AB)U\right].$$

Man erhält ferner zufolge der oben gegebenen Formeln

$$\frac{\partial \sqrt{A}}{\partial h} = \sqrt{A^3}\,B, \qquad \frac{\partial.AB}{\partial h} = 2A^2B^2 + bA^4,$$

und daher

$$\frac{\partial \Im(x)}{\partial h} = \sqrt{A}\, e^{-\frac{1}{4}AB x^2}\left[(AB - B^2u^2 - \tfrac{1}{4}bA^2u^2)U + 2ABu\,\frac{\partial U}{\partial u} + \frac{\partial U}{\partial h}\right].$$

Durch Substitution dieser Ausdrücke verwandelt sich die partielle Differential-gleichung

$$\frac{\partial^2 \Im(x)}{\partial x^2} + \frac{\partial \Im(x)}{\partial h} = 0$$

in die folgende

$$A^2\frac{\partial^2 U}{\partial u^2} + \frac{\partial U}{\partial h} = \tfrac{1}{4}bA^2u^2U.$$

Führt man statt der Gröfse h die Gröfse a ein, so dafs U als Function von u und a angesehen wird, so erhält man, da zufolge (4.)

$$da = -16bA^2dh,$$

nach Division durch A^2

(18.) $$\frac{\partial^2 U}{\partial u^2} - 16b\,\frac{\partial U}{\partial a} = \tfrac{1}{4}bu^2U.$$

Da die Function U sich in eine nach den ganzen Potenzen von u^2 aufsteigende Reihe entwickeln läfst, deren erster Term 1 ist, so setze man

(19.) $$U = 1 - r_1\frac{u^2}{\Pi 2} + r_2\frac{u^4}{\Pi 4} - r_3\frac{u^6}{\Pi 6} + \cdots$$

Substituirt man diese Reihe in die für U gefundene partielle Differentialglei-chung (18.), so erhält man

$$r_1 = 0$$

und allgemein

$$(20.) \qquad r_i + 16\,b\,\frac{\partial r_{i-1}}{\partial a} = (i-1)(2i-3)b r_{i-2}.$$

Die Größen a und b sind mit einander durch die Formel

$$a^2 = 16(1-2b)$$

verbunden, aus welcher

$$16\,\frac{\partial b}{\partial a} = -a$$

folgt. Es ist von Vortheil die Function r als homogene Function von a^2 und b auszudrücken. Man hat dann in der vorstehenden Gleichung für $16\,b\,\frac{\partial r_{i-1}}{\partial a}$ zu setzen

$$16\,b\,\frac{\partial r_{i-1}}{\partial a} + 16\,b\,\frac{\partial r_{i-1}}{\partial b}\,\frac{\partial b}{\partial a} = 16\,b\,\frac{\partial r_{i-1}}{\partial a} - ab\,\frac{\partial r_{i-1}}{\partial b},$$

wodurch sich dieselbe in die oben gefundene Gleichung

$$(21.) \qquad r_i + 16\,b\,\frac{\partial r_{i-1}}{\partial a} - ab\,\frac{\partial r_{i-1}}{\partial b} = (i-1)(2i-3)b r_{i-2}$$

verwandelt.

Mittelst dieser Gleichung erhält man aus dem Werthe der ersten Function $r_0 = 1$ den Werth $r_1 = 0$ und hieraus nach und nach die übrigen. Durch dieselbe Gleichung wird zugleich gezeigt, *dass, wenn man für ein nicht negatives i*

$$r_{2i+2} = b f_i(a^2, b), \qquad r_{2i+3} = a b \varphi_i(a^2, b)$$

setzt, die Functionen f_i, φ_i ganze homogene Functionen von a^2 und b vom i^{ten} Grade, und deren Zahlenfactoren ganze Zahlen sind.

Setzt man wieder $Ax = u$ und

$$\vartheta_1(x) = \sqrt{A}\,e^{-\frac{1}{8}ABx^2}U_1,$$

und sieht wieder $\vartheta_1(x)$ als Function von x und h, aber U_1 als Function von u und a an, so erhält man ganz auf dieselbe Art

$$(22.) \qquad \frac{\partial^2 U_1}{\partial u^2} - 16\,b\,\frac{\partial U_1}{\partial a} = \tfrac{1}{2} b u^2 U_1.$$

Da die Function U_1, nach den ganzen positiven Potenzen von x oder von u entwickelt, nur die ungeraden Potenzen der Variablen enthält, so kann man

$$(23.) \qquad U_1 = s_0\,u - s_1\,\frac{u^3}{\Pi 3} + s_2\,\frac{u^5}{\Pi 5} - s_3\,\frac{u^7}{\Pi 7} + \text{etc.}$$

setzen.

Der Werth des ersten Coefficienten s_0 wird der Werth von $\dfrac{\partial U_1}{\partial a}$ für $u = 0$ oder der Werth von $\dfrac{\partial \mathfrak{J}_1(x)}{\sqrt{A^3}\,\partial x}$, welcher

$$\beta = \sqrt[4]{\tfrac{1}{4}b} = s_0$$

ist. Substituirt man die Reihe (23.) in die partielle Differentialgleichung (22.), so erhält man

(24.) $$s_i + 16\,b\,\frac{\partial s_{i-1}}{\partial a} = (i-1)(2i-1)\,b\,s_{i-2},$$

oder, wenn man s als Function von a und b betrachtet,

(25.) $$s_i + 16\,b\,\frac{\partial s_{i-1}}{\partial a} - ab\,\frac{\partial s_{i-1}}{\partial b} = (i-1)(2i-1)\,b\,s_{i-2}.$$

Setzt man, wie oben,

$$a = 4\alpha, \qquad b = 2\beta^4,$$

so erhält man hieraus die Gleichung

(26.) $$s_i + 8\beta^4\,\frac{\partial s_{i-1}}{\partial a} - \alpha\beta\,\frac{\partial s_{i-1}}{\partial \beta} = 2(i-1)(2i-1)\beta^4\,s_{i-2},$$

welche mit der Gleichung (16.) übereinkommt, wenn man $i = m+1$ setzt. Mittelst der Gleichung (26.) kann man aus dem Werthe der ersten Function $s_0 = \beta$ nach und nach die übrigen erhalten. Durch dieselbe Gleichung wird leicht gezeigt, *dass, wenn man*

$$s_{2i} = \beta f_i'(\alpha^2, \beta^4), \qquad s_{2i+1} = \alpha\beta\,\varphi_i'(\alpha^2, \beta^4)$$

setzt, die Functionen f_i' und φ_i' ganze homogene Functionen von α^2 und β^4 vom i^{ten} Grade, und deren Zahlenfactoren ganze Zahlen sind.

Die Functionen r_{2i+2}, r_{2i+3}, s_{2i}, s_{2i+1} werden daher nur aus $i+1$ Termen bestehen, welche in möglichst kleine ganze Zahlen*) multiplicirt sind. Da diese algebraischen Functionen sehr merkwürdige Eigenschaften besitzen und auf dieselben gleichsam als Elemente viele andere Bestimmungen zurückgeführt werden, so ist es von Wichtigkeit, ihre einfachsten Ausdrücke aufzustellen,

---

*) Diese Bemerkung bezieht sich wohl jedenfalls darauf, dass man bei andern Formen der Darstellung, z. B. wenn man die Functionen r und s nach Potenzen von k entwickelt, auf grössere Zahlcoefficienten geführt wird.   B.

wie es hier durch Einführung der Größsen a und b, oder a und β geschehen ist. Je nachdem man den Größsen a und b die Werthe

$$a = 4(k'^2-k^2), \qquad b = 2k^2k'^2;$$
$$a = -4\frac{1+k'^2}{k^2}, \qquad b = -\frac{2k'^2}{k^4};$$
$$a = 4\frac{1+k^2}{k'^2}, \qquad b = -\frac{2k^2}{k'^4};$$

oder den Größsen α und β die Werthe

$$\alpha = k'^2-k^2, \qquad \beta = \sqrt{kk'};$$
$$\alpha = -\frac{1+k'^2}{k^2}, \qquad \beta = \frac{\sqrt{k'}}{k}\sqrt{-1};$$
$$\alpha = \frac{1+k^2}{k'^2}, \qquad \beta = \frac{\sqrt{k}}{k'}\sqrt{-1}$$

giebt, will ich die Functionen r_i und s_i mit r_i, $\frac{r_i'}{k^{2i}}$, $\frac{r_i''}{k'^{2i}}$ und s_i, $\frac{s_i'}{k^{2i+1}}\sqrt{-1}$, $\frac{s_i''}{k'^{2i+1}}\sqrt{-1}$ bezeichnen.

Hiernach wird für ein nicht negatives i:

$$r_{2i+2} = 2k^2k'^2 f_i[16(k'^2-k^2)^2, 2k^2k'^2],$$
$$r_{2i+3} = 8k^2k'^2(k'^2-k^2)\varphi_i[16(k'^2-k^2), 2k^2k'^2];$$
$$r_{2i+2}' = -2k'^2 f_i[16(1+k'^2)^2, -2k'^2],$$
$$r_{2i+3}' = 8k'^2(1+k'^2)\varphi_i[16(1+k'^2)^2, -2k'^2];$$
$$r_{2i+2}'' = -2k^2 f_i[16(1+k^2)^2, -2k^2],$$
$$r_{2i+3}'' = -8k^2(1+k^2)\varphi_i[16(1+k^2)^2, -2k^2];$$

$$s_{2i} = \sqrt{kk'} f_i'[(k'^2-k^2)^2, k^2k'^2],$$
$$s_{2i+1} = \sqrt{kk'}(k'^2-k^2)\varphi_i'[(k'^2-k^2)^2, k^2k'^2];$$
$$s_{2i}' = \sqrt{k'} f_i'[(1+k'^2)^2, -k'^2],$$
$$s_{2i+1}' = -\sqrt{k'}(1+k'^2)\varphi_i'[(1+k'^2)^2, -k'^2];$$
$$s_{2i}'' = \sqrt{k} f_i'[(1+k^2)^2, -k^2],$$
$$s_{2i+1}'' = \sqrt{k}(1+k^2)\varphi_i'[(1+k^2)^2, -k^2].$$

In diesen Ausdrücken bedeuten $f_i, \varphi_i, f_i', \varphi_i'$ jede immer dieselben Functionen

der verschiedenen unter dem Functionenzeichen befindlichen Größen, und zwar homogene Ausdrücke derselben vom i^{ten} Grade, deren Zahlencoefficienten ganze Zahlen sind.

Setzt man
$$\frac{2Kx}{\pi} = u,$$

und giebt zufolge des obigen Satzes je nach den dreierlei Bestimmungen von a und b der Größe A die Werthe
$$\frac{2K}{\pi}, \quad \frac{2kK}{\pi}, \quad \frac{2k'K}{\pi},$$

und der Größe B die Werthe
$$\frac{2E}{\pi} - k'^2 \frac{2K}{\pi}, \quad \frac{1}{k} \frac{2E}{\pi}, \quad \frac{1}{k'}\left(\frac{2E}{\pi} - \frac{2K}{\pi}\right),$$

so erhält man aus der einen Formel (6.) die nachfolgenden Darstellungen der drei Functionen $\vartheta_3(x)$, $\vartheta_2(x)$, $\vartheta(x)$:

$$\vartheta_3(x) = \vartheta_3\left(\frac{\pi u}{2K}\right) = \sqrt{\frac{2K}{\pi}}\, e^{-\frac{1}{2}\left(\frac{E}{K}-k'^2\right)u^2}\left(1+r_2\frac{u^4}{\Pi 4}-r_3\frac{u^6}{\Pi 6}+r_4\frac{u^8}{\Pi 8}-\cdots\right),$$

$$\vartheta_2(x) = \vartheta_2\left(\frac{\pi u}{2K}\right) = \sqrt{\frac{2kK}{\pi}}\, e^{-\frac{Eu^2}{2K}}\left(1+r'_2\frac{u^4}{\Pi 4}+r'_3\frac{u^6}{\Pi 6}+r'_4\frac{u^8}{\Pi 8}-\cdots\right),$$

$$\vartheta(x) = \vartheta\left(\frac{\pi u}{2K}\right) = \sqrt{\frac{2k'K}{\pi}}\, e^{-\frac{1}{2}\left(\frac{E}{K}-1\right)u^2}\left(1+r''_2\frac{u^4}{\Pi 4}-r''_3\frac{u^6}{\Pi 6}+r''_4\frac{u^8}{\Pi 8}-\cdots\right).$$

Ferner erhält man für die Function $\vartheta_1(x)$ aus der einen Formel (13.) die drei verschiedenen Darstellungen:

$$\vartheta_1(x) = \vartheta_1\left(\frac{\pi u}{2K}\right) = \sqrt{\frac{2K}{\pi}}\, e^{-\frac{1}{2}\left(\frac{E}{K}-k'^2\right)u^2}\left(s_0 u - s_1\frac{u^3}{\Pi 3}+s_2\frac{u^5}{\Pi 5}-s_3\frac{u^7}{\Pi 7}+\cdots\right)$$

$$= \sqrt{\frac{2kK}{\pi}}\, e^{-\frac{Eu^2}{2K}}\left(s'_0 u - s'_1\frac{u^3}{\Pi 3}+s'_2\frac{u^5}{\Pi 5}-s'_3\frac{u^7}{\Pi 7}+\cdots\right)$$

$$= \sqrt{\frac{2k'K}{\pi}}\, e^{-\frac{1}{2}\left(\frac{E}{K}-1\right)u^2}\left(s''_0 u - s''_1\frac{u^3}{\Pi 3}+s''_2\frac{u^5}{\Pi 5}-s''_3\frac{u^7}{\Pi 7}+\cdots\right).$$

Die Größe u hat hier nicht die dreifache Bedeutung, welche in den früheren Formeln ihr Werth Ax je nach den drei Werthen von A erhielt, sondern nur diejenige, welche dem ersten Werthe $A = \frac{2K}{\pi}$ entspricht.

EINES UNGLEICHAXIGEN ELLIPSOIDS

AUF EINER EBENE

BEI WELCHER DIE KLEINSTEN THEILE ÄHNLICH BLEIBEN

Borchardt Journal für die reine und angewandte Mathematik, Bd. 59. p. 74—88.

ÜBER DIE ABBILDUNG EINES UNGLEICHAXIGEN ELLIPSOIDS AUF EINER EBENE, BEI WELCHER DIE KLEINSTEN THEILE ÄHNLICH BLEIBEN.

(Aus den hinterlassenen Papieren von C. G. J. Jacobi mitgetheilt durch S. Cohn.)

Zwei bekannte Kartenprojectionen, die *stereographische* und Mercatorsche, haben die Eigenschaft, dass sich alle Linien in der Projection unter denselben Winkeln wie auf der Kugel schneiden. Lambert wurde hierdurch auf die Frage geführt, allgemein die Projectionsarten zu suchen, welche diese Eigenschaften haben. Er hat dieselbe in einer sehr lehrreichen Abhandlung: *Anmerkungen und Zusätze zur Entwerfung der Land- und Himmelscharten* p. 105—199 im dritten Theil seiner mathematischen Beiträge gelöst, und sie auch auf das *abgeplattete Erdsphäroid* ausgedehnt. Lagrange hat hiervon Gelegenheit genommen, für *alle Umdrehungsflächen* die betreffende Differentialgleichung aufzustellen und auf die allgemeinste Art zu integriren. Endlich hat Gauss in einer von der Kopenhagener Akademie gekrönten Abhandlung p. 5—30 im dritten Heft von Schumachers *Astronomischen Abhandlungen* die Differentialgleichung aufgestellt, auf welche die Aufgabe für beliebige Flächen führt, auch dieselbe für diejenigen speciellen Flächen zweiter Ordnung integrirt, die zugleich Umdrehungsflächen, Kegel oder Cylinder sind, für welche Flächen, wie man leicht sieht, diese Integration allgemein ausgeführt werden kann. Die Integration für *beliebige* Flächen zweiter Ordnung kann jedoch, wie ich bereits vor längerer Zeit in einer vor der Berliner Akademie gelesenen Note bemerkt habe, mittelst Einführung der sogenannten *elliptischen Coordinaten* auf Quadraturen zurückgeführt werden. Ich will im Folgenden die hierauf bezüglichen Formeln näher entwickeln.

Es sei die Fläche dadurch bestimmt, dass die drei rechtwinkligen Coordinaten ihrer Punkte, x, y, z, als Functionen zweier Größen t und u gegeben sind. Es sei das Quadrat eines Linienelementes der Fläche gegeben,

$$dx^2 + dy^2 + dz^2 = T dt^2 + 2 U dt du + V du^2,$$

so hat man den Satz, *dass die Größen T, U, V hinreichen, das Elementardreieck zu bestimmen, welches von drei unendlich nahen Punkten der Fläche gebildet wird, die den Größen t, u; $t+\tau, u+\upsilon$; $t+\tau', u+\upsilon'$ entsprechen, wo τ, τ' unendlich kleine Incremente von t, und υ, υ' unendlich kleine Incremente von u bedeuten.*

Es seien nämlich A, B, C respective die drei Punkte der Fläche, so werden ihre Coordinaten

$$x, \qquad y, \qquad z,$$

$$x + \frac{\partial x}{\partial t}\tau + \frac{\partial x}{\partial u}\upsilon, \quad y + \frac{\partial y}{\partial t}\tau + \frac{\partial y}{\partial u}\upsilon, \quad z + \frac{\partial z}{\partial t}\tau + \frac{\partial z}{\partial u}\upsilon,$$

$$x + \frac{\partial x}{\partial t}\tau' + \frac{\partial x}{\partial u}\upsilon', \quad y + \frac{\partial y}{\partial t}\tau' + \frac{\partial y}{\partial u}\upsilon', \quad z + \frac{\partial z}{\partial t}\tau' + \frac{\partial z}{\partial u}\upsilon',$$

wo nach der Voraussetzung

$$\left(\frac{\partial x}{\partial t}\right)^2 + \left(\frac{\partial y}{\partial t}\right)^2 + \left(\frac{\partial z}{\partial t}\right)^2 = T,$$

$$\frac{\partial x}{\partial t}\frac{\partial x}{\partial u} + \frac{\partial y}{\partial t}\frac{\partial y}{\partial u} + \frac{\partial z}{\partial t}\frac{\partial z}{\partial u} = U,$$

$$\left(\frac{\partial x}{\partial u}\right)^2 + \left(\frac{\partial y}{\partial u}\right)^2 + \left(\frac{\partial z}{\partial u}\right)^2 = V.$$

Es wird hiernach

$$\overline{AB}^2 = T\tau^2 + 2U\tau\upsilon + V\upsilon^2,$$

$$\overline{AC}^2 = T\tau'^2 + 2U\tau'\upsilon' + V\upsilon'^2,$$

ferner

$$AB.AC.\cos BAC = \left(\frac{\partial x}{\partial t}\tau + \frac{\partial x}{\partial u}\upsilon\right)\left(\frac{\partial x}{\partial t}\tau' + \frac{\partial x}{\partial u}\upsilon'\right)$$

$$+ \left(\frac{\partial y}{\partial t}\tau + \frac{\partial y}{\partial u}\upsilon\right)\left(\frac{\partial y}{\partial t}\tau' + \frac{\partial y}{\partial u}\upsilon'\right)$$

$$+ \left(\frac{\partial z}{\partial t}\tau + \frac{\partial z}{\partial u}\upsilon\right)\left(\frac{\partial z}{\partial t}\tau' + \frac{\partial z}{\partial u}\upsilon'\right)$$

$$= T\tau\tau' + U(\tau\upsilon' + \tau'\upsilon) + V\upsilon\upsilon',$$

wie man auch leicht aus der Formel

$$\overline{BC}^2 = T(\tau-\tau')^2 + 2U(\tau-\tau')(\upsilon-\upsilon') + V(\upsilon-\upsilon')^2$$

findet. Es wird auch

$$\overline{AB}^2 . \overline{AC}^2 \sin^2 BAC = 4(\Delta ABC)^2 = (TV-U^2)(\tau v' - \tau' v)^2,$$

welches die aus der Theorie der *Multiplication der quadratischen Formen* bekannte Gleichung

$$(T\tau^2 + 2U\tau v + Vv^2)(T\tau'^2 + 2U\tau' v' + Vv'^2)$$
$$= (T\tau\tau' + U(\tau v' + \tau' v) + Vvv')^2 + (TV-U^2)(\tau v' - \tau' v)^2$$

giebt.

Es folgt aus dem Vorstehenden, dass, wenn für eine andere Fläche *x, y, z* andere Functionen von *t* und *u* bedeuten, und *entsprechende Punkte* diejenigen Punkte der beiden Flächen genannt werden, welche denselben Werthen der Größen *t* und *u* zugehören, die kleinsten einander entsprechenden Theile der beiden Flächen einander ähnlich sind, wenn für die zweite Fläche die drei Größen *T, U, V* denen der ersten Fläche proportional bleiben.

Bei Auflösung der Aufgabe, eine gegebene Fläche so auf einer anderen gegebenen Fläche abzubilden, dass die kleinsten Theile einander ähnlich bleiben, genügt es, wenn man für die eine Fläche eine *Ebene* nimmt, welche die Vermittelung zwischen den beiden Flächen übernimmt. Denn kann man unter der gegebenen Bedingung jede Fläche auf einer Ebene und die Ebene auf jeder Fläche abbilden, so kann man unter derselben Bedingung auch jede Fläche auf jeder anderen abbilden. Man wird ferner die Aufgabe in ihrer ganzen Vollständigkeit lösen können, wenn man alle Correlationssysteme der Ebene selbst findet, die so beschaffen sind, dass die kleinsten Theile einander ähnlich werden, oder auf alle möglichen Arten unter der angegebenen Bedingung die Ebene auf sich selber abbilden kann.

Es seien *p* und *q* die rechtwinkligen Coordinaten eines Punktes der Ebene, so sind *p* und *q* als solche Functionen von *t* und *u* zu bestimmen, dass

$$dp^2 + dq^2 = M(T dt^2 + 2U dt du + V du^2)$$

oder

$$\left(\frac{\partial p}{\partial t}\right)^2 + \left(\frac{\partial q}{\partial t}\right)^2 = MT, \qquad \left(\frac{\partial p}{\partial u}\right)^2 + \left(\frac{\partial q}{\partial u}\right)^2 = MV,$$

$$\frac{\partial p}{\partial t}\frac{\partial p}{\partial u} + \frac{\partial q}{\partial t}\frac{\partial q}{\partial u} = MU,$$

wo $\sqrt{M}$ die Größe ist, mit welcher man in dem Punkte, dessen Coordinaten

p und q sind, benachbarten Linienelemente der Ebene multipliciren muss, um die entsprechenden Linienelemente der gegebenen Fläche zu erhalten.

Da die Elemente dt und du gänzlich von einander unabhängig und $dp + i\,dq$ und $dp - i\,dq$ lineare Functionen derselben sind, so kann man die Ausdrücke

$$dp + i\,dq \quad \text{und} \quad dp - i\,dq$$

definiren als lineare Factoren des quadratischen Ausdrucks $T\,dt^2 + 2\,U\,dt\,du + V\,du^2$, welche zugleich vollständige Differentiale sind. Dasselbe gilt von den Ausdrücken, welche man erhält, wenn man $dp + i\,dq$ und $dp - i\,dq$ noch mit beliebigen Functionen respective von $p + iq$ und $p - iq$ multiplicirt. *Um daher p und q auf die allgemeinste Art als Functionen von t und u zu finden, zerfälle man den gegebenen Ausdruck des Quadrats des Linienelementes*

$$T\,dt^2 + 2\,U\,dt\,du + V\,du^2$$

in seine linearen Factoren, multiplicire jeden derselben mit einer solchen Function von t und u, dass er ein vollständiges Differential wird, und setze die beiden Integrale beliebigen Functionen respective von $p + iq$ und von $p - iq$ gleich.

Ich will als Beispiele die drei Fälle betrachten, in welchen die Fläche durch Umdrehung erzeugt oder ein Kegel oder ein Cylinder ist, und dann zu der Aufgabe übergehen, ein dreiaxiges Ellipsoid auf einer Fläche abzubilden.

I.

Abbildung von Umdrehungsflächen auf einer Ebene.

Es sei

$$x = t\cos u, \quad y = t\sin u, \quad z = F(t),$$

wie man für eine Umdrehungsfläche annehmen kann. Es wird dann das Quadrat des Linienelementes

$$T\,dt^2 + t^2\,du^2,$$

wo

$$T = 1 + \left(\frac{dz}{dt}\right)^2$$

eine Function bloss von t ist. Es werden hier

$$\frac{\sqrt{T}\,dt}{t} + i\,du \quad \text{und} \quad \frac{\sqrt{T}\,dt}{t} - i\,du$$

die integrablen Factoren, und daher

$$f(p+iq) = T+iu,$$
$$\varphi(p-iq) = T-iu,$$

wo $T = \int \frac{\sqrt{T}dt}{t}$, die allgemeinsten Gleichungen, welche zwischen p, q und t, u stattfinden können. Setzt man

$$f(x) = \varphi(x) = x,$$

so erhält man

$$p = T, \quad q = u,$$

und es wird t der Quotient des Linienelementes der Fläche und der Ebene.

Es bedeutet in diesen Formeln die z-Axe die Umdrehungsaxe, t den Halbmesser des Parallelkreises, u die Länge. Man erhält daher die der Mercatorschen entsprechende Projectionsart, in welcher die durch die einzelnen Längengrade gehenden Meridiane durch äquidistante Parallellinien abgebildet werden, während die darauf senkrecht stehenden geraden Linien dem Aequator und den Parallelkreisen entsprechen. Setzt man dagegen

$$f(x) = \varphi(x) = \log x,$$

so erhält man, wenn

$$p = r\cos\varphi, \quad q = r\sin\varphi$$

gesetzt wird,

$$\log r = T, \quad \varphi = u,$$

und es werden sich die entsprechenden Linienelemente der Projection und der Fläche wie der Radiusvector und der Halbmesser des Parallelkreises verhalten. Diese Projectionsart entspricht der *stereographischen*, weil in ihr die Meridiane durch gerade Linien dargestellt werden, die von einem Punkt ausgehen, der Aequator und die Parallelkreise dagegen durch Kreise, welche diesen Punkt zum Mittelpunkt haben. Die Curven, welche auf der Umdrehungsfläche alle Meridiane unter demselben Winkel schneiden, werden in der ersten Projection gerade Linien, in der zweiten eine Art Spiralen, deren Polargleichung

$$\alpha + \beta \log r + \gamma\varphi = 0$$

ist. Lambert hat noch den Fall betrachtet, wo

$$f(x) = \varphi(x) = x^m,$$

und Werthe von m angegeben, für welche die Formeln eine praktische Anwendung für gewisse specielle Zwecke finden, die man durch die Projection zu erreichen wünschen kann.

II.

Abbildung von Kegelflächen auf einer Ebene.

Es sei

$$x = t\cos u, \quad y = t\sin u\cos v, \quad z = t\sin u\sin v,$$

wo v eine Function bloss von u bedeute, so wird die Fläche ein Kegel, dessen Spitze der Anfangspunkt der Coordinaten ist. Es wird hiernach

$$dx^2 + dy^2 + dz^2 = dt^2 + t^2 A\, du^2,$$

wo

$$A = 1 + \sin^2 u \left(\frac{dv}{du}\right)^2$$

eine Function bloss von u ist. Es werden daher die beiden integrablen Factoren des Quadrates des Linienelementes des Kegels

$$\frac{dt}{t} + i\sqrt{A}\, du, \qquad \frac{dt}{t} - i\sqrt{A}\, du,$$

und daher die gesuchten Gleichungen in ihrer allgemeinsten Form, wenn man

$$\int \sqrt{A}\, du = \int \sqrt{du^2 + \sin^2 u\, dv^2} = \sigma$$

setzt,

$$f(p+iq) = \log t + i\sigma,$$
$$\varphi(p-iq) = \log t - i\sigma.$$

Setzt man

$$f(x) = \varphi(x) = \log x,$$

so erhält man

$$p = t\cos\sigma, \quad q = t\sin\sigma$$

und daher diejenige Abbildung des Kegels, welche seine Abwickelung ergiebt.

III.

Abbildung von cylindrischen Flächen auf einer Ebene.

Wenn y eine Function bloss von x, und z von x und y unabhängig ist, erhält man eine cylindrische Fläche. Man kann daher

$$x = t, \quad y = F(t), \quad z = u$$

setzen, woraus

$$dx^2 + dy^2 + dz^2 = T dt^2 + du^2$$

folgt, wo

$$T = 1 + \left(\frac{dy}{dt}\right)^2$$

eine Function bloss von t ist. Die beiden integrablen Factoren des Quadrates des Linienelementes des Cylinders werden

$$\sqrt{T}dt + i\,du, \qquad \sqrt{T}dt - i\,du.$$

Setzt man daher

$$\int \sqrt{T}dt = \int \sqrt{dx^2 + dy^2} = \sigma,$$

wo σ den Bogen eines zur Kante des Cylinders senkrechten Schnittes oder des Schnittes der xy-Ebene bedeutet, so werden die verlangten Gleichungen:

$$f(p+iq) = \sigma + is, \qquad \varphi(p-iq) = \sigma - is.$$

Setzt man

$$f(x) = \varphi(x) = x,$$

so erhält man

$$p = \sigma, \qquad q = s = u,$$

und daher wieder diejenige Abbildung, die durch die Abwickelung des Cylinders gegeben wird.

Abbildung eines Ellipsoids und der beiden Hyperboloide auf einer Ebene.

Es seien b und c gegebene positive Constanten und c die größere derselben; es seien ferner ρ, ρ_1, ρ_2 drei Größen, von denen die erste größer als c, die dritte kleiner als b und die zweite zwischen b und c liegt; so werden

$$1 = \frac{x^2}{\rho^2} + \frac{y^2}{\rho^2 - b^2} + \frac{z^2}{\rho^2 - c^2},$$

$$1 = \frac{x^2}{\rho_1^2} + \frac{y^2}{\rho_1^2 - b^2} + \frac{z^2}{\rho_1^2 - c^2},$$

$$1 = \frac{x^2}{\rho_2^2} + \frac{y^2}{\rho_2^2 - b^2} + \frac{z^2}{\rho_2^2 - c^2}$$

die Gleichungen eines Ellipsoids, eines einflächigen und eines zweiflächigen Hyperboloids. Betrachtet man x, y, z als Functionen von ρ, ρ_1, ρ_2, wie sie durch die vorstehenden Gleichungen gegeben werden, so findet man, wie bekannt ist,

$$dx^2 + dy^2 + dz^2 = \frac{(\rho^2 - \rho_1^2)(\rho^2 - \rho_2^2)}{(\rho^2 - b^2)(\rho^2 - c^2)}\,d\rho^2 + \frac{(\rho_1^2 - \rho_2^2)(\rho_1^2 - \rho^2)}{(\rho_1^2 - b^2)(\rho_1^2 - c^2)}\,d\rho_1^2 + \frac{(\rho_2^2 - \rho^2)(\rho_2^2 - \rho_1^2)}{(\rho_2^2 - b^2)(\rho_2^2 - c^2)}\,d\rho_2^2.$$

Betrachtet man nach einander erstens ρ, zweitens ρ_1, drittens ρ_2 als constant,

so giebt der vorstehende Ausdruck die Quadrate der Linienelemente der drei genannten Flächen:

1) *für das Ellipsoid* (ρ constant)

$$dx^2+dy^2+dz^2 = (\rho_1^2-\rho_2^2)\left[\frac{(\rho^2-\rho_1^2)d\rho_1^2}{(\rho_1^2-b^2)(c^2-\rho_1^2)} + \frac{(\rho^2-\rho_2^2)d\rho_2^2}{(b^2-\rho_2^2)(c^2-\rho_2^2)}\right];$$

2) *für das einflächige Hyperboloid* (ρ_1 constant)

$$dx^2+dy^2+dz^2 = (\rho^2-\rho_2^2)\left[\frac{(\rho^2-\rho_1^2)d\rho^2}{(\rho^2-b^2)(\rho^2-c^2)} + \frac{(\rho_1^2-\rho_2^2)d\rho_2^2}{(b^2-\rho_2^2)(c^2-\rho_2^2)}\right];$$

3) *für das zweiflächige Hyperboloid* (ρ_2 constant)

$$dx^2+dy^2+dz^2 = (\rho^2-\rho_1^2)\left[\frac{(\rho^2-\rho_2^2)d\rho^2}{(\rho^2-b^2)(\rho^2-c^2)} + \frac{(\rho_1^2-\rho_2^2)d\rho_1^2}{(\rho_1^2-b^2)(c^2-\rho_1^2)}\right].$$

Die linearen integrablen Factoren dieser Ausdrücke werden:

$$(1.) \qquad \sqrt{\frac{\rho^2-\rho_1^2}{(\rho_1^2-b^2)(c^2-\rho_1^2)}}\, d\rho_1 \pm i\sqrt{\frac{\rho^2-\rho_2^2}{(b^2-\rho_2^2)(c^2-\rho_2^2)}}\, d\rho_2;$$

$$(2.) \qquad \sqrt{\frac{\rho^2-\rho_1^2}{(\rho^2-b^2)(\rho^2-c^2)}}\, d\rho \pm i\sqrt{\frac{\rho_1^2-\rho_2^2}{(b^2-\rho_2^2)(c^2-\rho_2^2)}}\, d\rho_2;$$

$$(3.) \qquad \sqrt{\frac{\rho^2-\rho_2^2}{(\rho^2-b^2)(\rho^2-c^2)}}\, d\rho \pm i\sqrt{\frac{\rho_1^2-\rho_2^2}{(\rho_1^2-b^2)(c^2-\rho_1^2)}}\, d\rho_1,$$

und man erhält in jedem der drei Fälle die allgemeinste Auflösung der Aufgabe, wenn man die Integrale der beiden dem Doppelzeichen $\pm$ entsprechenden Ausdrücke respective einer willkürlichen Function von $p+iq$ und einer willkürlichen Function von $p-iq$ gleich setzt.

Abbildung eines Ellipsoids auf einer Ebene.

$$\rho>c>\rho_1>b>\rho_2.$$

$$U = \int\sqrt{\frac{\rho^2-\rho_1^2}{(\rho_1^2-b^2)(c^2-\rho_1^2)}}\, d\rho_1, \qquad V = \int\sqrt{\frac{\rho^2-\rho_2^2}{(b^2-\rho_2^2)(c^2-\rho_2^2)}}\, d\rho_2.$$

1) In U ist ρ_1 variabel, ρ constant. Man setze

$$\rho_1^2-b^2 = y^2(c^2-\rho_1^2) \quad \text{oder} \quad \rho_1^2(1+y^2) = b^2+c^2y^2,$$

so wird

$$\frac{d\rho_1}{\sqrt{(\rho_1^2-b^2)(c^2-\rho_1^2)}} = \frac{dy}{\sqrt{(1+y^2)(b^2+c^2y^2)}},$$

$$\rho^2-\rho_1^2 = \frac{\rho^2-b^2+(\rho^2-c^2)y^2}{1+y^2},$$

und daher

$$U = \int \sqrt{\frac{\rho^2 - b^2 + (\rho^2 - c^2)y^2}{b^2 + c^2 y^2}} \frac{dy}{1+y^2}.$$

Es sei

$$y = \frac{b}{c} \operatorname{tg} \varphi,$$

so wird

$$\rho^2 - b^2 + (\rho^2 - c^2)y^2 = \frac{(\rho^2 - b^2)c^2 - \rho^2(c^2 - b^2)\sin^2 \varphi}{c^2 \cos^2 \varphi},$$

$$\frac{dy}{(1+y^2)\sqrt{b^2 + c^2 y^2}} = \frac{c \cos \varphi \, d\varphi}{c^2 - (c^2 - b^2)\sin^2 \varphi},$$

und daher, wenn man

$$\frac{\rho^2(c^2 - b^2)}{c^2(\rho^2 - b^2)} = k^2, \qquad \frac{c^2 - b^2}{c^2} = k^2 \sin^2 \alpha$$

setzt,

$$U = \frac{\sqrt{\rho^2 - b^2}}{c} \int \frac{\Delta \varphi \, d\varphi}{1 - k^2 \sin^2 \alpha \sin^2 \varphi},$$

oder da

$$\frac{\rho^2 - b^2}{\rho^2} = \sin^2 \alpha, \qquad \frac{b^2}{\rho^2} = \cos^2 \alpha, \qquad \frac{b^2}{c^2} = \Delta^2 \alpha$$

wird,

$$U = \frac{\sin \alpha \, \Delta \alpha}{\cos \alpha} \int \frac{\Delta \varphi \, d\varphi}{1 - k^2 \sin^2 \alpha \sin^2 \varphi}$$

$$= \operatorname{tg} \alpha \, \Delta \alpha \int \frac{d\varphi}{\Delta \varphi} - k^2 \sin \alpha \cos \alpha \, \Delta \alpha \int \frac{\sin^2 \varphi \, d\varphi}{(1 - k^2 \sin^2 \alpha \sin^2 \varphi)\Delta \varphi}.$$

Setzt man

$$\int \frac{d\varphi}{\Delta \varphi} = u, \qquad \int \frac{d\alpha}{\Delta \alpha} = a,$$

so wird, nach den von mir in den *Fund. Nov.* eingeführten Bezeichnungen,

$$U = \operatorname{tg} \operatorname{am}(a) \, \Delta \operatorname{am}(a) . u - \Pi(u, a)$$

$$= \tfrac{1}{2} \log \frac{e^{\Im h u} . \Theta(u+a)}{\Theta(u-a)},$$

wenn man

$$h = \operatorname{tg} \operatorname{am}(a) \, \Delta \operatorname{am}(a) - Z(a)$$

$$= -\frac{d \log \Theta(a) \cos \operatorname{am}(a)}{da} = -\frac{d \log H(a+K)}{da}$$

setzt. Wenn

$$u = \frac{2K}{\pi} u', \qquad a = \frac{2K}{\pi} a', \qquad q = e^{-\frac{\pi K'}{K}},$$

so wird

$$\Theta(u) = 1 - 2q \cos 2u' + 2q^4 \cos 4u' - 2q^9 \cos 6u' + \cdots,$$
$$H(u) = 2\sqrt[4]{q}[\sin u' - q^2 \sin 3u' + q^6 \sin 5u' - q^{12} \sin 7u' + \cdots],$$

und daher

$$\frac{\Theta(u+a)}{\Theta(u-a)} = \frac{1 - 2q \cos 2(u'+a') + 2q^4 \cos 4(u'+a') - \cdots}{1 - 2q \cos 2(u'-a') + 2q^4 \cos 4(u'-a') - \cdots},$$
$$H(a+K) = 2\sqrt[4]{q}[\cos a' + q^2 \cos 3a' + q^6 \cos 5a' + \cdots],$$

und daher

$$h = -\frac{d \log H(a+K)}{\frac{2K}{\pi} da'} = \frac{\pi}{2K} \frac{\sin a' + 3q^2 \sin 3a' + 5q^6 \sin 5a' + \cdots}{\cos a' + q^2 \cos 3a' + q^6 \cos 5a' + \cdots}.$$

Ich bemerke noch, dass

$$\operatorname{tg}^2 \varphi = \operatorname{tg}^2 \operatorname{am}(u) = \frac{c^2(\rho_1^2 - b^2)}{b^2(c^2 - \rho_1^2)},$$

und daher

$$\cos^2 \varphi = \frac{b^2(c^2 - \rho_1^2)}{\rho_1^2(c^2 - b^2)}, \qquad \sin^2 \varphi = \frac{c^2(\rho_1^2 - b^2)}{\rho_1^2(c^2 - b^2)},$$
$$k^2 \sin^2 \varphi = \frac{\rho^2(\rho_1^2 - b^2)}{\rho_1^2(\rho^2 - b^2)}, \qquad \Delta^2 \varphi = \frac{b^2(\rho^2 - \rho_1^2)}{\rho_1^2(\rho^2 - b^2)}.$$

Man sieht, dass $\frac{1}{k^2}$ und $\sin^2 \varphi$ dieselben Functionen respective von ρ und ρ_1 sind. Wenn ρ_1 von b bis c wächst, wachsen φ und u' von 0 bis $\frac{1}{2}\pi$ und u von 0 bis K.

2) Man erhält iV aus U, wenn man ρ_1 in ρ_2 verwandelt. Hierbei bleiben die Constanten k, a, a, a', h unverändert, und es wird nur u verändert, und zwar nimmt es, weil ρ_2 immer kleiner als b bleiben soll, einen imaginären Werth an, welchen ich mit $i(K'+v)$ bezeichnen werde. Man wird dann die betreffenden Formeln erhalten, wenn man in den zuletzt aufgestellten $i(K'+v)$ für u und daher $\operatorname{am}(i(K'+v))$ für φ und gleichzeitig ρ_2 für ρ_1 setzt. Man erhält hieraus

$$\frac{-1}{k^2 \sin^2 \operatorname{am}(i(K'+v))} = \frac{\rho_2^2(\rho^2 - b^2)}{\rho^2(b^2 - \rho_2^2)}$$

oder

$$-\sin^2 \operatorname{am}(vi) = \operatorname{tg}^2 \operatorname{am}(v, k') = \frac{\rho_2^2(\rho^2 - b^2)}{\rho^2(b^2 - \rho_2^2)},$$

woraus, wenn man $\operatorname{am}(v, k') = \psi$ sctzt,

$$\cos^2 \psi = \frac{\rho^2(b^2 - \rho_2^2)}{b^2(\rho^2 - \rho_2^2)}, \quad \sin^2 \psi = \frac{\rho_2^2(\rho^2 - b^2)}{b^2(\rho^2 - \rho_2^2)},$$

und, da $k'^2 = \frac{b^2(\rho^2 - c^2)}{c^2(\rho^2 - b^2)}$, auch

$$k^2 \sin^2 \psi = \frac{\rho_2^2(\rho^2 - c^2)}{c^2(\rho^2 - \rho_2^2)}, \quad \Delta^2(\psi, k') = \frac{\rho^2(c^2 - \rho_2^2)}{c^2(\rho^2 - \rho_2^2)}$$

folgt. Es wird ferner

$$V = h(K' + v) + \frac{1}{2i} \log \frac{\Theta(iK' + iv + a)}{\Theta(K'i + iv - a)}.$$

Da

$$\Theta(iK' + u) = i \cdot e^{\frac{\pi(K' - 2iu)}{4K}} H(u),$$

so wird dieser Ausdruck, wenn man, wie verstattet ist, den durch Addition hinzugekommenen constanten Term fortläfst,

$$V = hv + \frac{1}{2i} \log \frac{H(a + iv)}{H(a - iv)}$$

$$= hv + \operatorname{Arc tg} \frac{\cos a'(e^{v'} - e^{-v'}) - q^2 \cos 3a'(e^{3v'} - e^{-3v'}) + \cdots}{\sin a'(e^{v'} + e^{-v'}) - q^2 \sin 3a'(e^{3v'} + e^{-3v'}) + \cdots},$$

wo $v' = \frac{\pi v}{2K}$.

Wenn ρ_2 von 0 bis b zunimmt, wächst gleichzeitig v von 0 bis K' und $e^{v'}$ von 1 bis $\frac{1}{\sqrt[4]{q}}$.

Will man bei Erhaltung der Aehnlichkeit der kleinsten Theile das Ellipsoid so auf einer Ebene abbilden, dass seine Krümmungslinien, welche Durchschnitte mit confocalen *zwei*flächigen Hyperboloiden sind, *gerade Linien*, die aus einem festen Punkte ausgehen, die Krümmungslinien dagegen, welche Durchschnitte mit confocalen *einflächigen* Hyperboloiden sind, *Kreise* werden, die den festen Punkt zum Mittelpunkt haben, so findet man aus jedem gegebenen Punkte des Ellipsoids mittelst der obigen Formeln die Abscissen und Ordinaten $r \cos \eta$ und $r \sin \eta$ des entsprechenden Punktes der Ebene. Ist

nämlich der feste Punkt der Anfangspunkt der Polarcoordinaten, so werden dieselben

$$r = e^{hu}\sqrt{\frac{1-2q\cos 2(u'+a')+2q^4\cos 4(u'+a')-\cdots}{1-2q\cos 2(u'-a')+2q^4\cos 4(u'-a')-\cdots}},$$

$$\eta = hv + \operatorname{Arc\,tg}\frac{\cos a'(e^{v'}-e^{-v'})-q^2\cos 3a'(e^{3v'}-e^{-3v'})+\cdots}{\sin a'(e^{v'}+e^{-v'})-q^2\sin 3a'(e^{3v'}+e^{-3v'})+\cdots}.$$

Dem durch diese Polarcoordinate bestimmten Punkte der Ebene entsprechen Punkte des Ellipsoids, deren Coordinaten

$$x = \frac{\rho\rho_1\rho_2}{bc},$$

$$y = \sqrt{\frac{(\rho^2-b^2)(\rho_1^2-b^2)(b^2-\rho_2^2)}{b^2(c^2-b^2)}},$$

$$z = \sqrt{\frac{(\rho^2-c^2)(c^2-\rho_1^2)(c^2-\rho_2^2)}{c^2(c^2-b^2)}}$$

sind.

Es ist zufolge der obigen Substitutionen, wenn man $\psi = \operatorname{am}(v, k')$ setzt,

$$\rho_1^2 = \frac{b^2}{1-k^2\sin^2\alpha\sin^2\varphi}, \qquad \rho_2^2 = \frac{b^2\sin^2\psi}{\sin^2\alpha+\cos^2\alpha\sin^2\psi},$$

$$\rho_1^2-b^2 = \frac{b^2k^2\sin^2\alpha\sin^2\varphi}{1-k^2\sin^2\alpha\sin^2\varphi}, \qquad b^2-\rho_2^2 = \frac{b^2\sin^2\alpha\cos^2\psi}{\sin^2\alpha+\cos^2\alpha\sin^2\psi},$$

$$c^2-\rho_1^2 = \frac{c^2k^2\sin^2\alpha\cos^2\varphi}{1-k^2\sin^2\alpha\sin^2\varphi}, \qquad c^2-\rho_2^2 = \frac{c^2\sin^2\alpha\Delta^2(\psi,k')}{\sin^2\alpha+\cos^2\alpha\sin^2\psi}.$$

Fügt man hierzu die Formeln

$$\frac{b^2}{c^2} = \Delta^2\alpha, \qquad \frac{b^2(\rho^2-b^2)}{c^2-b^2} = \frac{\rho^2\Delta^2\alpha}{k^2}, \qquad \frac{c^2(\rho^2-c^2)}{c^2-b^2} = \frac{\rho^2k'^2}{k^2\Delta^2\alpha},$$

so erhält man

$$x = N.\Delta^2\alpha\sin\psi, \quad y = N.\Delta^2\alpha\sin^2\alpha\sin\varphi\cos\psi, \quad z = N.k'\sin^2\alpha\cos\varphi\Delta(\psi,k'),$$

wo

$$N = \frac{\rho}{\Delta\alpha\sqrt{(1-k^2\sin^2\alpha\sin^2\varphi)(\sin^2\alpha+\cos^2\alpha\sin^2\psi)}}.$$

Die Gleichung des Ellipsoids selber wird

$$\frac{x^2}{\rho^2}+\frac{y^2}{\rho^2\sin^2\alpha}+\frac{z^2\Delta^2\alpha}{\rho^2k'^2\sin^2\alpha} = 1.$$

Für das *längliche Umdrehungsellipsoid* wird

$$b = c, \quad k^2 = 0, \quad q = 0, \quad K = \tfrac{1}{2}\pi,$$
$$\varphi = u = u', \quad a = a = a', \quad h = \operatorname{tg}\alpha.$$

Man hat ferner

$$v = v' = \int_0^\psi \frac{d\psi}{\cos\psi} = \log\operatorname{tg}(45^0 + \tfrac{1}{2}\psi), \quad \frac{e^v - e^{-v}}{e^v + e^{-v}} = \sin\psi.$$

Man erhält daher aus dem ersten System Formeln die Polarcoordinaten eines Punktes der Ebene

$$r = c^{\operatorname{tg}\alpha \cdot \varphi},$$
$$\eta = \operatorname{tg}\alpha \log\operatorname{tg}(45^0 + \tfrac{1}{2}\psi) + \operatorname{Arc}\operatorname{tg}(\cot\alpha \sin\psi),$$

und die rechtwinkligen Coordinaten des entsprechenden Punktes des länglichen Umdrehungsellipsoids

$$x = N.\sin\psi, \quad y = N.\sin^2\alpha \sin\varphi \cos\psi, \quad z = N.\sin^2\alpha \cos\varphi \cos\psi,$$

wo

$$N = \frac{\rho}{\sqrt{\sin^2\alpha + \cos^2\alpha \sin^2\psi}} = \frac{\rho}{\sqrt{\sin^2\psi + \sin^2\alpha \cos^2\psi}},$$

und die Gleichung der Fläche

$$\frac{x^2}{\rho^2} + \frac{y^2 + z^2}{\rho^2 \sin^2\alpha} = 1.$$

Wenn das Ellipsoid sich einem *abgeplatteten Umdrehungsellipsoid* annähert, oder b eine kleine Größe ist, wodurch k sich der Einheit nähert, muss man die vorstehenden Formeln wie folgt transformiren.

Ich führe zuerst für u und a ihre Complemente

$$K - u = u_1, \quad K - a = a_1,$$

ein. Setzt man

$$\operatorname{am}(u_1) = \varphi_1, \quad \operatorname{am}(a_1) = \alpha_1,$$

so wird

$$\sin^2\alpha_1 = \frac{c^2}{\rho^2}, \qquad \cos^2\alpha_1 = \frac{\rho^2 - c^2}{\rho^2}, \qquad \Delta^2\alpha_1 = \frac{\rho^2 - c^2}{\rho^2 - b^2},$$

$$\sin^2\varphi_1 = \frac{(\rho^2 - b^2)(c^2 - \rho_1^2)}{(c^2 - b^2)(\rho^2 - \rho_1^2)}, \quad \cos^2\varphi_1 = \frac{(\rho^2 - c^2)(\rho_1^2 - b^2)}{(c^2 - b^2)(\rho^2 - \rho_1^2)}, \quad \Delta^2\varphi_1 = \frac{(\rho^2 - c^2)\rho_1^2}{c^2(\rho^2 - \rho_1^2)},$$

und die Gleichung des Ellipsoids

$$\frac{x^2}{\rho^2} + \frac{\Delta^2\alpha_1 \cdot y^2}{\rho^2 \cos^2\alpha_1} + \frac{z^2}{\rho^2 \cos^2\alpha_1} = 1,$$

und es wird nach einigen leichten Reductionen

$$x = M . \Delta^2 \alpha_1 \, \Delta \varphi_1 \sin \psi, \quad y = M . \cos^2 \alpha_1 \cos \varphi_1 \cos \psi, \quad z = M . \cos^2 \alpha_1 \Delta^2 \alpha_1 \sin \varphi_1 \, \Delta (\psi, k'),$$

wo

$$M = \frac{\rho}{\Delta \alpha_1 \sqrt{(1 - k^2 \sin^2 \alpha_1 \sin^2 \varphi_1)(\cos^2 \alpha_1 + k'^2 \sin^2 \alpha_1 \sin^2 \psi)}} \, .$$

Man hat ferner

$$hu = \frac{d \log H(a_1)}{da} (K - u_1), \quad \frac{\Theta(u + a)}{\Theta(u - a)} = \frac{\Theta(u_1 + a_1)}{\Theta(u_1 - a_1)},$$

und daher, wenn man in dem Ausdrucke von U die Constante $\frac{Kd \log H(a_1)}{da_1}$ fortläfst und die Zeichen umkehrt,

$$U = \frac{d \log H(a_1)}{da_1} u_1 - \tfrac{1}{2} \log \frac{\Theta(u_1 + a_1)}{\Theta(u_1 - a_1)} \, .$$

Es wird ferner

$$U = \frac{\sin \alpha \, \Delta \alpha}{\cos \alpha} \int_0^\varphi \frac{\Delta \varphi \, d\varphi}{1 - k^2 \sin^2 \alpha \sin^2 \varphi} = \frac{k'^2 \cos \alpha_1 \, \Delta \alpha_1}{\sin \alpha_1} \int_{\varphi_1}^{\frac{1}{2}\pi} \frac{d\varphi_1}{(\Delta^2 \alpha_1 \, \Delta^2 \varphi_1 - k^2 \cos^2 \alpha_1 \cos^2 \varphi_1) \Delta \varphi_1}$$

$$= \frac{\cos \alpha_1 \, \Delta \alpha_1}{\sin \alpha_1} \int_{\varphi_1}^{\frac{1}{2}\pi} \frac{d\varphi_1}{(1 - k^2 \sin^2 \alpha_1 \sin^2 \varphi_1^2) \Delta \varphi_1} \, .$$

Da es frei steht, von U eine Constante abzuziehen und das Zeichen zu ändern, so werde ich hierfür

$$U = \frac{\cos \alpha_1 \, \Delta \alpha_1}{\sin \alpha_1} \int_0^{\varphi_1} \frac{d\varphi_1}{(1 - k^2 \sin^2 \alpha_1 \sin^2 \varphi_1) \Delta \varphi_1}$$

setzen.

Diese Ausdrücke können in andere transformirt werden, in welchen die Argumente imaginär werden, und der Modul in sein Complement sich verwandelt. Es ist aber

$$\Theta(u) = \sqrt{\frac{K}{K'}} \cdot e^{-\frac{\pi u u}{4 K K'}} H(K' \pm i u, k'),$$

$$H(u) = \sqrt{\frac{K}{K'}} \cdot \frac{1}{i} e^{-\frac{\pi u u}{4 K K'}} H(i u, k'),$$

und daher

$$h = \frac{d \log H(a_1)}{da_1} = - \frac{\pi a_1}{2 K K'} + h_1,$$

wenn man

$$a_1' = \frac{\pi a_1}{2K'}, \qquad q' = e^{-\frac{\pi K'}{K'}},$$

und

$$h_1 = \frac{d \log H(i a_1, k')}{d a_1} = \frac{\pi}{2K'} \cdot \frac{e^{a_1'} + e^{-a_1'} - 3 q'^2 \left(e^{3a_1'} + e^{-3a_1'}\right) + \cdots}{e^{a_1'} - e^{-a_1'} - q'^2 \left(e^{3a_1'} - e^{-3a_1'}\right) + \cdots}$$

setzt. Es wird ferner

$$U = \frac{\cos \alpha_1 \, \Delta \, \alpha_1}{\sin \alpha_1} \int_0^{\varphi_1} \frac{d\varphi_1}{(1 - k^2 \sin^2 \alpha_1 \sin^2 \varphi_1) \Delta \, \varphi_1} = h u_1 - \tfrac{1}{2} \log \frac{\Theta(u_1 + a_1)}{\Theta(u_1 - a_1)}$$

$$= h_1 u_1 - \tfrac{1}{2} \log \frac{H(K' \pm i (u_1 + a_1) k')}{H(K' \pm i (u_1 - a_1) k')}$$

oder, wenn man $u_1' = \frac{\pi u_1}{2K'}$ setzt,

$$U = h_1 u_1 - \tfrac{1}{2} \log \frac{e^{u_1' + a_1'} + e^{-u_1' - a_1'} + q'^2 \left(e^{3u_1' + 3a_1'} + e^{-3u_1' - 3a_1'}\right) + \cdots}{e^{u_1' - a_1'} + e^{-u_1' + a_1'} + q'^2 \left(e^{3u_1' - 3a_1'} + e^{-3u_1' + 3a_1'}\right) + \cdots}.$$

Wenn $\varphi_1 = 0$, wird $u_1 = 0$, wofür dieser Ausdruck von U, wie der obige Integralausdruck verschwindet, weshalb beide einander gleich gesetzt worden sind.

Man hat ferner, wenn man

$$v' = \frac{\pi v}{2K'}$$

setzt,

$$V = h v + \frac{1}{2i} \log \frac{H(a + iv)}{H(a - iv)}$$

$$= h v + \frac{1}{2i} \log \frac{H(K - a_1 + iv)}{H(K - a_1 - iv)}$$

$$= h_1 v + \frac{1}{2i} \log \frac{\Theta(v + i a_1, k')}{\Theta(v - i a_1, k')}$$

$$= h_1 v + \operatorname{Arc tg} \frac{q' \left(e^{2a_1'} - e^{-2a_1'}\right) \sin 2v' - q'^4 \left(e^{4a_1'} - e^{-4a_1'}\right) \sin 4v' + \cdots}{1 - q' \left(e^{2a_1'} + e^{-2a_1'}\right) \cos 2v' + q'^4 \left(e^{4a_1'} + e^{-4a_1'}\right) \cos 4v' - \cdots}.$$

Für das abgeplattete Umdrehungsellipsoid selbst wird

$$k' = 0, \qquad q' = 0, \qquad K' = \tfrac{1}{2}\pi, \qquad v = v' = \psi,$$

$$a_1' = a_1 = \log \operatorname{tg}(45^0 + \tfrac{1}{2}\alpha_1), \qquad u_1' = u_1 = \log \operatorname{tg}(45^0 + \tfrac{1}{2}\varphi_1),$$

$$U = \frac{\operatorname{tg}(45^0 + \tfrac{1}{2}\alpha_1) + \operatorname{cotg}(45^0 + \tfrac{1}{2}\alpha_1)}{\operatorname{tg}(45^0 + \tfrac{1}{2}\alpha_1) - \operatorname{cotg}(45^0 + \tfrac{1}{2}\alpha_1)} \log \operatorname{tg}(45^0 + \tfrac{1}{2}\varphi_1)$$

$$- \tfrac{1}{2} \log \frac{\operatorname{tg}(45^0 + \tfrac{1}{2}\alpha_1)\operatorname{tg}(45^0 + \tfrac{1}{2}\varphi_1) + \operatorname{cotg}(45^0 + \tfrac{1}{2}\alpha_1)\operatorname{cotg}(45^0 + \tfrac{1}{2}\varphi_1)}{\operatorname{cotg}(45^0 + \tfrac{1}{2}\alpha_1)\operatorname{tg}(45^0 + \tfrac{1}{2}\varphi_1) + \operatorname{tg}(45^0 + \tfrac{1}{2}\alpha_1)\operatorname{cotg}(45^0 + \tfrac{1}{2}\varphi_1)}$$

$$= \frac{1}{\sin\alpha_1} \log \operatorname{tg}(45^0 + \tfrac{1}{2}\varphi_1) - \tfrac{1}{2} \log \frac{\sin^2\tfrac{1}{2}(\varphi_1 + \alpha_1) + \cos^2\tfrac{1}{2}(\varphi_1 - \alpha_1)}{\cos^2\tfrac{1}{2}(\varphi_1 + \alpha_1) + \sin^2\tfrac{1}{2}(\varphi_1 - \alpha_1)}$$

$$= \frac{1}{\sin\alpha_1} \log \operatorname{tg}(45^0 + \tfrac{1}{2}\varphi_1) - \tfrac{1}{2} \log \frac{1 + \sin\alpha_1 \sin\varphi_1}{1 - \sin\alpha_1 \sin\varphi_1},$$

$$V = \frac{\psi}{\sin\alpha_1}.$$

Die Coordinaten der Punkte des Umdrehungsellipsoids werden, wenn man $M = L \cos^2\alpha_1$ setzt,

$$x = L \cdot \cos\varphi_1 \sin\psi, \qquad y = L \cdot \cos\varphi_1 \cos\psi, \qquad z = L \cdot \cos^2\alpha_1 \sin\varphi_1,$$

wo

$$L = \frac{\rho}{\sqrt{1 - \sin^2\alpha_1 \sin^2\varphi_1}},$$

und die Gleichung der Fläche

$$\frac{x^2 + y^2}{\rho^2} + \frac{z^2}{\rho^2 \cos^2\alpha_1} = 1.$$

Der Winkel ψ ist hier die Länge und der Winkel φ_1 die excentrische Anomalie des Meridians.

SOLUTION NOUVELLE

D'UN PROBLÈME FONDAMENTAL DE GÉODÉSIE

Astronomische Nachrichten Bd. 41, p. 210 u. f. Borchardt Journal für die reine
und angewandte Mathematik, Bd. 53. p. 335—341.

SOLUTION NOUVELLE D'UN PROBLÈME FONDAMENTAL DE GÉODÉSIE.

(Tirée des manuscrits inédits de C. G. J. Jacobi et communiquée par M. E. Luther.)

Le problème dont je vais traiter est le suivant:

Étant connues la longueur s d'un arc géodésique, la latitude B' de son origine et son angle azimuthal T' à ce point, déterminer la latitude B'' de l'autre extrémité de l'arc, son angle azimuthal T'' à ce second point et la différence en longitude de ces deux extrémités.

En appliquant à ce problème les séries dans lesquelles j'ai développé les fonctions elliptiques on en trouve une nouvelle solution très simple, que voici.

L'excentricité du méridien terrestre étant désigné par e, on calculera d'abord la latitude réduite l' de l'origine de la ligne géodésique au moyen de la formule

$$\operatorname{tg} l' = \sqrt{1-e^2}\operatorname{tg} B'.$$

On imaginera ensuite un triangle sphérique rectangle $PO'O$ dont l'hypoténuse soit $PO' = \frac{\pi}{2} - l'$ et l'un des angles aigus $PO'O = T'$. On sait que, si l'on mène du point P à un point quelconque O'' du côté OO' de ce triangle, prolongé au besoin, un arc de grand cercle PO'', on aura toujours PO'' et $PO''O$ respectivement égaux au complément de la latitude réduite d'un certain point de la ligne géodésique et à l'angle azimuthal de cette ligne au même point. Supposons que le point O'' soit l'autre extrémité de l'arc s, la marche que suivra notre solution, sera la suivante.

1. On déterminera la correction $\Delta \log s$ à ajouter au logarithme de l'arc géodésique s pour avoir le logarithme de l'arc de grand cercle $O'O''$;

2. On calculera dans le triangle sphérique $PO'O''$, dont on connaît deux côtés $PO' = \frac{\pi}{2} - l'$ et $O'O''$ et l'angle compris $PO'O'' = \pi - T'$, le

53*

troisième côté $PO'' = \frac{\pi}{2} - l''$, l'angle $PO''O' = T''$ et l'angle $O'PO''$, que je nommerai ω. On choisira pour ce calcul des formules propres à donner les valeurs de $\log(l' - l'')$, $\log(T' - T'')$, $\log \omega$ exactes dans les septièmes décimales;

3. On cherchera la correction $\Delta \omega$ à soustraire de ω pour avoir la différence en longitude que je nommerai λ;

4. On remontera de la différence des latitudes réduites $l' - l''$ à la différence des latitudes $B' - B''$.

Les calculs du No. 2 sont ceux qu'on emploierait (avec des données différentes) dans l'hypothèse de la Terre sphérique. Ce sont les seuls calculs dans lesquels il faudrait pour quelques logarithmes employer des tables à 7 décimales. Tout le reste du calcul n'exige que l'emploi de tables à 5 décimales.

Je vais donner à présent les formules par lesquelles on calcule les corrections $\Delta \log s$ et $\Delta \omega$, et dans lesquelles les logarithmes sont les logarithmes vulgaires.

1. Dans le triangle rectangle $PO'O$, dans lequel on connaît

$$PO' = \frac{\pi}{2} - l', \qquad PO'O = T',$$

on calculera au moyen des formules

$$\operatorname{tg} \varphi' = \operatorname{cotg} l' \cos T',$$
$$\cos l = \cos l' \sin T',$$
$$\operatorname{tg} l = \frac{\operatorname{tg} l'}{\cos \varphi' \sin T'},$$

dont la dernière donne une vérification des deux autres, les quantités:

$$OO' = \varphi', \qquad PO = \frac{\pi}{2} - l,$$

et ensuite $\sin B$ au moyen de la valeur

$$\operatorname{tg} B = \frac{\operatorname{tg} l}{\sqrt{1 - e^2}}, \qquad [\log \sqrt{1 - e^2} = 9{,}9985458],$$

enfin

$$\log q = \log(a \sin^2 B) + b \sin^2 B + c \sin^4 B,$$

où

$$\log a = 6{,}620290, \qquad \log b = 7{,}16116, \qquad \log c = 4{,}594.$$

2. En désignant par s l'arc mesuré divisé par le rayon de l'équateur terrestre et exprimé en secondes, on calculera

$$\log \varphi^0 = \log s + d - fq \cos^2 \varphi',$$

$$\log \varphi = \log O'O'' = \log \varphi^0 + gq \sin 2\varphi' . \varphi^0 - hq^2 \sin^2 2\varphi' + iq \cos 2\varphi' . \varphi^{02},$$

où

$$d = 0,0014542, \quad \log f = 0,54087,$$

$$\log g = 4,92541, \quad \log h = 0,842, \quad \log i = 6,48,$$

(i est exprimé en unités de la $7^{\text{ième}}$ décimale).

C'est cette valeur de $\log \varphi$ qu'il faudra connaître pour effectuer le calcul du triangle sphérique $PO'O''$, dans lequel φ est le côté $O'O''$. On voit que cette valeur s'obtient en ajoutant une correction à $\log s$. L'angle φ est donné ici en secondes.

3. La valeur de $\log \Delta\omega$ se compose de quantités connues déjà par les calculs précédents. En effet, nommant C et D les quantités déjà calculées,

$$C = fq \cos^2 \varphi', \quad D = gq \sin 2\varphi' . \varphi^0,$$

on aura

$$\log \Delta\omega = \log(\varphi \cos l) + 7,52410 - \tfrac{1}{2}C + \tfrac{1}{3}D.$$

Ayant trouvé par cette formule $\Delta\omega$ en secondes, on a la différence en longitude,

$$\lambda = \omega - \Delta\omega.$$

4. Connaissant par le calcul du triangle $PO'O''$ la différence des latitudes réduites $l' - l'' = PO'' - PO'$, on aura la différence des latitudes sur la Terre,

$$B' - B'' = l' - l'' + k \sin(l' - l'') \cos(l' + l'') + n \sin 2(l' - l'') \cos 2(l' + l''),$$

où

$$\log k = 2,83926, \quad \log n = 9,7620.$$

Le problème dont je viens de donner une solution nouvelle a été dans ces derniers temps l'objet de soins particuliers de la part de M. Gauss, qui en a traité dans différents mémoires et en a donné plusieurs solutions. Mon illustre ami, M. Hansen, a calculé par les formules précédentes l'exemple qui sert à M. Gauss pour éclaircir la dernière de ses solutions (*Untersuchungen über Gegenstände der höheren Geodäsie*, zweite Abhandlung, Göttingen 1847 p. 33). Je mettrai ici avec détail la partie de ce calcul qui se rapporte aux corrections dues à l'ellipticité du sphéroïde terrestre.

Exemple.

$\log s = 3{,}5349945$ $\qquad B' = 51°48'1'',9294$ $\qquad T' = 5°42'21'',7699$

$\log \operatorname{tg} B' = 0{,}1040765$ $\qquad \log \cos T' = 9{,}9978428$ $\qquad \log \sin T' = 8{,}9974946$

$$l' = 51°42'26'',16 \qquad \varphi' = 38°9'16''$$

$\log \cos \varphi' = 9{,}89562$ $\qquad \log \sin 2\varphi' = 9{,}98748$ $\qquad \log \cos 2\varphi' = 9{,}37$

$\qquad\qquad \log \operatorname{tg} l = 1{,}20950$ $\qquad \log \cos l = 8{,}78968$

$\qquad\qquad \log \operatorname{tg} B = 1{,}21095$ $\qquad \log \sin B = 9{,}99918$

$\log (a \sin^2 B) = 6{,}61865$ $\qquad\qquad \log s = 3{,}5349945$

$b \sin^2 B = 0{,}001444$ $\qquad\qquad\qquad d = 0{,}0014542$

$c \sin^4 B = \qquad\quad 4$ $\qquad\qquad -fq \cos^2 \varphi' = -0{,}0008958 = -C$

$\overline{\qquad\qquad\quad}$

$\log q = 6{,}62010$ $\qquad\qquad\qquad \log \varphi^0 = 8{,}5355529$

$\qquad\qquad\qquad\qquad gq \sin 2\varphi' . \varphi^0 = 0{,}00001171 = D$

$\qquad\qquad\qquad\qquad -hq^2 \sin^2 2\varphi' = -0{,}00000114$

$\qquad\qquad\qquad\qquad iq \cos 2\varphi' . \varphi^{02} = \qquad\qquad 3$

$\overline{\qquad\qquad\qquad\qquad}$

$\log \varphi = \log O'O'' = 3{,}5355635$

Le calcul du triangle $PO'O''$ donne :

$$T' - T'' = 7'\ 0'',5884 \qquad\qquad \omega = 8'\,59'',4065$$

$$l' - l'' = 56'55'',4716 \qquad l' + l'' = 102°27'57''$$

$\log (\varphi \cos l) = 2{,}32524$ $\qquad\qquad\qquad l' - l'' = 56'55'',4716$

$\qquad\qquad\qquad 7{,}52410$ $\qquad k \sin (l' - l'') \cos (l' + l'') = -\quad 2'',4685$

$-\tfrac{1}{2}C = -0{,}000448$ $\qquad n \sin 2(l' - l'') \cos 2(l' + l'') = -\qquad 174$

$\tfrac{1}{2}D = \qquad 6$ $\qquad\qquad\qquad\overline{\qquad\qquad\qquad}$

$\overline{\qquad\qquad\qquad}$ $\qquad\qquad\qquad\qquad B' - B'' = 56'52'',9857$

$\log \Delta\omega = 9{,}84890$

$$\Delta\omega = 0'',7062$$
$$\lambda = \omega - \Delta\omega = 8'\,58'',7003$$
$$T'' = T' - (T' - T'') = 5°35'21'',1815$$
$$B'' = B' - (B' - B'') = 50°51'\ 8'',9487.$$

M. Gauss trouve :

$$\lambda = 8'58'',7002$$
$$T'' = 5°35'21'',1815$$
$$B'' = 50°51'\ 8'',9444.$$

Supposons qu'en partant des mêmes données B', T', s on ait calculé les valeurs de B'', T'', λ dans l'hypothèse de la Terre purement sphérique et nommons ces valeurs B_0'', T_0'', λ_0. Il sera curieux et utile de connaître des formules approximatives simples qui puissent servir à estimer la grandeur des quantités

$$B'' - B_0'', \qquad T'' - T_0'', \qquad \lambda - \lambda_0,$$

ou l'influence que l'ellipticité du sphéroide terrestre exerce sur la détermination de B'', T'', λ. Ces formules sont:

$$B'' - B''_0 = -\tfrac{1}{4}\sin 2B'.e^2$$

$$T'' - T''_0 = -\tfrac{1}{2}\frac{\sin^2 B'}{\cos B'}\sin T'.e^2s$$

$$\lambda - \lambda_0 = -\tfrac{1}{4}\frac{2\cos^2 B' - \sin^2 B'}{\cos B'}\sin T'.e^2s.$$

La dernière de ces quantités s'évanouit pour une latitude d'environ $54^o44'$.

En finissant je réunirai les formules par lesquelles on exprime toutes les quantités relatives à une même ligne géodésique au moyen des fonctions elliptiques Θ et H, auxquelles on a joint les fonctions

$$\Theta_1(u) = \Theta(K-u), \qquad H_1(u) = H(K-u).$$

Au lieu des deux constantes qui entrent dans la détermination d'une ligne géodésique, de l'excentricité e et de la latitude B du point où la ligne touche le parallèle, on introduit le module k des fonctions elliptiques (ou son complément k') et un argument constant a, au moyen des formules

$$e = \frac{k}{\Delta\,\mathrm{am}\,(a,k')}, \qquad \cos B = k'\sin\mathrm{am}\,(a,k'),$$

ou

$$e = \sqrt{k}\cdot\frac{H_1(ia)}{\Theta_1(ia)}, \qquad \sqrt{1-e^2} = \sqrt{k}\cdot\frac{\Theta(ia)}{\Theta_1(ia)},$$

$$\sin B = \sqrt{k}\cdot\frac{\Theta_1(ia)}{H_1(ia)}, \qquad \cos B = \sqrt{k'}\cdot\frac{H(ia)}{i\,H_1(ia)}, \qquad \mathrm{tg}\,B = \sqrt{\frac{k}{k'}}\,\frac{i\,\Theta_1(ia)}{H(ia)},$$

i étant $= \sqrt{-1}$. On aura encore pour la latitude réduite l du point où la ligne touche le parallèle

$$\cos l = \sin\mathrm{am}\,(a,k') = \frac{1}{\sqrt{k'}}\,\frac{H(ia)}{i\,H_1(ia)},$$

$$\sin l = \sqrt{\frac{k}{k'}}\,\frac{\Theta(ia)}{H_1(ia)}, \qquad \mathrm{tg}\,l = \sqrt{k}\cdot\frac{i\,\Theta(ia)}{H(ia)}.$$

Mettant pour un point quelconque de la ligne géodésique

$$\varphi' = \mathrm{am}\,(u),$$

et supposant

$$N = \sqrt{H(u+ia).H(u-ia)},$$

il viendra

$$\sin T' = \frac{H(ia)}{i\Theta(0)} \cdot \frac{\Theta(u)}{N}, \quad \cos T' = \frac{\Theta(ia)}{\Theta(0)} \cdot \frac{H(u)}{N}, \quad \operatorname{tg} T' = \frac{H(ia)}{i\Theta(ia)} \cdot \frac{\Theta(u)}{H(u)},$$

$$\sin l' = \frac{\Theta(ia)}{H_1(ia)} \cdot \frac{H_1(u)}{\Theta(u)}, \quad \cos l' = \frac{\Theta_1(0)}{H_1(ia)} \cdot \frac{N}{\Theta(u)}, \quad \operatorname{tg} l' = \frac{\Theta(ia)}{\Theta_1(0)} \cdot \frac{H_1(u)}{N},$$

$$\sin B' = \frac{\Theta_1(ia)}{H_1(ia)} \cdot \frac{H_1(u)}{\Theta_1(u)}, \quad \cos B' = \frac{\Theta(0)}{H_1(ia)} \cdot \frac{N}{\Theta_1(u)}, \quad \operatorname{tg} B' = \frac{\Theta_1(ia)}{\Theta(0)} \cdot \frac{H_1(u)}{N}.$$

Pour exprimer toutes les quantités relatives au triangle sphérique rectangle POO' par les fonctions Θ, H, Θ_1, H_1, mettons $O'PO = \omega'$, on aura

$$\sin \omega' = \frac{H_1(ia)}{H_1(0)} \cdot \frac{H(u)}{N}, \quad \cos \omega' = \frac{H(ia)}{iH_1(0)} \cdot \frac{H_1(u)}{N}, \quad \operatorname{tg} \omega' = \frac{H_1(ia)}{iH(ia)} \cdot \frac{H(u)}{H_1(u)}.$$

Supposons qu'on eût construit le triangle POO', en prenant pour $\frac{\pi}{2} - PO'$ la vraie latitude B' au lieu de la latitude réduite l'. Nommant l_0, φ_0', ω_0' les valeurs que dans ce cas prendraient les quantités l, φ', ω', on aura

$$\cos l_0 = \frac{H(ia) \cdot \Theta(u)}{iH_1(ia) \cdot \Theta_1(u)}, \quad \operatorname{tg} \varphi_0' = \frac{\Theta(ia) \cdot H(u)}{\Theta_1(ia) \cdot H_1(u)},$$

$$\operatorname{tg} \omega_0' = \frac{i\Theta(ia) H_1(ia)}{\Theta_1(ia) H(ia)} \cdot \frac{H(u) \Theta_1(u)}{\Theta(u) H_1(u)}.$$

Cette dernière formule peut être simplifiée en introduisant un module transformé.

Enfin, nommant λ' la longitude du point auquel répond la valeur $\varphi' = \operatorname{am}(u)$, cette longitude étant rapportée au méridien qui passe par le point où la ligne géodésique touche le parallèle, on aura, en supposant

$$v = \frac{d \log \Theta_1(ia)}{da},$$

les formules remarquables

$$\sin B' = \frac{\Theta_1(ia) H_1(u)}{H_1(ia) \Theta_1(u)},$$

$$\cos B' \sin(\lambda' + vu) = \frac{\Theta(0) \cdot [H(u+ia) + H(u-ia)]}{2H_1(ia) \Theta_1(u)},$$

$$\cos B' \cos(\lambda' + vu) = \frac{\Theta(0) \cdot [H(u+ia) - H(u-ia)]}{2iH_1(ia) \Theta_1(u)},$$

et de plus

$$\sin l' = \frac{\Theta(ia) H_1(u)}{H_1(ia) \Theta(u)},$$

$$\cos l' \sin(\lambda' + vu) = \frac{\Theta_1(0) \cdot [H(u+ia) + H(u-ia)]}{2H_1(ia) \Theta(u)},$$

$$\cos l' \cos(\lambda' + vu) = \frac{\Theta_1(0) \cdot [H(u+ia) - H(u-ia)]}{2iH_1(ia) \Theta(u)}.$$

Berlin, 1849 Nov. 7.

FRAGMENTS

SUR LA ROTATION D'UN CORPS

TIRÉS DES MANUSCRITS DE C. G. J. JACOBI ET COMMUNIQUÉS

PAR

E. LOTTNER

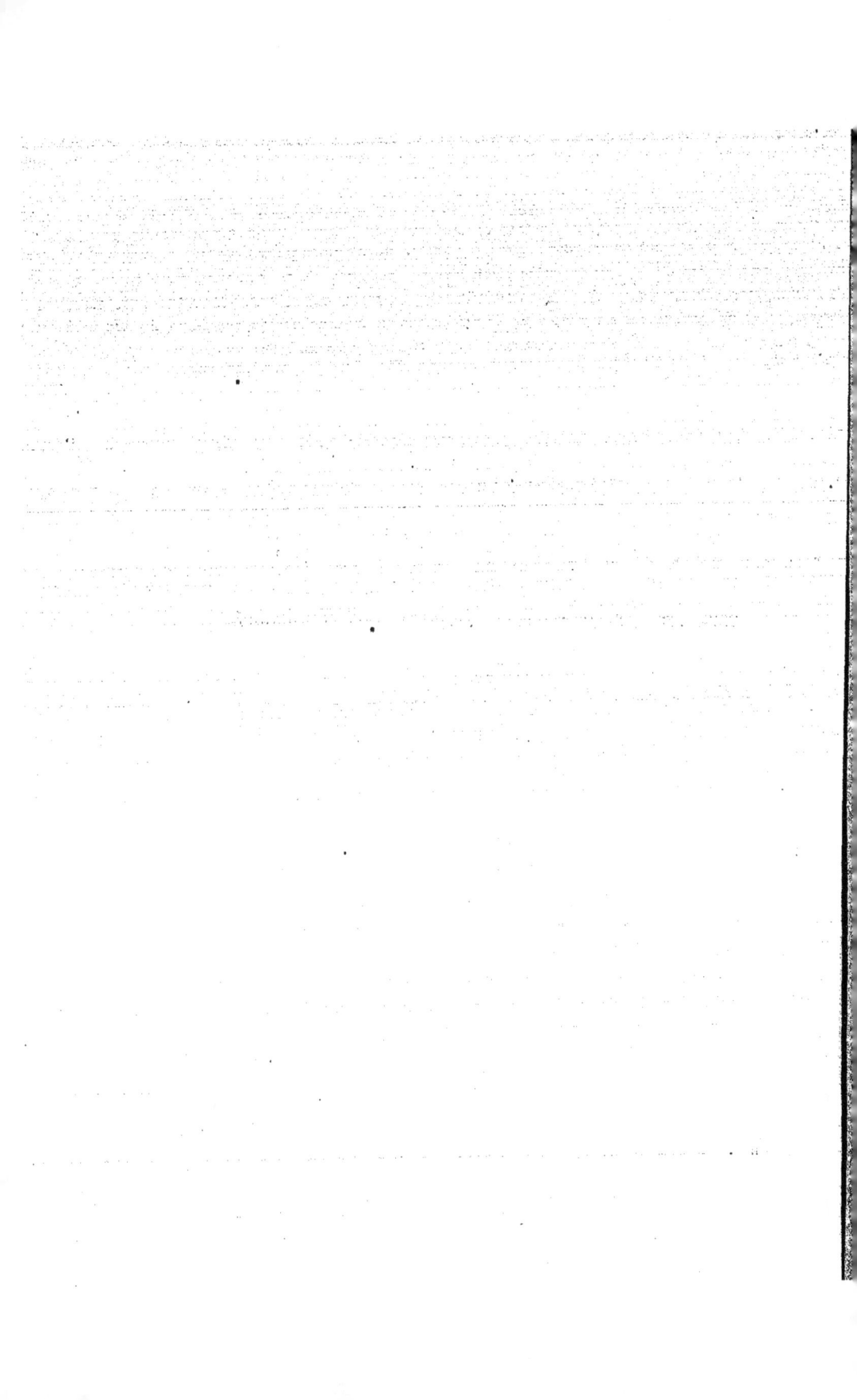

A.

SECOND MÉMOIRE SUR LA ROTATION D'UN CORPS NON SOUMIS À DES FORCES ACCÉLÉRATRICES.

Les axes principaux et l'axe instantané étant projetés sur le plan invariable, il y a une même équation différentielle entre le temps et les vitesses angulaires de ces quatre projections.

1.

On a pu remarquer, dans le premier Mémoire (p. 324 de ce vol.), l'analogie qui existe entre les quatre constantes

$$\frac{l}{A}, \quad \frac{l}{B}, \quad \frac{l}{C}, \quad \frac{h}{l}$$

c'est à dire, les quotients que l'on obtient en divisant le moment principal l par les trois moments d'inertie A, B, C et la force vive h par le moment principal. Si l'on appliquait successivement dans les plans perpendiculaires aux axes principaux et dans le plan invariable un couple dont le moment l est le même que celui du couple qui primitivement a mis le corps en mouvement, ces quatre constantes seraient les *vitesses angulaires* que le corps prendrait respectivement autour des axes principaux et de l'axe perpendiculaire au plan invariable.

On a appelé B le moment d'inertie moyen et l'on est convenu de nommer A le plus grand moment d'inertie et C le plus petit ou *vice versa* A le plus petit et C le plus grand, suivant les deux cas que l'on a distingués constamment dans le cours de ces recherches, savoir le cas de $Bh > l^2$ et celui de $Bh < l^2$ ou de

$$\frac{l}{B} < \frac{h}{l} \quad \text{et de} \quad \frac{l}{B} > \frac{h}{l}.$$

Il s'ensuit que, pour que les quatre constantes dont on vient de parler forment

54*

une série croissante dans le premier cas et décroissante dans le second, il faudra les ranger de la manière suivante :

$$\frac{l}{A}, \quad \frac{l}{B}, \quad \frac{h}{l}, \quad \frac{l}{C}.$$

D'ailleurs on est convenu, dans le premier Mémoire (p. 300 de ce vol.), que partout où l'on se sert des signes ambigus $\pm$ ou $\mp$, l'on doit prendre le signe supérieur dans le premier et le signe inférieur dans le second cas, c'est à dire, le signe supérieur ou inférieur, selon que les quatre constantes

$$\frac{l}{A}, \quad \frac{l}{B}, \quad \frac{h}{l}, \quad \frac{l}{C}$$

forment une série croissante ou décroissante.

Soit

$$\frac{l}{A} = s, \quad \frac{l}{B} = s', \quad \frac{h}{l} = s'', \quad \frac{l}{C} = s'''.$$

Comme dans les formules de notre problème n'entrent que les *raisons* des quantités

$$A, \quad B, \quad C, \quad l, \quad h,$$

on pourra remplacer ces *cinq* quantités par les *quatre* quantités

$$s, \quad s', \quad s'', \quad s'''.$$

En introduisant dans les formules ces constantes s, s', s'', s''', on verra toutes les expressions prendre une forme plus simple et plus claire.

Examinons d'abord de quelle manière se composent par les quantités s, s', s'', s''' les carrés du module k, de son complément k', et du facteur constant n par lequel on doit multiplier le temps pour avoir l'argument elliptique u.

Formons les six différences des quantités s, s', s'', s''' de manière que chacune d'elles soit soustraite de chaque suivante. Ces différences seront donc en même temps toutes positives ou toutes négatives. Si on les groupe en trois paires dont chacune embrasse toutes les quatre quantités, et que l'on forme le produit de chaque paire de différences, ces trois produits

$$(s'-s)(s'''-s''), \quad (s''-s)(s'''-s'), \quad (s'''-s)(s''-s')$$

jouiront, comme on sait, de cette propriété que le deuxième est égal à la somme des deux autres. Or ce deuxième produit est précisément égal à la valeur de n^2, et le premier et troisième de ces produits étant divisés par le deuxième, on aura

le carré du module et de son complément. En effet, des formules données au commencement du premier Mémoire (p. 292 et 293 de ce vol.)

$$n^2 = \frac{(B-C)(Ah-l^2)}{ABC}$$

$$k^2 = \frac{A-B}{B-C} \cdot \frac{l^2-Ch}{Ah-l^2}$$

$$k'^2 = \frac{A-C}{B-C} \cdot \frac{Bh-l^2}{Ah-l^2}$$

on tire

$$n^2 = (s''-s)(s'''-s')$$

$$k^2 = \frac{(s'-s)(s'''-s'')}{(s''-s)(s'''-s')}$$

$$k'^2 = \frac{(s'''-s)(s''-s')}{(s''-s)(s'''-s')}.$$

En outre, la formule par laquelle est déterminé l'argument elliptique constant ia (p. 310 de ce vol.)

$$-k^2 \sin^2 \mathrm{am}\,(ia) = \frac{C(A-B)}{A(B-C)} = \frac{s'-s}{s'''-s}$$

fournit les suivantes

$$-\sin^2 \mathrm{am}\,(ia) = \frac{s''-s}{s'''-s''}$$

$$\cos^2 \mathrm{am}\,(ia) = \frac{s'''-s}{s'''-s''}$$

$$\Delta^2 \mathrm{am}\,(ia) = \frac{s'''-s}{s'''-s'},$$

d'où l'on déduit aisément que les six différences

$$s'-s, \qquad s'''-s''$$
$$s''-s, \qquad s'''-s'$$
$$s'''-s, \qquad s''-s'$$

sont entre elles comme les quantités

$$-k^2 \sin^2 \mathrm{am}\,(ia) \cos^2 \mathrm{am}\,(ia), \qquad \Delta^2 \mathrm{am}\,(ia)$$
$$-\sin^2 \mathrm{am}\,(ia)\, \Delta^2 \mathrm{am}\,(ia), \qquad \cos^2 \mathrm{am}\,(ia)$$
$$\cos^2 \mathrm{am}\,(ia)\, \Delta^2 \mathrm{am}\,(ia), \qquad -k'^2 \sin^2 \mathrm{am}\,(ia).$$

Or on a

$$n^2 = (s''-s)(s'''-s'),$$

on obtiendra donc les six différences elles mêmes, en multipliant les six quantités ci-dessus par

$$\pm \frac{in}{\sin \mathrm{am}\,(ia)\,\cos \mathrm{am}\,(ia)\,\Delta\, \mathrm{am}\,(ia)},$$

d'ou l'on tire

$$s'-s = \frac{\pm nk^2 \sin \mathrm{am}\,(ia)\,\cos \mathrm{am}\,(ia)}{i\,\Delta\, \mathrm{am}\,(ia)}, \qquad s'''-s'' = \frac{\pm in\,\Delta\, \mathrm{am}\,(ia)}{\sin \mathrm{am}\,(ia)\,\cos \mathrm{am}\,(ia)}$$

$$s''-s = \frac{\pm n \sin \mathrm{am}\,(ia)\,\Delta\, \mathrm{am}\,(ia)}{i\,\cos \mathrm{am}\,(ia)}, \qquad s'''-s' = \frac{\pm in\,\cos \mathrm{am}\,(ia)}{\sin \mathrm{am}\,(ia)\,\Delta\, \mathrm{am}\,(ia)}$$

$$s'''-s = \frac{\pm in\,\cos \mathrm{am}\,(ia)\,\Delta\, \mathrm{am}\,(ia)}{\sin \mathrm{am}\,(ia)}, \qquad s''-s' = \frac{\pm nk'^2 \sin \mathrm{am}\,(ia)}{i\,\cos \mathrm{am}\,(ia)\,\Delta\, \mathrm{am}\,(ia)},$$

ou

$$s'-s = \pm n\,\frac{d \log \Delta\, \mathrm{am}\,(ia)}{da}, \qquad s'''-s'' = \pm n\,\frac{d \log \mathrm{tg}\, \mathrm{am}\,(ia)}{da}$$

$$s''-s = \pm n\,\frac{d \log \cos \mathrm{am}\,(ia)}{da}, \qquad s'''-s' = \pm n\,\frac{d \log \cos \mathrm{coam}\,(ia)}{da}$$

$$s'''-s = \pm n\,\frac{d \log \sin \mathrm{am}\,(ia)}{da}, \qquad s''-s' = \pm n\,\frac{d \log \sin \mathrm{coam}\,(ia)}{da}.$$

Ces dernières formules découlent aisément de celles données dans le premier Mémoire (p. 312 de ce vol.)

$$\mathit{\Psi}-s = \mp n\,\frac{d \log \Theta(ia)}{da}$$

$$\mathit{\Psi}-s' = \mp n\,\frac{d \log \Theta_1(ia)}{da}$$

$$\mathit{\Psi}-s'' = \mp n\,\frac{d \log H_1(ia)}{da}$$

$$\mathit{\Psi}-s''' = \mp n\,\frac{d \log H(ia)}{da}.$$

Mais on peut aussi donner à ces valeurs une forme différente que je veux exposer.

Étant posé

$$u = \frac{2Kx}{\pi},$$

si l'on fait

$$\Theta(u, k) = \Im(x, q)$$
$$H(u, k) = \Im_1(x, q)$$
$$H_1(u, k) = \Im_2(x, q)$$
$$\Theta_1(u, k) = \Im_3(x, q),$$

il suit des développements en produits infinis de ces fonctions

$$\vartheta_1(x,q)\,\vartheta_2(x,q) \;=\; c\,\vartheta_1(2x,q^2)$$
$$\vartheta(x,q)\,\vartheta_3(x,q) \;=\; c_1\,\vartheta(2x,q^2)$$
$$\vartheta_1(x,q)\,\vartheta_3(x,q) \;=\; c_2\,\vartheta_1(x,i\sqrt{q})$$
$$\vartheta_2(x,q)\,\vartheta(x,q) \;=\; c_3\,\vartheta_2(x,i\sqrt{q})$$
$$\vartheta_2(x,q)\,\vartheta_3(x,q) \;=\; c_4\,\vartheta_2(x,\sqrt{q})$$
$$\vartheta_1(x,q)\,\vartheta(x,q) \;=\; c_5\,\vartheta_1(x,\sqrt{q}),$$

c, c_1, c_2 etc. désignant des fonctions de q seul. Pour déterminer ces constantes, je remarque qu'en nommant $\vartheta_1'(0,q)$ la valeur de $\dfrac{d\vartheta_1(x,q)}{dx}$ pour $x=0$, on a (*Fundamenta* §. 65, 9.)

$$\vartheta_1'(0,q) = \sqrt{kk'\left(\frac{2K}{\pi}\right)^3}.$$

De cette formule on tire au moyen des trois théorèmes établis §. 37 Theor. I, II, III des *Fundamenta*

$$2\vartheta_1'(0,q^2) \;=\; k\sqrt[4]{k'}\sqrt{\left(\frac{2K}{\pi}\right)^3}$$

$$\vartheta_1'(0,\sqrt{q}) \;=\; \sqrt{2}\,k'\sqrt[4]{k}\sqrt{\left(\frac{2K}{\pi}\right)^3}$$

$$\vartheta_1'(0,i\sqrt{q}) \;=\; \sqrt{2}\,\sqrt[4]{ikk'}\sqrt{\left(\frac{2K}{\pi}\right)^3}.$$

Des formules

$$\vartheta(0,q) = \sqrt{\frac{2k'K}{\pi}}, \qquad \vartheta_2(0,q) = \sqrt{\frac{2kK}{\pi}}$$

on tire, au moyen des mêmes théorèmes,

$$\vartheta(0,q^2) \;=\; \sqrt[4]{k'}\sqrt{\frac{2K}{\pi}}$$

$$\vartheta_2(0,\sqrt{q}) \;=\; \sqrt{2}\,\sqrt[4]{k}\sqrt{\frac{2K}{\pi}}$$

$$\vartheta_2(0,i\sqrt{q}) \;=\; \sqrt{2}\,\sqrt[4]{ikk'}\sqrt{\frac{2K}{\pi}}.$$

Faisant donc $x=0$ dans les formules ci-dessus, on trouvera

$$c = c = \sqrt[4]{k} \sqrt{\frac{2K}{\pi}} = \vartheta(0, q^2)$$

$$c_2 = c_3 = \frac{\sqrt[4]{kk'}\sqrt{\frac{2K}{\pi}}}{\sqrt{2}\sqrt[4]{i}} = \frac{\vartheta_2(0, i\sqrt{q})}{2\sqrt[4]{i}}$$

$$c_4 = c_5 = \frac{\sqrt[4]{k}\sqrt{\frac{2K}{\pi}}}{\sqrt{2}} = \tfrac{1}{2}\vartheta_2(0, \sqrt{q}),$$

d'où l'on tire les formules

$$\vartheta_1(x,q)\,\vartheta_3(x,q) = \vartheta(0, q^2)\,\vartheta_1(2x, q^2)$$

$$\vartheta(x,q)\,\vartheta_3(x,q) = \vartheta(0, q^2)\,\vartheta(2x, q^2)$$

$$\vartheta_1(x,q)\,\vartheta_3(x,q) = \frac{1}{2\sqrt[4]{i}}\,\vartheta_2(0, i\sqrt{q})\,\vartheta_1(x, i\sqrt{q})$$

$$\vartheta_2(x,q)\,\vartheta(x,q) = \frac{1}{2\sqrt[4]{i}}\,\vartheta_2(0, i\sqrt{q})\,\vartheta_2(x, i\sqrt{q})$$

$$\vartheta_2(x,q)\,\vartheta_3(x,q) = \tfrac{1}{2}\vartheta_2(0, \sqrt{q})\vartheta_2(x, \sqrt{q})$$

$$\vartheta_1(x,q)\,\vartheta(x,q) = \tfrac{1}{2}\vartheta_2(0, \sqrt{q})\,\vartheta_1(x, \sqrt{q}).$$

Faisons usage d'une notation nouvelle en posant

$$\sin\mathrm{am}\,(u, k) = \sin(x, q)$$
$$\cos\mathrm{am}\,(u, k) = \cos(x, q)$$
$$\Delta\,\mathrm{am}\,(u, k) = \Delta\,(x, q)$$

et remarquant qu'en changeant

$$q \text{ en } q^2, \text{ il faudra changer } \sqrt{k} \text{ en } \frac{k}{1+k'},$$

$$q \text{ en } \sqrt{q}, \quad - - - - - \frac{1}{\sqrt{k'}} \text{ en } \frac{1+k}{k'},$$

$$q \text{ en } i\sqrt{q}, \quad - - - - - \sqrt{k'} \text{ en } k' - ik,$$

on aura

$$s' - s = \pm\frac{n}{i}(1-k')\sin(2ia, q^2), \qquad s''' - s'' = \pm in(1+k')\frac{1}{\sin(2ia, q^2)}$$

$$s'' - s = \pm\frac{n}{i}(k' - ik)\,\mathrm{tg}\,(ia, i\sqrt{q}), \qquad s''' - s' = \pm in(k' + ik)\frac{1}{\mathrm{tg}\,(ia, i\sqrt{q})}$$

$$s''' - s = \pm in(1+k)\frac{1}{\mathrm{tg}\,(ia, \sqrt{q})}, \qquad s'' - s' = \pm\frac{n}{i}(1-k)\,\mathrm{tg}\,(ia, \sqrt{q})$$

ou

$$s'-s = \pm nk \frac{\vartheta_1(2ia, q^2)}{i\,\vartheta(2ia, q^2)}, \qquad s'''-s'' = \pm nk \frac{i\,\vartheta(2ia, q^2)}{\vartheta_1(2ia, q^2)},$$

$$s''-s = \pm n \frac{\vartheta_1(ia, i\sqrt{q})}{i\,\vartheta_2(ia, i\sqrt{q})}, \qquad s'''-s' = \pm n \frac{i\,\vartheta_2(ia, i\sqrt{q})}{\vartheta_1(ia, i\sqrt{q})},$$

$$s'''-s = \pm nk' \frac{i\,\vartheta_2(ia, \sqrt{q})}{\vartheta_1(ia, \sqrt{q})}, \qquad s''-s' = \pm nk' \frac{\vartheta_1(ia, \sqrt{q})}{i\,\vartheta_2(ia, \sqrt{q})},$$

d'où l'on tire aussi les formules suivantes

$$\sqrt{\frac{s'-s}{s'''-s''}} = \frac{\vartheta_1(2ia, q^2)}{i\,\vartheta(2ia, q^2)} = \frac{1}{i}\,\frac{k}{1+k}\,\sin(2ia, q^2)$$

$$\sqrt{\frac{s''-s}{s'''-s'}} = \frac{\vartheta_1(ia, i\sqrt{q})}{\vartheta_2(ia, i\sqrt{q})} = \frac{1}{i}\,(k'-ik)\,\mathrm{tg}\,(ia, i\sqrt{q})$$

$$\sqrt{\frac{s''-s'}{s'''-s}} = \frac{\vartheta_1(ia, \sqrt{q})}{i\,\vartheta_2(ia, \sqrt{q})} = \frac{1}{i}\,\frac{1-k}{k'}\,\mathrm{tg}\,(ia, \sqrt{q}).$$

2.

Lorsqu'en général le carré du module d'une intégrale elliptique de la première espèce est composé de quatre quantités s, s', s'', s''', s'entresuivant par ordre de grandeur croissante ou décroissante, de la même manière qu'on vient d'exposer, savoir par la formule

$$k^2 = \frac{(s'-s)(s'''-s'')}{(s''-s)(s'''-s')},$$

l'intégrale elliptique sera la réduite d'une intégrale

$$\int \frac{f\,d\sigma}{\sqrt{-(\sigma-s)(\sigma-s')(\sigma-s'')(\sigma-s''')}},$$

f désignant un facteur constant.

En effet, ramenons cette dernière intégrale à la forme

$$\int \frac{dx}{\sqrt{x(1-x)(1-k^2x)}},$$

laquelle conduit à la forme ordinaire des intégrales elliptiques de la première espèce en faisant $x = \sin^2\xi$. On effectuera cette réduction au moyen de la substitution d'Euler

$$x = \frac{m'+m''\sigma}{1+m\sigma},$$

en déterminant les quatre constantes

$$m, \quad m', \quad m'', \quad k$$

de sorte que lorsque x est égalé aux quantités

$$0, \quad 1, \quad \frac{1}{k^2}, \quad \infty,$$

la variable σ prenne les valeurs

$$s, \quad s', \quad s'', \quad s'''.$$

C'est ce qu'on pourra faire de 24 manières différentes correspondantes aux permutations de s, s', s'', s'''. Ces différentes substitutions conduiront à *six* valeurs de k^2 dont une seule jouira de la propriété d'être en même temps positive et plus petite que l'unité, comme on le suppose d'usage dans les intégrales elliptiques réduites. Cette valeur de k^2 correspondra à *quatre* substitutions dont on doit faire le choix selon que la variable σ est supposée se trouver dans l'intervalle $s \ldots s'$ ou dans l'intervalle $s'' \ldots s'''$, pendant que x est entre 0 et 1, et selon qu'en même temps que la variable x ira en croissant, la variable σ est supposée croître ou décroître dans l'intervalle dans lequel elle est renfermée. On traitera de toutes ces *quatre* substitutions dont chacune, comme on le verra, a une signification géométrique particulière.

Examinons, en premier lieu, la substitution laquelle correspond à la supposition que x prenne *respectivement* les valeurs

$$0, \quad 1, \quad \frac{1}{k^2}, \quad \infty,$$

lorsque σ devient successivement

$$s, \quad s', \quad s'', \quad s'''.$$

Comme x est ou zéro ou infini selon que $\sigma = s$ ou $\sigma = s'''$, on aura d'abord

$$x = \mu \, \frac{\sigma - s}{s''' - \sigma},$$

μ étant constante, et comme $x = 1$ pour $\sigma = s'$, il viendra

$$x = \sin^2 \xi = \frac{(s''' - s')(\sigma - s)}{(s' - s)(s''' - \sigma)}.$$

Enfin, comme on doit avoir $x = \frac{1}{k^2}$ pour $\sigma = s''$, on trouvera

$$k^2 = \frac{(s' - s)(s''' - s'')}{(s''' - s')(s'' - s)},$$

ce qui est précisément l'expression trouvée ci-dessus du carré du module par les quantités s, s', s'', s'''.

Pour achever la réduction on remarquera les formules

$$k^2 x = k^2 \sin^2\xi = \frac{(s'''-s'')(\sigma-s)}{(s''-s)(s'''-\sigma)}$$

$$1-x = \cos^2\xi = \frac{(s'''-s)(s'-\sigma)}{(s'-s)(s'''-\sigma)}$$

$$1-k'^2 x = \Delta^2\xi = \frac{(s'''-s)(s''-\sigma)}{(s''-s)(s'''-\sigma)}.$$

On voit par ces formules que de la même manière que k^2 et k'^2 sont composés de s, s', s'', s''', les quantités $\sin^2\xi$ et $\cos^2\xi$ se composent respectivement de

$$s, \quad \sigma, \quad s', \quad s'''$$

et les quantités $k^2\sin^2\xi$ et $\Delta^2\xi$ de

$$s, \quad \sigma, \quad s'', \quad s'''.$$

De l'équation

$$\frac{s'-s}{s'''-s'}\sin^2\xi = \frac{\sigma-s}{s'''-\sigma} = -1+\frac{s'''-s}{s'''-\sigma}$$

on déduit

$$s'''-\sigma = \frac{(s'''-s)(s'''-s')}{s'''-s'+(s'-s)\sin^2\xi},$$

$$\sigma = \frac{s(s'''-s')+s'''(s'-s)\sin^2\xi}{s'''-s'+(s'-s)\sin^2\xi}.$$

En différentiant la formule

$$x = \sin^2\xi = \frac{(s'''-s')(\sigma-s)}{(s'-s)(s'''-\sigma)}$$

on aura l'équation différentielle

$$dx = 2\sin\xi\cos\xi\, d\xi = \frac{(s'''-s')(s'''-s)}{s'-s}\cdot\frac{d\sigma}{(s'''-\sigma)^2},$$

donc

$$\frac{dx}{\sqrt{x(1-x)(1-k^2 x)}} = \frac{2\,d\xi}{\Delta\xi} = \pm\frac{\sqrt{(s''-s)(s'''-s')}\,d\sigma}{\sqrt{(\sigma-s)(s'-\sigma)(s''-\sigma)(s'''-\sigma)}}.$$

Or on a, comme on a vu dans le premier Mémoire (p. 308 de ce volume),

$$\frac{d\xi}{\Delta\xi} = du = n\,dt = \sqrt{(s''-s)(s'''-s')}\,dt,$$

donc

$$t-t_0 = \int\frac{d\sigma}{2\sqrt{(\sigma-s)(s'-\sigma)(s''-\sigma)(s'''-\sigma)}}.$$

55*

3.

En échangeant respectivement

$$s, \quad s', \quad s'', \quad s'''$$

avec les quantités

$$s', \quad s, \quad s''', \quad s'',$$
$$s'', \quad s''', \quad s, \quad s',$$
$$s''', \quad s'', \quad s', \quad s,$$

les trois produits

$$(s'-s)(s'''-s''), \quad (s''-s)(s'''-s'), \quad (s'''-s)(s''-s')$$

et par suite les quantités n et k ne changeront pas de valeur.

Nommant donc

$$\sigma', \quad \sigma'', \quad \sigma'''$$

les variables correspondantes à ces différents changements, on aura la même équation différentielle entre la variable $x = \sin^2\xi$ et les variables $\sigma, \sigma', \sigma'', \sigma'''$. Seulement, les variables σ' et σ''' suivant une marche contraire à celle des variables σ et σ'', en changeant σ en σ' ou σ'', il faudra mettre $-d\sigma'$ et $-d\sigma'''$ au lieu de $d\sigma$, ou $\mp$ au lieu de $\pm$. On aura donc le théorème suivant:

Étant posé

$$\sigma = \frac{s'(s'''-s) + s''(s'-s)\sin^2\xi}{s'''-s' + (s'-s)\sin^2\xi}$$

$$\sigma' = \frac{s'(s''-s) - s''(s'-s)\sin^2\xi}{s''-s - (s'-s)\sin^2\xi}$$

$$\sigma'' = \frac{s''(s'''-s') - s'(s''-s'')\sin^2\xi}{s'''-s' - (s'''-s'')\sin^2\xi}$$

$$\sigma''' = \frac{s'''(s''-s) + s(s'''-s'')\sin^2\xi}{s''-s + (s'''-s'')\sin^2\xi},$$

il y aura la même équation différentielle entre ξ *et les quatre variables,*

$$\sigma, \quad \sigma', \quad \sigma'', \quad \sigma''',$$

savoir, en nommant S *une quelconque de ces variables et faisant*

$$n = \sqrt{(s''-s)(s'''-s')}$$

$$k = \sqrt{\frac{(s'-s)(s'''-s'')}{(s''-s)(s'''-s')}},$$

on aura

$$dt = \frac{d\xi}{n\sqrt{1-k^2\sin^2\xi}} = \pm \frac{dS}{2\sqrt{-(S-s)(S-s')(S-s'')(S-s''')}},$$

le signe $\pm$ étant changé en $\mp$, lorsque $S = \sigma'$ ou $S = \sigma'''$.

Remarquons encore les formules que l'on obtient en retranchant, respectivement, les valeurs de $\sigma, \sigma', \sigma'', \sigma'''$ des quantités $s''', s'', s', s,$

$$s'''-\sigma = \frac{(s'''-s)(s'''-s')}{s'''-s'+(s'-s)\sin^2\xi}$$

$$s''-\sigma' = \frac{(s''-s)(s''-s')}{s''-s-(s'-s)\sin^2\xi}$$

$$\sigma''-s' = \frac{(s''-s')(s'''-s')}{s'''-s'-(s'''-s'')\sin^2\xi}$$

$$\sigma'''-s = \frac{(s''-s)(s'''-s)}{s''-s+(s'''-s'')\sin^2\xi}.$$

Voyons, à présent, quelle est la signification géométrique des quatre variables $\sigma, \sigma', \sigma'', \sigma'''$, liées avec le temps t par une même équation différentielle.

On a nommé

$$\psi, \quad \psi_1, \quad \psi_2, \quad \psi_3$$

les angles que les projections sur le plan invariable des axes principaux, savoir des axes des z', x', y' et celle de l'axe instantané font avec l'axe y, pris dans le même plan. Les vitesses angulaires de ces quatre projections ont été déterminées dans le premier Mémoire (p. 338 de ce vol.) par les formules

$$\frac{d\psi}{dt} = -l \cdot \frac{Ap^2+Bq^2}{A^2p^2+B^2q^2} = -l \cdot \frac{h-Cr^2}{l^2-C^2r^2}$$

$$\frac{d\psi_1}{dt} = -l \cdot \frac{Bq^2+Cr^2}{B^2q^2+C^2r^2} = -l \cdot \frac{h-Ap^2}{l^2-A^2p^2}$$

$$\frac{d\psi_2}{dt} = -l \cdot \frac{Cr^2+Ap^2}{C^2r^2+A^2p^2} = -l \cdot \frac{h-Bq^2}{l^2-B^2q^2}$$

$$\frac{d\psi_3}{dt} = -\left\{\frac{h}{l} + \frac{(Ah-l^2)(Bh-l^2)(Ch-l^2)}{ABC.l[l^2(p^2+q^2+r^2)-h^2]}\right\}.$$

On a de plus dans le premier Mémoire (p. 308 de ce volume) donné les formules

$$p^2 = \frac{l^2-Ch}{A(A-C)}\cos^2\xi, \quad q^2 = \frac{l^2-Ch}{B(B-C)}\sin^2\xi, \quad r^2 = \frac{Ah-l^2}{C(A-C)}\Delta^2\xi,$$

$$p^2+q^2+r^2-s''^2 = \frac{l^2-Ch}{ABC.l^2}\left[B(Ah-l^2)-(A-B)l^2\sin^2\xi\right].$$

ou

$$p^2 = \frac{s^2(s''' - s'')}{s'' - s}\cos^2\xi, \qquad q^2 = \frac{s'^2(s''' - s'')}{s''' - s'}\sin^2\xi, \qquad r^2 = \frac{s''^2(s'' - s)}{s'' - s}\cdot\Delta^2\xi,$$

$$p^2 + q^2 + r^2 - s''^2 = (s''' - s'')[s'' - s - (s' - s)\sin^2\xi].$$

D'où suit

$$\frac{d\psi}{dt} = -\frac{s'''(s''s''' - r^2)}{s''s''' - r^2} = -s''' + \frac{s''^2(s''' - s'')}{s''^2 - r^2}$$

$$\frac{d\psi_1}{dt} = -\frac{s(ss'' - p^2)}{ss - p^2} = -s - \frac{s^2(s'' - s)}{s^2 - p^2}$$

$$\frac{d\psi_2}{dt} = -\frac{s'(s's'' - q^2)}{s's'' - q^2} = -s' - \frac{s'^2(s'' - s')}{s'^2 - q^2}$$

$$\frac{d\psi_3}{dt} = -s'' + \frac{(s'' - s)(s'' - s')(s''' - s'')}{p^2 + q^2 + r^2 - s''s''}.$$

On aura donc, en substituant ces formules,

$$s''' + \frac{d\psi}{dt} = -\frac{(s''' - s)(s''' - s'')}{s''' - s - (s'' - s)\Delta^2\xi} = -\frac{(s''' - s)(s''' - s')}{s''' - s' + (s' - s)\sin^2\xi}$$

$$s + \frac{d\psi_1}{dt} = -\frac{(s''' - s)(s'' - s)}{s''' - s - (s''' - s'')\cos^2\xi} = -\frac{(s''' - s)(s'' - s)}{s''' - s + (s''' - s'')\sin^2\xi}$$

$$s' + \frac{d\psi_2}{dt} = -\frac{(s''' - s')(s'' - s')}{s''' - s' - (s''' - s'')\sin^2\xi}$$

$$s'' + \frac{d\psi_3}{dt} = \frac{(s'' - s)(s'' - s')}{s'' - s - (s' - s)\sin^2\xi}.$$

En rapprochant ces formules des valeurs données ci-dessus de

$$s''' - \sigma, \qquad s'' - \sigma', \qquad \sigma'' - s', \qquad \sigma''' - s,$$

on trouve

$$\sigma = -\frac{d\psi}{dt}$$

$$\sigma' = -\frac{d\psi_3}{dt}$$

$$\sigma'' = -\frac{d\psi_2}{dt}$$

$$\sigma''' = -\frac{d\psi_1}{dt}.$$

Les angles ψ, ψ_1, ψ_2, ψ_3 étant comptés en sens contraire à celui du mouvement, les quatre différentielles

$$-\frac{d\psi}{dt}, \quad -\frac{d\psi_1}{dt}, \quad -\frac{d\psi_2}{dt}, \quad -\frac{d\psi_3}{dt}$$

sont les vitesses angulaires des projections sur le plan invariable des axes des z', x', y' et de l'axe instantané de rotation. Voici donc la signification que les quatre fonctions σ, σ''', σ'', σ' ont dans le problème mécanique proposé. Les calculs précédents nous ont conduit à la proposition remarquable suivante:

Théorème.

»Soient A, B, C les moments d'inertie, l le moment principal, h la force »vive du mobile, en projetant sur le plan invariable les trois axes d'inertie et l'axe »instantané de rotation, on aura entre le temps t et chacune des vitesses angu- »laires de ces quatre projections la même équation différentielle, savoir appelant S »la vitesse angulaire d'une quelconque de ces quatre projections, on aura

$$dt = \frac{\pm dS}{2\sqrt{-\left(S-\frac{l}{A}\right)\left(S-\frac{l}{B}\right)\left(S-\frac{l}{C}\right)\left(S-\frac{h}{l}\right)}} \cdot «$$

Les valeurs de S satisfaisantes à cette équation différentielle lesquelles se trouvent entre les limites $\frac{l}{A}$ et $\frac{l}{B}$ sont les vitesses angulaires des projections sur le plan invariable de l'axe des z' et de l'axe instantané; celles renfermées entre les limites $\frac{l}{C}$ et $\frac{h}{l}$ sont les vitesses angulaires des projections sur le même plan des axes des x' et y'. Lorsque l'axe d'inertie auquel se rapporte le moment moyen se couche sur le plan invariable, les vitesses angulaires des projections des axes des x', y', z' et de l'axe instantané doivent prendre, respectivement, les valeurs

$$\frac{l}{C}, \quad \frac{h}{l}, \quad \frac{l}{A}, \quad \frac{l}{B},$$

conditions qui suffisent pour distinguer entre elles les quatre fonctions ψ, ψ_1, ψ_2, ψ_3 de t, satisfaisantes à la même équation différentielle.

4.

Imaginons un système quelconque d'axes rectangulaires, fixé dans l'intérieur du corps. Nommant x'', y'', z'' les coordonnées parallèles à ces axes, soit

$$D = \int (y''^2 + z''^2) \, dm, \qquad G = \int y'' z'' \, dm$$
$$E = \int (z''^2 + x''^2) \, dm, \qquad H = \int z'' x'' \, dm$$
$$F = \int (x''^2 + y''^2) \, dm, \qquad I = \int x'' y'' \, dm$$

dm étant l'élément de la masse du corps. Cela posé, on sait que les moments d'inertie du corps, A, B, C sont les racines de l'équation cubique

$$0 = (x-D)(x-E)(x-F) - G^2(x-D) - H^2(x-E) - I^2(x-F) + 2GHI = (x-A)(x-B)(x-C).$$

On aura donc

$$(l - AS)(l - BS)(l - CS)$$
$$= (l-DS)(l-ES)(l-FS) - G^2(l-DS)S^2 - H^2(l-ES)S^2 - I^2(l-FS)S^2 + 2GHIS^3$$

et par suite, comme on a

$$ABC = DEF - DG^2 - EH^2 - FI^2 - 2GHI,$$

il résultera l'expression suivante de l'élément du temps:

$$dt = \frac{\pm \sqrt{DEF - DG^2 - EH^2 - FI^2 - 2GHI} \, dS}{2\sqrt{\left(S - \dfrac{h}{l}\right)\left((l-DS)(l-ES)(l-FS) + 2GHIS^3 - G^2(l-DS)S^2 - H^2(l-ES)S^2 - I^2(l-FS)S^2\right)}}.$$

5.

On a nommé T le temps d'une demi-oscillation du corps autour des axes des (x), (y), z, dont les deux premiers ont été supposés tourner uniformément autour du point fixe dans le plan invariable. La valeur de T est donnée par la formule

$$T = \frac{2K}{n} = \pm \frac{1}{2} \int_{\frac{l}{A}}^{\frac{l}{B}} \frac{dS}{\sqrt{-\left(S - \dfrac{l}{A}\right)\left(S - \dfrac{l}{B}\right)\left(S - \dfrac{l}{C}\right)\left(S - \dfrac{h}{l}\right)}}$$

$$= \pm \frac{1}{2} \int_{\frac{h}{l}}^{\frac{l}{C}} \frac{dS}{\sqrt{-\left(S - \dfrac{l}{A}\right)\left(S - \dfrac{l}{B}\right)\left(S - \dfrac{l}{C}\right)\left(S - \dfrac{h}{l}\right)}}.$$

Dans le cas de $A > B > \dfrac{l^2}{h} > C$ faisons $S = lx$ et dans le cas de $A < B < \dfrac{l^2}{h} < C$ faisons $S = \dfrac{l}{x}$, on aura dans le premier cas

$$T = \frac{1}{2} \int_{\frac{1}{A}}^{\frac{1}{B}} \frac{dx}{\sqrt{h - l^2 x} \sqrt{\left(x - \dfrac{1}{A}\right)\left(\dfrac{1}{B} - x\right)\left(\dfrac{1}{C} - x\right)}}$$

et dans le second cas

$$T = \tfrac{1}{2} \int_A^B \frac{\sqrt{ABC}\,dx}{\sqrt{l^2 - hx}\,\sqrt{(x-A)(B-x)(C-x)}}.$$

On voit par ces expressions que, si dans les deux cas on désigne respectivement par τ et τ' des constantes ne dépendantes que de la constitution du mobile, savoir

$$\tau = \tfrac{1}{2} \int_{\frac{1}{A}}^{\frac{1}{B}} \frac{dx}{\sqrt{\left(x-\frac{1}{A}\right)\left(\frac{1}{B}-x\right)\left(x-\frac{1}{C}\right)}} = \tfrac{1}{2} \int_B^A \frac{\sqrt{ABC}\,dx}{\sqrt{x(A-x)(x-B)(x-C)}}$$

$$\tau' = \tfrac{1}{2} \int_A^B \frac{\sqrt{ABC}\,dx}{\sqrt{(x-A)(B-x)(C-x)}},$$

le temps T de la demi-oscillation du corps sera renfermé dans le premier cas entre les limites

$$\frac{\tau}{\sqrt{h-\frac{l^2}{A}}} \quad \text{et} \quad \frac{\tau}{\sqrt{h-\frac{l^2}{B}}}$$

et dans le second cas entre les limites

$$\frac{\tau'}{\sqrt{l^2-Ah}} \quad \text{et} \quad \frac{\tau'}{\sqrt{l^2-Bh}}.$$

On tire de cette proposition le corollaire, que le temps de la demi-oscillation multiplié dans le premier cas par la racine carrée de la force vive, ou dans le second par le moment principal, ne pourra surpasser une certaine quantité τ ou τ', ne dépendante que de la constitution du corps.

6.

L'élément dt étant exprimé par les quatre variables σ, σ', σ'', σ''' au moyen de la même expression différentielle, il s'ensuit que réciproquement ces quatre variables pourront être représentées par une même fonction dont l'argument t n'aura varié pour les différentes fonctions que des constantes. La même chose aura lieu par rapport à l'argument $u = n(t-t_0)$. Or, les quantités σ, σ', σ'', σ''' sont des fonctions *fractionnairement linéaires* de la quantité

$$\sin^2 \xi = \sin^2 \operatorname{am} u,$$

elles pourront donc être déduites toutes de l'une d'entre elles, en changeant $\sin^2 \xi$ en d'autres quantités lesquelles seront aussi des fonctions *fractionnairement*

linéaires de $\sin^2\xi$. D'autre coté on sait par les éléments de la théorie des fonctions elliptiques, qu'il n'y a que trois constantes, auxquelles on pourra ajouter des multiples pairs de chacune d'entre elles, telles que l'argument u en étant augmenté, la quantité $\sin^2 \mathrm{am}\, u$ se changera en une fonction fractionnairement linéaire de $\sin^2 \mathrm{am}\, u$. Ce sont les constantes

$$K, \quad iK', \quad K+iK'.$$

Il faudra donc que l'argument u étant augmenté de ces trois constantes, les quatre fonctions σ, σ', σ'', σ''' se changent les unes dans les autres.

En effet, des formules ci-dessus §. 2 l'on tire

$$\sin^2 \mathrm{am}(u+K) \quad = \frac{\cos^2\xi}{\Delta^2\xi} = \frac{(s''-s)(s'-\sigma)}{(s'-s)(s''-\sigma)}$$

$$\sin^2 \mathrm{am}(u+iK') \quad = \frac{1}{k^2\sin^2\xi} = \frac{(s''-s)(s'''-\sigma)}{(s'''-s'')(\sigma-s)}$$

$$\sin^2 \mathrm{am}(u+K+iK') = \frac{\Delta^2\xi}{k^2\cos^2\xi} = \frac{(s'''-s')(s''-\sigma)}{(s'''-s'')(s'-\sigma)}.$$

D'autre côté de l'équation

$$\sin^2\xi = \frac{(s'''-s')(\sigma-s)}{(s'-s)(s'''-\sigma)}$$

on déduit par le changement de lettres indiqué ci-dessus §. 3 les trois autres expressions de $\sin^2\xi$,

$$\sin^2\xi = \frac{(s''-s)(s'-\sigma')}{(s'-s)(s''-\sigma')}$$

$$\sin^2\xi = \frac{(s'''-s')(\sigma'-s'')}{(s'''-s'')(\sigma'-s')}$$

$$\sin^2\xi = \frac{(s''-s)(s'''-\sigma''')}{(s'''-s'')(\sigma'''-s)}.$$

D'où l'on voit que l'argument elliptique u étant augmenté successivement des constantes

$$K, \quad K+iK', \quad iK'$$

la fonction σ se changera, respectivement, en

$$\sigma', \quad \sigma'', \quad \sigma'''.$$

Puisqu'on a fait

$$\frac{2K}{n} = T,$$

faisons encore

$$\frac{2K'}{n} = T'.$$

Cette constante pourra être exprimé par l'intégrale

$$T' = \pm \tfrac{1}{2} \int_B^{\frac{l^2}{h}} \frac{\sqrt{ABC}\, dx}{\sqrt{(x-A)(x-B)(x-C)(hx-l^2)}}.$$

Les fonctions de t,

$$\sigma = -\frac{d\psi}{dt}, \quad \sigma' = -\frac{d\psi_3}{dt}, \quad \sigma'' = -\frac{d\psi_2}{dt}, \quad \sigma''' = -\frac{d\psi_1}{dt},$$

sont doublement périodiques et les indices de leurs périodes sont $T = \frac{2K}{n}$ et $iT' = \frac{2iK'}{n}$, c'est à dire ces fonctions ne changeront pas de valeurs lorsqu'on augmente t d'une quantité $\nu T + \nu' iT'$, ν, ν' designant des nombres entiers quelconques. Mais par ce qu'on vient de prouver, il résulte encore, que, si l'on augmente t des demi-indices

$$\tfrac{1}{2}T, \quad \tfrac{1}{2}(T + iT'), \quad \tfrac{1}{2}iT'$$

les fonctions

$$\frac{d\psi}{dt}, \quad \frac{d\psi_3}{dt}, \quad \frac{d\psi_2}{dt}, \quad \frac{d\psi_1}{dt},$$

se changent respectivement en

$$\frac{d\psi_3}{dt}, \quad \frac{d\psi}{dt}, \quad \frac{d\psi_1}{dt}, \quad \frac{d\psi_2}{dt}$$

$$\frac{d\psi_2}{dt}, \quad \frac{d\psi_1}{dt}, \quad \frac{d\psi_3}{dt}, \quad \frac{d\psi}{dt}$$

$$\frac{d\psi_1}{dt}, \quad \frac{d\psi_2}{dt}, \quad \frac{d\psi}{dt}, \quad \frac{d\psi_3}{dt}.$$

C'est ce qui s'accorde avec la remarque qu'on a fait à la fin du premier Mémoire, mais on a voulu déduire ici cette corrélation des quatre fonctions par des considérations plus élémentaires sans le secours des fonctions Θ et en ne se servant que des équations différentielles elles-mêmes.

De ce que les quantités

$$\sigma''' = -\frac{d\psi_1}{dt} \quad \text{et} \quad \sigma'' = -\frac{d\psi_2}{dt}$$

56*

sont renfermées entre les limites $s'' = \dfrac{h}{l}$, $s''' = \dfrac{l}{C}$, les quantités

$$\sigma = -\frac{d\psi}{dt} \quad \text{et} \quad \sigma' = -\frac{d\psi_3}{dt}$$

entre les limites $s = \dfrac{l}{A}$ et $s' = \dfrac{l}{B}$ et que les quantités s, s', s'', s''' s'entresuivent par ordre de grandeur, on conclut, que dans le cas de $\dfrac{l^2}{h} < B$ les vitesses angulaires des projections sur le plan invariable des axes des x' et y' qui se couchent alternativement sur le plan invariable, sont constamment plus grandes que celles des projections de l'axe des z' et de l'axe instantané qui ne coincident jamais avec ce plan, et que le contraire a lieu lorsque $\dfrac{l^2}{h} > B$.

Les quatre quantités $\sigma, \sigma', \sigma'', \sigma'''$ étant des fonctions fractionnairement linéaires de $\sin^2\xi$, il suit que chacune de chacune est aussi une fonction fractionnairement linéaire. Mais ces dernières fonctions ont encore la propriété d'être *réciproques* et que, l'une quelconque des quatre quantités étant considérée comme fonction d'une autre quelconque, les deux restantes seront cette même fonction l'une de l'autre, c'est à dire si l'on désigne ces quatre quantités, abstraction faite de l'ordre dans lequel elles sont rangées, par $\sigma_1, \sigma_2, \sigma_3, \sigma_4$ et qu'on a

$$\sigma_2 = f(\sigma_1),$$

on aura encore

$$\sigma_1 = f(\sigma_2), \quad \sigma_3 = f(\sigma_4), \quad \sigma_4 = f(\sigma_3).$$

C'est ce qu'on vérifiera au moyen des expressions algébriques données ci-dessus de $\sigma, \sigma', \sigma'', \sigma'''$ par $\sin^2\xi$. Mais on pourra le prouver plus aisément par la nature analytique de ces quatre fonctions. En effet, des propositions que l'on vient d'établir, il suit que, si dans l'équation $\sigma_2 = f(\sigma_1)$ l'on suppose σ_1 et σ_2 exprimés en fonctions du temps, cette équation se change dans les trois autres en faisant augmenter t successivement des trois constantes $\frac{1}{2}T$, $\frac{1}{2}(T+iT')$, $\frac{1}{2}iT'$.

7.

Remarques sur les données du problème.

Parmi les éléments desquels dépend le mouvement de rotation proposé il y a *quatre* qui sont en quelque sorte étrangers à ce mouvement considéré en lui même. Ce sont les deux angles qui déterminent la position dans l'espace du plan invariable, le temps ($t = t_0$) auquel sur ce plan est couché celui des trois

axes principaux auquel se rapporte le moment d'inertie moyen, et l'angle qui, au temps $t = t_0$, détermine la position de cet axe dans ce plan. En effet, ces éléments ne concernent que l'endroit de l'espace et, pour ainsi dire, du temps où ce mouvement est placé, ses rapports avec d'autres phénomènes du temps et de l'espace et nullement la nature elle même de la rotation laquelle dépendra entièrement des quatre constantes qu'on a désignées par s, s', s'', s'''. C'est ainsi que dans le mouvement elliptique d'une planète l'inclinaison et la longitude du noeud de son orbite et la longitude et le temps de son périhélie déterminent l'endroit où le mouvement elliptique se trouve placé dans l'espace et le temps, pendant que l'axe, l'excentricité et la masse attirante déterminent la nature du mouvement elliptique même.

Disons quelques mots sur la manière de laquelle est affecté le mouvement de rotation lorsque toutes les constantes s, s', s'', s''' sont augmentées d'une même quantité ou multipliées par le même facteur.

On a défini, dans le premier Mémoire, l'argument elliptique a par la formule

$$-k^2 \sin^2 \operatorname{am}(ia) = \frac{C(A-B)}{A(B-C)} = \frac{s'-s}{s'''-s'},$$

on a de plus (§. 1)

$$k^2 = \frac{(s'-s)(s'''-s'')}{(s''-s)(s'''-s')}, \quad n^2 = (s''-s)(s'''-s').$$

Ces formules font voir, que l'argument elliptique constant a, le module k et le facteur n du temps et par suite aussi les quantités K, $\frac{2K}{n} = T$ ne dépendent que des *différences* des quantités s, s', s'', s'''. D'autre côté, Ψt étant le mouvement moyen de la rotation *progressive*[*]) des projections de l'axe de z' et de l'axe instantané sur le plan invariable, $\Psi_1 t$ celui des projections des axes des x' et y' sur le même plan, on a donné, dans le premier Mémoire (p. 334 de ce vol.) les valeurs suivantes de Ψ, Ψ_1

$$\Psi = \Psi_1 \mp \frac{\pi}{T} = s \mp n \frac{d \log \Theta(ia)}{da}.$$

D'où l'on voit que, les quantités s, s', s'', s''' étant augmentées ou diminuées d'une même constante s_0, les mouvements de la rotation progressive de ces

---

[*]) On se sert de cette dénomination de rotation *progressive* en suivant l'exemple de mon illustre ami M. *Hansen*.

quatre projections seront augmentés ou diminués de la même quantité $s_0 t$, pendant que le mouvement oscillatoire du corps autour des droites (x) et (y) et de l'axe des z reste le même.

Lorsque les constantes s, s', s'', s''' sont multipliées par un même facteur f, il n'y aura de changement, si non que les constantes $n, \varPsi, \varPsi_1$ et par suite aussi l'argument elliptique u seront multipliées par ce même facteur f, ce qui a le même effet que, si l'on changeait $t - t_0$ en $f(t - t_0)$, rien d'autre chose n'étant changé. C'est comme si l'on donnait à la montre qui sert à la mesure du temps une autre marche uniforme plus vite ou plus lente.

Étant connus la constitution du corps, c'est à dire les trois moments d'inertie A, B, C, le temps t_0, la position du plan invariable ét la position de l'axe des (y') dans ce plan au temps t_0, pour que la rotation soit entièrement déterminée, on n'aura besoin que de connaître encore la position de l'axe des (x') au même temps t_0 et le moment principal ou l'intensité l du couple par lequel le corps primitivement a été choqué, le plan invariable étant le plan de ce couple. La position de l'axe des x' au temps t_0 sera donnée par l'angle que cet axe fait avec l'axe des z. Le cosinus de cet angle a'' étant donné généralement par la formule

$$a'' = -\frac{1}{l} \sqrt{\frac{A(l^2 - Ch)}{A - C}} \cos \operatorname{am} u = -\sqrt{\frac{s''' - s''}{s''' - s}} \cos \operatorname{am} u,$$

on aura pour $t = t_0$ ou $u = 0$

$$a'' = -\sqrt{\frac{s''' - s''}{s''' - s}}.$$

D'autre part, de l'équation

$$-k^2 \sin^2 \operatorname{am} (ia) = \frac{s' - s}{s''' - s'}$$

il suit

$$-\sin^2 \operatorname{am} (ia) = \frac{s'' - s}{s''' - s''}$$

$$\cos^2 \operatorname{am} (ia) = \frac{s''' - s}{s''' - s''}$$

$$\Delta^2 \operatorname{am} (ia) = \frac{s''' - s}{s''' - s'}.$$

Or, on a

$$\cos^2 \operatorname{am} (ia) = \frac{1}{\cos^2 \operatorname{am} (a, k')},$$

on aura donc

$$\cos \operatorname{am}(a, k') = \sqrt{\frac{s''' - s''}{s''' - s}},$$

d'où l'on voit, qu'au temps t_0 l'axe des x' fait avec l'axe des z l'angle $\pi - \operatorname{am}(a, k')$ ou l'angle $-\left(\frac{\pi}{2} - \operatorname{am}(a, k')\right)$ avec le plan invariable.

À l'inclinaison de l'axe des x' au plan invariable au temps t_0, c'est à dire à l'angle $\frac{\pi}{2} - \operatorname{am}(a, k')$, on peut substituer, comme donnée du problème, la constante $\frac{h}{l^2}$, c. a. d. la force vive divisée par le carré du moment principal. Nommons

$$-I = -\left(\frac{\pi}{2} - \operatorname{am}(a, k')\right)$$

cette inclinaison qui sera aussi celle du plan des x', y' au plan invariable au temps t_0. Pour déterminer la constante

$$\frac{h}{l^2} = \frac{s''}{l}$$

par l'angle I et les moments d'inertie, on a l'équation

$$\sin^2 I = \frac{s''' - s''}{s''' - s} = \frac{A}{A - C}\left(1 - \frac{Ch}{l^2}\right),$$

d'où suit

$$\frac{h}{l^2} = \frac{\cos^2 I}{C} + \frac{\sin^2 I}{A}.$$

On voit par ces formules que l'angle I, c. a. d. l'angle que fait le plan des x', y' avec le plan invariable, lorsque l'axe des y' se couche sur ce dernier plan, ne saura surpasser une certaine limite dépendante de la constitution du corps. Cette limite qu'on nommera I^0, est donnée par l'équation

$$\frac{1}{B} = \frac{\cos^2 I^0}{C} + \frac{\sin^2 I^0}{A}.$$

En même temps que I croîtra de 0 jusqu'à I^0, la constante $\frac{l^2}{h}$, selon les deux cas, croîtra ou décroîtra de C jusqu'à B.

En réunissant dans un même cadre les formules

$$\sin^2 I^0 = \frac{s''' - s'}{s''' - s}, \quad \sin^2 I = \frac{s''' - s''}{s''' - s}$$

$$\cos^2 I^0 = \frac{s' - s}{s''' - s}, \quad \cos^2 I = \frac{s'' - s}{s''' - s}$$

$$\sin^2 I^0 - \sin^2 I = \frac{s'' - s'}{s''' - s},$$

on a fait ce qu'il faut pour exprimer par les angles I^0 et I les raisons qu'ont entre elles les six différences des quantités s, s', s'', s'''.

En rappelant à l'aide la quantité

$$n = \sqrt{(s''-s)(s'''-s')},$$

on aura ces différences elles mêmes exprimées de la manière suivante

$$s'-s = \pm n \cdot \frac{\cos^2 I^0}{\sin I^0 \cos I}, \qquad s'''-s'' = \pm n \cdot \frac{\sin^2 I}{\sin I^0 \cos I}$$

$$s''-s = \pm n \cdot \frac{\cos^2 I}{\sin I^0 \cos I}, \qquad s'''-s' = \pm n \cdot \frac{\sin^2 I^0}{\sin I^0 \cos I}$$

$$s'''-s = \pm n \cdot \frac{1}{\sin I^0 \cos I}, \qquad s''-s' = \pm n \cdot \frac{\sin^2 I^0 - \sin^2 I}{\sin I^0 \cos I}.$$

Remarquons qu'en posant, comme dans le premier Mémoire (p. 310 de ce vol.),

$$a' = K' - a,$$

on a

$$\text{tg}^2 \text{am}(a', k') = \text{tg}^2 \text{coam}(a, k') = \frac{A(B-C)}{C(A-B)} = \frac{s'''-s'}{s'-s}.$$

On aura donc

$$I^0 = \text{coam}(a, k')$$

$$I = \frac{\pi}{2} - \text{am}(a, k')$$

$$\frac{\text{tg}\, I}{\text{tg}\, I^0} = k.$$

On voit par ces formules que la seule connaissance de ces deux angles I^0 et I fournit toutes les données nécessaires pour construire les valeurs elliptiques des cosinus des *neuf* angles qui déterminent la rotation *oscillatoire* du corps, valeurs réunies sous un même cadre dans ma lettre à l'Académie de Paris. Les trois moments d'inertie n'y concourent que par le seul angle I^0, fonction des moments d'inertie. L'autre angle I est celui que l'axe des z forme avec l'axe des z', lorsque l'axe des y' se couche sur le plan invariable. Mais cet angle sera aussi donné pourvu qu'on connait à un temps quelconque la position du plan invariable ou de l'axe des z, perpendiculaire à ce plan, par rapport aux axes d'inertie du corps.

Nommons, comme dans le premier Mémoire, a'', β'', γ'' les cosinus des angles que l'axe des z forme respectivement, à un temps quelconque, avec l'axe des x', y', z', on aura

$$s a''^2 + s' \beta''^2 + s''' \gamma''^2 = s''$$

d'où suit

$$(s''-s)\alpha''^2 + (s''-s')\beta''^2 - (s'''-s'')\gamma''^2 = 0$$

ou, divisant par $s'''-s$ et substituant les valeurs données ci-dessus des trois coefficients,

$$\alpha''^2.\cos^2 I + \beta''^2.(\sin^2 I^0 - \sin^2 I) - \gamma''^2.\sin^2 I = 0,$$

d'où l'on tire

$$\cos^2 I = \beta''^2.\cos^2 I^0 + \gamma''^2$$
$$\sin^2 I = \beta''^2.\sin^2 I^0 + \alpha''^2$$
$$\sin^2 I^0 - \sin^2 I = \gamma''^2.\sin^2 I^0 - \alpha''^2.\cos^2 I^0.$$

Au temps t_0 on a $\beta'' = 0$, ce qui s'accorde avec les valeurs par lesquelles ci-dessus l'angle I a été défini.

Nommons

$$I'$$

l'angle que l'axe des z forme avec celui 'des z' lorsque c'est l'axe des x' qui se couche sur le plan invariable. L'axe des z décrivant pendant la rotation du corps, dans son intérieur, la surface d'un cône dont l'axe des z' est l'axe, proprement dite, du cône et les axes des x' et y' ses deux autres axes principaux, les angles I et I' seront respectivement les angles entre l'axe du cône et ses intersections avec le plan des x', z' et celui des y', z'. L'équation du cône sera par suite

$$\frac{\alpha''^2}{\text{tg}^2 I} + \frac{\beta''^2}{\text{tg}^2 I'} = \gamma''^2,$$

d'où l'on tire

$$\text{tg}^2 I' = \frac{\sin^2 I}{\sin^2 I^0 - \sin^2 I}, \qquad \sin I' = \frac{\sin I}{\sin I^0} = \Delta\,\text{am}\,(a, k').$$

On voit par cette formule qu'on aura toujours $I' > I$, et que *la raison entre les sinus des deux angles I et I' ne dépendra que de la constitution du corps.*

Étant donnés l'angle I^0 à un temps quelconque, la position de l'axe des z par rapport aux axes d'inertie, cherchons comment on peut reconnaître lequel des deux cas a lieu, savoir si l'axe du cône est celui auquel se rapporte le plus petit ou le plus grand moment d'inertie.

Nommons, pour un moment, A' le plus grand, C' le plus petit moment

et traçons dans le plan des x', z' deux droites $\wedge$ faisant avec l'axe auquel se rapporte le plus petit moment l'angle I_0 déterminé par les formules

$$\sin I_0 = \sqrt{\frac{A'(B-C')}{B(A'-C')}}, \quad \cos I_0 = \sqrt{\frac{C'(A'-B)}{B(A'-C')}}.$$

Ceci posé on aura dans le premier cas

$$A = A', \quad C = C', \quad I^0 = I_0$$

et dans le second

$$A = C', \quad C = A', \quad I^0 = \tfrac{1}{2}\pi - I_0.$$

Nommons de plus λ *l'inclinaison de l'axe des z au plan du moyen moment* et μ l'angle que la projection de l'axe des z sur le plan du moyen moment fait avec *l'axe du plus petit moment*, on aura dans le premier cas

$$\alpha'' = \cos\lambda\sin\mu, \quad \beta'' = \sin\lambda, \quad \gamma'' = \cos\lambda\cos\mu,$$

et par suite

$$\sin^2 I^0 - \sin^2 I = \cos^2\lambda(\sin^2 I_0 - \sin^2\mu)$$

et dans le second

$$\alpha'' = \cos\lambda\cos\mu, \quad \beta'' = \sin\lambda, \quad \gamma'' = \cos\lambda\sin\mu,$$

et par suite

$$\sin^2 I^0 - \sin^2 I = \cos^2\lambda(\cos^2 I_0 - \cos^2\mu).$$

La quantité $\sin^2 I^0 - \sin^2 I$ étant toujours positive on aura selon les deux cas $I_0 > \mu$ ou $I_0 < \mu$. Le plan du moyen moment est divisé par les deux droites $\wedge$ en deux parties renfermant respectivement l'axe du plus petit et du plus grand moment. Or, les formules que l'on vient d'établir font voir que la projection de l'axe des z sur le plan du moyen moment se trouvera placée, dans le premier cas, dans l'espace entre les deux droites $\wedge$ renfermant l'axe du plus petit moment et, dans le second cas, dans l'espace entre les deux droites $\wedge$, renfermant l'axe du plus grand moment. Donc, *le premier ou le second cas auront lieu selonque dans le même espace entre les deux droites $\wedge$, où est placée la projection de l'axe des z sur le plan du moyen moment, se trouve placé l'axe du plus petit ou du plus grand moment.* L'axe d'inertie placé dans le même espace, entre les deux droites $\wedge$, dans lequel se trouve la projection de l'axe des z, sera donc celui des z' ou l'axe du cône dont on vient de parler.

L'intersection du plan invariable avec celui du moyen moment étant perpendiculaire à la projection de l'axe des z sur ce dernier plan, l'axe des x' sera

celui *des deux axes d'inertie placé dans le même espace entre les deux droites* $\wedge$ *dans lequel se trouve l'intersection du plan du moyen moment avec le plan invariable.*

La distinction de deux cas, faite constamment dans le cours de ces recherches, savoir si l'axe des z' est celui du plus petit ou du plus grand moment, dépend de la constitution du corps et de sa position, à un temps quelconque, par rapport au plan invariable ou au plan du couple par lequel le corps primitivement a été mis en mouvement, mais nullement du moment principal ou de l'intensité de ce couple. Mais on n'a pas besoin non plus, pour faire la distinction des deux cas, de connaître à part tous les trois moments d'inertie du corps, ni les deux angles qui déterminent la position du plan invariable par rapport à ses plans principaux. En effet, pour distinguer les deux cas, il suffit, d'après ce qu'on vient d'exposer, de connaître une seule fonction des trois moments d'inertie principaux, l'angle I_0, lequel détermine la position des deux droites $\wedge$ dans le plan du moyen moment et, en outre, l'intersection du plan invariable avec ce plan, perpendiculaire à la projection de l'axe des z sur ce même plan.

Des deux rotations conjuguées.

Les constantes s, s', s'', s''' peuvent être quelconques pourvu qu'elles s'entresuivent par ordre de grandeur. Cet ordre pouvant être croissant ou décroissant, on pourra considérer une seconde rotation dépendante des mêmes quantités s, s', s'', s''', mais rangées dans l'ordre invers, s''', s'', s', s. Les formules relatives à cette seconde rotation s'obtiendront donc de celle de la rotation proposée en échangeant partout entre elles les constantes s et s''', s' et s'' et en changeant le signe ambigu $\pm$ en $\mp$. On nommera cette rotation la *conjuguée* à la proposée. On supposera d'ailleurs, que le moment principal l soit le même dans l'une et l'autre rotation.

Voyons qu'est ce que les deux rotations ont de commun et en quoi elles diffèrent entre elles.

Puisqu'il y a une réciprocité parfaite entre les deux rotations, il est permis de supposer

$$s < s' < s'' < s'''.$$

D'après cette supposition, dans la rotation proposée, l'axe des x' sera celui du plus grand, l'axe des z' celui du plus petit moment, et le contraire aura lieu

dans la rotation conjuguée. L'axe des z sera dirigé en dessus dans la première et en dessous dans la seconde rotation, le plan invariable étant supposé horizontal.

Posons

$$s''' = s_1, \quad s'' = s_1', \quad s' = s_1'', \quad s = s_1''',$$

on aura

$$s_1 > s_1' > s_1'' > s_1'''.$$

Puisque c'est le premier cas qui a lieu dans la rotation proposée, le plus grand moment y sera $\dfrac{l}{s} = A$ et le plus petit $\dfrac{l}{s'''} = C$, et puisque c'est le second cas qui a lieu dans la rotation conjuguée, le plus grand moment y sera $\dfrac{l}{s_1'''}$ et le plus petit $\dfrac{l}{s_1}$. Or, on a $s = s_1'''$, $s''' = s_1$, donc le plus grand et le plus petit moment seront les mêmes dans les deux corps soumis respectivement à ces rotations.

Nommons

$$I_1^0, \quad I_1,$$

ce qui deviennent les angles I^0 et I dans la seconde rotation. Des formules données ci-dessus

$$\sin^2 I^0 = \frac{s''' - s'}{s''' - s}, \quad \sin^2 I = \frac{s''' - s''}{s''' - s},$$

$$\cos^2 I^0 = \frac{s' - s}{s''' - s}, \quad \cos^2 I = \frac{s'' - s}{s''' - s},$$

on tirera, en échangeant s et s''', s' et s''

$$\sin^2 I_1^0 = \frac{s'' - s}{s''' - s}, \quad \sin^2 I_1 = \frac{s' - s}{s''' - s},$$

et par suite

$$I_1^0 + I = I_1 + I^0 = \tfrac{1}{2}\pi.$$

Traçons dans le plan des x', z' (plan du moyen moment) les deux droites Z dont la position est celle de l'axe des z dans ce plan aux temps t_0 et $t_0 + T$. Ces droites étant les intersections du plan des x', z' avec le cône, lieu de l'axe des z dans l'intérieur du corps, elles feront avec l'axe des z' l'angle I, comme les deux droites $\bigwedge$, tracées dans le même plan, font avec le même axe l'angle I^0. Or, nommant dans la rotation conjuguée Z_1 et $\bigwedge_1$ les deux paires de droites correspondantes aux droites Z et $\bigwedge$, on voit, d'après la formule précédente, que les droites Z_1 seront perpendiculaires aux droites $\bigwedge$ et que les droites $\bigwedge_1$

seront perpendiculaires aux droites Z. Il suit de là que la position que l'on doit supposer au corps soumis à la rotation conjuguée, au temps où son axe moyen se couche sur le plan invariable, dépend de la seule constitution du corps soumis à la rotation proposée. Réciproquement, la constitution du second corps, soumis à la rotation conjuguée, dépend du plus grand et plus petit moment du premier corps et de la position qu'il occupe lorsque l'axe de son moment moyen se couche sur le plan invariable. En effet, nommons

$$B_1 = \frac{l}{s''}$$

le moment moyen du second corps, on tire de l'équation

$$s'' = s''' \cos^2 I + s \sin^2 I$$

la valeur suivante de $\dfrac{1}{B_1}$

$$\frac{1}{B_1} = \frac{\cos^2 I}{C} + \frac{\sin^2 I}{A}.$$

Si l'on nomme, de plus,

$$h_1$$

la force vive dont le second corps est animé pendant le mouvement, on aura

$$s'' = \frac{l}{B_1} = \frac{h}{l}, \qquad s' = \frac{l}{B} = \frac{h_1}{l}$$

et par suite

$$B_1 h = B h_1 = l^2.$$

Les moments moyens seront donc, dans les deux rotations conjuguées, proportionnelles aux forces vives, et l'on voit que l'un et l'autre est plus grand dans la rotation proposée que dans la conjuguée.

Le module et le facteur n du temps sont les mêmes pour l'une et l'autre rotation, et par suite aussi les constantes K, K' et l'argument elliptique variable u. Nommons a_1 l'argument elliptique constant, correspondant à la seconde rotation, on tire des formules données ci-dessus

$$I^0 = \operatorname{coam}(a, k')$$
$$I = \frac{\pi}{2} - \operatorname{am}(a, k')$$

ces autres

$$I_1^0 = \operatorname{coam}(a_1, k')$$
$$I_1 = \frac{\pi}{2} - \operatorname{am}(a_1, k');$$

mais on a vu qu'on a

$$I_1^0 + I = I_1 + I^0 = \tfrac{1}{2}\pi,$$

d'où suit

$$a_1 = K' - a = a'.$$

Les formules elliptiques relatives au mouvement oscillatoire du corps soumis à la rotation conjuguée s'obtiendront donc de celles données dans le premier Mémoire, en changeant seulement a en $a' = K' - a$.

Soient, dans la rotation conjuguée, les trois axes principaux du corps et l'axe instantané projetés sur le plan invariable, et nommons S_1 une quelconque des vitesses angulaires de ces quatre projections, on obtiendra la même équation différentielle entre t et S_1

$$dt = \frac{\pm\, dS_1}{2\sqrt{-(S_1-s)(S_1-s')(S_1-s'')(S_1-s''')}},$$

puisque cette équation n'est pas changé en intervertissant l'ordre des constantes s, s', s'', s'''. Les vitesses angulaires des projections de l'axe des x', y', z' et de l'axe instantané, correspondantes au temps t_0, étant, dans la rotation proposée, respectivement s, s', s''', s'', ces mêmes vitesses seront, dans la rotation conjuguée, respectivement s''', s'', s, s'. Mais toutes ces vitesses angulaires sont entièrement déterminées par ces valeurs, correspondantes au temps t_0 et l'équation différentielle laquelle est la même pour toutes ces vitesses. Donc aussi, pour un temps indéfini t, les vitesses angulaires des projections des axes des x' et z', c'est à dire des axes du plus grand et du plus petit moment, dans l'une rotation seront respectivement les mêmes que celles des projections des z' et x', c. a. d. des axes du plus grand et du plus petit moment dans l'autre, et la vitesse angulaire de la projection de l'axe du moyen moment dans l'une rotation sera la même que celle de la projection de l'axe instantané dans l'autre. Donc, dans les deux rotations conjuguées, non seulement le plus grand et le plus petit moment des deux corps seront les mêmes, mais encore, les axes principaux auxquels ces moments se rapportent, étant projetés sur le plan invariable, ces projections auront, respectivement, les mêmes vitesses angulaires.

On a pris pour droite fixe dans le plan invariable la droite dont la direction est opposée à celle qu'au temps t_0 aura l'axe du moyen moment ou celui des y'. On a nommé, respectivement,

$$\psi, \quad \psi_1, \quad \psi_2, \quad \psi_3$$

les angles que font avec cette droite les intersections du plan invariable avec les plans des x', y', des y', z', des z', x' et du plan instantané de rotation. Les valeurs des angles ψ, ψ_1, ψ_2, ψ_3, correspondantes au temps t_0, sont d'après ce qu'on a exposé dans le premier Mémoire, lorsque $Bh > l^2$,

$$\psi = 0, \quad \psi_1 = 0, \quad \psi_2 = -\tfrac{1}{2}\pi, \quad \psi_3 = \pi,$$

et dans le cas contraire

$$\psi = 0, \quad \psi_1 = \pi, \quad \psi_2 = -\tfrac{1}{2}\pi, \quad \psi_3 = 0.$$

Distinguons ces angles par des crochets lorsqu'ils se rapportent à la rotation conjuguée, on aura au temps t_0

$$\psi = 0, \quad \psi_1 = 0, \quad \psi_2 = -\tfrac{1}{2}\pi, \quad \psi_3 = \pi$$
$$(\psi) = 0, \quad (\psi_1) = \pi, \quad (\psi_2) = -\tfrac{1}{2}\pi, \quad (\psi_3) = 0,$$

puisqu'on a supposé que le premier a lieu dans la rotation proposée et le second dans la conjuguée. Or, on vient de trouver

$$\frac{d(\psi)}{dt} = \frac{d\psi_1}{dt}, \qquad \frac{d(\psi_2)}{dt} = \frac{d\psi_3}{dt},$$
$$\frac{d(\psi_1)}{dt} = \frac{d\psi}{dt}, \qquad \frac{d(\psi_3)}{dt} = \frac{d\psi_2}{dt},$$

les angles (ψ) et ψ_1, (ψ_1) et ψ, (ψ_2) et ψ_3, (ψ_3) et ψ_2 ne pourront donc différer entre eux que par des constantes. On aura, par suite, pour un temps indéfini

$$(\psi) = \psi_1$$
$$(\psi_1) = \psi + \pi$$
$$(\psi_2) = \psi_3 - \tfrac{3}{2}\pi$$
$$(\psi_3) = \psi_2 + \tfrac{1}{2}\pi.$$

Ces formules font voir que dans les deux rotations conjuguées les projections sur le plan invariable des axes du plus petit moment coincident, et que celles des axes du plus grand moment ont des directions opposées; qu'en outre, les projections sur le plan invariable de l'axe du moyen moment et de l'axe instantané du premier corps, précédent, respectivement, les projections de l'axe instantané et de l'axe du moyen moment du second corps, d'un angle droit.

Nommons

$$\alpha_1'', \quad \beta_1'', \quad \gamma_1''$$

les cosinus des angles que dans la rotation conjuguée les axes des x', y', z' font, respectivement, avec l'axe des z, on tirera des formules

$$\alpha'' = -\sqrt{\frac{s''' - s''}{s''' - s}} \cos \xi = -\sin I \cos \xi$$

$$\beta'' = \sqrt{\frac{s''' - s'}{s''' - s'}} \sin \xi = \sin I' \sin \xi = \frac{\sin I}{\sin I_0} \sin \xi$$

$$\gamma'' = \sqrt{\frac{s'' - s}{s''' - s}} \, \Delta \xi = \cos I \, \Delta \xi$$

ces autres relatives à la rotation conjuguée

$$\alpha_1'' = -\sqrt{\frac{s' - s}{s''' - s}} \cos \xi = -\cos I^0 \cos \xi$$

$$\beta_1'' = \sqrt{\frac{s' - s}{s'' - s}} \sin \xi = \frac{\cos I^0}{\cos I} \sin \xi$$

$$\gamma_1'' = -\sqrt{\frac{s''' - s'}{s''' - s}} \, \Delta \xi = -\sin I^0 \, \Delta \xi.$$

On voit par ces formules que les cosinus des angles que font à un même temps dans les deux rotations les axes des x', y', z' avec l'axe des z, conservent, respectivement, des rapports constants. En effet, on aura

$$\alpha'' : \alpha_1'' = \sin I : \cos I^0$$
$$\beta'' : \beta_1'' = \sin I \cos I : \sin I^0 \cos I^0$$
$$\gamma'' : \gamma_1'' = \cos I : -\sin I^0,$$

d'où l'on tire

$$\frac{\alpha'' \gamma''}{\beta''} = -\frac{\alpha_1'' \gamma_1''}{\beta_1''}.$$

Les composantes de la vitesse rotatoire autour de l'axe instantané dans la rotation proposée p, q, r sont proportionnelles aux quantités α'', β'', γ''. Il suit que si l'on nomme p_1, q_1, r_1 les composantes correspondantes de la vitesse rotatoire dans la rotation conjuguée, les vitesses rotatoires elles mêmes autour des axes instantanés dans les deux rotations auront pour un temps quelconque la différence de leurs carrés constante. En effet, des formules

$$p^2 = s^2 \alpha''^2 = \frac{s^2 (s''' - s'')}{s''' - s} \cos^2 \xi$$

$$q^2 = s'^2 \beta''^2 = \frac{s'^2 (s''' - s'')}{s''' - s'} \sin^2 \xi$$

$$r^2 = s'''^2 \gamma''^2 = \frac{s'''^2 (s'' - s)}{s''' - s} \Delta^2 \xi = \frac{s'''^2 (s'' - s)}{s''' - s} \cos^2 \xi + \frac{s'''^2 (s'' - s')}{s''' - s'} \sin^2 \xi$$

on tire la valeur du carré de cette vitesse

$$p^2+q^2+r^2 = [s''(s'''+s)-ss''']\cos^2\xi+[s'(s'''+s')-s's''']\sin^2\xi$$
$$= s''(s'''+s)-ss'''-(s'-s)(s'''-s'')\sin^2\xi.$$

Changeant p, q, r en p_1, q_1, r_1 et intervertissant l'ordre des quantités s, s', s'', s''', on aura de même

$$p_1^2+q_1^2+r_1^2 = s'(s'''+s)-ss'''-(s'-s)(s'''-s'')\sin^2\xi,$$

donc

$$p^2+q^2+r^2-(p_1^2+q_1^2+r_1^2) = (s''-s')(s'''+s).$$

Des deux rotations conjuguées la proposée, c. a. d. celle qui est animée d'une plus grande force vive, aura donc aussi, à chaque instant du temps, une plus grande vitesse rotatoire autour de son axe instantané.

Expressions des neuf cosinus α, β, γ etc. par les trois angles ψ, ψ_1, ψ_2.

Les angles ψ, ψ_1, ψ_2 suffisent pour déterminer la position des axes principaux dans l'espace. Nommons X la droite fixe dans le plan invariable, et traçons dans le même plan une seconde droite fixe Y laquelle fait avec X un angle droit dans le sens même de la rotation. Les angles ψ, ψ_1, ψ_2 seront, respectivement, ceux que les projections des axes des z', x', y' font avec la droite Y, et les angles $\psi-\tfrac{1}{2}\pi$, $\psi_1-\tfrac{1}{2}\pi$, $\psi_2-\tfrac{1}{2}\pi$ ceux que, respectivement, ces mêmes projections font avec la droite X, comme on le voit dans la figure ci-jointe,

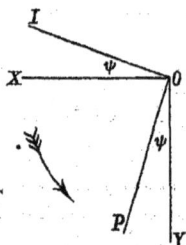

dans laquelle P est la projection de l'axe des z' sur le plan invariable, et I l'intersection du plan des x', y' avec ce même plan. Or soient, respectivement,

$$\vartheta, \quad \vartheta', \quad \vartheta''$$

les angles que l'axe des z fait avec les axes des z', x', y', les axes des z', x', y' feront avec l'axe des z et les droites X et Y des angles dont les cosinus sont respectivement

	(z)	(X)	(Y)
(z')	$\cos\vartheta$,	$\sin\vartheta\,\sin\psi$,	$\sin\vartheta\,\cos\psi$
(x')	$\cos\vartheta'$,	$\sin\vartheta'\sin\psi_1$,	$\sin\vartheta'\cos\psi_1$
(y')	$\cos\vartheta''$,	$\sin\vartheta''\sin\psi_2$,	$\sin\vartheta''\cos\psi_2$.

Ces expressions étant substituées dans les relations connues qui ont lieu entre ces neuf quantités, il résultera ces formules

(1.)
$$\begin{cases}
\cos\vartheta'\cos\vartheta''+\sin\vartheta'\sin\vartheta''\cos(\psi_1-\psi_2) = 0 \\
\cos\vartheta''\cos\vartheta +\sin\vartheta''\sin\vartheta\,\cos(\psi_2-\psi) = 0 \\
\cos\vartheta\,\cos\vartheta'+\sin\vartheta\,\sin\vartheta'\cos(\psi-\psi_1) = 0 ;
\end{cases}$$

(2.)
$$\begin{cases}
\sin\vartheta'\sin\vartheta''\sin(\psi_1-\psi_2) = \cos\vartheta \\
\sin\vartheta''\sin\vartheta\,\sin(\psi_2-\psi) = \cos\vartheta' \\
\sin\vartheta\,\sin\vartheta'\sin(\psi-\psi_1) = \cos\vartheta''.
\end{cases}$$

Posons

(3.)
$$\begin{cases}
\sin(\psi_1-\psi_2)\sin(\psi_2-\psi)\sin(\psi-\psi_1) = A \\
-\cos(\psi_1-\psi_2)\cos(\psi_2-\psi)\cos(\psi-\psi_1) = B,
\end{cases}$$

on aura

(4.)
$$\begin{cases}
\cot^2\vartheta\,\cot^2\vartheta'\cot^2\vartheta'' = B \\
\dfrac{\cos\vartheta\,\cos\vartheta'\,\cos\vartheta''}{\sin^2\vartheta\,\sin^2\vartheta'\sin^2\vartheta''} = A,
\end{cases}$$

d'où l'on tire

(5.)
$$\begin{cases}
\cos\vartheta\,\cos\vartheta'\cos\vartheta'' = \dfrac{B}{A} \\
\sin\vartheta\,\sin\vartheta'\sin\vartheta'' = \dfrac{\sqrt{B}}{A}
\end{cases}$$

et, par suite,

(6.)
$$\begin{cases}
\operatorname{tg}\vartheta = -\dfrac{\cos(\psi_1-\psi_2)}{\sqrt{B}}, & \sin 2\vartheta = \dfrac{2\sqrt{B}}{A}\sin(\psi_1-\psi_2) \\[2mm]
\operatorname{tg}\vartheta' = -\dfrac{\cos(\psi_2-\psi)}{\sqrt{B}}, & \sin 2\vartheta' = \dfrac{2\sqrt{B}}{A}\sin(\psi_2-\psi) \\[2mm]
\operatorname{tg}\vartheta'' = -\dfrac{\cos(\psi-\psi_1)}{\sqrt{B}}, & \sin 2\vartheta'' = \dfrac{2\sqrt{B}}{A}\sin(\psi-\psi_1).
\end{cases}$$

Multipliant et divisant l'une par l'autre chaque paire de formules dans la même horizontale, il résultera

$$(7.) \begin{cases} \sin^2 \vartheta = -\dfrac{\sin 2(\phi_1 - \phi_2)}{2A}, & \cos^2 \vartheta = -\dfrac{B}{A} \operatorname{tg}(\phi_1 - \phi_2), \\[2mm] \sin^2 \vartheta' = -\dfrac{\sin 2(\phi_2 - \phi)}{2A}, & \cos^2 \vartheta' = -\dfrac{B}{A} \operatorname{tg}(\phi_2 - \phi), \\[2mm] \sin^2 \vartheta'' = -\dfrac{\sin 2(\phi - \phi_1)}{2A}, & \cos^2 \vartheta'' = -\dfrac{B}{A} \operatorname{tg}(\phi - \phi_1). \end{cases}$$

On obtiendra ainsi, en tirant les racines carrées, les valeurs des cosinus et sinus de ϑ, ϑ', ϑ'', exprimées par les différences des angles ϕ, ϕ_1, ϕ_2, et substituant ces expressions dans les valeurs données ci-dessus des neuf cosinus, on aura les expressions cherchées de ces derniers par les trois angles ϕ, ϕ_1, ϕ_2.

Les formules précédentes rentrent dans celles données par Euler dans le volume XX des *Novi Commentarii*, v. le Mémoire: »*Formulae generales pro translatione quacunque corporum rigidorum.*«

Ces belles et remarquables formules étant échappées à l'attention des géomètres, je les ai rappelées dans le vol. II du Journal mathématique avec d'autres par lesquelles Euler a fait voir que l'on peut passer d'une position d'un système d'axes rectangulaires à chaque autre au moyen d'une rotation autour d'une axe unique.

On a appelé

$$(\psi), \quad (\psi_1), \quad (\psi_2), \quad (\psi_3)$$

les angles correspondants dans la rotation conjuguée aux ψ, ψ_1, ψ_2, ψ_3, et l'on a trouvé

$$(\psi) = \psi_1, \qquad (\psi_2) = \psi_3 - \tfrac{3}{2}\pi$$
$$(\psi_1) = \psi + \pi, \qquad (\psi_3) = \psi_2 + \tfrac{1}{2}\pi.$$

Il faudra donc, dans la rotation conjuguée, remplacer respectivement les différences des angles ψ, ψ_1, ψ_2

$$\psi_1 - \psi_2, \qquad \psi_2 - \psi, \qquad \psi - \psi_1$$

par

$$(\psi_1) - (\psi_2), \qquad (\psi_3) - (\psi), \qquad (\psi) - (\psi_1)$$

ou par

$$\psi - \psi_3 + \tfrac{1}{2}\pi, \qquad \psi_3 - \psi_1 + \tfrac{1}{2}\pi, \qquad \psi_1 - \psi + \pi.$$

58 *

Comme on a

$$\cos \vartheta = \gamma'', \quad \cos \vartheta' = \alpha'', \quad \cos \vartheta'' = \beta'',$$

il résulte des formules ci-dessus (5.) et (7.)

$$\frac{\alpha'' \beta''}{\gamma''} = -\cotg(\psi_1 - \psi_2)$$

$$\frac{''\gamma''}{\alpha''} = -\cotg(\psi_2 - \psi)$$

$$\frac{\gamma'' \alpha''}{\beta''} = -\cotg(\psi - \psi_1).$$

Dans la rotation conjuguée on aura par ce qu'on vient d'exposer les formules analogues

$$\frac{\alpha_1'' \beta_1''}{\gamma_1''} = \tg(\psi - \psi_3)$$

$$\frac{\beta_1'' \gamma_1''}{\alpha_1''} = \tg(\psi_3 - \psi_1)$$

$$\frac{\gamma_1'' \alpha_1''}{\beta_1''} = \cotg(\psi - \psi_1).$$

Rappelant les formules trouvées ci-dessus

$$\frac{\alpha_1''}{\alpha''} = \frac{\cos I^0}{\sin I}, \quad \frac{\beta_1''}{\beta''} = \frac{\sin I^0 \cos I^0}{\sin I \cos I}, \quad \frac{\gamma_1''}{\gamma''} = -\frac{\sin I^0}{\cos I},$$

il suit

$$(8.) \quad \begin{cases} \dfrac{\cos^2 I^0}{\sin^2 I} = \tg(\psi - \psi_3)\tg(\psi_1 - \psi_3) \\[2mm] \dfrac{\sin^2 I^0}{\cos^2 I} = \tg(\psi_3 - \psi_1)\tg(\psi_2 - \psi). \end{cases}$$

Représentons ces deux formules de la manière suivante

$$0 = \cos^2 I^0 \cos(\psi - \psi_3)\cos(\psi_1 - \psi_3) - \sin^2 I \sin(\psi - \psi_3)\sin(\psi_1 - \psi_3)$$
$$0 = \sin^2 I^0 \cos(\psi_3 - \psi_1)\cos(\psi_2 - \psi) - \cos^2 I \sin(\psi_3 - \psi_1)\sin(\psi_2 - \psi),$$

on transformera aisément ces formules dans les suivantes

$$0 = (\cos^2 I^0 - \sin^2 I)\cos(\psi - \psi_1 + \psi_2 - \psi_3) + (\cos^2 I^0 + \sin^2 I)\cos(\psi + \psi_1 - \psi_2 - \psi_3)$$
$$0 = (\sin^2 I^0 - \cos^2 I)\cos(\psi - \psi_1 - \psi_2 + \psi_3) + (\sin^2 I^0 + \cos^2 I)\cos(\psi + \psi_1 - \psi_2 - \psi_3),$$

d'où l'on tire

$$\cos(\psi + \psi_1 - \psi_2 - \psi_3) : \cos(\psi - \psi_1 + \psi_2 - \psi_3) : \cos(\psi - \psi_1 - \psi_2 + \psi_3)$$
$$= (\sin^2 I^0 - \cos^2 I) : (\cos^2 I^0 + \sin^2 I) : -(\sin^2 I^0 + \cos^2 I).$$

Soit
$$M = \tfrac{1}{2}[\cos(\psi - \psi_1 + \psi_2 - \psi_3) - \cos(\psi - \psi_1 - \psi_2 + \psi_3)],$$

on tirera de la proportion précédente les équations

(9.)
$$
\begin{cases}
\cos(\psi + \psi_1 - \psi_2 - \psi_3) = M(\sin^2 I^0 - \cos^2 I) = M(\sin^2 I - \cos^2 I^0) \\
\cos(\psi - \psi_1 + \psi_2 - \psi_3) = M(\cos^2 I^0 + \sin^2 I) \\
\cos(\psi - \psi_1 - \psi_2 + \psi_3) = -M(\sin^2 I^0 + \cos^2 I).
\end{cases}
$$

La seule quantité M étant donnée, on connaîtra ainsi par leurs cosinus les trois angles

$$\psi + \psi_1 - \psi_2 - \psi_3, \quad \psi - \psi_1 + \psi_2 - \psi_3, \quad \psi - \psi_1 - \psi_2 + \psi_3.$$

Les demi-sommes et les demi-différences de ces angles pris deux à deux fourniront ensuite les six différences des angles ψ, ψ_1, ψ_2, ψ_3, c. a. d. les angles mêmes que font entr'eux les quatre projections sur le plan invariable des trois axes principaux du mobile et de l'axe instantané de rotation.

Les trois équations ci-dessus étant ajoutées deux à deux ou retranchées l'une de l'autre, on aura

(10.)
$$
\begin{cases}
\cos(\psi_1 - \psi_2)\cos(\psi_3 - \psi) = M\sin^2 I \\
\cos(\psi_2 - \psi)\cos(\psi_3 - \psi_1) = -M\cos^2 I \\
\cos(\psi - \psi_1)\cos(\psi_3 - \psi_2) = -M(\sin^2 I^0 - \sin^2 I);
\end{cases}
$$

(11.)
$$
\begin{cases}
\sin(\psi_1 - \psi_2)\sin(\psi_3 - \psi) = -M\cos^2 I^0 \\
\sin(\psi_2 - \psi)\sin(\psi_3 - \psi_1) = -M\sin^2 I^0 \\
\sin(\psi - \psi_1)\sin(\psi_3 - \psi_2) = M.
\end{cases}
$$

Ces formules donnent les suivantes:

$$\frac{\cos(\psi_1 - \psi_2)\cos(\psi_3 - \psi)}{\cos(\psi_2 - \psi)\cos(\psi_3 - \psi_1)} = -\mathrm{tg}^2 I$$

$$\frac{\sin(\psi_2 - \psi)\sin(\psi_3 - \psi_1)}{\sin(\psi_1 - \psi_2)\sin(\psi_3 - \psi)} = \mathrm{tg}^2 I^0,$$

au moyen desquelles on aura, de la manière la plus simple, les valeurs des angles constants I^0 et I, dès qu'on connaîtra, à un temps quelconque, la position des projections sur le plan invariable des axes principaux et de l'axe instantané.

Comme on a

$$\sin^2 I^0 = \frac{A(B - C)}{B(A - C)}, \qquad \cos^2 I^0 = \frac{C(A - B)}{B(A - C)},$$

on tire des trois dernières formules, par des considérations géométriques très connues, la proposition suivante:

„Les projections sur le plan invariable des axes des z', x', y' et de l'axe instantané étant coupées par une droite quelconque respectivement dans les points O, O', O'', O''', on aura

$$OO'.O''O''':OO''.O'O''':O'O''.OO''' = B(A-C):A(B-C):C(A-B).``$$

Etant données les projections sur le plan invariable des trois axes principaux, on aura, au moyen de la proposition précédente, cette construction de la projection de l'axe instantané sur le même plan:

„Soient fixement liées entr'elles quatre règles parallèles R, R', R'', R''', dont les distances $R'R'''$, $R''R'''$, RR''' soient respectivement proportionnelles aux moments d'inertie A, B, C, appliquant la règle R'' à la projection de l'axe des y'; soient O et O' les points dans lesquels les projections des axes des z' et x' sont rencontrées respectivement par les règles R et R', et O''' le point dans lequel la quatrième règle R''' est rencontrée par la droite OO', la droite menée du point fixe à O''' sera la projection de l'axe instantané.``

D'une manière semblable on construira chacune des quatre projections au moyen des trois autres.

On pourrait supposer que la règle O''' passe à l'infini et l'on obtiendra la projection de l'axe instantané en menant du point fixe une parallèle à la droite OO'. Alors les trois règles R, R'', R' seront assujetties à la condition que leurs distances $R'R''$ et RR'' soient entre elles comme les quantités $A(B-C)$ et $C(A-B)$.

Lorsque $I^0 = \frac{1}{4}\pi$, on tirera des formules (11.) la proposition suivante:

„Les trois moments principaux du corps étant en progression harmonique, les projections sur le plan invariable des axes principaux et de l'axe instantané formeront constamment pendant le mouvement du mobile un faisceau harmonique.``

Multipliant les équations (10.) avec les équations (11.), chacune avec sa correspondante, on aura les formules suivantes,

$$(12.) \quad \begin{cases} \sin 2(\psi_1 - \phi_2) \sin 2(\psi_3 - \psi) = -4M^2 \cos^2 I^0 \sin^2 I \\ \sin 2(\phi_2 - \psi) \sin 2(\psi_3 - \psi_1) = 4M^2 \sin^2 I^0 \cos^2 I \\ \sin 2(\phi - \psi_1) \sin 2(\psi_3 - \phi_2) = -4M^2 (\sin^2 I^0 - \sin^2 I). \end{cases}$$

Traçons dans le plan invariable quatre nouvelles droites, formant avec une droite quelconque du même plan des angles *doubles* de ceux que les quatre projections font avec cette même droite. Ces quatre droites étant rencontrées par une droite quelconque dans les points P, P', P'', P''', il suit des formules (12.) que l'on aura

$$PP'.P''P''' : PP''.P'''P' : PP'''.P'P'' = (\sin^2 I^0 - \sin^2 I) : \sin^2 I^0 \cos^2 I : \cos^2 I^0 \sin^2 I.$$

Remarquons que des formules (12.), à l'aide des expressions données au commencement de ce paragraphe, on tire

$$(13.) \quad \begin{cases} k^2 = \dfrac{\operatorname{tg}^2 I}{\operatorname{tg}^2 I^0} = \dfrac{\sin 2(\psi_1 - \psi_2)\sin 2(\psi - \psi_3)}{\sin 2(\psi_2 - \psi)\sin 2(\psi_3 - \psi_1)} \\[2mm] k'^2 = \dfrac{\sin^2 I^0 - \sin^2 I}{\sin^2 I^0 \cos^2 I} = \dfrac{\cos^2 I'}{\cos^2 I} = \dfrac{\sin 2(\psi - \psi_1)\sin 2(\psi_2 - \psi_3)}{\sin 2(\psi_2 - \psi)\sin 2(\psi_3 - \psi_1)}, \end{cases}$$

lesquelles font voir, comment on détermine le module par la position des quatre projections à un temps quelconque.

Les équations (10.) et (11.) étant divisées chacune par sa correspondante, on retrouvera les formules (8.) desquelles on est parti et une troisième analogue

$$(14.) \quad \begin{cases} \operatorname{tg}(\psi_1 - \psi_2)\operatorname{tg}(\psi_3 - \psi) = -\dfrac{\cos^2 I^0}{\sin^2 I} \\[2mm] \operatorname{tg}(\psi_2 - \psi)\operatorname{tg}(\psi_3 - \psi_1) = \dfrac{\sin^2 I^0}{\cos^2 I} \\[2mm] \operatorname{tg}(\psi - \psi_1)\operatorname{tg}(\psi_3 - \psi_2) = \dfrac{-1}{\sin^2 I^0 - \sin^2 I} = \dfrac{-1}{\sin^2 I^0 \cos^2 I'}. \end{cases}$$

De ces trois équations chacune doit être la suite des deux autres. C'est ce qu'on voit au moyen de la proposition trigonométrique que, les angles ψ, ψ_1, ψ_2, ψ_3 étant quelconques, *la somme des trois quantités* (14.) *est égal à leur produit*, proposition qu'on a établie ailleurs[*]) et que l'on vérifiera aisément par les seconds membres des équations (14.). Ajoutons que cette proposition fait voir que les trois produits de tangentes (14.) pourront être egales aux tangentes de trois angles dont la somme est 0 ou π.

Comme on a deux équations entre les différences des angles ψ, ψ_1, ψ_2, ψ_3, il suffira de connaître la position de deux quelconques des quatre projections

---

[*]) On a démontré que cette proposition a lieu, quand même on change le signe *tg* en *tg am*, pourvu qu'on multiplie le produit des six *tg am* par k^2. V. Journal de Crelle vol. XV. p. 200.

pour trouver celle des deux autres. Pour résoudre ce problème par le calcul de la manière la plus usuelle, on fera usage des formules (14.) et (9.). En effet, supposons données les projections de l'axe du plus grand et du plus petit moment, on connaîtra l'angle $\psi - \psi_1$, et il faudra par cet angle déterminer les deux angles $\psi_1 - \psi_2$ et $\psi_2 - \psi_3$, qui suffiront pour déterminer la position des projections de l'axe du moyen moment et de l'axe instantané.

Soit
$$\psi - \psi_1 = a, \qquad \psi_1 - \psi_2 = x, \qquad \psi_2 - \psi_3 = y,$$
on aura d'abord y par l'équation
$$\operatorname{tg} y = \frac{1}{(\sin^2 I^0 - \sin^2 I)\operatorname{tg} a}.$$
et ensuite x par l'une ou l'autre équation
$$\frac{\cos(a+y+2x)}{\cos(a+y)} = \frac{\sin^2 I - \cos^2 I^0}{\sin^2 I + \cos^2 I^0}$$
$$\frac{\cos(a+y+2x)}{\cos(a-y)} = -\frac{\sin^2 I^0 - \cos^2 I}{\sin^2 I^0 + \cos^2 I}.$$

De la même manière on calculera au moyen des formules (9.) et (14.) les différences des quatre angles, lorsqu'une seule d'entr'elles sera donnée.

Si l'on ne considère que trois quelconques des quatre angles, il y aura des équations linéaires homogènes sans terme constant, 1° entre les tangentes de leurs différences, 2° entre les sinus des doubles de ces différences. En ne considérant, d'autre part, que les trois angles qu'une quelconque des quatre projections fait avec les trois autres, on aura des équations linéaires sans terme constant, 3° entre les cotangentes de leurs différences et 4° entre les cotangentes des doubles de ces différences. Chacun des systèmes de formules que l'on obtiendra de cette manière contiendra quatre équations lesquelles toutes auront les mêmes coefficients ou qui ne diffèrent entre eux que par les signes.

Pour démontrer le premier de ces systèmes l'on remarquera que l'on a entre quatre angles quelconques a, a', a'', a''' l'équation identique

(15.) $\sin(a'-a'')\cos(a'''-a) + \sin(a''-a)\cos(a'''-a') + \sin(a-a')\cos(a'''-a'') = 0.$

Au moyen de cette équation on tirera des formules (10.) les quatre suivantes :

(16.)
$$\begin{cases} \sin^2 I \operatorname{tg}(\psi_1 - \psi_2) - \cos^2 I \operatorname{tg}(\psi_2 - \psi) - (\sin^2 I^0 - \sin^2 I)\operatorname{tg}(\psi - \psi_1) = 0 \\ \sin^2 I \operatorname{tg}(\psi_1 - \psi_2) - \cos^2 I \operatorname{tg}(\psi_3 - \psi_1) - (\sin^2 I^0 - \sin^2 I)\operatorname{tg}(\psi_2 - \psi_3) = 0 \\ \sin^2 I \operatorname{tg}(\psi_3 - \psi) - \cos^2 I \operatorname{tg}(\psi - \psi_2) - (\sin^2 I^0 - \sin^2 I)\operatorname{tg}(\psi_2 - \psi_3) = 0 \\ \sin^2 I \operatorname{tg}(\psi_3 - \psi) - \cos^2 I \operatorname{tg}(\psi_1 - \psi_3) - (\sin^2 I^0 - \sin^2 I)\operatorname{tg}(\psi - \psi_1) = 0. \end{cases}$$

Faisant $a''' = 0$, l'équation (15.) se changera dans cette autre équation identique:

(17.) $\qquad \cos a \sin(a'-a'') + \cos a' \sin(a''-a) + \cos a'' \sin(a-a') = 0.$

En égalant $\pm a,\ \pm a',\ \pm a''$ aux angles

$$\psi+\psi_1-\psi_2-\psi_3, \quad \psi-\psi_1+\psi_2-\psi_3, \quad \psi-\psi_1-\psi_2+\psi_3,$$

on tirera des équations (9.) les suivantes:

(18.)
$$\begin{cases} (\cos^2 I^0 + \sin^2 I)\sin 2(\psi_2-\psi_3) - (\sin^2 I^0 + \cos^2 I)\sin 2(\psi_3-\psi_1) + (\sin^2 I^0 - \cos^2 I)\sin 2(\psi_1-\psi_2) = 0 \\ (\cos^2 I^0 + \sin^2 I)\sin 2(\psi_2-\psi_3) - (\sin^2 I^0 + \cos^2 I)\sin 2(\psi-\psi_2) + (\sin^2 I^0 - \cos^2 I)\sin 2(\psi_3-\psi) = 0 \\ (\cos^2 I^0 + \sin^2 I)\sin 2(\psi-\psi_1) - (\sin^2 I^0 + \cos^2 I)\sin 2(\psi_1-\psi_3) + (\sin^2 I^0 - \cos^2 I)\sin 2(\psi_3-\psi) = 0 \\ (\cos^2 I^0 + \sin^2 I)\sin 2(\psi-\psi_1) - (\sin^2 I^0 + \cos^2 I)\sin 2(\psi_2-\psi) + (\sin^2 I^0 - \cos^2 I)\sin 2(\psi_1-\psi_2) = 0. \end{cases}$$

Au moyen de la même formule (15.) on tire encore des formules (11.) celles-ci:

(19.)
$$\begin{cases} \cos^2 I^0 \cot(\psi_3-\psi) + \sin^2 I^0 \cot(\psi_3-\psi_1) - \cot(\psi_3-\psi_2) = 0 \\ \cos^2 I^0 \cot(\psi-\psi_3) + \sin^2 I^0 \cot(\psi-\psi_2) - \cot(\psi-\psi_1) = 0 \\ \cos^2 I^0 \cot(\psi_1-\psi_2) + \sin^2 I^0 \cot(\psi_1-\psi_3) - \cot(\psi_1-\psi) = 0 \\ \cos^2 I^0 \cot(\psi_2-\psi_1) + \sin^2 I^0 \cot(\psi_2-\psi) - \cot(\psi_2-\psi_1) = 0, \end{cases}$$

et des équations (12.) les suivantes:

(20.)
$$\begin{cases} \cos^2 I^0 \sin^2 I \cot 2(\psi_3-\psi) - \sin^2 I^0 \cos^2 I \cot 2(\psi_3-\psi_1) + (\sin^2 I^0 - \sin^2 I)\cot 2(\psi_3-\psi_2) = 0 \\ \cos^2 I^0 \sin^2 I \cot 2(\psi-\psi_3) - \sin^2 I^0 \cos^2 I \cot 2(\psi-\psi_2) + (\sin^2 I^0 - \sin^2 I)\cot 2(\psi-\psi_1) = 0 \\ \cos^2 I^0 \sin^2 I \cot 2(\psi_1-\psi_2) - \sin^2 I^0 \cos^2 I \cot 2(\psi_1-\psi_3) + (\sin^2 I^0 - \sin^2 I)\cot 2(\psi_1-\psi) = 0 \\ \cos^2 I^0 \sin^2 I \cot 2(\psi_2-\psi_1) - \sin^2 I^0 \cos^2 I \cot 2(\psi_2-\psi) + (\sin^2 I^0 - \sin^2 I)\cot 2(\psi_2-\psi_3) = 0. \end{cases}$$

Remarquons que l'on aurait pu déduire les formules (19.) des formules (16.) au moyen des formules (14.). En effet, les formules (14.) font voir que l'on peut remplacer la tangente de la différence de deux quelconques des quatre angles $\psi, \psi_1, \psi_2, \psi_3$, par la cotangente de la différence des deux angles, multipliée par un facteur constant.

Rappelons à présent les valeurs elliptiques données dans le premier Mémoire des angles $\psi, \psi_1, \psi_2, \psi_3$ ou des angles

$$\psi' \;=\; \phi + n'u \;=\; \pm\, \frac{1}{2i}\, \log\, \frac{\Theta(u+ia)}{\Theta(u-ia)}$$

$$\psi'_1 \;=\; \phi_1 + n'u \;=\; \pm\, \frac{1}{2i}\, \log\!\left[-\,\frac{H(u+ia)}{H(u-ia)}\right]$$

$$\psi'_2 \;=\; \phi_2 + n'u \;=\; \pm\, \frac{1}{2i}\, \log\!\left[-\,\frac{H_1(u+ia)}{H_1(u-ia)}\right]$$

$$\psi'_3 \;=\; \psi_3 + n'u \;=\; \pm\, \frac{1}{2i}\, \log\, \frac{\Theta_1(u+ia)}{\Theta_1(u-ia)}.$$

Or, suivant les formules des *Fundamenta* (§. 61) ou celles données dans ma lettre à *l'Institut de France*, on voit qu'étant changé

$$u \quad \text{en} \quad u + iK'$$

les fonctions

$$\Theta(u+ia), \quad H(u+ia), \quad H_1(u+ia), \quad \Theta_1(u+ia)$$

se changent respectivement en

$$ig_1\, H(u+ia), \quad ig_1\, \Theta(u+ia), \quad g_1\, \Theta_1(u+ia), \quad g_1\, H_1(u+ia),$$

où l'on a posé

$$g_1 \;=\; e^{\frac{\pi}{4K}(K'-2a-2iu)}.$$

D'où l'on voit qu'en posant

$$h \;=\; e^{-\frac{\pi a}{K}},$$

par le même changement de u en $u+iK'$ les fonctions

$$\frac{\Theta(u+ia)}{\Theta(u-ia)}, \quad \frac{H(u+ia)}{H(u-ia)}, \quad \frac{H_1(u+ia)}{H_1(u-ia)}, \quad \frac{\Theta_1(u+ia)}{\Theta_1(u-ia)}$$

seront changées respectivement en

$$h\,\frac{H(u+ia)}{H(u-ia)}, \quad h\,\frac{\Theta(u+ia)}{\Theta(u-ia)}, \quad h\,\frac{\Theta_1(u+ia)}{\Theta_1(u-ia)}, \quad h\,\frac{H_1(u+ia)}{H_1(u-ia)}.$$

D'où l'on voit encore qu'en changeant u en $u+2iK'$ les mêmes fonctions seront changées en

$$h^2\,\frac{\Theta(u+ia)}{\Theta(u-ia)}, \quad h^2\,\frac{H(u+ia)}{H(u-ia)}, \quad h^2\,\frac{H_1(u+ia)}{H_1(u-ia)}, \quad h^2\,\frac{\Theta_1(u+ia)}{\Theta_1(u-ia)}.$$

Par suite, si l'on pose

$$e^{\pm 2i\psi'} \;=\; \frac{\Theta(u+ia)}{\Theta(u-ia)} \;=\; f(u),$$

on aura

$$-e^{\pm 2i\psi'_1} = \frac{H(u+ia)}{H(u-ia)} = h^{-1}f(u+iK')$$

$$-e^{\pm 2i\psi'_2} = \frac{H_1(u+ia)}{H_1(u-ia)} = h^{-1}f(u+K+iK')$$

$$e^{\pm 2i\psi'_3} = f(u+K).$$

Fin du manuscrit.

Note de l'éditeur. Ce manuscrit est resté incomplet. Il paraît que l'auteur a eu l'idée d'exprimer les fonctions trigonométriques des différences des quatre angles ψ, ψ_1, ψ_2, ψ_3, et des doubles de ces différences par les fonctions elliptiques Θ etc., soit pour substituer ces valeurs dans les formules (16.) (18.) (19.) (20.) et en tirer de nouveaux résultats remarquables, soit pour vérifier de cette manière les expressions des neuf cosinus données dans son premier mémoire. Cette dernière supposition est constatée par une remarque faite dans un petit mémoire incomplet de quelques pages, écrit en allemand dans lequel l'auteur a exprimé les sinus, cosinus, tangentes des dites différences au moyen des quantités $\sin \operatorname{am}(u \pm ia)$, $\cos \operatorname{am}(u \pm ia)$, $\operatorname{tg} \operatorname{am}(u \pm ia)$, après avoir remplacé les cosinus des neuf angles que les axes principaux forment avec les axes fixes par les quantités

$$\sin\zeta, \qquad \cos\zeta \sin\psi, \qquad \cos\zeta \cos\psi$$
$$\sin\zeta_1, \qquad \cos\zeta_1 \sin\psi_1, \qquad \cos\zeta_1 \cos\psi_1$$
$$\sin\zeta_2, \qquad \cos\zeta_2 \sin\psi_2, \qquad \cos\zeta_2 \cos\psi_2,$$

les angles ζ, ζ_1, ζ_2, étant déterminés par les équations

$$\sin\zeta = -\sqrt{\cot(\psi_2-\psi_1)\cot(\psi-\psi_1)}$$
$$\sin\zeta_1 = -\sqrt{\cot(\psi-\psi_1)\cot(\psi_1-\psi_2)}$$
$$\sin\zeta_2 = -\sqrt{\cot(\psi_1-\psi_2)\cot(\psi_2-\psi)}.$$

SUPPLÉMENT AU MÉMOIRE PRÉCÉDENT.

EXPRESSIONS ELLIPTIQUES DES COSINUS DES ANGLES QU'UN SYSTÈME QUELCONQUE D'AXES RECTANGULAIRES FIXES DANS LE MOBILE FAIT AVEC LES AXES DES x, y, z FIXES DANS L'ESPACE.

Soient x'', y'', z'' les coordonnées parallèles à un système quelconque d'axes rectangulaires fixes dans le mobile, x', y', z' les coordonnées parallèles aux axes principaux et supposons qu'on ait

$$x' = \delta x'' + \delta' y'' + \delta'' z'', \quad x = (\alpha)x'' + (\beta)y'' + (\gamma)z'', \quad x = \alpha x' + \beta y' + \gamma z'$$
$$y' = \varepsilon x'' + \varepsilon' y'' + \varepsilon'' z'', \quad y = (\alpha')x'' + (\beta')y'' + (\gamma')z'', \quad y = \alpha' x' + \beta' y' + \gamma' z'$$
$$z' = \zeta x'' + \zeta' y'' + \zeta'' z'', \quad z = (\alpha'')x'' + (\beta'')y'' + (\gamma'')z'', \quad z = \alpha'' x' + \beta'' y' + \gamma'' z',$$

es cosinus des angles que les axes des x'', y'', z'' font avec ceux des x, y, z seront

$$(\alpha) = \alpha\delta + \beta\varepsilon + \gamma\zeta, \quad (\alpha') = \alpha'\delta + \beta'\varepsilon + \gamma'\zeta, \quad (\alpha'') = \alpha''\delta + \beta''\varepsilon + \gamma''\zeta$$
$$(\beta) = \alpha\delta' + \beta\varepsilon' + \gamma\zeta', \quad (\beta') = \alpha'\delta' + \beta'\varepsilon' + \gamma'\zeta', \quad (\beta'') = \alpha''\delta' + \beta''\varepsilon' + \gamma''\zeta'$$
$$(\gamma) = \alpha\delta'' + \beta\varepsilon'' + \gamma\zeta'', \quad (\gamma') = \alpha'\delta'' + \beta'\varepsilon'' + \gamma'\zeta'', \quad (\gamma'') = \alpha''\delta'' + \beta''\varepsilon'' + \gamma''\zeta''.$$

Or, en posant

$$M = H_1(ia)\,\Theta(u).$$

on a

$$M(\alpha - i\alpha') = -\Theta_1(0)H(u \pm ia), \quad M(\beta - i\beta') = -\Theta(0)H_1(u \pm ia), \quad M(\gamma' + i\gamma) = H_1(0)\Theta(u \pm ia)$$
$$M(\alpha + i\alpha') = -\Theta_1(0)H(u \mp ia), \quad M(\beta + i\beta') = -\Theta(0)H_1(u \mp ia), \quad M(\gamma' - i\gamma) = H_1(0)\Theta(u \mp ia)$$
$$M\alpha'' = -\Theta(ia)H_1(u), \quad M\beta'' = \Theta_1(ia)H(u), \quad iM\gamma'' = \pm H(ia)\Theta_1(u),$$

où des signes $\pm$ ou $\mp$ on prendra toujours le supérieur ou l'inférieur selon que $Bh > l^2$ ou $< l^2$.

En choisissant convenablement l'axe des x'' dans le plan perpendiculaire à l'axe des z'', on pourra de même poser

$$M'(\delta - i\delta') = -\Theta_1(0) H(v \pm ib), \quad M'(\varepsilon - i\varepsilon') = -\Theta(0) H_1(v \pm ib), \quad M'(\zeta + i\zeta) = H_1(0)\Theta(v \pm ib)$$

$$M'(\delta + i\delta') = -\Theta_1(0) H(v \mp ib), \quad M'(\varepsilon + i\varepsilon') = -\Theta(0) H_1(v \mp ib), \quad M'(\zeta - i\zeta) = H_1(0)\Theta(v \mp ib)$$

$$M'\delta'' = -\Theta(ib) H_1(v), \quad M'\varepsilon'' = \Theta_1(ib) H(v), \quad iM'\zeta'' = \pm H(ib)\Theta_1(v),$$

où l'on a posé

$$M' = H_1(ib)\Theta(v).$$

Substituant ces valeurs, on aura d'abord la formule

(1.)
$$MM'[(\alpha) - i(\alpha') + i(\beta) + (\beta').]$$
$$= \Theta_1^2(0) H(u \pm ia) H(v \mp ib) + \Theta''(0) H_1(u \pm ia) H_1(v \mp ib) + H_1^2(0) \Theta(u \pm ia) \Theta(v \mp ib)$$

laquelle tient lieu de quatre équations correspondantes à la double valeur de chacune des unités imaginaires.

On aura ensuite les deux formules

(2.)
$$MM'[(\gamma) - i(\gamma')]$$
$$= \Theta_1(0)\Theta(ib) H_1(v) H(u \pm ia) - \Theta(0)\Theta_1(ib) H(v) H_1(u \pm ia) \mp H_1(0) H(ib)\Theta_1(v)\Theta(u \pm ia)$$

$$MM'[(\alpha'') - i(\beta'')]$$
$$= \Theta_1(0)\Theta(ia) H(v \pm ib) H_1(u) - \Theta(0)\Theta_1(ia) H_1(v \pm ib) H(u) \mp H_1(0) H(ia)\Theta(v \pm ib)\Theta_1(u),$$

dont chacune embrasse deux équations correspondantes à la double valeur de i, et enfin l'équation unique

(3.) $\quad MM'(\gamma'') = \Theta(ia)\Theta(ib) H_1(v) H_1(u) + \Theta_1(ia)\Theta_1(ib) H(v) H(u) - H(ia) H(ib)\Theta_1(v)\Theta(u).$

Je vais à présent transformer ces expressions au moyen de ces formules générales à 4 arguments que j'ai développées dans mes leçons universitaires de Kœnigsberg et dont je publierai le système complet dans un de mes prochains mémoires.

Ces transformations font voir que les valeurs des *dix* quantités

$$(\alpha) - i(\alpha') \mp i(\beta) \mp (\beta'), \quad 1 \pm (\gamma''), \quad (\gamma) - i(\gamma'), \quad (\alpha'') - i(\beta'')$$

sont égales chacune à un seul terme, produit de quatre fonctions Θ aux arguments $\frac{1}{2}(u \pm v \pm ia \pm ib)$.

Soit

$$v = \tfrac{1}{2}(u + u' + u'' + u''')$$
$$v' = \tfrac{1}{2}(u + u' - u'' - u''')$$
$$v'' = \tfrac{1}{2}(u - u' + u'' - u''')$$
$$v''' = \tfrac{1}{2}(u - u' - u'' + u''').$$

J'emprunte aux nombreuses relations entre les fonctions Θ aux arguments u, u', u'', u''' et celles aux arguments v, v', v'', v''' les trois suivantes:

(4.) 　$\Theta(u)\,\Theta(u')\,H_1(u'')\,H_1(u''') + \Theta_1(u)\,\Theta_1(u')\,H(u'')\,H(u''')$
　　　$- H_1(u)\,H_1(u')\,\Theta(u'')\,\Theta(u''') - H(u)\,H(u')\,\Theta_1(u'')\,\Theta_1(u''') = 2\Theta_1(v)\,\Theta_1(v')\,H(v'')\,H(v''')$

(5.) 　$\Theta(u)\,\Theta(u')\,H_1(u'')\,H_1(u''') + \Theta_1(u)\,\Theta_1(u')\,H(u'')\,H(u''')$
　　　$+ H_1(u)\,H_1(u')\,\Theta(u'')\,\Theta(u''') + H(u)\,H(u')\,\Theta_1(u'')\,\Theta_1(u''') = 2\Theta(v)\,\Theta(v')\,H_1(v'')\,H_1(v''')$

(6.) 　$H(u)\,H_1(u')\,\Theta(u'')\,\Theta_1(u''') - \Theta(u)\,\Theta_1(u')\,H(u'')\,H_1(u''')$
　　　$- H_1(u)\,H(u')\,\Theta_1(u'')\,\Theta(u''') + \Theta_1(u)\,\Theta(u')\,H_1(u'')\,H(u''') = 2\Theta_1(v)\,\Theta(v')\,H_1(v'')\,H(v''')$

que d'ailleurs on saurait déduire d'une d'entre elles. On obtiendra le second membre de (1.) pour les deux cas de $+i$ et de $-i$ en posant dans les premiers membres de (4.) et (5.)

$$u = 0, \quad u' = 0, \quad u'' = v \pm ib, \quad u''' = u \pm ia,$$

d'où l'on tire

(7.) 　$MM'[(\alpha) - i(\alpha') - i(\beta) - (\beta')] = -2\Theta_1^2\left(\dfrac{u + v \pm i(a + b)}{2}\right) H^2\left(\dfrac{u - v \pm i(a - b)}{2}\right)$

(8.) 　$MM'[(\alpha) - i(\alpha') + i(\beta) + (\beta')] = 2\Theta^2\left(\dfrac{u + v \pm i(a - b)}{2}\right) H_1^2\left(\dfrac{u - v \pm i(a + b)}{2}\right).$

De la même formule (4.), en y supposant

$$u = ia, \quad u' = ib, \quad u'' = v, \quad u''' = u,$$

on tirera

(9.) 　　　　　　　　$MM'[1 - (\gamma'')]$
　　$= 2\Theta_1\left(\dfrac{u + v \pm i(a + b)}{2}\right)\Theta_1\left(\dfrac{u + v \mp i(a + b)}{2}\right)H\left(\dfrac{u - v \mp i(a - b)}{2}\right)H\left(\dfrac{u - v \pm i(a - b)}{2}\right)$

et, en supposant dans (5.)

$$u = -ia, \quad u' = ib, \quad u'' = v, \quad u''' = u,$$

(10.) 　　　　　　　$MM'[1 + (\gamma'')]$
　　$= 2\Theta\left(\dfrac{u + v \mp i(a - b)}{2}\right)\Theta\left(\dfrac{u + v \pm i(a - b)}{2}\right)H_1\left(\dfrac{u - v \pm i(a + b)}{2}\right)H_1\left(\dfrac{u - v \mp i(a + b)}{2}\right).$

Enfin supposant dans (6.)

$$u = 0, \quad u' = ib, \quad u'' = v, \quad u''' = u + ia,$$

il résultera

(11.) 　　　　　　　$MM'[(\gamma) - i(\gamma')]$
　　$= 2\Theta_1\left(\dfrac{u + v \pm i(a + b)}{2}\right)\Theta_1\left(\dfrac{u + v \pm i(a - b)}{2}\right)H_1\left(\dfrac{u - v \pm i(a + b)}{2}\right)H\left(\dfrac{u - v \pm i(a - b)}{2}\right)$

et, en échangeant a et b, u et v,

(12.)
$$'MM'[(\alpha'')-i(\beta'')]$$
$$= -2\Theta_1\left(\frac{u+v\pm i(a+b)}{2}\right)\Theta\left(\frac{u+v\mp i(a-b)}{2}\right)H_1\left(\frac{u-v\mp i(a+b)}{2}\right)H\left(\frac{u-v\pm i(a-b)}{2}\right).$$

La quantité MM' étant elle même un produit de quatre fonctions Θ, on saura développer les seconds membres des équations précédentes, divisés par MM', en séries suivant les multiples de l'angle $\frac{\pi(u\pm v)}{4K}$. En effet, pour obtenir ce développement, on n'aura besoin que des théorèmes connus sur les fonctions simples appliqués aux fonctions dont le numérateur et le dénominateur sont des produits infinis.

De la même manière qu'ont été exprimés par les trois angles φ, ψ', ϑ les cosinus des angles que les axes principaux du mobile font avec les axes fixes dans l'espace des x, y, z, exprimons par les trois angles analogues (φ), (ψ'), (ϑ) les cosinus des angles que les axes des x'', y'', z'', eux aussi fixes dans le mobile, font avec les mêmes axes.

On aura donc

$$(\alpha) = \cos(\vartheta)\sin(\varphi)\sin(\psi') + \cos(\varphi)\cos(\psi')$$
$$(\alpha') = \cos(\vartheta)\sin(\varphi)\cos(\psi') - \cos(\varphi)\sin(\psi')$$
$$(\alpha'') = -\sin(\vartheta)\sin(\varphi)$$

$$(\beta) = \cos(\vartheta)\cos(\varphi)\sin(\psi') - \sin(\varphi)\cos(\psi')$$
$$(\beta') = \cos(\vartheta)\cos(\varphi)\cos(\psi') + \sin(\varphi)\sin(\psi')$$
$$(\beta'') = -\sin(\vartheta)\cos(\varphi)$$

$$(\gamma) = \sin(\vartheta)\sin(\psi')$$
$$(\gamma') = \sin(\vartheta)\cos(\psi')$$
$$(\gamma'') = \cos(\vartheta),$$

d'où l'on tire

$$(\alpha)-i(\alpha') = [\cos(\varphi)-i\cos(\vartheta)\sin(\varphi)]e^{i(\psi')}$$
$$(\beta)-i(\beta') = [-\sin(\varphi)-i\cos(\vartheta)\cos(\varphi)]e^{i(\psi')}$$

et par suite

$$(\alpha)-i(\alpha')-i(\beta)-(\beta') = [1-\cos(\vartheta)]e^{i[(\psi')+(\varphi)]}$$
$$(\alpha)-i(\alpha')+i(\beta)+(\beta') = [1+\cos(\vartheta)]e^{i[(\psi')-(\varphi)]}.$$

De plus on aura

$$(\gamma)-i(\gamma') = -i\sin(\vartheta)\,e^{i(\psi)}$$
$$(\alpha'')-i(\beta'') = i\sin(\vartheta)\,e^{i(\varphi)}$$
$$(\gamma'') = \cos(\vartheta).$$

De là résultent, en posant

$$\tfrac{1}{2}(u+v) = u', \quad \tfrac{1}{2}(u-v) = u'', \quad \tfrac{1}{2}(a+b) = b' \quad \tfrac{1}{2}(a-b) = b'',$$

les formules remarquables

$$\sqrt{MM'}\sin\tfrac{1}{2}(\vartheta)\,e^{\frac{1}{2}i[(\psi)+(\varphi)]} = i\Theta_1(u'\pm ib')\,H(u''\pm ib'')$$
$$\sqrt{MM'}\cos\tfrac{1}{2}(\vartheta)\,e^{\frac{1}{2}i[(\psi)-(\varphi)]} = \Theta(u'\pm ib'')\,H_1(u''\pm ib')$$
$$-iMM'\sin(\vartheta)\,e^{i(\psi)} = 2\Theta_1(u'\pm ib')\,\Theta(u'\pm ib'')\,H_1(u''\pm ib')\,H(u''\pm ib'')$$
$$iMM'\sin(\vartheta)\,e^{i(\varphi)} = -2\Theta_1(u'\pm ib')\,\Theta(u'\mp ib'')\,H_1(u''\mp ib')\,H(u''\pm ib'')$$
$$MM'\sin^2\tfrac{1}{2}(\vartheta) = \Theta_1(u'\pm ib')\,\Theta_1(u'\mp ib')\,H(u''\pm ib'')\,H(u''\mp ib'')$$
$$MM'\cos^2\tfrac{1}{2}(\vartheta) = \Theta(u'\pm ib'')\,\Theta(u'\mp ib'')\,H_1(u''\pm ib')\,H_1(u''\mp ib').$$

Les deux premières de ces formules étant obtenues par l'extraction d'une racine carrée, il pourrait paraître douteux si l'on doit avoir i ou $-i$ pour facteur du second membre de la première formule; mais comme le produit des deux premières formules fournit la troisième où il n'y a aucune ambiguïté, on voit que ce facteur doit être i tel qu'on l'a posé en supposant que le signe de $\sqrt{MM'}$ soit le même dans les deux formules. Chacune des quatre premières formules embrasse deux équations à la double valeur de i, mais, comme on le voit aisément, les *dix* équations que l'on obtiendra de cette manière pourront être déduites par de simples multiplications de *quatre* d'entre elles, lesquelles résultent des deux premières formules.

Des formules précédentes on tire encore la double expression de

$$MM' = H_1(ia)\,H_1(ib)\,\Theta(u)\,\Theta(v)$$
$$= \Theta_1(u'+ib')\,\Theta_1(u'-ib')\,H(u''+ib'')\,H(u''-ib'')$$
$$+ \Theta(u'+ib'')\,\Theta(u'-ib'')\,H_1(u''+ib')\,H_1(u''-ib').$$

On prouve l'identité de ces deux expressions en ajoutant les formules (4.) et (5.), après avoir posé dans (4.)

$$u = u, \quad u' = v, \quad u'' = ia, \quad u''' = ib$$

et dans (5.)

$$u = u, \quad u' = v, \quad u'' = ia, \quad u''' = -ib.$$

On obtient des deux premières formules

$$(\psi') + (\varphi) = \frac{1}{i} \log \frac{\Theta_1(u' \pm ib') \, H(ib'' \pm u'')}{\Theta_1(u' \mp ib') \, H(ib'' \mp u'')}$$

$$(\psi') - (\varphi) = \frac{1}{i} \log \frac{\Theta(u' \pm ib'') \, H_1(u'' \pm ib')}{\Theta(u' \mp ib'') \, H_1(u'' \mp ib')}$$

ou, si l'on veut,

$$(\psi') + (\varphi) = \frac{1}{i} \log \frac{\Theta_1(u' \pm ib')}{\Theta_1(u' \mp ib')} + \frac{1}{i} \log \frac{H(ib'' \pm u'')}{H(ib'' \mp u'')}$$

$$(\psi') - (\varphi) = \frac{1}{i} \log \frac{\Theta(u' \pm ib'')}{\Theta(u' \mp ib'')} + \frac{1}{i} \log \frac{H_1(u'' \pm ib')}{H_1(u'' \mp ib')} \, .$$

D'après ce qu'on a remarqué dans le premier mémoire les deux logarithmes

$$\frac{1}{i} \log \frac{\Theta_1(u' \pm ib')}{\Theta_1(u' \mp ib')}, \qquad \frac{1}{i} \log \frac{\Theta(u' \pm ib'')}{\Theta(u' \mp ib'')}$$

sont des fonctions du temps périodiques, mais les deux autres logarithmes

$$\frac{1}{i} \log \frac{H(ib'' \pm u'')}{H(ib'' \mp u'')}, \qquad \frac{1}{i} \log \frac{H_1(u'' \pm ib')}{H_1(u'' \mp ib')}$$

ajoutés à ceux-ci dans les équations précédentes contiennent chacun une partie proportionnelle à u'' et, par suite, croissante avec le temps. Cherchons la partie non périodique dans ces deux expressions.

On remarquera, pour cela, que les quantités a et b étant supposées l'une et l'autre positives et plus petites que K', la quantité $b' = \frac{1}{2}(a+b)$ sera aussi positive et plus petite que K'. Or, on a donné dans le premier mémoire les formules

$$\frac{1}{2i} \log \frac{\Theta(u - ia')}{\Theta(u + ia)} + \frac{1}{2i} \log \frac{H(ia - u)}{H(ia + u)} = \frac{\pi u}{2K}$$

$$\frac{1}{2i} \log \frac{\Theta_1(u - ia')}{\Theta_1(u + ia')} + \frac{1}{2i} \log \frac{H_1(u - ia)}{H_1(u + ia)} = \frac{\pi u}{2K}$$

dans lesquelles l'argument a et par suite aussi $a' = K' - a$ doit être positif et plus petit que K'. Ces formules font voir que, *a étant une quantité positive plus petite que K' quelconque, la partie non périodique des deux quantités*

$$\frac{1}{2i} \log \frac{H(ia - u)}{H(ia + u)}, \quad \frac{1}{2i} \log \frac{H_1(u - ia)}{H_1(u + ia)}$$

est $\frac{\pi u}{2K}$. Désignons cette partie du nom *de terme séculaire.* Il suit de la proposition précédente que le terme séculaire de $(\psi') - (\varphi)$ est $\mp \frac{\pi u''}{K}$ et que celui de
$(\psi') + (\varphi)$ sera ou $\mp \frac{\pi u''}{K}$ ou $\pm \frac{\pi u''}{K}$, selon que b'' est positif ou négatif, c'est à
dire selon que $b > a$ ou $b < a$. D'où suit que des deux angles (ψ') et (φ) l'un
sera périodique, l'autre contiendra un terme séculaire $u'' = \frac{1}{2}(u - v)$. *Lorsque*
$b > a$, *l'angle* (φ) *sera périodique et le terme séculaire de* (ψ') *sera* $\mp \frac{\pi u''}{K} = \mp \frac{\pi(u - v)}{2K}$,
lorsque $b < a$ *l'angle* (ψ') *sera périodique et le terme séculaire de* (φ) *sera*
$\pm \frac{\pi u''}{K} = \pm \frac{\pi(u - v)}{2K}$.

Remarquons d'ailleurs que les développements en séries infinies des angles
(φ) et (ψ'), abstraction faite des termes séculaires $\pm \frac{\pi(u - v)}{2K}$, ne contiennent
pas de constantes, ou que les développements des fonctions $\log \Theta$ et $\log \Theta_1$
jouissent des trois propriétés d'être périodiques, de ne contenir pas de terme
constant et de s'évanouir en même temps que le module.

Dans le cas de $b = a$, ou de $b' = a$, $b'' = 0$, il viendra

$$(\psi') + (\varphi) = \frac{1}{i} \log \frac{\Theta_1\left(\frac{u + v}{2} \pm ia'\right)}{\Theta_1\left(\frac{u + v}{2} \mp ia\right)} + \pi$$

$$(\psi') - (\varphi) = \frac{1}{i} \log \frac{H_1\left(\frac{u - v}{2} \pm ia\right)}{H_1\left(\frac{u - v}{2} \mp ia\right)} = \frac{1}{i} \log \frac{\Theta_1\left(\frac{u - v}{2} \mp ia'\right)}{\Theta_1\left(\frac{u - v}{2} \pm ia'\right)} \mp \frac{\pi(u - v)}{2K}.$$

Donc dans le cas de $b = a$, les termes séculaires de (ψ') et de (φ) seront
respectivement $\mp \frac{\pi(u - v)}{4K}$ et $\pm \frac{\pi(u - v)}{4K}$. Si l'on veut que ces termes renferment
aussi la constante tout entière du développement, il y faudra ajouter encore l'angle
droit $\frac{1}{2}\pi$.

L'axe des x étant supposé faire dans le plan invariable une rotation uniforme autour du point fixe avec la vitesse angulaire $-\Psi$, et (ψ') désignant
l'angle que l'intersection du plan des x'', y'' avec le plan invariable fait avec
l'axe des x, ou que la projection de l'axe des z'' sur ce même plan fait avec
l'axe des y, le mouvement moyen de l'intersection du plan des x'', y'' avec le
plan invariable ou de la projection sur ce plan de l'axe des z'' sera respective-

ment dans les trois cas de $b > a$, $b < a$, $b = a$, en rejetant les termes constants,

$$-\left(\Psi \pm \frac{\pi}{T}\right)t, \quad -\Psi t, \quad -\left(\Psi \pm \tfrac{1}{2}\frac{\pi}{T}\right)t.$$

Or, lorsque $b = a$ et pour un temps satisfaisant à l'équation

$$v = u = n(t - t_0),$$

on aura

$$(\alpha'') = \alpha'', \quad (\beta'') = \beta'', \quad (\gamma'') = \gamma'',$$

donc, pour ce temps, les axes des z'' et des z feront avec les axes des x', y', z' les mêmes angles. Donc, lorsque $b = a$, l'axe des z'' sera la droite fixe dans l'intérieur du mobile laquelle au temps

$$t = \frac{v}{n} + t_0$$

coincidera avec l'axe des z ou avec la perpendiculaire au plan invariable. Donc toutes les droites fixes dans l'intérieur du corps seront situées dans ce cône du second ordre, lieu des droites dans lesquelles le mobile pendant sa rotation sera traversé par la perpendiculaire au plan invariable. (Poisson, *Mécanique* II. p. 152.) Ce cône séparera les deux espaces du mobile dans lesquels se trouvent respectivement les droites pour lesquelles on a $b > a$ et $b < a$ et, par suite, les droites dont les projections sur le plan invariable ont respectivement les mouvements moyens

$$-\left(\Psi \pm \frac{\pi}{T}\right)t \text{ et } -\Psi t,$$

et comme l'axe des z' est situé dans l'intérieur de ce cône, dont il est l'axe proprement dit, et qu'on a vu que la projection sur le plan invariable de cet axe a le mouvement moyen $-\Psi t$, il suit

1) que les projections sur le plan invariable de toutes les droites situées en dehors de ce cône ont le mouvement moyen $-\left(\Psi \pm \frac{\pi}{T}\right)t$,

2) que les projections sur le plan invariable de toutes les droites situées dans l'intérieur de ce cône ont le mouvement moyen $-\Psi t$,

3) que les projections sur le plan invariable de toutes les droites situées sur la surface même de ce cône ont le mouvement moyen $-\left(\Psi \pm \frac{\pi}{2T}\right)t$, moyen arithmétique entre les deux rotations moyennes précédentes.

60 *

Supposons $\varepsilon = +1$ ou $\varepsilon = -1$ selon qu'on a $b > a$ ou $b < a$ ou selon que l'axe des z'' soit au dehors ou au dedans du cône séparateur. Soit de plus

$$\frac{\pi u}{2K} = x, \quad \frac{\pi v}{2K} = x_0, \quad \frac{\pi a}{2K} = \tfrac{1}{2}c \log\frac{1}{q}, \quad \frac{\pi b}{2K} = \tfrac{1}{2}c_0 \log\frac{1}{q},$$

$$\tfrac{1}{2}(x + x_0) = x_1, \quad \tfrac{1}{2}(x - x_0) = x_2, \quad \tfrac{1}{2}(c + c_0) = b_1, \quad \tfrac{1}{2}(c - c_0) = b_2,$$

il viendra d'après les formules précédentes et celles qui ont été données dans le journal de Crelle Vol. 39, p. 345 (p. 345 de ce volume)

$$\mp[(\psi') + (\varphi)] = \varepsilon x_2 + 2\sum\left(\operatorname{arc\,tg}\frac{q^{k-b_1}\sin 2x_1}{1 + q^{k-b_1}\cos 2x_1} - \operatorname{arc\,tg}\frac{q^{k+b_1}\sin 2x_1}{1 + q^{k+b_1}\cos 2x_1}\right)$$

$$+ 2\varepsilon\sum\left(\operatorname{arc\,tg}\frac{q^{k+b_2-1}\sin 2x_2}{1 - q^{k+b_2-1}\cos 2x_2} - \operatorname{arc\,tg}\frac{q^{k-b_2+1}\sin 2x_2}{1 - q^{k-b_2+1}\cos 2x_2}\right)$$

$$\mp[(\psi') - (\varphi)] = x_2 - 2\varepsilon\sum\left(\operatorname{arc\,tg}\frac{q^{k-b_1}\sin 2x_1}{1 - q^{k-b_1}\cos 2x_1} - \operatorname{arc\,tg}\frac{q^{k+b_1}\sin 2x_1}{1 - q^{k+b_1}\cos 2x_1}\right)$$

$$- 2\sum\left(\operatorname{arc\,tg}\frac{q^{k+b_1-1}\sin 2x_2}{1 + q^{k+b_1-1}\cos 2x_2} - \operatorname{arc\,tg}\frac{q^{k-b_1+1}\sin 2x_2}{1 + q^{k-b_1+1}\cos 2x_2}\right),$$

en donnant à k toutes les valeurs des nombres impairs 1, 3, 5 etc.

B.

NOUVELLE THÉORIE DE LA ROTATION D'UN CORPS DE RÉVOLUTION GRAVE SUSPENDU EN UN POINT QUELCONQUE DE SON AXE.

Du diviseur attaché à une intégrale elliptique de la troisième espèce.

L'analyse dont je me suis servi dans un mémoire antérieur, »*sur la rotation d'un corps quelconque non soumis à des forces accélératrices*«, et laquelle a conduit à de nouveaux résultats définitifs et d'une grande simplicité, est fondée principalement sur la valeur particulière de la constante par laquelle est divisée l'intégrale elliptique de la troisième espèce, laquelle détermine l'angle entre la projection sur le plan invariable de l'un des axes principaux du corps et une droite fixe menée dans ce même plan.

Ayant en effet exécuté l'intégration par le moyen d'un de mes théorèmes sur les fonctions elliptiques, on a trouvé la valeur de l'intégrale égale à la somme

---

Note de l'éditeur. On peut distinguer dans les deux mémoires B et C sur la rotation d'un corps de révolution grave trois compositions différentes. Le mémoire C paraît fait avant l'autre; c'est dans celui-là que l'analyse est poussée le plus loin et à-peu-près achevée, tandisque l'auteur n'y a pas développé la théorie *du diviseur attaché à une intégrale elliptique de la troisième espèce*, mais s'est borné à n'en donner que les résultats. Le mémoire B a été écrit plus tard. Dans sa seconde partie, il contient la théorie complète du dit diviseur, dans sa première qui semble être composée après la seconde et qui finit par les mots: „Voici les calculs qui ont conduit à ces résultats" est énoncé après l'introduction le théorème remarquable que la rotation d'un corps de révolution grave autour d'un point quelconque de son axe peut être remplacée par le mouvement relatif de deux corps non soumis à des forces accélératrices. C'est ce qui explique la répétition presque littérale de plusieurs passages de ces deux mémoires. L'examen des deux manuscrits fait connaître que Jacobi a voulu sans doute réunir dans un seul mémoire toute la théorie du problème de Lagrange et qu'il en a été empêché par sa mort prématurée. C'est pour ces raisons que l'éditeur a cru devoir placer le mémoire B avant le mémoire C, quoiqu'il soit écrit plus tard.

de deux termes dont l'un est simplement proportionnel au temps et l'autre une quantité logarithmique

$$\frac{1}{2i} \log \frac{\Theta(u+ia)}{\Theta(u-ia)},$$

i étant l'unité imaginaire $\sqrt{-1}$, a une constante et u la variable proportionnelle au temps. Dans ce second terme, le logarithme se trouvant précisément divisé par $2i$ et par nulle autre constante, on doit à cette circonstance favorable tout le succès des calculs entrepris dans le mémoire cité ci-dessus.

Il est vrai que, si l'on avait voulu se contenter de pouvoir évaluer en secondes et parties de seconde pour toute valeur donnée du temps l'angle que l'on a déterminé par l'intégrale elliptique de la troisième espèce, sa valeur donnée par l'équation

$$\psi = -n'u + \frac{1}{2i} \log \frac{\Theta(u+ia)}{\Theta(u-ia)}$$

en aurait fourni les moyens suffisants, et la difficulté de ces évaluations numériques ne se serait accrue en aucune façon, lors même que cette valeur aurait été divisée encore par quelque constante. Mais en s'arrêtant là et en ne profitant pas de la valeur particulière $2i$ du diviseur du logarithme, on aurait laissé incomplète la solution du problème mécanique et fait tort à l'analyse des fonctions elliptiques. Ce diviseur $2i$ du logarithme faisant recouvrir à la valeur de l'angle

$$\psi + n'u = \psi'$$

la forme même de l'expression d'un angle par sa tangente

$$\psi' = \frac{1}{2i} \log \frac{1+i\,\mathrm{tg}\,\psi'}{1-i\,\mathrm{tg}\,\psi'} = \frac{1}{2i} \log \frac{\Theta(u+ia)}{\Theta(u-ia)},$$

on a pu rationnellement exprimer cette tangente par la formule

$$\mathrm{tg}\,\psi' = \frac{\Theta(u+ia) - \Theta(u-ia)}{i[\Theta(u+ia) + \Theta(u-ia)]}$$

et en tirer les valeurs du $\cos\psi'$ et $\sin\psi'$

$$\cos\psi' = \frac{\Theta(u+ia) + \Theta(u-ia)}{2\sqrt{\Theta(u+ia)\,\Theta(u-ia)}}$$

$$\sin\psi' = \frac{\Theta(u+ia) - \Theta(u-ia)}{2i\sqrt{\Theta(u+ia)\,\Theta(u-ia)}},$$

lesquelles ayant été substituées et introduites dans le calcul algébrique, on est

parvenu à des expressions simples et rationnelles des *neuf* cosinus mêmes des angles entre les deux systèmes d'axes de coordonnées, l'un fixe, l'autre mobile, et a poussé ainsi jusqu'au bout la solution du problème mécanique proposé.

On appellera *diviseur attaché à une intégrale elliptique de la troisième espèce* la constante par laquelle est divisée la partie logarithmique de la valeur de l'intégrale. De ce qu'on vient d'exposer il résulte que, lorsque dans la composition des quantités cherchées d'un problème entrent le sinus et cosinus d'un angle et que l'on est parvenu à déterminer cet angle par une intégrale elliptique de la troisième espèce, ce qu'il y aura de plus important à rechercher dès le premier abord, ce sera ce diviseur attaché à l'intégrale, puisque sa valeur fait entrevoir, s'il est convenable de pousser plus loin l'analyse générale, ou s'il faudra se borner aux calculs approximatifs et aux évaluations numériques.

L'intégrale elliptique de la troisième espèce étant réduite à sa forme normale ou canonique

$$\int \frac{a + b\sin^2\varphi}{1 + n\sin^2\varphi} \cdot \frac{d\varphi}{\sqrt{1 - k^2\sin^2\varphi}},$$

le diviseur qui y est attaché sera donné par les formules lesquelles en expriment la valeur par les fonctions Θ. Mais lors même que l'intégrale se présente sous la forme plus compliquée dans laquelle sous le radical se trouve une fonction entière quelconque du 3ième ou du 4ième degré, le diviseur attaché à cette intégrale pourra être obtenu de la plus simple manière et sans qu'on ait besoin de passer par ces discussions de racines et de limites et ces substitutions et intégrations plus ou moins pénibles qui pourraient être nécessaires pour en effectuer la réduction préalable à cette forme normale. Comme ce ne peut être ici le lieu de traiter à fond cette matière importante et qui devra être l'objet d'un travail particulier, je me bornerai à énoncer la proposition générale que

$F(x)$ désignant une fonction entière quelconque de x du 3ième ou du 4ième degré, à l'intégrale

$$\int \frac{bx + c}{x - a} \cdot \frac{dx}{\sqrt{F(x)}}$$

sera attaché le diviseur

$$\frac{\sqrt{F(a)}}{ba + c},$$

d'où l'on tire le corollaire

que, u étant une fonction entière quelconque de x du $2^{\text{ième}}$ ou $3^{\text{ième}}$ degré, à l'intégrale

$$\int \frac{bx+c}{2(x-a)} \cdot \frac{dx}{\sqrt{(x-a)u-(bx+c)^2}}$$

sera attaché le diviseur $2i$.

Après avoir développé les nouveaux perfectionnements que l'analyse des fonctions elliptiques peut apporter à la théorie de la rotation d'un corps non soumis à des forces accélératrices, j'ai examiné, à l'invitation de mon illustre ami M. Dirichlet, les formules par lesquelles Lagrange a ramené aux quadratures le problème de la rotation d'un corps de révolution grave autour d'un point quelconque de son axe. On voit, par ces formules, que les angles que l'intersection de l'équateur mobile du corps avec le plan horizontal fait avec des droites fixes menées dans ces deux plans, sont respectivement égaux à la somme et à la différence de deux intégrales elliptiques de la troisième espèce dans l'expression desquelles on a sous le radical une fonction entière du $3^{\text{ième}}$ degré non résolue en facteurs. Pourqu'il fût possible d'appliquer à ce problème une analyse analogue à celle dont on fait usage dans la théorie de la rotation d'un corps qui n'est sollicité par aucune force accélératrice, il fallait, comme dans cette dernière théorie, qu'aux intégrales de la troisième espèce équivalentes aux angles soit attaché le diviseur $2i$. C'est ce qui a effectivement lieu, comme, sans entrer dans aucun calcul, on a pu reconnaître par le moyen des propositions générales précédentes. On a donc cru devoir essayer, dans le problème de Lagrange, comme dans celui de d'Alembert et d'Euler, à établir les valeurs définitives des *neuf* cosinus des angles que forment entr'eux les deux systèmes d'axes de coordonnées, et l'on a trouvé, de même que dans ce dernier problème, que toutes ces neuf valeurs sont exprimées au moyen des fonctions Θ par des fractions rationnelles douées du même dénominateur.

En examinant, depuis, de plus près la manière de laquelle sont composés les différents numérateurs de ces fractions, on est parvenu à ce résultat nouveau et inattendu que

la rotation proposée d'un corps de révolution grave autour d'un point quelconque de son axe peut être remplacée par le mouvement relatif de deux corps non soumis à des forces accélératrices, tournant autour d'un même point fixe et jouissant, dans

leurs mouvements de rotation, du même plan invariable et du même mouvement oscillatoire moyen.

Le problème de Lagrange est donc ramené au problème, qui désormais doit être considéré comme élémentaire, de la rotation d'un corps suspendu par un point fixe et mû par le seul effet d'une impulsion primitive.

Voici les calculs qui ont conduit à ces résultats.

Étant proposé une intégrale elliptique de la troisième espèce

$$\int_0^\varphi \frac{c+e\sin^2\varphi}{a+b\sin^2\varphi} \cdot \frac{d\varphi}{\sqrt{1-k^2\sin^2\varphi}},$$

on sait que l'on peut exécuter l'intégration au moyen de la fonction Θ et que l'on trouvera l'intégrale égale à une expression de la forme

$$fu + \frac{1}{g}\log\frac{\Theta(u+a)}{\Theta(u-a)},$$

étant posé

$$\varphi = \operatorname{am} u.$$

Je nommerai cette expression *la valeur* de l'intégrale et la seconde partie de cette valeur

$$\frac{1}{g}\log\frac{\Theta(u+a)}{\Theta(u-a)},$$

la partie logarithmique de la valeur de l'intégrale ou, plus simplement, *la partie logarithmique de l'intégrale,* non obstant que cette partie a le caractère d'un arc de cercle, lorsque a est une constante réelle multipliée par l'unité imaginaire $\sqrt{-1} = i$, ou le caractère mixte d'une somme d'un arc et d'un logarithme, lorsque a est une constante imaginaire quelconque.

On pourra supposer, dans tous les cas, que la partie de a multipliée par l'unité imaginaire soit contenue entre $-K'$ et $+K'$ et alors la partie logarithmique de l'intégrale sera en même temps sa partie périodique, ou qu'elle ne changera pas de valeur, φ étant augmenté de π ou u de $2K$, ce dont on pourra se convaincre par le développement en série.

Lorsqu'il ne s'agit que d'évaluer en nombres une intégrale elliptique de la troisième espèce, rien n'est plus indifférent que la valeur particulière d'une constante par laquelle on multiplierait ou diviserait cette intégrale et de laquelle dépendrait aussi la constante g par laquelle sera divisée sa partie logarithmique.

Mais lorsqu'on veut savoir s'il était possible de pousser plus loin l'analyse du problème, en introduisant la valeur de l'intégrale dans le calcul algébrique, c'est au contraire la constante particulière qui en divise la partie logarithmique, laquelle décidera seule et catégoriquement de cette question.

Supposons, en effet, que la quantité égalée à l'intégrale elliptique de la troisième espèce soit elle même un logarithme divisé par une constante, si cette constante est égale à celle qui divise la partie logarithmique de l'intégrale, les deux quantités sous le signe logarithmique ne différeront entre elles que d'un simple facteur e^{fn}. Lors donc que la quantité dont le logarithme est donné par une intégrale elliptique de la troisième espèce est une des quantités simples qui entrent comme des éléments dans le calcul algébrique, on pourra poursuivre ce calcul avec la valeur de cette quantité

$$\frac{\Theta(u+a)}{\Theta(u-a)} \cdot e^{fqu},$$

valeur laquelle à cause des nombreuses propriétés de la fonction Θ se prête aisément aux différentes opérations de l'analyse. Mais si les diviseurs constants des deux logarithmes sont différents entre eux, la quantité dont le logarithme est exprimé par une intégrale elliptique de la troisième espèce sera égale à une *puissance* de la valeur précédente, ceci pourra empêcher, dans la plupart des cas, de poursuivre avec succès le calcul algébrique.

La même chose aura lieu lorsque la quantité exprimée par une intégrale elliptique de la troisième espèce est un angle dont le sinus et cosinus entrent dans les formules du problème. Nommant w cet angle et mettant ia au lieu de a, ig au lieu de g, pour avoir la forme des intégrales au caractère trigonométrique, on tirera de l'équation

$$w = fu + \frac{1}{ig} \log \frac{\Theta(u+ia)}{\Theta(u-ia)}$$

ces autres débarrassées du logarithme et par lesquelles on connaîtra le sinus et cosinus mêmes dont on a besoin,

$$\cos(w-fu) = \frac{1}{2}\left\{\frac{\Theta(u+ia)}{\Theta(u-ia)}\right\}^{\frac{1}{g}} + \frac{1}{2}\left\{\frac{\Theta(u-ia)}{\Theta(u+ia)}\right\}^{\frac{1}{g}}$$

$$\sin(w-fu) = \frac{1}{2i}\left\{\frac{\Theta(u+ia)}{\Theta(u-ia)}\right\}^{\frac{1}{g}} - \frac{1}{2i}\left\{\frac{\Theta(u-ia)}{\Theta(u+ia)}\right\}^{\frac{1}{g}}$$

et l'on voit que le succès de calculs ultérieurs que l'on pourrait entreprendre après avoir substitué ces valeurs, dépendra entièrement ou en grande partie de la valeur de g ou du diviseur de la partie logarithmique de l'intégrale. C'est ainsi que, dans mon mémoire sur la rotation d'un corps quelconque non soumis à des forces accélératrices, après avoir exprimé par une intégrale elliptique de la troisième espèce l'angle qui détermine la projection sur le plan invariable de l'un des axes principaux du corps, on a profité de la circonstance que le diviseur de la partie logarithmique de l'intégrale a été trouvé égal à $2i$ pour pousser jusqu'au bout la solution du problème, ce qui a fait découvrir des formules définitives d'une simplicité inattendue. Assurément, si l'on avait voulu se contenter de pouvoir évaluer, avec assez d'aisance, en secondes et parties de seconde, pour toute valeur donnée du temps, l'angle ramené par la dite intégrale, il aurait suffi d'exprimer la valeur de cette intégrale par les fonctions Θ, mais en s'arrêtant là, on aurait méconnu la vertu et la portée de l'analyse mathématique.

D'après ce qu'on vient de dire, il paraît convenable de distinguer par un nom particulier la constante qui divise la partie logarithmique de la valeur d'une intégrale elliptique de la troisième espèce; c'est pourquoi on nommera cette constante, dans ce qui suit, *le diviseur attaché à cette intégrale*.

Il résulte de la définition de ce diviseur qu'il ne changera pas de valeur, lorsqu'on ajoute à l'intégrale elliptique de la troisième espèce à laquelle il est attaché une intégrale elliptique quelconque de la première espèce.

On remarquera, de plus, que d'après la même définition c'est seulement la valeur absolue du diviseur qui est déterminée, ou que dans l'expression

$$\frac{1}{g} \log \frac{\Theta(u+a)}{\Theta(u-a)}$$

il est permis de changer g en $-g$ pourvu qu'on change en même temps a en $-a$. Le signe de a étant fixé, il sera facile dans tous les cas de fixer aussi le signe du diviseur g, puisqu'il ne s'agira alors que de choisir la valeur d'une intégrale indéfinie donnée entre deux quantités opposées.

La notion du diviseur peut être généralisé de la manière suivante:

Soit proposée une intégrale résoluble en plusieurs intégrales elliptiques de la troisième espèce et supposons qu'à toutes ces intégrales soit attaché le même diviseur g. Leurs valeurs auront donc la forme

61 *

$$fu + \frac{1}{g} \log \frac{\Theta(u+a)}{\Theta(u-a)}, \quad f'u + \frac{1}{g} \log \frac{\Theta(u+a')}{\Theta(u-a')}, \quad f''u + \frac{1}{g} \log \frac{\Theta(u+a'')}{\Theta(u-a'')}, \quad \text{etc.}$$

d'où l'on tire la valeur de l'intégrale proposée

$$(f+f'+f''+\cdots)u + \frac{1}{g} \log \frac{\Theta(u+a)\,\Theta(u+a')\,\Theta(u+a'')\cdots}{\Theta(u-a)\,\Theta(u-a')\,\Theta(u-a'')\cdots}.$$

Ayant appelé diviseur attaché à une intégrale elliptique de la troisième espèce la constante divisant la partie logarithmique de sa valeur, on appèlera, de même, diviseur attaché à l'intégrale proposée, la constante g divisant, dans l'expression précédente, le logarithme du produit

$$\frac{\Theta(u+a)}{\Theta(u-a)} \cdot \frac{\Theta(u+a')}{\Theta(u-a')} \cdot \frac{\Theta(u+a'')}{\Theta(u-a'')} \cdots,$$

de sorte qu'un même diviseur attaché à plusieurs intégrales elliptiques de la troisième espèce, à la même amplitude mais aux paramètres différents, sera appelé aussi le diviseur attaché à l'intégrale équivalente à la somme de ces intégrales, lesquelles d'ailleurs, dans cette somme, pourront être prises avec des signes arbitraires. Et lorsque, dans un problème proposé, l'on aura exprimé, par une pareille intégrale-somme, un logarithme dont le nombre, ou un arc dont le sinus et cosinus entrent algébriquement dans les formules du problème, ce sera encore la valeur du diviseur attaché à cette intégrale-somme, qu'il importera le plus de connaître puisque de cette valeur dépendra le succès des calculs ultérieurs.

Passons à présent à établir quelques formes générales des intégrales par lesquelles on saura trouver, sans aucun calcul, la valeur du diviseur qui y est attaché. On choisira de préférence, dans ces exemples, des intégrales douées du caractère trigonometrique et dont le diviseur sera i ou $2i$.

1°. Dans le mémoire cité ci-dessus on a réuni dans un même tableau *seize* intégrales elliptiques de la troisième espèce au caractère trigonométrique présentées sous forme canonique

$$\int \frac{c+e\sin^2\varphi}{a+b\sin^2\varphi} \cdot \frac{d\varphi}{\sqrt{1-k^2\sin^2\varphi}},$$

auxquelles est attaché le diviseur $\frac{1}{2i}$. On y a réuni, dans un autre tableau, *huit* intégrales de la troisièm espèce au caractère logarithmique et présentées sous la même forme canonique, auxquelles est attaché le diviseur $\frac{1}{2}$. Au moyen des formules établies dans ces deux tableaux on trouvera aisément le diviseur

attaché à une intégrale elliptique de la troisième espèce dans tous les cas où cette intégrale est réduite à sa forme canonique.

Mais lorsque l'intégrale de la troisième espèce a la forme plus compliquée

$$\int \frac{lx+m}{yx+h} \cdot \frac{dx}{\sqrt{F(x)}},$$

où $F(x)$ est une fonction de x du 3ième ou du 4ième degré, la réduction de cette intégrale à sa forme canonique pourra être embarrassante à cause de la discussion qu'elle exige des racines d'une équation du 3ième ou du 4ième degré. Or, comme on doit être impatient de connaître le diviseur qui y est attaché, afin qu'on puisse juger préalablement et du premier abord de la possibilité de poursuivre avec succès l'analyse générale du problème, on pourra désirer d'avoir des moyens pour le déterminer sans qu'on ait besoin d'exécuter la réduction plus ou moins pénible de l'intégrale à sa forme canonique. Voici quelques principes simples qui y pourront conduire et qui sont susceptibles d'applications plus générales.

Partons d'une formule quelconque des deux tableaux présentés dans le mémoire cité (p. 341 et p. 349 de ce vol.), par exemple de la seconde formule du tableau relatif aux intégrales elliptiques de la troisième espèce et au caractère trigonométrique,

$$\int_0^u \frac{\sin am(ia)\cos am(ia)\,\Delta\,am(ia)\,du}{i[\sin^2 am\,u - \sin^2 am(ia)]} = \frac{d\log H(ia')}{da'}u + \frac{1}{2i}\log\frac{\Theta(u+ia')}{\Theta(u-ia')}.$$

Posant

$$y = \sin^2 am\,u, \qquad \alpha = \sin^2 am(ia), \qquad f(y) = y(1-y)(1-k^2y)$$

l'intégrale proposée deviendra

$$\int \frac{\sqrt{f(\alpha)}\,dy}{2i(y-\alpha)\sqrt{f(y)}}.$$

D'où suit que le diviseur attaché à l'intégrale

$$\int \frac{dy}{(y-\alpha)\sqrt{f(y)}}$$

est $\sqrt{f(\alpha)}$. On déduit de là la proposition générale qu'étant posé

$$f(y) = y(1-y)(1-k^2y)$$

la valeur du diviseur attaché à l'intégrale

$$\int \frac{cy+e}{ay+b}\,\frac{dy}{\sqrt{f(y)}}$$

laquelle sera désignée par D est égale à

$$D = \frac{a\sqrt{f(y)}}{cy+e}$$

en y substituant la valeur de y pour laquelle $ay+b=0$. Or cette expression de D restera la même, quand même $f(y)$ aura la forme la plus générale d'une fonction entière du 4ième degré. C'est ce qu'on prouvera de la manière suivante:

Supposons que l'on ait transformé l'intégrale précédente au moyen de la substitution bien connue

$$y = \frac{p+qx}{r+sx}$$

dans une autre

$$\int \frac{lx+m}{gx+h} \cdot \frac{dx}{\sqrt{F(x)}} = \int \frac{cy+e}{ay+b} \cdot \frac{dy}{\sqrt{f(y)}},$$

où $F(x)$ sera une fonction entière du 4ième degré. Puisque dans les deux expressions sous le signe intégrale, l'une proposée, l'autre transformée, les deux dénominateurs $ay+b$ et $gx+h$ devront s'évanouir en même temps, et que dans l'expression de D par y on doit substituer la valeur de y pour laquelle $ay+b=0$, on devra dans l'expression de D par x substituer la valeur de x pour laquelle $gx+h=0$. Or, en rejetant comme évanouissantes les quantités multipliées par $ay+b$, on aura

$$\frac{d \cdot \frac{(ay+b)\sqrt{f(y)}}{cy+e}}{dy} = D = \frac{a\sqrt{f(y)}}{cy+e}.$$

En substituant dans cette expression de D l'équation différentielle laquelle a fourni la transformation de l'intégrale,

$$\frac{cy+e}{ay+b} \cdot \frac{dy}{\sqrt{f(y)}} = \frac{lx+m}{gx+h} \cdot \frac{dx}{\sqrt{F(x)}},$$

il viendra

$$D = \frac{d\left(\frac{(gx+h)\sqrt{F(x)}}{lx+m} \cdot \frac{dy}{dx} \right)}{dy},$$

ou si, après la différentiation, l'on rejette comme évanouissantes les quantités multipliées par $gx+h$

$$D = \frac{d\left(\frac{(gx+h)\sqrt{F(x)}}{lx+m}\right)}{dx} = \frac{g\sqrt{F(x)}}{lx+m}.$$

Le *diviseur attaché* à l'intégrale irréduite

$$\int \frac{lx+m}{gx+h} \cdot \frac{dx}{\sqrt{F(x)}}$$

sera donc égal à l'expression

$$\frac{g\sqrt{F(x)}}{lx+m},$$

en y substituant la valeur de x donnée par l'équation $gx+h=0$, c'est ce qu'il fallait démontrer.

Pour que la substitution dont on a fait usage précédemment soit réelle, il faut que la fonction $F(x)$ soit résoluble en quatre facteurs linéaires réels. Mais cette restriction ne saura empêcher que le diviseur attaché à l'intégrale elliptique de la troisième espèce.

$$\int \frac{lx+m}{gx+h} \cdot \frac{dx}{\sqrt{F(x)}}$$

ne soit donné par l'expression précédente, quelque soit la fonction entière du 4ième degré qui se trouve sous le radical.

1°. Supposons que l'intégrale proposée soit

$$\int \frac{lx+m}{gx+h} \cdot \frac{dx}{\sqrt{(gx+h)u-\left(\frac{lx+m}{g}\right)^2}},$$

u étant une fonction entière de x du troisième degré, le diviseur attaché à cette intégrale sera i. En effet, en nommant toujours D le diviseur cherché, si l'on fait

$$F(x) = (gx+h)u - \left(\frac{lx+m}{g}\right)^2,$$

on aura d'après la proposition générale qu'on vient d'établir

$$D = \frac{g\sqrt{F(x)}}{lx+m}$$

en substituant la valeur de x tirée de l'équation $gx + h = 0$. Mais pour cette valeur de x on a

$$\sqrt{F(x)} = i\frac{lx+m}{g}$$

d'où suit $D = i$, c'est ce qu'il fallait démontrer.

2°. Soient $\varphi(x)$ et u deux fonctions quelconques de x du second degré, le diviseur attaché à l'intégrale

$$\int \frac{(lx+m)\,\varphi'(x)}{\varphi(x)} \cdot \frac{dx}{\sqrt{u\varphi(x) - (lx+m)^2}}$$

où l'on a posé $\varphi'(x) = \dfrac{d\varphi(x)}{dx}$, sera i.

En effet, soit

$$\varphi(x) = g(x+h)(x+h')$$
$$u\varphi(x) - (lx+m)^2 = F(x)$$

l'intégrale proposée sera égale à la somme des deux intégrales

$$\int \frac{lx+m}{x+h} \cdot \frac{dx}{\sqrt{F(x)}}, \qquad \int \frac{lx+m}{x+h'} \cdot \frac{dx}{\sqrt{F(x)}},$$

et les diviseurs attachés à l'une et l'autre seront donnés par l'expression

$$\frac{\sqrt{F(x)}}{lx+m},$$

en y substituant la valeur de x tirée respectivement des équations

$$x + h = 0, \qquad x + h' = 0;$$

mais pour l'une et l'autre équation on a

$$\sqrt{F(x)} = i(lx+m),$$

donc l'un et l'autre diviseur sera i, et, par suite, i sera aussi le diviseur attaché à l'intégrale-somme proposée, c'est ce qu'il fallait démontrer.

Par le même raisonnement on trouve que i est le diviseur attaché à l'intégrale précédente, lorsque $\varphi(x)$ est une fonction de x entière du 3ième degré et u une fonction de x linéaire, ou lorsque $\varphi(x)$ est une fonction de x du 4ième degré et u une constante. Dans tous ces cas le diviseur restera le même, quand même la fonction $\varphi(x)$ et celle qui se trouve sous le radical ne sauront être résolues en facteurs linéaires réels.

3°. Soient u, v, w trois fonctions quelconques de x du second degré et a une constante, on trouve encore, au moyen de la proposition générale, que i est le diviseur attaché à l'intégrale

$$\int \frac{u\left(w\frac{dv}{dx} - v\frac{dw}{dx}\right)}{vw} \cdot \frac{dx}{\sqrt{avw - u^2}}.$$

Remarquons d'abord que, w et v étant deux fonctions entières de x, le degré de l'expression

$$w\frac{dv}{dx} - v\frac{dw}{dx}$$

sera inférieur de deux unités ou d'une unité seulement à celle de vw, selon que v et w sont du même degré ou de degré différent. On voit donc que, u, v, w étant du second degré, le numérateur de la fraction

$$\frac{u\left(w\frac{dv}{dx} - v\frac{dw}{dx}\right)}{vw}$$

ne sera pas plus élevé que le dénominateur. On peut donc résoudre cette fraction en fractions simples et une constante, laquelle pourra être rejetée puisque cela n'aura que l'effet de retrancher de l'intégrale proposée une intégrale de la première espèce.

Posant, pour cet effet,

$$v = g(x - a')(x - a'')$$
$$w = g'(x - a''')(x - a^{IV})$$

et nommant u', u'', u''', u^{IV} les valeurs de u correspondantes aux valeurs a', a'', a''', a^{IV} de x, la fonction précédente pourra être remplacée par l'aggrégat suivant de fractions simples

$$\frac{u'}{x - a'} + \frac{u''}{x - a''} - \frac{u'''}{x - a'''} - \frac{u^{IV}}{x - a^{IV}}.$$

Mais ayant posé

$$F(x) = avw - u^2,$$

pour ces mêmes valeurs de x on aura

$$iu = \sqrt{F(x)},$$

II

62

donc le même aggrégat pourra être présenté aussi sous la forme

$$\frac{1}{i}\left\{\frac{\sqrt{F(a')}}{x-a'}+\frac{\sqrt{F(a'')}}{x-a''}-\frac{\sqrt{F(a''')}}{x-a'''}-\frac{\sqrt{F(a^{\mathrm{iv}})}}{x-a^{\mathrm{iv}}}\right\}.$$

Substituant, sous le signe intégral, cet aggrégat au lieu de la fonction

$$\frac{u\left(w\dfrac{dv}{dx}-v\dfrac{dw}{dx}\right)}{vw},$$

on aura remplacé l'intégrale proposée par les quatre intégrales

$$\frac{1}{i}\int\frac{F(a')}{x-a'}\cdot\frac{dx}{\sqrt{F(x)}}+\frac{1}{i}\int\frac{F(a'')}{x-a''}\cdot\frac{dx}{\sqrt{F(x)}}-\frac{1}{i}\int\frac{F(a''')}{x-a'''}\cdot\frac{dx}{\sqrt{F(x)}}-\frac{1}{i}\int\frac{F(a^{\mathrm{iv}})}{x-a^{\mathrm{iv}}}\cdot\frac{dx}{\sqrt{F(x)}},$$

et à chacune d'elles sera attaché le même diviseur i lequel est par suite le diviseur attaché à l'intégrale proposée même.

On voit par la même démonstration que i sera le diviseur attaché à l'intégrale proposée dans le cas où les fonctions v et w sont linéaires et a et u des fonctions du second degré, et dans le cas où des deux quantités v, w l'une est une fonction du second degré pendant que l'autre et les quantités a et u sont des fonctions linéaires, enfin dans le cas où des deux quantités v et w l'une est du 3ième degré, l'autre et la quantité u linéaire et a une constante. On embrassera ces quatre cas par la proposition,

que i est le diviseur de l'intégrale

$$\int\frac{u\left(w\dfrac{dv}{dx}-v\dfrac{dw}{dx}\right)}{vw}\cdot\frac{dx}{\sqrt{avw-u^2}},$$

lorsque a, v, w sont des fonctions entières de x telles que le produit avw ne surpasse pas le quatrième degré, et que u est du second degré ou linéaire, selon que v et w sont de même degré ou de degrés différents.

4°. Dans le cas où v et w sont deux fonctions du second ordre qui ne diffèrent entre elles que d'une constante $c=w-v$, la quantité

$$w\frac{dv}{dx}-v\frac{dw}{dx}=c\frac{dv}{dx}$$

ne sera que linéaire et, par suite, la fonction u pourra monter jusqu'au troisième degré sans que le numérateur de la fraction rationnelle, sous le signe intégral, soit plus élevé que le dénominateur. Mais pour que la fonction $F(x)$ ne sur-

passe pas le quatrième degré, il faudra que α soit en même temps une fonction du second degré, et qu'en outre dans l'expression $avw - u^2$ ou $av^2 - u^3$ la sixième et la cinquième puissance de x soient détruites. Ces déterminations étant faites, on aura encore i pour diviseur de l'intégrale proposée dans le numéro précédent.

Dans les exemples jusqu'ici proposés étant considérées des intégrales de la forme

$$\int \frac{f(x)}{\varphi(x)} \cdot \frac{dx}{\sqrt{F(x)}},$$

où $\frac{f(x)}{\varphi(x)}$ est une fraction rationnelle dont le numérateur n'est pas plus élevé que le dénominateur, on a pu assigner le diviseur attaché à l'intégrale proposée sans procéder aux décompositions en facteurs linéaires, ni du dénominateur $\varphi(x)$ de la fraction rationnelle, ni de la fonction $F(x)$ sous le radical, ce qui rend ces exemples très utiles dans les applications.

Mon illustre ami, Mr. Dirichlet, m'ayant invité à rechercher si l'analyse dont on a fait usage dans mon mémoire sur la rotation d'un corps non soumis à des forces accélératrices puisse aussi s'appliquer à ce cas particulier de la rotation d'un corps grave, qui a été mené par Lagrange aux quadratures, il fallait avant tout examiner les diviseurs attachés aux deux intégrales elliptiques de la troisième espèce par lesquelles cet auteur a exprimé les angles que l'intersection de l'équateur mobile du corps avec le plan fixe horizontal fait avec des droites fixes dans ces deux plans. Ces intégrales, données dans la Mécanique analytique (Tome II, Sect. IX, No. 55) sont:

$$\psi = \int \frac{(h - Cn\cos\omega)\,d\omega}{\sin\omega\sqrt{A\sin^2\omega\,(2f - Cn^2 + 2K\cos\omega) - (h - Cn\cos\omega)^2}}$$

$$\varphi = \int \frac{[An - h\cos\omega + (C - A)n\cos^2\omega]\,d\omega}{\sin\omega\sqrt{A\sin^2\omega\,(2f - Cn^2 + 2K\cos\omega) - (h - Cn\cos\omega)^2}},$$

ou, en posant $-\cos\omega = x$,

$$\psi = \int \frac{(h + Cnx)\,dx}{(1 - x^2)\sqrt{A(1 - x^2)(2f - Cn^2 - 2Kx) - (h + Cnx)^2}}$$

$$\varphi = \int \frac{[An + hx + (C - A)nx^2]\,dx}{(1 - x^2)\sqrt{A(1 - x^2)(2f - Cn^2 - 2Kx) - (h + Cnx)^2}}.$$

Or, ces deux intégrales étant multipliées par 2 ou -2, elles peuvent être rendues identiques avec celles considérées précédemment dans le second et

troisième exemple. Donc, le diviseur attaché à ces dernières étant i, celui attaché aux deux intégrales précédentes, équivalentes aux angles φ et ψ, sera $2i$.

En effet, en retranchant du numérateur sous le signe de la seconde intégrale le dénominateur $1-x^2$ multiplié par An, ce qui ne change pas la valeur du diviseur attaché à cette intégrale, on aura l'intégrale

$$\int \frac{x(h+Cnx)\,dx}{(1-x^2)\sqrt{A(1-x^2)(2f-Cn^2-2Kx)-(h+Cnx)^2}},$$

laquelle, étant multipliée par -2, rentre dans celle considérée dans le second exemple, en posant

$$\varphi(x) = 1-x^2, \quad lx+m = h+Cnx$$
$$u = A(2f-Cn^2-2Kx).$$

De même la première intégrale, multipliée par 2, rentrera dans celle considérée dans le troisième exemple, en posant

$$v = 1+x, \quad w = 1-x, \quad u = h+Cnx,$$
$$\alpha = A(2f-Cn^2-2Kx).$$

Les diviseurs attachés aux deux intégrales elliptiques de la troisième espèce équivalentes aux angles φ et ψ, étant égaux à $2i$, il y aura lieu de pousser plus loin l'analyse du problème, en introduisant les valeurs analytiques des sinus et cosinus de ces intégrales. C'est dont nous allons nous occuper dans ce qui suit.

Fin du manuscrit.

C.

SUR LA ROTATION D'UN CORPS DE RÉVOLUTION GRAVE
AUTOUR D'UN POINT QUELCONQUE DE SON AXE.

———

L'analyse dont je me suis servi dans mon mémoire sur la rotation d'un corps quelconque qui n'est soumis à aucune force accélératrice est fondée principalement sur le caractère particulier de l'intégrale elliptique de la troisième espèce par laquelle on détermine la position de la projection d'un des axes principaux sur le plan invariable. En effet, dans l'expression de cette intégrale par les fonctions Θ sa partie périodique est représentée par la quantité

$$\frac{1}{2i} \log \frac{\Theta(u+ia)}{\Theta(u-ia)},$$

et cette quantité ne s'y trouve multipliée par aucun facteur constant, numérique ou autre. C'est cette dernière circonstance favorable qui permet d'introduire au lieu de l'angle exprimé par l'intégrale de la $3^{\text{ième}}$ espèce les valeurs simples et quasi algébriques de son sinus et cosinus dont on a besoin dans le cours du calcul. On fera donc bien, dans tous les cas où l'on est parvenu à exprimer un angle par une intégrale elliptique de la troisième espèce, d'examiner avant tout, si cette intégrale a la même nature que celle par laquelle on vient d'exprimer l'angle ψ, savoir que le logarithme imaginaire de la forme

$$\frac{1}{2i} \log \frac{\Theta(u+ia)}{\Theta(u-ia)}$$

auquel elle pourra être réduite, ne se trouve multiplié par aucun facteur constant, et il sera curieux et utile d'avoir un moyen facile de reconnaître ce caractère de l'intégrale, sans avoir besoin de passer par toutes ces transformations successives et nécessaires pour la réduire d'abord à la forme canonique, et

ensuite aux fonctions Θ. Voici un théorème qui résout cette question de la manière la plus simple:

„Soient $F(x)$ une fonction entière de x du quatrième degré et a et m des con-„stantes, l'intégrale elliptique de la troisième espèce

$$\int \frac{m\,dx}{(x-a)\sqrt{F(x)}}$$

„étant réduite à une intégrale elliptique de la première espèce et au logarithme du „quotient de deux fonctions Θ, ce logarithme sera multiplié par le facteur constant

$$\frac{m}{\sqrt{F(a)}}.\text{“}$$

Si l'on donne à l'intégrale par laquelle l'angle ψ a été exprimé la forme proposée dans le théorème précédent, on aura

$$\frac{m}{\sqrt{F(a)}} = \pm\frac{1}{2i}$$

et toutes les fois que dans un problème mécanique ou autre un angle est exprimé par une intégrale de la même forme, c'est cette même équation qui doit avoir lieu pour que le problème puisse être traité par une analyse semblable à celle par laquelle on vient de perfectionner la solution du problème de la rotation d'un corps qui n'est sollicité par aucune force accélératrice.

Je nommerai, dans la suite, la constante

$$\frac{m}{\sqrt{F(a)}}$$

le facteur de l'intégrale elliptique de la troisième espèce

$$\int \frac{m\,dx}{(x-a)\sqrt{F(x)}}.$$

Les constantes m et a étant réelles, l'intégrale aura le caractère logarithmique ou trigonométrique selon que son facteur sera réel ou imaginaire.

Appliquons le théorème précédent aux intégrales elliptiques de la troisième espèce par lesquelles Lagrange a déterminé la rotation d'un corps sollicité par la pesanteur, dans le cas où le point fixe est situé sur un des axes principaux mené par le centre de gravité, et où les moments d'inertie par rapport aux deux autres axes principaux sont égaux.

Pour rendre conformes entr'elles les notations dont fait usage Lagrange dans sa Mécanique analytique (Vol. II, Section IX) et celles employées ci-dessus d'après M. Poisson, on fera dans les formules de Lagrange

$$\omega = \pi - \vartheta,$$

on mettra de plus $\varphi + \pi$ et $\psi + \pi$ au lieu de φ et ψ; enfin on donnera aux axes des ξ, η, a, b respectivement les directions des axes des x, y, x', y', mais aux axes des ζ, c les directions opposées à celles des axes des z, z'. Ceci fait, les axes des coordonnées, mobiles ou fixes, auront la même direction, et les angles φ, ψ, ϑ la même signification que dans les recherches précédentes relatives à la rotation d'un corps qui n'est sollicité par aucune force accélératrice.

Soit

$$\cos \vartheta = x,$$

et pour plus de simplicité,

$$A(1-x^2)(2f - Cn^2 - 2Gx) - (h + Cnx)^2 = F(x), \text{*})$$

les formules, par lesquelles le problème proposé a été ramené aux quadratures (Méc. anal. II, Sect. IX, No. 55), donnent

$$dt = \frac{A\,dx}{\sqrt{F(x)}}$$

$$d\psi = \frac{(h + Cnx)\,dx}{(1-x^2)\sqrt{F(x)}}$$

$$d\varphi = \frac{[An + hx + (C-A)nx^2]\,dx}{(1-x^2)\sqrt{F(x)}}.$$

On voit par la première de ces formules que, dans ce problème encore, le cosinus, $\cos \vartheta = x$, de l'angle des axes des z et z' sera une fonction elliptique dont l'argument est proportionnel au temps et, par suite, une fonction périodique du temps.

Pour simplifier, introduisons au lieu de φ l'angle

$$\varphi_1 = \varphi + \frac{(C-A)n}{A}(t - t_0),$$

t_0 désignant une constante, on aura

$$d\varphi_1 = d\varphi + (C-A)n\frac{dx}{\sqrt{F(x)}} = \frac{(Cn + hx)\,dx}{(1-x^2)\sqrt{F(x)}}.$$

---

*) On a écrit G au lieu de la lettre K employée par Lagrange.

Or, on a

$$\frac{h+Cnx}{1-x^2} = \tfrac{1}{2}\frac{h+Cn}{1-x} + \tfrac{1}{2}\frac{h-Cn}{1+x}$$

$$\frac{Cn+hx}{1-x^2} = \tfrac{1}{2}\frac{h+Cn}{1-x} - \tfrac{1}{2}\frac{h-Cn}{1+x}.$$

Donc, étant posé

$$\tfrac{1}{2}(\psi+\varphi_1) = \psi_1, \qquad \tfrac{1}{2}(\psi-\varphi_1) = \psi_2$$

il résultera

$$\psi_1 = \tfrac{1}{2}\int \frac{(h+Cn)\,dx}{(1-x)\sqrt{F(x)}}$$

$$\psi_2 = \tfrac{1}{2}\int \frac{(h-Cn)\,dx}{(1+x)\sqrt{F(x)}}.$$

Or, par la forme même de la fonction $F(x)$ on voit que $h+Cn$ et $h-Cn$ sont, respectivement, les valeurs de $\sqrt{-F(x)}$ pour $x=1$ et $x=-1$. Il suit donc du théorème proposé, que, les angles ψ_1 et ψ_2 étant réduits aux fonctions Θ, le facteur du logarithme par lequel on exprime leur partie périodique, sera $\pm\dfrac{1}{2i}$.

Soient $f(x)$ et $\varphi(x)$ deux fonctions entières quelconques, et supposons que le degré de $\varphi(x)$ ne surpasse celui de $f(x)$; soient d'ailleurs a, b, c etc. les racines de l'équation $f(x)=0$. Cela posé, l'intégrale

$$\int \frac{\varphi(x)\,dx}{f(x)\sqrt{F(x)}}$$

sera la somme de plusieurs intégrales elliptiques de la troisième espèce, lesquelles répondront aux différentes racines a, b, etc., et il suit du théorème proposé ci-dessus, que le *facteur* de chaque intégrale répondante à une racine a sera

$$\frac{\varphi(a)}{f'(a)\sqrt{F(a)}},$$

$f'(a)$ étant la valeur de $\dfrac{df(x)}{dx}$ pour $x=a$. Au moyen de cette généralisation du théorème proposé on aurait pu examiner directement les angles ψ et φ, sans les réduire aux angles ψ_1 et ψ_2.

L'équation

$$F(x) = 0$$

aura, dans le problème proposé, ses trois racines réelles, deux entre -1 et $+1$,

et la troisième entre 1 et ∞. En effet, pour $x=+1$ et $x=-1$ la valeur de $F(x)$ devient négative; mais pour une valeur quelconque que pourra prendre $\cos\omega=-\cos\vartheta=-x$, par exemple pour la valeur initiale que nous désignerons par $\cos\omega_0$, $F(x)$ doit être positive, à cause de l'équation

$$\frac{1}{A^2}\,F(x)=\left(\frac{dx}{dt}\right)^2=\sin^2\omega\left(\frac{d\omega}{dt}\right)^2;$$

on aura de plus $F(x)=+\infty$ pour $x=+\infty$. Il suit de là qu'il y aura une racine entre $-\cos\omega_0$ et -1, une seconde entre $-\cos\omega_0$ et $+1$, et la troisième entre 1 et ∞. Donc, faisant

$$F(x)=A(1-x^2)(2f-Cn^2-2Gx)-(h+Cnx)^2=(1-x^2)[A(2f-Cn^2)-h^2+C^2n^2-2AGx]-(Cn+hx)^2$$
$$=2AG(r'-x)(r''-x)(x-r'''),$$

on pourra supposer

$$r'>1>r''>r'''>-1.$$

Alors on aura

$$(h+Cn)^2=2AG(r'-1)(1-r'')(1-r''')$$
$$(h-Cn)^2=2AG(1+r')(1+r'')(1+r''')$$
$$A(2f-Cn^2)-h^2=-2AGr'r''r'''.$$

La valeur de x devant osciller entre les limites r'' et r''', on fera

$$x=r''\sin^2\xi+r'''\cos^2\xi=r'''+(r''-r''')\sin^2\xi,$$

d'où l'on tire

$$dx=2(r''-r''')\sin\xi\cos\xi\,d\xi,$$
$$r''-x=(r''-r''')\cos^2\xi,\quad x-r'''=(r''-r''')\sin^2\xi,\quad r'-x=(r'-r''')\left(1-\frac{r''-r'''}{r'-r'''}\sin^2\xi\right),$$

et par suite

$$\frac{1}{A}\,dt=\frac{dx}{\sqrt{F(x)}}=\sqrt{\frac{2}{AG(r'-r''')}}\cdot\frac{d\xi}{\Delta\xi},$$

le module et son complément étant

$$k=\sqrt{\frac{r''-r'''}{r'-r'''}},\quad k'=\sqrt{\frac{r'-r''}{r'-r'''}}.$$

On aura de plus

$$1-x=(1-r''')\left(1-\frac{r''-r'''}{1-r'''}\sin^2\xi\right)$$
$$1+x=(1+r''')\left(1+\frac{r''-r'''}{1+r'''}\sin^2\xi\right).$$

Faisons donc

$$\xi = \text{am}\, u, \qquad dt = \sqrt{\frac{2A}{G(r'-r''')}} \cdot du,$$

$$-\sin^2 \text{am}\,(ia) = \frac{r'-1}{1-r''}, \qquad -\sin^2 \text{am}\,(ib) = \frac{r'-r'''}{1+r'''}.$$

On aura

$$\cos^2 \text{am}\,(ia) = \frac{r'-r''}{1-r''}, \qquad \cos^2 \text{am}\,(ib) = \frac{1+r'}{1+r'''},$$

$$\Delta^2 \text{am}\,(ia) = \frac{(r'-r'')(1-r''')}{(r'-r''')(1-r'')}, \qquad \Delta^2 \text{am}\,(ib) = \frac{1+r''}{1+r'''},$$

d'où l'on tire

$$\frac{r''-r'''}{1-r'''} = \frac{k^2 \cos^2 \text{am}\,(ia)}{\Delta^2 \text{am}\,(ia)} = \frac{k^2}{\Delta^2 \text{am}\,(a,k')},$$

$$\frac{r''-r'''}{1+r'''} = -k^2 \sin^2 \text{am}\,(ib) = k^2 \,\text{tg}^2 \text{am}\,(b,k'),$$

$$1-r''' = -\frac{2\sin^2 \text{am}\,(ib)\,\Delta^2 \text{am}\,(ia)}{\cos^2 \text{am}\,(ia) - \sin^2 \text{am}\,(ib)\,\Delta^2 \text{am}\,(ia)},$$

$$1+r''' = \frac{2\cos^2 \text{am}\,(ia)}{\cos^2 \text{am}\,(ia) - \sin^2 \text{am}\,(ib)\,\Delta^2 \text{am}\,(ia)},$$

et par conséquent

$$\psi_1 = \tfrac{1}{2}\int \frac{(h+Cn)\,dx}{(1-x)\sqrt{F(x)}} = \int \sqrt{\frac{(r'-1)(1-r'')}{(1-r''')(r'-r'')}} \cdot \frac{\Delta^2 \text{am}\,(ia)\,du}{\Delta^2 \text{am}\,u - k^2 \sin^2 \text{am}\,(ia) \cos^2 \text{am}\,u}$$

$$= \int \frac{k'^2 \,\text{tg}\,\text{am}\,(ia)\,\Delta\,\text{am}\,(ia)\,du}{i[\Delta^2 \text{am}\,u - k^2 \sin^2 \text{am}\,(ia) \cos^2 \text{am}\,u]}$$

$$\psi_2 = \tfrac{1}{2}\int \frac{(h-Cn)\,dx}{(1+x)\sqrt{F(x)}} = \int \sqrt{\frac{(1+r')(1+r'')}{(1+r''')(r'-r''')}} \cdot \frac{du}{1-k^2 \sin^2 \text{am}\,(ib) \sin^2 \text{am}\,u}$$

$$= \int \frac{i\cot \text{am}\,(ib)\,\Delta\,\text{am}\,(ib)\,du}{1-k^2 \sin^2 \text{am}\,(ib) \sin^2 \text{am}\,u}.$$

On aura, tout de suite, d'après les formules (8.) et (13.) du tableau de valeurs des intégrales elliptiques de la troisième espèce et au caractère trigonométrique présenté dans mon premier mémoire

$$\pi \pm \psi_1 = \frac{d\log H_1(ia)}{da}\,u - \frac{1}{2i}\log \frac{\Theta_1(u-ia)}{\Theta_1(u+ia)}$$

$$\pm \psi_2 = \frac{d\log H(ib)}{db}\,u + \frac{1}{2i}\log \frac{\Theta(u+ib)}{\Theta(u-ib)}.$$

En effet, sachant une fois, que les *facteurs* des intégrales, par lesquelles on a

exprimé les angles ψ_1 ou ψ_2, sont $\pm \frac{1}{2i}$, on n'aura qu'à chercher dans ce tableau les formules qui ont, sous le signe intégral, pour numérateur une constante, et par lesquelles sont évaluées les intégrales aux paramètres

$$- \frac{k^2 \cos^2 \mathrm{am}(ia)}{\Delta^2 \mathrm{am}(ia)} \quad \text{et} \quad - k^2 \sin^2 \mathrm{am}(ia).$$

D'après ce qu'on a remarqué plus haut les formules relatives à ces paramètres sont respectivement la quatrième et la première de chaque système de quatre formules. Toutes les intégrales, réunies dans le tableau, ayant des valeurs constamment croissantes avec u, pour déterminer le signe ambigu $\pm$, dans les deux formules précédentes, on cherchera si les angles ψ_1 et ψ_2 données par les équations

$$\psi_1 = \frac{h + Cn}{2A} \int \frac{dt}{1 - \cos \vartheta}$$

$$\psi_2 = \frac{h - Cn}{2A} \int \frac{dt}{1 + \cos \vartheta}$$

croissent ou décroissent avec le temps t ou avec l'argument u, ce qui dépend évidemment du signe des quantités $h + Cn$ et $h - Cn$. Il faudra donc, dans la première de ces formules, prendre $+ \psi_1$ ou $- \psi_1$, selon que la constante $h + Cn$ est positive ou négative; et l'on prendra dans la seconde formule $+ \psi_2$ ou $- \psi_2$, selon que la constante $h - Cn$ est positive ou négative. Pour fixer les idées et ne pas trop embarrasser les formules des signes $\pm$, nous prendrons, dans les deux formules précédentes, le signe supérieur. On n'aura qu'à mettre, dans ce qui suit, $- a$ au lieu de a ou $- b$ au lieu de b, s'il fallait prendre, dans l'une ou l'autre formule, le signe inférieur.

Soit

$$\mu = \sqrt{\frac{G(r' - r''')}{2A}},$$

on aura

$$u = \mu(t - t_0),$$

t_0 désignant une constante. Ni la valeur de cette constante ni la position de la droite fixe dans le plan horizontal, à partir de laquelle l'angle ψ est compté, peuvent être considérées comme arbitraires, puisque, dans les formules précédentes, on n'a pas ajouté de constante arbitraire à l'angle $\pm \psi_2$, et qu'on a ajouté la constante π à l'angle $\pm \psi_1$. C'est ce qui a l'effet que la constante t_0 et la

63*

droite fixe dans le plan horizontal doivent être déterminées de manière qu'au temps $t = t_0$ l'axe des x' se couche sur le plan horizontal et y prenne une position opposée à la direction de la droite fixe.

Soit

$$\mu_1 = \frac{d \log H_1(ia)}{da}$$

$$\mu_2 = \frac{d \log H(ib)}{db}$$

et posons

$$\psi_1 = \mu_1 u - \psi_1'$$
$$\psi_2 = \mu_2 u + \psi_2',$$

on aura

$$\psi_1' = \pi + \frac{1}{2i} \log \frac{\Theta_1(u - ia)}{\Theta_1(u + ia)}$$

$$\psi_2' = \frac{1}{2i} \log \frac{\Theta(u + ib)}{\Theta(u - ib)}.$$

Les angles ψ_1' et ψ_2' seront donc, de même que ϑ, des fonctions périodiques du temps et qui reprennent les mêmes valeurs après le temps

$$T = \frac{2K}{\mu}.$$

Pour exprimer ψ et φ par ψ_1' et ψ_2', on aura les équations

$$\psi = \psi + \psi_2 = (\mu_1 + \mu_2) u - \psi_1' + \psi_2'$$

$$\varphi = \varphi_1 - \frac{n(C - A)}{A}(t - t_0) = \left(\mu_1 - \mu_2 - \frac{n(C - A)}{\mu A}\right) u - \psi_1' - \psi_2'.$$

Donc, posant

$$\mu_1 + \mu_2 = \nu$$
$$\mu_1 - \mu_2 - \frac{n(C - A)}{\mu A} = \nu'$$
$$-(\psi_1' - \psi_2') = \psi'$$
$$-(\psi_1' + \psi_2') = \varphi',$$

on aura les valeurs suivantes des angles φ et ψ, dans lesquelles la partie proportionnelle au temps a été séparée de la partie périodique,

$$\psi = \nu u + \psi' = \mu\nu(t - t_0) + \psi'$$

$$\varphi = \nu' u + \varphi' = \mu\nu'(t - t_0) + \varphi'.$$

On voit par ces formules que la rotation proposée se compose de trois mouve-

ments périodiques et dont les périodes sont, en général, incommensurables entre elles. Deux de ces mouvements sont ce qu'on peut appeler des rotations uniformes *progressives* autour d'un axe, celui des z' et celui des z; le troisième mouvement, et le plus compliqué, consiste dans une rotation *oscillatoire* autour des trois axes des x, y, z. Les angles $\vartheta, \varphi', \psi'$ étant connus en fonctions du temps par les formules précédemment établies, on déterminera d'abord leurs valeurs correspondantes au temps t auquel on pourra ajouter un multiple quelconque positif ou négatif de T. Ceci fait, on déterminera la position du corps correspondante au même temps au moyen des formules

$$x = \alpha x' + \beta y' + \gamma z'$$
$$y = \alpha' x' + \beta' y' + \gamma' z'$$
$$z = \alpha'' x' + \beta'' y' + \gamma'' z',$$

où

$$\alpha = \cos\varphi' \cos\psi' + \sin\varphi' \sin\psi' \cos\vartheta$$
$$\beta = -\sin\varphi' \cos\psi' + \cos\varphi' \sin\psi' \cos\vartheta$$
$$\gamma = \sin\psi' \sin\vartheta$$
$$\alpha' = -\cos\varphi' \sin\psi' + \sin\varphi' \cos\psi' \cos\vartheta$$
$$\beta' = \sin\varphi' \sin\psi' + \cos\varphi' \cos\psi' \cos\vartheta$$
$$\gamma' = \cos\psi' \sin\vartheta$$
$$\alpha'' = -\sin\varphi' \sin\vartheta$$
$$\beta'' = -\cos\varphi' \sin\vartheta$$
$$\gamma'' = \cos\vartheta.$$

On fera ensuite tourner le corps autour de l'axe des z d'un angle égal à

$$\mu\nu(t - t_0)$$

ou d'un angle qui en diffère d'un multiple de 2π. Enfin, on fera tourner le corps sur lui-même, autour de l'axe des z' d'un angle égal à

$$\mu\nu'(t - t_0)$$

ou d'un angle qui diffère de cette valeur d'un multiple quelconque de 2π. Au moyen de ce triple déplacement l'on trouvera la véritable position que prendra le corps au temps t dans le mouvement proposé.

Ramenons à présent les valeurs données ci-dessus des neuf cosinus α, β, γ etc. aux fonctions Θ.

Des valeurs

$$\psi_1' = \pi + \frac{1}{2i}\log\frac{\Theta_1(u-ia)}{\Theta_1(u+ia)} = \pi + \frac{1}{2i}\log\frac{\Theta(u+K-ia)}{\Theta(u-K+ia)}$$

$$\psi_2' = \frac{1}{2i}\log\frac{\Theta(u+ib)}{\Theta(u-ib)}\cdot$$

l'on déduit

$$e^{i\psi_1'} = -\sqrt{\frac{\Theta(u+K-ia)}{\Theta(u-K+ia)}}$$

$$e^{i\psi_2'} = \sqrt{\frac{\Theta(u+ib)}{\Theta(u-ib)}},$$

et par suite

$$e^{i\psi'} = e^{-i(\psi_1'-\psi_2')} = -\sqrt{\frac{\Theta(u-K+ia)\,\Theta(u+ib)}{\Theta(u+K-ia)\,\Theta(u-ib)}}.$$

$$e^{i\varphi'} = e^{-i(\psi_1'+\psi_2')} = -\sqrt{\frac{\Theta(u-K+ia)\,\Theta(u-ib)}{\Theta(u+K-ia)\,\Theta(u+ib)}}.$$

On a, de plus, d'après ce qu'on a posé ci-dessus,

$$1-\cos\vartheta = (1-r''')(1-k^2\sin^2\operatorname{am}(K-ia)\sin^2\operatorname{am}u)$$

$$1+\cos\vartheta = (1+r''')(1-k^2\sin^2\operatorname{am}(ib)\sin^2\operatorname{am}u),$$

où

$$\frac{r''-r'''}{1-r'''} = k^2\sin^2\operatorname{am}(K-ia)$$

$$\frac{r''-r'''}{1+r'''} = -k^2\sin^2\operatorname{am}(ib),$$

et par suite

$$\frac{1-r'''}{1+r'''} = -\frac{\sin^2\operatorname{am}(ib)}{\sin^2\operatorname{am}(K-ia)},$$

d'où l'on tire

$$1-r''' = -\frac{2\sin^2\operatorname{am}(ib)}{\sin^2\operatorname{am}(K-ia)-\sin^2\operatorname{am}(ib)}$$

$$1+r''' = \frac{2\sin^2\operatorname{am}(K-ia)}{\sin^2\operatorname{am}(K-ia)-\sin^2\operatorname{am}(ib)}.$$

Substituant ces expressions dans les valeurs de $1-\cos\vartheta$ et $1+\cos\vartheta$ trouvées ci-dessus on aura

$$1-\cos\vartheta = -\frac{2\sin^2\operatorname{am}(ib)[1-k^2\sin^2\operatorname{am}(K-ia)\sin^2\operatorname{am}u]}{\sin^2\operatorname{am}(K-ia)-\sin^2\operatorname{am}(ib)}$$

$$1+\cos\vartheta = \frac{2\sin^2\operatorname{am}(K-ia)[1-k^2\sin^2\operatorname{am}(ib)\sin^2\operatorname{am}u]}{\sin^2\operatorname{am}(K-ia)-\sin^2\operatorname{am}(ib)}.$$

Substituons dans ces équations les formules (*Fund.* §. 53. 3, §. 61. 21)

$$1 - k^2 \sin^2 \operatorname{am}(K - ia) \sin^2 \operatorname{am} u = \frac{\Theta^2(0)\, \Theta(u + K - ia)\, \Theta(u - K + ia)}{\Theta^2(K - ia)\, \Theta^2(u)}$$

$$1 - k^2 \sin^2 \operatorname{am}(ib) \sin^2 \operatorname{am} u = \frac{\Theta^2(0)\, \Theta(u + ib)\, \Theta(u - ib)}{\Theta^2(ib)\, \Theta^2(u)}$$

$$k[\sin^2 \operatorname{am}(K - ia) - \sin^2 \operatorname{am}(ib)] = \frac{\Theta^2(0)\, H(K - ia + ib)\, H(K - ia - ib)}{\Theta^2(K - ia)\, \Theta^2(ib)}$$

$$k \sin^2 \operatorname{am}(K - ia) = \frac{H^2(K - ia)}{\Theta^2(K - ia)}, \qquad k \sin^2 \operatorname{am}(ib) = \frac{\Theta^2(ib)}{\Theta^2(ib)},$$

il viendra

$$1 - \cos \vartheta = -\frac{2 H^2(ib)\, \Theta(u + K - ia)\, \Theta(u - K + ia)}{H(K - ia + ib)\, H(K - ia - ib)\, \Theta^2(u)}$$

$$1 + \cos \vartheta = \frac{2 H^2(K - ia)\, \Theta(u + ib)\, \Theta(u - ib)}{H(K - ia + ib)\, H(K - ia - ib)\, \Theta^2(u)}.$$

Retranchant ces équations l'une de l'autre et introduisant les fonctions Θ_1 et H_1, on aura

$$\gamma'' = \cos \vartheta = \frac{H_1^2(ia)\, \Theta(u + ib)\, \Theta(u - ib) + H^2(ib)\, \Theta_1(u + ia)\, \Theta_1(u - ia)}{H_1(ia + ib)\, H_1(ia - ib)\, \Theta^2(u)}.$$

Multipliant les mêmes équations, et tirant la racine carrée, on aura

$$\sin \vartheta = \frac{2 H(ib)\, H(K - ia)\, \sqrt{\Theta(u + K - ia)\, \Theta(u - K + ia)\, \Theta(u + ib)\, \Theta(u - ib)}}{i\, H(K - ia + ib)\, H(K - ia - ib)\, \Theta^2(u)}.$$

Cette valeur étant multipliée par les valeurs qu'on a données ci-dessus de $e^{i\psi}$ et $e^{i\varphi'}$, il résultera

$$\sin \vartheta\, e^{i\psi} = -\frac{2 H(ib)\, H(K - ia)\, \Theta(u - K + ia)\, \Theta(u + ib)}{i\, H(K - ia + ib)\, H(K - ia - ib)\, \Theta^2(u)}$$

$$\sin \vartheta\, e^{i\varphi'} = -\frac{2 H(ib)\, H(K - ia)\, \Theta(u - K + ia)\, \Theta(u - ib)}{i\, H(K - ia + ib)\, H(K - ia - ib)\, \Theta^2(u)},$$

d'où l'on tire les valeurs des quatre coefficients

$$\gamma = \sin \vartheta \sin \psi' = -\frac{H(ib)\, H_1(ia)[\Theta_1(u - ia)\, \Theta(u - ib) - \Theta_1(u + ia)\, \Theta(u + ib)]}{H_1(ia + ib)\, H_1(ia - ib)\, \Theta^2(u)}$$

$$\gamma' = \sin \vartheta \cos \psi' = -\frac{H(ib)\, H_1(ia)[\Theta_1(u - ia)\, \Theta(u - ib) + \Theta_1(u + ia)\, \Theta(u + ib)]}{i\, H_1(ia + ib)\, H_1(ia - ib)\, \Theta^2(u)}$$

$$\alpha'' = -\sin \vartheta \sin \varphi' = \frac{H(ib)\, H_1(ia)[\Theta_1(u - ia)\, \Theta(u + ib) - \Theta_1(u + ia)\, \Theta(u - ib)]}{H_1(ia + ib)\, H_1(ia - ib)\, \Theta^2(u)}$$

$$\beta'' = -\sin \vartheta \cos \varphi' = \frac{H(ib)\, H_1(ia)[\Theta_1(u - ia)\, \Theta(u + ib) + \Theta_1(u + ia)\, \Theta(u - ib)]}{i\, H_1(ia + ib)\, H_1(ia - ib)\, \Theta^2(u)}.$$

Avant de chercher les expressions elliptiques des quatre coefficients restants α, β, α', β' il sera bon de transformer leurs valeurs données ci-dessus, en remplaçant les angles φ' et ψ' par leur somme et leur différence. De cette manière les valeurs données ci-dessus des quatre coefficients,

$$\alpha = \cos\varphi'\cos\psi' + \sin\varphi'\sin\psi'\cos\vartheta$$
$$\beta = -\sin\varphi'\cos\psi' + \cos\varphi'\sin\psi'\cos\vartheta$$
$$\alpha' = -\cos\varphi'\sin\psi' + \sin\varphi'\cos\psi'\cos\vartheta$$
$$\beta' = \sin\varphi'\sin\psi' + \cos\varphi'\cos\psi'\cos\vartheta,$$

se changeront dans les suivantes

$$2\alpha = \cos(\varphi'+\psi')(1-\cos\vartheta) + \cos(\varphi'-\psi')(1+\cos\vartheta)$$
$$2\beta = -\sin(\varphi'+\psi')(1-\cos\vartheta) - \sin(\varphi'-\psi')(1+\cos\vartheta)$$
$$2\alpha' = -\sin(\varphi'+\psi')(1-\cos\vartheta) + \sin(\varphi'-\psi')(1+\cos\vartheta)$$
$$2\beta' = -\cos(\varphi'+\psi')(1-\cos\vartheta) + \cos(\varphi'-\psi')(1+\cos\vartheta).$$

Comme on a $\varphi'+\psi' = -2\psi'_1$, $\varphi'-\psi' = -2\psi'_2$, ces formules deviennent plus simplement

$$2\alpha = \cos 2\psi'_1(1-\cos\vartheta) + \cos 2\psi'_2(1+\cos\vartheta)$$
$$2\beta = \sin 2\psi'_1(1-\cos\vartheta) + \sin 2\psi'_2(1+\cos\vartheta)$$
$$2\alpha' = \sin 2\psi'_1(1-\cos\vartheta) - \sin 2\psi'_2(1+\cos\vartheta)$$
$$2\beta' = -\cos 2\psi'_1(1-\cos\vartheta) + \cos 2\psi'_2(1+\cos\vartheta),$$

d'où l'on tire

$$2(\alpha+i\beta) = e^{2i\psi'_1}(1-\cos\vartheta) + e^{2i\psi'_2}(1+\cos\vartheta)$$
$$2(\beta'-i\alpha') = -e^{2i\psi'_1}(1-\cos\vartheta) + e^{2i\psi'_2}(1+\cos\vartheta),$$

ce qui, en substituant les valeurs

$$e^{2i\psi'_1} = \frac{\Theta_1(u-ia)}{\Theta_1(u+ia)}, \quad 1-\cos\vartheta = -\frac{2H^2(ib)\,\Theta_1(u+ia)\,\Theta_1(u-ia)}{H_1(ia+ib)\,H_1(ia-ib)\,\Theta^2(u)},$$
$$e^{2i\psi'_2} = \frac{\Theta(u+ib)}{\Theta(u-ib)}, \quad 1+\cos\vartheta = \frac{2H_1^2(ia)\,\Theta(u+ib)\,\Theta(u-ib)}{H_1(ia+ib)\,H_1(ia-ib)\,\Theta^2(u)},$$

fournit les formules suivantes

$$\alpha+i\beta = -\frac{H^2(ib)\,\Theta_1^2(u-ia) - H_1^2(ia)\,\Theta^2(u+ib)}{H_1(ia+ib)\,H_1(ia-ib)\,\Theta^2(u)}$$
$$\beta'-i\alpha' = \frac{H^2(ib)\,\Theta_1^2(u-ia) + H_1^2(ia)\,\Theta^2(u+ib)}{H_1(ia+ib)\,H_1(ia-ib)\,\Theta^2(u)}.$$

On aura, par suite, les valeurs suivantes des quatre coefficients restants

$$\alpha = \frac{-H^2(ib)[\Theta_1^2(u-ia)+\Theta_1^2(u+ia)]+H_1^2(ia)[\Theta^2(u+ib)+\Theta^2(u-ib)]}{2H_1(ia+ib)\,H_1(ia-ib)\,\Theta^2(u)}$$

$$\beta = \frac{-H^2(ib)[\Theta_1^2(u-ia)-\Theta_1^2(u+ia)]+H_1^2(ia)[\Theta^2(u+ib)-\Theta^2(u-ib)]}{2iH_1(ia+ib)\,H_1(ia-ib)\,\Theta^2(u)}$$

$$\alpha' = -\frac{H^2(ib)[\Theta_1^2(u-ia)-\Theta_1^2(u+ia)]+H_1^2(ia)[\Theta^2(u+ib)-\Theta^2(u-ib)]}{2iH_1(ia+ib)\,H_1(ia-ib)\,\Theta^2(u)}$$

$$\beta' = \frac{H^2(ib)[\Theta_1^2(u-ia)+\Theta_1^2(u+ia)]+H_1^2(ia)[\Theta^2(u+ib)-\Theta^2(u-ib)]}{2H_1(ia+ib)\,H_1(ia-ib)\,\Theta^2(u)}.$$

On voit par ces résultats que les valeurs des neuf coefficients, multipliés chacun par son dénominateur, se composent des quantités

$$H(ib)\,\Theta_1(u-ia) = iP, \qquad H_1(ia)\,\Theta(u+ib) = Q,$$
$$H(ib)\,\Theta_1(u+ia) = iP', \qquad H_1(ia)\,\Theta(u-ib) = Q'.$$

de la manière suivante:

$$2N\alpha = PP+P'P'+QQ+Q'Q', \qquad 2iN\alpha' = PP-P'P'-QQ+Q'Q',$$
$$2iN\beta = PP-P'P'+QQ-Q'Q', \qquad 2N\beta' = -PP-P'P'+QQ-Q'Q',$$
$$iN\gamma = PQ'-P'Q, \qquad N\gamma' = -(PQ+P'Q),$$
$$iN\alpha'' = -(PQ-P'Q'), \qquad N\beta'' = PQ+P'Q', \qquad N\gamma'' = -PP'+QQ',$$

où l'on aura

$$N = PP'+QQ' = H_1(ia+ib)\,H_1(ia-ib)\,\Theta^2(u).$$

Les formules précédentes sont susceptibles d'une transformation remarquable à l'aide de quelques théorèmes d'addition relatifs aux fonctions Θ. Pour plus de commodité, je déduirai ces théorèmes d'une formule générale qui fait partie de celles que j'ai développées autrefois dans mes leçons orales données à l'université de Kœnigsberg. Ces formules élégantes et très-nombreuses établissent des relations entre les fonctions Θ de quatre arguments quelconques u, u', u'', u''' et les mêmes fonctions de quatre autres arguments v, v', v'', v''' qui dépendent des premiers au moyen des formules

$$v = \tfrac{1}{2}(u+u'+u''+u''')$$
$$v' = \tfrac{1}{2}(u+u'-u''-u''')$$
$$v'' = \tfrac{1}{2}(u-u'+u''-u''')$$
$$v''' = \tfrac{1}{2}(u-u'-u''+u''')$$
$$u = \tfrac{1}{2}(v+v'+v''+v''')$$
$$u' = \tfrac{1}{2}(v+v'-v''-v''')$$
$$u'' = \tfrac{1}{2}(v-v'+v''-v''')$$
$$u''' = \tfrac{1}{2}(v-v'-v''+v''').$$

II.

64

Je choisis parmi ces formules la suivante

$$2\,\Theta(u)\,\Theta(u')\,H(u'')\,H(u''') =$$
$$\Theta(v)\Theta(v')H(v'')H(v''') - H(v)H(v')\Theta(v'')\Theta(v''') + \Theta_1(v)\Theta_1(v')H_1(v'')H_1(v''') - H_1(v)H_1(v')\Theta_1(v'')\Theta_1(v''').$$

Supposons, en premier lieu,

$$u' = u, \qquad u'' = u''' = a,$$

on aura

$$v = u + a, \qquad v' = u - a, \qquad v'' = 0, \qquad v''' = 0,$$

et par suite

$$2\Theta^2(u)\,H^2(a) = H_1^2(0)\,\Theta_1(u+a)\Theta_1(u-a) - \Theta^2(0)\,H(u+a)\,H(u-a) - \Theta_1^2(0)\,H_1(u+a)\,H_1(u-a).$$

De cette formule déduisons deux autres, en mettant, la première fois, $u+K-ia$ au lieu de u, et ib au lieu de a, et la seconde fois, $u+ib$ au lieu de u, et $K-ia$ au lieu de a, on aura les deux formules

$$2\,\Theta_1^2(u-ia)\,H^2(ib) = H_1^2(0)\,\Theta(u-ia+ib)\,\Theta(u-ia-ib)$$
$$- \Theta^2(0)\,H_1(u-ia+ib)\,H_1(u-ia-ib)$$
$$- \Theta_1^2(0)\,H(u-ia+ib)\,H(u-ia-ib)$$

$$2\,\Theta^2(u+ib)\,H_1^2(ia) = H_1^2(0)\,\Theta(u-ia+ib)\,\Theta(u+ia+ib)$$
$$+ \Theta^2(0)\,H_1(u-ia+ib)\,H_1(u+ia+ib)$$
$$+ \Theta_1^2(0)\,H(u-ia+ib)\,H(u+ia+ib).$$

On aura deux autres formules en changeant i en $-i$, et au moyen de ces quatre formules les valeurs données ci-dessus de α, β, α', β' pourront être transformées dans les suivantes:

$$4N\alpha = H_1^2(0)[\Theta(u+ia+ib) - \Theta(u-ia-ib)][\Theta(u-ia+ib) - \Theta(u+ia-ib)]$$
$$+ \Theta^2(0)[H_1(u+ia+ib) + H_1(u-ia-ib)][H_1(u-ia+ib) + H_1(u+ia-ib)]$$
$$+ \Theta_1^2(0)[H(u+ia+ib) + H(u-ia-ib)][H(u-ia+ib) + H(u+ia-ib)]$$

$$4iN\beta = H_1^2(0)[\Theta(u+ia+ib) - \Theta(u-ia-ib)][\Theta(u-ia+ib) + \Theta(u+ia-ib)]$$
$$+ \Theta^2(0)[H_1(u+ia+ib) + H_1(u-ia-ib)][H_1(u-ia+ib) - H_1(u+ia-ib)]$$
$$+ \Theta_1^2(0)[H(u+ia+ib) + H(u-ia-ib)][H(u-ia+ib) - H(u+ia-ib)]$$

$$-4iN\alpha' = H_1^2(0)[\Theta(u+ia+ib) + \Theta(u-ia-ib)][\Theta(u-ia+ib) - \Theta(u+ia-ib)]$$
$$+ \Theta^2(0)[H_1(u+ia+ib) - H_1(u-ia-ib)][H_1(u-ia+ib) + H_1(u+ia-ib)]$$
$$+ \Theta_1^2(0)[H(u+ia+ib) - H(u-ia-ib)][H(u-ia+ib) + H(u+ia-ib)]$$

$$4N\beta' = H_1^2(0)[\Theta(u+ia+ib) + \Theta(u-ia-ib)][\Theta(u-ia+ib) + \Theta(u+ia-ib)]$$
$$+ \Theta^2(0)[H_1(u+ia+ib) - H_1(u-ia-ib)][H_1(u-ia+ib) - H_1(u+ia-ib)]$$
$$+ \Theta_1^2(0)[H(u+ia+ib) - H(u-ia-ib)][H(u-ia+ib) - H(u+ia-ib)].$$

Soit

$$\delta = -\frac{\Theta_1(0)[H(u+ia+ib)+H(u-ia-ib)]}{2H_1(ia+ib)\,\Theta(u)}$$

$$\varepsilon = -\frac{\Theta(0)[H_1(u-ia-ib)+H_1(u+ia+ib)]}{2H_1(ia+ib)\,\Theta(u)}$$

$$\zeta = \frac{H_1'(0)[\Theta(u+ia+ib)-\Theta(u-ia-ib)]}{2iH_1(ia+ib)\,\Theta(u)}$$

$$\delta' = \frac{\Theta_1(0)[H(u+ia+ib)-H(u-ia-ib)]}{2iH_1(ia+ib)\,\Theta(u)}$$

$$\varepsilon' = -\frac{\Theta(0)[H_1(u-ia-ib)-H_1(u+ia+ib)]}{2iH_1(ia+ib)\,\Theta(u)}$$

$$\zeta' = \frac{H_1(0)[\Theta(u+ia+ib)+\Theta(u-ia-ib)]}{2H_1(ia+ib)\,\Theta(u)}$$

et supposons qu'en changeant b en $-b$, les quantités δ, ε, ζ, δ', ε', ζ' se changent respectivement en

$$d,\ e,\ f,\ d',\ e',\ f',$$

on aura les valeurs suivantes des quatre coefficients α, β, α', β'

$$\alpha = \delta d + \varepsilon e + \zeta f$$
$$\beta = \delta d' + \varepsilon e' + \zeta f'$$
$$\alpha' = \delta' d + \varepsilon' e + \zeta' f$$
$$\beta' = \delta' d' + \varepsilon' e' + \zeta' f'.$$

Afin de parvenir à des expressions semblables des quatre coefficients α'', β'', γ, γ on se servira d'une formule que l'on déduit de la formule générale donnée ci-dessus, en mettant $u+K-ia$ et $u+ib$ au lieu de u et u', et en même temps $K-ia$ et ib au lieu de u'' et u''', ce qui donne les valeurs suivantes des quantités v, v', v'', v''':

$$v = u+K-ia+ib$$
$$v' = u$$
$$v'' = K-ia-ib$$
$$v''' = 0.$$

Substituant ces valeurs dans la formule générale

$$2\,\Theta(u)\,\Theta(u')\,H(u'')\,H(u''') =$$

$$\Theta(v)\Theta(v')H(v'')H(v''')-H(v)H(v')\Theta(v'')\Theta(v''')+\Theta_1(v)\Theta_1(v')H_1(v'')H_1(v''')-H_1(v)H_1(v')\Theta_1(v'')\Theta_1(v''')$$

64*

on aura

$$2 \Theta_1(u-ia) \Theta(u+ib) H_1(ia) H(ib)$$
$$= H_1(0) H(ia+ib) \Theta_1(u) \Theta(u-ia+ib)$$
$$- \Theta(0) \Theta_1(ia+ib) H(u) H_1(u-ia+ib)$$
$$+ \Theta_1(0) \Theta(ia+ib) H_1(u) H(u-ia+ib).$$

De cette formule on déduit trois autres, en changeant a et b en $-a$ et $-b$. Au moyen de ces quatre formules et en posant

$$\delta'' = -\frac{\Theta(ia+ib) H_1(u)}{H_1(ia+ib) \Theta(u)}, \qquad d'' = -\frac{\Theta(ia-ib) H_1(u)}{H_1(ia-ib) \Theta(u)},$$

$$\varepsilon'' = \frac{\Theta_1(ia+ib) H(u)}{H_1(ia+ib) \Theta(u)}, \qquad e'' = \frac{\Theta_1(ia-ib) H(u)}{H_1(ia-ib) \Theta(u)},$$

$$\zeta'' = \frac{H(ia+ib) \Theta_1(u)}{i H_1(ia+ib) \Theta(u)}, \qquad f'' = \frac{H(ia-ib) \Theta_1(u)}{i H_1(ia-ib) \Theta(u)},$$

on trouve

$$\frac{H_1(ia) H(ib) \Theta_1(u-ia) \Theta(u+ib)}{H_1(ia+ib) H_1(ia-ib) \Theta^2(u)}$$
$$= \frac{i \zeta'' H_1(0) \Theta(u-ia+ib) - \varepsilon'' \Theta(0) H_1(u-ia+ib) - \delta'' \Theta_1(0) H(u-ia+ib)}{2 H_1(ia-ib) \Theta(u)}.$$

$$\frac{H_1(ia) H(ib) \Theta_1(u-ia) \Theta(u-ib)}{H_1(ia+ib) H_1(ia-ib) \Theta^2(u)}$$
$$= \frac{-if'' H_1(0) \Theta(u-ia-ib) + e'' \Theta(0) H_1(u-ia-ib) + d'' \Theta_1(0) H(u-ia-ib)}{2 H_1(ia+ib) \Theta(u)}$$

$$\frac{H_1(ia) H(ib) \Theta_1(u+ia) \Theta(u+ib)}{H_1(ia+ib) H_1(ia-ib) \Theta^2(u)}$$
$$= \frac{-if'' H_1(0) \Theta(u+ia+ib) - e'' \Theta(0) H_1(u+ia+ib) - d'' \Theta_1(0) H(u+ia+ib)}{2 H_1(ia+ib) \Theta(u)}$$

$$\frac{H_1(ia) H(ib) \Theta_1(u+ia) \Theta(u-ib)}{H_1(ia+ib) H_1(ia-ib) \Theta^2(u)}$$
$$= \frac{i \zeta'' H_1(0) \Theta(u+ia-ib) + \varepsilon'' \Theta(0) H_1(u+ia-ib) + \delta'' \Theta_1(0) H(u+ia-ib)}{2 H_1(ia-ib) \Theta(u)},$$

et par suite

$$\gamma = \delta d'' + \varepsilon e'' + \zeta f''$$
$$\gamma' = \delta' d'' + \varepsilon' e'' + \zeta' f''$$
$$\alpha'' = \delta'' d + \varepsilon'' e + \zeta'' f$$
$$\beta'' = \delta'' d' + \varepsilon'' e' + \zeta'' f'.$$

Enfin, mettons dans la formule générale au lieu de u, u', u'', u''' les quantités

$$u+K-ia, \quad u-K+ia, \quad ib, \quad -ib,$$

et, par suite, au lieu de v, v', v'', v''' les quantités

$$u, \quad u, \quad K-ia+ib, \quad K-ia-ib,$$

il résultera

$$-H^2(ib)\,\Theta_1(u+ia)\,\Theta_1(u-ia)$$
$$= H_1(ia+ib)\,H_1(ia-ib)\,\Theta^2(u) - \Theta_1(ia+ib)\,\Theta_1(ia-ib)\,H^2(u)$$
$$+ H(ia+ib)\,H(ia-ib)\,\Theta_1^2(u) - \Theta(ia+ib)\,\Theta(ia-ib)\,H_1^2(u),$$

d'où suit, en mettant $K-ib$ au lieu de ia et $K-ia$ au lieu de ib,

$$-H_1^2(ia)\,\Theta(u+ib)\,\Theta(u-ib)$$
$$= -H_1(ia+ib)\,H_1(ia-ib)\,\Theta^2(u) - \Theta_1(ia+ib)\,\Theta_1(ia-ib)\,H^2(u)$$
$$+ H(ia+ib)\,H(ia-ib)\,\Theta_1^2(u) - \Theta(ia+ib)\,\Theta(ia-ib)\,H_1^2(u).$$

Sommant les deux équations et divisant par $2\,H_1(ia+ib)\,H_1(ia-ib)\,\Theta^2(u)$, il viendra

$$\gamma'' = \delta''d'' + \varepsilon''e'' + \zeta''f''.$$

Voici donc le tableau des valeurs des neuf coefficients α, β, etc., exprimées par les quantités δ, d, etc.,

$$\alpha = \delta d + \varepsilon e + \zeta f$$
$$\beta = \delta d' + \varepsilon e' + \zeta f'$$
$$\gamma = \delta d'' + \varepsilon e'' + \zeta f''$$
$$\alpha' = \delta' d + \varepsilon' e + \zeta' f$$
$$\beta' = \delta' d' + \varepsilon' e' + \zeta' f'$$
$$\gamma' = \delta' d'' + \varepsilon' e'' + \zeta' f''$$
$$\alpha'' = \delta'' d + \varepsilon'' e + \zeta'' f$$
$$\beta'' = \delta'' d' + \varepsilon'' e' + \zeta'' f'$$
$$\gamma'' = \delta'' d'' + \varepsilon'' e'' + \zeta'' f'',$$

d'où l'on tire

$$x = \delta(dx' + d'y' + d''z') + \varepsilon(ex' + e'y' + e''z') + \zeta(fx' + f'y' + f''z')$$
$$y = \delta'(dx' + d'y' + d''z') + \varepsilon'(ex' + e'y' + e''z') + \zeta'(fx' + f'y' + f''z')$$
$$z = \delta''(dx' + d'y' + d''z') + \varepsilon''(ex' + e'y' + e''z') + \zeta''(fx' + f'y' + f''z').$$

Ces formules pourront être remplacees par les deux systèmes suivants des formules plus simples

$$x = \delta x'' + \varepsilon y'' + \zeta z'' \quad \text{ou} \quad x'' = \delta x + \delta' y + \delta'' z$$
$$y = \delta' x'' + \varepsilon' y'' + \zeta' z'' \qquad y'' = \varepsilon x + \varepsilon' y + \varepsilon'' z$$
$$z = \delta'' x'' + \varepsilon'' y'' + \zeta'' z'' \qquad z'' = \zeta x + \zeta' y + \zeta'' z$$

et

$$x'' = d x' + d' y' + d'' z' \quad \text{ou} \quad x' = d x'' + e y'' + f z''$$
$$y'' = e x' + e' y' + e'' z' \qquad y' = d' x'' + e' y'' + f' z''$$
$$z'' = f x' + f' y' + f'' z' \qquad z' = d'' x'' + e'' y'' + f'' z'' \; . \text{*)}$$

Fin du manuscrit.

---

*) *Note de l'éditeur.* Cette décomposition des coordonnées nous permet de démontrer le théorème si beau et si remarquable de Jacobi, énoncé au commencement du mémoire B:

„La rotation d'un corps de révolution grave autour d'un point quelconque de son axe peut être ramenée au mouvement relatif de deux corps sur lesquels n'agit aucune force accélératrice."

En effet, en remplaçant dans les valeurs de α, β, γ etc. données par Jacobi (p. 493 de ce vol.) $i\alpha$ par $i\alpha + i\delta$, on obtient les neuf cosinus δ, ε, ζ etc.; de même, en remplaçant $i\alpha$ par $i\alpha - i\delta$, on obtient d, e, f etc. Le premier et le quatrième groupe des équations précédentes déterminent donc les mouvements oscillatoires de deux corps quelconques sur lesquels n'agit aucune force accélératrice. Dans le premier de ces mouvements le plan invariable est le plan des xy; dans le second c'est celui des $x'y'$; et les axes des x'', y'', z'' sont parallèles aux axes principaux des deux corps.

Soient maintenant

l_1, l_2 le moment principal,

h_1, h_2 la force vive,

A_1, B_1, C_1; A_2, B_2, C_2 les trois moments d'inertie rapportés aux axes principaux des deux mobiles; ces quantités satisferont à certaines conditions que nous obtiendrons tout à l'heure.

Observons d'abord que les formules qui donnent δ, ε, ζ, d, e, f, etc. permettent de déterminer, au temps t, la position des axes principaux par rapport à l'axe des z, respectivement des z', ainsi que par rapport aux axes des x, y et des x', y' situés dans les plans invariables. Remarquons d'ailleurs que dans les deux rotations la quantité u et le module k étant les mêmes, les deux corps auront, comme s'exprime Jacobi (p. 334 de ce vol.) le même mouvement oscillatoire moyen:

$$\frac{\pi u}{2K} = \frac{\pi \mu (t - t_0)}{2K}.$$

La constante t_0 doit être choisie de manière que dans les deux cas, au temps $t = t_0$, l'axe des y'', c'est à dire l'axe du moment d'inertie moyen B_1 et B_2, prenne, dans le plan invariable, une direction opposée à celle de la droite fixe de ce plan.

Après avoir ainsi déterminé la position des axes principaux des deux mobiles par rapport à leurs plans invariables, donnons aux deux systèmes de coordonnées une position telle que es axes principaux

correspondants coïncident. Alors les axes des x', y', z' auront, par rapport à ceux des x, y, z, la position qu dans le problème de Lagrange est exprimée par les équations

$$x = \alpha x' + \beta y' + \gamma z'$$
$$y = \alpha' x' + \beta' y' + \gamma' z'$$
$$z = \alpha'' x' + \beta'' y' + \gamma'' z' .$$

Au temps $t = t_0$ l'axe des x' prendra, dans le plan des xy, une direction opposée à celle de la droite que nous y supposons fixe. Pour trouver, en un temps quelconque, la position du corps de révolution grave, il restera à diriger l'axe des z dans le sens de la pesanteur et à faire décrire aux axes des x, y et à ceux des x', y', dans leurs plans respectifs, les angles $\mu \nu (t - t_0)$ et $\mu \nu' (t - t_0)$, comptés dans le sens de la vitesse initiale du corps.

Pour que la solution soit complète, il faut que les quantités constantes dont dépendent les mouvements des deux corps auxiliaires, soient exprimées par les données du problème proposé. Ce sont les dix quantités:

$$A_1, \quad B_1, \quad C_1, \quad A_2, \quad B_2, \quad C_2, \quad l_1, \quad l_2, \quad h_1, \quad h_2,$$

mais elles n'entrent dans les formules que sous la forme des quatre quotients

$$\frac{l_1}{A_1}, \quad \frac{l_1}{B_1}, \quad \frac{h_1}{l_1}, \quad \frac{l_1}{C_1}$$

et des quatre analogues à indice 2.

Dans son second mémoire (p. 430 de ce vol.) Jacobi a fait voir que, ces quotients étant désignés, dans l'ordre indiqué, par

$$s_2, \quad s'_1, \quad s''_1, \quad s'''_1,$$

on peut déduire toutes les constantes nécessaires pour former les valeurs elliptiques des neuf cosinus à l'aide des six différences

$$s'_1 - s_1, \quad s''_1 - s_1, \quad s'''_1 - s_1, \quad s'''_1 - s'_1, \quad s'''_1 - s'_1, \quad s''_1 - s'_1,$$

dont trois résultent des autres.

Il s'agit donc, dans le cas proposé, d'exprimer ces différences de même que les analogues qui se rapportent au second corps auxiliaire, par les racines r', r'', r''' de l'équation cubique

$$F(x) = A(1 - x^2)(2f - Ch^2 - 2Gx) - (h + Cnx)^2 = 0$$

et par la quantité

$$\mu = \sqrt{\frac{G}{2A}(r' - r''')} .$$

A cet effet, on a, d'après ce qui a été dit plus haut (second mémoire p. 430 de ce vol.)

$$(1.) \begin{cases} s'_1 - s_1 = \pm \dfrac{\mu k^2 \sin \operatorname{am}(ia + ib) \cos \operatorname{am}(ia + ib)}{i \, \Delta \operatorname{am}(ia + ib)}, & s'''_1 - s''_1 = \pm \dfrac{i \mu \, \Delta \operatorname{am}(ia + ib)}{\sin \operatorname{am}(ia + ib) \cos \operatorname{am}(ia + ib)}, \\[2mm] s''_1 - s_1 = \pm \dfrac{\mu \sin \operatorname{am}(ia + ib) \, \Delta \operatorname{am}(ia + ib)}{i \cos \operatorname{am}(ia + ib)}, & s'''_1 - s'_1 = \pm \dfrac{i \mu \cos \operatorname{am}(ia + ib)}{\sin \operatorname{am}(ia + ib) \, \Delta \operatorname{am}(ia + ib)}, \\[2mm] s'''_1 - s_1 = \pm \dfrac{i \mu \cos \operatorname{am}(ia + ib) \, \Delta \operatorname{am}(ia + ib)}{\sin \operatorname{am}(ia + ib)}, & s''_1 - s'_1 = \pm \dfrac{\mu k'^2 \sin \operatorname{am}(ia + ib)}{i \cos \operatorname{am}(ia + ib) \, \Delta \operatorname{am}(ia + ib)}, \\[2mm] s'_2 - s_2 = \pm \dfrac{\mu k^2 \sin \operatorname{am}(ia - ib) \cos \operatorname{am}(ia - ib)}{i \, \Delta \operatorname{am}(ia - ib)}, & s'''_2 - s''_2 = \pm \dfrac{i \mu \, \Delta \operatorname{am}(ia - ib)}{\sin \operatorname{am}(ia - ib) \cos \operatorname{am}(ia - ib)}, \\[2mm] s''_2 - s_2 = \pm \dfrac{\mu \sin \operatorname{am}(ia - ib) \, \Delta \operatorname{am}(ia - ib)}{i \cos \operatorname{am}(ia - ib)}, & s'''_2 - s'_2 = \pm \dfrac{i \mu \cos \operatorname{am}(ia - ib)}{\sin \operatorname{am}(ia - ib) \, \Delta \operatorname{am}(ia - ib)}, \\[2mm] s'''_2 - s_2 = \pm \dfrac{i \mu \cos \operatorname{am}(ia - ib) \, \Delta \operatorname{am}(ia - ib)}{\sin \operatorname{am}(ia - ib)}, & s''_2 - s'_2 = \pm \dfrac{\mu k'^2 \sin \operatorname{am}(ia - ib)}{i \cos \operatorname{am}(ia - ib) \, \Delta \operatorname{am}(ia - ib)}. \end{cases}$$

Quant à l'emploi du signe ambigu $\pm$, voir les remarques faites dans le mémoire déjà cité.

Observons de plus que la propriété du module k et de la quantité μ, d'avoir la même valeur dans les deux mouvements, résulte évidemment du caractère identique des équations

$$k^2 = \frac{r'' - r'''}{r' - r'''} = \frac{(c_1' - c_1)(c_1''' - c_1'')}{(c_1'' - c_1)(c_1''' - c_1)} = \frac{(c_2' - c_2)(c_2''' - c_2'')}{(c_2'' - c_2)(c_2''' - c_2)}$$

$$\mu^2 = \frac{G}{2A}(r' - r''') = (c_1'' - c_1)(c_1''' - c_1') = (c_2'' - c_2)(c_2''' - c_2').$$

Reste encore à exprimer les six quantités $\sin \operatorname{am}(ia \pm ib)$, $\cos \operatorname{am}(ia \pm ib)$, $\Delta \operatorname{am}(ia \pm ib)$ par les racines r', r'', r'''. Comme on a

$$-\sin^2 \operatorname{am}(ia) = \frac{r'-1}{1-r''}, \qquad -\sin^2 \operatorname{am}(ib) = \frac{r'-r'''}{1+r''},$$

on trouvera aisément à l'aide du théorème d'addition des fonctions elliptiques

$$(2.) \begin{cases} \sin \operatorname{am}(ia \pm ib) = i\,\dfrac{\sqrt{(r'-1)(1+r')(1-r'')(1+r'')} \pm (r'-r'')\sqrt{(1-r''')(1+r''')}}{1 - r'r'' + r'r''' - r''r'''}, \\[2mm] \cos \operatorname{am}(ia \pm ib) = \sqrt{r'-r''}\,\dfrac{\sqrt{(1+r')(1-r'')(1+r''')} \pm \sqrt{(r'-1)(1+r'')(1-r''')}}{1 - r'r'' + r'r''' - r''r'''}, \\[2mm] \Delta \operatorname{am}(ia \pm ib) = \sqrt{\dfrac{r'-r''}{r'-r'''}}\,\dfrac{\sqrt{(1-r')(1+r'')(1-r''')(1+r''')} \pm (r'-r''')\sqrt{(r'-1)(1+r')}}{1 - r'r'' + r'r''' - r''r'''}. \end{cases}$$

Ayant substitué ces valeurs dans les équations (1), on aura exprimé les douze différences en fonctions des trois quantités r', r'', r''' et de la quantité μ. C'est ainsi qu'on peut déterminer les conditions auxquelles doivent satisfaire les deux corps auxiliaires d'ailleurs quelconques et les chocs qui les ont mis primitivement en mouvement, pour que le mouvement du corps de révolution grave puisse être ramené à leur rotation relative.

TABLE DES MATIÈRES.

ANMERKUNGEN*).

DE FUNCTIONIBUS DUARUM VARIABILIUM QUADRUPLICITER PERIODICIS ETC.

1) In dieser Abhandlung ist der Buchstabe λ zur Bezeichnung eines der Moduln der betrachteten hyperelliptischen Integrale und zugleich als Functionszeichen verwandt worden. Diese Incongruenz ist aber so wenig störend, dass es nicht angemessen erschien, eine Änderung vorzunehmen.

2) S. 50, Z. 4 v. u. Statt $\left(\frac{n-1}{2}\right)^{\text{tl}}$ steht im ursprünglichen Druck $\left(\frac{n-1}{1}\right)^{\text{tl}}$, wohl nur ein Druckfehler.

DEMONSTRATIO NOVA THEOREMATIS ABELIANI.

3) S. 71, Gl. (6.) Auf der rechten Seite der Gleichung musste der Factor y hinzugefügt werden.

ÜBER DIE ADDITIONSTHEOREME DER ABELSCHEN INTEGRALE ZWEITER UND DRITTER GATTUNG.

4) S. 79, 82. Die Schlussbemerkungen zu §. 1 und §. 2 sind unvollständig; von einer Änderung ist indessen Abstand genommen.

5) S. 86. Die Fussnote ist von Jacobi dem Abdruck der Abhandlung im Crelleschen Journale hinzugefügt worden.

EXTRAIT DE DEUX LETTRES DE CH. HERMITE A C. G. J. JACOBI ET D'UNE LETTRE DE JACOBI A HERMITE.

6) S. 99—101. Der hier vorkommende Multiplicator M (curs.) ist identisch mit dem im ersten Bande durch M (antiq.) bezeichneten.

7) S. 107, Z. 7 v. u. Es musste der Formel der Factor 2 hinzugefügt werden, um sie in Übereinstimmung mit den folgenden Formeln zu bringen.

8) S. 118, 119. Die Punkte P', Q', welche bez. den Punkten P, Q unendlich nahe liegen sollen, sind im Original auch durch P, Q bezeichnet.

NOTIZ ÜBER A. GOEPEL.

9) Von dieser im Herbst 1847 geschriebenen Notiz scheint der wichtigste, auf die Hauptarbeit Göpels „Theoriae transcendentium Abelianarum primi ordinis adumbratio levis" sich beziehende Theil aus

---

*) Ebenso wie im ersten Bande sind die zahlreichen Druckfehler, sowie offenbare Schreib- und Rechenfehler, die sich im ursprünglichen Drucke finden, ohne Weiteres berichtigt worden.

65*

einem ebenfalls im Jahre 1847 verfassten Aufsatze Jacobis entnommen zu sein, den ich erst ganz kürzlich im Original und in einer für den Druck angefertigten Abschrift von der Hand Borchardts unter den Papieren des letzteren aufgefunden habe. Dieser Aufsatz enthält so viel für die Geschichte der Theorie der elliptischen und hyperelliptischen Functionen Interessantes, dass ich geglaubt habe, ihn an dieser Stelle unverkürzt mittheilen zu sollen, da es nicht mehr möglich war, denselben in den Text dieses Bandes einzufügen.

ZUR GESCHICHTE DER ELLIPTISCHEN UND ABELSCHEN TRANSCENDENTEN.

Die elliptische Function $x = \operatorname{sin am} u$, welche Abel und ich in die Analysis eingeführt haben, wird durch die Gleichung

$$u = \int_0^x \frac{dx}{\sqrt{(1-x^2)(1-\varkappa^2 x^2)}}$$

definirt. Diese Function $x = \operatorname{sin am} u$ hat einen einzigen vollkommen bestimmten Werth, welcher durch eine lineare Gleichung

$$Ax + B = 0$$

gegeben wird, in der A und B Reihen bedeuten, die für jeden reellen oder imaginären Werth von u convergiren.

Wollte man in die Analysis eine Function $x = \Lambda(u)$ einführen, in welcher

$$u = \int_0^x \frac{dx}{\sqrt{(1-x^2)(1-\varkappa^2 x^2)(1-\lambda^2 x^2)(1-\mu^2 x^2)}},$$

so würde keine Analogie dieser Function mit der elliptischen Function $\operatorname{sin am} u$ mehr stattfinden, indem eine solche Function $\Lambda(u)$ für jedes u nicht bloss mehrere Werthe erhält, sondern gänzlich unbestimmt wird, wofern nämlich zur Definition des Integrals bloss seine Grenzen angewandt werden, der Weg aber, welchen die Variable durch reelle oder imaginäre Werthe hindurch von der einen Grenze zur anderen einschlägt, willkürlich bleibt. Denn man kann einen Werth gänzlich unbestimmt nennen, wenn er, wie es in diesem Fall geschieht, jedem reellen oder imaginären gegebenen Werthe so nahe kommen kann, dass der Unterschied weniger als jede gegebene noch so kleine Grösse beträgt.

Goepel tadelt es, dass ich diese Functionen *absurd* genannt habe[*]), welche die Analysis der Zukunft durch Einführung transcendenter statt der algebraischen Formeln ähnlich wie die elliptischen zu behandeln wissen werde. Bis dahin hat Goepel den anderen Functionen, welche ich als diejenigen bezeichnet habe, zu welchen man von den elliptischen fortzuschreiten hat, seine Bemühungen gewidmet, und es sind dieselben von dem glänzendsten Erfolge gekrönt worden.

Die von mir in die Analysis eingeführten hyperelliptischen Functionen sind die Wurzeln einer quadratischen Gleichung

$$Ax^2 + Bx + C = 0,$$

---

[*]) Vom Standpunkte der heutigen Functionenlehre aus muss anerkannt werden, dass Goepel Recht hatte, obgleich andererseits feststeht, dass Jacobi durch Einführung seiner Functionen mehrerer Veränderlichen der Theorie der Abelschen Transcendenten ihre wahre Grundlage geschaffen hat.

W.

in welcher A, B, C Functionen zweier Variabeln u und v sind, welche mit diesen beiden Wurzeln, die ich x_1 und x_2 nennen will, durch die beiden Gleichungen

$$u = \int_0^{x_1} \frac{dx}{\sqrt{X}} + \int_0^{x_2} \frac{dx}{\sqrt{X}}$$

$$v = \int_0^{x_1} \frac{x^2\,dx}{\sqrt{X}} + \int_0^{x_2} \frac{x^2\,dx}{\sqrt{X}}$$

verbunden sind, wo der Kürze halber

$$(1-x^2)(1-\varkappa^2 x^2)(1-\lambda^2 x^2)(1-\mu^2 x^2) = X$$

gesetzt ist. Die Coefficienten A, B, C der quadratischen Gleichung sind vollkommen bestimmte, nicht mehrdeutige Functionen der Variabeln u und v, und ihre Verhältnisse haben in Bezug auf diese beiden Variabeln *vier* unabhängige Simultanperioden. Dieses neue Princip der Simultanperiodicität besteht darin, dass eine Function zweier oder mehrerer Variabeln ungeändert bleibt, wenn sich die Variabeln gleichzeitig und um Gleichvielfache gegebener Constanten verändern, und es liegt in demselben die Lösung der Paradoxen, welche die durch eine vierfache Periodicität entstehende Unbestimmtheit darbietet.

Die Analysten begrüssten mit Theilnahme die neue Ansicht über die in die Theorie der Abelschen Transcendenten einzuführenden Functionen. Die Kopenhagener Akademie der Wissenschaften wünschte dieselbe auf alle Integrale algebraischer Functionen ausgedehnt zu sehen, auf welche Abel sein Theorem ausgedehnt hatte. Es ist hieraus eine schätzenswerthe Arbeit von Broch[*]) und die preiswürdige Abhandlung von Minding[**]) hervorgegangen, denen später noch die Arbeit von Rosenhain[***]) folgte. Die nach einem Intervalle von 15 Jahren endlich in den *Mémoires des savants étrangers* erschienene Abhandlung, welche von Abel im Jahre 1826 der Pariser Akademie überreicht worden war, und durch ihre erschöpfende Allgemeinheit zu den bewundernswürdigsten Leistungen gehört, würde, wenn sie früher erschienen wäre, diesen Mathematikern den grössten Theil ihrer Arbeit erspart haben. Seitdem hat Hermite dem Abelschen Werke eine neue Form gegeben, wie sie fast allen Arbeiten dieses grossen Genies zu wünschen ist, wenn ihre tiefen Gedanken klarer hervortreten sollen. Aber am wünschenswerthesten musste es immer erscheinen und am meisten den Analysten daran gelegen sein, die neuen Functionen wenigstens zunächst für die erste und einfachste Klasse der Abelschen Integrale wirklich dargestellt zu sehen, und es wählte daher die Berliner Akademie der Wissenschaften die Darstellung dieser Functionen zum Gegenstand einer ausserordentlichen Preisfrage. Ungeachtet eines Termins von 8 Jahren blieb die Frage unbeantwortet. Wenn wir nicht aus der Einleitung der Goepelschen Abhandlung ersähen, dass er bereits in dieser Zeit die Grundidee seiner Arbeit gefasst hatte, so könnte in der That die Aufgabe zu frühzeitig gestellt scheinen, da es kaum anderthalb Decennien waren, dass die hier vorkommenden Integrale zum ersten Male von Abel betrachtet worden waren, und die Elemente ihrer Theorie noch bei weitem nicht die Durcharbeitung erfahren hatten, wie die der elliptischen Functionen zu der Zeit, als Abel und ich unsere Arbeiten über dieselben begannen. Auch konnte die Methode, durch welche wir, von dem Integral ausgehend, zu den dem trigonometrischen Sinus und Cosinus entsprechenden Functionen gelangt waren, keine Anleitung geben. Denn dieselbe beruhte wesentlich auf der Eigenschaft der rationalen Functionen *einer* Variabeln, dass zur Darstellung derselben die Kenntniss der Werthe, für welche sie verschwinden und unendlich werden, hinreicht, was für rationale Functionen *zweier* Variabeln nicht mehr der Fall ist.

---

[*]) Crelles Journal Bd. 23. p. 145.
[**]) Ebendaselbst Bd. 23. p. 255.
[***]) Ebendaselbst Bd. 28. p. 249 und Bd. 29. p. 1.

Es wäre der Weg übrig geblieben, die Transformation der Abelschen Integrale, welche Herr Professor Richelot nach einer von mir angegebenen Substitution aufgestellt hat, unbestimmt zu wiederholen, und die analytische Natur dieser Transformation so zu ergründen, dass man das durch ihre unbestimmte Wiederholung erhaltene Resultat hätte darstellen können; ferner durch eine complementare Transformation die Vervielfachung durch eine Potenz von 2 zu gewinnen, und dann endlich die für eine unendliche Multiplication verschwindender Integrale stattfindende Grenze zu untersuchen. Aber bei Ermangelung der hiezu nöthigen Vorarbeiten konnte man ein günstiges Gelingen nur von einer glücklichen Divination hoffen, und hiezu bot die neue Transcendente Θ, auf welche ich die elliptischen Functionen schliesslich zurückgeführt hatte, einen willkommenen Anknüpfungspunkt.

Die elliptischen Functionen waren zunächst in Form eines Bruches gefunden worden. Erst durch die besondere Betrachtung des Zählers und Nenners dieses Bruches ist ihre Theorie in sich abgeschlossen und auf ihre wahre Grundlage zurückgeführt worden. Wie bei der trigonometrischen Tangente bilden diese dieselbe Function für verschiedene Argumente, nur dass hier noch eine einfache Exponentialgrösse als Factor hinzutritt. Auf dieselbe Transcendente war bereits die dritte Gattung der elliptischen Integrale zurückgeführt worden. Konnte man aus der wirklichen Darstellung der elliptischen Function den Zähler und Nenner durch den blossen Anblick entnehmen, so war man andrerseits dahin gelangt, diese Scheidung auch durch analytische Operationen zu erhalten, und so einen Cyclus von Operationen aufzustellen, nach welchen man zu der elliptischen Function zurückkehrt. Die elliptische Function quadrirt und zwischen zwei Grenzen integrirt, welche um einen halben Index der Periode verschieden sind, giebt den Logarithmus der elliptischen Function. Durch diesen Cyclus lassen sich fast alle über die elliptischen Functionen angestellten Betrachtungen hindurchführen und erhalten dann erst ihre Vollständigkeit.

Es wurde gezeigt, dass die Transcendente für jeden aliquoten Theil des Index einer Periode durch blosses Wurzelausziehen aus elliptischen Functionen erhalten werden kann; dass dasselbe von dem Quotienten zweier Transcendenten gilt, deren Argumente um einen aliquoten Theil des Index einer Periode verschieden sind, und dass sich aus diesen Wurzelgrössen die Theilungsformeln der elliptischen Integrale zusammensetzen.

Die neue Transcendente selbst wird durch eine Reihe von der höchsten Einfachheit dargestellt, welche immer und zwar mit solcher Schnelligkeit convergirt, dass sie für praktische Anwendung wie ein endlicher Ausdruck betrachtet werden kann. Das allgemeine Glied dieser Reihe hat die Form e^{ai^2+bi}, in welcher i eine ganze Zahl, a und b beliebige Grössen sind, nur dass die Grösse a oder, wenn sie imaginär ist, ihr reeller Theil negativ sein muss. Die Grösse a bestimmt den Modul des elliptischen Integrals, während dieses selbst der Grösse b proportional ist.

In meinem Werke über die elliptischen Functionen wird der Weg gezeigt, welcher von dem elliptischen Integral bis zu der neuen Transcendente zurückzulegen ist. Einmal auf dieser Höhe angelangt, gewinnt man eine Uebersicht über diese ganze Theorie, welche derselben mit Klarheit und, ich möchte sagen, Durchsichtigkeit giebt, die man vorher nicht ahnen konnte. Es giebt sehr viele Arten, wie man mit grosser Leichtigkeit und durch die elementarsten Processe von dieser neuen Transcendente aus zu allen Eigenschaften der elliptischen Functionen gelangt. Die erste, welche ich in dem 3ten Bande des Crelleschen Journals p. 305 angegeben habe, beruht auf der Multiplication zweier Transcendenten, welche verschiedene Amplituden, aber denselben Modul haben. Da das Product auf einfache Art wieder durch dieselben Transcendenten ausgedrückt wird, die sich aber auf einen transformirten Modul beziehen, so habe ich später in meinen Vorlesungen diesen Weg verlassen und bin von der Multiplication von *vier* Transcendenten mit beliebigen Argumenten und demselben Modul ausgegangen, durch welche man einen linearen Ausdruck von Producten aus vier Transcendenten derselben Natur mit *unverändertem*

Modul erhält. Eine einzige Formel, in welcher man nur specielle Werthe zu substituiren hat, giebt ohne weitere Rechnung das ganze System der Formeln für die Addition der drei Gattungen der elliptischen Integrale sogar auf drei Argumente ausgedehnt. Es ist hierbei nicht nöthig, zuerst aus der periodischen Natur der Transcendente die allgemeine Form anzugeben, und dann durch die Substitution particularer Werthe für jede der Hauptformeln die Werthe der in dieselben eingehenden zuerst unbestimmt angenommenen Constanten zu ermitteln, sondern die eine Formel giebt zugleich mit der Form auch diese Werthe. Da sich jedoch unter denjenigen Papieren, welche einen zweiten Theil der *Fundamenta Nova* zu bilden bestimmt waren, noch ein fertiger Aufsatz findet *), in welchem jene frühere Methode näher auseinandergesetzt wird, so wird vielleicht deshalb auch die Mittheilung dieser Arbeit nicht ohne Interesse sein, weil sie als Einleitung und Vorstadium zu der Goepelschen Abhandlung dienen kann, in welcher eine ähnliche Methode, aber bei einem viel complicirteren Gegenstande befolgt ist. Einen verschiedenen Weg scheint Cauchy in seinen in den *Comptes rendus* der Pariser Akademie veröffentlichten Noten eingeschlagen zu haben, indem er von dem unendlichen Producte ausgeht, durch welches ich die neue Transcendente ebenfalls dargestellt habe. Endlich haben Liouville und Hermite in Arbeiten, von welchen nur kurze Andeutungen veröffentlicht sind, sich der blossen periodischen Eigenschaften der Transcendente Θ bedient, um alle Resultate über Addition, Multiplication, Transformation, Theilung abzuleiten, indem ihnen diese periodischen Eigenschaften der Transcendente *a priori* die Form der Resultate, particuläre Betrachtungen dann die darin noch unbestimmt gelassenen Werthe geben. Man wird es hienach gewiss gerechtfertigt halten, wenn ich durch den Titel meines Werkes behauptet habe, die neuen wahren Grundlagen der Theorie der elliptischen Functionen gefunden zu haben. Ausser der Leichtigkeit, mit welcher man auf denselben das ganze Gebäude aufführen kann, gewähren sie noch den Vortheil einer grösseren Strenge und Klarheit, als bis jetzt in derjenigen Behandlung, welche von den Integralen ausgeht, möglich gewesen ist. Denn die Theorie der imaginären Werthe der algebraischen Functionen und ihrer Integrale ist noch nicht ausgebildet genug, um die Betrachtung solcher Integrale für den ganzen Umfang aller reellen und imaginären Werthe der darin eingehenden constanten und veränderlichen Grössen mit gleicher Evidenz zum Grunde zu legen, welche die immer convergirenden Reihen gewähren. Dieser Mangel ist aber nicht der Methode immanent, deren ich mich in den *Fund. Nov.* bedient habe, sondern rührt nur von einer in den allgemeinen Elementen der Analysis noch bestehenden Lücke her. Der Verfasser eines Aufsatzes im 27. Bande **) des mathematischen Journales scheint mir daher, wenn er meiner ihm bekannt gewordenen früheren und neueren Methode, von den unendlichen Reihen auszugehen, seinen Beifall schenkt, doch jene erste Methode, die zu so fruchtbaren Entdeckungen geführt hat, zu streng zu beurtheilen.

Legendre hat sich mit Schnelligkeit und Kraft in dem höchsten Menschenalter der neuen Idee zu bemächtigen gewusst, welche die Theorie, die eine der Hauptbeschäftigungen seines Lebens ausgemacht hatte, umgestaltete. Als ich ihm aber meinen Gedanken mittheilte, wie man die neue Transcendente zum Ausgangspunkt aller Untersuchungen über die elliptischen Functionen machen könnte, hat er sich von demselben als zu heterogen mit den ihm gewohnten Betrachtungen abgewendet. Ich möchte nicht vergessen, schrieb er, dass die grösste Schönheit und Vollkommenheit meiner Theorie in der Anwendung rein algebraischer Ausdrücke und geschlossener endlicher Formeln bestände.

Die Betrachtung der Additionsformel für die *dritte* Gattung der elliptischen Integrale hatte mich

---

*) Von diesem Aufsatze haben sich in Jacobis Nachlasse nur einzelne Blätter vorgefunden. W.

**) Im Manuscripte fehlt die Nummer des Bandes; es ist aber kaum zu bezweifeln, dass Jacobi hier den Aufsatz von Eisenstein Bd. 27, p. 185 im Sinne gehabt hat.

darauf geführt, dieselben auf ein anderes geschlossenes Integral zurückzuführen, welches ein Argument weniger enthält, und es fand sich, dass dieses Integral der Logarithmus der Transcendente sei, welche naturgemäss den Zähler und Nenner der elliptischen Functionen bildet. An dem geschlossenen Integral selber konnte gezeigt werden, dass die beiden Grössen, deren Quotient zu bilden ist, keinen gemeinschaftlichen Factor haben und für keinen endlichen Werth des Intervalls unendlich werden können. Es ist zu erwarten, dass, nachdem man sich für die erste Klasse der Abelschen Integrale mit der dritten Gattung dieser Integrale mit Erfolg beschäftigt haben wird, auch deren Reduction auf ein neues geschlossenes Integral gelingen wird, in welchem sich, wie in der Theorie der elliptischen Intgrale, die Argumente mit dem Parameter vereinigen. Es ist ferner zu erwarten, dass dies Integral dann diejenige Transcendente sein wird, welche die drei Coefficienten der quadratischen Gleichung giebt, deren Wurzeln die Intervalle der beiden durch Addition zu vereinigenden Abelschen Integrale sind. Die so erhaltenen Resultate werden sich durch folgerechte Schlüsse aus dem Abelschen Additionstheorem ergeben. Will man aber die wirkliche Darstellung und, so zu sagen, die sichtbare Gestalt der so gefundenen Transcendente haben, so ist hiefür noch keine aus der Theorie der elliptischen Functionen durch Analogie entnommene Methode vorhanden, und es bleibt nur der Versuch übrig, die Reihe

$$\sum e^{ai^2+bi}$$

auf eine Weise zu verallgemeinern, bei welcher die Methoden, durch die man von dieser Reihe aus zu den Resultaten der Theorie der elliptischen Functionen gelangen kann, noch anwendbar bleiben. Herr Goepel unternimmt in der Abhandlung „*Theoriae transcendentium Abelianarum primi ordinis adumbratio*" diese Verallgemeinerung, indem er die Doppelreihe

$$\sum\sum e^{ai^2+bik+ci^2+di+ek}$$

betrachtet, in welcher beiden Indices i und k die Werthe aller ganzen Zahlen von $-\infty$ bis $+\infty$ zu geben sind. Wie dort der Coefficient von i^2 den Modul, der Coefficient von i die Amplitude gab, so haben wir hier drei Coefficienten der Terme der zweiten Dimension, zwei Coefficienten der Terme der ersten Dimension der Indices i und k, und in der That hat die erste Gattung der Abelschen Integrale drei Moduln, und in der von mir aufgestellten Theorie wurden zwei Argumente als nothwendig verlangt. Die vierfache Simultanperiodicität ergab sich auf den ersten Blick; die Multiplication zweier Reihen dieser Art ergab ebenfalls ganz auf ähnliche Art, wie bei den Functionen Θ, ein lineares Aggregat von Producten zweier ähnlichen Reihen, und so mochte allerdings Goepel sogleich im ersten Augenblick bereits vor 7 bis 8 Jahren die Ueberzeugung erlangt haben, dass die analoge Transcendente und die wahre Grundlage der Theorie der hyperelliptischen Functionen gefunden war, wenn er vielleicht auch erst später die Schwierigkeiten, welche sich noch zum wirklichen Herabsteigen zu den von mir aufgestellten Differentialgleichungen zeigten, überwunden hat, wie es in der genannten Abhandlung geschehen ist. Goepel combinirt die beiden Methoden der Multiplication zweier Transcendenten und derjenigen, welche bloss aus ihrer periodischen Natur die Form der Resultate ableitet. Er wäre etwas kürzer zum Ziele gelangt, wenn er ähnlich, wie es am angeführten Orte des 3ten Bandes des mathematischen Journals für die elliptischen Functionen geschehen ist, zwei Reihen mit ganz beliebigen d und e aber denselben a, b, c multiplicirt hätte. Aber es kam zunächst darauf an, auf irgend einem Wege die Gewissheit der Richtigkeit der gewagten Divination zu erlangen. Jedenfalls aber war man sicher, zu merkwürdigen Resultaten zu gelangen, und eine Transcendente zu untersuchen, welche die merkwürdigsten Eigenschaften besass.

Die Verallgemeinerung der Function Θ ist eine zu natürliche, als dass es zu verwundern ist, dass dieselbe auch von einer andern Seite her gemacht worden ist. In der That sind mir die von Goepel gefundenen Resultate und in grösserer Vollständigkeit und Allgemeinheit bereits seit fast *drei* Jahren

durch die Arbeiten eines meiner Schüler*) bekannt geworden, welche seit dem October v. J. einer berühmten Akademie zur Beurtheilung vorliegen, und deren Veröffentlichung nur durch das Gesetz der Akademie einen Aufenthalt erfährt, nach welchem die Gelehrten maskirt concurriren müssen. Es wird hierdurch die frühere Arbeit später zu erscheinen genöthigt, was ein Uebelstand ist, wenngleich die Prioritätsrechte durch die akademische Autorität gerettet werden. In diesen beiden gänzlich von einander unabhängigen Untersuchungen wird derselbe Gegenstand auf zwei verschiedene Arten behandelt, indem mein verehrter Schüler und Freund sich derselben Methode der Multiplication von vier Transcendenten mit beliebigen Argumenten bedient hat, auf welche ich in meinen Vorlesungen die Theorie der elliptischen Functionen gegründet habe. Diese Verschiedenartigkeit der Behandlung muss den Mathematikern um desto willkommener sein, weil sie geeignet ist, Licht auf einen so neuen und schwierigen Gegenstand zu werfen.

Herr Goepel bemerkt, dass seine Betrachtungen sich auch auf eine grössere Zahl Variabeln ausdehnen lassen. Aber es tritt hier, wie auch mein geehrter Freund gesehen hat, ein schwieriges Paradoxon ein.

Wenn in dem Abelschen Integral die Function unter dem Quadratwurzelzeichen auf den $(2m+3)^{ten}$ oder $(2m+4)^{ten}$ Grad steigt, so sind nach der von mir aufgestellten Theorie Transcendenten mit $2m+1$ Moduln und $m+1$ Variabeln zu betrachten. Nach der Analogie der elliptischen und der auf sie zunächst folgenden hyperelliptischen Functionen hängt die Theorie dieser Integrale mit Reihen zusammen, in welchen die Exponenten Functionen von $m+1$ Indices vom zweiten Grade sind; die Coefficienten der Terme der zweiten Ordnung müssten wieder den Moduln und die der ersten den Variabeln entsprechen. Aber wenn die Zahl der letzteren Coefficienten $m+1$ wie die der Variabeln ist, so ist die Zahl der ersteren $\frac{1}{2}m(m+1)(m+2)$, welche nur für $m=0$ und $m=1$ oder für die elliptischen und die erste Klasse der hyperelliptischen Functionen mit der Zahl der Moduln $2m+1$ übereinstimmt, in allen übrigen Fällen aber sie übertrifft.

Die vorstehende Betrachtung, nach welcher im Allgemeinen die Reihe $\frac{1}{2}m(m-1)$ Constanten mehr enthält als es Moduln giebt, zeigt, dass von der Ausdehnung auf Werthe von m, welche grösser als 1 sind, neue merkwürdige Aufschlüsse in dieser Theorie zu erwarten sind.

ÜBER DIE DIFFERENTIALGLEICHUNGEN, WELCHEN DIE REIHEN
$$1 \pm 2q + 2q^4 \pm 2q^9 \text{ etc.}, \quad 2\sqrt[4]{q} + 2\sqrt[4]{q^9} + 2\sqrt[4]{q^{25}} + \text{ etc.}$$
GENÜGE LEISTEN.

10) S. 181, Z. 13, 14 muss es statt

weniger heissen *plus*,

und es ist hiernach auch in den folgenden Zeilen der Ausdruck etwas zu modificiren. In der That ist in Gleichung (8.) in jedem Term die Dimension auf der Linken 6, auf der Rechten 14, und die Summe der Ordnungen der Differentialquotienten auf der Linken 6, auf der Rechten 4, und man hat

$$6 + \tfrac{6}{4} = 4 + \tfrac{14}{4},$$
$$6 - 4 = -\tfrac{1}{4}(6 - 14).$$

11) S. 182, Z. 15. Der Factor 4 von D^1D'' muss fort. Derselbe Fehler wiederholt sich in den ersten Gliedern der Formeln (9.), (16.) und in dem dritten von (13.).

---

*) Es ist hiermit, wie sich von selbst versteht, die Abhandlung von Rosenhain: *„Mémoire sur les fonctions de deux variables et à quatre périodes"* gemeint, welche die Pariser Akademie gekrönt hat. Aus dieser Stelle geht hervor, dass die vorliegende Jacobische Notiz im Jahre 1847 geschrieben ist.

ÜBER EINE PARTICULÄRE LÖSUNG DER PARTIELLEN DIFFERENTIALGLEICHUNG

$$\frac{\partial^2 V}{\partial x^2} + \frac{\partial^2 V}{\partial y^2} + \frac{\partial^2 V}{\partial z^2} = 0.$$

12) S. 205, Z. 9 v. u. Dem zweiten und dritten Ausdruck in dieser Zeile musste der Factor i beigefügt werden, ebenso dem zweiten und dritten Gliede auf der Rechten der Gl. (2.), während an letzterer Stelle der Factor i vor dem ersten Gliede zu tilgen war. Dem entsprechend mussten auch die weitern Formeln dieser Seite und ebenso die Ausdrücke S. 208, Z. 11 v. u. und S. 212, Z. 3 modificirt werden.

13) S. 209, Gl. (1.) musste τ^3 an die Stelle von τ gesetzt werden, ebenso an mehreren Stellen der folgende Seite.

14) S. 213, Z. 8. Hier ist das Zeichen der Quadratwurzel geändert worden, damit die Formel mit der frühern (8.) auf S. 203 in Uebereinstimmung sei. Auch im Folgenden mussten aus demselben Grunde noch einige Zeichen geändert werden.

ÜBER UNENDLICHE REIHEN, DEREN EXPONENTEN ZUGLEICH IN ZWEI VERSCHIEDENEN QUADRATISCHEN FORMEN ENTHALTEN SIND.

15) S. 228. In der Gl. (10.) musste

$$1 - q^{2i+3} \quad \text{für} \quad 1 - q^{2i}$$

gesetzt werden.

16) S. 230, Z. 16 ist im Exponenten $\frac{1}{4}(2a+b)$ für $\frac{1}{4}(a+b)$ gesetzt worden;

17) S. 230, Formel (5.)

$$q^{60} + \cdots \quad \text{für} \quad q^{80} - \cdots;$$

18) S. 240, Formel (2.)

$$\tfrac{1}{4}(3ii+3kk+i+k) \quad \text{für} \quad \tfrac{1}{4}(3ii+kk+i+k);$$

19) S. 243, Formel (15.)

$$2ni \quad \text{für} \quad 2ni.$$

20) S. 247, Z. 16. An dieser Stelle hat sich jedenfalls ein Irrthum eingeschlichen. Dadurch, dass q in $-q$ verwandelt wird, kann die Anzahl der Factoren einer Normalform nicht geändert werden. Setzt man in der hier betrachteten Normalform

$$\prod[(1+q^{6i+1})(1-q^{6i+3})(1+q^{6i+5})(1-q^{12i+4})(1-q^{12i+8})(1-q^{6i+6})^2]$$

$-q$ für q, so erhält man

$$\prod[(1-q^{6i+1})(1+q^{6i+3})(1-q^{6i+5})(1-q^{12i+4})(1-q^{12i+8})(1-q^{6i+6})^2],$$

während Jacobi

$$\prod[(1-q^{6i+1})(1-q^{12i+4})(1-q^{12i+8})(1-q^{6i+6})^2]$$

angiebt, welches Product dem vorstehenden gleich sein würde, wenn in diesem

$$1-q^{6i+3} \quad \text{statt} \quad 1+q^{6i+3}$$

stände.

21) S. 271, Z. 2 v. u. ist

$$3i(3i+1) \quad \text{für} \quad 3i(3i+3)$$

gesetzt worden;

22) S. 277, Z. 7 v. u.

$$36ii \quad \text{für} \quad 12ii;$$

23) S. 278, Z. 5

$$q^{ii+3kk+2k} \quad \text{für} \quad q^{3ii+3kk+2i};$$

24) S. 285, Formel (5.) in dem letzten Exponenten

$$8(3k+1)^2 \quad \text{für} \quad 2(6k+1)^2;$$

25) S. 286, Z. 5

$$2q^{16} \quad \text{für} \quad 2q^8,$$

und Z. 6

$$(-1)^{l+k} \quad \text{für} \quad (-1)^{l-k};$$

26) S. 288, Z. 11 v. u.

$$2q^8 \quad \text{für} \quad q^8.$$

SUR LA ROTATION D'UN CORPS.

27) Der Zusatz zu dem Titel der Abhandlung „Extrait d'une lettre adressée à l'académie des sciences de Paris" bezieht sich nur auf den einleitenden Theil (S. 291—297), der eine Zusammenstellung der Hauptresultate der Arbeit enthält und zuerst in den Compt. rend. der Pariser Akademie T. 29, p. 97—103 mitgetheilt worden ist.

28) S. 292, Z. 15. Das eingeklammerte Wort

simplement

fehlt in dem Abdrucke der Abhandlung im Crelleschen Journal, findet sich aber in den Compt. rend. und ist der Deutlichkeit wegen wieder aufgenommen worden.

29) S. 294, Z. 2. Die beiden ersten Formeln dieser Zeile haben im Crelleschen Journal andere Vorzeichen wie hier; vgl. die Anm. zu S. 321.

30) S. 297, Z. 5. Hier war ursprünglich hinzugefügt:

„vu qu'en faisant usage d'autres méthodes, on a quelque peine à déterminer les facteurs constants qui entrent dans ces formules."

31) S. 321, Z. 4. Hier giebt Jacobi der rechten Seite der Gleichung das Vorzeichen ±. Dies steht aber im Widerspruch mit frühern Feststellungen und hat im ursprünglichen Text zur Folge gehabt, dass sich in die Ausdrücke von v, v' in Verbindung mit dem Umstande, dass das Zeichen von μ falsch ist, Zeichenfehler eingeschlichen haben, die hier verbessert worden sind. Jacobi versucht in folgendem Absatze die von ihm gegebenen Vorzeichen (+ bei v, ∓ bei v') a priori zu rechtfertigen; dabei ist aber der Umstand übersehen worden, dass durch Änderung der positiven Richtungen der s'-Axe und y-Axe in die entgegengesetzten auch die Richtung der Rotationsaxe geändert wird, so dass nicht r und v', sondern $p, q, v, v'' = \frac{h}{i}$ ihre Zeichen ändern.

Es möge übrigens bemerkt werden, dass sich in dem Ausdrucke von v, sowie in denen von γ'', γ, α', β' (S. 315—318) die doppelten Vorzeichen hätten vermeiden lassen, wenn die Grösse a folgendermassen wäre definirt worden:

$$a = +\int_{\beta}^{\frac{\pi}{2}} \frac{d\beta}{\sqrt{1-k'^2\sin^2\beta}}, \quad \text{wenn } Bh > l^2,$$

$$a = -\int_{\beta}^{\frac{\pi}{2}} \frac{d\beta}{\sqrt{1-k'^2\sin^2\beta}}, \quad \text{wenn } Bh < l^2.$$

Dann würden die auf S. 293, 294 für den ersten Fall gegebenen Ausdrücke der Grössen α, β, γ, α', β', γ', α'', β'', γ'', v, v' auch für den zweiten unverändert Geltung gehabt haben.

32) S. 331, Z. 6. In Folge des in der vorhergehenden Anmerkung besprochenen Irrthums findet Jacobi im ersten Falle $\psi'_2 = \pi$, und im zweiten Falle $\psi''_2 = 0$; er führt daher eine Grösse π_2 ein, die im ersten Falle den Werth π, im andern den Werth Null haben soll. Deshalb steht im ursprünglichen Text überall $\psi_2 - \pi_2$, oder $\psi'_2 - \pi_2$, wo sich hier bloss ψ_2 oder ψ''_2 findet; wodurch dann noch einige weitere Aenderungen nöthig geworden sind.

33) S. 333, Z. 11, 12. Im Original haben die rechten Seiten dieser Gleichungen das Minuszeichen.

34) S. 335, Z. 11. Hier ist

$$135° \text{ für } 225°$$

gesetzt worden; vgl. Anm. (32).

35) S. 351. Im Original steht irrthümlich

positive ou négative.

AUSZUG EINES SCHREIBENS VON C. G. J. JACOBI AN E. HEINE.

36) S. 356 u. f. musste mehrmals

$$iv_2 \text{ für } v_2$$

gesetzt werden.

37) S. 359, Z. 12 ist

$$-\beta'\beta'' \text{ für } \beta'\beta'',$$

Z. 14 ferner

$$-\beta \text{ für } \beta,$$

und Z. 18

$$\beta^{-n} \text{ für } \beta$$

gesetzt.

38) S. 360, Z. 2 ist

$$e^{i\alpha'} \text{ für } e^{i\alpha''}$$

gesetzt und Z. 2 u. 5 v. u. der Factor i vor $\cos\eta$ hinzugefügt worden.

ÜBER DIE SUBSTITUTION

$$(ax^2 + 2bx + c)y^2 + 2(a'x^2 + 2b'x + c')y + a''x^2 + b''y^2 + c'' = 0.$$

39) S. 370, Z. 4 u. 5 v. u. musste den Ausdrücken auf der Rechten der Gleichung das Minuszeichen vorgesetzt werden, wodurch auch in der letzten Zeile, desgl. S. 371, Z. 5, S. 373, Z. 8 v. u. Zeichenänderungen nothwendig geworden sind.

40) S. 376, Anm. Z. 7 u. 8 v. u. ist

$$x_1^2, x_2^2 \text{ für } x_1, x_2$$

gesetzt worden.

41) S. 377, Z. 2 mussten die Vorzeichen der Ausdrücke von m, n geändert, und Z. 17 die Fälle

$$\kappa\lambda < \mu, \quad \kappa\lambda > \mu$$

vertauscht werden.

ÜBER DIE ABBILDUNG EINES UNGLEICHAXIGEN ELLIPSOIDS AUF EINER EBENE, BEI WELCHER DIE KLEINSTEN THEILE ÄHNLICH BLEIBEN.

42) S. 402, Z. 6 ist vor U der Factor 2 getilgt, und

Z. 8 v. u. Meridiane statt Meridiankreise gesetzt; ferner musste

Z. 7 v. u. für r gesetzt werden $\log r$.

43) S. 415 ist Zeile 2 eingeschaltet worden; ferner musste

Z. 7 zweimal $\pm i$ an Stelle von $-i$ gesetzt werden.

SOLUTION NOUVELLE D'UN PROBLÈME FONDAMENTAL DE GÉODÉSIE.

44) S. 423, Z. 3—5. Die an dieser Stelle gegebenen Formeln sind unrichtig; sie müssen heissen:

$$B'' - B_0'' = -\tfrac{1}{6}e^2s\cos^3 B' \cos T'.$$

$$T'' - T_0'' = \tfrac{1}{6}e^2s\frac{\sin^3 B'}{\cos B'}\sin T'$$

$$\lambda - \lambda_0 = -\tfrac{1}{6}e^2s\frac{\sin^3 B'}{\cos B'}\sin T'.$$

(Vgl. die Ableitung dieser Formeln von E. Luther in Borchardts *Journal* Bd. 85, S. 361.)

FRAGMENTS SUR LA ROTATION D'UN CORPS.

45) Die hier zum erstenmale aus Jacobis Nachlasse mitgetheilten umfangreichen Bruchstücke über die Rotationsbewegung eines festen Körpers stammen aus den zwei letzten Lebensjahren des grossen Mathematikers und würden schon dieses Umstandes wegen ein besonderes Interesse beanspruchen, wenn auch ihr Inhalt weniger wichtig wäre. Sie sind hier nach dem allerdings an vielen Stellen nicht leicht zu entziffernden Jacobischen Manuscript ohne irgend welche wesentliche Veränderung abgedruckt worden, obwohl es leicht gewesen wäre, nicht nur die Abhandlung (A), welche sich auf den Fall bezieht, wo auf den Körper keine beschleunigenden Kräfte wirken, zu Ende zu führen, sondern auch durch Verschmelzung der beiden Abhandlungen (B, C) in eine, mit Hinzufügung einiger Entwickelungen, eine vollständige und elegante Theorie der Rotationsbewegung in dem sogenannten Lagrangeschen Fall herzustellen*).

SCHLUSSBEMERKUNG.

Bei der Herausgabe dieses zweiten Bandes von Jacobis Werken haben mich die Herren Bruns, Frobenius, Henoch, Lottner, Netto, K. Schering, Stickelberger, Wangerin in bereitwilligster und förderlichster Weise unterstützt, wofür ich denselben meinen aufrichtigsten Dank auszusprechen nicht verfehle. Hr. Bruns hat die Abhandlung Nr. 25 vor dem Abdrucke revidirt; Hr. Frobenius Nr. 12, Hr. Henoch Nr. 22, 23; Hr. Netto Nr. 5, 15, 19; Hr. Stickelberger Nr. 1, 2, 4, 7, 8, 9, 10, 11, 13, 16, 17, 20; Hr. Wangerin Nr. 6, 18, 21, 24. Hr. Lottner hat sich durch die mühsame Herausgabe der *Fragments sur la rotation d'un corps* ein ganz besonders anzuerkennendes Verdienst erworben. Jeder der genannten Herren hat auch eine Correctur der von ihm revidirten Abhandlungen gelesen. Die Herren K. Schering und Wangerin sind für den ganzen Band als Correctoren thätig gewesen.

Berlin, Ende Juli 1882.   Weierstrass.

*) Der Herausgeber dieser Fragmente, Herr Lottner, hat bereits vor 28 Jahren (im 50sten Bande des Crelleschen Journals S. 111 ff.) den Lagrangeschen Fall des Rotationsproblems behandelt, ohne Kenntniss davon zu haben, dass Jacobi sich mit demselben beschäftigt und darauf bezügliche Aufzeichnungen hinterlassen hatte. Die von Herrn Lottner entwickelten Ausdrücke der neun Grössen α, β, γ u.s.w. als Functionen der Zeit stimmen vollständig mit den von Jacobi in der Abhandlung (C) p. 503 u. 505 gegebenen überein. Jacobi hat aber am Schlusse der Abhandlung Umformungen dieser Ausdrücke angegeben, vermittelst welcher, wie Herr Lottner in einer hinzugefügten Note gezeigt hat, sich das in der Abhandlung (B) angekündigte, merkwürdige und schöne Theorem ableiten lässt, nach welchem die Rotationsbewegung eines Körpers in dem Lagrangeschen Falle aus zwei andern Rotationsbewegungen, wie sie stattfinden, wenn keine beschleunigende Kraft auf den Körper wirkt, zusammengesetzt werden kann — ein Theorem, das bis jetzt ganz unbekannt geblieben ist, obwohl Jacobi es in den Monatsberichten der Berliner Akademie vom J. 1850, S. 77, allerdings ohne irgend eine Andeutung über die Herleitung desselben, mitgetheilt hat.

DRUCKFEHLER.

S. 32, Z. 7 v. u. ist zu lesen $\quad x^2 > \lambda^2 > \mu^2 \quad$ statt $\quad x^2 < \lambda^2 < \mu^2$;

S. 40, letzte Zeile $\qquad\qquad +\infty \quad$ statt $\quad 0$;

S. 40, Z. 3 $\qquad\qquad\qquad Ux^2 \quad$ statt $\quad Ux$;

S. 78, Gl. (6.) $\qquad\qquad\quad \Lambda_i \quad$ statt $\quad \Lambda$;

$\qquad$ Gl. (7.) $\qquad \sqrt{f(x) + a^2 R} \quad$ statt $\quad \sqrt{f(x) + a R}$;

$\qquad$ Z. 8 $\qquad\qquad \sqrt{1 + y^2} \quad$ statt $\quad \sqrt{1 + y}$;

S. 79, Z. 4 $\qquad\qquad\qquad$ den $\quad$ statt $\quad$ dem;

S. 89, in der Fussnote

$\qquad\qquad\qquad$ Vol. I, p. 243 $\quad$ statt $\quad$ Vol. II, p. 23;

S. 105, Z. 2 $\qquad\qquad\qquad (-1)^n \quad$ statt $\quad (-1)_n$.

S. 106, Z. 6 fehlt vor der Summe der Factor $\dfrac{1}{i}$.

S. 109, Z. 8 ist zu lesen $\qquad\qquad p_2 \quad$ statt $\quad p_1$;

S. 112, Z. 2 $\qquad\qquad\qquad E(a) \quad$ statt $\quad E(a)$.

S. 112—114 ist überall, wo x^2 explicite vorkommt, dafür

$$-x^2$$

zu substituiren (im Ganzen achtmal).

S. 137 ist in der letzten der Formeln (1) zu lesen

$$dx_2 \quad \text{statt} \quad dx^2;$$

S. 142, Z. 3 v. u.

$\qquad\qquad\qquad \sqrt{X_2} \quad$ statt $\quad \sqrt{X}$;

S. 168, Z. 8 $\qquad\qquad\qquad \partial v \quad$ statt $\quad dv$;

S. 175, Z. 11

$\qquad\qquad\qquad -\dfrac{d\varphi}{\Delta} \quad$ statt $\quad \dfrac{d\varphi}{\Delta}$;

S. 189, Z. 2 v. u.

$\qquad\qquad\qquad b' \quad$ statt $\quad b$;

S. 197, Formel (1.)

$$e_1 \frac{\partial V}{\partial u_0} \quad \text{statt} \quad e_1 \frac{\partial V}{\partial u}.$$

S. 205, Z. 7 v. u.

$$\frac{i}{c} \frac{\sqrt{c^2 - a^2}}{\sqrt{c^2 - b^2}} \quad \text{statt} \quad \frac{i}{c} \frac{\sqrt{c^2 - b^2}}{\sqrt{c^2 - b^2}};$$

S. 291 muss in der Reihe für $H\left(\dfrac{2Kx}{\pi}\right)$ das dritte Glied das Vorzeichen

$$+ \quad \text{statt} \quad -$$

haben.

S. 346, Z. 8 v. u. ist zu lesen

$$1 - q^{a+b} \cos 2x \quad \text{statt} \quad 1 + q^{a+b} \cos 2x;$$

Z. 2 v. u.

$$\frac{q^{a+b}}{1 - q^{a+b}} \quad \text{statt} \quad \frac{q^{a+b}}{1 - q^{a-b}};$$

S. 375, Z. 6. 5 v. u. müssen die Ausdrücke auf der Linken der Gleichungen heissen

$$\frac{1 + \mu \xi^2}{\sqrt{\Delta \xi}} d\xi, \quad \frac{1 - \mu \xi^2}{\sqrt{\Delta \xi}} d\xi.$$

GÖTTINGEN,

DRUCK DER DIETERICHSCHEN UNIVERSITÄTS-BUCHDRUCKEREI.

W. FR. KAESTNER.

www.ingramcontent.com/pod-product-compliance
Lightning Source LLC
Chambersburg PA
CBHW060908220326
41599CB00020B/2882